プラスチック射出成形技術大系

監修 本間 精一

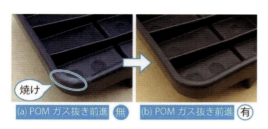

図5 ガス焼け比較(p.55)

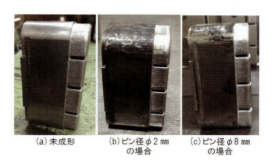

図6 ガス抜きピン径の違いによる金型入れ子の汚染比較(p.55)

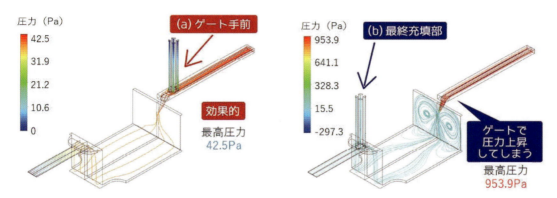

図9 ガス抜きピンの挿入位置を変えた場合の流れと圧力(p.57)

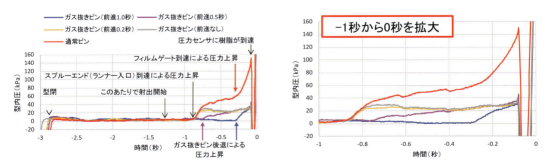

図16 射出成形時の型内圧の測定結果(左:−3〜0秒,右:−1〜0秒を拡大)(p.59)

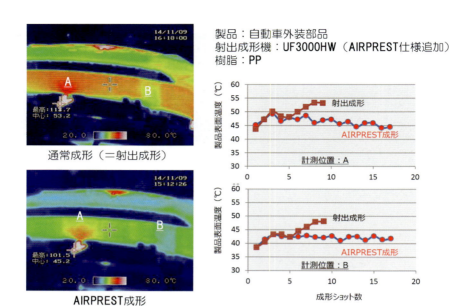

図5 AIRPREST成形品のサーモカメラ画像：連続成形中の製品表面温度の安定化（p.67）

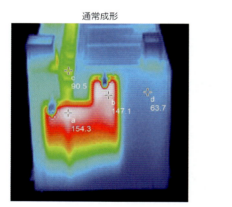 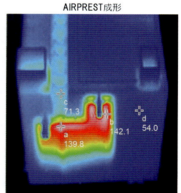

射出成形機	樹脂	測定部位	成形品温度（℃）		
			通常成形	AIRPREST 成形	
MD1300	PA6-GF	a	154.3	139.8	▲14.5
		b	147.1	142.1	▲4.4
		c	90.5	71.3	▲19.3
		d	63.7	54.0	▲9.7

図6 AIRPREST成形品のサーモカメラ画像：成形完了直後の製品表面温度の低温化（p.67）

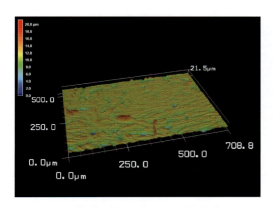

図5 通常成形品の表面凹凸観察(p.72)

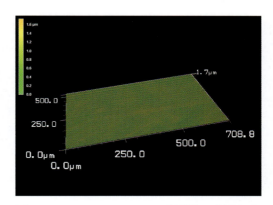

図6 ヒートアンドクール成形品の表面凹凸観察(p.72)

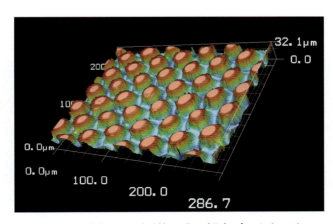

図7 金型表面シボ形状3次元観察データ(p.73)

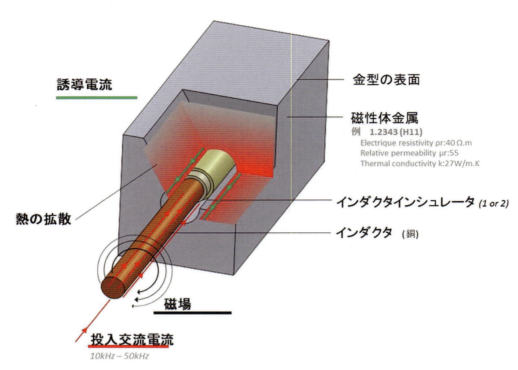

図1　誘導インダクタと誘導加熱の仕組み（p.84）

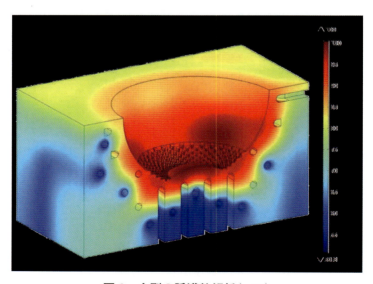

図2　金型の誘導熱解析（p.85）

図4　マルチコンパートメント IML サンプルと流れ解析画像（p.149）

図5　表皮材のカラーバリエーション（p.157）

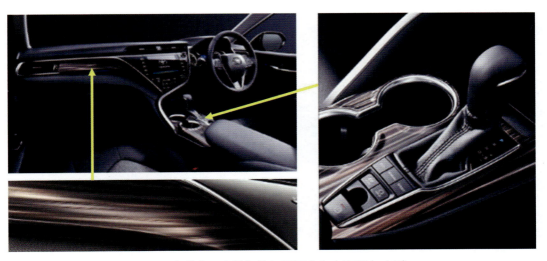

図8　自動車の内装加飾に採用された事例（p.159）

図9　社用車をTOM工法で色替えした事例（p.160）

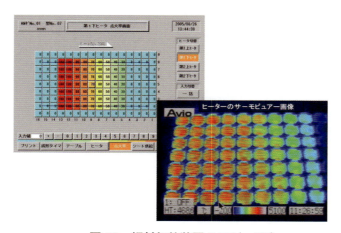

図18　輻射加熱装置QRH（p.173）

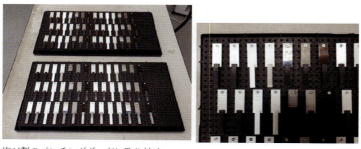

塩ビ製のパンチングボードに取り付け

図7　試験片の設置形態（p.194）

ロ-6

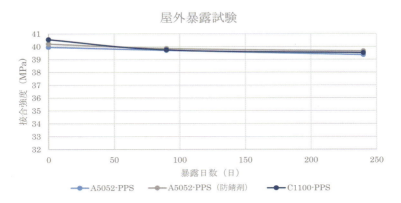

図8 屋外暴露後の強度試験結果（p.194）

水準	初期	3か月	6か月
A5052-PPS			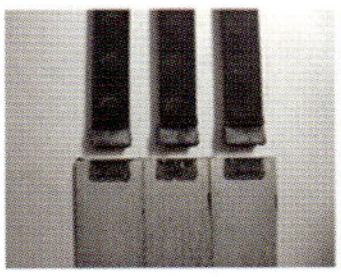
A5052-PPS（防錆剤）			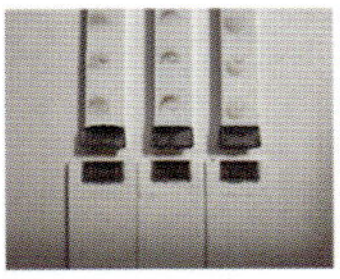
C1100-PPS			

図9 試験後の破断面の状態（p.195）

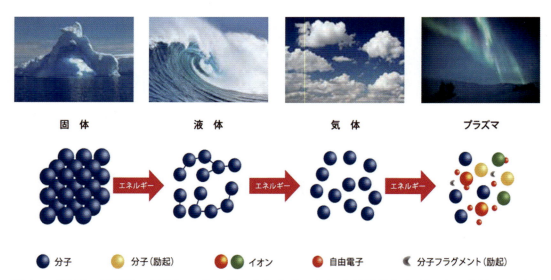

図1 プラズマの定義。気体にエネルギーを加えることにより電離したガス中の分子は，イオン，自由電子，励起した分子が飛び交う中性ガスである（p.205）

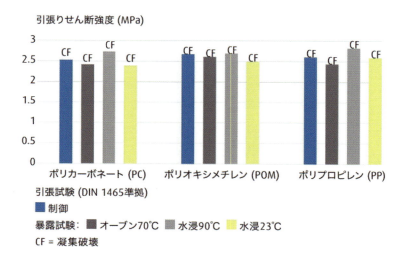

図9 PT-Bond 処理によるプラスチック接着接合の耐久試験結果（p.210）

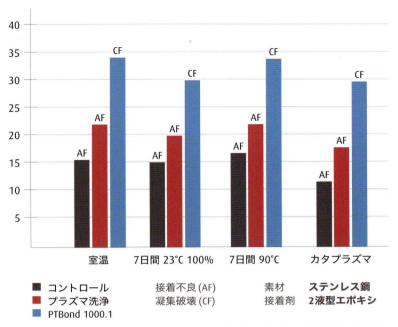

図10　PT-Bond処理によるステンレス鋼の接着・接合の耐久試験結果（p.210）

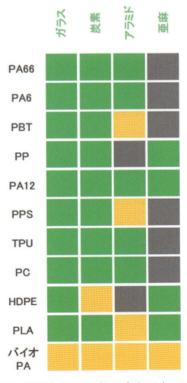

図5　繊維と樹脂の組み合わせ（p.238）

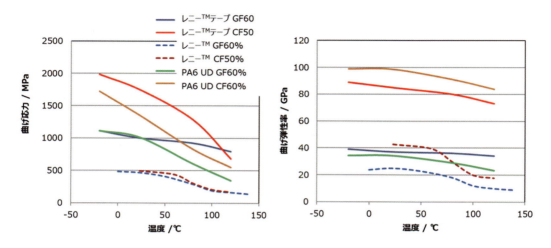

図4　レニー™テープの曲げ特性・温度依存性（p.248）

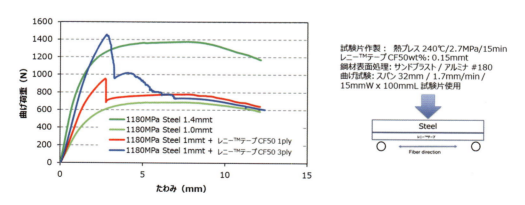

図6　レニー™テープ溶着による超ハイテン材補強（p.249）

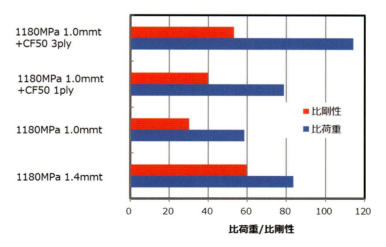

図7 レニー™テープ溶着片の比剛性, 比荷重（p.249）

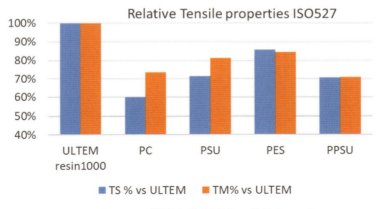

図3 ULTEM樹脂と他樹脂との比較（p.269）

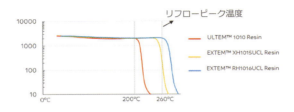

図7 EXTEM樹脂の耐熱性（p.270）

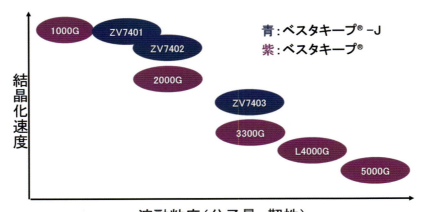

図3　非強化 PEEK のラインナップ（p.282）

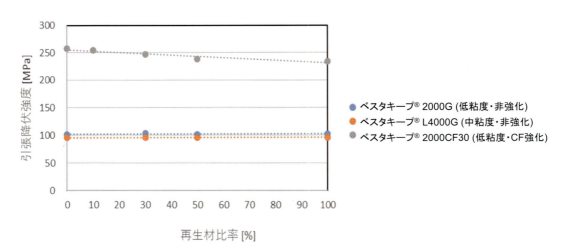

図7　再生材比率と引張降伏強度の関係（p.285）

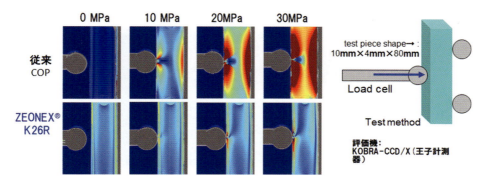

図3 荷重を加えた際の複屈折変化（p.290）

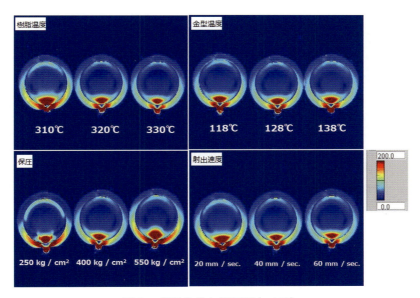

図6 成形条件と複屈折（p.292）

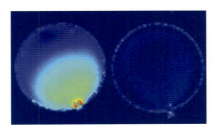

図3 成形品の複屈折観察（明るい部分が複屈折大）（p.306）

図3 バット生産工程で発生する切削木材 (p.337)
ホワイトアッシュ，メープル（広葉樹）

160 ℃ 　　　　　　　　　190℃
図14 成形温度による色調（ヤケ）の違い（p.344）

スギ　51%

カラマツ　51%

メープル/Wアッシュ混合 51%

図15 木材別の色調の違い（p.344）

対策前　　　　　　　　　　　　対策後

図16　木粉の配向の偏りとその対策（p.345）

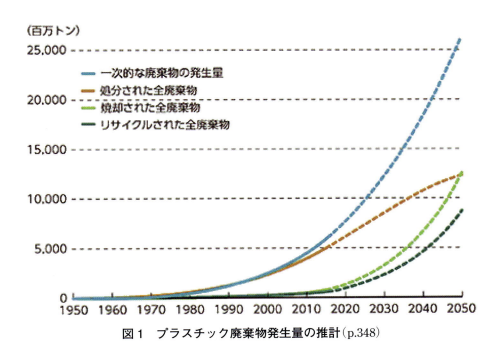

図1　プラスチック廃棄物発生量の推計（p.348）

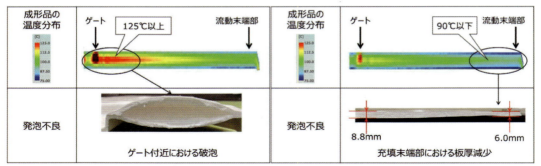

図10 コアバック開始タイミングの違いによる発泡不良(p.359)

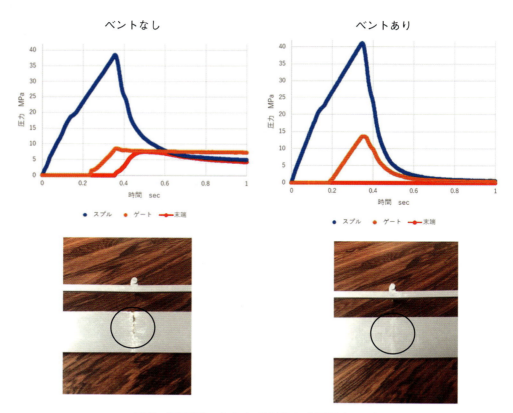

図5 測定データおよび実際の成形品(p.425)

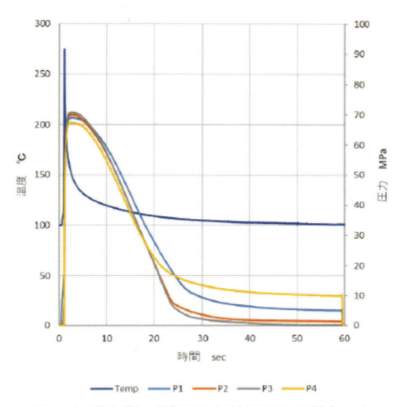

図9 出力数値グラフ例（温度および各配置センサ部）（p.428）

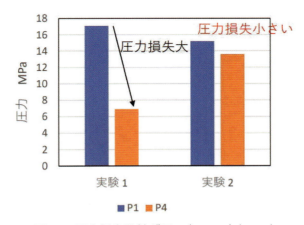

図10 圧力損失比較グラフ（P1-P4）（p.428）

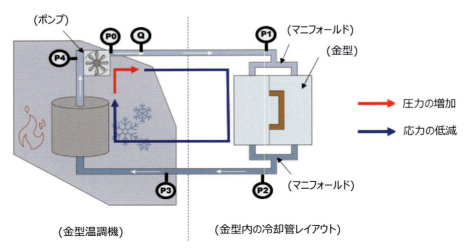

図2 金型温調機と金型の水の流れ(p.451)

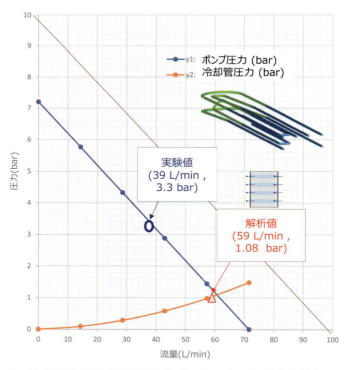

図7 冷却管接続後の実測値とシミュレーション値の比較(p.455)

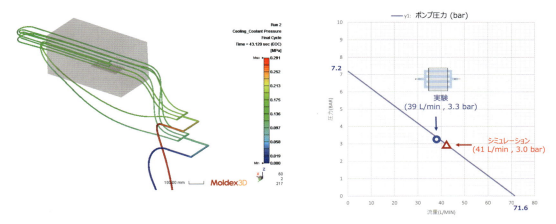

図9 冷却管接続後の実測値とシミュレーション値の比較(マニフォールド,外部ホース含む)
(p.456)

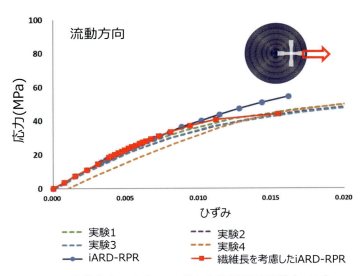

図6 流動方向の応力/ひずみ応答結果の比較(p.461)

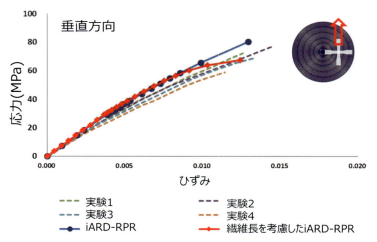

図7 垂直方向の応力／ひずみ応答結果の比較(p.462)

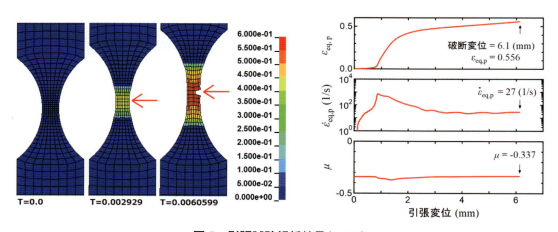

図5 引張試験解析結果(p.467)

(左)引張速度1.0 m/secの引張試験解析結果における相当塑性ひずみ($\varepsilon_{eq,p}^u$)分布図。2本の矢印は，破断変位6.1 mmにおいて，$\varepsilon_{eq,p}^u$が最大となる要素を示している。(右上)左図において矢印で示した要素における$\varepsilon_{eq,p}^u$の時刻歴。(右中央)同要素における相当塑性ひずみ速度$\dot{\varepsilon}_{eq,p}$の時刻歴(右下)。同要素における応力三軸度μの時刻歴。

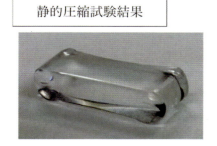
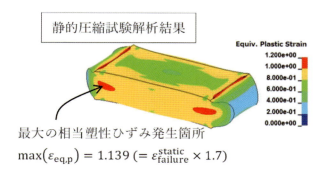

最大の相当塑性ひずみ発生箇所
$\max(\varepsilon_{eq,p}) = 1.139 (= \varepsilon_{failure}^{static} \times 1.7)$

図7 70%圧縮時の試験片と解析結果の比較(p.468)
(左)試験結果,(右)解析結果(相当塑性ひずみ分布)

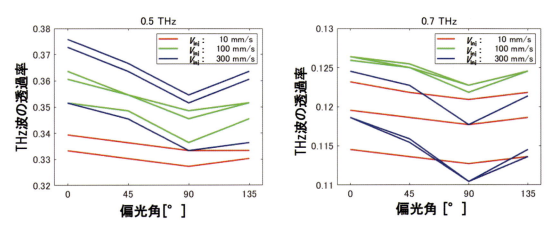

図6 各偏光角に対する射出速度とTHz透過率の関係(p.479)

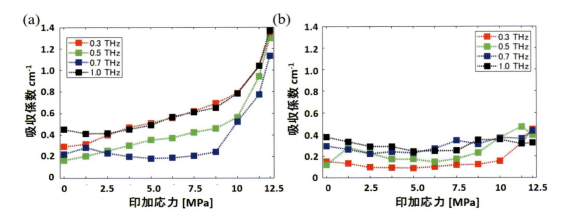

図8 印加応力に対する吸収係数の測定結果(p.480)
(a)引張方向と垂直な偏光入射の場合，(b)引張方向と平行な偏光入射の場合

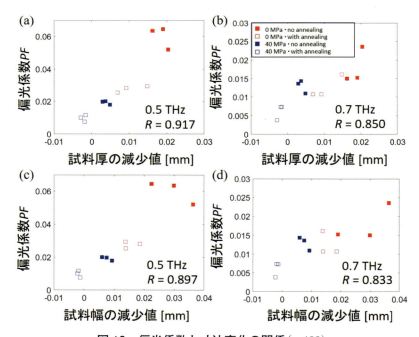

図10 偏光係数と寸法変化の関係(p.482)
(a)0.5 THz, 厚さの変化，(b)0.7 THz, 厚さの変化，(c)0.5 THz, 幅の変化，(d)0.7 THz, 幅の変化

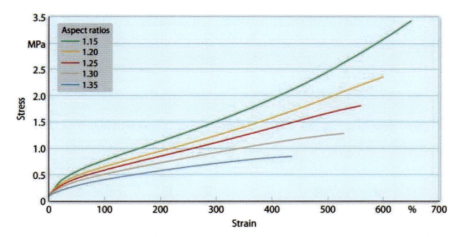

図5 TPE(Medalist MD-12130H)で製作したアスペクト比の異なる引張試験片の応力/ひずみ曲線(p.552)

図6 射出成形機の画面(p.596)

図7 リモートアクセス画面(p.596)

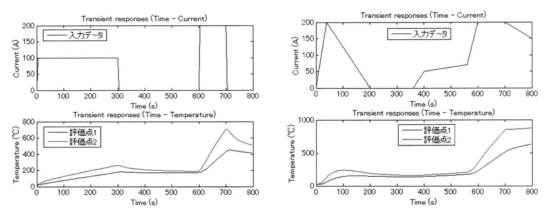

図7 電流の入力条件を変えた評価点における温度履歴のグラフ（p.604）

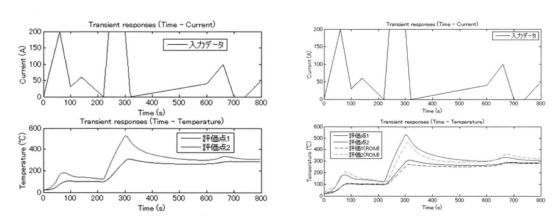

図8 検証用の入力条件（左）と2パターンの学習データによるROMモデルの予測の結果（右）
（p.604）

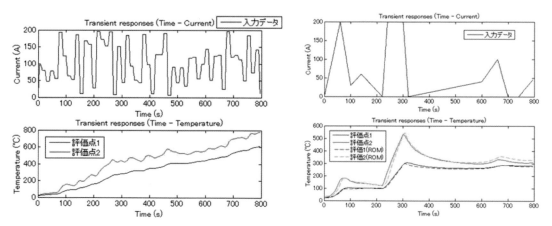

図9 APRBSで生成した追加学習データ（左）と3パターンの学習データによるROMモデルの予測の結果（右）（p.604）

はじめに

　射出成形は複雑形状品を成形できること，成形サイクルが短いこと，後仕上げが少ないこと，ほとんどのプラスチックを成形できることなどに特徴があり，最も広く応用されている成形法である。成形技術についても射出成形機，金型，材料，周辺機器など要素技術の進歩によって完成度の高い技術レベルに到達している。

　射出成形は，本来少品種多量生産型のものづくり技術として発展してきたが，消費者嗜好の多様化，高強度・高機能化，品質向上，環境安全対策，環境負荷低減など市場ニーズの変化に応えるため，次の技術開発が進められている。

① ガスによる金型汚染や外観不良，ウェルドライン，残留ひずみ，ひけ，そりなどを従来の成形技術で完全に解消するには限界がある。これらの課題を克服するために成形技術や金型技術が開発されている。

② 多様な意匠要求には塗装，印刷，めっきなどの2次加工で対応していたが，環境安全対策や環境負荷低減の観点から成形同時加飾技術が開発されている。

③ 単一プラスチックで達成困難な高強度・高機能要求に応えるため，金属材料や異種プラスチックとのマルチマテリアル化技術の開発が進められている。

④ 軽量化，デザイン性，生産性向上のため金属製構造部材を従来の複合強化材料で置き換える場合，強度・剛性，衝撃強度など不足する課題がある。その対策として，ハイブリッド射出成形法および射出成形法以外の成形法を取り入れた新成形法を開発し，課題を克服しつつある。

⑤ プラスチック産業の将来にとって温室効果ガス（二酸化炭素）や環境汚染を低減するための技術開発は急務である。そのためバイオプラスチックとそのための成形技術の開発が進められている。また，サーキュラーエコノミーの観点からマテリアルリサイクルの成形および周辺技術の開発も活発化している。

⑥ 成形が難しい光学用透明プラスチックやスーパーエンジニアリングプラスチックなどについても材料と成形技術の進歩によって高品質品を成形できるようになっている。

⑦ 関連技術（金型，物性評価技術，AM造形技術など）や支援技術（CAE，Iot，AIなど）の進歩も著しい。これらの諸技術が成形全体の技術向上に大きく貢献している。

　製品開発にあたっては，これらの多彩な射出成形や関連，支援技術の中から適切な技術を選択する必要がある。しかし，現状ではこれらの技術を体系的にまとめた書籍は見当たらない。

　本書は上述の技術分野について，できるだけ多くの専門技術の方々に執筆いただいてまとめたものである。材料開発，成形，製品・金型設計，品質保証などに携わる方々の一助になれば幸いである。

2024年9月

監　修　**本間　精一**

監修者・執筆者一覧(敬称略)

【監修者】

本間　精一　　　　　本間技術士事務所

【執筆者】(掲載順)

本間　精一　　　　　本間技術士事務所

徳能　竜一　　　　　住友重機械工業株式会社　インダストリアルマシナリーセグメントプラスチック機械事業部　主任技師

澤田　靖丈　　　　　東洋機械金属株式会社　基盤技術開発部　グループ長

髙橋　仁人　　　　　株式会社日本油機　営業部　部長

水越　彦衛　　　　　株式会社道志化学工業所　代表取締役

清水　康雅　　　　　UBE マシナリー株式会社　射出成形事業本部名古屋射出成形機技術部開発グループ

菅原　貴宗　　　　　SHPP ジャパン合同会社　応用技術開発部　シニアエンジニア

吉野　隆治　　　　　山下電気株式会社　技術部技術開発課　課長

神谷　毅　　　　　　ロックツール株式会社　営業部

平野　直　　　　　　山宗株式会社　モールド本部技術課　課長

藤元　裕介　　　　　ミネベア アクセスソリューションズ株式会社　生産技術・事業支援部生産技術課技師

羽田　康彦　　　　　RP 東プラ株式会社　生産技術本部　執行役員/副本部長

吉里　成弘　　　　　株式会社松井製作所　ソリューションシステム部ソリューション営業課　専任部長

荒木　寿一　　　　　株式会社ソディック

松尾　明憲　　　　　東洋機械金属株式会社　基盤技術開発部　主任技師

上村　泰二郎　　　　株式会社 GSI クレオス　工業製品事業部門　統括補佐　軽量化事業担当

Henry Rozema　　　(元)StackTeck Systems Ltd.

斎藤　栞(訳)　　　スタックテックジャパン株式会社　営業部

矢葺　勉　　　　　　布施真空株式会社　代表取締役社長

寺本　一典　　　　　株式会社浅野研究所　企画開発部　次長

柴田　直宏　　　　　エヌアイエス株式会社　GT 営業部　部長

福田裕一郎　　　　　UBE マシナリー株式会社　射出成形機技術部開発 G　主席部員

山口　嘉寛　　　　　大成プラス株式会社　太田事務所　担当課長

栁澤　　佑	ポリプラスチックス株式会社　研究開発本部テクニカルソリューションセンター	
三好　永哲	日本プラズマトリート株式会社　セールス＆アプリケーションプリセールス	
信田　宗宏	UBEマシナリー株式会社　射出成形事業本部名古屋射出成形機技術部　主席	
廣部　賀崇	株式会社八木熊　住生活環境事業部製品技術開発部　部長	
馬場　俊一	サンワトレーディング株式会社　代表取締役	
丸尾　和生	グローバルポリアセタール株式会社　営業本部　担当部長	
深澤　正寛	上野製薬株式会社　技術開発本部LCPコンパウンド開発課　係長	
増谷　勇佑	ポリプラスチックス株式会社　研究開発本部テクニカルソリューションセンター	
海老沢篤志	SHPPジャパン合同会社　技術部　部長	
木下　　努	SHPPジャパン合同会社　ウルテム製品部　部長	
磯野　弘明	ポリプラ・エボニック株式会社　テクニカルセンター　研究開発員	
澤口　太一	日本ゼオン株式会社　高機能樹脂研究所　所長	
栗田日出美	株式会社クラレ　メタアクリル事業部商品統括部	
加藤　宣之	三菱ガス化学株式会社　機能化学品事業部門光学材料事業部　開発営業部長	
石原健太朗	三菱ガス化学株式会社　機能化学品事業部門光学材料事業部　課長	
帆高　寿昌	帝人株式会社　樹脂事業本部事業管理部環境推進タスクフォースチーム 環境推進タスクフォースチームリーダー	
金髙　武志	株式会社日本バイオプラスチック研究所　取締役代表研究員/所長	
金　　宰慶	古河電気工業株式会社　素材力イノベーションセンターポリマー技術開発課	
木下　裕貴	古河電気工業株式会社　素材力イノベーションセンターポリマー技術開発課	
中島　康雄	古河電気工業株式会社　素材力イノベーションセンターポリマー技術開発課 主席研究員	
伊倉　幸広	古河電気工業株式会社　素材力イノベーションセンターポリマー技術開発課　課長	
須山　健一	古河電気工業株式会社　素材力イノベーションセンターポリマー技術開発課 センター長	
都地　盛幸	菱華産業株式会社　営業部事業開発グループ　エグゼクティブマイスター	
毎田　圭佑	株式会社ソディック　射出成形機事業部技術開発統括部成形技術部	
林　　浩之	芝浦機械株式会社　成形機カンパニー成形機技術部営業技術課	
根崎　雄太	住友重機械工業株式会社　インダストリアルマシナリーセグメントプラスチック機械 事業部営業室営業技術部	
向出　浩也	株式会社ソディック　射出成形機事業部技術開発統括部成形技術部	
河口　尚久	株式会社ハーモ　営業推進課　課長	
横川東志也	株式会社ソディック　射出成形機事業部技術開発統括部成形技術部加賀TC　係長	
谷口　晋吾	株式会社ソディック　射出成形機事業部技術開発統括部成形技術部加賀TC　課長	

池田　千真	東洋機械金属株式会社　基盤技術開発部　主任技師	
落合　孝明	株式会社モールドテック　代表取締役	
井ノ口貴之	大同特殊鋼株式会社　工具鋼事業部企画開発部工具鋼ソリューション室　副主席部員	
河野　之信	双葉電子工業株式会社　精機事業センターソリューション部成形技術課　担当課長	
佐藤　誠	株式会社IBUKI　営業部門　営業部門長	
齊藤　清晃	ケンモールドサービス株式会社　代表取締役	
齊藤　輝彦	ECOVENT株式会社　代表取締役	
後藤　喜一	山形県工業技術センター　化学材料表面技術部　開発研究専門員	
堂前　達雄	日本コーティングセンター株式会社　技術部　取締役技術部長	
愛智　正昭	株式会社先端力学シミュレーション研究所　商品事業部商品事業推進室　主事	
金井　茂	株式会社先端力学シミュレーション研究所　事業戦略室	
林　哲平	CoreTeck System Co., Ltd. Technical Support Division Principal Engineer	
邱　顯森	CoreTeck System Co., Ltd. Product,Technical Support Senior Director	
邱　彦程	CoreTeck System Co., Ltd. R&D Division Senior Architecture Manager	
曽　煥錩	CoreTeck System Co., Ltd. R&D Ⅰ Division Scientist	
竹越　邦夫	株式会社テラバイト　技術1部　部長	
梶原　優介	東京大学　生産技術研究所　教授	
高倉　大典	株式会社IHI検査計測　計測事業部計測技術部磯子グループ　グループ長	
郡　亜美	株式会社IHI検査計測　計測事業部計測技術部磯子グループ	
牧　晴也	株式会社JSOL　エンジニアリング事業本部　解析技術部	
関　篤揮	精電舎電子工業株式会社　営業部営業技術グループ　チームリーダー/課長	
野村　太郎	株式会社真工社　営業技術部	
今野　大地	株式会社真工社　営業技術部　課長	
中間　哲也	株式会社ストラタシス・ジャパン　カスタマーサクセス部 リージョナルテクニカルスペシャリスト＆ジャパンCSマネージャー	
池田　博樹	株式会社シーケービー　名古屋支店　支店長	
LIM WEI YEN	ARBURG Pte Ltd Singapore Manager for Additive Manufacturing	
原田　彰	株式会社NTTデータ ザムテクノロジーズ　営業統括部製品販売サポート部製品技術支援	
毛利　孝裕	株式会社NTTデータ ザムテクノロジーズ　営業統括部アプリケーション営業部 エグゼクティブアドバイザー	
乙部　信吾	株式会社LIGHTz　代表取締役社長　CEO	
平田　園子	一般社団法人西日本プラスチック製品工業協会　専務理事	
西川　巧	芝浦機械株式会社　成形機カンパニー成形機技術部開発技術課	

宮内隆太郎	サイバネットシステム株式会社　デジタルエンジニアリング事業本部エンジニアリング事業部モデリング＆アナリシス部技術第2課　スペシャリスト
北川　智也	サイバネットシステム株式会社　デジタルエンジニアリング事業本部教育・官公庁営業室
内山　祐介	株式会社 MAZIN　取締役

目　　次

序　論　**プラスチック射出成形の基本特性と成形技術の進展**　（本間　精一）

- 1 はじめに ……………………………………………………………………………………… 3
- 2 射出成形の基本特性 ………………………………………………………………………… 3
- 3 射出成形の課題と技術の進展 ……………………………………………………………… 8
- 4 おわりに ……………………………………………………………………………………… 18

第1章　**射出成形技術の進展**

第1節　ガス対策射出成形機

第1項　Zero-molding，ALFIN を使用した樹脂ガス不良対策　（徳能　竜一）

- 1 はじめに ……………………………………………………………………………………… 21
- 2 成形機からみたガス問題と対策 …………………………………………………………… 21
- 3 真空可塑化装置 ……………………………………………………………………………… 21
- 4 低型締力成形（Zero-molding）…………………………………………………………… 23
- 5 すき間金型 …………………………………………………………………………………… 26
- 6 成形事例 ……………………………………………………………………………………… 27
- 7 おわりに ……………………………………………………………………………………… 30

第2項　SAG＋α搭載射出成形機　（澤田　靖丈）

- 1 はじめに ……………………………………………………………………………………… 31
- 2 ガス対策方法の検討 ………………………………………………………………………… 31
- 3 従来技術 ……………………………………………………………………………………… 32
- 4 ガス対策 ……………………………………………………………………………………… 33
- 5 おわりに ……………………………………………………………………………………… 39

第3項　ベント式射出成形機　（髙橋　仁人）

- 1 ベント式成形の概要 ………………………………………………………………………… 40
- 2 成形例と適用効果 …………………………………………………………………………… 47
- 3 おわりに ……………………………………………………………………………………… 51

第4項　煙が出るガス抜き成形　（水越　彦衛）

- 1 開発のきっかけ ……………………………………………………………………………… 52
- 2 ガス抜き機構の開発 ………………………………………………………………………… 52
- 3 試作金型による検証 ………………………………………………………………………… 54
- 4 量産金型での検証とシミュレーション …………………………………………………… 56
- 5 圧力センサによる検証 ……………………………………………………………………… 59
- 6 ガス抜きピンの量産検証 …………………………………………………………………… 60

7 おわりに 61

第5項　型締自由制御による金型ガス抜き成形「AIRPREST」 （清水　康雅）

1 はじめに 63
2 AIRPREST 成形原理 63
3 AIRPREST 成形事例 65
4 おわりに 68

第2節　ヒート＆クール成形技術

第1項　アクティブ型温制御法─ヒートアンドクール成形加工技術─ （菅原　貴宗）

1 はじめに 69
2 ヒートアンドクール成形プロセス 70
3 ヒートアンドクール成形の効果 72
4 おわりに 75

第2項　細管ヒータ式金型表面温度制御技術─Y-HeaT（ヒータ加熱法）─ （吉野　隆治）

1 はじめに 76
2 Y-HeaT システムについて 76
3 成形事例 79
4 "脱塗装"カーボンニュートラルと Y-HeaT 83
5 おわりに 83

第3項　誘導加熱金型と成形技術 （神谷　毅）

1 電磁誘導加熱金型の仕組み 84
2 誘導熱解析 85
3 誘導加熱金型設計 86
4 誘導加熱成形プロファイル 86
5 樹脂の流動性と成形品質への効果 87
6 実際の成形事例と効果 88
7 誘導加熱装置 95

第3節　残留ひずみ，ひけ，そり低減成形法

第1項　射出圧縮成形について （平野　直）

1 はじめに 97
2 射出圧縮成形の概略 97
3 射出圧縮成形の詳細 97
4 まとめ，今後の展望 99

第2項　自動車用アウターハンドルにおけるガスアシスト成形 （藤元　裕介）

1 はじめに 100
2 ガスアシスト成形と通常の射出成形の違いについて 100
3 射出成形とガスアシスト成形において異なる成形プロセスについて ... 101
4 多数個取り時のキャビティバランス崩れによる成形品中空率バラつき対策の例 ... 105
5 おわりに 106

第3項　ガスプレス成形法　（羽田　康彦）

1. はじめに ……………………………………………………………………… 107
2. 概　要 ………………………………………………………………………… 107
3. 成形方法 ……………………………………………………………………… 107
4. 成形品の特徴 ………………………………………………………………… 108
5. 一般成形との比較 …………………………………………………………… 108
6. 金型設計 ……………………………………………………………………… 111
7. 採用例 ………………………………………………………………………… 113
8. おわりに ……………………………………………………………………… 113

第4節　低発泡射出成形

第1項　MuCell® 微細発泡成形法　（吉里　成弘）

1. MuCell® プロセスとは ……………………………………………………… 114
2. MuCell SCF 供給システムの構成 ………………………………………… 114
3. MuCell プロセスの流れ …………………………………………………… 115
4. MuCell プロセスの利点 …………………………………………………… 116
5. MuCell の用途例 …………………………………………………………… 117
6. おわりに ……………………………………………………………………… 122

第2項　不活性ガス溶解射出成形システム「INFILT-V」　（荒木　寿一）

1. はじめに ……………………………………………………………………… 123
2. INFILT-V 対応全電動射出成形機「MS シリーズ」 ……………………… 123
3. INFILT-V の構造・特長 …………………………………………………… 123
4. 成形事例 ……………………………………………………………………… 126
5. おわりに ……………………………………………………………………… 129

第3項　新たな発泡成形技術―液状発泡成形―　（松尾　明憲）

1. はじめに ……………………………………………………………………… 130
2. 発泡成形方法 ………………………………………………………………… 130
3. 液状発泡成形 ………………………………………………………………… 132
4. 計量樹脂の圧力安定 ………………………………………………………… 135
5. おわりに ……………………………………………………………………… 136

第5節　加飾成形技術

第1項　型内塗装（インモールドコーティング）　（上村　泰二郎）

1. 型内塗装工法の経緯 ………………………………………………………… 137
2. 型内塗装工法に求める成形技術用件 ……………………………………… 138
3. 型内塗装プロセス …………………………………………………………… 139
4. 型内塗装用注入技術 ………………………………………………………… 142
5. 型内塗装用射出成型機 ……………………………………………………… 143
6. 型内塗装工法のトレンドと今後の見通し ………………………………… 143
7. おわりに ……………………………………………………………………… 145

第2項　インモールドラベリング（IML）（Henry Rozema・訳　斎藤　栞）

1. はじめに …………………………………………………………………………… 146
2. プラスチック製品とラベルの設計 ……………………………………………… 147
3. 射出金型設計 ……………………………………………………………………… 149
4. 自動化設計 ………………………………………………………………………… 150
5. IML の革新 ………………………………………………………………………… 151

第3項　真空・加圧加飾成形法—TOM 工法—（矢葺　勉）

1. はじめに …………………………………………………………………………… 152
2. 真空・加圧加飾成形法—TOM 工法の生い立ち— …………………………… 152
3. TOM 工法の採用動向 …………………………………………………………… 158
4. おわりに …………………………………………………………………………… 161

第4項　熱成形のサンプル例と工法紹介—3次元加飾成形技術：塗装に代わる真空成形への期待—（寺本　一典）

1. はじめに …………………………………………………………………………… 162
2. 加熱方式による特徴 ……………………………………………………………… 162
3. 塗装に代わるフィルムの被覆成形への期待 …………………………………… 165
4. インパネ，エンブレム／バックライト効果 …………………………………… 167
5. 厚板の真空成形 …………………………………………………………………… 168
6. 車載ディスプレイ（CID）カバー ……………………………………………… 171
7. 加熱技術の進化 …………………………………………………………………… 173
8. おわりに …………………………………………………………………………… 175

第5項　真空・圧空加飾成形法—空気転写工法—（柴田　直宏）

1. はじめに …………………………………………………………………………… 176
2. OM-R の特徴 ……………………………………………………………………… 176
3. 環境対応 …………………………………………………………………………… 179
4. おわりに …………………………………………………………………………… 181

第6節　複合成形技術—サンドイッチ成形—（福田　裕一郎）

1. はじめに …………………………………………………………………………… 182
2. 合流ノズル方式（従来方式）によるサンドイッチ成形法と Direct-Sandwich 成形法の特徴 ………… 183
3. 成形事例 …………………………………………………………………………… 185
4. 外観への影響 ……………………………………………………………………… 187
5. おわりに …………………………………………………………………………… 188

第7節　型内接着・接合技術

第1項　NMT（Nano Molding Technology）による金属と樹脂の接合について

（山口　嘉寛）

1. はじめに …………………………………………………………………………… 189
2. NMT の概要 ……………………………………………………………………… 190
3. 接合機能の発現 …………………………………………………………………… 191
4. NMT のさらなる可能性 ………………………………………………………… 195
5. おわりに …………………………………………………………………………… 196

第2項 レーザー処理によるガラス繊維複合材料の樹脂異種材接合技術 AKI-Lock® と
その応用事例 （栁澤　佑）

1. AKI-Lock® の概要 197
2. AKI-Lock® を用いた成形接合品の諸特性 198
3. AKI-Lock® の2次加工への応用事例 201
4. おわりに 203

第3項 難接着素材，異種材の高強度・耐候性接着・接合を実現する PT-Bond 技術
（三好　永哲）

1. はじめに 204
2. プラズマによる表面洗浄および活性化 204
3. 新たな表面ソリューション技術 208
4. おわりに 212

第8節　高剛性・高強度品の成形技術

第1項 高機能な LFT 製品を実現する成形技術—DLFT システム— （信田　宗宏）

1. はじめに 214
2. 長繊維強化樹脂(LFT)専用スクリュ 215
3. LFT スクリュでの成形事例 215
4. DLFT システムによる直接成形 217
5. おわりに 220

第2項 長繊維強化品の射出成形—IMC 成形— （上村　泰二郎）

1. はじめに 221
2. IMC 成形技術のシステム構成と特徴 221
3. 2000 年代，初期の IMC 成形技術 222
4. 2010 年代の IMC 開発トレンド 224
5. 最新の IMC 技術開発動向 225

第3項 複合材を用いたハイブリッド成形技術 （廣部　賀崇）

1. はじめに 229
2. ハイブリッド成形 230
3. 成形品での強度確認 232
4. ハイブリッド成形品 233
5. 今後の展開 234

第9節　連続繊維強化熱可塑性樹脂素材と加工法

第1項 Tepex(オルガノシート)の成形法と応用事例 （馬場　俊一）

1. はじめに 235
2. Tepex(オルガノシート)連続繊維熱可塑性複合材料 236
3. 成　形 239
4. 応用事例 242
5. おわりに 243

第2項　PA-MXD6 をマトリックスとした UD テープ「レニーテープ」（丸尾　和生）

1. はじめに ……………………………………………………………………………… 244
2. レニー™ テープの特徴 ………………………………………………………………… 244
3. 成形加工例 …………………………………………………………………………… 250
4. 潜在用途例 …………………………………………………………………………… 252
5. おわりに ……………………………………………………………………………… 252

第 10 節　スーパーエンジニアリングプラスチックの高品質射出成形技術

第 1 項　LCP の特徴と射出成形技術（深澤　正寛）

1. はじめに ……………………………………………………………………………… 254
2. LCP の特徴 …………………………………………………………………………… 254
3. SMT コネクタ向け LCP の特徴と射出成形技術 ……………………………………… 257
4. 低融点 LCP の特徴と射出成形技術 ………………………………………………… 261

第 2 項　PPS の特徴と射出成形技術（増谷　勇佑）

1. PPS 樹脂の概要と特徴 ……………………………………………………………… 262
2. PPS の射出成形 ……………………………………………………………………… 263
3. PPS における射出成形不良現象 …………………………………………………… 264
4. おわりに ……………………………………………………………………………… 267

第 3 項　ポリエーテルイミドの特徴と射出成形技術（海老沢　篤志・木下　努）

1. はじめに ……………………………………………………………………………… 268
2. 耐熱性と機械的物性 ………………………………………………………………… 269
3. 成形加工 ……………………………………………………………………………… 272
4. 成形条件 ……………………………………………………………………………… 274
5. おわりに ……………………………………………………………………………… 277

第 4 項　PEEK の特徴と射出成形技術（磯野　弘明）

1. はじめに ……………………………………………………………………………… 278
2. PEEK の射出成形における注意点 ………………………………………………… 278
3. PEEK のリサイクル特性 …………………………………………………………… 283
4. おわりに ……………………………………………………………………………… 285

第 11 節　光学材料・グレージング材料の開発と射出成形技術

第 1 項　シクロオレフィンポリマー（COP）の特徴と射出成形技術（澤口　太一）

1. はじめに ……………………………………………………………………………… 287
2. シクロオレフィンポリマー（COP） ………………………………………………… 287
3. 光学レンズ材料としての COP ……………………………………………………… 289
4. 医療・バイオ用途としての COP …………………………………………………… 293

第 2 項　パラペット®（PMMA）の特徴と射出成形技術（栗田　日出美）

1. ポリメタクリル酸メチル（Poly methyl methacrylate）とは ……………………… 297
2. 材料の特長を生かした射出成形技術 ……………………………………………… 298
3. 樹脂開発 ……………………………………………………………………………… 298

④ 薄肉成形品の微細転写技術 ··· 300
⑤ ポリメタクリル酸メチル（PMMA）の技術動向 ··· 302

第3項　特殊ポリカーボネート樹脂「ユピゼータ®」の特徴と射出成形技術

（加藤　宣之・石原　健太朗）

① 一般 PC と特殊 PC について ·· 304
② 特殊ポリカーボネート樹脂ユピゼータ® について ······························· 305
③ 特殊 PC ユピゼータ® EP シリーズの開発 ·· 305
④ 特殊 PC ユピゼータ® EP シリーズの成形について ······························· 307
⑤ 特殊 PC ユピゼータ® EP シリーズの今後の展開 ···································· 309

第4項　モビリティ用途向けサステナビリティ環境対応素材「Panlite®CM」と大型射出成形技術　（帆高　寿昌）

① はじめに ·· 311
② designing Circular Materials を支える素材技術 ·································· 312
③ designing Circular Materials を支える環境製品対応成形加工技術 ··· 315
④ おわりに ·· 318

第2章　　環境負荷低減のための材料開発と射出成形技術

第1節　植物由来プラスチックの開発と射出成形技術

第1項　ポリ乳酸の開発と実用化　（金髙　武志）

① はじめに ·· 321
② 加工装置について ·· 322
③ 耐熱性 PLA とは何か ·· 324
④ 用　途 ·· 327
⑤ おわりに ·· 327

第2項　セルロース繊維強化樹脂と射出成形技術

（金　宰慶・木下　裕貴・中島　康雄・伊倉　幸広・須山　健一）

① セルロース繊維強化樹脂 CELRe® ·· 329
② セルロース繊維強化樹脂の射出成形性 ·· 330
③ セルロース繊維強化樹脂成形品の持続可能な社会への貢献 ··············· 333
④ おわりに ·· 334

第3項　木粉充填材料と射出成形技術　（都地　盛幸）

① はじめに ·· 335
② 木材充填材料の開発 ·· 335
③ 木材配合のための供給課題と技術的条件 ·· 336
④ 押出機によるペレタライズ（コンパウンド） ·· 338
⑤ 相溶化剤の添加 ·· 340
⑥ MIRAIWOOD の特徴と物性 ·· 341
⑦ 射出成形技術 ·· 343
⑧ 製品外観 ·· 344
⑨ 環境配慮と社会課題解決としての MIRAIWOOD の取り組み ············· 345

|10| MIRAIWOOD の今後の可能性 ……………………………………………………………… 346

|11| おわりに ……………………………………………………………………………………… 347

第4項　海洋生分解性プラスチック「NEQAS OCEAN」による薄肉フードコンテナの成形　（毎田　圭佑）

|1| はじめに …………………………………………………………………………………………… 348

|2| NEQAS OCEAN の特徴・製品事例 ………………………………………………………………… 349

|3| NEQAS OCEAN を使用した薄肉フードコンテナ成形 …………………………………………… 350

|4| おわりに …………………………………………………………………………………………… 352

第2節　材料使用量の削減

第1項　高精度コアバック制御を用いた低圧物理発泡成形　（林　浩之）

|1| はじめに …………………………………………………………………………………………… 353

|2| 低圧物理発泡成形 ………………………………………………………………………………… 353

|3| 高精度コアバック制御 …………………………………………………………………………… 355

|4| 低圧物理発泡成形の事例 ………………………………………………………………………… 358

|5| おわりに …………………………………………………………………………………………… 360

第2項　PP を用いた容器の射出圧縮成形技術　（根崎　雄太）

|1| はじめに …………………………………………………………………………………………… 361

|2| 射出圧縮成形による薄肉化 ……………………………………………………………………… 361

|3| 容器薄肉化を実現する技術紹介 ………………………………………………………………… 363

|4| おわりに …………………………………………………………………………………………… 366

第3節　リサイクル材の有効利用

第1項　粉砕材高配合比率の材料を使用したハイサイクル成形　（向出　浩也）

|1| はじめに …………………………………………………………………………………………… 367

|2| 業界最高クラスの射出加速度 15G(P12 射出)射出成形機「LP シリーズ」………………… 367

|3| V-LINE の可塑化・計量工程 ……………………………………………………………………… 368

|4| プラスチックのリサイクル ……………………………………………………………………… 368

|5| V-LINE のダイレクト水平リサイクル成形 …………………………………………………… 369

|6| 成形事例 …………………………………………………………………………………………… 370

|7| おわりに …………………………………………………………………………………………… 371

第2項　粒断機によるランナ・スプールの粉砕と再利用技術　（河口　尚久）

|1| 製造業の再生プラスチック使用量に国が目標設定，使用実績の報告義務化も ……………… 372

|2| まだ粉砕機をお使いだろうか？　まとめて粉砕してタンブラーで原料と混合はもう古い？ ………… 373

|3| 射出成形において粉に起因する問題が多岐にわたるのをご存じだろうか？ ……………… 374

|4| なぜ「粉砕機」ではなく「粒断機」なのか？　上質なリサイクル材を生み出す理由とは？ ………… 376

|5| 樹脂のリサイクルはカーボンニュートラルにも貢献 ………………………………………… 378

|6| リサイクルし続けても品質は落ちない ………………………………………………………… 379

|7| おわりに …………………………………………………………………………………………… 380

第4節　省エネルギー化の推進（乾燥レス）

第1項　AI-VENT 搭載の射出成形機を利用した PBT 樹脂の乾燥レス成形

（横川　東志也・谷口　晋吾）

1 はじめに ……………………………………………………………………………………… 381
2 AI-VENT の構造・特長 …………………………………………………………………… 381
3 AI-VENT 成形・効果事例 ………………………………………………………………… 383
4 環境負荷の低減 ……………………………………………………………………………… 384
5 おわりに ……………………………………………………………………………………… 385

第2項　SAG＋αⅡを搭載した成形機による PLA の成形技術　（池田　千真）

1 はじめに ……………………………………………………………………………………… 386
2 射出成形の消費電力低減 …………………………………………………………………… 386
3 乾燥機の消費電力低減 ……………………………………………………………………… 388
4 SAG＋aⅡを使用した乾燥レス成形 …………………………………………………… 388
5 SAG＋aⅡ搭載機による PLA の成形技術 …………………………………………… 389
6 おわりに ……………………………………………………………………………………… 390

第3章　金型技術の進展

第1節　プラスチック成形用金型設計の基礎　（落合　孝明）

1 はじめに ……………………………………………………………………………………… 393
2 金型設計に関係する最近の動向 …………………………………………………………… 393
3 量産をするための製品設計 ………………………………………………………………… 394
4 金型設計の基本 ……………………………………………………………………………… 396
5 おわりに ……………………………………………………………………………………… 399

第2節　プラスチック成形用金型材料の開発　（井ノ口　貴之）

1 はじめに ……………………………………………………………………………………… 400
2 成形時に求められる特性 …………………………………………………………………… 400
3 金型製作時に求められる特性 ……………………………………………………………… 402
4 代表的なプラスチック金型材料 …………………………………………………………… 403
5 ブランド鋼のラインナップ ………………………………………………………………… 405
6 おわりに ……………………………………………………………………………………… 408

第3節　ホットランナ金型とバルブゲートシステムの活用で変わるプラスチック成形　（河野　之信）

1 はじめに ……………………………………………………………………………………… 409
2 ホットランナの基本構造 …………………………………………………………………… 409
3 ホットランナシステムの導入効果 ………………………………………………………… 411
4 ホットランナ活用の注意点 ………………………………………………………………… 412
5 薄型バルブゲートシステムの構造 ………………………………………………………… 412
6 課題と今後の展望 …………………………………………………………………………… 413

第4節　加飾，機能性付与金型（Non Skin Decoration）（佐藤　誠）

1. 樹脂加飾技術について ………………………………………………………………… 414
2. 意匠表現性の加飾 ……………………………………………………………………… 415
3. 機能付与性の加飾 ……………………………………………………………………… 418
4. おわりに ………………………………………………………………………………… 421

第5節　射出成形金型内ガス排気装置"ECOVENT"シリーズ／成形実証および今後の期待（齊藤　清晃・齊藤　輝彦・後藤　喜一）

1. 射出成形金型内ガス排気装置 ECOVENT とは ……………………………………… 422
2. ウェルド試験金型を用いた実証成形試験 …………………………………………… 424
3. 実証結果による期待される効果 ……………………………………………………… 429
4. おわりに ………………………………………………………………………………… 430

第6節　金型のセラミックスコーティング技術（堂前　達雄）

1. はじめに ………………………………………………………………………………… 431
2. PVD 法イオンプレーティングの特徴とセラミックスコーティング ……………… 432
3. 樹脂成型金型に対する窒化物セラミックス膜，DLC の適用事例 ………………… 436
4. おわりに ………………………………………………………………………………… 439

第4章　プラスチック成形品の成形解析・評価

第1節　流動解析（成形品設計）（愛智　正昭・金井　茂）

1. はじめに ………………………………………………………………………………… 443
2. 解析手法 ………………………………………………………………………………… 443
3. 解析例 …………………………………………………………………………………… 446
4. おわりに ………………………………………………………………………………… 449

第2節　冷却解析（林　哲平・邱　顯森・邱　彦程）

1. はじめに ………………………………………………………………………………… 450
2. 金型温調機と冷却管 …………………………………………………………………… 450
3. 適切な金型温調機を選択する方法は？ ……………………………………………… 451
4. ポンプと冷却管の関係 ………………………………………………………………… 452
5. 実現可能性の検証 ……………………………………………………………………… 453
6. おわりに ………………………………………………………………………………… 456

第3節　配向解析（林　哲平・曽　煥錕）

1. はじめに ………………………………………………………………………………… 457
2. 繊維配向方程式 ………………………………………………………………………… 457
3. 事例検証 ………………………………………………………………………………… 459

第4節　樹脂材料の破壊判定基準の決定と衝撃試験解析による検証（竹越　邦夫）

1. はじめに ………………………………………………………………………………… 463
2. 材料構成則 ……………………………………………………………………………… 463
3. 破壊判定基準 …………………………………………………………………………… 463

－目-10－

④ 材料試験 ……………………………………………………………………………… 465
⑤ 従来型破壊判定基準の決定 …………………………………………………………… 466
⑥ 累積損傷型の破壊判定基準の決定 …………………………………………………… 469
⑦ 破壊判定基準データの検証 …………………………………………………………… 470
⑧ おわりに ………………………………………………………………………………… 471

第5章 プラスチック成形品の残留応力と除去

第1節 プラスチック成形品残留応力の非侵襲計測技術の開発 （梶原　優介）
① はじめに ………………………………………………………………………………… 475
② THz 偏光測定光学系 …………………………………………………………………… 477
③ 高分子配向と THz 偏光特性の相関 …………………………………………………… 478
④ 印加応力と THz 偏光特性の相関 ……………………………………………………… 479
⑤ 残留応力と THz 偏光特性の関係 ……………………………………………………… 480
⑥ おわりに ………………………………………………………………………………… 482

第2節 穿孔法による残留応力測定 （高倉　大典・郡　亜美）
① 残留応力測定法 ………………………………………………………………………… 484
② 穿孔法による残留応力の測定手順 …………………………………………………… 485
③ 穿孔法の残留応力測定原理 …………………………………………………………… 486
④ 穿孔法の検証試験 ……………………………………………………………………… 488
⑤ 穿孔法のその他の適用事例 …………………………………………………………… 490

第3節 CAE を用いたプラスチック成形品の品質評価 （牧　晴也）
① はじめに ………………………………………………………………………………… 491
② Moldex3D を用いた樹脂流動成形解析と残留応力評価 …………………………… 491
③ 残留応力に関連した解析事例 ………………………………………………………… 493
④ おわりに ………………………………………………………………………………… 497

第4節 残留ひずみ／残留応力とアニール処理技術 （本間　精一）
① はじめに ………………………………………………………………………………… 499
② 残留ひずみに関係する特性 …………………………………………………………… 499
③ 残留ひずみと対策 ……………………………………………………………………… 503
④ 残留ひずみによる不具合 ……………………………………………………………… 507
⑤ アニール処理技術 ……………………………………………………………………… 508
⑥ おわりに ………………………………………………………………………………… 513

第6章 プラスチック成形品の2次加工技術

第1節 プラスチックの超音波溶着技術 （関　篤揮）
① はじめに ………………………………………………………………………………… 517
② 超音波振動技術 ………………………………………………………………………… 517
③ 超音波溶着に適した材料 ……………………………………………………………… 519
④ 種々の超音波工法 ……………………………………………………………………… 522

⑤ おわりに ……………………………………………………………………………… 524

第2節　プラスチックへのめっき技術　（野村　太郎・今野　大地）

① はじめに ……………………………………………………………………………… 525
② プラスチックめっき ………………………………………………………………… 525
③ プラスチックへのめっきプロセス ………………………………………………… 531
④ 環境規制対応型プロセスによる絶縁樹脂へのめっき技術 ……………………… 536
⑤ おわりに ……………………………………………………………………………… 538

第7章　AM造形技術，IoT/AIを活用したものづくり技術

第1節　AM（アディティブ・マニュファクチャリング）法

第1項　ストラタシスが切り開く次世代の3Dプリンティングソリューション

（中間　哲也）

① 3Dプリンティング技術の導入 …………………………………………………… 541
② 3Dプリンターの技術的基盤 ……………………………………………………… 541
③ 3Dプリンターを用いた製造プロセスとワークフロー ………………………… 542
④ 3Dプリンターの使用事例 ………………………………………………………… 544
⑤ 利点と課題 …………………………………………………………………………… 545
⑥ 未来展望と結論 ……………………………………………………………………… 546

第2項　ARBURG社による射出成形機を応用した3Dプリンターの開発―新工法APF（Arburg Plastic Freeforming）方式の説明―　（池田　博樹・LIM WEI YEN）

① はじめに ……………………………………………………………………………… 548
② 材料の認定，選択，準備 …………………………………………………………… 549
③ 液滴形状とアスペクト比に及ぼす機械パラメーターの影響 …………………… 550
④ スライシングで層の詳細を定義 …………………………………………………… 550
⑤ 積層方向と充填角度の影響 ………………………………………………………… 551
⑥ オリジナル素材で作られた産業用機能部品 ……………………………………… 553
⑦ 2つの構成部品 ……………………………………………………………………… 554
⑧ カスタマイズされた個別部品と機能性材料 ……………………………………… 555
⑨ プロセスチェーンにおける造形価値とFreeformerへの顧客要求の統合 …… 557
⑩ おわりに ……………………………………………………………………………… 558

第3項　EOS社樹脂粉末積層造形システムの魅力と可能性について

（原田　彰・毛利　孝裕）

① はじめに ……………………………………………………………………………… 560
② 樹脂AMの分類 ……………………………………………………………………… 560
③ EOS社の樹脂粉末積層造形システムについて ………………………………… 561
⑤ AMの代表的な利点 ………………………………………………………………… 563
⑤ AMの課題 …………………………………………………………………………… 564
⑥ EOS社とXAMによる課題への取り組み ……………………………………… 566
⑦ 生産技術としての普及について …………………………………………………… 568
⑧ おわりに ……………………………………………………………………………… 569

第2節　IoT/AI を活用したものづくり技術

第1項　技術伝承と人材育成を目的とした「IoT "ブレイン" 金型」の開発　（乙部　信吾）

1. 背景：「技術伝承」の難しさ ……………………………………………………… 570
2. IoT，AI を活用した金型技術の開発 ……………………………………………… 570
3. 開発内容「IoT 金型」の設計 ……………………………………………………… 571
4. IoT 金型を用いた実験 ……………………………………………………………… 576
5. 「AI ツール」構築 …………………………………………………………………… 579
6. 「説明できる AI」の効用 …………………………………………………………… 580
7. 技術伝承，人材育成への活用 ……………………………………………………… 582

第2項　ミドルウェアの開発と導入例　（平田　園子）

1. はじめに ……………………………………………………………………………… 585
2. ミドルウェアの開発 ………………………………………………………………… 585
3. ミドルウェアの利用状況，および導入により期待される効果 ……………… 590
4. おわりに ……………………………………………………………………………… 591

第3項　リモート監視システム iPAQET4.0 の紹介　（西川　巧）

1. はじめに ……………………………………………………………………………… 592
2. リモート監視システム iPAQET4.0 ……………………………………………… 593
3. おわりに ……………………………………………………………………………… 598

第4項　デジタルツインを使った金型温度の均一化技術　（宮内　隆太郎・北川　智也）

1. はじめに―金型内部温度の計測におけるデジタルツイン― …………………… 599
2. モデル低次元化技術とシステムシミュレーション /1D CAE/MBD …………… 600
3. 金型の誘導加熱システムの低次元化モデルの構築 …………………………… 602
4. デジタルツインを活用した制御システムの構築 ……………………………… 605
5. おわりに ……………………………………………………………………………… 606

第5項　AI を利用したプラスチック成形品の良否判定・成形条件調整技術　（内山　祐介）

1. はじめに ……………………………………………………………………………… 607
2. 射出成形 AI …………………………………………………………………………… 607
3. 適用例と効果 ………………………………………………………………………… 611
4. おわりに ……………………………………………………………………………… 612

※本書に記載されている会社名、製品名、サービス名は各社の登録商標または商標です。なお、必ずしも商標表示（®、TM）を付記していません。

序　論

プラスチック射出成形の基本特性と
成形技術の進展

本間技術士事務所　本間　精一

序　論　プラスチック射出成形の基本特性と成形技術の進展

1　はじめに

　射出成形は複雑形状製品を成形できること，成形サイクルが短いこと，後仕上げが少ないこと，ほとんどのプラスチックを成形できることなどの利点があり，最も広く応用されている。射出成形は少品種多量生産型の成形法であるが，最近は意匠性，機能性，高強度などの多様な要求に応えるため，従来の射出成形をさらに進展させた成形技術が開発されている。

　序論として射出成形の基本特性について述べた上で，課題を克服する成形技術の進展について概観する。

2　射出成形の基本特性

2.1　予備乾燥

　成形材料（ペレット）の造粒工程では押出機で加熱・溶融するので水分を含まない状態（絶乾状態）であるが，包装・保管している間に徐々に吸湿する。吸湿状態で成形すると水分の影響で成形不良が発生する。プラスチックの種類にもよるが，一般的に成形不良が発生しない吸水率（以下，限界吸水率）以下に予備乾燥しなければならない。

　乾燥速度に与える乾燥温度および乾燥空気湿度（絶対湿度）の影響は次のとおりである。

①　乾燥温度が高いほど乾燥速度は速くなり平衡吸水率も低くなる
②　乾燥空気湿度（絶対湿度）が低いほど，乾燥速度は速くなる

　図1に材料の乾燥特性を示す。乾燥温度が高いほど乾燥速度は速くなり限界吸水率以下に達する。しかし，乾燥温度が高過ぎるとペレット同士が融着するので，融着しない上限温度が最適乾燥温度である。最適乾燥温度において限界吸水率に達するまでの時間が乾燥時間である。その場合，乾燥空気湿度（絶対湿度）が低いほど乾燥時間は短くなる。したがって，除湿空気で乾燥をすると乾燥時間は短くなる。

　材料吸湿率の影響については，次の3つのタイプがある。

・PE，PP などは吸湿率が低いので，通常は予備乾燥をする必要はない。

・PC，PBT，PET，PAR などは成形温度下で加水分解するので，厳密な予備乾燥をしなければならない。加水分解すると分解ガスが発生するとともに分子量が低下する。その結果，銀条，気泡（バブル），流動性変動，強度低下などが起きる。

・その他のプラスチックは，顕著な加水分解は起こさないが予備乾燥する必要がある。吸湿していると水分による銀条，気泡（バブル），流動性変動などが起きる。

2.2　可塑化

　インラインスクリュ式射出成形機の可塑化を前提に述べる。**図2**に示すように標準スクリュは供給ゾーン，圧縮ゾーン，計量ゾーンからなっている。供給ゾーンではシリンダ壁面と接するソリッドベッドにメルトフィルムが形成される。圧縮ゾーンでは押フライト側にメルトプールが形成されたのちソリッドベッドが崩壊してブレークアップが起きる。計量ゾーンではブレークアップが溶融されてリザーバに計量される。

— 3 —

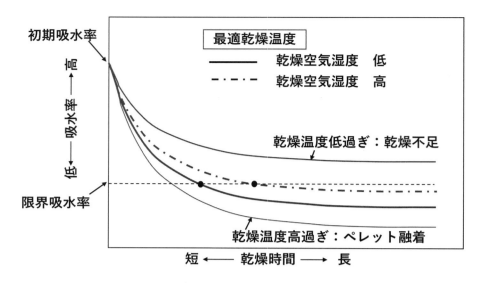

図1 乾燥特性と最適乾燥温度

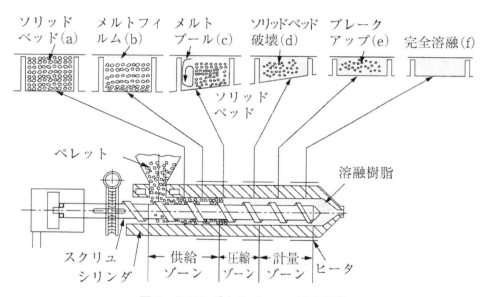

図2 シリンダ中のペレット溶融過程

　樹脂はシリンダーヒータからの熱とスクリュ回転によるせん断熱によって溶融される。
　流体に加えられた力学エネルギーによるせん断発熱と溶融粘度およびせん断速度の間には**表1**に示す関係がある[1]。樹脂の溶融粘度(せん断粘度)はせん断速度依存性があるのでそのまま適用できないが，せん断発熱による温度上昇は粘度の1乗に，せん断速度の2乗に比例する。ここで，せん断速度はスクリュ径とスクリュ回転数に比例し，溝深さに反比例するのでスクリュ径が太く，回転数が速く，溝深さが浅いほど2乗の効果で温度上昇する。

— 4 —

序　論　プラスチック射出成形の基本特性と成形技術の進展

表 1　せん断発熱に影響する要因

せん断発熱とせん断速度および粘度の関係[1]	$$\frac{\Delta T}{\Delta t} = \frac{\eta \dot{Y}^2}{\rho C_p}$$ $\Delta T/\Delta t$：時間あたりの温度上昇（℃/sec） η：せん断粘度（poise）　$\dot{Y}$：せん断速度（sec^{-1}） ρ：密度（g/cm^3）　C_p：定圧比熱（cal/g・℃）
せん断速度とスクリュ径，回転数，溝深さの関係	$$\dot{Y} = \frac{\pi D N}{60h}$$ $\dot{Y}$：せん断速度（sec^{-1}）　D：スクリュ径（mm） N：スクリュ回転数（rpm）　h：溝深さ（mm）

　供給ゾーンのペレット間には空気（酸素）が存在し，ペレット内部にも微量の酸素が拡散しているので熱分解（熱酸化分解）が起きる。熱分解は温度と時間の関数であり温度が高いと短時間で熱分解するが，温度が低くても時間が経つと熱分解する。シリンダ内における材料の平均滞留時間は通常 10〜20 分程度である。この滞留時間内で熱分解しない成形温度に設定している。しかし，シリンダ内の樹脂流路ではチェックリング（逆流防止リング），シリンダヘッド合わせ面などの局部滞留箇所があること，金属接触面では熱分解が促進されることなどに注意しなければならない。また，せん断発熱によって，成形温度（設定温度）より樹脂温度が高くなることにも留意すべきである。

2.3　射　出

　流体の流動は流路形状を一定とすると，次式で示される。

$$Q = \frac{K(P_1 - P_2)}{\eta} \tag{1}$$

　Q：時間あたりの流量　　K：流路形状によって決まる定数
　P_1：流入側圧力　　P_2：流動末端側圧力　　η：粘度

　式（1）から，流入側と流動末端側の圧力差（P_1-P_2）が大きいほど，また粘度ηが低いほどよく流れることを表す。ただし，プラスチックの溶融粘度（せん断粘度）ηはせん断速度が速くなると低くなる特性がある。また，成形温度が高いほど粘度は低くなるので流れやすくなる。

　型内樹脂流動はファウンテンフローを示す。**図 3** に示すように，ゲート側から逐次充填し，先に流入した樹脂はゲート近傍の固化層（非流動層）になる。固化層が断熱層の役割を果たし，後で流入した樹脂は先端に向かって流れる。型壁面から冷却されるため流動層は狭くなりやがて流動停止する。射出速度を速くすると，固化層が厚くなる前に充填するので流れ距離は長くなる。ポリマーは無応力下ではランダムコイル形態を取る性質があるが，固化層と流動層の間で生じるせん断応力によって応力方向に引き伸ばされて固化すると分子配向となる。

　ファウンテンフローは安定流動であるが，製品形状や成形条件によっては不安定流動を示すことがある。**表 2** に不安定流動の例を示す。不安定流動ではジェッティングやフローマークなどの成形不良現象を示す。

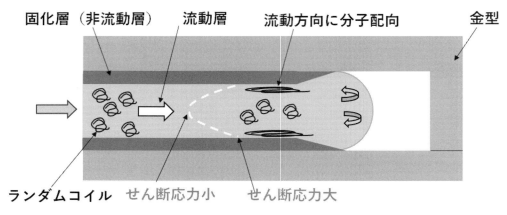

図3 ファウンテンフローと分子配向概念図

表2 不安定流動例と成形不良

不安定流動例	成形不良
ゲートから噴出した樹脂が流動末端に達した後，ゲート部から逐次充填	ジェッティング
段差部から湧き出すように流れ出た後，充填	フローマーク

2.4 保 圧

キャビティに充填された樹脂は冷却につれて体積収縮する。体積収縮分を補うため保圧をかけて溶融樹脂をキャビティに送り込む。しかし，**図4**に示すように樹脂流路では圧力損失があるため流動先端側の圧力は低くなる。キャビティ内においてもゲート側の圧力は高く，流動末端では低くなる。流路形状を一定とすると，圧力損失は式(1)から次式となる。

$$P_1 - P_2 = \frac{Q \cdot \eta}{K} \tag{2}$$

P_1：流入側圧力　　P_2：流動末端側圧力　　η：粘度(せん断粘度)
Q：時間あたりの流量　　K：キャビティ形状によって決まる定数

式(2)から時間あたりの流量Qを一定とすれば粘度ηが高いほど圧力損失は大きくなることがわかる。

型内の収縮挙動は圧力・比容積・温度特性(PvT特性)をもとに予測するが，ここでは概念図を用いて説明する。**図5**に保圧と金型温度の影響を示す。図5(a)のように保圧が高いときは型

序　論　プラスチック射出成形の基本特性と成形技術の進展

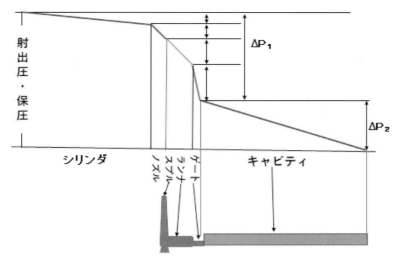

図4　型内における圧力損失概念図

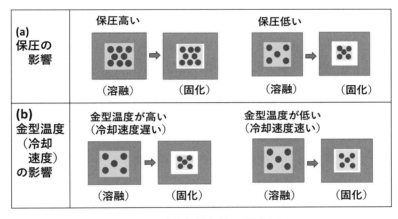

図5　型内体積収縮の概念図

内での体積圧縮が大きいため固化後の収縮は小さくなる。逆に，保圧が低いときは体積圧縮が小さいため固化後の収縮は大きくなる。図5(b)のように金型温度が高いときは冷却速度が遅いので固化後の収縮は大きくなる。逆に，金型温度が低いときは冷却速度が速いので固化後の収縮は小さくなる。特に結晶性プラスチックは結晶化による体積収縮の影響が加わるので金型温度(冷却速度)の影響は顕著になる。

2.5　冷　却

ゲートシールすると保圧はキャビティ(成形品部)に及ばなくなり冷却時間となる。実際には保圧時間においても冷却は進行しているので，真の冷却時間(以下，冷却時間)は保圧時間と冷却時間の和と考えられる。冷却時間は熱拡散方程式を解くときの前提条件によって係数の異なる式

が公表されているが，その１つを次式に示す[2]。

$$T_{cooling} = \frac{h^2}{\pi\alpha} \ ln\left(\frac{8}{\pi^2}\frac{T_M-T_W}{T_D-T_W}\right)$$

(3)

$T_{cooling}$：冷却時間　　π：円周率　　α：熱拡散係数　　h：厚み

T_M：樹脂温度　　T_W：金型温度　　T_D：離型可能温度

　式(3)から，冷却時間は肉厚の２乗に比例することがわかる。つまり，肉厚を２倍にすると冷却時間は４倍長くなる。

　離型可能温度 T_D はガラス転移温度(非晶性プラスチック)または結晶化終了温度(結晶性プラスチック)が目安になる。式(3)において，金型温度 T_W を高くすると(T_M-T_W)に比較して(T_D-T_W)が小さくなるので，[(T_M-T_W)/(T_D-T_W)]項が大きくなる。その結果，冷却時間は長くなる。一般的に金型温度が高いほうが成形品品質(残留ひずみ，表面光沢など)はよくなるが，成形サイクル(冷却時間)が長くなるので，その兼ね合いから適切な金型温度に設定している。

3　射出成形の課題と技術の進展

3.1　ガス対策技術

　ガスには材料由来によるものと成形由来によるものがある。全てのガスが成形不良を誘発するわけではないが，主なガス成分を**表3**に示す。シリンダ内では樹脂圧(背圧)でガスは溶融樹脂に溶存しているが，キャビティに射出されると一次的に圧力から解放されるのでガスは流動先端から拡散し，先に流れて金型の合わせ面またはベント孔から型外に排出される。ガスによってはキャビティ面で液化または固化して付着する。成形を繰り返すうちに集積してキャビティ面の汚染やベント詰まりを起こす。また，酸性ガスは金型腐食を起こす。キャビティ面の汚染や腐食面が成形品表面に転写されると曇り，表面粗化などが，さらに未充填，寸法バラツキ，離型不良なども起きる。

　図6に示すようにガス対策にはランナまたはキャビティの流動末端にガスベントを設けるのが一般的である。ガスベント効果とバリ発生の兼ね合いからベント孔のスリット厚みは 0.01～0.03 mm の範囲で設計している。しかし，最近では，ガスベントだけでは対応できない製品も多くなっており，**表4**に示すガス対策技術が開発されている。

表3　成形時の発生ガス

分　類	ガス成分
材料由来	・残留不純分(未反応モノマー，反応助剤，溶剤類) ・添加剤(帯電防止剤，光安定剤，難燃剤など) ・充填材の表面処理剤
成形由来	・分解ガス(熱分解，加水分解) ・水分(予備乾燥不足) ・エア(スクリュでのエア巻き込み，キャビティ内エア)

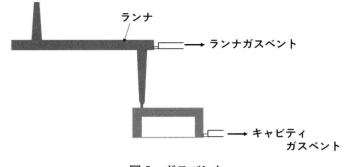

図6 ガスベント

表4 ガス対策成形技術

項　目		主な原因	主な対策
予備乾燥		予備乾燥不足	・除湿乾燥 ・窒素気流乾燥
シリンダ	供給ゾーン	エア(酸素)による 　　　　熱酸化分解	・窒素ガス置換 ・適量供給と真空引きホッパー
	圧縮ゾーン	せん断熱による 　　　　熱分解ガス	・低せん断発熱スクリュ
	計量ゾーン	滞留による熱分解ガス 配合剤由来のガス 水分または加水分解ガス	・ベント式成形機 　(ベントゾーンでの脱気)
	ノズル	滞留による熱分解ガス 配合剤由来のガス 水分または加水分解ガス	・ノズルガス抜き装置 　「GAVEN」(ウィンテクノ㈱)
型　内		キャビティ内のエア 溶融樹脂由来のガス	・ガス抜き金型部品によるベント ・専用装置による強制ベント
		成形機動作に連動した 　　　　ガス抜き	・「煙がでるガス抜き成形」 　(ニイガタマシンテクノ) ・「AIRPREST」(宇部興産機械)

　PC, PBT, PET, PARなどは環境湿度の影響を避けるため除湿型乾燥機を使用する。材料内部に拡散しているエア(酸素)による熱分解を抑制するため窒素気流中で乾燥する装置もある。
　供給ゾーンではペレット粒子間に存在するエア(酸素)による熱分解を抑制するため供給ゾーンを窒素置換や真空引きする方法がとられている。
　可塑化にあたっては，せん断発熱を抑制し溶融樹脂中のガスを脱気する必要がある。通常のスクリュではせん断発熱が大きいため低せん断発熱スクリュが開発されている。また，ベント式射出成形機やノズル部からのガス抜き装置を用いてガス抜きする方法もある。
　キャビティ内のガスを効果的に排気するガス抜き装置や金型部品も開発されている。真空ガス抜きする方法や射出時にはベント孔を大きく開き，樹脂充填直前に閉じる専用金型部品がある。ガス抜き金型部品にはガス抜きピンや通気性多孔質キャビティ鋼材もある。

成形時に射出動作に連動して金型からガス抜きする射出成形法もある。

3.2 ウェルドライン対策技術

ウェルドライン(WL)は流動先端で冷えた樹脂が合流するときに発生する筋状マークである。成形品形状によってさまざまなタイプのWLがあるが，両サイドからの溶融樹脂が合流したときに発生する対向流WLの例を図7に示す。

WLは外観や強度が問題にならない位置に発生するようにゲート方式や位置の選定および肉厚分布の調整によって対応しているが，携帯端末，自動車計器類，液晶TVなどの意匠部品ではWLが発生しないことが求められる。

ヒートアンドクール成形法は射出直前に金型温度をガラス転移温度以上(非晶性樹脂の場合)または結晶化温度以上(結晶性樹脂の場合)に急速加熱した後に射出し溶融状態で合流させた後に急冷する方法である。成形システム開発例を表5に示す。

断熱金型成形法は熱伝導率が低い断熱材をキャビティ面に介在させてガラス転移温度以上(非晶性プラスチックの場合)または結晶化温度以上(結晶性プラスチックの場合)に保ちつつ合流させる方法である。断熱材にはエポキシ樹脂，ポリイミド，シルコニアセラミックなどが用いられ

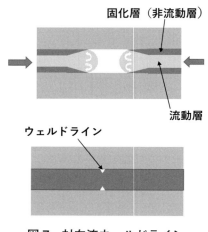

図7 対向流ウェルドライン

表5 ヒートアンドクール成形システム例

加熱法	装置またはシステム名※
加圧高温蒸気または加圧高温水	・ヒートアンドクール法(SABICイノベーティブプラスチックス，㈱シスコ，富士精工㈱，㈱牧野フライス，三菱商事テクノス㈱) ・RHCM成形(小野産業㈱) ・E-MOLD(ウィッツェル㈱) ・BFMOLD(バッテンフェルト社)
シースヒータ加熱	・Y-HeaT(山下電気㈱)
誘導加熱	・ケージシステム(ロックツール社) ・BSM1，BSM2(旭化成ケミカルズ㈱)

※開発当初の成形システム名および会社名である

序　論　プラスチック射出成形の基本特性と成形技術の進展

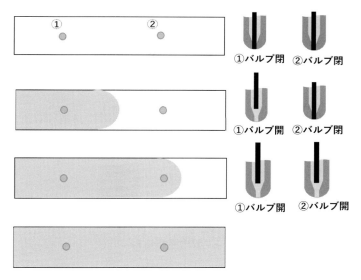

図 8　バルブ付きホットランナノズルを用いてウェルドラインを発生させない成形法

ている。

　バルブ付きホットランナノズル開閉成形法は射出時にバルブゲートを開き，射出・保圧完了すると機械的にバルブゲートを閉じる方式である。図 8 に示すように①と②の同ホットランナノズルについて，まずバルブ①を開いて射出し（バルブ②は閉），溶融樹脂がノズル②を通過したタイミングでバルブ②を開くと溶融状態で合流するのでWLは発生しない。バルブを開くタイミングを適切に制御するには射出成形機の射出動作と連動させなければならない。

3.3　残留ひずみ，そり対策技術

　キャビティ内ではゲート近傍は圧力が高く流動末端は低くなる。圧力の高い箇所は成形収縮率が小さく，低い箇所は成形収縮率が大きくなる。成形品内で成形収縮率差があると残留ひずみが発生し，残留ひずみが解放されるとそりになる。型内圧をできるだけ等圧化するため，多点ゲートにすることで残留ひずみやそりを低減する方法がとられる。しかし，製品形状や金型構造の関係でゲート点数を増やすことには制約がある。

　射出圧縮成形は射出充填後に保圧をかけないで圧縮するので均一な型内圧分布になる。射出圧縮成形を図 9 に示す。図 9(a) の型開き圧縮成形法は金型を 0.1〜0.3 mm 程度に開いて低圧射出し，充填完了直後に型締め圧縮する。金型を閉じた状態でキャビティを大きく開いて低圧射出し，充填後に圧縮する方法にはコア圧縮（図 9(b)）と型締め圧縮（図 9(c)）がある。

　保圧の代わりにガス圧を用いる成形法にはガスアシスト成形とガスプレス成形がある。ガス圧は圧力損失がないので均等な型内圧分布になる。図 10 にガスアシスト成形（図 10(a)）とガスプレス成形（図 10(b)）を示す。ガスアシスト成形は充填過程の適切なタイミングで流動層（コア層）にガスを圧入する方法である。一方，ガスプレス成形法は，充填後にキャビティ壁面と溶融樹脂の隙間にガスを圧入して反対のキャビティ壁面にプレスする方法である。ガスプレス側はキャビティ面を転写できないので平滑性が得られない点に留意すべきである。

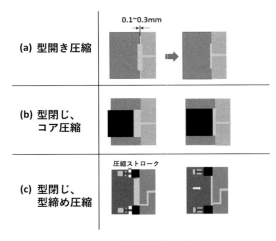

図9　射出圧縮成形

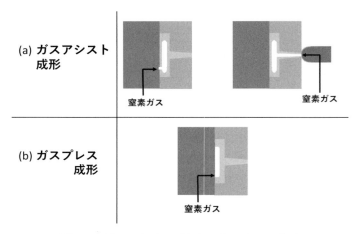

図10　ガスアシスト成形，ガスプレス成形

3.4　加飾成形技術

　射出成形で色相の異なる製品を作り分けようとすれば，その都度着色材料を切り替えて成形しなければならない。射出成形品に多様な意匠性を賦与するには2次加工による塗装，印刷，めっきなどの表面処理が行われている。**表6**に2次加工による加飾法を示す。しかし，生産性，コストアップ，品質ばらつき，環境安全対策などに課題がある加飾法が多い。

　加飾フィルムインサート成形法はあらかじめ塗装，印刷などで加飾したフィルムを金型にインサートし，ベース樹脂と一体化する射出成形法である。**表7**に示すように，成形システム（Ⅰ）は製品形状がフラット形状であるときの成形法であり，成形システム（Ⅱ）～（Ⅳ）は加飾フィルムを3次元形状に賦形したのちに成形する方法である。

　転写加飾成形法は文字・絵柄を印刷した転写箔を射出成形金型にインサートし，溶融樹脂を射出して樹脂の熱と圧力で転写箔の加飾層をベース樹脂側に転写して加飾製品を得る方法である。

序　論　プラスチック射出成形の基本特性と成形技術の進展

表6　2次加工による表面加飾法

分　類	方　法
塗　装	溶剤系塗料，水溶性塗料，無溶剤塗料
印　刷	グラビア印刷，スクリーン印刷，パッド印刷
めっき	湿式めっき 乾式めっき（真空蒸着，スパッタリング）
その他加飾	水圧転写法，レーザマーキング法，ホットスタンプ法，含浸印刷法，染色法

表7　加飾フィルムインサート成形システム

ケース	工程
I	加飾フイルム → 製品形状にカット → 金型に装着 → 射出成形 → 製品
II	加飾フイルム → 真空・圧空成形 → トリミング → 金型に装着 → 射出成形 → 製品
III	加飾フイルム → 金型に連続的に供給 → 型内で真空成形 → 射出成形 → トリミング → 製品
IV	ホットスタンプ箔をフィルムに積層 → 製品形状に真空成形 → トリミング → 金型の装着 → 射出成形 → 製品

　インモールドラベリング（In Mold Labeling：IML）は成形と同時に型内でラベルを貼る方法である。IML はあらかじめ所望形状にカットしたラベルをマガジンに積んでインサーター（ロボット）によりラベルを加熱し製品アールに賦形した後に金型にインサートする。次いで，成形時の樹脂の熱と圧力によりラベルを成形品に接着する。

　型内塗装成形法は IMC（In Mold Coating）法とも表現される。溶融樹脂を型内に充填したのち，型を少し開いた間隙に，またはあらかじめ設けられたキャビティと成形品の間隙に塗料を注入した後，型内で硬化させて塗装製品を得る方法である。型内塗装成形法には，KraussMaffei 社の「ColorForm」，Engel 社の「ClearMelt」，宇部興産機械㈱の「インプレスト」などがある。

　加飾真空成形法は射出成形品に限定されるわけではないが，被加飾品を真空成形装置にセットし加飾フィルムを真空成形すると同時に貼り合わせる方法である。布施真空㈱の「TOM 成形」，㈱浅野研究所の「減圧被覆真空成形法」，エヌアイエス㈱の「NATS システム」などがある。自動車，鉄道車両などの大型製品の加飾に適した成形法である。

3.5　接着・接合成形技術

　接着・接合は2次加工（接着，溶着，機械的接合など）による方法が取られている。表8に主な2次加工法と課題を示す。最近では，製品の高強度化，機能性付与などの要求に応えるため，

プラスチック射出成形技術大系

金属，異種プラスチックなどとのマルチマテリアル化接着・接合技術の開発が進められている。
　専用接着フィルムまたは溶着フィルムを用いる方法は接着剤接着，溶着に比較して良作業性，高接着強度，良環境安全性などの利点がある。**表9**に示す専用フィルムが開発されている。
　型内接着・接合成形システム開発例を**表10**に示す。
　化学前処理によって微細穴を形成したアルミ部品をインサート成形すると，微細穴に樹脂が流入・固化することによって強固な接合強度が得られる。

表8　2次加工による接着・接合

分　類	接着・接合法		課　題
接　着	溶剤接着 接着剤接着		・前処理を要す ・作業性がよくない ・強度ばらつき大 ・環境安全対策要す
溶　着	熱風溶接法，熱板溶着法，インパルス溶着法，電磁誘導加熱溶着法，高周波溶着法，超音波溶着法，回転摩擦溶着法，フリクション溶着法，振動溶着法，半導体レーザー溶着法，赤外線レーザー溶着法		・同種樹脂または相溶性のある樹脂同士の溶着
機械的 接　合	ねじ接合，プレスフィット(圧入)，スナップフィット，スウェージング，カシメやリベッティング，鋼板ナット接合		・接合強度は低い ・接合面の気密性なし

表9　接着または溶着フィルム

材料組み合わせ	接着または溶着フィルム(開発会社名)
金属/炭素繊維強化プラスチック	「DNP接着フィルム」(大日本印刷㈱)
金属/ポリエチレン，ポリプロピレン	「DNP溶着フィルム」(大日本印刷㈱)
金属/ポリアミド，ポリプロピレン	「フィクセロン」(㈱アイセロ)
金属またはプラスチック/プラスチック	「WelQuick」(㈱レゾナック)

表10　型内接着・接合成形技術

接着・接合原理	材料組み合わせ		システム名(開発会社)
化学処理で微細穴を形成して インサート成形	アルミ合金/プラスチック		「NMT」(大成プラス㈱) 「アルプラス」(コロナ工業㈱) 「アマルファ」(メック㈱) 「ポリメタック」(三井化学㈱)
化学処理で接着層を形成して インサート成形	金属(銅系金属，鋼，アルミなど)/ プラスチック		「TRI」(㈱東亜電化，他) 「SDK法」(㈱レゾナック) 「CB技術」(㈱新技術研究所)
レーザー処理で微細溝を形成 してインサート成形	金属(アルミ合金，銅合金，SUS)/ プラスチック		「レザリッジ」(ヤマセ電気㈱/ 　　　　　ポリプラスチックス㈱) 「DLAMP」(ダイセルミライズ㈱)
	繊維強化プラスチック/非強化プラスチック		「AKI-Lock」 (ポリプラスチックス㈱)
大気圧プラズマ処理による2材 型内接着	PP/TPU		「InMould-Plasma」 (プラズマトリート社)
大気圧プラズマCVD処理金属の インサート成形	金属/専用プラスチック		「Plasma-SealTight(PST)」 (プラズマトリート社)

— 14 —

化学前処理によって接着層を形成した金属部品をインサート成形すると，金属と樹脂が強固に接着する。

レーザー処理によって微細溝を形成した金属部品をインサート成形すると，微細溝に樹脂が流入・固化することによって強固な接合強度が得られる。

繊維強化成形品をレーザー処理すると微細溝が形成され，微細溝内部には繊維だけが残った状態になる。このレーザー処理品を非強化プラスチックでインサート成形すると溝内の繊維間に樹脂が流入・固化することによって強固な接合強度が得られる。

2材射出成形機を用いて，ポリプロピレンの1次成形品表面を大気圧プラズマ処理して接着性を付与したのち，熱可塑性エラストマーを2次成形すると界面接着した2材成形品が得られる。

大気圧プラズマCVD（Chemical Vaper Deposition）処理して接着層を形成した金属部品をインサート成形すると，金属─樹脂間で強固に接着する。

3.6 高強度品の成形技術

図11に示すようにガラス繊維強化材料には短繊維強化タイプと長繊維強化タイプがある。通常の射出成形では短繊維強化タイプが多く使用されているが，金属材料に比較すると強度・弾性率や衝撃強度が低い。一方，長繊維強化タイプでは長繊維を保ったままで成形できれば強度・弾性率，衝撃強度などが高い製品が得られる。しかし，通常の射出成形では可塑化過程で繊維が折損して繊維長が短くなるので，期待した強度が得られないという課題がある。

その対策として，表11に示す高強度品の成形法が開発されている。

① 射出成形法

長繊維強化材料の繊維の折損を抑制するための専用スクリュセットを搭載した射出成形機を用いる。

スクリュプリプラ式射出成形機を用いる成形法は2軸可塑化シリンダの途中から連続繊維（ロービング）を供給して溶融混練して射出シリンダに輸送・計量後に射出する。この成形法では不連続長繊維が分散している。

ハイブリッド射出成形法は熱可塑性樹脂をガラス連続繊維または炭素連続繊維で強化したシートまたはフィルムをインサートして同種繊維強化プラスチックを射出して一体化する方法である。連続繊維強化シートで強度や剛性を持たせ，リブ，ボスなどの複雑形状の部分は射出成形で形成する。

② 押出プレス成形法

LFT-D（Long Fiber Thermoplastic -Direct）とも呼ばれる。基本的には押出機を用いて樹脂と

(a)短繊維強化ペレット　　　(b)長繊維強化ペレット

図11　ガラス繊維強化成形材料（ペレット）

プラスチック射出成形技術大系

表11　高強度品の成形システム

分　類	成形システム	成形品中の繊維形態	開発研究機関名または会社名
射出成形法	インラインスクリュ式射出成形	不連続長繊維	各社
	スクリュプリプラ式射出成形	不連続長繊維	・Krauss Maffei 社 ・東芝機械㈱，他
	ハイブリッド射出成形	連続繊維 不連続長繊維	各社
押出プレス法	LFT-D（Long Fiber Thermoplastic-Direct）	不連続長繊維	・Dieffenbacher ・NCC　・㈱栗本鐵工所 ・㈱日本製鋼所
スタンピング成形法	ガラスマット積層シートスタンピング成形	不連続長繊維	・クオドラント・プラスチック・コンポジット・ジャパン
連続繊維強化素材の賦形法	熱可塑性プリプレグ	連続繊維	・BOND LAMINATES
	熱可塑性セミプレグ	連続繊維	・㈱日本製鋼所
	UD テープ	連続繊維	各社
	コミングルヤーン（混繊糸）	連続繊維	・カジレーネ / 岐阜大学 / 三菱ガス化学㈱

添加剤などを溶融混練したのちシリンダ途中から連続繊維をサイドフィードしてシートまたは溶融混練物を押し出す。次に溶融混練物をプレス賦形して長繊維強化品を成形する。この成形法では成形品中に不連続長繊維が分散している。

③　スタンピング成形法

ガラスマットに PP を押し出して溶融含浸しつつ，両面を PP シートで積層して GMT（Glass-Mat reinforced Thermoplastic）を作る。GMT を所望形状にカットして加熱スタンピング成形して製品形状に賦形する。

④　連続繊維強化熱可塑性樹脂素材を用いる加工法

熱可塑性樹脂をガラス繊維，炭素繊維などの連続繊維で強化したフィルム，シートまたは織物などを素材として製品形状に加熱賦形する加工法である。熱可塑性プラスチックと連続繊維を複合化したプリプレグ，セミプレグ，UD テープ，コミングルヤーンなどがある。

3.7　マテリアルリサイクル成形技術

成形工程の廃プラスチックや使用済製品回収プラスチックをマテリアルリサイクル材として有効活用することで，プラスチックの生産量抑制や廃棄量低減ができ温室効果ガス（CO_2）や環境汚染の低減につながる。しかし，マテリアルリサイクル（以下，リサイクル）ではさまざまな成形上の課題があるので対策が必要である。また，リサイクル材に関しては熱分解，添加剤消失，繊維強化材の短繊維化などの課題があり材料の技術開発が進められているが，ここでは成形技術を中心に述べる。

異物の大きさや形状にもよるが，リサイクル材に異物が混入していると応力集中源になるため強度低下する。成形工程リサイクルでは粉砕や保管の管理を行うことで異物混入を防止している。使用済み製品の回収リサイクル材では完全に分離できない異樹脂，塗膜，接着剤，ゴム，金属粉などの異物が混入していることがある。異物を除去するためリペレット用押出機とダイの間

にスクリーンメッシュを取り付けて異物を濾過・除去する方法がある。スクリーンメッシュを取り付けると微小異物がメッシュで濾過・除去されるため物性は向上するが，スクリーンメッシュの目開きを細かくすると，異物が目詰まりしやすくなるためメッシュ交換頻度が高くなり生産性が低下する。物性低下と生産性の兼ね合いから適切なメッシュ目開きに設定する必要がある。

表12　オンライン自動粘度測定装置

装置名(開発会社)	原　理
「meltcon」 (東洋機械金属㈱)	あらかじめ設定した基準粘度値になるように，リサイクル材の成形温度を自動調整
「Nendy-E」 (㈱ソディック)	射出成形機で溶融粘度—温度，せん断速度特性を計測し，測定データを基に成形条件を調整

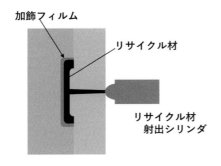

図12　加飾フィルムインサートによるリサイクル材成形法

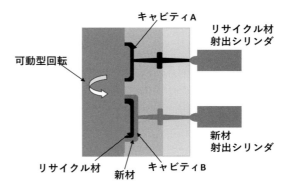

図13　2材質成形法によるリサイクル材成形法

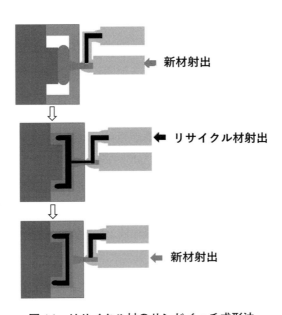

図14　リサイクル材のサンドイッチ成形法

プラスチック射出成形技術大系

　リサイクル材は流動性ばらつきが大きいので，その都度MFR（メルトマスフロレート）を測定し，測定値を参考にして成形条件を調整しなければならないが，**表12**に示すように射出成形機を用いてオンラインで溶融粘度を計測し成形条件を調整するシステムが開発されている。

　リサイクル材は変色や異物混入の点で意匠性が要求される外装部品には使用できないが，コア材として用いることで高品位成形品が得られる。**図12**に加飾フィルムインサート成形法を，**図13**にリサイクル材を新材で被覆する2材質成形法を示す。**図14**にリサイクル材をコア層とするサンドイッチ成形法を示す。

4 おわりに

　最近では，金型技術やCAE , Iot , AIなどの成形支援技術の進展も著しいが，本稿では成形技術を中心に概観した。詳細は各論を参照されたい。

文　献
1）山口政之：押出成形の条件設定とトラブル対策，
　　第1節，技術情報協会，5(2018)．
2）Tim A. Osswald : Polymer Processing
Fundamentals Hanser/Gardner Publications, 119
(1998)．

第 1 章

射出成形技術の進展

第1章 射出成形技術の進展

第1節 ガス対策射出成形機

第1項 Zero-molding，ALFIN を使用した樹脂ガス不良対策

住友重機械工業株式会社 徳能 竜一

1 はじめに

プラスチック成形加工において，成形不良を発生させる要素の1つにガスがある。溶融樹脂から生成されるガスは，金型にデポジットとして堆積していく。これが成形品のショートショット，焼け・コンタミなどの外観不良を発生させる。

ガスは射出成形工程で副次的に生成される。スクリュ位置制御を介して，ガスを制御することは困難である。射出成形機だけでなく，ガスの出口となる金型対策も重要になる。本稿では樹脂ガス問題と対策について，成形機側と金型側の両面から対策を紹介する。

2 成形機からみたガス問題と対策

樹脂から発生するガスは，高沸点ガスと低沸点ガスがある。高沸点ガスは，一般的に，樹脂を構成するモノマーの分子鎖が千切れてガス化したものである。一方，低沸点ガスは，酸化防止剤や熱安定剤などの添加剤由来であることが多い。これらは溶融温度に達した段階で，樹脂から揮発していくため，シリンダ温度制御で発生を抑止するのは難しい。

射出成形においてガスによる不良として，よく問題に挙げられるものが，ウェルドライン・ガス焼け・ショートショットである。これらの問題はいずれもガス逃げ不良によって生じるが，そもそも成形中にガスが生じるのは樹脂の加熱による熱分解が原因である。樹脂が加熱されるタイミングは，**図1**に示すように，加熱シリンダ内で可塑化溶融されるときと金型内に射出されるときの2つに分けられる[1]。

可塑化時に発生するガスは，ヒータ熱とスクリュ回転によるせん断熱による樹脂の加熱が原因である。このタイミングではまだ樹脂・ガスともに金型に射出されていないため，成形機側で対策する必要がある。

3 真空可塑化装置

可塑化時に発生する樹脂ガスや，加熱シリンダ内の気体を取り除く方法として，スクリュ溝内部を常に真空に保ちながら，樹脂材料を供給する真空可塑化装置（ALFIN）を使用する。**図2**に

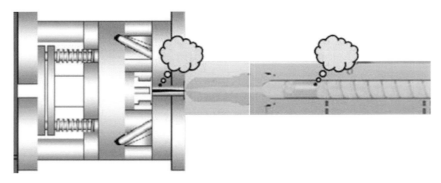

図1 ガスの発生箇所（スクリュ）

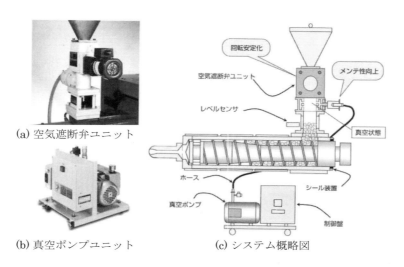

(a) 空気遮断弁ユニット
(b) 真空ポンプユニット
(c) システム概略図

図2 真空可塑化装置 (ALFIN)

ALFINの概略図と写真を示す。ホッパーと水冷シリンダの間に，空気遮断弁ユニット（図2(a)）を設置する。ユニットは写真に示すようにロータリーバルブになっており，弁が開くと樹脂を落とし，ロータリー回転により弁が閉じると樹脂が遮断される。下部のガラス管のレベルセンサでペレット量を監視し，センサがペレット不足を検知するとロータリー回転を再開する。これにより満杯供給を防ぎ，脱気領域を確保する。ガラス管内部は真空ポンプで常にバキュームされる。遮断弁ユニット内部と加熱シリンダ根本には，シール装置を施工し，加熱筒内の真空状態を保つ。$-90\sim-100\,\mathrm{kPa}$ の真空シール状態が確保されれば，風の流れは遮断され，ペレットは巻き上がらない。このような完全シール状態で，ペレットを真空状態に保ちつつ計量する。ペレット周囲の酸素，水蒸気，樹脂ガスは常に真空ポンプ側に吸引され，酸化劣化，加水分解リスクも低減される。

表1に，ALFINによる効果事例を示す。主な効果は以下のようになる。
・樹脂ガス吸引による金型メンテナンス周期の延長
・酸素遮断による黒点，変色不良の低減

・水分低減による加水分解不良の低減

表1 真空可塑化装置（ALFIN）の効果

効　果	成形品	成形機 （スクリュ径）	樹　脂	効果内容
ガス抜き	コネクタ	30tf（φ14）	PBT PPS	金型メンテナンス周期が延びる　1日→1週間に1回
		75tf（φ32）	PEI	金型メンテナンス周期が延びる　1週間→2週間に1回
		220tf（φ63）	PA6＋PP	金型メンテナンス周期が延びる　3週間→3ヵ月以上
	継ぎ手	100tf（φ36）	PPS	金型メンテナンス周期が延びる　1週間→3週間以上
焼け防止	キャップ	180tf（φ45）	PMP	不良率が1/2に減少
		280tf（φ50）	HDPE	
	導光版	100tf（φ28）	PMMA	黒点の発生解消
	光学部品	450tf（φ50）	PMMA	
	コネクタ	50tf（φ18）	変性PA	変色解消
		75tf（φ32）	PA66	
	導光版	180tf（φ45）	COP	黄変改善
空気巻き込み防止	コネクタ	30tf（φ20）	PA66	シルバーの発生解消
	歯ブラシ	150tf（φ50）	エラストマー	

4 低型締力成形（Zero-molding[2]）

　一方，金型への射出時に発生するガスは，ノズル先端やゲート部分などの細い部分を，樹脂が通過する際のせん断熱が原因で発生する。このガスは金型・成形機両方の取り組みが必要である。このガスによる成形不良は，"成形中常に出る不良"と"一定期間成形したのちに生じる不良"の2種類に分類される。

　前者の場合，ガスベントの最適量やベント位置といった金型設計により，多くは金型試作段階で解決する。しかし試作段階で見落とした場合，成形機メーカーの成形技術者は，顧客要求を受けて，成形現場で，この問題に対処する。充填速度低下や型締力多段制御（**図3**）といった，ガス排出に影響する条件調整が主となる。

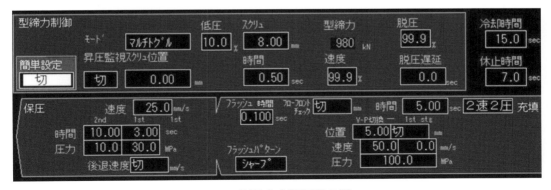

図3　型締力多段制御の例

後者の"一定期間成形したのちに生じる不良"問題の場合は，どれほど完璧に設計された金型でも，避けることは難しい。これは，発生したガスの一部が固化・付着してできたモールドデポジット(以下，デポジット)を起因とする問題である。樹脂が射出されるたびにガスが生じ，その一部がデポジットとして金型に堆積する。その結果，ガスベントが徐々に閉塞し，最終的にガス排出が困難になる。

樹脂の種類や添加物によって，不良発生するまでの連続成形可能時間は異なるが，短いものだと1，2日の連続成形で不良が生じる。連続成形可能時間は金型メンテナンス周期に通じ，最終的には成形品コストに直結する。このため顧客関心は高く，金型とともにこの課題を達成することが，成形機メーカーの目標の1つとなる。以下，そのポイントとして，低型締力実現(成形機側)とすき間金型実現(金型側)の2つの観点から述べる。

4.1 低型締力成形のすすめ

射出時に発生するガスへの対策として，成形機側で貢献すべき項目は型締力の低減である。図4に，ガス評価用金型を用い，型締力設定0 kNと300 kNで同一樹脂(変性ナイロン，難燃グレード)を500ショット連続成形した後の金型PL面の状態を示す。

型締力設定300kNの場合，ガスベント部に汚れ(ガス焼け)が付着し，この汚れが堆積しガスの逃げ道を塞ぐため，金型メンテナンスが必要になる。一方で0 kN設定の場合は，成形後も汚れが少ない。金型PL面全体からガスが排出された結果である。このように低型締力成形には，

・ガスベントを必要以上に押しつぶさない

・発生したガスをガスベントへ集中させない

といった効果がある。

ここで，型締力設定を0kNとしているが，0 kN成形を実現するには，成形バリを発生させないような充填技術も必要になる。この充填技術と低型締力成形を内包した技術(Zero-molding)について，概要を説明する。

4.2 Zero-moldingとは

Zero-moldingは顧客の抱える問題解決を目指した統合機能である。その中の大きな目的の1つが，低速低圧射出[3]と高精度の型締機構による低型締力成形の実現である。図5に概要を示

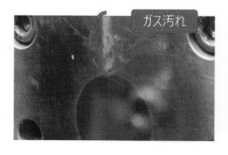
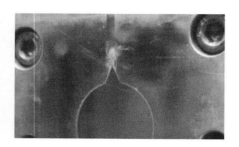

(a) 型締力設定　300kN　　　(b)型締力設定　0kN

図4　型締力による金型汚れの違い

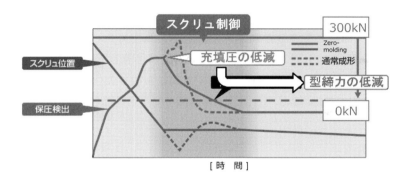

図5　低型締力成形技術

す。まず充填終期の精密なスクリュ動作制御により，元来生じていたガス圧縮による圧力の急上昇をカットし，低速低圧で充填する。その結果金型(型締装置)側の受ける圧力が抑制され，型締力も低減できる。このとき，役立つ機能がプラテン(金型)の平行度維持や型締力の正確なフィードバック制御，高精度型締機構である。これらの機能を併用し，限界まで型締力を下げた成形が可能となる。

4.3　型締力 0 kN 成形(Zero-molding)の効果

コネクタ金型を用い，型締力設定 0 kN と 300 kN で，不良が出るまで同一樹脂(変性ナイロン，難燃グレード)を連続成形した結果を図6に示す。図6(b)の比較結果から，ガス焼けが発生

(a)コネクタ成形例

ショット数	型締力設定 30 kN	型締力設定 0 kN
1	良品	良品
2000(約12 h)	ヤケ	
5000	ショート	
6000	製品固定残り	
8000(約45 h)		ヤケ
12000		ショート
14000		(終了)

(b)長期ログ

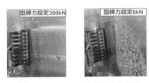

(c)2500ショット後の金型

図6　型締力 0kN 成形(Zero-molding)の効果

するまでの連続成形時間が，Zero-molding（型締力 0 kN 成形）では，通常成形の 3 倍以上に延長される。2500 ショット成形時の金型 PL 面の状態比較写真を図 6(c) に示す。この図から，型締力 0 kN 成形では金型 PL 面に汚れ（デポジット）が大量に付着した。PL 面から排出されたガスが，PL の低温部分に接触して冷却され，ガスが気体から固体化（デポジット化）したためである。金型 PL 面からのガス排出により，連続成形可能時間を延長できる。

5 すき間金型

5.1 究極の Zero-molding

前述のように，成形機側ではガス排出機能の 1 つの上限として，型締力設定 0kN による成形に至っている。型締力 0 kN 成形を達成できる成形品は限られるが，型締力低減という一点においては，成形機単体でこれ以上の機能向上を目指すことは現状難しい。一方で，樹脂は機能面において日々進化しており，それを実現するための添加剤も多様化している。今回の実験で使用した難燃剤含有樹脂のように，非常に多くのガスを排出する樹脂は年々増加し，それに伴い，射出成形におけるガスの問題も，今後増えていくと予想される。そこで必要と考えているのが，金型と成形機の協同である。

5.2 すき間金型の作り方

金型部品のすき間には，ガスを排出するが樹脂は通さずバリにならないという絶妙な領域が存在する。しかしながらバリの量は樹脂の種類や温度などの条件によって変化する。それらを考慮して製作する専用金型を，以下，すき間金型と呼ぶ。

バリの量を測定するための金型を図 7 に示す。バリには PL 面方向に生じる横バリと，コアピンやエジェクタピンの外周に生じる縦バリの 2 種類ある。この測定金型には，それらの量を測定するため，円盤部の外周と突き当てピンの突き当て方向に，それぞれ 0～45 μm の段階的なすき

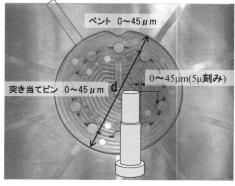
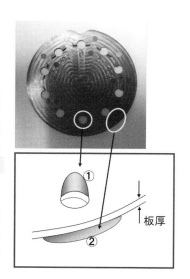

図 7　バリ測定金型

間(クリアランス)を設けている。金型製作前にこの金型を用い，実際の量産に使用予定の条件・樹脂で成形を行う。これにより，バリが生じないすき間をあらかじめ把握し，その上で金型を製作する。

すき間を空けた金型作りのポイントを下記に示す。
① 工場内で不良率が高く，取り数多く，キャビティ欠損が多いものをターゲットとする。
② ピンゲート・サブマリン方式，3プレート金型は，Zero-moldingを適用しやすい。
③ 製品を構成する金型部品は，バリ限界量のすき間(樹脂別で数μm〜数10μm)を空けて加工する。
④ 加工機は，実力値として1μm以下精度を保証できる加工機を選定する。

5.3 すき間を作るメリット

金型に作製したすき間は，ガスの排出経路になる。Zero-moldingなどの低型締力成形で作れるすき間はPL面のみだが，そもそも金型部品間のすき間が多ければ，ガス排出量は比例し増加する。このすき間には，金型部品同士の突き当てを防止する空間としての役割も期待できる。金型は，定盤上で組付けた状態で，意図した精度を確保している。しかしいざ金型を機械にマウントすると，型締力などが原因で，すき間が減少・変形し，金型部品同士の圧迫により，摩耗・折れといった問題が生じる。金型保護の観点からも，すき間金型と低型締力成形の相性は良い。

6 成形事例

Zero-moldingを用いた低型締力成形とすき間金型を併用した展示を国際展示会(IPF)で過去に2回実施している。その事例を紹介する。

6.1 IPF2014[4]

IPF2014では，図8に示すPPSの継手部品を成形展示した。このような製品の金型はチューブ部を構成するために多方向のスライドを有し，多くの場合，金型の低コスト化のためにアンギュラが採用されている。このような場合，アンギュラピンがかじるなどの金型破損リスクが高くなる。

成形品	継手
取り数	1個取り
樹脂	PPS GF40%
サイクル	30s
成形品質量	22.7 g/pc
ショット質量	26.9 g/shot

(a) 金型と成形品　　(b) 成形品情報

図8 すき間金型の事例(IPF2014)

6.1.1 ガス排出効果

型締力設定は0 kNとし，型タッチ力だけかかる程度にして成形した。型締力設定250 kNで成形した際にはベントとスライド部にガス・デポジットが集中した。その結果スライドの動きが渋くなり，1000ショット程度で金型メンテナンスが必要な状態になっていた。一方0 kN設定の成形ではガスは金型PL面全面から抜けてスライド部へ集中せず，結果として展示会の5日間，金型メンテナンスなしで連続成形を実施できた（図9）。

6.1.2 金型保護効果

型締力0 kN設定は3方スライドのアンギュラピンへの負荷低減にも貢献している。一般的にアンギュラへのダメージは外からわかりにくく，折れなどの損傷は突然くることが多いが，型締力0 kN設定はこの心配を激減させる。実際に5日間の連続成形後もかじりや摩耗は見られなかった。

6.2　IPF2023[5]

IPF2023では，図10に示すような変性PAのコネクタを成形展示した。一般的なコネクタ用金型は，図11に示すように，細いピンブレードを詰め合わせた形状をしている。ブレードを詰め合わせてできたチェス構造をモールドベースにはめ込み，楔によってチェスを上下左右で押し付ける。ピン同士をぴったり合わせて締めつけるので，すき間を空けるガスベント設計が難しい。

車載コネクタに求められる難燃性能基準は年々厳格化しており，樹脂に添加される難燃剤は増

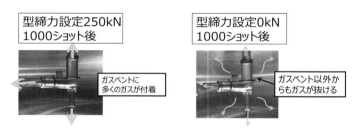

図9　すき間金型のガス排出効果

(a) 金型と成形品　　　　　(b) 成形品情報

図10　すき間金型の事例（IPF2023）

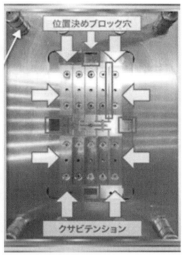

図11　一般的なコネクタ金型の構造

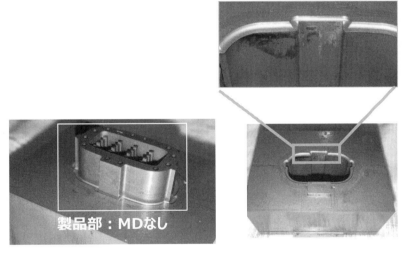

図12　金型メンテナンスの写真（IPF2023）

加している．車載コネクタ成形ではガスによる問題が顕著であり，1，2日程度で成形を止め，金型メンテナンスを実施する顧客も多い．

● **ガス排出効果**

　前述のIPF2014時と同様，こちらも型締力設定0 kNで成形を実施した．その結果，展示会の5日間は，金型メンテナンスを挟むことなく，連続成形維持できた．展示会終了後の，金型のメンテナンス写真を**図12**に示す．製品部やガスベントへのデポジット付着は非常に少なく，主に作製したすき間への堆積が確認された．

プラスチック射出成形技術大系

7 おわりに

　ガスに対する成形機側の取り組みと，ガス排出用すき間金型，そして両者を併用した成形事例を紹介した。金型と成形機を併用したガス対策をさらに発展させていく。

　本成形を実施するにあたり，金型支給および Zero-molding に多大なご協力を頂いた，㈲水野製作所様に，謝意を表す。

文　献

1) 丁声面：新手法を用いた射出成形中の熱分解ガス発生に関する研究，精密工学会学術講演会講演論文集，2021A，53-54（2021）．

2) 徳能竜一：Zero-molding を搭載した住友射出成形機の紹介，産業機械（702）11（2009）．

3) 徳能竜一：型内樹脂流動の確認方法および Zero-molding による流動制御，型技術，26（8）（2011）．

4) 徳能竜一：小型射出成形機による型締力 0ton 成形，プラスチックス，4 月号 67（4）（2016）．

5) 村井達哉：成形機メーカーから見た樹脂ガス問題の現状と，その対策事例としての Zero-molding，金型（196 号）（2024）．

第1章　射出成形技術の進展

第1節　ガス対策射出成形機

第2項　SAG＋α搭載射出成形機

東洋機械金属株式会社　澤田　靖丈

1　はじめに

　プラスチック射出成形において，可塑化溶融時に発生するガスによる不具合は大きな課題となっている。当社（東洋機械金属㈱）ではそのガス対策として，本システムの開発を2011年より開始した。ガスの発生は樹脂が加熱されることに起因し，水分や炭酸ガスをはじめ樹脂の分解物や残留溶媒，モノマー，イオン性物質，酸化物などが含まれる。これらのガスによる不具合は成形品の外観不良をはじめ，金型の汚染や腐食による成形不良など，生産性の悪化の要因となっている。昨今リサイクル材やバイオプラスチックが多く上市されるようになり，より一層のガス対策が成形現場で求められるようになった。これらの課題を解決するためスクリュデザインの最適化を実施し，さらに脱気装置と組み合わせたシステムを開発することでガス発生抑制に対する大きな効果が得られた。本稿ではその脱気技術について解説する。

2　ガス対策方法の検討

　表1にPPS樹脂を加熱した際に発生するガス成分の分析結果を一例として示す[1]。PPS樹脂から発生するガスは固体樹脂が溶融するまでの温度域から，溶融後の成形温度に至る温度域まで広範囲に存在していることがわかる。ここでPPS樹脂の融点である280℃に対してそれ未満の温度域で発生するガスを低沸点ガス，それ以上の温度で発生するガスを高沸点ガスと分類すると，低沸点ガスは溶融過程で必然と発生し，高沸点ガスは溶融後の熱履歴に依存するものとして整理できる。これにより可塑化中に発生するガス対策として，低沸点ガスは可塑化中に発生を抑制することが困難なため外部に脱気する必要があり，高沸点ガスは熱履歴を考慮することが必要と考えられる。

　このように可塑化溶融時に発生するガスを融点前後の温度で大別することにより，それぞれに対し対策手段を検討することが必要であると理解できる。

－ 31 －

プラスチック射出成形技術大系

表1　PPS樹脂から発生する有機ガス成分[1]

No.	ガス組成	一般名	沸点（常圧）℃
1	H₃C-◯-CH₃	キシレン	139-145
2	◯-OH	フェノール	182
3	NMP	n-メチルピロリドン	202
4	H₂N-◯-Cl	クロルアニリン	232
5	H₃CHN-◯-Cl	メチルクロルアニリン	＞230
6	◯-O-◯-Cl		＞230
7	◯-S-◯-Cl		＞280
8	Cl-◯-O-◯-Cl		＞280
9	Cl-◯-S-◯-Cl		＞280
10	NMP-◯-Cl		＞280
11	Cl-◯-S-◯-NH-CH₃		＞280
12	Cl-◯-S-◯-S-		＞280
13	NMP◯-S-◯-Cl		＞280
14	Cl-◯-S-◯-S-◯-Cl		＞280
15	◯S-◯-S◯		＞280

3 従来技術

　既存のガス対策における装置は，**図1(a)**に示すベント式可塑化装置がその代表的なものとして知られている。本装置は加熱シリンダ中間部に脱気口を設けており，樹脂圧力を減圧することで溶融樹脂中のガスを気化させ脱気を行うことを目的としている[2]。しかし量産成形で一定の効果が得られている一方，可塑化装置の全長が通常よりも長いため熱履歴過大による高沸点ガスの発生や，脱気口で溶融樹脂が空気と触れることでの酸化による樹脂の変色の課題が残る。

　もう1つ代表例として挙げられるのが，図1(b)に示す真空式定量可塑化装置である。本装置は汎用の可塑化装置に真空機能を有した定量供給装置を組み合わせ，加熱シリンダ内への樹脂を定量供給しながら可塑化し，ガスを脱気することを特徴としている[3]。定量供給装置にて固体樹脂を飢餓状態で供給することで，スクリュ溝内にガスの脱気経路を確保するとともにスクリュ後部への真空脱気を行うことから，主に低沸点ガスに対して有効な手段と考えられる。しかし，本装置の脱気性能を発揮するためには樹脂の供給量を樹脂の移動速度に対して適切に調整する必要があり，成形条件が複雑かつ条件幅が狭くなることが課題となっている。

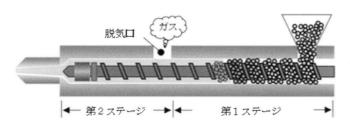

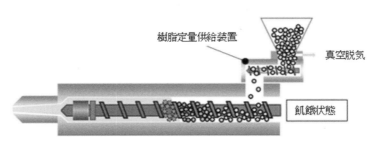

図1 既存のガス対策可塑化装置

4 ガス対策

4.1 スクリュ形状最適化

　可塑化中のガス発生抑制にはスクリュ回転によるせん断発熱を抑える，低せん断スクリュが有効であることが知られている。しかし低せん断スクリュは高沸点ガスを抑制できる反面，スクリュ溝深さが比較的深く設計されているため，スクリュ回転によるせん断速度が遅く可塑化能力が低くなる傾向がある。そのため使用が限定的で成形条件出しも困難になる場合があった。そこで高沸点ガスを抑制しつつ可塑化能力も維持するためには，均一溶融に対する影響因子を把握する必要があると考えた。その中で井上ら[4]の検討の中で，スクリュフライト内の容積変化に伴う圧縮作用が樹脂の可塑化溶融に対して直接重要な要素ではないことを見いだし，**図2**(b)に示すスクリュ形状を考案した。これがSAGスクリュである。

　図2に従来型スクリュとSAGスクリュ形状を示す。SAGスクリュは従来型に対して供給部の山幅（W_1）を大きくし，圧縮部で段階的にフライト山幅を小さくしている点が異なる。その他計量部のフライト山幅（W_2），フライト谷径（ϕD_1，D_2）は従来型と同一である。SAGスクリュの形状は可塑化能力を従来型と同等とするためにスクリュ溝深さを従来型と同一とし，圧縮部における樹脂への圧縮作用を緩和するため供給部のフライト山幅を広くし，計量部にかけてフライト容積の変化を小さくしていることが特徴である。これは粒子追跡法による数値解析の検討[4]において，ガスの発生の指標として評価した**図3**と**図4**に示す平均せん断応力と滞留時間の比較結果から，目的とした可塑化能力の維持とガス発生の抑制が期待できる形状と判断した。

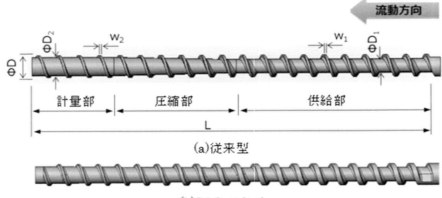

図2 従来型とSAGスクリュ形状の比較

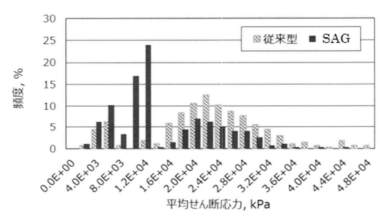

図3 数値解析による平均せん断応力の比較

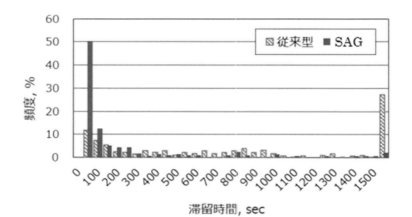

図4 数値解析による滞留時間の比較

ガス発生の抑制効果を確認するためPC樹脂を用いた成形において約1ヵ月連続成形を行い，金型に蓄積するモールドデポジットの付着状況を比較した．その結果，図5に示すようにSAGスクリュでは金型への付着物が大幅に低減していることから，ガス発生の抑制効果が確認できた．

また可塑化能力についてはPP + MB(0.5 wt%)を用いて平板の成形を行い，成形データの安定性と色の混錬性で比較した．その結果，表2と図6に示すように成形安定性，混錬性ともに従来型と同等となり，これによりSAGスクリュでガス抑制と可塑化能力の両立が可能であることを確認できた．

4.2 スクリュ後部からの脱気

SAGスクリュは高沸点ガスの抑制を目的としたが，図5で得られた大きな効果に対し高沸点ガスの抑制だけの効果なのかといった疑問が生じた．それは低沸点ガスがスクリュ後部へ脱気し

(a)従来型　　　　　　　　　　　　(b)SAG

図5　PC成形後の金型汚染状況の比較

表2　成形安定性の比較

		計量時間(s)	1次圧(MPa)	製品重量(g)
従来型	平　均	14.6	25.4	41.0
	標準偏差	0.184	0.063	0.007
SAG	平　均	11.2	25.0	41.04
	標準偏差	0.076	0.044	0.008

従来型　　　　SAG

図6　混錬性の比較

ていることが示唆され，シリンダ内が定量供給装置を用いた飢餓供給状態と同効果が得られる状態になっていることが考えられた。そこでシリンダ内の状態を確認するため，可視化加熱シリンダを用いてスクリュ形状による溶融過程の違いを観察した。観察は高速ビデオカメラにて撮影し，スクリュ溝の積層擬似展開画像を合成し比較した。図7はPP樹脂にて計量可塑化を行った際のスクリュ供給部と圧縮部の観察結果である。従来型スクリュとSAGスクリュでは圧縮部での溶融状態が大きく異なっており，SAGスクリュは未溶融部のソリッドベッドが途切れるブレークアップ現象の発生頻度が明らかに少ないことが確認された。ブレークアップ現象とガス脱気性能の関係については図8に示すように，溶融過程で発生するガスがソリッドベッドを介してホッパ側へ移動する現象から考察できる。ソリッドベッドは未溶融樹脂の集まりであるため，空壁を有する。そのためソリッドベッドが連続体であれば，溶融時に発生したガスはその空壁を通りスクリュ後部への脱気が可能である。しかし，ブレークアップ現象が生じると分裂したソリッドベッドの周囲に溶融樹脂が介在するため，溶融が進行した際に発生したガスは行き場をなくし，そのまま溶融樹脂内に残存することになる。この溶融形態の違いがSAGスクリュの脱気性能を向上させ，低沸点ガスの脱気も可能とした。また，定量供給装置を使わずとも低沸点ガスへの対応ができたことは，SAGスクリュの大きな特徴の1つとなっている。

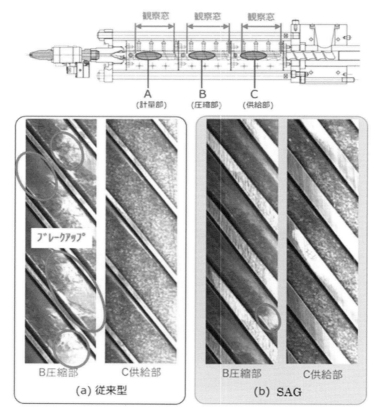

図7　可視化加熱シリンダによるスクリュ内での樹脂溶融過程の比較

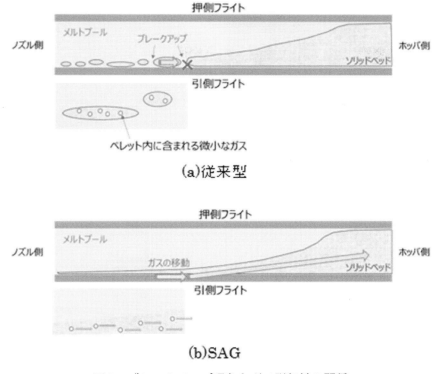

図8 ブレークアップ現象とガス脱気性の関係

4.3 脱気装置との組み合わせ

SAG スクリュは，スクリュ後部へのガス脱気性がよいことがわかった。しかし脱気経路を確保し低沸点ガスの脱気が可能になっても，自然脱気の性能には限界がある。図9に未乾燥の吸湿した PMMA でパージした樹脂を示す。従来型スクリュと比較し SAG スクリュでは気泡が減っているが，脱気しきれなかった水分によるガスが残存していることが確認できる。このように自然脱気ではガスが脱気しきれない成形においては，図10に示す SAG スクリュに真空ホッパを組み合わせた SAG + α システムが有効である。脱気経路を確保した状態でスクリュ後部より真空引きすることで脱気性能は飛躍的に向上し，図11に示す未乾燥 PC の成形においてもシルバーレス成形が可能となった。

本システムでバイオマスプラスチックを使用した成形事例も1つ紹介する。図12は PP + 木粉70％を用いた成形において連続成形を行い，金型に蓄積するモールドデポジットの付着状況を比較した結果である。従来型に比べ SAG + α システムでは金型への付着物が大きく低減していることが確認できる。

以上のようにガスの脱気装置として SAG スクリュに真空ホッパを組み合わせることで，従来の技術では必要不可欠であった定量供給装置が不要となり，装置と操作性の簡素化が達成できた。また定量供給装置で課題となっていた粉砕材に対しての制約もなくなるため，SAG + α システムのさまざまな樹脂種や成形環境への適応が期待される。

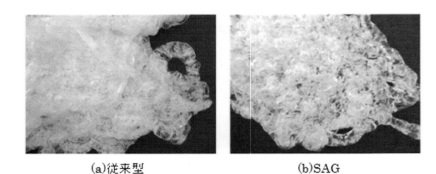

図9　未乾燥のPMMA樹脂による可塑化状態比較

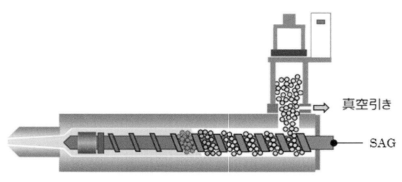

図10　SAG＋αシステム概要

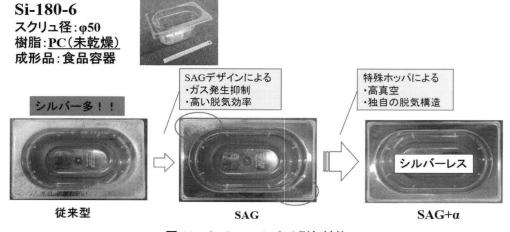

図11　SAG＋αによる脱気性能

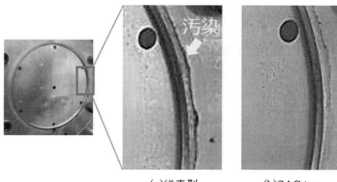

図12　PP＋木粉70％成形後の金型汚染状況の比較

5 おわりに

　本技術は開発開始より10年以上経過するが，地道に検討を重ねたことで技術確立することができた。スクリュデザインにより高沸点ガスの抑制と低沸点ガスの脱気経路の確保を可能とし，同時に脱気メカニズムを解明したことで，よりシンプルな脱気システムの開発につながった。

　成形現場における成形不良対策と生産性向上は永遠の課題であり，今後より一層研鑽を重ね，世の中に貢献できる技術開発を継続していく所存である。

文　献

1) DIC. PPS Technical information，TSD-1006 Apr. (2008).
2) 中島英昭：産業機械，**690**，30 (2008).
3) 浅野強：日本接着学会，**39**(11)，426 (2003).
4) 井上玲，田中達也ほか：成形加工，**26**(6)，276 (2014).

第1章　射出成形技術の進展
第1節　ガス対策射出成形機
第3項　ベント式射出成形機

株式会社日本油機　髙橋　仁人

1　ベント式成形の概要

1.1　ベント式可塑化ユニット

　射出成形におけるプロセスは，材料をスクリュ・シリンダに送る，スクリュ・シリンダで溶かす，金型に流して固めるという工程になる。

　ベント式可塑化ユニットはシリンダ中間あたりにベントと呼ばれる孔を設け樹脂を溶かす過程において発生するガス・水分をこのベント部から外に排出することができる。ガス・水分を脱気できるので樹脂乾燥なしで成形することも可能となる。ベント式可塑化ユニットを搭載した射出成形機をベント式射出成形機という（図1）[1)2)]。

　ガスによる成形不良対策および乾燥なしで成形することで省エネになり，CO_2排出を削減することが実現できる。

1.2　標準シリンダとベント式シリンダの比較

　ベント式シリンダの特徴説明のために標準シリンダと比較して説明する（図2）。標準シリンダの場合を図2上図に示す。

　シリンダにバンドヒーターが巻かれ加熱される。シリンダの中にスクリュが入っている図であ

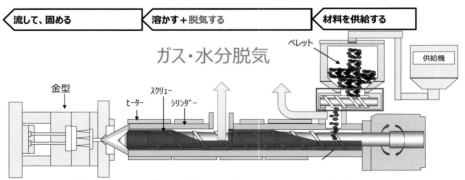

図1　ベント式射出成形加工プロセス

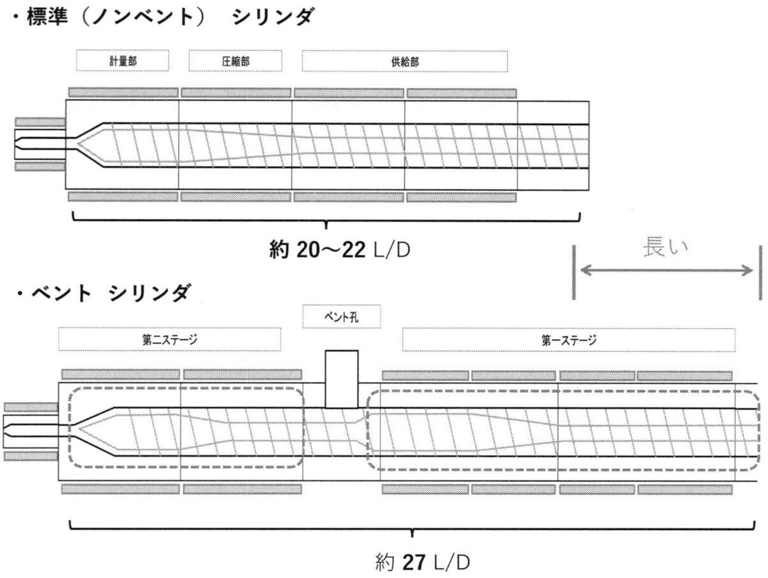

第1章　射出成形技術の進展

・標準（ノンベント）シリンダ

計量部　　圧縮部　　　供給部

約 20〜22 L/D

長い

・ベント シリンダ

ベント孔

第二ステージ　　　　　　　　　第一ステージ

約 **27** L/D

図2　標準シリンダとベント式シリンダの比較

る。スクリュの構成はホッパ側から供給部，圧縮部，計量部となっている。スクリュのリードが切られている長さ（L/D）はスクリュ径×20〜22程度が標準的である。

　ベント式シリンダの場合，単純に標準シリンダの中間あたりに孔が開いているわけではない。シリンダの中間あたりに孔が開いていると，孔から樹脂があふれ出てしまうベントアップという現象が起こる。そのため樹脂がベントからあふれ出ないようにシリンダ内圧を考慮したスクリュデザインが必要となる。それが図2下図のベントシリンダになる。スクリュは第一ステージ，ベント部，第二ステージという特殊なデザインとなっている。シリンダ内圧をコントロールすることでベントアップを制御する。大きな特徴として特殊形状のスクリュにするために，全長を長くする必要がある。スクリュのリードが切られている長さ（L/D）がスクリュ径×27程度必要となり，標準と比べスクリュ径×5倍程度全長が長くなる。つまりスクリュ径φ25であればスクリュ・シリンダ全長が約125 mm長くなる。

1.3　ベント式成形の課題

　ベントシリンダは40年以上前からある技術で，シリンダからガスや水分を効果的に脱気できる技術として，射出成形技能試験の学科問題に出るほど周知されている。

　当社（㈱日本油機）は1973年にベント式射出成形機「エクスタード」の製造販売を開始した（**図3**）。本機は主として着色（カラーコンパウンド）メーカーの色見本用のサンプルプレート作りに使用され，ABSなどの要乾燥樹脂をその都度乾燥するという手間を解消する狙いであった。当時は大手成形機メーカーも同様の目的で量産用のベント式射出成形機を製造販売していたが，今日，普及していない大きな要因として次の2つの点が挙げられる。

　①　ベント孔から樹脂があふれるベントアップ現象

　②　スクリュデザインによる樹脂替え性の悪さ

プラスチック射出成形技術大系

図3　ベント式射出成形機「エクスタード」

　この2つの問題が少量多品種生産を主流とする射出成形の現場とマッチせず，今日まで普及に至らなかったと考えられる。当時はこれらの課題もあって，当社もベント式射出成形機は断念せざるを得なくなり，成形機の製造は行わなくなった。

　その後ベント式射出成形機の復活のための問題克服に着手した。そして2011年の見本市IPF2011にて「新生ベント式可塑化ユニット」を発表した。昔のベント式を知るベテランユーザーからは「いまさらベント式？　昔ひどい目にあった」と疑問視もされた。しかしながら「新生ベント式可塑化ユニット」はその後も年々着実に設置台数を伸ばしているのは，昔の問題を克服しつつあることにほかならない。

　ベント式射出成形機は1967年ごろから市場に出始めた。販売当初は予備乾燥なしで成形できるという画期的なアイデアで瞬く間に成形工場に広まっていくと思われたが，昨今その姿を見ることはほとんどない。当時のベントシリンダにはベントアップの問題と色替え性が悪いという問題があったからである。そこでベント式を復活，普及させるためにはベントアップと樹脂替え性の2つの問題点の改善が必要と考えた。

　ベントアップのメカニズムについて解説する(図4)。まず正常に成形できている状態だが，ベント前の第一ステージ圧縮部にてシリンダ内の内圧は上昇するが，ベント孔前の溝が深くなる減圧部を通過することにより内圧は下がり，ベント通過時は樹脂があふれない。しかし内圧上昇が高すぎた場合，スクリュデザインで減圧しきれず，内圧を保ったまま樹脂がベント孔に達し，ベントアップが発生する。このときの内圧の上昇度合いは，樹脂の種類や成形条件によって異なる。ベントアップ現象のトラブルを防ぐために40数年前当時考案されたのが，スクリュ減圧の比率を大きくするものだった。とにかく内圧の上昇を抑えることでベントアップを防ごうとしたのである。その結果ベントアップは，ほぼ発生しなくなった。

　簡単に図5のように図示すると，ベントアップを抑えるためにベント部での溝深さを深くすることで内圧上昇を防いだ。しかしその結果今度は樹脂を置き換えるなどでスクリュ内に樹脂を充満させたくてもできなくなり，樹脂替え・色替えができにくい構造となってしまった。すなわ

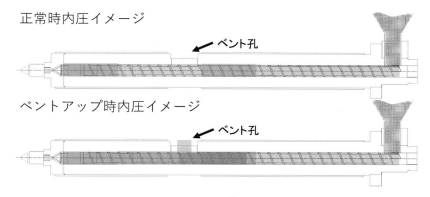

図4　ベントアップのメカニズム

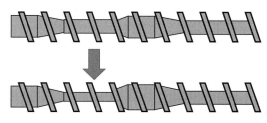

図5　内圧上昇の防止

ちベント式成形は少量多品種には向かないと評価されてしまった。

1.4　スクリュデザインの検証

　少量多品種生産への対応は難しい。しかし，樹脂替え性を考慮しようとすると今度はベントアップの懸念がある。ベント式を普及するには，このトレードオフな関係にある両方の問題を同時に解決する必要があった。当社は樹脂替え性を高めるため，ベント部の減圧が小さいスクリュ設計を施し，その検証をHASL社が開発した2.5D Single Screw Simulatorを用いて実施した。図6はSingle Screw Simulatorを用いた圧力分布をコンター図で示している。このシミュレーションでは，樹脂が充満状態であるとの仮定のもと，ノズル側の圧力を設定することで，軸方向の圧力分布を計算することが可能である。飢餓状態での圧力分布は，ベント孔付近の圧力は当然圧力 $p=0$ になり，$p>0$ 以上の場合はベントUPすることを示す。本解析の目的は，スクリュ改良前後のベント孔付近の圧力分布の比較であるため，充満状態での圧力分布比較を用いた。図6は軸方向の圧力分布を示しており，従来のスクリュに対して，ベント孔付近で圧力が上昇していることを示している。これにより樹脂替え性の良さは想像できると思うが，ベントアップが頻発することになった。双方同時に解決するにはスクリュデザインのみの検討では難しいことがわかり，スクリュデザイン以外で第2ステージベント部の内圧上昇を抑えることが必要となった。そこで当社が提唱している「ハングリー成形法」を取り入れることになった。

1.5　ハングリー成形法と課題の克服

　当社では2002年に材料定量供給装置ハングリーフィーダを開発，販売開始し実績を上げてきた。

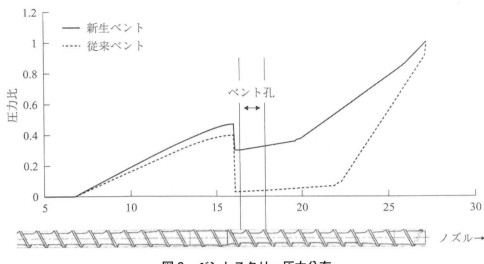

図6　ベントスクリュ圧力分布

　プラスチック成形において，材料はホッパから自重による自然落下供給が当然のように今日まで続けられてきた。このことはホッパからスクリュ先端まで材料が過密状態になっていることを示し，「材料の飽食状態」であるといえる。これに対して発想を転換し，シリンダ内の「材料のハングリーな状態」を「ハングリー成形法」と位置付けたわけである。双方のシリンダ内での材料イメージを**図7**に示す。「ハングリー成形法」の主なメリットとしては，ホッパからの材料投入を定量供給装置を用いて制限することによって，ホッパ側にガスを逃がすこと，過剰なせん断をかけずに樹脂を可塑化できるということが挙げられる。本成形法に関して2009年に特許取得

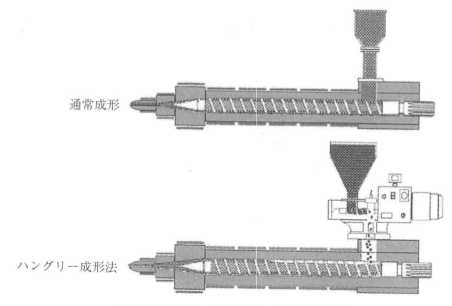

図7　通常成形・ハングリー成形法比較図

し，成形不良対策として提案している。この技術を用いて材料の供給を制限することで，ベント部での樹脂圧上昇を抑制できると考えたわけである。極端な話，スクリュデザインでどれだけ圧縮していようが，そこに材料が入っていなければベントアップはないと考えたからである。

実際に供給量を変化させた場合のスクリュ内の充満率測定結果を図8に示す。供給量の増減に合わせてスクリュ内の充満率も変動する様子がうかがえる。連続成形時はベントアップしない領域にて調整を行い，材料替え時は，充満率を上げて，高効率で材料替え性を向上させることが可能であるといえる。その検証結果を図9に示す。溶融粘度の異なるポリカーボネートを用いて，それぞれの材料でベントアップする供給量（限界供給量）を調べたものである。低粘度材ほど限界値が高いことが読み取れる。また図10には同材料にて温度を変化させた場合の同試験結果を示している。ここでも温度が高い状態，つまり粘度が低い状態の方が限界値が高いという結果となった。

その材料定量供給装置ハングリーフィーダとベント併用を考案。適量供給することでシリンダ

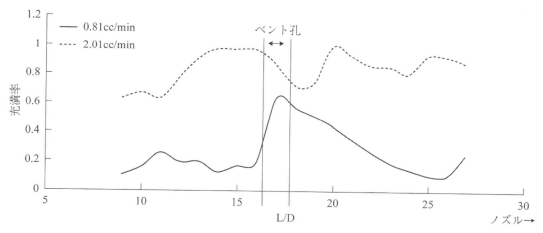

図8　供給量別スクリュ充満率比較図

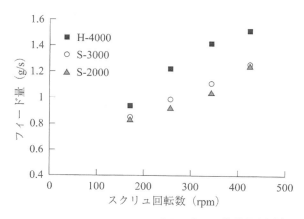

図9　樹脂別ベントアップ検証（限界供給量測定）

プラスチック射出成形技術大系

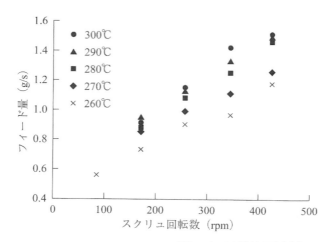

図 10　温度別ベントアップ検証（限界供給量測定）

　内圧上昇を制限し，ベントアップを抑制することが可能となった。フィーダと併用前提とすることで，それまであったスクリュデザインの制限がなくなったため，標準ノンベントスクリュと同等に樹脂替えができるスクリュデザインに設計することができた。このように，ベントアップしない「最適な材料供給量」を見極めることでベントアップを抑制し，同時に樹脂替え性を損なわない「新生ベント式」を誕生させたわけである。これにより射出成形業界へ再度のベント式の普及を図ることとなった。

　不安要素であるベントアップ現象および樹脂替え性の問題を，スクリュデザインと材料供給装置による内圧制御により克服し，2011年より新生ベント式可塑化ユニットとして販売を始めた（**図 11**）。

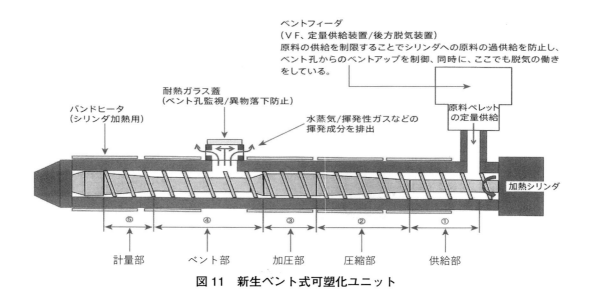

図 11　新生ベント式可塑化ユニット

― 46 ―

第1章 射出成形技術の進展

2 成形例と適用効果

2.1 ガス対策による成形品・金型への影響

　ベント式可塑化ユニットは，樹脂を溶かす過程において発生するガス・水分を，ベント部から外に排出することができる。

　ピンポイントゲートの箱型成形品で，製品流動末端部のヤケ，金型のモールドデポジット付着について検証した（図12）。

　テスト機は住友重機械工業㈱製の75トンを使用。樹脂はPBTを使用し，通常成形とベント成形で比較した。

　通常成形の場合は乾燥しなければ成形できないので，通常成形時は材料乾燥あり，ベント成形時は乾燥なしで成形した。

　ベントなしで通常成形した場合，推奨どおり予備乾燥を行い，200ショット成形した後のサンプルが図12左上になる。200ショットで製品の流動末端部にヤケが発生し，PL面に面荒れがあった。

　図12右上はそのときの金型の様子である。可動側・固定側ともにモールドデポジットの付着が確認された。

　続いて，ベントありの結果について。乾燥なしで，ベントなしの倍の400ショット後の成形品が図12左下となる。流動末端部にヤケはなく，PL面の面荒れも見られなかった。そのときの金型写真が右下になる。

　ベントありで予備乾燥なしで400ショット後の金型を確認すると，可動側・固定側ともにモールドデポジットの付着は見られなかった。

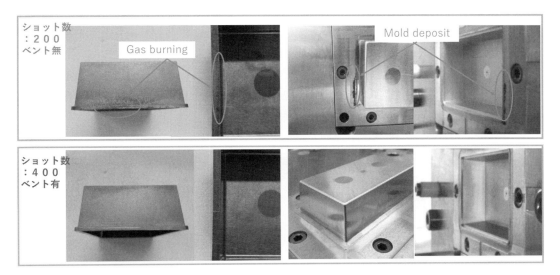

図12　樹脂：PBT

2.2 乾燥レス成形（実例1）

ガス抜き効果と同時に，乾燥レス成形による省エネ効果も期待できる。

実際にベント式可塑化ユニットを導入して乾燥レス成形がされている実例を挙げる。

標準シリンダで材料乾燥を行って成形をした場合と，ベント成形によって乾燥なしで無乾燥成形した場合の電力量を比較した（図13）。

成形機は100トン，運転時間は1日16時間，1カ月20日間稼働した1年間の消費電力を算出。

標準シリンダでの通常成形の場合，成形機や金型温調機など付帯設備を合わせ3.05 kWh，乾燥機の電力が2.3 kWhで計5.35 kWhとなり，年間20,544 kWhの消費電力となった。

一方，ベント成形の場合，乾燥機の電力が不要となるので，電力使用量は3.05 kWhとなり，年間消費電力は11,712 kWhとなった。

結果，年間消費電力を8,832 kWh削減することができた。

CO_2に換算すると，通常成形では年間CO_2排出量は9.14トンに対し，ベント成形では5.21トンとなり，3.93トン削減することができた。削減率は通常成形に比べ約43％となる。

2.3 乾燥レス成形（実例2）

乾燥レス成形の次の実例を挙げる。

材料はバイオマスプラスチックで改善された例となる。昨今カーボンニュートラルの観点から，石油由来から植物由来の材料に代替していく動きが進められている。

令和4年4月1日に施行された「プラスチックに係る資源循環の促進等に関する法律」にも2030年までにバイオマスプラスチックの使用量を200万トンに増やす目標が掲げられた。

バイオマスプラスチック（バイオプラ）は植物由来のため，吸湿しやすい特性があるが，同時に熱に弱い特性もある。

本例は，複数台の成形機でベントシリンダによる乾燥レス成形が実施された例となる。

成形機は350トンが2台，650トンが1台の計3台，

通常成形では乾燥機は150 kg容量が6台，80 kg容量が2台の計8台が使用されていた。

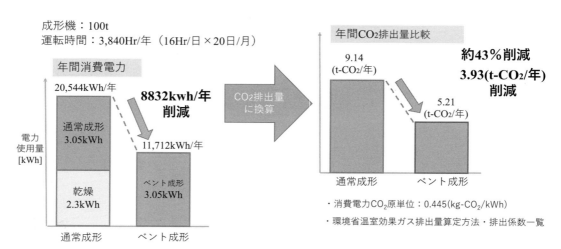

図13 標準シリンダによる成形（乾燥機あり）とベント成形による無乾燥成形での電力量比較

このバイオプラは乾燥時間が長くなると熱による変色，黄変が発生した。

黄変した材料は使用できないため廃棄ロスが発生していた。

成形のスケジュールに合わせて複数台の乾燥機を用意し，乾燥時間もシビアに管理されていた。

吸湿しやすい材料のため乾燥を行っていてもシルバー不良が発生しており，梅雨時期など湿気の多い時期は特に不良が増加する傾向だった。

ベントシリンダを350トン2台，650トン1台導入し乾燥レス成形を実施。

通常成形では乾燥機を合計8台使用していたが，ベント成形により乾燥機全てを廃止することができた。

消費電力は年間で21,730 kWh削減，年間CO_2排出は9.67トン削減することができた。

乾燥工程に伴う不具合が通常成形のときは発生していたが，乾燥レス成形にすることにより，乾燥によるバイオプラ材料の黄変変色がなくなり，黄変した材料の廃棄ロスが消失，乾燥時間の管理がなくなった。ベントからのガス抜き効果により，シルバー不良も通常成形より80%減少した。

2.4 乾燥レス成形（物性評価）

ところで，乾燥なしで成形して，物性に問題はないのであろうか。

そこで乾燥あり・なしでの物性比較評価を行った（図14）。

それぞれの評価方法について①〜④に示す。

① まずアルミ袋で封をされている状態のPA66を開封し，開封直後の状態と吸水させた状態の物を，それぞれカールフィッシャーにて吸水率を測定した。

開封直後の材料をDry＝D材，吸水させた材料をWet＝W材とする。

結果，D材は一般的に成形時に推奨される吸水率，W材は要乾燥とされる吸水率であった。

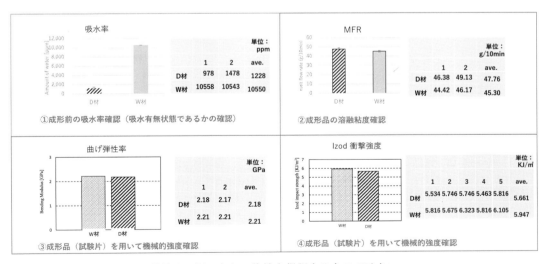

※結果は一例であり，物性を保証するものではない。

図14　材料：PA66 開封直後の材料をD材（Dry）／吸水させた材料をW材（Wet）

②続いて成形品溶融粘度の測定(MFR)を行った。

D材，W材それぞれベントシリンダを使用して試験片を成形，試験片を切り出して真空乾燥し試験機にて粘度を測定した。W材がD材と比較して粘度低下していないか確認することを目的とした。

測定の結果，D材とW材で目立った変化は見られなかった。

③曲げ弾性率を測定した。

測定の結果，D材とW材で目立った変化は見られなかった。

④Izod衝撃強度を測定した。

測定の結果，D材とW材で目立った変化は見られなかった。

結論として，PA66材料を10,000 ppm程度の吸水率でベント成形した場合，乾燥なしでも乾燥した場合と比べ粘度・物性の低下は確認できなかった。

これらの結果は一例であり，物性を保証するものではない。

2.5 ベント式可塑化ユニットの応用

応用例としてシリンダ中央部にベント孔があるという特徴を利用して，連続繊維を直接投入するDirect Fiber Feeding Injection Molding(DFFIM)という繊維直接投入射出成形方法に応用されている(図15)。

またベント式成形技術を応用し，低圧微細発泡技術へと発展されている例もあり，活躍の場を広げている。

一例として，三恵技研工業㈱と当社は，樹脂の中に窒素ガスを入れ成形する低圧物理発泡法により大型成形品の5倍発泡技術を共同で確立した。射出成形発泡は樹脂に発泡剤を練り込み射出成形時の熱で発泡させる化学発泡法が一般的だが，発泡倍率は2倍程度で泡も均一な状態を保つのが難しかった。そこでベント式可塑化ユニットの技術を応用し，スクリュ機構を見直すことで窒素ガスを溶かし込む能力や速度を向上。最小20 μmの微細な泡を作り発泡後の厚さ倍率を5倍に高めた。発泡倍率が高く微細で均一な泡は軽量化につながる。板厚による防音性，空気層の

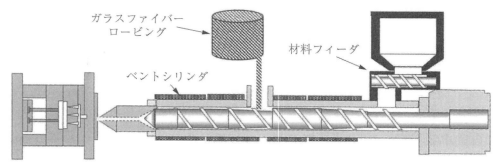

・繊維はシリンダ中央部にあるベント口から連続繊維の状態で投入し，計量時にスクリュ内に巻き込まれ，樹脂と混練され，射出・成形する．

・ホッパに装着されている樹脂定量供給装置の回転数と投入する繊維の本数及び束数により，繊維の含有率を変更可能．

図15 繊維直接投入射出成形法(DFFIM：Direct Fiber Feeding Injection Molding)

多さによる断熱性も増す。

その他応用例としては，本書でも取り上げられている技術が挙げられる。

3 おわりに

ベント式成形にご興味を持って頂き，テストのご要望があれば，当社神奈川県工場に住友重機械工業㈱製75トン成形機にベント式可塑化ユニットを搭載したデモ機を常設している。機械はSE75DUZ-C110，スクリュ径 ϕ28 である。

材料をお送り頂ければ試作，実際に立ち合いテストで見て頂くことも可能となっている。

この成形機に搭載できる金型があれば，お客様の金型で成形することもできる。ぜひご相談頂きたい。

文　献

1) プラスチックス・エージ：ベント式射出成形法によるものづくりの革新, (2020).

2) 日本工業出版：プラスチックス, **74**(4)(2023).

第1章　射出成形技術の進展

第1節　ガス対策射出成型機

第4項　煙が出るガス抜き成形

株式会社道志化学工業所　水越　彦衛

1 開発のきっかけ

　当社(㈱道志化学工業所)は電動式射出成形機にて，金型が閉じた状態でエジェクタプレートを前進させることによって，ゲートカットやコアピンの揺れ防止を行う成形工法を，長い間実施してきた。これはサーボモータが得意とする位置制御を活用した工法であり，一度，エジェクタプレートの前進・後退条件を設定してしまえば，正確に作動するため，金型を故障させることはなかった。この実績があったため，ガス抜き溝を有するエジェクタピン(以下，ガス抜きピン)をエジェクタプレートに設置し，金型が閉じた状態で前進することでキャビティ内に大きなガス抜き開口部を形成し，溶融樹脂のフローフロントよりも前を移動するガスを排出することができるのではないかと考えた。

　エアベントなどの従来技術では0.05 mm程度の開口部でガスを排出しているため，ガスが冷えることにより，モールドデポジットが堆積して，閉塞してしまうので，限界を感じていた。また，スプリングを用いたガス排出機構ではフローフロントのガス圧で開口部が閉じてしまう恐れがあり，確実性がないのに対し，電動式射出成形機のエジェクタ制御とガス抜きピンを組み合わせることで，ガス排出のタイミングを確実に制御することができると考え，電動式射出成形機プログラムとガス抜きピンおよび金型機構によって，キャビティ内からガスを抜く特許技術「煙が出るガス抜き成形」を開発した。

2 ガス抜き機構の開発

2.1 動作概要

　成形品を金型から取り出すために，金型が開いた状態で前進させるのがエジェクタプレートの本来の使用方法であるが，このエジェクタプレートの前進動作を金型が閉じた状態で行うようにした。図1に示すようにエジェクタプレートには，ガス抜きピンが設置されており，これを前進させることで，一般的なエアベントの最狭部寸法0.05 mmよりも広い開口部を形成することが可能となる。この広い開口部からガスを抜き，フローフロントの接近に合わせて，ガス抜きピンを後退させて閉塞するようにエジェクタピン動作を制御する方法を開発した。図1はその概要図である。

第1章　射出成形技術の進展

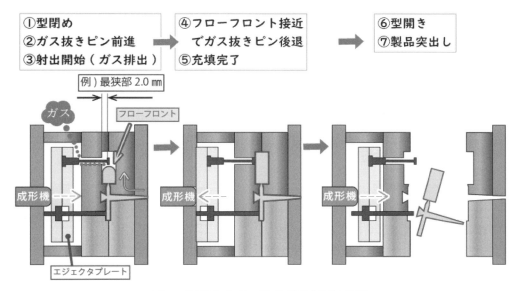

図1　煙が出るガス抜き成形(動作概要)

2.2　ガス抜き成形プログラム

「煙が出るガス抜き成形」の動作を実現するためには，下記の3つの動作設定が可能な電動式射出成形機が必要である。

① エジェクタプレートを前進させるタイミングの設定(型閉め完了と同時が望ましい)
② エジェクタプレート前進量の設定
③ エジェクタプレート後退のタイミングの設定(射出開始からの射出位置または射出時間)

多くの電動式射出成形機で設定可能であるが，新潟機械㈱には「煙が出るガス抜き成形」をオプション機能として組み込んでいただいた。図2はその操作画面である。機能としては，高応答エジェクタ装置の多段動作と金型のエジェクタプレートとのゼロ点補正が可能となっている。通常，射出成形機のエジェクタ装置と金型のエジェクタプレートは分離しているため，ガス抜き前進するまでにはロスが生じてしまう。ガス抜き時間を拡大するためには，射出成形機のエジェクタ装置と金型のエジェクタプレートの空間を詰める必要があり，両者が接触した際には，射出成形機のモータトルクが上昇するので，この位置を検出して，ゼロ点補正が可能となる機能を設けた。

2.3　ガス抜き金型機構

「煙が出るガス抜き成形」の動作を実現するための金型は下記の3点を検討して，設計する必要がある。

① ガス抜きピン設置位置を定める
② ガス抜き前進位置の前進可能寸法を把握し，前進量を定める

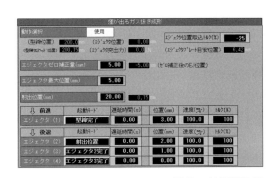

提供：新潟機械㈱

図2　煙が出るガス抜き成形専用画面

③　ガス抜きピン以外のエジェクタピンの前進を遅らせる構造を施す

　ガス抜きピンの設置位置はガスが集まりやすい最終充填部やゲート手前などが望ましい。また，ガス抜きピンを前進させた際に，大きな開口寸法を形成することはガス排出をする上で優位となる。ただし，金型が閉じた状態でガス抜きピンを前進させるため，金型の固定側への衝突を避けるように前進量については安全をみる必要がある。

3　試作金型による検証

3.1　ガス抜きピン設置位置

　試作金型では，図3のようなショートサンプルを作成し，最終充填位置を確認して，ガス抜きピン3本を設置した。次に，フローフロントが第1後退ガス抜きピンに接近した際の射出位置を把握し，さらに第2後退ガス抜きピンに接近した際の射出位置も把握した。フローフロントが接近する限界まで，ガス抜き溝を金型内に開口させるために，図3に示すように2段で後退する機構にした。

図3　ガス抜きピン設置位置

3.2　ガス抜き前進量

　試作金型では，大量のガス排出と目詰まり防止を狙うために，成形品の一般肉厚を4.0 mmに設定し，ガス抜きピンを前進させたときのガス抜き排出口の最狭部寸法が2.0 mmとなるように設計した。一般肉厚が2.0 mm以上あれば，ガス抜きピンを前進させたときに，十分な開口寸法を形成することが可能である。

3.3　ガス抜き条件

　ショートサンプルから得た射出位置の数値やガス抜き前進量などの条件を成形機プログラムに入力し，実際に成形しながら，各射出位置におけるガス抜きピンの前進量などのガス抜き条件を定めた(図4)。

　ガス抜き条件を設定する際に重要なのはフローフロントの接近限界まで，ガス排出を行うことである。ガス抜き時間の設定を0.1秒変えるだけで，成形品外観が変化する場合もある。しかし，ガス抜きピンの後退が遅れてしてしまうと，樹脂がガス抜き溝に流入してしまう。流入した樹脂は容易にかき出すことはできるが，材料ロットや金型温度などによって，樹脂の流れが変動するため，条件設定には安全をみる必要がある。

3.4　ガス抜き効果の検証

　試作金型では，ガス抜き条件を確定して，自動成形を開始したところ，煙が出るほどのガス排出を確認することができた。図5に示すようにガス抜き前進なしの状態では，ガス焼けが確認されていたが，ガス抜きピンの前進によるガス排出を実施することでガス焼けがなくなった。POM，耐熱ABS，PPS＋ガラス繊維20％，難燃PPEの4種類の材料を試したが，全ての材料

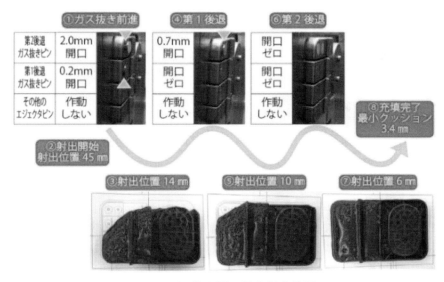

図4 ガス抜き開口量と射出位置

図5 ガス焼け比較　　　　図6 ガス抜きピン径の違いによる金型入れ子の汚染比較

において同様の結果が得られた。

　また，試作金型にて，ガス抜きピン径を4種類（φ2，φ4，φ6，φ8 mm）作製し，同一条件で過酷なロングトライを実施した。図6は最終充填部の入れ子であり，φ2 mmのピンで成形した場合の入れ子が最も汚れ，ガス抜きピン自体も汚れた。最も汚染度が低かったのはφ8 mmのピンを使用した場合であった。ガス抜きピンの径が大きくなるほど，ガス抜き溝が深く大きくなり，ガス排出の開口が大きく形成できるため，有利であることがわかった。

　また，ガス抜き前進は型閉中に実施するため，成形サイクルが拡大することはなく，成形条件を変更せずにガス抜き成形できることも大きなメリットである。

4 量産金型での検証とシミュレーション

4.1 量産金型での検証

ABS材料の量産金型に考案したガス抜き工法を施した。成形品が薄肉であったため，キャビティ内の空間が薄く，ガス抜き前進動作に必要な空間が狭く，成立が困難であったため，ガス抜きピンをランナー部に設置し，ガス抜き前進を実施した。

ランナー部での前進であるため，射出開始からわずかな時間で樹脂が到達するので，ガス抜き効果が不安視されたが，エジェクタプレートの前から多くの煙（ガス）の排出が確認できた。また，ガス抜き前進しない状態でも，同様にガスの排出を確認できた。

4.2 ガス抜きピンの最適位置の検討

この量産金型の製品形状を簡略化したモデルを作成し，ガス抜きピンの設置位置が適切であったのかをシミュレーションにて検証した。**図7**は製品形状のモデルであり，**図8**はその金型モデルである。実際の成形を想定した解析条件（**表1**）を設定し，ガス抜きピンの設置位置を変えた場合について，流体解析を行った。

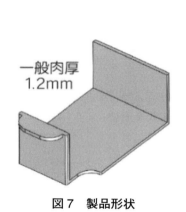

図7　製品形状

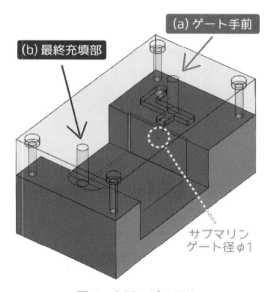

図8　金型モデル形状

表1　流体解析条件

解析ソフトウェア	ANSYS CFX
解析の種類	定常解析（樹脂の充填による流体部の体積変化は考慮せず，ガスが射出速度に応じて金型内に流入するとした）
流入速度	スクリュ径36 mm，射出速度30 mm/sをもとに設定
ガス抜き前進によるガス抜き開口量	0.4 mm
最終充填部のガスベントの断面形状	250 μm × 3 mm

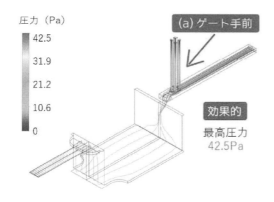
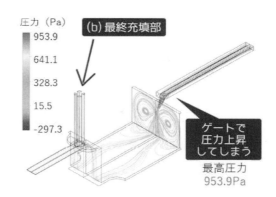

図9 ガス抜きピンの挿入位置を変えた場合の流れと圧力

　ガス抜きピンの設置位置をゲート手前または製品最終充填部に設置し，ガス抜き前進させた場合に，ガス抜きピンから排出される様子について流体解析を行った結果を図9，10に示す。最終充填部に設置した場合，ゲート部で流路が急激に細くなるため，ゲート手前が高圧になり，射出速度の増加とともに　金型入口の圧力が急激に上昇することがわかった。一方，ゲート手前に設置した場合は，射出速度を上げても金型入口の圧力が上昇しなかった。そのため，この量産金型のようなサブマリンゲートで，薄肉製品はゲート手前にガス抜きピンを設置することが効果的であることがわかった。

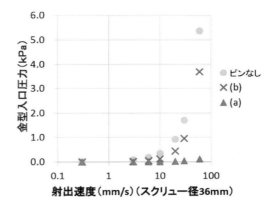

図10 射出速度を変えた場合の金型入口の圧力

4.3 ガス抜きピンとガスベントの性能比較

　次に，一般的なガス対策技術として，金型最終充填部やランナーエンドにガスベントを設けることが多いため，ゲート手前に設置したガス抜きピンとガスベントのガス排出効果の比較を目的として流動解析を行った。

　図7に示した製品形状の金型に①最終充填部のガスベント，②ランナーエンドのガスベント，③ゲート手前のガス抜きピンを組み合わせたA〜Dの計4モデル(図11)について流動解析を行い，各モデルにおけるガスの排出割合の性能比較を行った。図12は各モデルにおけるガス排出割合と金型入口の平均圧力の解析結果である。

　最終充填部とランナーエンドにガスベントを設けたモデルCでは，ランナーエンドのガスベントから62%のガスが排出され，金型入口の圧力は，最終充填部のガスベントのみのモデルAの約1/5まで減少することがわかった。

　一方，ゲート手前にガス抜きピン(前進あり)を設置したモデルB，Dでは，ゲート手前のガス

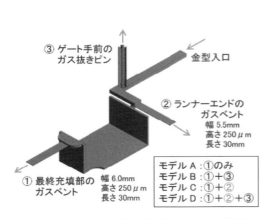

図11 ガスベントとの比較のための解析モデル

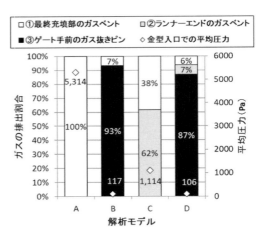

図12 ガスの排出割合と金型入口の平均圧力の解析結果[1]

抜きピンから約9割のガスが排出され，金型入口の圧力はモデルAの約1/50にまで大幅に減少することがわかった。この結果から，ゲート手前に設けたガス抜きピンは，ランナーエンドのガスベントよりも効果的であり，その優位性を確認できた。

4.4 ガス抜き前進させない場合の効果確認

図7に示した製品形状の量産金型ではガス抜きピンを前進させなくても，前進させた場合と同様のガス排出が確認できている。エジェクタピンと金型の隙間からはわずかにガスが排出されるが，ガス抜きピンの場合には隙間の先にスリットがあるため，通常ピンよりも排出効果が大きくなると考えられる。このことを確認するために，ゲート手前に設置した通常ピン，またはガス抜きピンを前進させない場合について，流動解析を行った。

図13はその解析モデルで，図14は解析結果である。通常ピンではガスがほとんど排出され

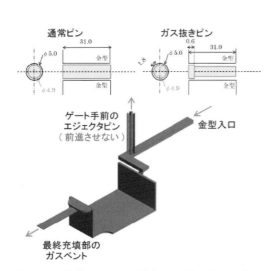

図13 前進させない場合の流体解析モデル

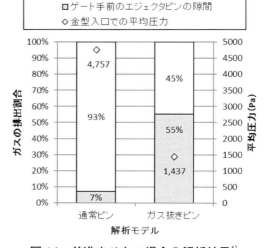

図14 前進させない場合の解析結果[1]

ないが，ガス抜きピンに交換するだけで55％のガスが排出される結果となった。これは図12のモデルCで示したランナーエンドのガスベント（62％排出）と同等の排出効果であり，ガス抜きピンに交換するだけで前進させない場合でも，排出効果があることが確認できた。

5 圧力センサによる検証

型内に圧力センサを組み込んだ金型を試作し，型内圧の検証を行った。**図15**の位置に圧力センサを設置し，最終充填部のエジェクタピンは通常ピンとガス抜きピンのいずれかとし，ガス抜きピンでは，前進時間を変えて型内圧を測定した（**図16**）。なお型閉による加圧分を補正するために，型閉から射出開始までの間の測定値の最小値を基準（0 Pa）とした。横軸（時間）は，射出開始時を基準（0秒）とするのがわかりやすいが，射出開始時に顕著な圧力変化が見られなかった。そこで，射出圧により型内圧がセンサの測定上限（約3 MPa）まで上昇した時刻を0秒とした。この直前に測定値の急激な減少が見られるが，これは圧力センサに樹脂が到達した際に，センサが樹脂に引き寄せられるために，マイナスの値を検知していると思われる。そのため，この測定値の急激な減少以降の測定値は樹脂圧であり，それより前の測定値はガス圧となる。

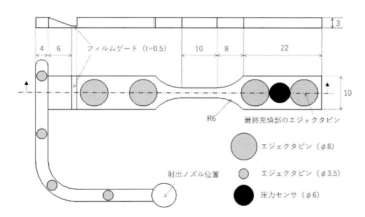

図15　キャビティ形状とエジェクタピンおよび圧力センサ設置位置[2]

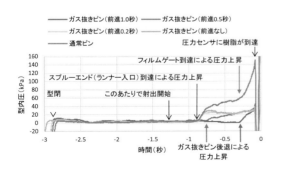 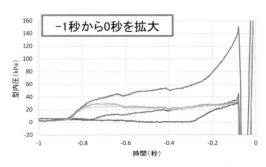

図16　射出成形時の型内圧の測定結果（左：−3〜0秒，右：−1〜0秒を拡大）[2]

通常ピンによる通常成形では，型内のガス圧の最大値は約160 kPaであったが，ガス抜きピンに交換して，樹脂が到達する直前までエジェクタプレートを前進させたところ，ガス抜きピンからガスが排出され，ガス圧はガス抜きピンが後退されるまで上昇せず，型内のガス圧の最大値は約37 kPaまで低減した。

前進時間が0.5秒および1.0秒の場合，ガス抜きピンの後退による圧力上昇が，-0.8秒および-0.3秒付近にそれぞれ見られることから，射出開始は-1.3秒付近と考えられる。-0.9秒付近の圧力上昇は，射出された樹脂がスプルーエンドまで到達しランナー部に流入したことにより，キャビティ内のガスが圧縮され始めたためと考えられる。この時点でガス抜きピンが前進していれば，キャビティ内のガスはスリットから排出されるため，圧力が上昇しない。このことを実機で確認できた。前進時間が0.2秒の場合には，最初の圧力上昇より前の-1.1秒付近でガス抜きピンが後退しているため，前進なしの場合と同様の結果になったと考えられる。ガス抜き前進時間は樹脂が到達しない範囲で，長く保った方が効果的であることがわかった。

また，通常ピンからガス抜きピンに交換するだけで，前進させなくても型内圧は約45 kPaまで低減できたため，ガス抜きピン単体の排出性能も証明することができた。

6 ガス抜きピンの量産検証

6.1 ガス対策とデータ収集

当社の射出成形機24台には独自開発した監視装置（子機）が設置されており，日々の生産数やチョコ停の情報は無線で親機に送信され，正確な生産情報が蓄積されている。また，21台のカメラ検査機を所有しているため，出荷品の9割以上はカメラ検査を実施しており，正確な成形不良情報が蓄積されている。正確なチョコ停情報と成形不良情報を基にミーティングを行いながら，日々，改善活動を実施し，改善した結果は，再び正確に集計されるため，短期的な効果確認ではなく，長期的な効果が得られるように改善を繰り返している。特にガスに起因する不良は，一度，改善効果が得られても，次回の成形で効果が低下することもある。これは金型にガス対策改善を施すと同時にオーバーホールを実施すると，オーバーホール効果の方が上回ることがあるためであり，ガス対策は特に長期間の観察で効果を確認している。

6.2 ガス抜き前進なしの事例

当社で生産する量産金型では，製品形状や改造費用に制限があったため，通常ピンをガス抜きピンに交換する方法を中心に，量産検証を行った。

ある金型において，スプルー直下にガス抜きピンを設置し成形を繰り返したところ，図17に示すようにスプルー直下の穴からタール状の

図17 スプルー直下にガス抜きピン設置後のスプルー直下穴の様子

液体が流れ出るのが観察された。このことからガスが非常によく抜けていることが確認できた。ガスと樹脂の流動方向に対して，垂直に「ぶつけて抜く」という工法は非常に効果的であった。

金型内圧が高まるゲート手前や最終充填部にガス抜きピンを設置することは有効であるが，ガス抜き前進なしでは，効果がやや低減してしまう。直進性の強いガスを90°曲げて誘導することは難易度が高いため，ガス抜き前進なしの場合は，スプルー直下にガス抜きピンを設置することが最も有効である。

6.3 ガス抜きピンの強度

スプルー直下は成形機からの射出圧力が損失なく，ダイレクトに伝わる位置のため，ガス抜きピンには強度が必要となる。当社のガス抜きピンは，ガス抜き溝を形成しつつも，強度低下を防止する設計であるため，射出圧によって，座屈や変形をすることのない強度を有しており，多くの量産実績によって，耐久性も確認できている。

6.4 ガス抜きピンのメンテナンス

当社の開発したガス抜きピンは，ガス抜き溝が大きく形成されているため，壁面抵抗の影響を受けにくく，効率的にガス排出することが可能であり，ガス抜き溝にモールドデポジットが付着しても広い流路が継続的に確保できる。また，溝以外の部分はエジェクタピンの動作に伴い摺動するため，モールドデポジットが堆積しにくいと考えられる。その結果として，目詰まりがなく，オーバーホール周期を延ばすことが可能になる。

また，ガス抜きピンは前進させることで簡単にガス抜き溝を清掃することができるため，金型をばらすことなく，成形機上で汚れを除去できる点も大きなメリットである。

6.5 ガス抜き穴の壁面抵抗に対する優位性

図18は当社のガス抜きピンの外周からガスを抜く場合と，中央に細かなガス抜き穴がたくさんある場合を比較したものである。当社のガス抜きピンは壁面が少ないのに対し，細かなガス抜き穴をたくさん設けた場合，排出面積は確保できるが，ガス抜き穴の壁面抵抗をたくさん受けてしまうため，排出量は大きく上昇しない。逆に壁面にガス汚れが堆積するため，ガス排出が低下してしまう。当社のガス抜きピンはガスが抜けやすい領域をたくさん確保できるため，効果的であることがわかる。

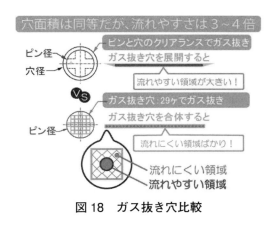

図18　ガス抜き穴比較

7　おわりに

当社では，山梨県内の障害者施設8カ所にて組立作業を委託しており，約100名の障害者が組立作業に携わってくれている。ある時，ガス焼け不良品を支給してしまい，障害者が自主的に選別しながら組立を実施してくれたことがあった。苦情を上げにくい方たちに負担を掛けてしまっ

プラスチック射出成形技術大系

たことは，市場クレームを出してしまったときよりも，申し訳ない気持ちになった。

　成形業界には，苦情を上げずに，ガス焼け不良を選別している方や緊急の金型オーバーホールを行う方が多くいると思われる。ガスによる不良に対して，チェックシートで管理したり，オーバーホール周期を厳しく管理したりすることは，作業者にとってさらなるストレスになるため，ガス抜き技術で解決することが賢明である。

　しかし，ガス抜き対策は1つの技術だけで解決するほど容易ではないため，ガスを抜くための原理に基づいて，観察と改善を繰り返す必要がある。当社にはその改善事例が多くあり，多くの成形メーカーの参考になるのではないかと考える。

　「煙が出るガス抜き成形」に興味を持たれた方は，当社にお問い合わせいただきたい。多くの成形メーカーの成形技術の発展の一助となれば幸いである。

文　献

1)阿部治ほか：山梨県産業技術センター研究報告，
　2，101(2019).

2)阿部治ほか：山梨県産業技術センター研究報告，
　3，79(2020).

第1章　射出成形技術の進展

第1節　ガス対策射出成形機

第5項　型締自由制御による金型ガス抜き成形「AIRPREST」

UBE マシナリー株式会社　清水　康雅

1　はじめに

　射出成形は，金型の中の製品形状を模った空間（以下，キャビティ）に溶融した樹脂を充填し冷却固化させることで製品を成す。射出成形に用いられる金型は，溶融樹脂がキャビティより漏れ出ないよう気密性の高い構造が必要となる反面，樹脂充填の過程でキャビティ内の空気や樹脂から発生する揮発性ガスがキャビティから排気されず，樹脂充填を阻害することで製品品質や生産に大きな影響を及ぼす。金型では樹脂漏れを抑えつつガスを効率良く脱気するためのさまざまな構造・工夫がなされてきた。

　本稿では，発泡成形や射出圧縮成形など，金型の微小型開閉制御を必要とする成形で好評をいただいている当社（UBE マシナリー㈱）の精密型締自由制御「DIEPREST」の制御技術を応用して開発した金型キャビティ内のガスを効率良く抜く（コントロールする）型締制御「AIRPREST」について紹介する。

2　AIRPREST 成形原理

　射出成形でのガス抜け不良に起因した成形異常は**表1**[1)]に示すとおり，製品外観不良，製品内部不良などの製品の品質に直結する成形不良だけでなく，金型寿命の低下や成形サイクル時間の延長のように，生産面にも悪影響を及ぼす。

表1　ガスに起因する成形異常

No.	成形不良	内　容
1	転写不良	・製品外観不良：シボ模様の転写ムラ，曇り模様（光沢感消失）
2	ガス巻き込み	・製品内部不良：膨れ凸（ボイド不良） ・製品外観不良：クレータ凹，アバタ模様，シルバー，ウェルド ・流動末端での不良：ショート不良，ウェルド模様，ウェルド接合強度低下，ガス焼け不良
3	冷却不良	・樹脂冷却を阻害（空気断熱層）：製品変形，製品寸法不良
4	金型寿命の低下	・ガスベント詰まり，金型シボ面のガス汚染
5	成形サイクル時間の延長	・ガス排出速度 ≧樹脂流動速度（射出速度） ・ガスの断熱圧縮による温度上昇（金型，樹脂）：冷却時間の延長

プラスチック射出成形技術大系

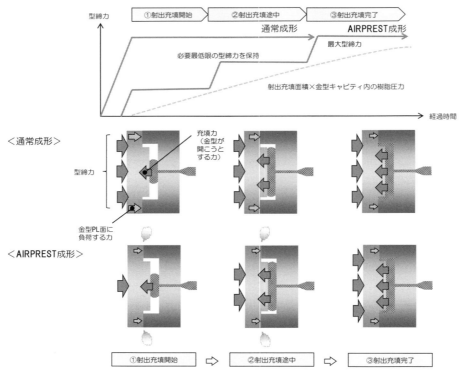

図1　AIRPREST成形原理

　AIRPRESTの成形原理を図1に示す。金型キャビティ内への射出充填動作と同調して型締力を変化させることで，金型PL面の適圧接触による金型PL面からの積極的なガス排出を実現する。射出成形において必要型締力は一般的に「成形品の投影面積×金型キャビティ内の樹脂圧力」にて算出する。しかし，この型締力は射出充填完了時に必要な型締力であり，射出充填開始初期の段階では過大であり，金型PL面は過大な圧力で接触しているため，ガスの排出ができなくなる。そこで，成形品の投影面積は射出充填中，常に変化するので，「必要型締力＝射出充填面積×金型キャビティ内の樹脂圧力」と考えを改めた。「射出充填面積×金型キャビティ内の樹脂圧力」を最低限確保した型締力を維持することで金型PL面から積極的にガスを排出させている。

　AIRPRESTでは射出充填開始前から保圧完了の間において型締力を5段階変化させることが可能である。金型キャビティ内の射出充填進行にて増加する充填力（金型が開こうとする力）を相殺する型締力とすることが望ましいことから，充填進行（充填量）の目安となるスクリュ位置を型締力切り替えタイミングとして設定する構成としている。また，冷却工程においても3段階の型締力設定が可能であり，冷却工程での残留応力緩和による変形低減効果も期待できる。

3 AIRPREST 成形事例

　AIRPREST 仕様の当社射出成形機にて既存の成形条件をベースに型締力やスクリュ位置などの AIRPREST 条件を調整することで，通常成形では改善困難であった製品の外観不良が解消した。また，量産運転では成形サイクル時間の短縮や必要型締力の低減などの生産性改善にも大きく貢献した。AIRPREST によるガス抜き効果の成形事例を以下に紹介する。

3.1　成形事例：製品の品質改善

　ガスに起因するボイド不良やガス焼け不良などの製品品質の改善事例を図2〜4[1]に示す。事例に挙げたガス抜け不良に起因する成形不良は，最終充填部(流動末端)で発生することが多い。樹脂の充填とともにガスは流動末端に追いやられた結果，逃げ場を失ったガスは流動末端部で充填を阻害するガス溜まりとなり，ボイドや転写不良，断熱圧縮によるガス焼けを発生させる。AIRPREST による適切な型締力制御を行った結果，キャビティ内のガス抜き性の向上により成形不良に顕著な改善効果が確認された。

3.2　成形事例：冷却時間の短縮(成形サイクル時間の短縮)

　成形中，金型内にガスが残っていると金型表面と製品意匠面が密着せずガスが残っている部分は断熱層となり，製品の冷却効率を著しく低下させてしまう。また，金型内にてガスが逃げ場を失うと，射出充填中の樹脂流動によりガスが急激に圧縮され発熱する。この熱量は成形を重ねるごとに金型に蓄積され金型表面温度は徐々に上昇する。その結果，金型の冷却効率が低下し，冷却ムラにより製品にそりや変形が発生したり，製品意匠面の品質が悪化し後工程の塗装などで不

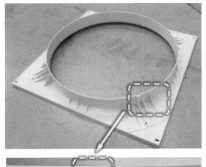

製品：ケーシングファン
樹脂：PP
射出成形機：MD850S-V
　　　　　　（AIRPREST仕様）
課題：ボイド不良

＜改善効果＞
・ボイド不良：2.0⇒0%
・成形サイクル時間短縮：79.6⇒75.5秒
・必要型締力低減：850⇒650ton

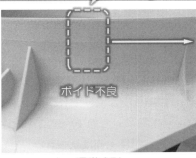
通常成形

AIRPREST成形

図2　AIRPREST 成形事例：ボイド不良

プラスチック射出成形技術大系

製品：ブラケット
樹脂：PP
射出成形機：MD850S-Ⅴ
　　　　　　（AIRPREST仕様）
課題：ガス焼け不良

＜改善効果＞
・ガス焼け不良：0.5⇒0％
・成形サイクル時間短縮：72.0⇒59.7秒
・必要型締力低減：850⇒820ton

図3　AIRPREST 成形事例：ガス焼け不良

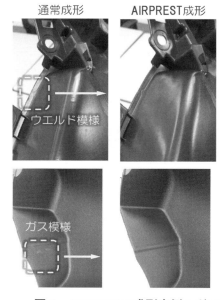

製品：自動車内装部品
樹脂：PP
射出成形機：UN950W
　　　　　　（AIRPREST仕様追加）
課題：ガス残り跡
　　　（ウエルド模様、ガス模様）

＜改善効果＞
・ウエルド模様：改善
・ガス模様：改善
・必要型締力低減：925⇒750uston

図4　AIRPREST 成形事例：ガス残り跡（ウェルド模様，ガス模様）

具合を招く。成形完了直後の製品表面温度を計測したサーモカメラ画像を図5[1]と図6[2]に示す。図5は，同一サイクルでの連続成形における通常成形/AIRPREST 成形での製品表面2カ所の温度変化を示したものであるが，通常成形では成形ショット数に対し約10℃の温度上昇が確認された一方，AIRPREST 成形においては成形ショット数に対し温度上昇は見られない。図6においても通常成形での製品表面温度に対し，AIRPREST 成形では約4～19℃の低温維持ができている。これらのデータから，AIRPREST のガス抜き促進により，製品表面の温度上昇を抑える効果

第1章 射出成形技術の進展

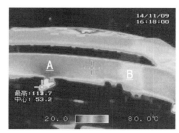

通常成形（＝射出成形）

AIRPREST成形

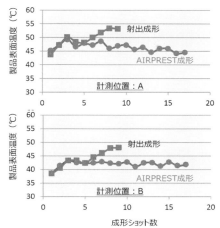

製品：自動車外装部品
射出成形機：UF3000HW（AIRPREST仕様追加）
樹脂：PP

※口絵参照

図5　AIRPREST成形品のサーモカメラ画像：連続成形中の製品表面温度の安定化

通常成形

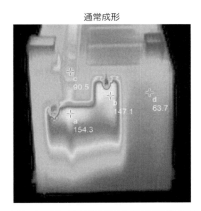

AIRPREST成形

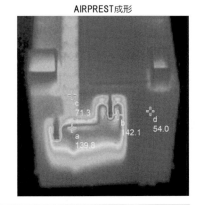

射出成形機	樹脂	測定部位	成形品温度（℃）		
			通常成形	AIRPREST成形	
MD1300	PA6-GF	a	154.3	139.8	▲14.5
		b	147.1	142.1	▲4.4
		c	90.5	71.3	▲19.3
		d	63.7	54.0	▲9.7

※口絵参照

図6　AIRPREST成形品のサーモカメラ画像：成形完了直後の製品表面温度の低温化

― 67 ―

プラスチック射出成形技術大系

が得られたことで，金型の冷却効率が上がり，冷却時間の短縮につながったことがわかる。

3.3　成形事例：保圧時間の短縮（成形サイクル時間の短縮）

　製品の意匠面に微細な凹凸で形成されたシボ模様がある場合，金型内に残ったガスがシボ模様に入り込むことで転写不良となる。保圧を高めに設定したり，保圧時間を長くすることで転写不良の解消に期待が持てるが，過剰な保圧設定は別の成形不良の誘発や成形サイクル時間の延長の原因となる。AIRPREST にて積極的なガス排出を実現することで，シボ模様の転写ムラが解消した事例も報告されており，射出充填中にガスを十分排出できていれば，保圧時間を長くする必要がなく，保圧条件の最適化にて成形サイクル時間の短縮が可能である。

4　おわりに

　近年，カーボンニュートラルや SDGs への取り組みが世界的に加速しており，当社も射出成形機製造メーカーとして，省エネ・マテリアルリサイクル・省力化を中心とした成形機・成形技術の開発に尽力している。当社が得意とする精密型締制御をもとに開発した金型ガス抜き技術 AIRPREST は，電動射出成形機の省エネ性に加え，歩留まり改善や生産サイクル短縮といった生産面での省エネに貢献できる技術として，今後さらに多くの成形ユーザーに評価していただけるよう成形ソリューション活動に注力していく。

文　献

1) 岡本昭男：産業機械，一般社団法人日本産業機械工業会(835)，30-34(2020).

2) 信田宗宏：産業機械，一般社団法人日本産業機械工業会(839)，33-37(2020).

第1章　射出成形技術の進展

第2節　ヒート＆クール成形技術

第1項　アクティブ型温制御法
―ヒートアンドクール成形加工技術―

SHPPジャパン合同会社　菅原　貴宗

1　はじめに

　昨今カーボンニュートラル社会実現のため，環境に配慮したさまざまな取り組みが進められている。その中の1つとして，無塗装化によるリサイクル性を考慮した製品が市場で実用化されてきているが，塗装外観と同等の高い表面外観を無塗装製品で実現させるためには，材料技術，成形技術，金型技術のいずれもおろそかにすることはできない。金型技術，特に金型温度は製品の外観品質，機能特性およびコストに影響する最も重要な要素の1つである。金型温度を低く設定すれば，溶融樹脂の固化速度が速められ成形サイクルを短くすることができる反面，成形品外観品質の悪化や残留応力によるクラック発生や使用環境での応力緩和による寸法変化など製品品質を低下させる懸念がある。一方金型温度を高く設定すれば，表面外観は向上し，製品の残留応力は低くなるがそり，ひけなどが発生する懸念や成形サイクル，特に冷却時間を長くする必要が生じるため，製品のコストアップが課題となる。また，金型温度を高温（通常荷重たわみ温度以下）に設定してもウェルドなどの製品外観上の課題を解決することができないため，設計段階でウェルド部を目立ちにくい場所に設定するか，コストアップを承知の上で塗装を行う選択をされているのが実情である。そのため，金型温度は，成形コストを考慮し成形サイクルをできるだけ短くするために，最低限度の品質を得ることができる最も低い温度に設定される場合が一般的である。

　ヒートアンドクール成形技術は，射出成形サイクル中に金型表面温度を制御するプロセスで，溶融樹脂射出前に金型表面温度を素材のガラス転移温度(Tg)以上に昇温し，射出完了後急速に金型温度を降温し溶融樹脂を冷却することで，外観品質の優れた成形品を成形することができる成形法である。

　ヒートアンドクール成形の効果として，以下が挙げられる。

・ガラス繊維など無機フィラー充填材料でも非充填材料と同等の表面外観化

・ウェルドライン外観の改善

・ウェルド強度の向上

・シルバー，フローマークなどの外観不良改善

・残留歪み低減

・表面硬度の向上

プラスチック射出成形技術大系

・樹脂流動性の向上
・金型シボデザイン転写性向上

2 ヒートアンドクール成形プロセス

2.1 装置構成

ヒートアンドクール成形を行うにあたり専用の金型設計はもちろん必要ではあるが，一般的な射出成形機の他，金型温調のための専用設備が必要になる。下記に装置例を示す。

2.1.1 金型加熱用ユニット

通常熱効率を考慮し，蒸気を用いて金型の昇温を行うため，あらかじめ金型の大きさや成形サイクルに見合う容量の簡易ボイラーを使用する。しかしながら，成形工場内に大容量のボイラーが配設されている場合は，その設備を利用することも可能である。

2.1.2 冷却ユニット

金型の降温を行う場合，冷却媒体の温度を低く設定するよりも流量，流速を大きくする方が金型の冷却速度は速くなる。したがって，チラーで低い温度に制御された冷却媒体を少ない流量で流すよりも，一般的な工場に設置されているクーリングタワーによる循環冷却水を大容量流す方がはるかにサイクルを短くできる。

2.1.3 切替えバルブユニット

1つの金型温調回路を共有し金型昇温時には蒸気を，降温時には冷却水を流すことが有用である。昇温用の蒸気と冷却用の水を切り替え制御するバルブを開閉するために切替えバルブユニット(ヒートアンドクール成形専用金型温調機)を用いることが好ましい。

2.2 成形工程

一般的な射出成形機に搭載したヒートアンドクール専用金型を用い，溶融樹脂を金型内に射出する前に金型加熱ユニット(熱水または蒸気)を用い，金型キャビティの温度を成形樹脂のガラス転移温度(Tg)以上まで急速に昇温させる。

昇温完了後，溶融樹脂を金型キャビティ内に射出する。射出完了まで金型温度は成形樹脂のTg以上の温度を維持する必要がある。

射出完了後，速やかに金型キャビティ温度を降温させるため，切替えバルブユニットにて冷却ユニットから冷却水を金型温調回路に流し，キャビティ内の樹脂を冷却固化させる。

金型を開き成形品を取り出した後，再度切り替えバルブユニットを操作し，加熱ユニットを用いて再び金型温度を成形樹脂のTg以上に昇温する。

上記成形工程を繰り返し行うことで量産が可能となる(図1)。

2.3 金型設計

従来は金型温度の制御は溶融樹脂が充填される金型キャビティ表面のみで十分であるが，一般的に使用されている金型温調技術は，主型全体を均一に温める方法が用いられている。主型全体の温度を制御する手法は，少ない温調管路形成で可能なことや金型自体の温度差を少なくできることから，可動部のかじり，動作不良を低減できるものの，大きな質量の鋼材を温めるためエネ

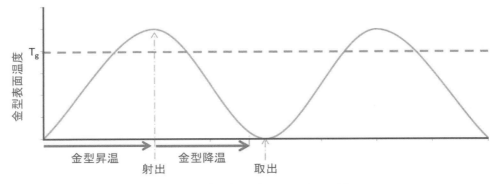

図1 金型昇降温プロセスイメージ

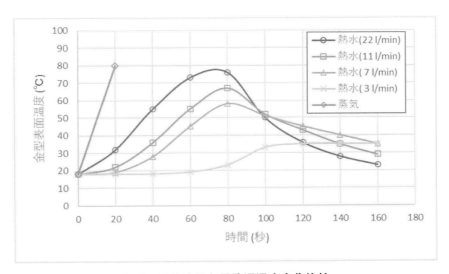

図2 媒体流量と昇降温温度変化比較

ルギー効率が悪いことが課題である。

　ヒートアンドクール成形の場合，金型キャビティ表面温度を瞬時に昇降温することが重要である。上述のように主型全体の温度を昇降温させるためには膨大な熱エネルギーが必要であり，また成形サイクルが大幅に長くなるため現実的ではない。できるだけ少ない熱エネルギーで金型キャビティ表面を昇降温させるためには金型キャビティを入れ子構造にすることが望ましい。また，温調管路をできるだけキャビティ表面に近い位置に配置することで成形サイクルを短縮することが可能となる。また，昇降温を迅速に行うためには媒体の形態や流量が重要であり，蒸気を用いることは昇温効果が最も高く，流量をできる限り多くするための温調管路設計が必要となる（図2）。

　媒体流量が少ない場合，昇温時は長い時間をかけても媒体の温度まで金型表面温度は上がらず，また降温時には温度が下がらないことがわかる。媒体の流量が多いほど昇温および降温の速度が速い。このことから媒体の流量がサイクル短縮に多大な影響を及ぼすことが確認できる。し

たがって，成形サイクルを短縮するためには，できるだけ多くの流量を流す必要があり温調管路の数や径などを考慮することが重要である。また，CAE解析などで温調管路の配置，熱効率を解析し，成形サイクルを推測しておくことも重要である。

3 ヒートアンドクール成形の効果

3.1 ガラス繊維充填材料の表面外観向上

ガラス繊維充填材料を用いて一般的な射出成形加工を行う場合，ガラス繊維が成形品表面に浮き出ることや，その結果成形品表面に微細な凹凸が生じてしまうため，意匠部品として使用するためには外観上の課題解決が必要となる。ヒートアンドクール成形では，ガラス繊維充填材料の成形加工でも無充填材料と同等の光沢のあるなめらかな表面外観を得ることができ，意匠部品として使用する際の外観上の課題解決の方法として活用が期待できる技術である（図3～6）。

図3 通常成形による製品外観（ガラス繊維10％添加ポリカーボネート（PC）樹脂）

図4 ヒートアンドクール成形による製品外観（ガラス繊維10％添加PC樹脂）

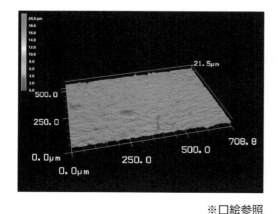

※口絵参照
図5 通常成形品の表面凹凸観察

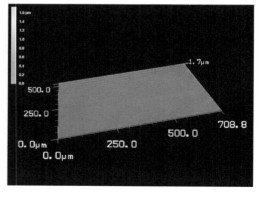

※口絵参照
図6 ヒートアンドクール成形品の表面凹凸観察

3.2 金型表面形状転写性向上

一般的な射出成形にて金型表面のシボデザインなど表面形状転写性を良くするため，特に非晶性樹脂成形においては金型温度を高温に設定して成形することが行われているが，デメリットとして成形サイクルが長くなってしまうことが課題となっている。ヒートアンドクール成形は，その課題を解決可能な技術で，表面転写性の向上に適している。図7に示すのは金型表面のシボ形状を3次元観察したデータである。図8および図9はシボ形状金型を用いて通常成形を行った際の成形品表面外観を観察した写真およびヒートアンドクール成形で行った成形品表面外観観察写真である。これらの写真比較のように通常成形ではシボの転写が悪く凹凸があまりないのに対し，ヒートアンドクール成形はシボの転写性が優れた加工技術であることがわかる。

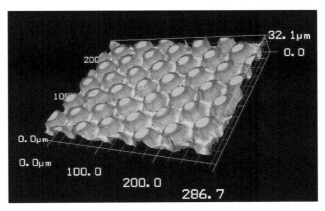

※口絵参照

図7 金型表面シボ形状3次元観察データ

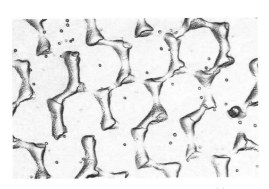

図8 通常成形時の成形品表面外観

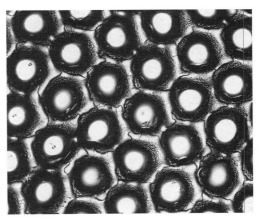

図9 ヒートアンドクール成形時の成形品表面外観

3.3 その他外観上の課題改善
3.3.1 ウェルドライン
　一般成形の場合，溶融樹脂迎合部には必ずウェルドラインが生じるが，意匠部品として使用する場合に目立たない場所に樹脂迎合部を設けるなど，ゲートの配置や数，製品デザイン面での配慮が必要となる。

　ヒートアンドクール成形の場合，成形樹脂の T_g 以上の温度で溶融樹脂が金型内部に充填されるため，ウェルドラインが視認できないほどの外観改善効果が得られる。また，金型設計においてウェルドラインの位置を考慮するなどの制約が少なくなり，金型デザインの幅を広げることが可能となる。

　実際に試作評価を行った結果，一般成形では視認できるウェルドライン（6～13 μm 程度の深さ）が確認されたが，ヒートアンドクール成形にて同金型を成形した場合には，ウェルドラインを視認することができず，深さは測定できなかった。

3.3.2 シルバーストリーク
　射出成形による生産において歩留まり向上の課題となるのが突発的に生じるシルバーストリーク，フローマーク，ジェッティングなどの外観不良である。ヒートアンドクール成形はそれらの外観不良となる成形上の課題を解消することが可能となる技術である。図10 は未乾燥の LEXAN™ コポリマー SLX2271T 樹脂を成形した成形品の表面外観写真で，成形品表面にはシルバーストリークが発生しているが，図11 に同一樹脂をヒートアンドクール成形にて成形した成形品の表面外観写真を示す。ヒートアンドクール成形を行うことにより表面外観上の不具合となるシルバーストリークを解消していることが確認できる。

図10　未乾燥樹脂成形品表面外観

図11　未乾燥樹脂ヒートアンドクール成形品表面外観

3.4　表面硬度向上

　ヒートアンドクール成形を行うことにより，表面硬度の向上効果が期待できる。**表1**にポリカーボネートコポリマー樹脂を用いた鉛筆硬度測定データを示す。

表1　鉛筆硬度比較

材　　料	通常成形	ヒートアンドクール成形
LEXAN™ コポリマー DMX2415 樹脂	H	2H
LEXAM™ コポリマー SLX2271T 樹脂	HB	H

4　おわりに

　ヒートアンドクール成形は付加価値を得るために専用設備導入が必要となるが，製品外観品質の向上，生産歩留まりの改善など幅広い用途，製品に利用可能な技術である。特にカーボンニュートラル社会に向けた取り組みの1つとなる無塗装化によるリサイクル性を考慮した製品や意匠部品として成形品を生産する際，さまざまな品質上の課題改善のためにヒートアンドクール成形は有用である。

第1章　射出成形技術の進展

第2節　ヒート＆クール成形技術

第2項　細管ヒータ式金型表面温度制御技術
―Y-HeaT（ヒータ加熱法）―

山下電気株式会社　吉野　隆治

1　はじめに

　金型のヒート＆クール技術は，昭和の頃からウェルドラインを消滅させるウェルドレス技術として各企業でさまざまな工法が開発されてきた。しかし，温度が上がらない，成形サイクルが長い，温度ムラが大きい，板状のものしかできないなどの理由で実用化に至らない時代が長く続き，ウェルドレスと呼ばれる技術は不完全な技術との認識が成形技術者に定着した経緯がある。当社（山下電気㈱）は，射出成形加工を生業としているため，1990年ごろからさまざまなシステムをトライして検討してきが，前述の理由で量産技術として採用するには至らず，顧客の要望に応えることができない時代が続き，結果的に自社で開発することを選択することになる。開発は，特に特殊な方法ではなく仕組みがシンプルなヒータで行い，特許の権利化，自社工場での量産，同業他社への特許ライセンスとヒータコントローラの販売と事業化を進めてきた。現在では，自社工場の生産のうち約50％をY-HeaTで占めるようになり，特許ライセンスとコントローラを導入したY-HeaTユーザー企業による生産も国内外で大きく拡大するに至っている。

2　Y-HeaTシステムについて

2.1　ヒータと金型構造

　ヒート＆クール成形は，成形サイクルをできるだけ延ばさないように，金型表面と熱源との距離をできるだけ短くして熱を早く伝える必要がある。しかし，これを通常のカートリッジヒータで行うと，金型内樹脂圧力によりカートリッジヒータの挿入穴部に向かって金型表面にたわみが発生するため，成形品の外観不良と金型破損の問題を引き起こす。そこで，①ヒータは，樹脂圧の影響を受けにくくするために小径のシースヒータにする。②ヒータの組み込みは，ヒータ部の入る部分に溝を設けることにより入れ子全体の強度を維持する。③ヒータの固定は，溝に対応したリブ付きの蓋を作り，これをはめ合わせて隙間のできないようにする。④冷却は，リブ付きの蓋に冷却水管を設け，ヒータで加熱した後必要に応じて水を流す。以上をふまえた仕組みを考案した（図1）。また，小径のヒータは，手で曲げられるため入れ子内で横方向や深さ方向にもヒータを曲げながら配置できるため，立体的な成形品形状でも自由度の高い設計が可能になっている（図2）。図3，4は，実際に量産した成形品とそのヒータ配置図である。

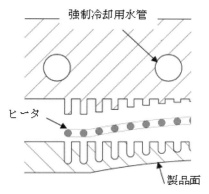

図1 ヒータ設置部略図

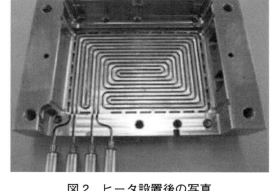

図2 ヒータ設置後の写真

図3 量産成形品

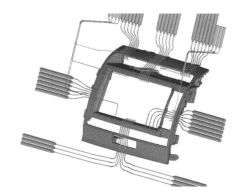

図4 ヒータ配置図

2.2 金型表面温度制御

金型表面温度は，①型開きと同時にヒータに通電させ温度制御を開始する。②前ショットの成形品取り出し中も同時並行して通電加熱を行う。③型締時にウェルドラインが消滅できる金型表面温度まで昇温させて樹脂を射出する。④保圧に入りウェルドラインが消滅した後，専用冷却回路に冷却水を流し，離型可能な温度まで降温させる。以上の工程で制御する。昇温速度は，金型やヒータの設計によるが，毎秒4～6℃程度で昇温させる（図5）。

2.3 ヒータコントローラ

Y-HeaTのヒータコントローラは，ユーザーからの意見や要望に応じて，ハード，ソフト共に改善と進化を図っている。特徴としては，①金型表面温度は，金型表面裏側に配置された熱電対温度センサによる実測値とヒータコントローラの温度制御プログラムによって制御される。②実成形時の繰り返し精度は，温度コントローラPID制御とサイリスタによる電流制御により，高い再現性が実現される。③電流は，ヒータの断線を防ぎ，寿命を向上させる実験結果に基づいて制御される。④操作性は，現場作業者にとって使いやすいシステムの観点から操作画面にタッチパネルを採用している。⑤安全面は，成形中の金型表面温度を常にモニターできる監視画面，各種警報機能の搭載や感電，漏電防止対策などに対応している。⑥ヒータコントローラは，本体底

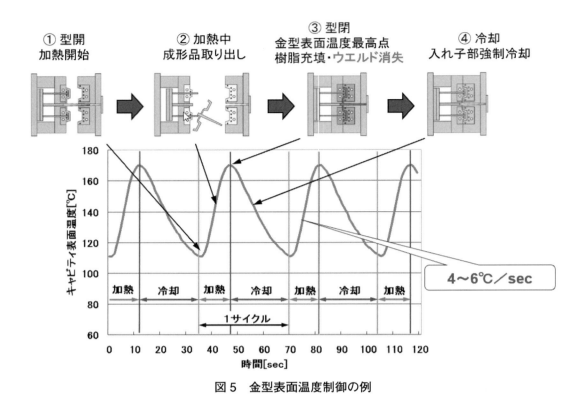

図5　金型表面温度制御の例

部に取り付けられたキャスターで工場内を移動させられるため，いつでも必要な成形機で使用できる投資効率の良いシステムなっている。以上が挙げられる。

2.4　システム構成

　システム構成は，Y-HeaTヒータコントローラと金型をコネクターで接続するシンプルな構成となっている。コントローラと成形機は，信号のやり取りでコントローラのサイクルリセットと異常時の成形機緊急停止が行われるようになっている。金型温調器は，モールドベースを含めた金型全体の基準温度を維持するために使用され，キャビティ表面温度は加熱にヒータ，冷却に前記温調器とは別の温調器を用いてY-HeaTヒータコントローラが冷却水の流入切替制御を行う。このヒータ部の冷却には，成形サイクルを考慮してチラーの使用を推奨している（図6）。

第1章　射出成形技術の進展

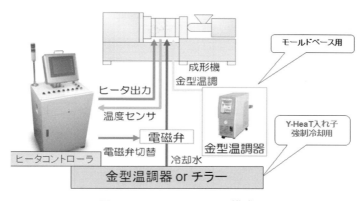

図6　Y-HeaT システム構成図

3 成形事例

3.1 ウェルドレス成形品

　ウェルドレス成形は，傷のように見えるウェルドラインを消滅させて外観品質の向上を目指すヒート＆クール技術の代表的な使用方法である。Y-HeaT は，ヒータで加熱する方式であるため，金型表面温度に250℃を要するPESの生産実績があるなど熱可塑性樹脂全てに適応可能となっている(図7は，ウェルドあり，図8は，ウェルド消滅)。また，加熱範囲は，金型表面全体だけでなく，ウェルド部分のみを選択した部分加熱が可能であるため，必要以上に金型製作コストを上げることがないのも特徴である。さらにその他の効果としては，2次加工の不良損失削減が挙げられる。ウェルドラインが原因で引き起こされるメッキや塗装の不良は，Y-HeaT でウェルドラインそのものが消滅しているため，その不良は皆無となる。これにより直接的な損失金額の低減はもちろんのこと，品質管理にかかる間接費用も削減できるため，成形企業のメリットは大きい。

3.2 ピアノブラック無塗装ウェルドレス成形品

　近年は，塗装を施さなくても表面硬度などの品質をクリアできる成形材料が登場したため，ウェルドレス技術と組み合わせた高光沢なピアノブラック無塗装ウェルドレス成形品の採用実績

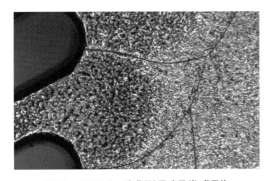

図7　PES シボ成形品(通常成形)

図8　PES シボ成形品(Y-HeaT 成形)

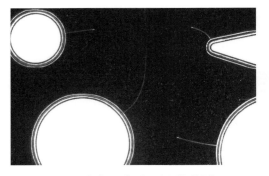
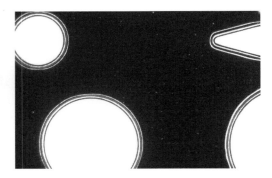

　　図9　高光沢成形品（通常成形）　　　　　図10　高光沢成形品（Y-HeaT成形）

が増えてきた。特に自動車用樹脂部品のコストダウン技術として注目されている（図9は，ウェルドラインあり，図10は，ウェルドライン消滅）。

3.3　金型内そり制御

　成形品のそりを直す場合，2台の温調器を使用して上型と下型に温度差をつけることで改善させる手法が古くから知られている。しかし，上型と下型の温度差による改善方法は，金型全体の熱膨張差でカジリが発生し金型が破損するなどリスクが高いにもかかわらず，改善効果は思ったほど大きくなく実用的でない。Y-HeaTは，金型表面部を加熱冷却する仕組みであるため，金型全体の熱膨張とは無縁でありカジリのリスクがないだけでなく，保圧冷却中は各チャンネル別に設定したそれぞれの温度プログラムにより樹脂の収縮量を調整することでそり量の制御も可能にしている。図11は，成形品のそり量を制御した際の金型温度の履歴である。この図の破線で囲った範囲で成形品に温度差を与えて収縮量を調整することで，そり量の調整を可能にする。

3.4　繊維強化樹脂成形品

　繊維強化樹脂は，通常成形では成形品表面に繊維が露出し，光沢のない荒れた質感となるため，外観品として使用できるレベルにはならない。しかし，Y-HeaTは，繊維強化PCの場合，

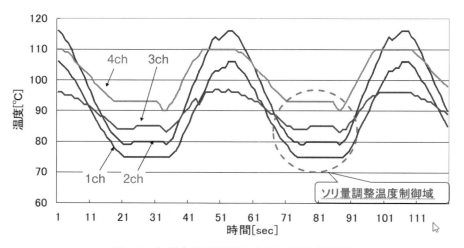

図11　金型内そり制御の金型表面温度履歴

第1章　射出成形技術の進展

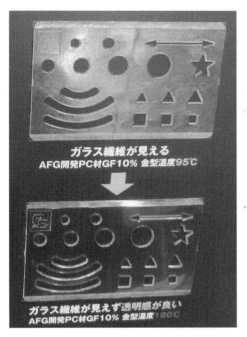

図12　PC＋GF10%のY-HeaT成形事例

金型表面温度を170〜180℃程度に高温化させることで，成形品表面から繊維を沈めて光沢感のある表面状態にすることができる。また，ガラス繊維の屈折率をPCと同じにした樹脂材料を金型表面温度180℃で成形すると成形品表面での光反射が起こらず，成形品内部も光が屈折することなく直線で透過するため，全くガラス繊維の見えないクリアな成形品を得ることができる(図12，上段成形品の金型表面温度は95℃，下段成形品の金型表面温度は180℃となっている)。

3.5　発泡成形品

発泡成形品は，外観面にスワールマークと呼ばれる発泡の痕跡ができるため，とても外観品に使えるレベルにはできない。しかし，Y-HeaTで金型表面温度を高温にすると高転写化によりスワールマークが完全に消失し，高光沢の外観品質を得ることができる。図13は，右半分がスワールマークあり，左半分がY-HeaTでスワールマークを消滅させた発泡成形品の拡大写真である。

3.6　マルチマテリアル接合成形品

金属と樹脂の接合技術として，エッチングやレーザーで微細加工した金属をインサート成形することで，樹脂が微細加工部に流れ込み，そのアンカー効果で接合させる研究が盛んに行われている。一般的にマルチマテリアルと呼ばれているものである。Y-HeaTは，金型内で金属インサートを加熱昇温させ，微細加工部への樹脂の流動性を向上させる役割を担っており，この結果としてアンカー効果がより強固となり，接合強度向上に効果があることがわかってきた(図14)。この技術は，まだ試作検証段階であり今後の実用化が期待されている。

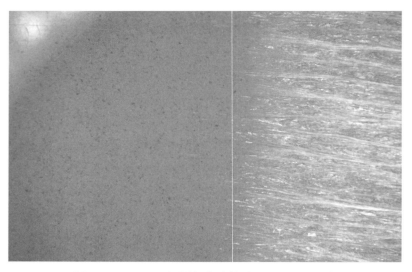

図13　Y-HeaTと発泡成形（左半分がY-HeaT）

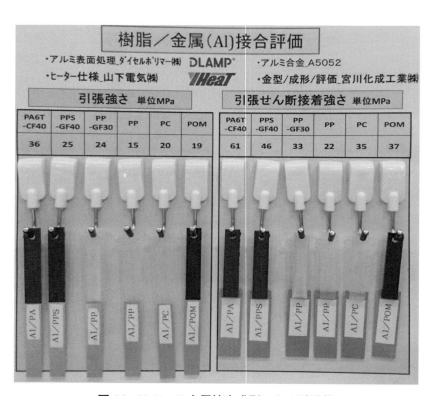

図14　Y-HeaT金属接合成形による試験片

4 "脱塗装" カーボンニュートラルと Y-HeaT

近年は，カーボンニュートラルの目標から企業の CO_2 削減対策が大きな課題であり，その中でも樹脂部品の化粧塗装は環境負荷が大きいといわれている。塗装工程は，①温度，湿度，クリーン度などの塗装環境を維持するために多くのエネルギーを消費する。②塗装後の乾燥工程で多くのエネルギーを消費する。③有機溶剤が揮発することで大気への環境負荷がある。④塗装工場と成形工場が離れている場合には，輸送による化石燃料の消費がある。⑤塗装で不良が発生すると成形工程から作り直しとなるため，エネルギー消費が増大する。これらの原因により環境への負荷が大きいことは周知である。よって，プラスチック製品から塗装がなくなればカーボンニュートラルに対して大きな貢献ができることになる。この点から Y-HeaT による塗装レス技術は，CO_2 および VOC の削減に対して非常に効果的な方法であり，塗装代替技術として注目されている。また，廃棄物からの再生リサイクル材生産を考えても無塗装の樹脂部品が望ましいことは明らかであるので，付け加えておく。

5 おわりに

Y-HeaT は，成形技術としては金型温調技術に分類される。従来の金型温調器は，精密成形のために金型温度を一定に保つことを要求されていたが，Y-HeaT は，金型温度を動的に制御する金型温調技術であり，樹脂の流動，圧力伝達，表面転写，収縮の制御域を大幅に拡張することができる。これは，新しい技術の開発を可能にする未踏の領域ともいえるので，今後のさらなる応用技術開発を期待したい。

第1章 射出成形技術の進展

2節 ヒート&クール成形技術

第3項 誘導加熱金型と成形技術

ロックツール株式会社　神谷　毅

1 電磁誘導加熱金型の仕組み

電磁誘導加熱金型は誘導コイル(図1(後述)ではインダクタと記載)を金型内部に通し，電磁誘導を起すことで得られた発熱により成形面まで急激かつ正確な速度で加熱し高品位に成形する金型である。誘導加熱の仕組みについて説明する。加熱したい成形表面から内部に十数mmの深さに穴や溝を作り，その中に誘導インダクタ(柔らかい銅ケーブルや銅板)を通し高周波交流電流を流す。すると磁界がインダクタを通している穴や溝の内壁表層に生成され逆向きの誘導電流が流れ，ジュール熱が発生することで急激に発熱し型内を拡散して成形面まで熱伝導する(図1)。

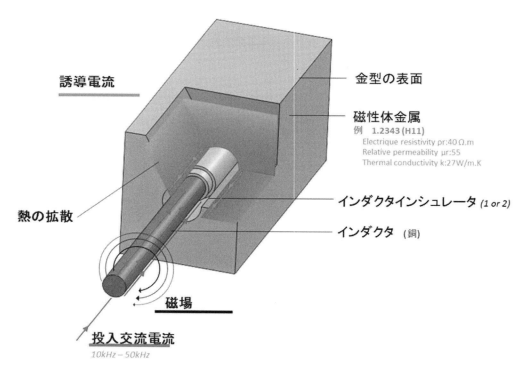

※口絵参照

図1　誘導インダクタと誘導加熱の仕組み

使用金型の鋼材により誘導率や熱伝導率は異なる。またインダクタから表面まで遠いと熱伝導が遅れる。なるべく表面に近い位置にインダクタを配置することで必要な表面のみ加熱させることができ，冷却も速くなる。そのため金型を設計する際には誘導熱解析を行い最適な加熱が得られるようインダクタを配置することが重要である。熱解析の費用など通常の金型製作費に比べコストは上がるが，結果的に加熱効率を高めエネルギーを削減させ，成形品質や生産性を上げることができる。また環境負荷も低減できると考える。

次に誘導加熱金型の安全性について説明する。型内のインダクタには高周波電流が流れるがインダクタは絶縁性の材料で被覆されており型とは接触しない。また型の電流入出力経路は絶縁材，アルミ材などでカバーされているため磁界が発生せず電気的安全性を確保している。また誘導出力装置から型までの経路は同軸ケーブルなので磁界は発生しない。ただし型内の冷却水が水漏れを起こしインダクタが濡れ絶縁抵抗が下がった場合は，短絡保護機能が働き出力装置や接続している成形機も含めシステム全体が停止する仕様となっている。当社（ロックツール㈱）では安全で最適な金型やシステム設計をしていただくためお客さまへサポート業務も行っている。

2 誘導熱解析

球体カバーの金型の熱シミュレーションにより成形面の熱分布を解析した事例を紹介する（図2）。解析により最適な誘導インダクタや冷却管の配置，加熱冷却時間，サイクルタイム，必要な冷却能力や加熱に必要な出力などを予測する。これにより成形表面のみを加熱し型全体の加熱を抑えることで余分な加熱エネルギーを使うことなく，型の膨張収縮も防ぎ型全体の耐性を高めることができる。このようなヒート＆クール金型はいったん製作すると改造は難しい。あらかじめ解析を行い，金型の設計をすることが重要である。

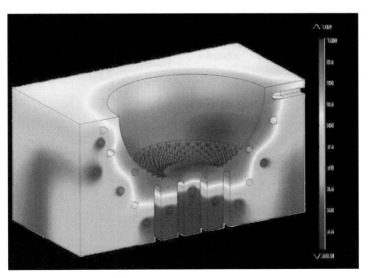

※口絵参照

図2　金型の誘導熱解析

3 誘導加熱金型設計

熱解析したモデルをもとに金型内部の誘導コイルと冷却経路をモデリングした(図3)。熱解析をもとに，表面を均一に加熱冷却できるように設計する。インダクタに銅ケーブルなどを使用しているため製品形状に合わせた加熱経路を設計することができる。

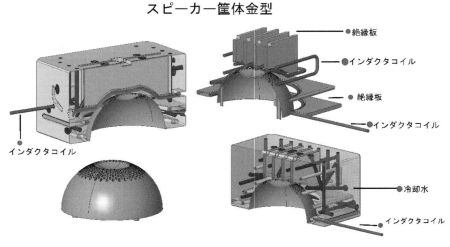

図3　誘導加熱冷却経路設計

4 誘導加熱成形プロファイル

金型動作と金型温度プロファイルを図4に示す。型が開き部品の取り出しから加熱を開始，型閉じまでに加熱が終わるようにする。しかし昇温の幅(加熱開始温度と到達温度の差)が大きい場合には金型が閉じた後も加熱を続ける。誘導加熱の加熱速度はおおよそ25℃/秒で昇温する(射出成形の場合)。たとえば60℃の昇温幅の加熱に必要な時間は約3秒程度である。図4の事例では80℃から樹脂のガラス転移温度以上の180℃まで加熱する温度プロファイルである。加熱速度が速いため昇温の幅が大きくなるほど誘導加熱のメリットは大きい。冷却水は常時型内を流れているが加熱への影響はないため，射出後すぐに冷却が可能である。誘導による加熱は正確な出力であるため正確なサイクルによる運用が可能となる。

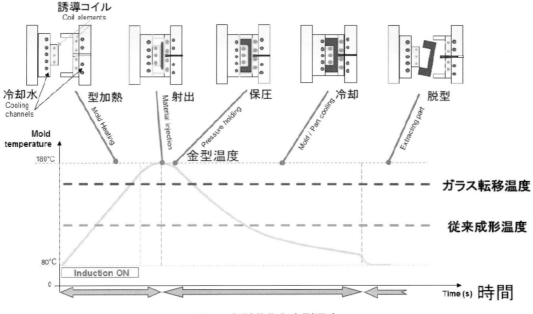

図4　金型動作と金型温度

5 樹脂の流動性と成形品質への効果

　従来の金型温度で成形する場合，溶融された樹脂は金型内へ射出された直後から冷たい内壁に接することで，急激に冷やされる。そのため注入中に型に接している層で粘度が高まり，固化が速く進み流動性を悪くさせ，かつ部品表層の結晶化が不十分となる。

　誘導加熱成形では，ガラス転移温度以上で型を加熱するため金型の内壁は樹脂の固化が進まず低い粘度のまま型内を流動する。図5では金型温度がガラス転移温度以下においては内壁の層で結晶化が進み，ガラス転移温度以上で成形すると内壁のスキン層で結晶化が遅れているのがわかる。また射出圧力の低減にもつながり，射出スピードなど成形パラメータの範囲を広く取れる。

　また表面の微細な凹凸まで樹脂が入り込むので，微細な表面テクスチャーを加工したキャビティの場合，高転写が可能になる。鏡面磨きされた型では成形品の光沢性も向上する。

　流動ストレスが減少し残留ストレスがなくなるため球晶寸法がより均一化し，耐摩耗性や耐スクラッチ性が向上し機械的特性が改善される。

　透明な材料では光学性が格段に向上しレンズやディスプレイなどで虹エフェクトなどを抑える効果がある。

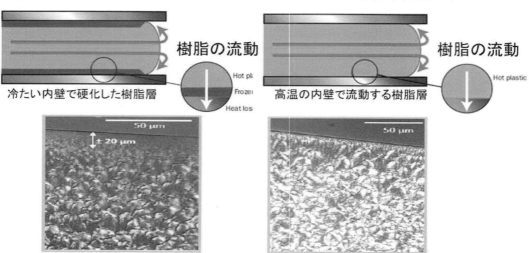

図5　型内壁を流動する溶融樹脂のイメージと結晶化の違い（ポリアセタール樹脂）

6 実際の成形事例と効果

6.1 光沢やウェルドラインを改善した球体カバー

　本事例ではガラス繊維を20％含むポリカーボネート樹脂を使用した（図6）。全体に高光沢な仕上がりになっておりウェルドラインなどを防ぎ高い外観品質になった。

　成形条件を以下に記載する。

・材料：ポリカーボネート，ガラス繊維20％入り

図6　成形部品外観（スピーカー筐体）

・寸法：30 × 69 mm，（厚み）1.4-2.0 mm
・成形金型温度：70℃→150℃まで加熱
・加熱時間：5秒
・サイクルタイム：45秒
・加熱出力：50 kW

6.2 ホログラムや撥水機能部品の成形

図7は微細な加工をした金型である。キャビティ面全体に鏡面磨きを施し，レーザーテクスチャリング加工機を使用し部品の両端にはソフトな感触があるパイル地タッチを，丸い枠内にはホログラム模様，中心部には撥水性を持たせるよう表面加工を施した金型である。

この金型でポリプロピレン樹脂を使用し成形した（図8）。写真ではよく確認できないかもしれないが，中心のマークにホログラム調に光が反射しているのが見える。また実際にサンプルの中心部に水滴を垂らすと，水滴を弾く（転がるという方が適切かもしれない）ことも確認した（図9）。従来の成形ではこのような表面を転写で作り上げることは難しかった。

6.3 ブロー成形容器へのすりガラス調転写

塗装の2次工程でボトル表面にすりガラス調の模様を施した通常の成形サンプルと，誘導加熱により高転写でシボ転写を施し2次工程を省いた成形サンプルを図10に示す。成形には同じ金型，同じPET樹脂を使用した。

ここでは大手化粧品メーカーと当社が共同でサステナブル・パッケージング（持続可能な包装）の容器を開発した内容を紹介する。この容器を使用した化粧品は日本でも販売されている。ここではメーカー名を伏せているがメーカーの公表内容を少し紹介したい。「リサイクル材の使用を進め，PCR（Post Customer Recycle）材やPIR（Post Industrial Recycle）材など利用し，薄肉成形

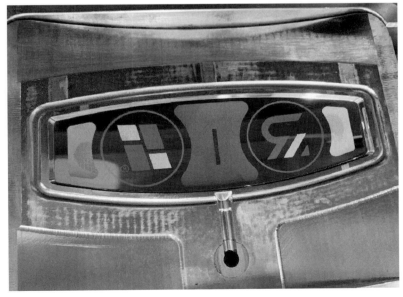

図7　レーザーテクスチャリング加工機で微細加工した金型

プラスチック射出成形技術大系

図8　ポリプロピレン樹脂でホログラム転写した成形品

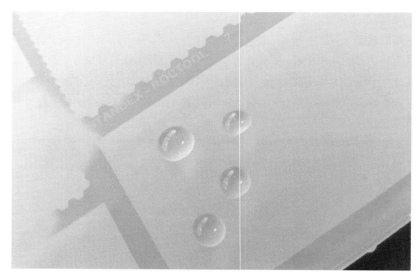

図9　型転写で撥水機能を付与

で2次加飾工程である塗装をなくし，従来品と同等またはそれ以上の外観品質を得られたパッケージの開発に成功した」と発表している。また「これによる CO_2 の削減や製造工程で発生するスクラップを10〜15％削減でき環境負荷を下げることができた」と記事でコメントしている。環境保護意識の高まりを受けて，全社的に環境負荷の低減に取り組んだ事例である。

6.4　熱硬化性樹脂成形

まず熱硬化性樹脂の成形に誘導加熱成形を利用するメリットについて述べてみたい。

第 1 章　射出成形技術の進展

図 10　同じ型を使用してのヒート＆クールありなしのシボ転写性の比較

　従来の製法では型温が高くなく，低い温度で温調しているため硬化スピードが遅く，そのためサイクルタイムも長くなっていた。一方，誘導加熱成形では射出時には型を冷却させて流動性を向上させるため，薄肉成形が容易になる。また射出後，急激に金型を誘導加熱させ硬化温度を上げることで硬化時間を短縮しサイクルが短縮される。硬化後には冷却させ部品取り出し時に安全に部品を取り出すことができる。温調による成形プロファイルと誘導加熱と冷却による成形プロ

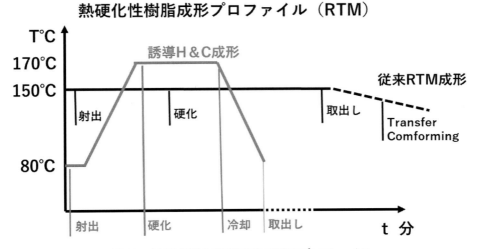

図 11　温調成形と誘導加熱成形のプロファイル

― 91 ―

表1　RTM の従来成形と H&C 成形比較

RTM-ポリエステル/FG （40% weight）	従来 RTM	RTM 誘導 H&C
金型温度	90 degC 温調	70℃⇔130℃
サイクルタイム	10 minutes	2 minutes
残留スチレン	3.3%	1.7%
屈曲歪み	195 MPa	230 MPa
ガラス転移温度　T°	110 degC	115 degC

ファイルを図11に示す。
　例としてRTM成形で温調金型を使用した場合と，誘導ヒートアンドクール（H＆C）金型を使用した場合の比較を表1に示してみた。サイクル短縮以外の利点も見受けられる。

6.5　2色成形（回転型）への利用
　金型への高周波電流の配線が型や冷却水ホースなどに干渉しないよう引き回すことで回転型の2色成形にも利用できる。また誘導加熱金型のメリットとして加熱経路は固定側，可動側の型それぞれを加熱することも可能である。図12では2系統（1台1系統装置の場合）で構成しているため2色個別に温度，加熱速度を制御できる。加熱プロファイルの設計自由度は高い。

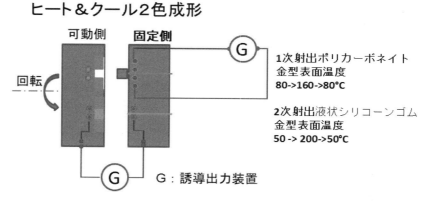

図12　2色成形誘導加熱接続例

図13　コンパクトケース

図 13 は誘導加熱金型を使用し 2 色成形した化粧品パッケージ(コンパクト)の成形事例の写真である。リサイクルポリカーボネート(黒)ポリエチレンテレフタレート材(ベージュ色)で 2 色成形した製品である。

6.6 金属成形の事例

プラスチックの内容ではないが，型温度低下を防ぐために金属成形に誘導加熱を利用した事例を紹介する。アルミ成形品(A4 サイズ，0.4 mm 厚さの板)の部品(図 14)と，その誘導加熱金型である(図 15)。

図 16 と図 17 は成形プロファイルで金属の注入時や洗浄工程において金型表面変化を連続サイクルでグラフ化したものである。

型表面温度が油温調と誘導加熱でどのように連続サイクルで変化しているかを測定した。一定の型温度で射出ができ品質を確保するために型開き洗浄中に誘導によるダイナミックな加熱を利用して型温度低下を防いでいるのがわかる。

図 18 は油温調を 250℃に設定して成形した部品である。実際の型表面温度は 190℃でサイクルごとに型温度が連続して低下し 170℃を切るまで低下した。そのため湯流れが悪く巣などが発

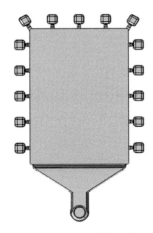

図 14 アルミ成形品形状

図 15 アルミ成形金型

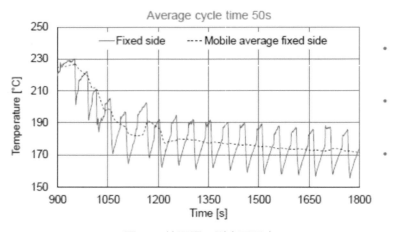

図 16　油温調の型表面温度

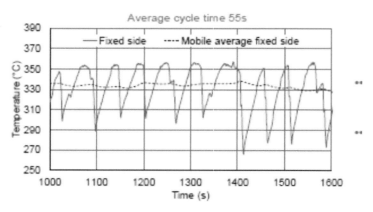

図 17　誘導加熱の型表面温度

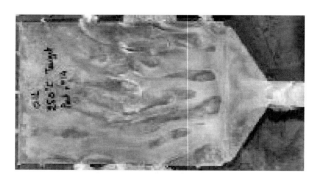

図 18　油温調の成形品

生した。
　図 19 は部品取り出し後，洗浄工程中の型温度低下を防ぐため誘導加熱で型表面温度を 350℃にまで加熱して成形した部品表面である。安定した連続成形と品質向上が見られた。

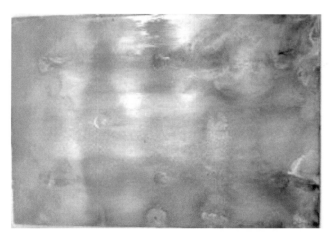

図19　誘導加熱成形品

7　誘導加熱装置

　最後に当社の誘導加熱装置について説明する。装置には低出力の15 kWから高出力300 kWのタイプまであり，小さな金型から大きな金型まで対応が可能となっている。また制御盤は2台から12台までの出力装置をコントロールでき個別制御も可能となっている。図20は空冷の小型誘導装置(15 kWから50 kWタイプ)，図21は装置を射出成形機内に設置した例である。

　誘導加熱金型成形技術は誘導熱解析や新規設備導入のコストなど通常の型に比べ費用がかかるが，新製品開発，工程削減，生産性や品質の向上，作業環境の改善，環境負荷低減などプラス面も多い。新たな価値の創造へ本技術の利用を検討いただければ幸いである。

図20　低出力誘導装置

プラスチック射出成形技術大系

図21　射出成型機内に搭載した例

第1章　射出成形技術の進展

第3節　残留ひずみ，ひけ，そり低減成形法

第1項　射出圧縮成形について

山宗株式会社　平野　直

1　はじめに

　当社（山宗㈱※）は愛知県名古屋市に本社を構えるプラスチックの総合企業である。1957年創業，板材や材料の商社部門並びに成形品の生産・販売を主とするメーカー部門を有している。メーカー部門については，愛知，岐阜（ブロー成形），静岡，茨城，大分に自社工場があり計150台以上の成形機を保有，自動車関連をはじめとした各種工業部品の生産，並びに圧縮成形以外にも二色成形・DSI成形・ガスアシスト成形・型内ASSYなどの特殊成形技術を運用しており，自動化を含めた組み立て，塗装などによる加飾品の生産も可能である。

　本稿では「射出圧縮成形」について解説する。

2　射出圧縮成形の概略

　周知のとおり，射出成形は密閉された金型内に溶融した樹脂を流し込み，冷却によって型内キャビティ形状に即した樹脂成形品を作る工法である。射出圧縮成形は従来の射出成形技術の延長であり，樹脂充填時の成形機・金型動作に違いがある。

　通常の射出成形は，金型が閉じている状態で樹脂を充填するが，射出圧縮成形は樹脂がキャビティに回り切る直前まで，金型全面もしくは一部が若干開いた状態を維持する。最終充填直前で金型を閉じて加圧することにより，キャビティ内全体に樹脂を充填，成形品を作成する。

　この工法にて，通常よりも低圧での成形が可能となり，また各成形機メーカーの機種によって成形モードの1つとして搭載しているケースがある。詳細について，以下に述べる。

3　射出圧縮成形の詳細

　図1は射出圧縮成形の動作・概要を一般的な成形機の「反操作側」から見たものである。以下，項目ごとに述べる。

※　山宗㈱
　　ホームページURL：https://www.yamaso.co.jp

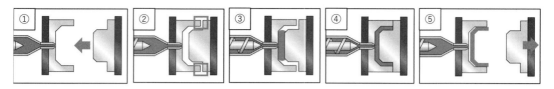

図1　射出圧縮成形の動作・概要

① 樹脂計量完＋型閉じ開始
② 型閉じ完，ただし全面もしくは部分的に型が開いている（PL部に隙間あり）
③ 樹脂充填開始，PL部などに樹脂が回る直前まで型を開いておく
④ PL部などに樹脂が到達する直前（バリ発生前，樹脂漏れ前）に，型閉じ動作にて加圧する
⑤ 通常成形と同様に冷却＋キャビティ突き出し＋製品取り出し

ポイントは③，④であり，型が空いている（＝密閉されていない）ことで通常よりも低圧力で樹脂充填が可能となる他，副産物として充填時に発生するせん断熱起因のガスを，キャビティ外に排出することができる。これにより，以下のメリットが得られる。

・従来の圧力よりも低圧で成形，残留応力を減らすことにより収縮要因の変形を抑止
・低圧で充填できるので，想定される型締め力が不要＝設備・金型のダウンサイジング化
・充填時に発生するガスの排出を促進，起因となる不良（シルバーなど）の発生を抑止できる場合あり

以上を踏まえての成形品確保が可能となり，スペック・品質の向上はもちろん，ダウンサイジングに伴って設備／金型投資並びにランニングコストの減少を図ることができる。また，同要因の困りごと・不具合などがある際，設備含めた環境面が整えば比較的トライしやすい工法であるとも考えられる。

もちろんメリットだけではなく，懸案・検討事項としては以下が挙げられる。

・充填完了の直前に型閉じ動作，シビアな設定が必要
　・早すぎると充填不足（ショート，ひけ），遅いとバリになる
　・TRY段階にて，本工法特有の検証が必要
・型上で部分的な開閉動作が必要な場合，コアバック機構などを型に盛り込む必要がある（複雑化）
・基本的には，本動作をさせるためのモードが成形機プログラム内に必要
・全ての形状デザイン，金型仕様，材料種で対応できるとは限らない
　・特に材料種の影響は事前の考察が必要（アロイ材有無，MFRなど）

以上，工法，並びに長所／短所について述べたが，既存にて同要因のトラブル・悩みがある場合，解決に向けて一考する価値のある工法と考える。

4 まとめ，今後の展望

　昨今，近い工法の設定モードに関して各成形機メーカーも意欲的に導入しており，研究・開発を実施している。本工法を活用することで，改善した事例を耳にする機会も多い。ただ完成された技術・工法ではなく，現状も各企業が応用性含めて研究・開発を実施していることから，見方を変えれば今後さらに発展・進化する技術であるとも推察できる。

　上記を踏まえ，現状のトラブル・困りごとにマッチする部分があれば，本工法を一考頂ければと考える。

第1章 射出成形技術の進展
第3節 残留ひずみ，ひけ，そり低減成形法
第2項 自動車用アウターハンドルにおけるガスアシスト成形

ミネベア アクセスソリューションズ株式会社　藤元　裕介

1　はじめに

当社(ミネベア アクセスソリューションズ㈱)では，20年以上前から自動車用のアウターハンドルにてガスアシスト成形を適用しており，現在も主要取引先の自動車メーカー向けにこの成形方法を適用，日本だけでなく海外の工場でも量産を行っている。今回は，このガスアシスト成形について簡単ではあるが，成形プロセスと考え方について述べる。

2　ガスアシスト成形と通常の射出成形の違いについて

2.1　一般的な射出成形(以下，射出成形)のプロセス

図1をもとに説明する。

❶　型閉…可動型を固定型に押し込み，金型を閉じる
❷　充填…金型内に溶融樹脂を充填する(計量完了位置からVP切換位置までスクリュを前進)
❸　保圧…金型内に溶融樹脂を圧力で充填する(VP切換位置からゲートシール時間より長い時間，スクリュを前進)
❹　冷却…成形品が荷重たわみ温度以下になるまで金型内で冷却固化させる

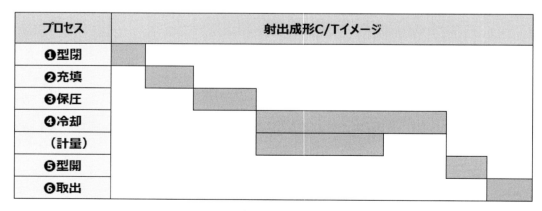

図1　射出成形プロセス

❺ 型開…成形品を取り出すため，可動型を作動させ金型を開く
❻ 取出…型開後に成形品をエジェクタピンで突出し，取り出す

2.2 ガスアシスト成形のプロセス

ガスアシスト成形のプロセスについて，図2をもとに述べる。

以下，射出成形のプロセスと異なる箇所については，白丸文字で記載する。

① 型閉…可動型を固定型に押し込み，金型を閉じる
② 充填…金型内に成形品の中空率を考慮して溶融樹脂を充填する（計量完了位置からVP切換位置までスクリュを前進）
❸ ガス充填…金型内に充填した溶融樹脂内にガスを射出する
❹ ガス保圧（冷却）…溶融樹脂内に充填したガスの圧力を成形品が荷重たわみ温度以下になるまでガス圧力を保持する
❺ ガス排出…成形品内に射出したガスを排出し，成形品内部の圧力を大気圧と同じにする
❻ 型開…成形品を取り出すため，可動型を作動させ金型を開く
❼ 取出…型開後に成形品をエジェクタピンで突出し，取り出す

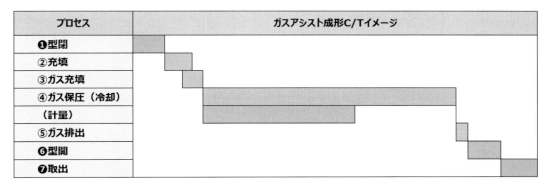

図2　ガスアシスト成形プロセス

上記のとおり，射出成形とガスアシスト成形の違いは，金型内への溶融樹脂の充填から型開前までのプロセスが大きく異なる点である。

3 射出成形とガスアシスト成形において異なる成形プロセスについて

3.1 充填工程について

金型内への溶融樹脂の充填プロセスの考え方については各技術者での考え方があると思われるが，一般的には成形品全体の80～90％くらいを充填した状態から，保持圧力をかけて金型内に溶融樹脂を注入して100％充填する（図3）。

当社で行っているガスアシスト成形では，ショートショット法（図4）を採用しており，部品により異なるが金型内に溶融樹脂を60～70％ほど充填した後に，溶融樹脂内にガスを充填する。

プラスチック射出成形技術大系

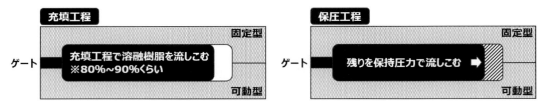

図3　射出成形における充填，保圧工程での金型内への溶融樹脂を流し込む

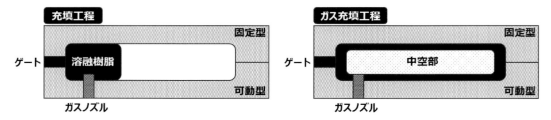

図4　金型内に充填した溶融樹脂とガス射出後の中空状態

　たとえば，金型内への溶融樹脂の充填量がキャビティ空間の70％だったとする。この溶融樹脂内部にガスを射出し，形成された成形品の中空率は30％である。つまり，ガスアシスト成形品の中空率は，ガス充填前にキャビティ内に充填した溶融樹脂の充填量で決まるのである。中空率を高くしたければ計量完了位置を小さくする，またはVP切換位置を大きくとることで充填プロセスにおけるスクリュのストローク量を小さくし，金型内に充填する溶融樹脂量を減らせばよい。中空率を低くしたければその逆で，充填プロセスにおけるスクリュのストローク量を大きくすることで金型内に充填する溶融樹脂の充填量を増やせばよい。このようにガスアシスト成形品の中空率は，ガスを射出する前の金型への溶融樹脂の充填量で決まる。

　2個取り以上の多数個取りでの金型になるとゲートバランスの調整を行い，保持圧力をかける前のそれぞれのキャビティの成形品の状態が均一になるように金型を修正する。通常の射出成形であれば，多少充填バランスが崩れても保持圧力をかけて金型内に溶融樹脂を流すので，成形品としては問題ない場合が多い。しかし，ガスアシスト成形において，多数個取りにおけるキャビティ間の充填バランスがバラつくと成形品の中空率も同時にバラつくことになる（図5，6）。

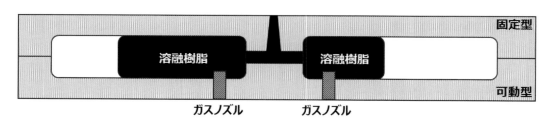

図5　ガス充填前にキャビティバランスが崩れて溶融樹脂が金型内に充填された状態

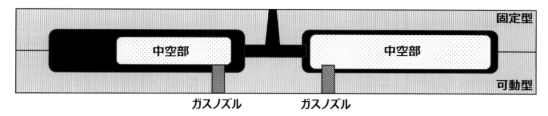

図6 樹脂充填時にキャビティバランスが崩れたままガスを注入した場合の中空率の違いが発生

多数個取りにおけるキャビティ間の充填バランスが崩れると，ガスアシスト成形品の中空率にバラつきが生じる。部品によってはガスの中空状態が製品に求められる強度要件へ影響を与える場合がある。この場合はオーバーフロー形状を追加するなどして，中空になってほしくない部位へのガスの流れ込みを回避するなど，製品形状での対策も必要となる。

3.2 ガス充填工程について

金型内に溶融樹脂を射出し，溶融樹脂内部にガスを射出する。金型内に溶融樹脂を流し込む際には，成形機の可塑ユニットの力を利用して溶融樹脂のフローフロントが前進する。ガス射出工程からは，溶融樹脂内部に充填されたガスの圧力により，溶融樹脂のフローフロントが前進する（図7）。溶融樹脂のフローフロントの流れを止めないために，この成形機の圧力からガスの圧力への切替タイミング（ガス射出タイミング）が非常に重要となる。

設備仕様により異なるが，当社で使用する設備では，射出開始信号を基点として，何秒後にガスを充填するか？という設定をガス射出遅延タイマーという形で設定を行っている。たとえば，樹脂充填時間が3.0秒であればガス射出遅延タイマーも3.0秒にする。この際に，成形品の外観を確認しフローマークのような外観不良が発生していたら，金型内の溶融樹脂のフローフロントが止まった後に，溶融樹脂内部に射出されたガスによってフローフロントの流れが再開したということが読み取れる（図8）。このフローマークは溶融樹脂のフローフロントの流れが止まる様子からヘジテーション（hesitation：躊躇）という不良事象に分類される。

ヘジテーションが発生しても塗装などで隠蔽されることで，特に外観に影響がない場合は溶融樹脂内部の中空状態を確認しながらガス射出遅延タイマーを調整すればよいが，ヘジテーションが外観不具合となる場合は，溶融樹脂のフローフロントの流れを止めないようなガス射出条件の設定が必要となる。樹脂充填時間が3.0秒であれば2.9秒，2.8秒といったようにガス射出遅延タ

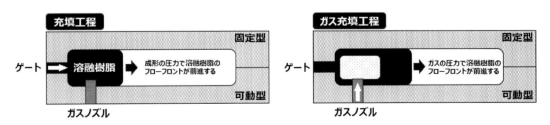

図7 ガスアシスト成形における溶融樹脂のフローフロント前進状態

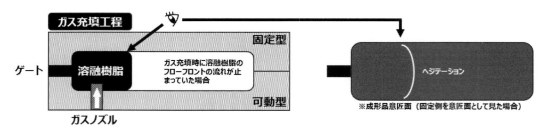

図8 ヘジテーション(外観不良)発生箇所

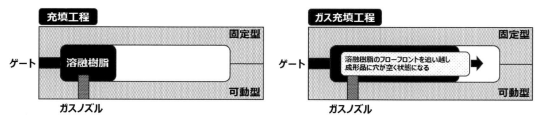

図9 溶融樹脂内部に充填したガスが溶融樹脂を貫通する

イマーを短くし，金型内の溶融樹脂の流れが止まらないようなイメージでガスを溶融樹脂内に射出することで，フローフロントの流れを止めずにガスを充填する条件の見極めを行う。ガスの射出タイミングが早すぎると，溶融樹脂内部のガスのフローフロントが溶融樹脂のフローフロントを追い越してしまい，ショートショットが発生する(図9)。

また，このタイミング調整の際には射出するガス圧力についても，射出遅延タイマーと掛け合わせて調整が必要となる。ガス圧力が低いと溶融樹脂内部からフローフロントの流れを維持することができずにヘジテーションが発生する。また，ガス圧力が高すぎると溶融樹脂内部のガスのフローフロントが溶融樹脂のフローフロントを追い越してしまい，ショートショットが発生する。ガス充填工程においては，ガスを射出するタイミングと圧力にて一般的な射出成形における保圧工程の設定を行う。

3.3 ガス保圧(冷却)工程について

ガスを射出し，キャビティ内にしっかりと溶融樹脂を流し込み製品形状を作ることができたら，次のプロセスはガス保圧工程である。一般的な射出成形であれば保圧時間と成形品重量の関係を確認することでゲートシール時間を算出し，保圧時間を設定する。ゲートシール後にいくらスクリュから溶融樹脂を金型内に押し込んでも無駄になる。しかし，ガスアシスト成形においてはゲートシール時間という概念はない。なぜなら，成形品に対しひけが発生しないように溶融樹脂内部から圧力を加えているのはガス圧力であり，そのガスは溶融樹脂内部にあるガスノズルから注入されている。よって，成形品の表面温度が荷重たわみ温度以下に固化するまでは金型内部からガス圧力を保持して固化させる必要がある。一般的な射出成形プロセスにおける保圧と冷却を同時に行うことで，成形品のひけを抑制する必要がある。

ガスアシスト成形におけるデメリットは，このガス保圧(冷却)時間が長いことにより，成形

C/Tが長くなってしまうことである。通常は金型の固定側と可動側の両面が溶融樹脂に接触しており，この接触面から溶融樹脂が冷却固化される。ところがガスアシスト成形においては中空部分の内部はガスで満たされており，金型に接している面積が片側だけとなる。このため，成形品の冷却固化のスピードが遅くなり，冷却時間が長くなる。そのため，生産性を上げるために多数個取りをすることになるが3.1で述べたとおり，充填バランスを安定させる対策が必要となる。

また，製品形状により成形品に肉厚部が発生する。この肉厚部の冷却固化が不十分だと，成形品取り出し後に時間差で意匠面にひけが発生するため，外観を確認する際には成形品取出し直後だけでなく，成形品冷却完了後の外観チェックも重要である。

3.4 ガス排出工程

溶融樹脂内にガスを射出し，成形品が十分に固化したら金型を開く前に溶融樹脂内のガスを排出する必要がある(**図10**)。溶融樹脂内部にガス圧力が残ったまま金型のPL面を開くと，成形品が風船のように膨張し，最悪の場合は成形品が破裂することとなり非常に危険であるため，ガス排出のための時間をしっかりと設定する必要がある。型開き遅延タイマーを使用すると，ガス排出のための時間を秒単位で設定可能である。

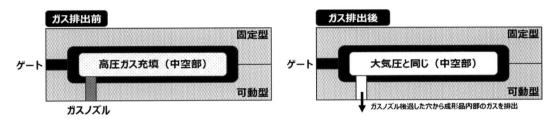

図10 ガス排出前と排出後の成形品内部の圧力状態

成形品内部のガス排出には，ガスアシスト設備側で排出可能なものと，金型内のガスノズルを型開き前に作動させて金型内部で排出可能なものがある。設備側でガス排出が可能なものは設備の導入コストが高くなる分，金型側でのガス排出機構が不要となる。設備側でガス排出が不可能な場合は，金型側にガスノズル作動機構を設置する必要があるため，金型コストが高くなる。導入する地域での設備メンテナンス，金型メンテナンス性およびランニングコストなどを考慮し，設備選定を行うことを推奨する。

4 多数個取り時のキャビティバランス崩れによる成形品中空率バラつき対策の例

キャビティバランス調整については，各社でさまざまなノウハウを持っている。ランナー形状やコールドスラッグウェル，ホットランナーを使用するなどである。しかし，中空率のバラつきが製品外観だけでなく，強度などの要件へ影響を及ばす場合もある。成形する材料が透明材であれば外観で製品内部の中空状態を確認することが可能である。しかし，材料が黒の場合は内部の中空状態を外観で確認することができない。その場合は，重量計を用いて成形品の重量管理など

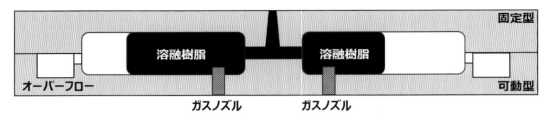

図11 ガス充填前にキャビティバランスが崩れて溶融樹脂が金型内に充填された状態(オーバーフローあり)

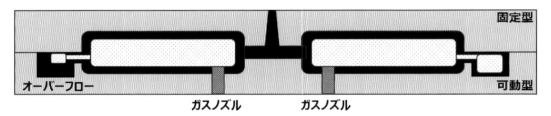

図12 溶融樹脂のキャビティバランスの崩れによりオーバーフロー内部の中空率が崩れた状態

を行う必要があるが，生産性が悪いし，コストUPに直結する。

　どうしてもキャビティバランスの崩れを抑制できない，または品質へ影響がある場合にはオーバーフローをつけると成形品の中空率が安定する。成形品の代わりに，オーバーフローの中空率を意図的にバラつかせる手法である(図11，12)。

5 おわりに

　ガスアシスト成形はこれまで述べたとおり，成形における考え方が射出成形と大きく異なる。しかし，それらを理解した上で，製品設計への意思入れ，金型への意思入れを行うことでガスアシスト成形特有の課題に対処可能な場合が多い。成形サイクルが長くなるというデメリットはあるが，肉厚部品の成形が可能なので，本来であれば2つの部品を組み合わせる必要があるところを，ガスアシスト成形で生産することで部品点数の削減や組付け工数の削減といったメリットもある。当社ではこれらのノウハウを生かし，量産を行っている。今後もこのガスアシスト成形技術を社内で伝承していきたい。

第1章　射出成形技術の進展

第3節　残留ひずみ，ひけ，そり低減成形法

第3項　ガスプレス成形法

RP 東プラ株式会社　羽田　康彦

1 はじめに

　当社(RP 東プラ㈱)は 1953 年創業の射出成形・真空成形・シート押出成形を 3 本柱とする熱可塑性樹脂の加工メーカーである。射出成形事業は 1968 年より開始，GIT(Gas Injection Technology)の生産技術は 1990 年に完成し，その後ガスを使用したさまざまな成形技術に取り組んできた。

　本稿では，この中から残留ひずみ・ひけ・そりを低減し，型転写性も良好である GPI(Gas Press Injection)について解説する。

2 概　要

　GPI は，金型内に充填した溶融樹脂を成形品外部から加圧ガスで均一に押圧することにより，ひけ・そりが少なく，高外観な成形品を得る技術である。

　本技術は，旭化成㈱が基本技術を開発したもので，当社はこれを技術導入し，実用化／製品化を進めてきた。

3 成形方法

GPI の成形法を以下に示す(図1)。

(1)　金型キャビティ内に溶融樹脂を充填する。

(2)　金型キャビティと樹脂の間にガスを注入。50～150 kgf/cm^2 の圧力で金型に押し付けて保持・冷却する。

(3)　ガスを放出し，成形品を取り出す。

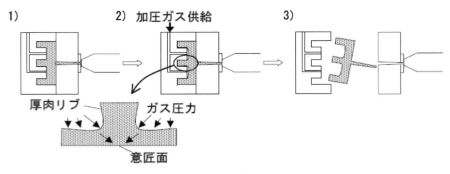

図1　GPIの成形方法

4 成形品の特徴

GPIを使用した成形品の特徴を以下に示す。
(1) 残留ひずみ・ひけ・そりが少ない。
(2) リブやボスがある成形品，偏肉のある成形品でも高外観が得られ，製品の軽量化に貢献する。
(3) 従来のGITの短所である成形品表面の光沢ムラが解消される。
(4) 従来のGITで，成形品内にガスを配置するためのガスチャンネルが不要であり，設計の自由度が高い。
(5) 成形品の肉厚内にガスの空洞を作らないため，ガス注入口のシールが不要。

このような特徴により，これまで家電・OA機器の外装部品や住宅設備機器部品などに採用されてきた。浴室で使用されるカウンターやエプロンにおいては，肉厚内部に空洞を作らないことから，製品内部への水の侵入がなく，カビ発生のリスクが低いため採用が進んだ背景がある。

5 一般成形との比較

5.1 比較表

成形品の特徴，金型・装置などについて，GPIと一般成形を比較する(表1)。

5.2 ひけの評価

5.2.1 リブ部のひけの状況

製品面の肉厚2.0 mm(t)に対してリブの肉厚を3.0 mm(1.5 t)とした評価サンプルをGPIと一般成形で作成し，ひけ量の測定と周囲の観察を実施した(図2)。

意匠面のひけの状況とひけ量は，GPI品がほぼフラットな状況でひけ量もゼロに対して，一般成形品はリブの中心に向かって少しずつへこんでいき，リブの中心でおよそ幅2.5 mm，深さ15 μmのひけ量となっている。

一方GPIのリブ面には，リブの根元付近にガス圧により押されたへこみが見られる。これは意匠面のひけになる代わりに起こっている現象で，このへこみをスクイーズと呼んでいる。

表1 GPIと一般成形の比較

		GPI	一般成形
成形品の特徴	残留ひずみ	○	△
	ひ け	○	△
	そ り	○	△
	外観(転写性)	○	○
	形状自由度	◎	○
金 型	特殊仕様	・ガスニードル ・ガスシール	なし
	価 格	1.4～1.8	1.0
付帯装置		GIT装置	なし

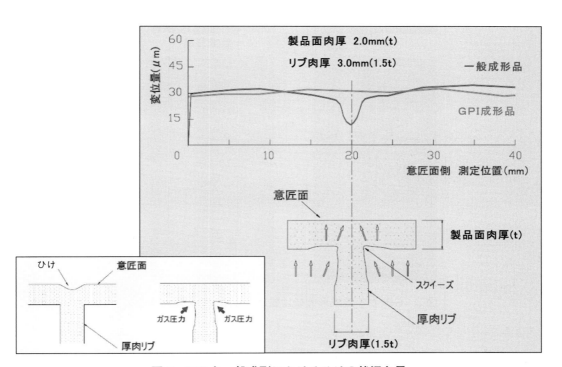

図2 GPIと一般成形におけるひけの状況と量

5.2.2 リブ部のひけ量の比較

　外形：横 150 × 縦 300 × 高さ 80 mm の L 字形状で，底面肉厚 2.5 mm(t)に対してリブの肉厚を 1.25 mm(1/2 t)，2.5 mm(t)，3.75 mm(1.5 t)，1.5 mm(3/5 t)，2.0 mm(4/5 t)とした評価サンプルを GPI と一般成形で作成し(材料：HIPS，図3)，ひけ量を測定・比較した(図4)。

　GPI がリブ肉厚 3.75 mm(1.5 t)でもひけ量がほぼゼロなのに対して，一般成形は 1.25 mm(1/2 t)，1.5 mm(3/5 t)まではひけ量がほぼゼロであるが，2.0 mm(4/5 t)以上になると大きくなっていき，3.75 mm(1.5 t)では約 0.15 mm になっている。

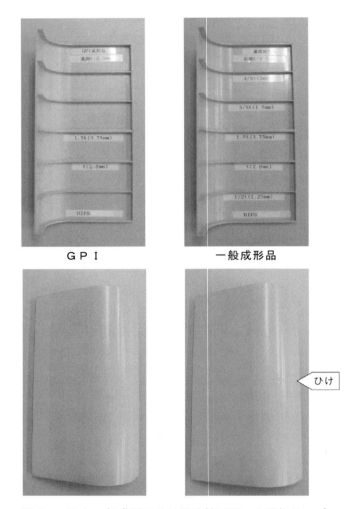

図3 GPIと一般成形のひけ量比較に用いた評価サンプル

　この結果から，GPIを用いることにより薄い製品面に厚いリブを配置できることが確認された。これは軽量かつ高剛性な設計が自由に行えることを示している。

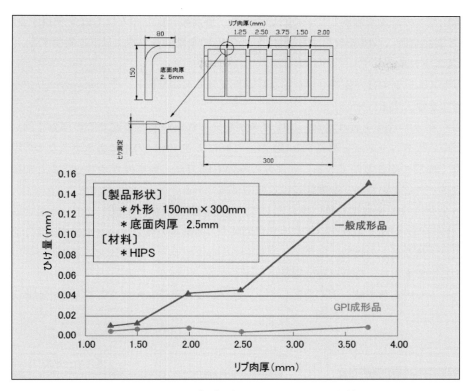

図4　GPIと一般成形におけるひけ量の比較

6　金型設計

　GPIの金型には表1で示したとおり，加圧ガスを注入するためのガスニードルと注入した加圧ガスを漏らさずに保持するガスシールの技術が必要であるが，それぞれの説明をする前にGPIの金型設計において必要なガスの挙動について説明する。それは，ある高さ以上の壁／リブをガスは超えられない，ということである（図5）。これは，高さが高くなると加圧ガスの押圧によってリブが倒れることにより金型の壁に押し付けられ，成形品自身がシールの役割を果たしていると考えている（図6）。

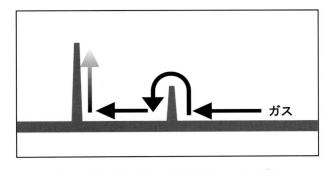

図5　GPIにおけるガス挙動のイメージ図

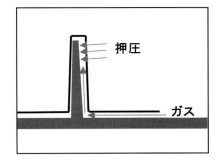

図6　ガスシールのイメージ図

この加圧ガスの挙動を理解していただいた上で、製品の一部分のみに GPI を使用する場合（部分 GPI）と製品全面に GPI を使用する場合（全面 GPI）の金型設計の例を以下に説明する。

6.1 ガスニードル

GPI のガスニードルは、先端フラットなピンを反意匠面に配置し、そのピンのクリアランスより加圧ガスを注入する。

製品の一部分で GPI を行う場合、加圧ガスが超えられない高さの壁でその部分を囲い、その囲われた中にガスニードルを配置する（図7）。これにより、囲いの中にあるボスなどの厚肉形状をひけなく成形することができる。一部分のみの GPI では、数本のガスニードルと加圧ガス供給元を接続すればよいため、金型構造は比較的単純である。

製品の全面に GPI を使用したい場合として、リブが製品全体に配置されている場合が考えられる。この時ガスが超えられない高さのリブの場合、複数本のガスニードルを配置する必要があり、加圧ガス供給元との接続にはマニホールドのようなプレートを入れ、外周をパッキンなどでシールする必要もあり、金型構造は複雑になってくる。

ガスニードルの本数を減らす工夫としては、リブの交差部分に配置することなどが考えられる（図8）。

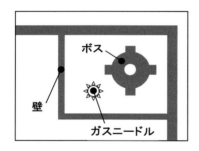

図7　部分 GPI のガスニードル配置（例）

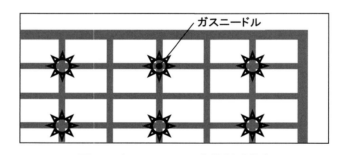

図8　ガスニードルの本数削減（例）

6.2 ガスシール

ガスシールにおいてパッキンなどを使用することは容易に考えられることであるが、生産において後々のメンテナンスを考慮した場合、なるべく交換が必要となる部材の使用は避けておきたい。

GPI において金型キャビティ外周からのガス漏れは、外周に加圧ガスが超えられない高さの壁を設計すれば防止することができるが、問題はエジェクタピンからのガス漏れをいかに防止するかである。摺動部分であるため O リングを配置しても切れる可能性が高く、ガス漏れが発生した場合、原因となっている箇所の特定に多くの労力を費やすことになる。そこで考えられた方法は、エジェクタピンの周りに、加圧ガスが超えられない高さのリング状の壁を配置することである（図9）。これにより、メンテナンスフリーでエジェクタピンからのガス漏れを防止することが可能となった。

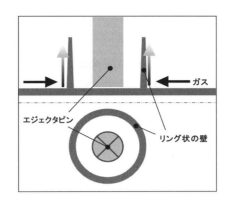

図9　エジェクタピンのガスシール（例）

7 採用例

GPI の採用例と採用理由をいくつか紹介する。

(1) コピー機外装部品（部分 GPI）：
   組立用のツメやボスなど厚肉部のひけ防止。
(2) スキャナーカバー圧板（全面 GPI）：
   薄肉化・複数あるリブのひけ防止，低ひずみ。
(3) 浴槽エプロン・カウンター（全面 GPI）：
   高剛性・複数あるリブのひけ防止，均一転写性による高外観，製品肉厚内部への水侵入防止・カビ発生リスク低減。
(4) テレビ台の前面カバー（全面 GPI）：
   均一転写性による高外観。
(5) エアコン吹き出し口の羽根（全面 GPI）：
   軽量化のために薄肉にしつつも，大きな製品をウェルドレスにするために 1 点ゲートが必要であり偏肉形状（流動支援）となった。ひけ防止と均一転写性による高外観。

8 おわりに

近年は射出成形における革新的な新技術の開発が少なくなっており，新規顧客獲得・新規製品への採用が難しい状況となっている。GPI も 20 年以上前に生産技術が確立した成形法であるが，そのような厳しい状況の中でも，他の成形技術との組み合わせなども行いながら用途拡大につなげてきている。

GPI は，薄肉・軽量化を図りながら，自由なリブの配置により高剛性を達成し，さらにひずみとそりも低減し，ひけ防止と均一転写性による高外観も得られる成形法であることから，厳しい顧客の要望に応えつつ昨今の CO_2 排出量削減にも貢献する技術でありさらなる採用拡大に期待している。

第1章 射出成形技術の進展

第4節 低発泡射出成形

第1項 MuCell® 微細発泡成形法

株式会社松井製作所 吉里 成弘

1 MuCell® プロセスとは

MuCell® 微細発泡成形法は1980年代にマサチューセッツ工科大学（MIT）の Nam Suh 博士とその研究室の学生によって考案された，樹脂中にマイクロセルを形成する原理が基礎となっている。この MuCell プロセスは溶融樹脂中に，直接高圧な超臨界状態の窒素や炭酸ガスを混合，溶解させた後，射出することにより樹脂が減圧されることで発泡をする物理発泡プロセスの一種になる。イメージとしては炭酸飲料を思い浮かべていただきたい。栓を開ける前の炭酸飲料は圧力がかかっており，炭酸ガスが溶解して中身は発泡していないが，栓を開けると減圧され発泡が始まる。水と樹脂を置き換えていただくとわかりやすくなる。このプロセスの特徴は，高圧な SCF（Super Critical Fluid，超臨界流体）を利用することで高い発泡性を有し，平均して 100 μm 以下の微細なセルを成形品全体に形成することができる点にある。これは樹脂への SCF の溶解量が圧力に比例して増えていくことに起因している。また，使用している SCF は大気中から取り出された窒素や工業生産時の副生成物である二酸化炭素を利用しており，化学反応を利用して発泡させる化学発泡に比べて環境にやさしい発泡方法である。

日本に MuCell の初号機（以下，SCF 供給装置）が導入されたのは1999年で，すでに20年以上の歴史があるプロセスになる。今まで，部品の軽量化や寸法精度の改善などを通じて，複写機や自動車などさまざまな分野の部品に採用されているが，昨今の環境負荷軽減の世界的な動きに対して，軽量化による樹脂使用量削減や発泡の特性を生かした省エネルギーな成形法は1つの対策として認識されている。

2 MuCell SCF 供給システムの構成

MuCell プロセスは下記の設備，装置により構成される。

① 超臨界流体（SCF）供給装置

② インジェクター

③ MuCell 用スクリュ，シリンダを備えた成形機

システムとしては SCF 供給装置にて発生させた SCF をインジェクターから溶融樹脂中に注入していく。MuCell 用成形機のスクリュ，シリンダには，注入された SCF を樹脂中に分散，溶解

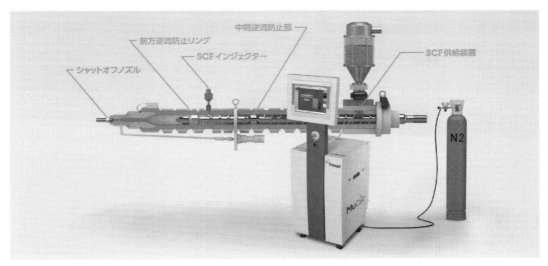

図1　MuCell SCF 供給システム（射出成形用）の構成

させるための機能が付与されている（図1）。なお，日本へ導入された当初はランニングロイヤリティーが必要であったが，現在は不要である。

3　MuCell プロセスの流れ

MuCell プロセスの実際の流れを簡単に説明したい。SCF を注入して発泡させる，MuCell プロセスの流れは4つのステップに分けられる（図2）。

（1）　SCF の注入

可塑化されて溶融した樹脂中に，シリンダに取り付けられたインジェクターを介して高圧な窒素または炭酸ガスを精密に注入していく。注入条件は装置により自動的に調整される。

（2）　SCF の溶解

MuCell プロセス用に最適化されたスクリュにより，注入された窒素や炭酸ガスは，溶融樹脂中に分散，溶解され，単一相溶解物が生成される。その際シリンダ内の圧力を保持することで，単一相の状態を射出するまで維持する。

（3）　発泡セル核の形成

金型キャビティ内に射出することにより，溶融樹脂が急速に減圧され，発泡セル核が形成される。

（4）　低圧充填

発泡セル核が形成されながら充填されていく。ソリッド成形時に必要とされていた保圧工程は発泡で代替えされるため不要となり，金型内の圧力は低圧なまま樹脂は金型内に充填され発泡セルが成長していく。金型キャビティ内が充填され，冷却されることでセル成長が停止する。

こうして，MuCell プロセスによる発泡成形品は作られる。MuCell プロセスで作られた成形品

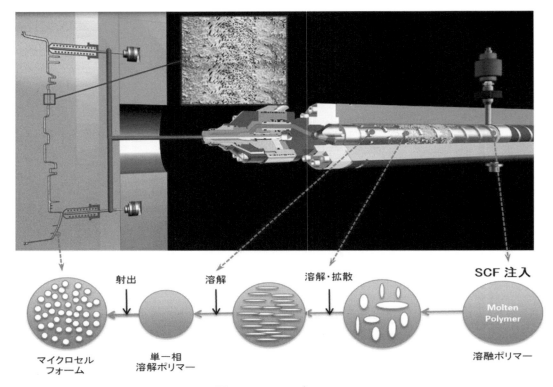

図2　MuCell プロセス

は，発泡を生かして軽量化するだけでなく，保圧を使わない成形プロセスとなり，低圧で成形できることから，ひけ，そりの少ない成形品を作ることができる。ひけ，そりが起きにくいことを利用して，今までにない製品デザインを採用することで，さらなる軽量化，特徴のある製品を作ることが可能となる。

4　MuCell プロセスの利点

このプロセスの利点としては発泡による軽量化が最初に思い浮かぶが，それだけではない。SCF が溶解し発泡するという特徴を生かした，さまざまな利点を持っている。

（1）　軽量化

樹脂を発泡させることで，成形品の比重が低減できる。また，(2)でも述べるがそりやひけが軽減できるため，補強リブを積極的に用いるなどのデザイン面から，成形品の体積を削減し軽量化することができる。このデザイン面からの体積軽減が MuCell プロセスでの軽量化において非常に重要である。

（2）　寸法精度の向上

MuCell プロセスでは射出成形品のそりやひけを軽減することができる。ソリッド成形では収縮を保圧で補うが，この保圧工程が成形品内の圧力不均一を引き起こし，そりの原因となってい

た。しかしMuCellプロセスではこの工程を発泡に置換することで，成形品内の圧力を低圧で均一な状態にすることができる。その結果，そりやひけが軽減され寸法精度を向上させることができる。

（3） サイクルタイムの削減

ソリッド成形で用いられる保圧工程を用いないため，一般的な射出成形品の肉厚（3 mm以下）ではサイクルタイムを短縮できることが多い。

（4） ダウンサイジング

約10％の比重軽減を達成すると，成形機の型締め力を半減させることができる。これにより省エネルギーにつながるだけでなく，成形機のサイズを下げることができるため，成形品のコストに占めるマシーンチャージを下げることができる。逆に同じ成形機であれば，成形品の取り数を増やすことができ生産性を向上させることができる。

（5） 流動性の改善

SCFが溶融樹脂中に溶解すると，溶融樹脂の粘度が低下する特徴がある。その結果，溶融樹脂の流動性が向上し，薄肉成形品や生分解性樹脂などの難成形材料の成形性が向上する。

5 MuCellの用途例

射出成形用のMuCellプロセスでは，成形機のスクリュ径でϕ20～200 mmまで，型締めトン数では最大54,000 kNまでの実績があり，さまざまな成形品が作られている。

（1） ロックハウジング

MuCellプロセスでの自動車部品用途で，最初に本格的な量産部品として採用され，今もヨーロッパで数多く生産されている，ドアロックのアクチュエーターを収める部品である。軽量化も去ることながら，寸法精度が特に求められる（図3）。

（2） インパネキャリア

MuCellプロセスを採用した大型の自動車部品で，軽量化と組付けを考えたときの寸法精度の向上が求められた製品である（図4）。

（3） 紙送り関連部品

複写機，プリンターなどの紙送り部品に，軽量化によるコストダウンと寸法精度向上による紙詰まりの軽減から，MuCellプロセスが使用されている。また，寸法精度の向上によって金型改

材料：PBT＋GF，POM

図3　ロックハウジング

材料：PP ＋ GF

図4　インパネキャリア

材料：ABS，PC/ABS，PPE など

図5　紙送り関連部品

修頻度が削減できることも利点の1つである(図5)。

(4)　EcoCore® テクノロジー高発泡カップ

イギリスの Bockatech 社の EcoCore® テクノロジーを利用した，高発泡カップを図6に示す。4倍の発泡倍率を達成しながら，成形サイクルは6秒と，生産性を損なわず，高発泡のカップを生産することが可能となっている。この高発泡のカップを手に取ると，非常に剛性があることがわかる。高発泡に伴う肉厚の増加により，同じ重さのカップに比べて5倍の剛性があるだけでなく，熱湯を入れても持つことができる断熱性も付与されている。このカップを一度の使用で廃棄するのではなく，洗浄して複数回の使用を想定した取り組みが行われている。通常のワンウェイの使い捨て容器と同等の生産性のカップを，樹脂量を削減させつつ，カップの剛性を向上させ，新たな樹脂容器の使い方を提案することで，大幅な樹脂使用量の削減を実現できる可能性がある。

第1章 射出成形技術の進展

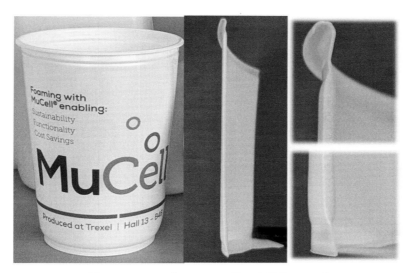

図6　EcoCore® テクノロジー高発泡カップ

(5) マーガリン容器など

ワンウェイの薄肉使い捨て容器においてもMuCellプロセスの利点を活用できる。MuCellプロセスの特徴としてSCFを樹脂中に溶解させると，材料の粘度が低下し流動性が向上するため容器の薄肉化が図られる。また，薄肉容器の成形において，フタとの勘合など強度と精度が必要な口元部分は，ゲートから一番遠く，肉厚な個所となりひけが発生しやすいが，MuCellプロセスを使用すれば口元のひけを抑えられる。このような特徴を利用して，今までにない薄肉で軽量な容器の開発が進められ，樹脂量の削減が図られている（図7，8）。

図7　マーガリン容器

— 119 —

プラスチック射出成形技術大系

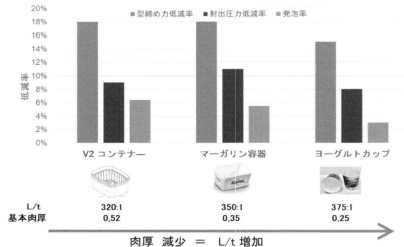

図8 MuCell パッケージ成形品の利点

(6) 靴のミッドソール

靴のミッドソールにおいてはEVAを架橋させることが主流であるが，架橋されたEVAは，簡単にリサイクルできない。そのため，リサイクルできる熱可塑性エラストマーでの高発泡品が求められている。MuCellプロセスでは，耐摩耗性が高いウレタンで約6倍の高発泡製品を成形することができる(図9)。

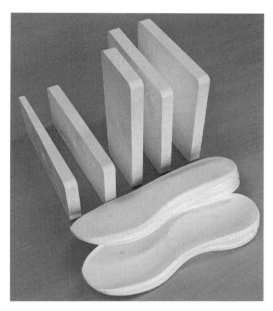

図9 TPUミッドソール

(7) MuCellプロセスによる発泡ブロー成形品

今まで主に射出成形用途向けにMuCellシステムを紹介してきたが,自動車分野においては,すでにMuCellプロセスを用いた押出ブロー成形によるダクトなどが実用化されている。その他,3層の押出ブローボトルの中間層を,MuCellにより発泡させたリサイクル材を使用することで,全体で約20％軽量化しコストダウンを図っているボトル(図10)や,PETボトルでのインジェクションブロー成形品において,着色材を用いず,発泡により乳白色に着色したように見えるリサイクルのしやすい白色ボトルや,発泡による大きな水玉模様を持つボトル,さらに発泡による不透明化を生かし着色剤を大幅に減らしたボトルなどが検討されている(図11)。

図10 MuCell 3層ブローボトル

図11 MuCellインジェクションブローボトル

プラスチック射出成形技術大系

6 おわりに

　プラスチックの使用に伴う環境負荷を軽減する方法が求められている。プラスチックは私たちの生活を豊かにするために必須の物となっており，MuCell がプラスチックの環境問題を解決する一助になることを期待している。

第1章　射出成形技術の進展

第4節　低発泡射出成形

第2項　不活性ガス溶解射出成形システム「INFILT-V」

株式会社ソディック　荒木　寿一

1　はじめに

　プラスチック製品の内部に気泡を生成させる発泡成形において，窒素ガスや炭酸ガスといった不活性ガスを高圧ガス化(超臨界流体化)しプラスチック材料(以下，材料)に溶解させて微細な気泡を生成し，製品の軽量化だけでなくひけやそりといった成形不良の改善にも効果が見られる工法として微細発泡成形が知られている。

　また不活性ガスを溶解させることで材料の粘度を低下させ流動性を上げる効果もあり，薄肉成形が困難だった高粘度材料に対し成形性を向上させる工法においても効果が認められている。

　当社(㈱ソディック)は不活性ガスの持つ効果や将来性に注目し，独自の射出・可塑化機構で精密成形を実現する「V-LINE®」(以下，®省略)と，V-LINE構造を活かした世界初(当社調べ)のガス注入方式による射出成形システム「INFILT-V(インフィルト)」を開発した。

　本稿では，INFILT-Vの概要・特長と，成形事例について順に紹介する。

2　INFILT-V対応全電動射出成形機「MSシリーズ」

　INFILT-Vは，材料の溶融を行う可塑化部と，計量と射出を行う射出部が独立した構造を持つV-LINEに，ハイサイクル成形，生産性のさらなる向上，省エネ効果の実現のため自社開発サーボモーター制御技術を組み込んだ全電動方式「eV-LINE®(以下，®省略)」の「MSシリーズ」(図1)に搭載される成形システムである。

　MS100G2(型締力100トン，プランジャ・スクリュ径40 mm仕様)，MS150G2(型締力150トン，プランジャ・スクリュ径40 mm仕様)，MS200G2(型締力200トン，プランジャ・スクリュ径40 mm/50 mm仕様)の3機種に展開している。

3　INFILT-Vの構造・特長

3.1　世界初の不活性ガス供給方法

　INFILT-Vの概略図を図2に示す。

　INFILT-Vの不活性ガス供給方法は，成形機に設置された不活性ガス供給ユニット(図3)より

－ 123 －

図1　eV-LINE 電動射出成形機「MS100G2」

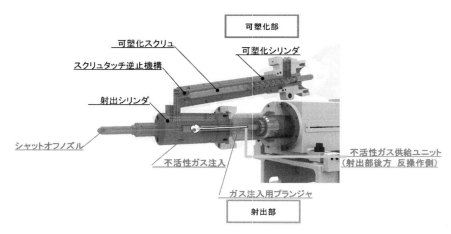

図2　INFILT-V 概略図

図3　不活性ガス供給ユニット（射出部後方，反操作側）

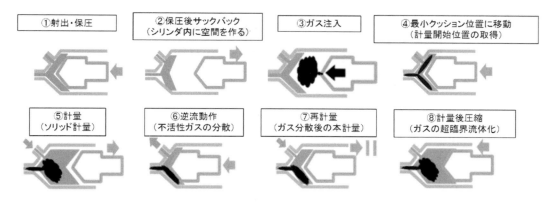

図4 不活性ガス溶解動作詳細

射出プランジャを介して射出シリンダ内部に注入する，世界初の方式を採用している。
　注入された不活性ガスは，射出プランジャを能動的に前進・後退動作をさせることで材料と溶解させている。本動作について図4に示す。
① シャットオフノズルを開き，計量された材料を金型へ射出する。
② 保圧後にシャットオフノズルを閉じ，射出プランジャをセルフバックさせシリンダ内に空間を作り，ガスを注入できる状態を作る。シリンダ内に空間を作ることで，低圧でガスの注入ができるようになるため，不活性ガスの昇圧装置は不要となる。
③ 設定により決められた量の不活性ガスを射出プランジャからシリンダ内部へ注入する。
④ 射出プランジャを最小クッション位置までいったん前進させ，計量開始位置の原点出しを行う。
⑤ 材料を計量する。
⑥ 射出プランジャを前進させ，不活性ガスと材料を可塑化部へ逆流させて，ガスを分散させる。
⑦ 2回目の計量を行うことで，分散させたガスを混錬し，均一化させる。
⑧ 射出プランジャを前進させて，シリンダ内で逃げ場のない材料が圧縮されることで，分散したガスを超臨界状態まで昇圧させ，材料と溶解させる。

3.2 不活性ガスの外部漏れ抑止
　注入した不活性ガスが溶解前に外部へ漏れないよう，シャットオフノズルの搭載および射出プランジャ外周には特殊シール材を取り付ける構造としている。

3.3 操作画面の一元管理化
　INFILT-Vの操作画面を図5に示す。INFILT-Vの操作画面は，成形機の射出設定画面から設定でき，他の条件と同様に成形条件として管理できる仕様となっている。設定項目については，「INFILT-V動作」をONにし，「ガス注入量」「ガス重量」など数項目を設定するだけで，不活性ガス溶解成形を行うことができる。
　またINFILT-Vを使用しない通常成形を行いたい場合は，操作画面内の動作設定をOFFにするだけでプログラムが変更され，そのまま成形が可能である。

図5　INFILT-V 操作画面

3.4　大幅な改造を必要としない射出・可塑化機構

INFILT-V は不活性ガス供給プランジャ，シャットオフノズルより構成されており，成形機側の改造，とりわけ射出・可塑化ユニットの改造については射出プランジャの交換のみとなり，基幹部品であるシリンダ・スクリュなどの交換は不要となる。

射出プランジャについても，3.3 で述べたように通常成形でも使用可能となる点を考慮しており，成形品を問わない設計としている。

また，既設の MS シリーズに対し，INFILT-V を使用したい場合は後付けでの改造も可能で，機長の変化や別置き装置の追加などによる設置スペースを変化させない対策も行っている。

3.5　INFILT-V の特長

V-LINE 構造を活かした INFILT-V の特長を以下に示す。

（1）　計量された材料のみに不活性ガスを注入するため，不活性ガスの供給は材料の溶融に影響を与えない。

（2）　安定計量状態の材料にのみ不活性ガスを注入するため，計量された材料と不活性ガスの割合も安定する。

（3）　不活性ガスが安定して溶解している材料を逆流させずに金型に充填するため，充填後の不活性ガスの効果も安定する。

4　成形事例

INFILT-V を用いた成形事例を 2 点紹介する。

4.1　PBT インクカートリッジ(図6)微細発泡事例

製品サイズは縦 35 × 横 51 × 高さ 40 mm の 2 個取り，フルホットランナ方式を採用している。本製品は薄肉部と厚肉部が混在し，特に内側のリブ面でひけが発生しやすく，解消には高い保圧力および長い保圧時間を必要としている。この製品において INFILT-V を使用し検証を行っ

第1章　射出成形技術の進展

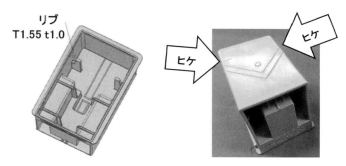

図6　インクカートリッジ形状，ひけ発生箇所（通常成形）

図7　INFILT-Vによるひけ解消
（左）通常成形　（右）INFILT-V成形

た。なお材料にはガラス繊維15％配合のポリブチレンテレフタレート（PBT）を使用している。

通常成形では製品表面リブ部のひけを完全に解消することはできなかったが，INFILT-Vで不活性ガスを2wt％注入した微細発泡成形により，図7のように表面のひけを解消することができた。

ここでひけ解消時のリブ部について観察した結果を図8に示す。リブ部を切断・研磨しデジタル金属顕微鏡で観察したところ，平均10μm程の微細発泡セルが発生していることを確認できた。

またINFILT-Vによって微細発泡効果が得られたことで，図9のように保圧をかけなくてもひけを解消できており，通常成形でのサイクル時間に対して10％短縮させることも可能となった。

製品質量についても，通常成形に対し2％軽量化することができた。

4.2　バーフロー（図10）流動長延伸事例

板厚1.0×幅15 mmのバーフローでINFILT-Vによるガス溶解時の流動長を比較検証した。検証用の材料は5種類（表1），不活性ガスは炭酸ガス（CO_2）を使用した。

なお，成形機はMS100G2（プランジャ・スクリュ径40 mm）を使用している。

検証結果について，図11および図12に示す。

基準条件として，ガスなしでの通常成形を行い，MS100G2の機械仕様上最大圧力である215 MPaをV-P切換圧力に固定した。

ガスなし（0 L）/0.1 L/0.2 L/0.3 L/0.4 L　の5水準で成形・比較しグラフ化した結果，全ての材

― 127 ―

プラスチック射出成形技術大系

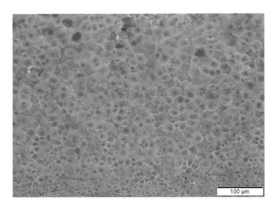

図8　リブ部微細発泡の様子

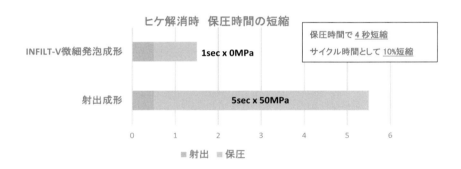

図9　保圧時間の短縮

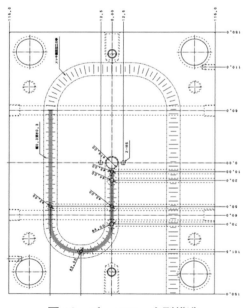

図10　バーフロー金型構造

表1　使用材料

材　料	シリンダ温度
ポリプロピレン（PP）	200℃
アクリロニトリルブタジエンスチレン（ABS）	250℃
66ナイロン（PA66）	280℃
ポリブチレンテレフタレート（PBT）	260℃
ポリ乳酸（PLA）	200℃

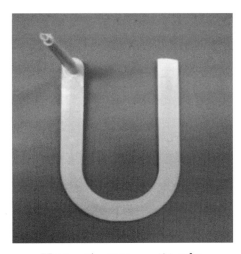

図11 バーフロー, サンプル

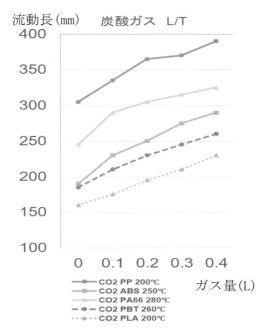

図12 バーフロー, 流動長グラフ

料においてガス濃度増加に伴い流動長が延伸する様子が見られ，INFILT-Vによる成形での延伸効果が確認できた。

5 おわりに

INFILT-Vを使用した成形において，通常成形では解消し難いひけの改善や流動性の向上といった効果をもたらすことが確認できた。

今後ますますプラスチック製品が多様化する中，当社は射出成形機や成形工法の開発提供をとおして，付加価値の高いモノづくりに貢献していきたい。

第1章　射出成形技術の進展

第4節　低発泡射出成形

第3項　新たな発泡成形技術―液状発泡成形―

東洋機械金属株式会社　松尾　明憲

1　はじめに

　近年，世界中がプラスチックによる環境問題の対策を模索している。その対策として，廃プラスチックのリサイクル対応拡大やプラスチック代替製品の開発，プラスチックの使用量削減などが挙げられる。その中でプラスチックの使用量削減対策の1つが射出発泡成形を用いた発泡成形品である。発泡成形品はプラスチック製品の中を気泡構造を有する状態にすることで，成形品の体積に対しプラスチックの使用量を削減することができる。さらに，発泡成形品はプラスチックの使用量を削減できるだけでなく，高断熱性，高吸音性，製品寸法精度向上など，機能性を付与することができ，さまざまな分野で注目されている。

　射出発泡成形法は大きく分けて2つの方法に分類される。1つが化学発泡成形，もう1つが物理発泡成形である。また，最近では液状発泡成形という新たな発泡成形技術も開発されている。

　本稿では，その新たな発泡成形技術である液状発泡成形を紹介する。

2　発泡成形方法

　発泡成形とは，加熱シリンダ内の発泡剤が溶解した溶融樹脂を金型内に充填させることで，圧力低下が発生し，成形品内に気泡を生成させる成形方法である。図1に気泡生成の過程を示す。

　ノズルから金型内に流れ込んだ溶融樹脂は圧力の低下により気泡を生成するが，金型表面近傍の層は流動抵抗圧を受けながら充填され，かつ金型表面に接しているため冷却速度が速く気泡は

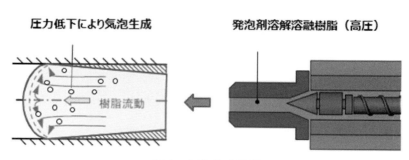

図1　気泡生成過程

第1章　射出成形技術の進展

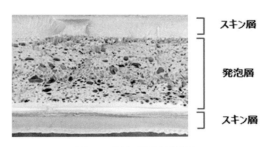

図2　発泡成形品断面

生成されにくい。そのため図2に示すように，発泡成形品の断面は金型表面には発泡層がなく，中央部に気泡が生成される状態となる。

このように成形された発泡成形品は前述したとおり機能性を向上するだけでなく，必要型締力の低減やサイクル短縮，流動性の向上など成形性においてのメリットもある。

その発泡成形方法は大きく分けると化学発泡成形と物理発泡成形に分類される。

2.1　化学発泡成形

溶融樹脂に発泡性を付与し発泡成形品を得られる比較的容易な方法として，図3に示す化学発泡剤を用いる化学発泡成形がある。発泡剤として用いる化学発泡剤は主に有機系と無機系とに分かれ，無機系では重曹，有機系ではADCA（アゾジカルボンアミド）が多く用いられている。

化学発泡成形は，あらかじめベースとなる樹脂に重曹やADCAなどの発泡剤マスターバッチを混合し，可塑化溶融時に熱分解させることで発泡性ガスが発生し，溶融樹脂に発泡性を付与する方法である。化学発泡成形は発泡成形専用のスクリュや加熱シリンダを搭載した射出成形機を必要とすることなく，汎用のスクリュ，加熱シリンダを搭載した射出成形機で発泡成形を行うことができる。

2.2　物理発泡成形

もう1つの代表的な発泡成形方法である物理発泡成形の概要を図4に示す。溶融樹脂に発泡剤となる窒素や炭酸ガスなどを高圧の状態で溶解・拡散させ，金型充填時に圧力低下させることで溶融樹脂に発泡性を付与する物理発泡成形は，分解残渣もなく無害であり，非常に微細な気泡

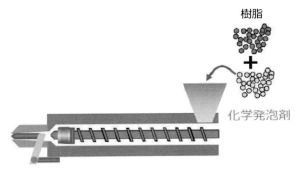

図3　化学発泡成形

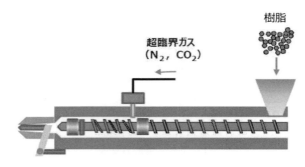

図4 物理発泡成形

径が生成された発泡成形品を成形することが可能である。

2.3 従来の発泡成形技術の課題

従来の発泡成形方法として，化学発泡成形と物理発泡成形の概要を述べたが，いずれの発泡成形方法も特長がある一方で課題も残されている。

化学発泡成形は，主に重曹やADCAといった化学発泡剤を使用するが，発泡成形品に分解残渣が残り，それによる環境への問題やリサイクルへの問題がある。さらに，それら化学発泡剤が高価であることでランニングコストなど経済面でも課題となる。一方，物理発泡成形は，超臨界状態にした窒素や炭酸ガスを発泡剤とすることで，分解残渣はなく無害ではあるが，窒素や炭酸ガスを超臨界状態に昇圧し加熱シリンダに注入するための装置が高価である。また，化学発泡成形とは異なりスクリュや加熱シリンダが特殊仕様となり発泡成形専用の射出成形機が必要となるため初期設備投資が高く課題となる。さらに，超臨界状態にするための装置が高圧ガス保安法に適用されるため，届出の手続きが必要で，定期点検費用もかかりランニングコストも高くなる。

今後，さらなる射出発泡成形技術を普及していくにはこれらの課題を解決する必要がある。

3 液状発泡成形

前述したような従来の発泡成形方法の課題に対応した新たな射出発泡成形技術が開発されているが，それが液状発泡成形である。図5に液状発泡成形の概要を示す。液状発泡成形は発泡剤に水やアルコールなどの液体を使用し，液体供給装置にて加熱シリンダに注入するシステムとなっている。

3.1 液状発泡成形の特長

液状発泡成形は，加熱シリンダの中間部の可塑化された溶融樹脂にエタノール(沸点：78℃)，プロパノール(沸点：82℃)，水(沸点：100℃)といった気化性の液体を，液体供給装置にて所定の量を可塑化中の設定されたタイミングで加熱シリンダに注入する。注入する液体は，加熱シリンダ手前で気化され，加圧溶解し，加熱シリンダ内の溶融樹脂に発泡性を付与する。

発泡剤として使用する液体は，分解残渣もなく安価でどこでも手に入るためランニングコストの低減も期待できる。

第1章　射出成形技術の進展

図5　液状発泡成形システム

　液体供給装置に関しては容量制御となっており，毎ショット一定量の液体を安定注入でき，注入圧も背圧に依存するので低圧での供給が可能となる。それにより，可塑化工程における背圧条件設定の幅が広がるので，成形品の発泡性のコントロールが容易となる。また，高圧を負荷する対象が液体であることから高圧ガス保安法の適用外となるため，設備投資や定期点検におけるランニングコストも抑えることができる。

　液状発泡成形に使用するスクリュ，加熱シリンダの仕様は，汎用の可塑化装置をもとに加熱シリンダに液体の注入口を設け，スクリュは汎用デザインを使用することができるため，射出成形機の発泡成形仕様への改造費用も最小限に抑えることができる。その他，汎用のスクリュ，加熱シリンダを使用するため，注入口に蓋をするだけで通常成形も容易に行うことができる。また，液体の注入量や注入タイミングなどの設定を成形機の画面にて行えることも特長の1つである。

　液状発泡成形は，炭酸ガスや窒素による物理発泡成形などに比べると気泡サイズが大きくなる傾向があるが，成形品に求められる機能を満たす範囲であれば，安価で発泡成形が可能なシステムとなっている[1]。

3.2　液状発泡成形品

　液状発泡成形を用いて成形された発泡成形品は，図6に示すように従来の発泡成形品に比べると気泡サイズは大きくなる傾向にあるものの，ひけの解消に加え，10％程度の重量低減が可能である。また，成形品厚みが増すことで発泡性が向上し，30％以上の重量低減が確認できた。気泡サイズについては，ガラス繊維やタルクといった発泡核剤となるフィラーを添加すれば微細な気泡となる。図7にガラス繊維有無での成形品断面を示す。

　これまでの発泡成形では，軽量化や寸法精度向上などといった機能性向上を目的に採用されてきたが，機能性向上目的だけでなく意匠性を高めることを目的とした発泡成形の検討が増えている。図8に示すような発泡成形特有のスワールマークを利用した成形品，図9に示す液体発泡での気泡サイズを利用し透明樹脂にあえて大きな気泡を生成した成形品など意匠目的としての成形が容易となる。さらに，厚み1 mmのスパイラルフローにてエタノールで約12％の流動長の向上が確認できた。液体により発泡性を付与することでも流動長を伸ばすことが可能となり，薄

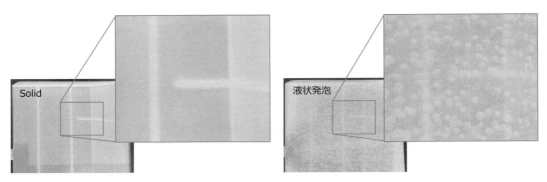

図6　液状発泡成形品（PP）

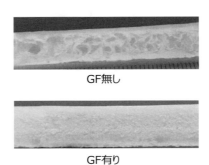

図7　GF有無での発泡成形品断面比較

図8　スワールマークを利用した成形品

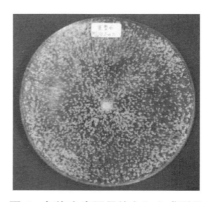

図9　気泡を意匠目的とした成形品

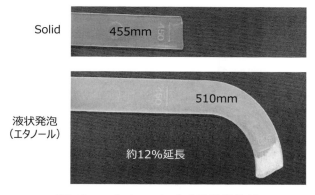

図10 エタノールによる流動長比較

肉成形品への対応も容易となる。図10にエタノールによる流動長比較を示す。

このように，液状発泡成形は発泡剤に液体を用いることで軽量化やひけ改善だけでなく，意匠性，流動長延長などさまざまな効果が確認できた。さらには，成形品を着色したり，香りをつけたりとさらなる可能性を秘めた技術であると考える。

4 計量樹脂の圧力安定

ここまで従来の発泡成形や液状発泡成形の概要などについて紹介してきたが，それらの発泡成形には多くのメリットがある反面，計量時の樹脂圧力や発泡性のバラつきなどによる成形安定性に課題が残る。

気泡は，計量した樹脂が高圧の状態から圧力低下することで生成するが，この圧力差にバラつきがあると発泡性にもバラつきが生じるため，計量時の樹脂圧力を毎ショット安定した状態にする必要がある。計量時の樹脂圧力のバラつきの原因には，可塑化の状態と逆止リング前後の樹脂リークがある。その2つの原因に対する当社（東洋機械金属㈱）の対策を紹介する。

まず，可塑化の状態のバラつきを緩和させる方法として，可塑化完了後に計量された樹脂の圧力を補正する方法があり，当社でいうとSRC-Ⅱという機能である。その概要を図11に示す。

SRC-Ⅱは可塑化完了後に計量樹脂圧力を設定した圧力に補正する機能で，この補正機能によって毎ショットの計量樹脂圧力が一定となり発泡性が安定する。

次に，逆止リング前後の樹脂リークは，可塑化完了から次の射出までの一定の待ち時間中に起きている。その待ち時間中に計量樹脂圧力が変動してしまうと発泡性は安定しない。逆止リングは射出中にシールされ，ノズル側とスクリュ側の樹脂の行き来ができない。しかし，待ち時間中はシールされていない状態であるため，SRC-Ⅱにより計量完了後に圧力補正してもその後に圧力変動が起こり発泡性のバラつきにつながる。その圧力変動の対策は，当社の製品でいうとSRC-Ⅲという専用の逆止リングである。概要を図12に示す。

SRC-Ⅲは計量完了後のSRC-Ⅱによる圧力補正時にスクリュを逆回転させることで逆止リングをロック状態とし，ノズル側とスクリュ側の樹脂の行き来を防ぐことができる。これら当社の

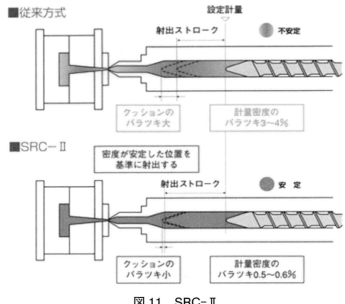

図 11　SRC-Ⅱ

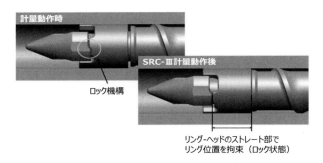

図 12　SRC-Ⅲ 逆止リング

SRC-Ⅱ制御と SRC-Ⅲ逆止リングを使用することで毎ショット安定した状態の計量樹脂圧力に制御することが可能である。

5 おわりに

　本稿では，液状発泡成形について紹介した。射出発泡成形は，成形品の目的によって使用樹脂や成形条件も変わるため，発泡性のコントロールや安定性が射出成形機に求められる。その中でさらなる技術を磨き，全てにおいて満足して頂ける発泡成形にも対応した成形機，成形システムを開発していく所存である。

文　献
1) 松尾明憲, 澤田靖丈：プラスチックスエージ, 67　　(2), 62 (2021).

第1章　射出成形技術の進展

第5節　加飾成形技術

第1項　型内塗装(インモールドコーティング)

株式会社 GSI クレオス　上村　泰二郎

1　型内塗装工法の経緯

　型内塗装工法は日本では 2000 年代前半を中心に射出成型機メーカーの宇部興産㈱と塗料メーカーの大日本塗料㈱が連携して開発に取り組み，当時自動車 OEM や Tier 1 など多くの会社から関連する特許が申請され公開されたものの，日本での成形技術採用には至らなかった過去がある。開発が不首尾に終わった主な理由は，汎用の射出による 1 次成形後にコアバックで型内に空隙を作り，そこにウレタン系塗料を注入させて成形するというコンセプトであったが，コアバックでは良好な塗膜成形に必要なシール機構と成形圧力を維持することが困難であったと認識している。

　欧州では時を同じくして 2000 年代半ばには独 Krauss Maffei Technology 社で開発に着手し，複数の金型メーカーおよびウレタン系塗料メーカーと連携して開発に成功，2010 年の国際プラスチック展(通称 K 展)で 7 日間のライブ試作を披露して，世界で初めて金型内で安定して塗装をするという工法を可能にした。

　Krauss Maffei 社が K 展で型内塗装プロセス(Color Form)のライブ試作を行ったのは 2010 年から 2013 年，2016 年と 3 回あり，それぞれある目的のテーマに添って実演した。実用化が可能であることを証明し，2016 年の仏プジョー社が採用した自動車外装 A ピラーを皮切りにさまざまな内外装部品に採用されるようになった。

　ライブ試作 3 回の試作テーマを**表1**に，実際に成形したサンプル写真を**図1**に示す。

　2016 年に型内塗装工法による外装 A ピラーの量産化に成功した企業はスイスに本社がある Weidplas 社で，同社は射出成形による 1 ステップ型内塗装工法の代表的な Tier 1 に成長してい

表1　K 展試作テーマ

年	試作テーマ
2010 年	ABS，エラストマーによる 2K 成形技術と塗装代替技術としての単色塗装 成形品：工具ケース
2013 年	カラー(メタリック)とクリアの同時 2 色注入と型デザイン(ロゴ，艶消し)転写およびオープンエリアのウェルド検証 成形品：照明ボックス
2016 年	色替え時間の短縮(5 分)と 2 キャビ金型の同時成形，3K タイプミキシングヘッドによる生産性の検証 成形品：ドアトリム

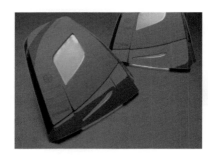

図1　K展で実演された型内塗装部品

く。それは2019年にBMW5シリーズのBピラー，2021年から23年にかけてVW車の外装リアディフューザー，ホイールアーチ，そしてBMW i7スマートバーの生産受注へと続いていく。

　型内塗装工法には射出成形プロセスで1次成形と2次成形を同じ金型内で行う1プロセスColor From工法の他，2000年代半ばには普及が始まった2次成形を簡易プレスに分離して行う2ステップ工法のCCM（Clear Coat Molding）という工法が存在している。CCM工法は本物の木質シートにアルミ箔を貼り合わせた後，射出成形で樹脂筐体を1次成形し，その成形品を簡易プレス内にセットして金型内で透明なポリウレタン樹脂でコーティングするという工法になる。

　こちらは本木の高級内装部品を扱う，独のNovem社，JoysonQuin Automotive社や北米，中国市場の内装材成形メーカー向けに現在60台以上の生産設備が納入され稼働している。この工法では本木シートの他にカーボン調基材をインサート成形することが一般的に行われており，自動車内装の加飾部品成形技術として普及したが近年ではより生産性が高く，多様な加飾表現が可能な1ステップ工法のColor Form成形に移行している。

　なお，型内塗装を実用的な成形技術として開発したKrauss Maffei社はこの工法をColor Formと称し，約5年遅れて市場参入したENGEL社はClear Meltと呼んでいる。特に後者の場合は主にクリアコーティングに軸足を置いて市場に紹介している。

　本稿では1ステップ，2ステップに関係なく型内塗装工法が製造プロセスとして確立するための技術用件について説明し，併せてウレタン注入機，金型，射出成形機との連動を含むプロセス概要について明らかにする。

2　型内塗装工法に求める成形技術用件

　型内塗装は金型の最適設計，ウレタン注入機の精度とプロセス管理および専用塗料の性能品質を組み合わせた複合成形技術である。この3つの技術要件のうちどれか1つでも不十分だと求める高品質な成形を得ることが難しくなる。また先行する欧州ではそれぞれ独自のノウハウを持つ金型メーカー，注入機メーカー，ウレタンメーカーが連携して顧客の製品開発を後押しするアプローチがすでに確立している。

　まず金型最適化は良好な塗膜外観を得るために最も重要なコア技術になる。ただし，詳細な金

型設計情報は本工法に取り組む金型メーカーの高度なノウハウになるので，本稿で説明することはできない。ここでは大事な技術要件として注入ゲートと排出ベントの最適設計，流速を含め型内流路設計および型内の成形圧力を保つためシールを正しく設計する必要があるということにとどめたい。

型内塗装に用いる塗料は粘性が低く，冷却硬化ではなく2液混合の反応硬化になるので，塗料が硬化収縮する際も型内圧を保持する必要がある。一般的な型内圧は20～30 bar だが，3次元的な深さのある部品やシャープエッジを求める場合は80～100 bar を求める場合もある。

成形した塗膜の品質・性能および生産性に重要な要素となるのはウレタン注入機の精度と混合品質に尽きる。型内塗装に用いるウレタンは自動車内外装部品に適用できる高品質が特徴であり，その性能を担保するには主剤と硬化剤の配合比を2%以下の精度で保たなければならない。またピアノブラックやメタリックカラーの成形を行う場合は衝突混合時のミキシング品質が大変重要になる。

主剤と硬化剤の配合比は塗料メーカーの処方で決まっており，たとえば最も自動車内外装部品で実績を持つ独 Ruehl 社の場合は主剤 100 に対して硬化剤 228 である。カラー成形を行う場合，仮に主剤の充填量を 50 g とすると硬化剤は 114 g，合計 164 g となる。カラーは主剤に 15% 程度分散させた分散液を主剤の 30% 充填する。計算すると各ノズルから吐出される量は Poly が 35 g，カラー分散液 15 g，硬化剤 114 g の 3 液を混合することになり，カラー固形分は 15 g × 15% の 4.5 g となる。これら圧倒的に注入量の差異がある 3 液を正しく混合するには注入の圧力比を固定させなければならない。でなければ色むらや未硬化などの成形不具合が出やすくなり，結果として型内塗装工法の実用が困難という結論になってしまう。

型内塗装工法用塗料に求められる技術要件はいうまでもなく，成形安定性と自動車内外装部品に適用できる塗膜品質要求に見合う性能を発揮することである。成形安定性は良好な型離れ性であり，内添離型剤が安定して性能を発揮し連続生産を可能にする。性能面では高いレベルの耐薬品性，耐候性，耐熱性，耐傷付き性および塗膜性能としての長期安定性が求められる。これらすべての要求特性を溶剤を一切使用せず発揮するにはバランスの取れた塗料設計ノウハウが必要になる。以下に，上記の技術要件のうち，プロセスと注入技術に焦点を充てて解説する。

3 型内塗装プロセス

まず 2 ステップ工法の CCM について概要を述べる。CCM は主に自動車内装用途の本木部品，炭素繊維基材の部品を中心に用いられ，アルミ箔を貼り合わせた本木シートや炭素繊維基材を金型内にセットし，単軸射出成形機で 1 次成形を行う。その成形品を改めて簡易プレスにセットしてクリアなウレタン原料を金型内に注入固化して深みと高級感のあるクリア層を形成する。

この工法の最大のメリットは，従来のスプレー塗装で厚みのあるクリア層を形成するには何回も塗装と磨き工程を繰り返す必要があり，工数とコスト負担が大きかった工程を 1 回の CCM 工法に置き換え，同等以上の高品質部品を製造できることにある。結果として大幅な工数とコスト削減を実現することができた。

世界的な本木内装部品メーカーである Novem 社や JoysonQuin 社は早くからこの工法を採用し，大きな成果を挙げている。なお，CCM 成形の欠点は，1次材の成形精度が必ずしも一定品質ではないため，金型内に個別シール機構を設ける必要があり，成形後のトリミング加工が必要になる点である。その分工数が増えるが，投資は2次成形の簡易プレスとウレタン注入機の比較的簡素な設備でよく，また金型デザインも比較的単純であるため比較的低い投資額でなおかつ生産に柔軟性があるライン設計が可能になる。

次に1ステッププロセスである射出成形機との連動で成形する Color Form（ENGEL 社 Clear Melt）工法について説明する。

型内塗装プロセスに用いる金型構成は現在実用化されているものでスライド型，ロータリー型および中央のプラテンが 180°旋回するスィヴェル型の3タイプあり，それぞれの特徴とメリット・デメリットを図2に示す。

これまでの実績を見るとスライド型は研究機関や樹脂メーカーなどの試作センターで使用されているが量産部品の採用実績はない。これはやはり設備投資を抑えるより，海外では生産性を追求し1部品あたりの部品単価をどれだけ安価にできるか？　ということが最優先されていることに由来すると思われる。

現在量産目的で採用されている金型はロータリー型とスィヴェル型に集約される。双方とも1次成形の射出プロセスと2次成形の型内塗装プロセスを並行して行うことができその分成形サイ

	スライド型	ロータリー型	スィヴェル型
方法	垂直プロセス	並行プロセス	平行プロセス
成形時間	＞150 秒	＜60 秒	＜60 秒
成形サイズ	小物～中型まで限定的	小物～中型まで限定的	フリーサイズ
射出機	単軸射出機 製品寸法比型締め力大型化	単軸射出機 製品寸法比型締め力大型化	対向 2K 射出機 製品寸法と型締め力適合
メリット	型費が安く，汎用射出機との連携が可能	型費はスライド型比高いが並行プロセス適用が可能	生産性に優れ，製品サイズの大型化に最適な工法
デメリット	生産性が低く，かつ大型化適用には不向き	大型化に制限，製品寸法に比べ大きな型締め力が必要	設備投資，金型投資費用が高額になる

スライド型

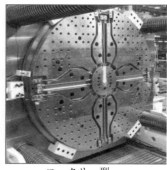
ロータリー型

スィヴェル型

図2　適用金型とメリット・デメリット

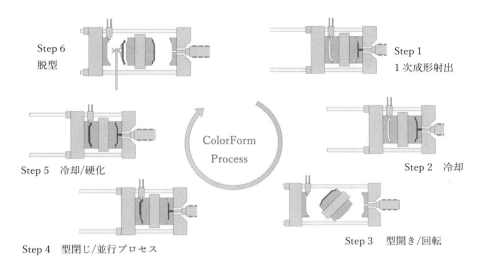

図3　型内塗装プロセスチャート

クルが約60秒以内と大幅に短縮される。

　ロータリー型は自動車内装部品で長尺物の部品に採用実績があるものの，対象製品寸法には限界がある。その点投資コストは高くなるものの，生産性とシステム設計の自由度に優れ，大小さまざまな部品サイズに適用でき，かつ成形寸法と射出成形機の型締め力最適化が図れることから海外ではスィヴェルタイプが多く採用されている。そのスィヴェル金型をモデルにしたプロセスチャート図を図3に示す。

　プロセスステップ1，2は通常の射出成形プロセスで1次材の射出と冷却プロセスを示し，3で固化した成形品を保持したまま中央プラテンが180°旋回，4で再び型締めを行い射出と2次成形の塗料注入を同時に行う。5では1次成形の冷却と2次成形の硬化を同時に行い，6で完成品を取り出し，以後は3〜6の工程を繰り返す。

　型内塗装に用いる塗料原料はウレタン系樹脂で，主剤ポリオールと硬化剤イソシアネートが金型内で反応硬化する成形プロセスなので，ウレタン系の硬化速度は厚みに影響されず注入からおおよそ30秒程度で固形化していく。全体としての成形サイクルは約60秒程度で，成形品サイズが大きくなればなるほどサイクルタイムは1次成形品の冷却能力に支配されるので，その分成形サイクルは長くなる。

　なお，かつて日本で開発を目指したコアバックを用いた工法は金型の開閉精度とコアバックしたときシール機構を維持することが困難だったことから安定したプロセスとして成立しなかった。今後コアバック技術による金型開発が検討される可能性を否定しないが，コアバックは直列プロセスでもあるので成形サイクル短縮にはつながらず成形部品単価のコストダウンにつながるかどうかは疑問である。

プラスチック射出成形技術大系

4 型内塗装用注入技術

型内塗装に用いる注入機は図4に示す高圧衝突混合のウレタン注入機が用いられる。ウレタン発泡用やRTM成形用のウレタン注入機との違いは，型内塗装用がより高精度の配合比と均一なミキシング効果を発現する必要があり，そのために必要な徹底した粘度管理と均一な吐出を行うための制御ソフトおよび要求品質に適合する精密なミキシングヘッドが必要になる。

型内塗装用注入機として市販されている装置は欧州のKrauss Maffei社，Canon S.p.A, HenneckeおよびIsotherm社の4社存在しているが，その中で圧倒的な量産採用実績を持っているのはKrauss Maffei社のみで累計出荷台数はすでに100台を超えている。

型内塗装に求めるウレタン注入機の要求品質について言及すると次のようになる。

① デイタンクからミキシングヘッド先端まで均一粘度を維持すること
② 正確な配合比を吐出するために2液，または3液の圧力比にブレがないこと
③ 混合チャンバー内で均一なミキシング効果が得られること
④ 金型内に注入する際に層流状態で吐出できること
⑤ 吐出の停止時間を0.001秒単位で繰り返し正確に止めることができること

ここで5項目の要求品質を挙げたが，使用するウレタン注入機は上記5項目の全てを満足し，吐出精度は2液，3液であっても±1%以内を保証できることが望ましい。型内塗装工法を成立させるコア技術になるミキシングヘッドは注入機メーカー各社の重要なノウハウになる。また注入機の良し悪しは直接不良率の発生や生産歩留まりに影響するので，正しい情報を入手し慎重に検討することをお勧めする。

なお，ミキシングヘッドが適用できる吐出量は一定範囲があり，Krauss Maffei社では適用する部品寸法と注入量に合わせて図5に示すモデルを品揃えしている。

初期のミキシングヘッドは主に小型で吐出量15-60 g/sのMK5-2K+（1）が主に使用されている。2Kは主剤のポリオールと硬化剤イソシアネートでどちらもクリア，+（1）は3液目のカラー

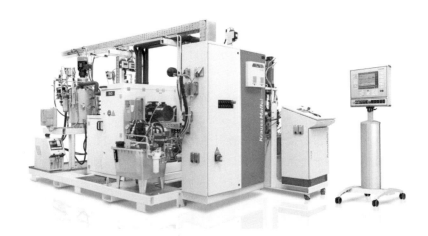

図4　高圧ウレタン注入機

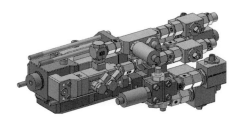

適用モデル	吐出量範囲
MK 3.5/5UL-2KVV	10～40 g/s
MK 5-2K ＋(1)	15～60 g/s
MK 8-2K ＋(1)	60～250 g/s
MK 10-2K	100～500 g/s
MK 10-3K	100～500 g/s

図5　ミキシングヘッド　5K-2K ＋(1)

分散液でピアノブラック，メタリックカラーなどの色付けを行う場合に使用するミキシングヘッドになる。2020年代に入ると欧米市場で主に外装部品を対象とした大型化検討が進み，吐出量最大～250 g/sのMK8が，さらに2023年に大型ボディ部品を対象とした最大吐出量500 g/sが開発されている。

昨今の電気自動車，燃料電池自動車開発に関連して上物のボディをできるだけ軽くしたいというニーズがあり，樹脂化が加速する中でオールプラスチックボディ開発を目指しているOEMが増えており，そのニーズに応える形でMK10が開発された。

5　型内塗装用射出成型機

型内塗装工法の中で射出成形機に求める技術的な要件はあまり高くない，つまり技術の中核はウレタン注入機と金型設計ノウハウ，金型精度および注入する塗料原料の特性によって支配される。すでに触れたとおり，シングル射出成形機を用いて型内塗装を行うには2ステップ工法のCCMかスライド型，もしくはまだ技術的に課題解決ができていないコアバック工法のいずれかになる。

現状では生産性，成形コストの観点からシングル成形機のロータリー型か，中央プラテンが旋回するスィヴェルプラテン方式が主流になっている。並行プロセスでのウレタン注入機との連動はプログラムシーケンスを構築すれば成形プロセスとして成立する。なお，型内塗装では金型内圧を良好な塗膜成形ができるようウレタンの収縮反応時に維持しなければならないが，それを可能にする最初のハードルが1次成形品の精度になる。特に部品が大きくなればなるほど収縮ひずみや変形がないことが求められるので，高品質成形が可能な射出成形機と正しい金型設計が施されていれば型内塗装成形にチャレンジが可能になる。

6　型内塗装工法のトレンドと今後の見通し

型内塗装工法は溶剤を一切使用せず，成形金型内で基材に密着した塗膜を成形できることから従来のスプレー塗装工法と比較すると前処理，下塗り，乾燥，上塗り，乾燥の全ての工法が不要になり塗装ブースや乾燥工程に消費するエネルギー量と比較すると約75%のCO_2削減効果を発揮できることが実証されている。

図6　BMW i3 ギドニーグリル(写真左)，BMW i7 スマートバー (写真右)

　昨今ではまた単なる塗装代替技術ではなく，従来のスプレー塗装では成し得なかった斬新な，高付加価値の加飾表現法の1つとしてその地位を確立しつつある。また，電気自動車の普及で車に求める内外装部品の品質も光を使った自由な表現，透明性の高いクリスタル調デザインなどニーズが大きく変化している。そのニーズに適合する工法が型内塗装であり，近年爆発的な部品採用の動きが欧米・中国市場で見られるのもここで掲げたニーズを背景にしている。その発端となった成形部品は2021年にSOPを迎えたBMW i3フロントグリル，通称ギドニーグリルと呼ばれる画期的な外装フロントパネルと2022年に同じくBMWi7用内装部品に採用されたスマートバーと称するクリスタル調のタッチセンサー機能が付いたLED光照明の部品であろう。それぞれの部品を図6に示す。

　この2つの部品に共通しているのは，加飾性の高いドライフィルムと合わせて一体成形していることであり，このトレンドはしばらく続きそうである。すなわち，加飾表現およびセンサ機能としてのフィルムの利点と，部品表面を保護し，傷の自己修復機能と何よりもゆず肌や波模様がない高級感のある完璧な塗装面が成形できる型内塗装の特徴を融合した技術開発が進んでいくだろう。

　もう1つのトレンドは電気自動車やFCV車，さらには現在開発が進むAir Mobilityの領域にプラスチックボディの開発が進行し，この過程で型内塗装による大型ボディ部品の塗装レス工法の確立と大幅な CO_2 削減効果が期待されている。Krauss Maffei社はすでにその需要に応えるため，大型部品に適用できる装置のラインアップを2024年に発表している。すなわち対向2色の射出成形機は型締め力450トンから5,500トンの大型モデルまで13機種適用のラインアップを揃えた。そのうち図7に示す型締め力4,500トンの対向2色成形機を型内塗装成形試作機として独ミュンヘンにある本社試作センター内に設置した。この装置はPPの1次材適用を含めて大型外装部品への適用を前提にしており，開発を目指す世界中のOEMに一定期間の占有利用を提供している。実際にオールプラスチック外装ボディ車登場には時間を要すが，画期的なモノづくりの扉が今開かれようとしている。

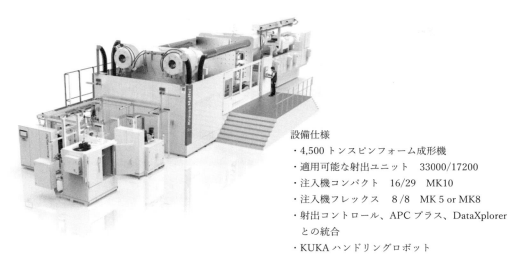

設備仕様
・4,500トンスピンフォーム成形機
・適用可能な射出ユニット　33000/17200
・注入機コンパクト　16/29　MK10
・注入機フレックス　8/8　MK 5 or MK8
・射出コントロール、APC プラス、DataXplorer
　との統合
・KUKA ハンドリングロボット

図7　4,500トン型内塗装試作成形機

7 おわりに

　型内塗装工法は成形技術が確立してから約15年，自動車用途に量産採用が始まってから8年あまりと比較的若い技術で，その間ウレタン注入技術，金型ノウハウ，専用塗料と日進月歩の進捗を遂げ，2024年の時点で自動車内外装部品適用に加速度的な応用展開が進んでいる。普及を後押ししている最大の要因は環境対応車ニーズに適合した低炭素成形技術であり，車部品のモジュール化に合わせた工数見直しとコスト削減ニーズに適合していることに起因している。

　今後も Sustainability ニーズに見合うリサイクル技術の進展をにらみながら，世界的な広がりが期待されており，日本でも同様の進展を大いに期待している。

第1章　射出成形技術の進展

第5節　加飾成形技術

第2項　インモールドラベリング（IML）

（元）StackTeck Systems Ltd.　Henry Rozema
訳　スタックテックジャパン株式会社　斎藤　栞

1　はじめに

　インモールドラベリング（IML）は，プラスチックの射出成形プロセスの一環として，ラベルを用いてプラスチック部品の装飾を行う手法である。あらかじめ印刷されたラベルが自動化されたプロセスで射出成形金型のキャビティに挿入され，その上にプラスチックが射出される。これにより，ラベルが製品に直接貼られた，ラベル付きのプラスチック製品が作られる。

　IMLの市場は，さまざまな業界において急速な成長と採用を続けている。これらの市場には，食品包装，産業用コンテナ，家庭用品，菓子類，パーソナルケア用品など，多くの大量消費者向けアプリケーションが含まれている。

　IML製品の採用が過去10年間で急成長した主な要因はいくつかある。IML技術が開発されてから長年使用されてきたが，従来の円形印刷製品（たとえば食品容器や蓋）の非常に効率的で低コストの生産システムと競争するのは困難であった。初期のIML技術は複雑で，生産システムは高価で制御が難しく，結果として得られる製品のコストは従来の成形および印刷システムよりも高かった。しかし，精密な自動化，デジタル化，サーボ制御の進展により，生産効率が大幅に向上し，製品コストが競争力を持つようになった。

　従来の印刷技術は円形でない容器への印刷には不向きであったが，IMLはこれらの複雑な形状の容器にも適応可能な技術である。市場の観点からの，スペースの節約と環境要因の改善への動きもIMLの採用に大きな役割を果たしている。円形から四角形および非円形の容器への移行は，小売業者の棚スペースを改善するだけでなく，必要なバルク取り扱いの量を減らすことにもつながる。単にパレット，トラック，倉庫の棚などに置ける部品の数を増やすだけでも，流通効率が大幅に向上するのである。

　まとめると，IMLには貼付ラベルや従来の印刷方法に比べて多くの技術的および商業的利点がある。以下はごく一部の例である。

・視覚的に魅力あふれるプラスチック製品を作製
・従来の印刷製品に比べて部品設計の柔軟性の向上
・環境に優しい包装－リサイクル可能な単一のプラスチック材料
・非円形包装によるスペース効率
・射出成形と装飾の単一プロセス－二次プロセスと段階的な在庫要件の排除

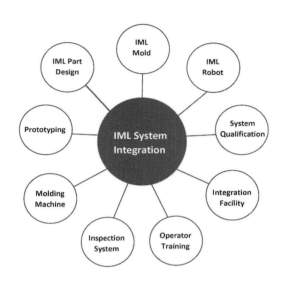

- **IML system integration**
- 集約されたIMLシステム
  - IML Mold
    - IML金型
  - IML Robot
    - IMLロボット
  - System Qualification
    - システム品質
  - Integration Facility
    - 統合設備
  - Operator Training
    - オペレータートレーニング
  - Inspection System
    - 検査システム
  - Molding Machine
    - 成形機
  - Prototyping
    - テスト成形
  - IML Part Design
    - IMLパーツデザイン

図1　IMLシステムインテグレーションに必要なエレメンツ※

・印刷時のセットアップスクラップの排除による適量生産

　新しいIML製品の開発を成功させるためには，いくつかの重要な側面を考慮する必要がある。多くは新製品の立ち上げに共通しているが，IMLにおいては特に重要であるか，独自のものが多い（図1）。

2　プラスチック製品とラベルの設計

　IMLプラスチック製品のエンジニアリング設計においては，従来の成形プラスチック製品の設計とは異なる独自の特徴を組み込む必要がある。既存のプラスチック製品の設計をそのままIMLに使用するだけではない。新しい製品設計とラベル（装飾）の幾何学的形状およびスタイルを慎重に考慮する必要がある。

　製品の最適なゲート位置を選択する際には，充填の最適化だけでなく，溶融樹脂がラベルに流れ込む方向も考慮する必要がある。技術的要件は，製品とラベルの形状によって異なる場合がある。最も一般的なラベルデザインには，フラットラベル，ラップアラウンドラベル，マルチサイドラベルがある（図2）。

　通常，ロボットを使用して，ラベルはストッカーから取り出され，マンドレルに配置され，静電気を帯び，金型のキャビティ側に挿入される（図3）。

※　全ての写真と画像は，StackTeck Systems Limitedの提供である。

プラスチック射出成形技術大系

| フラット片面ラベル用の蓋 | ラップアラウンドラベル | 五面ラベル |

図2　一般的なラベルデザイン

図3　金型キャビティに挿入される前のマンドレル上のラベル

　フラット／マルチサイドラベルの場合，樹脂はコア側からラベルに射出され，ラベルを所定の位置に貼り付ける。溶融プラスチックはゲートからラベルの表面を横切って製品の外側部分を満たす。ラベルとキャビティ表面の間にフラッシュを引き起こす可能性があるため，プラスチックがラベルの端に流れ込むことは避けるべきであり，これが非常に重要である。

　容器や特殊なアイテムに使用されるラップアラウンドラベルの場合，通常，ラベルに直接ゲートを設けない。ラベルがキャビティ壁にしっかりと固定され，プラスチックがラベルとキャビティの間にフラッシュしないようにするための特別な製品設計が必要である。フラットラベルと同様に，理想的なラベルデザイン／流路はラベルの端を横切ることを最小限に抑えるべきである。特殊なラベルの場合，従来の静電荷以外の保持技術が必要な場合がある。

　各プラスチック製品は，ゲート位置，ラベル保持機能，全体的な流れ解析の観点から分析する必要がある。IML部品のゲートと充填条件を最適化するために，先進の充填解析ソフトウェアを使用することを強くお勧めする（図4）。

— 148 —

第 1 章　射出成形技術の進展

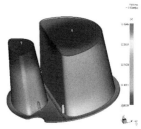

※口絵参照

図 4　マルチコンパートメント IML サンプルと流れ解析画像

3　射出金型設計

　製品設計と同様に，射出金型の設計に関しても特別な考慮が必要である。たとえば，蓋やマルチサイドコンテナラベルのように，ラベルに直接プラスチックを射出する場合，ラベルにかかる熱の量を制御することが非常に重要である。ゲートを通るせん断熱と，射出された高温プラスチックとの直接接触により，ラベルが歪んだり，焼けたりすることがあり，しばしばラベルデザインの品質に影響を与える。これを制御するためには，金型内の十分な冷却と，適切な金型鋼材の選定が必要である。せん断熱を最小限に抑えるために，より大きなゲート径を持つバルブゲートの使用も推奨される（図 5）。

　金型ピッチとキャビティの構成は，ラベル自体の幾何学的形状，ラベルの継ぎ目の位置および特定の IML 自動化設計によって決定される場合がある。IML アプリケーション用に設計されたクイックプロダクトチェンジ（QPC）システムを組み込むことで，小規模な生産ライン，製品バリエーションおよび在庫管理が可能になる。特定のアプリケーションに対する金型設計の特徴を最適化し，システムの統合をスムーズにするためには，IML 自動化サプライヤーとの早期のプロジェクトパートナーシップが重要である。

　スタック金型も特別な考慮が必要である。特殊な状況を除き，IML 自動化システムでは，スタック金型のプラテン側にラベルが挿入されている必要がある。これは，自動化システム内のマ

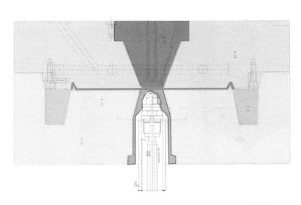

図 5　内部ゲート付き IML 蓋のスタック構成

― 149 ―

ガジンからラベルを取り扱う方法によるものである。言い換えれば，従来のスタック金型とは異なり，コアは金型の中央部に取り付けられており，これが金型設計およびホットランナーシステムのレイアウトにユニークな課題をもたらす。場合によっては，製品が金型中央部に取り付けられたバルブゲートシステムを通じて樹脂がゲートよりコアとキャビティの間のスペースに射出され製品が成形されることもある。その他の場合では，製品はプラテンに取り付けられたホットランナーシステムを使用して外部（キャビティ側）に射出され，バランスの取れた複雑なメルト分配システムによって供給される。

4 自動化設計

　自動化システムは，あらかじめカットされた装飾ラベルをマガジンから反復的に取り出し，静電気を帯びさせ，金型キャビティに正確に挿入する一連の部品で構成されている。各サイクル中にキャビティに正確に挿入することが重要である。挿入ミスは，ラベルの周囲にプラスチックが飛散し，大量のスクラップと品質問題を引き起こす可能性を有する。製品／ラベルのデザインが複雑であるほど，正確さの要件は高まる。ラベルの基材が静電荷を受け入れられない場合，機械的および／または金型に統合された真空システムが使用されることがあり，システムの複雑さと精度の要件が増す。図6に構造を示す。

　IML自動化の見落とされがちな利点の1つは，基本的にプラスチック製品を金型のコア側か

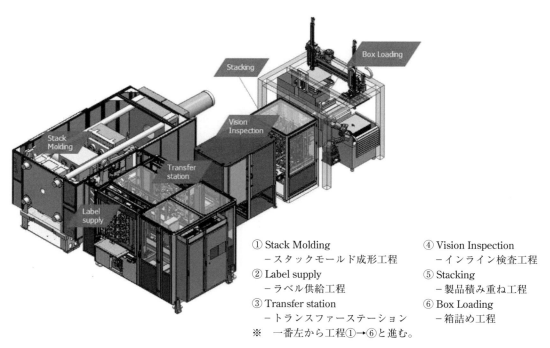

① Stack Molding
　－スタックモールド成形工程
② Label supply
　－ラベル供給工程
③ Transfer station
　－トランスファーステーション
④ Vision Inspection
　－インライン検査工程
⑤ Stacking
　－製品積み重ね工程
⑥ Box Loading
　－箱詰め工程
※　一番左から工程①→⑥と進む。

図6　射出機クランプの隣にある検査機，積み重ね工程およびボックス積み工程を備えたIML自動化システム

— 150 —

ら取り出すのに最適なシステムであることである。これは通常，ラベルをキャビティ側に配置するのと同時に行われるため，サイクルタイムに影響を与えない。

速度，再現性および精度を達成するためには，IMLシステムの基盤構造が非常に強固であり，構造的に堅固な要素で構成されている必要がある。

5　IMLの革新

金型設計，ラベル技術，自動化の革新により，金型ラベリングオプションは成長し続けている。持続可能性の向上のための軽量化技術，PETのようなラベル材料の進歩，レンチキュラー，透明，金属，両面印刷，剥離可能なラベルオプションなどは，業界の将来の成長に貢献し，ますます広範なアプリケーションを提供するものと期待される（図7）。

図7　TRIMテクノロジー（StackTeck）とキャビティあたり7つのゲートを使用して製造された超薄型IML PET容器

第1章　射出成形技術の進展
第5節　加飾成形技術

第3項　真空・加圧加飾成形法—TOM工法—

布施真空株式会社　矢萱　勉

1 はじめに

　本稿では射出成形法などで凸凹や局面形状を持つ成形品に，意匠付けされた熱可塑性のフィルム（以下，表皮材）を空気だまりなく瞬時に貼り付けを可能とする，当社（布施真空㈱）が世界に先駆け開発したTOM工法（3次元表面加飾工法：Three dimension Overlay Method）[1)-5)]について紹介する。近代になりプラスチックは，軽くて，安価であることから，金属，木材やガラスに代わり日用品から工業製品に至るまで広い範囲で使われるようになった。とりわけプラスチックの射出成形法は量産性が高く，本書で紹介されているとおりその技術はめざましい進化を遂げ，製商品の品質向上とコスト低減に寄与してきた。ここで紹介するTOM工法は，射出成形と同時に成形型内で意匠付けを行うものではなく，成形された部品に後工程で装飾を行う二次加工の工法である。また塗装やメッキ工法のようにプロセスにおいて液体を用いるウェット（Wet）工法ではなく，ドライ（Dry）工法であることから，汚染物質を生成することなく，なおかつ少ないエネルギーで意匠付けが実現できることから自動車産業をはじめとし多くの産業分野から注目されている。

2 真空・加圧加飾成形法—TOM工法の生い立ち—

　TOM工法は，プラスチックの熱成形法の1つである真空・圧空成形技術から生まれた工法であることから本書においては真空・圧空加飾成形法として位置づけしている。開発事業者である当社は1956年にプラスチックの熱成形の研究開発を目指し多木八之助が創業し，以来お客さまの声を聴き，困難とも思えることにも果敢に挑戦し，さまざまな真空・圧空成形機を開発し提供してきた。現在では汎用技術となっているインサートモールド（In-Mold Forming）法を確立し大手電気メーカーの木目柄ラジオカセットに採用された会社でもある。1978年には先代社長の三浦高行が代表に就任，順調に事業を営んでいたが，1990年代に入りバブル経済が弾け，引き続いたリーマンショックによる金融危機が引き金となり真空・圧空成形機の需要も減少，経営危機状況の中，幸いにも社内ではNGF（Next Generation Forming：次世代成形法）としてTOM工法が産声を上げていた。三浦はTOM工法による事業再構築が必ずできるとの信念から事業再建の道を選んだ。まさにTOM工法は会社の危機を救った起死回生の技術となった。ただ当時はTOM工法用のフィルムを開発していただける会社はほとんどなく，実用化はなかなか進まな

かった。ところが新幹線の内装の補修用としてTOM工法が採用されたことが起点となり普及し始め，自動車，電子楽器，建築部材にも採用が拡がり事業再建が果たされた。またTOM工法の基本特許は対外に公開し，他社での類似機械の開発の道を開き，後のNATS成形機などの開発につながり，型外加飾（Out-Mold Decoration：OM-D）というジャンルが確立することになった。現在「TOM」はOM-Dの代名詞として広く使われている。

2.1 真空・圧空成形機とTOM成形機の構造

図1に真空・圧空成形機，図2にTOM成形機の構造を示す。真空・圧空成形法は，押出成形法などにより板状またはロール状に成形されたシートをヒーターで温め適度な柔らかさになった

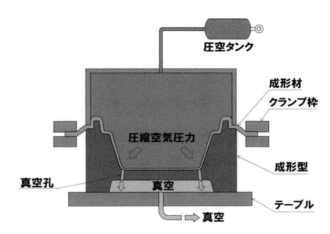

図1 真空・圧空成形機の構造図

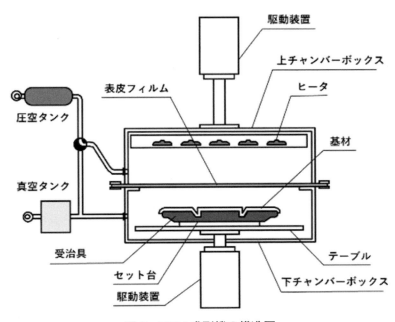

図2 TOM成形機の構造図

プラスチック射出成形技術大系

ところで真空ポンプにより真空引き（空気抜き）を行い，さらに必要であれば圧空タンクからの圧縮空気を加え最終形状に仕上げる成形法である。主に大型部品で多品種少量生産向きのものに使用される単発成形機（シングルステーション）のものや食品トレイのような薄肉のシートを連続で最終形状に仕上げる連続成形機がある。これらの真空・圧空成形機には形状を整えるためシートと成形型との間に存在する空気をなくす（真空にする）ための真空引き用の真空孔が成形型に設けられている。この真空孔は仕上がり品に成形跡が残らないように微細な穴加工が必要であり，製品の形状により穴位置の設定や穴加工には熟練技術者の技が必要であった。三浦は真空引きにおける偏肉を抑えるために真空孔を必要としない方法はないのか研究を重ね，両面吸引型真空成形装置を発明（特許第1718513号）したことがあった。振り返ればこの発明を発展させ，ラミネート成形用に成形方法を工夫した真空成形装置（特許第3733564号）を開発したのである。これが現在のTOM工法の基本となっている。

　図2に示した駆動装置により上ボックスは上下に動き，内側に表皮材を軟化させるためのヒーターを備えている。下ボックスは固定で内側に駆動装置で上下に動くテーブルが配置され，テーブル上には製品（基材）とTOM工法の治具（受治具と呼ぶ）がセットされる。製品（基材）に貼り合わせる表皮材を下ボックス上に配置し上ボックスを下降して挟み，表皮材を境に上下に気密空間ができるようにし，この気密空間を真空状態にする真空タンクと圧縮空気を供給するための圧縮タンクがバルブを介してつながれた構造となっている。

2.2　TOM工法のプロセス

　TOM工法の基本プロセスを**図3**に示す。

① 　加飾したい基材を上下動するテーブル上の受治具にセットしテーブルを下げ，表皮材を供給する。

② 　上ボックスを下降し表皮材を境に上下ボックスを密閉する。

③ 　上下ボックス内を真空状態にして表皮材を加熱する。

④ 　表皮材が成形に最適な温度に到達した段階でテーブルを上昇させ一次成形する。

⑤ 　一次成形とほぼ同時に上ボックスを大気圧に戻し上ボックスと下ボックスの気圧差で表皮材を基材に密着させる。

⑥ 　必要に応じ加圧空気を入れ被覆の密着度を高める。

⑦ 　成形が完了した時点で下ボックスを大気圧に戻し上ボックスを真空引きし離型する。

⑧ 　上ボックスを開放し被覆された基材を取り出し，不要な部分をトリミングする。

　なお，TOM工法では表皮材を貼り合わせる場合に加え，表皮材を転写用フィルムに置き換えることで基材に転写膜を形成することもでき，この場合キャリアフィルムをはがすことによりトリミング工程を不要とすることができる。また自動車の外装パネルのように製品（基材）に空洞が存在するものや生産性を向上させる新たなメカニズム開発も進んでいる。

2.3　TOM工法の主な特徴

　TOM工法の特徴として以下のものが挙げられる。

・汚染リスクがない

　スプレー塗装などのウェット工法ではなくドライ工法であり，大気や水質を汚染させる物質

— 154 —

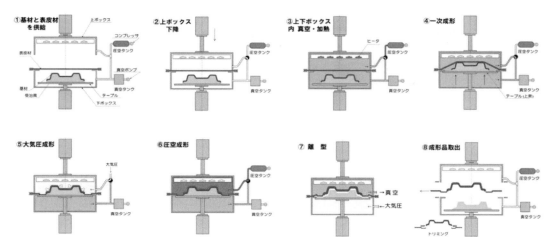

図3　TOM成形の基本プロセス図

を生成しないため，汚染対策設備が不要で安全・安心な作業環境を提供できる。
・熟練作業者は不要
　TOM成形機の操作は簡単で熟練作業者でなくとも生産の即時立ち上げが可能である。
・省エネルギー，省スペース
　比較的低温でかつ瞬時の加飾成形加工法であり，自動車の塗装工程であれば従来に比べ1/3以下のエネルギー量で加飾処理が可能であるため，生産段階における大幅なCO_2排出量の低減が可能であるとともに工場のスペースも大幅に削減できる。
・製品(基材)の材質に制限がない
　表皮材を貼り合わせる製品(基材)の材質は，プラスチックに限らず金属，非金属，セラミック，ガラス，木材など固体であれば制限がない。自動車のようなスチールとプラスチックが組み合わされた製品であっても塗装に比べ色合わせが容易である。
・3次元大型製品への加飾が容易
　自動車や住宅関連部材のような大きなサイズのものでも容易に加飾が可能で，射出成形に使用するような金型が不要である。
・小物製品では多数個取りが可能
　小物製品であれば，複数個の同時成形が可能であり生産性を向上させることができる。
・製品(基材)に形状的制約が少ない
　型内加飾成形法では困難とされる，逆テーパ部分や端末部の巻き込み部への加飾が可能で製品(基材)の形状的制約が少ない。
・表皮材を劣化させることなく製品に付与できる
　表皮材の持つ特性・効能を劣化させることなく製品に付与することができるため，新たなプロダクトデザインの道を拓くことができる。

2.4　TOM成形機のラインナップ

　図4にTOM成形機のラインナップを，表1に主な仕様を示す。実際はお客さまの用途に基づ

プラスチック射出成形技術大系

小型
NGF0203

中型
NGF0512

大型
NGF1523

図4　TOM成形機のラインナップ

表1　TOM成形機の主な仕様

型　式	NGF-0203	NGF-0512-RS-S	NGF-1523-St
成形枠内寸法(最大)	250 × 370 mm	1250 mm × 550 mm	2350 mm × 1550 mm
成形高さ	100 mm	200 mm	300 mm
表皮材(フィルム)寸法	297 × 420 mm	1300 mm × 600 mm	2400 mm × 1600 mm
最大圧空圧力	0.5 Mpa	0.2 Mpa	0.2 Mpa
用　途	高真空高圧空，上下ヒーター，各種アシスト機能付きで新たなフィルム開発や材料開発に最適。高耐熱厚板シートの成形も可能	フィルム自動供給やロータリー機構を備えた量産機	世界最大級TOMマシン大型部品用の基本仕様

き大型から小型までカスタマイズした製品にしてお届けしている。

2.5　TOM工法に用いる表皮材(フィルム)

　TOM工法に使用する表皮材は，複数の層で構成されており，フィルム・加飾・接着の3つの要素技術によって成り立つ複合材である。この3つの技術を全て1つの会社で所有し，製造しているメーカーはまだ少なく，メーカー間でのコラボレーションにより提供されている。

　TOM工法による加飾の出来栄えは，成形機械の性能のみでなく，その多くは表皮材の材質や物理特性などにより決まってくる。そこで表皮材に求められる基本的な要件を紹介する。

①　熱可塑性樹脂であること
②　シート層のフィルムは無延伸で成形されていること
③　フィッシュアイやピンホールがないこと
④　伸び率が少なくとも200%以上で色相変化がないこと(製品(基材)の形状によりさらに高い伸び率が求められる場合がある)
⑤　真空加熱時において層間でガス・気泡が生じないこと

などが挙げられる。

表2に表皮材の概要について紹介する。

表2　表皮材の概要

構　成	役　割	素材など
保護フィルム	シートの保護用 (成形前に剥離)	PETなど
シート層(フィルム)	表皮材のベース(基材) 〈無延伸フィルム〉	PVC, ABS, PC, PU, PMMA 他 用途に応じて選択
加飾層	意　匠	シルクスクリーン, オフセット グラビア印刷, 蒸着などで加飾
粘着層	被着体との接着用	ホットメルト, PUや アクリル系接着剤
セパレータ(フィルム)	粘着層保護用 (成形前に剥離)	PETなど

シート表面にコート層を設ける場合もある。

 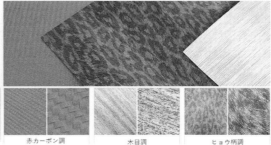

※口絵参照

図5　表皮材のカラーバリエーション[5]

　図5に表皮材のカラーバリエーションの例を示す。塗装では難しい凹凸が施された手触り感，絵柄付けの他，光沢系，メッキ調のものや耐薬品性，耐候性，抗ウィルス性などの機能性タイプなどTOM用表皮材は数多く揃ってきている。屋内で使用するものから屋外で使用するもの，防水や封止用に使用するものなど使用環境や用途に応じ表皮材の選択も容易になってきている。

2.6　TOM工法の治具(受治具)

　射出成形においては溶融樹脂を注入する成形型が必要であるように，TOM工法においても受治具と呼ぶ型が必要である。この受治具は成形時における大気圧(差圧)による製品(基材)の変形・破損を抑える目的である。この受治具は，粘土，人工木材，アルミニウムなどで製作している。射出成型用の型に比べ安価に製作が可能で生産量を考慮して使用材料を決定している。大量生産になる場合はアルミニウム製が用いられることが多い状況にある。

2.6.1　受治具の材質

粘土：製作費が安く，短期での製作が可能，修正が容易で主に試作検討用で用いられている。実際の製品(基材)を用いて型を取り製作する。

人工木材：ケミカルウッドともいい製作費がアルミニウム製に比べ比較的安価である。製品(基材)の図面データからマシニングセンターなどで加工し製作する。

図6　一般的な受治具（自動車のミラーキャップ用）の例

アルミニウム：製作費は比較的高価になるが，軽量で量産時の治具交換やメンテナンスが容易である。

人工木材の場合と同様，製品（基材）の図面データからマシニングセンターで加工し製作する。上記のほか3Dプリントで製作する場合もある。

図6に一般的な受治具の例を示す。この受治具上に製品（基材）をセットしたのちフィルム加飾を行う。

2.6.2　受治具設計

受治具設計には，フィルムの伸びを最小限に抑えつつ成形時のシワなどの不具合要因を抑える設計が必要であり比較的高度な専門知識が求められる。最近ではTOM成形用のシミュレーションソフトも開発されてきており治具設計の効率化が進みつつある。

3　TOM工法の採用動向

TOM工法は現在多くの産業分野で採用されている。

TOM工法が開発された当時は採用は容易には広まらなかったが，2010年代に入り日本の大手自動車メーカーの内装加飾用に採用されたのをきっかけに海外ブランドメーカーを含め日本，アジア，欧米諸国へと全世界で採用されるに至っている。なお外装部品についてはこれまで小型部品に限られていたが，2020年にボンネットのような大型部品でもTOM工法で加飾が可能であることを実証するため，超大型のTOM成形機「ウルトラワイドTOMマシン」を製作し，「来て，観て，触って，納得」いただけたことから，自動車外装部品や住まい関連部材などの大型部品へのTOM工法の採用が増加してきている。

3.1　車両・航空機分野

図7はTOM工法の実用化のきっかけとなった新幹線の内装への加飾例である。もともとはアルミニウム板に加飾フィルムを貼り付けた後プレスで局面形状に加工されていた。使用段階においてキズや汚れなどにより補修が必要になると手作業で貼り替えが行われていた。この補修作業にTOM工法が採用され作業者の負担軽減と作業性改善につなげることができた。現在では抗ウィ

図7　新幹線への採用事例

ルス性を持つ表皮材も開発されており車両に加え航空機分野にも今後採用される可能性がある。

3.2　自動車分野

図8は大手自動車メーカーの内装に採用された事例である。宝石のようにデザインされた表皮材をTOM工法で貼り合わせ高級感あふれる仕上がりになっている。これまで自動車へのTOM工法の採用は表皮材の価格が高額（少量生産）であったことから全生産台数の約5%位といわれる高級車ゾーン中心に採用されてきたが，他の加飾工法に比べ歩留まり率が良いことや深絞りの優位性も理解されつつあり今後は普及車ゾーンにも採用が広がるものと思われる。

図9は当社社用車でTOM工法によりフィルム加飾を行った事例である。自動車の生産方式もモノコックボディ方式からモジュール方式に転換される可能性もあり，外装パネルの脱着も容易になれば自動車の生産段階に加えアフターマーケットでのカスタマイズド加飾も可能になってく

※口絵参照

図8　自動車の内装加飾に採用された事例

プラスチック射出成形技術大系

※口絵参照

図9　社用車をTOM工法で色替えした事例

ると思われる。

3.3　住まい関連分野

　住まい関連分野においては，従来自然素材を利用したものが大半で匠の技を持つ職人の方の手作りであったが，高度経済成長期における住宅建設ラッシュやプラスチックなどの新たな素材の利用が進み住まいづくりも大きく変化してきた。日本人特有ともいえるがお風呂タイムも非常に重要視されていることから居心地の良さが求められるようになり，これまでの単色系から，新たな色合い，柄，触感や清潔さをもたらす方法としてTOM工法によるフィルム加飾が広まりつつある。図10はユニットバスの部材にフィルム加飾を施した事例である。お風呂の環境に適合する表皮材が使用されている。現在日本における新規住宅着工件数は伸び悩み傾向であるがリフォーム，リニューアル需要は多くお風呂だけではなくお部屋の住空間づくりにも採用されるものと考えている。

　また図11はLEDパネルの防水加工[4]の例である。今後増加すると思われるLEDを使ったサイネージ装置や夜間装飾設備用途への活用が広まるものと思われる。

　TOM工法の活用分野は大変広く，関連事業者の皆さまとのコラボレーションをさらに進め新たな価値の創出と市場の活性化につなげていけるものと考えている。

図10　ユニットバス部品への採用事例　　　図11　LEDパネルへの防水加工例

— 160 —

4 おわりに

TOM工法は，大気という自然の力を利用したサステナブルな成形法であることから，産業界に要請されているカーボンニュートラル社会の実現に向け関連事業者の皆さまと共に行動していきたい。またTOM工法の必須アイテムである表皮材は，エンドプロダクツのバリューアップに直接つながるものであり，無限の可能性を秘めており，エンドユーザーに響く高意匠，高機能，ゼロエミッションそしてリーズナブルコストの実現に向けた挑戦を期待したい。

文　献

1)三浦高行：成形加工シンポジア'11予稿集，139(2011).
2)三浦高行：成形加工，プラスチック成型加工学会予稿集12，67(2012).
3)三浦高行：成形加工，プラスチック成型加工学会，25(5)，209(2013).
4)三浦高行：成形加工シンポジア'17予稿集，191(2017).
5)布施真空株式会社：
https://fvf.co.jp/technology/index4.html

第1章　射出成形技術の進展

第5節　加飾成形技術

第4項　熱成形のサンプル例と工法紹介
―3次元加飾成形技術：塗装に代わる真空成形への期待―

株式会社浅野研究所　寺本　一典

1　はじめに

　熱成形とは，押出成形された樹脂シート(フィルム)を加熱・軟化させ，金型に密着冷却させて成形品を作るシートの2次成形工法である。海外の文献では Thermo Forming という呼び方をしているが，その代表的な成形方法が真空(圧空)成形である。日常生活でよく目にする成形品としては，

・豆腐，納豆，弁当，ゼリー，フルーツなどのワンウェイ食品容器
・冷蔵庫内のドアライナー，インナーライナー
・電子部品，小型家電，化粧品などを入れる部品トレイ
・自動車の天井，フェンダーライナー，エンジンアンダーカバー，内外装の加飾製品
・アミューズメント部品，屋外看板などの大型加飾製品

など，大きさ，形状，色彩・柄，生産量もさまざまである。

　文字・柄などが印刷された加飾シートを熱成形する 3D デザインへの応用は，色彩，形状の自由度や環境問題への配慮から自動車分野においても増加の傾向にある。

　近年では，自動車における電動化や自動運転技術が進むにつれ，シート加飾による内装部品やボディパーツに対し，高機能化や軽量化が要求されている。本稿では現在開発を進めている熱成形技術の特徴や取り組みについて紹介する。

2　加熱方式による特徴

　真空(圧空)成形の加熱方式には，熱板接触加熱式と輻射加熱式とがあり，以下にそれぞれの特徴を説明する。

2.1　熱板接触加熱式

　熱板接触加熱式はシートを4辺の型枠と表面板で挟み込み，接触加熱させた直後に真空圧空成形を行う工法(図1)である。表面板にシートを密着させ加熱することによりシートのドローダウンが発生しないため，以下の材料および製品に適用される。

　・加熱時の収縮が大きな材料
　・材料が薄く，輻射では加熱が困難な材料

― 162 ―

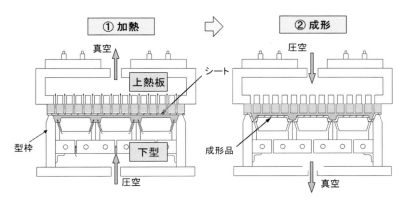

図1　熱板接触加熱式圧空成形

・溶融張力が小さい材料

用途としては，弁当，惣菜などの食品容器のフタが多く，材料にはPET，OPSが多く使用されており，いずれも商品価値としての高い透明度を要求される。

2.2　輻射加熱式

輻射加熱式はヒーターの赤外線の輻射（放射）によってシートを加熱する方式で，その工法には真空成形，真空圧空成形などがある（図2）。

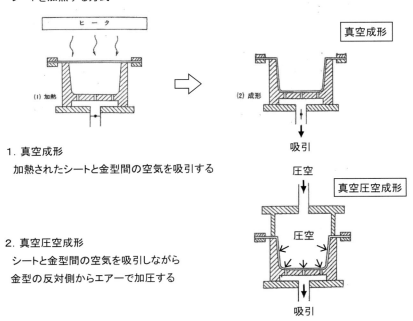

図2　真空成形，圧空成形の概要

― 163 ―

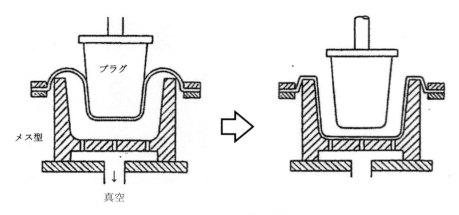

図3 プラグ成形の概要

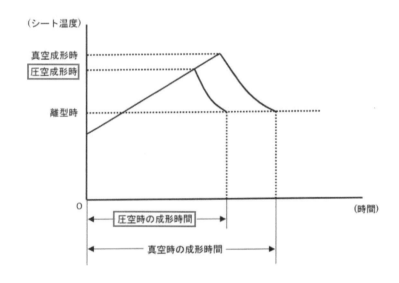

図4 真空，圧空成形の成形時間比較

　また，深絞り成形する場合は，プラグで軟化されたシートをメス型に押し込みながら真空引きをして製品全体の肉厚バランスを調整する(図3)。

　真空圧空成形のメリットは圧空の加圧力によって成形性が向上するため，真空成形に比べて成形時のシート温度を低く設定することが可能となることである。そのため加熱時間が短縮できるとともに，印刷されたシートの加熱変色防止にも効果的である。また，圧空の加圧力によりシートと金型がより密着することによって冷却効率も高くなり，サイクルタイムの短縮と後変形防止に対しても有効である(図4)。

3 塗装に代わるフィルムの被覆成形への期待

3.1 概　要

当社(㈱浅野研究所)でのフィルム加飾の1号機は1987年の輻射加熱式被覆成形機(FKB)であった(図5)。関係者はすでに引退され当時のことは不明であるが，大変画期的であったと予想される。FKBは2台の納入実績で終わってしまったが，2009年に熱板式被覆成形機(TFH)を上市している。どちらも生産性などのコスト面から多くの採用には至っていないが，最近になり，製品のLCA評価を求められ，塗装の代わりにフィルム加飾を行うことで大幅なCO_2削減を期待されている。3次ブームとなるか，各社が被覆成形の再評価を始めている。

3.2 被覆成形機の特徴

被覆成形は，基材(たとえば射出成型品)側空間を真空状態にし，基材側に接着層を設けたシートを加熱・軟化させ，被覆接着させて基材表面に加飾などの機能を付加させる成形方法である。

被覆成形の主なメリットは，以下の3点である。

① 　基材材質はプラスチックに限らず，金属，ガラスなどにも被覆が可能である
② 　シートに施したテクスチャー感，あるいは機能性をそのまま基材表面に付加できる
③ 　基材の裏面までシートを巻き込み，接着することが可能である

これらの特徴はインサート成形の工法では実現が困難で，特質のある意匠が求められる，家電，自動車などの製品に採用されている。

被覆成形機(図は熱板式)の概要を図6に示す。また，被覆成形での課題の1つである，トリミングにおいて，被覆同時抜き技術(図7)を保有しており，ボンネットのような大型外装向けへの応用も取り組まれている。また，後述する厚物向け方式の応用と合わせ，表皮＋発泡シート

図5　輻射加熱式被覆成形機

プラスチック射出成形技術大系

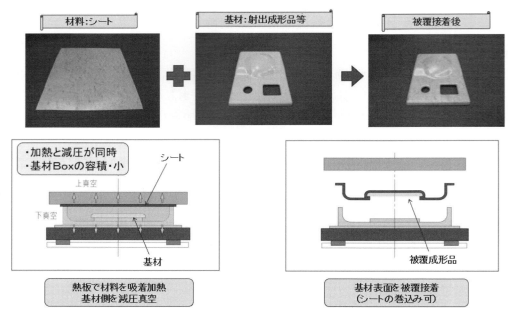

図6　基材側空間を減圧真空させた状態で，加熱シートを被覆させ表面加飾を行う成形方法

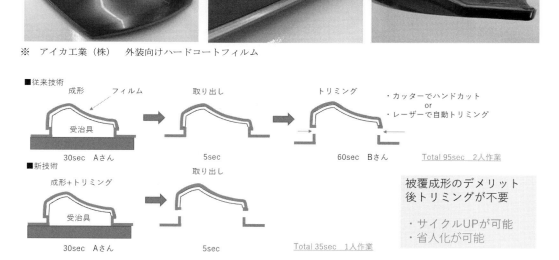

図7　ボンネット形状（ミニサイズ）/3D成形同時トリム

第 1 章　射出成形技術の進展

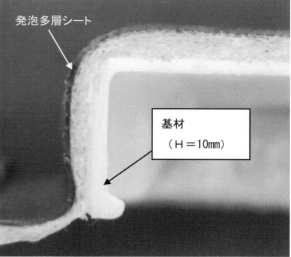

図 8　両面加熱による成形品断面/発泡多層シート t2.5

(図 8)の被覆成形も可能である。

4　インパネ，エンブレム/バックライト効果

4.1　概　要

　内装インパネや外装フロントグリルのエンブレムに対しバックライト効果を要求される製品が増える傾向にあり，スイッチアイコンやロゴがデザインされた透過印刷シートをインサート成形するため，事前に真空圧空成形にてプレフォームする。そのサンプル例(全長 800 mm)を図 9, 10 に示す。

4.2　成形方法と特徴

　たとえばスイッチアイコンなど PC シートに透過印刷されたプレフォーム品を成形する際は，位置決め精度を満たすために熱板式真空圧空成形機を使用する。熱板加熱方式は，均一に加熱された熱板にシートを接触して加熱するため，シートが軟化してもドローダウンは発生しない。また，シート全面の温度もほぼ均一で，シートを熱板と 4 辺の型枠で挟み込んだ状態にて瞬時に加熱動作から成形動作に移行する(図 1)ため，印刷シートの位置決め精度を維持することが可能となる(図 10)。また，接触加熱のため加熱時間が短く，消費電力が小さくなるメリットもある。

　インパネの対象製品が 1 m を超えるような大型化の要望が増えるにつれ，熱板式真空圧空成形機もそれに準じて対応できるようにサイズアップを図ってきた。また，従来技術ではシート表面に熱板の面粗さ跡が転写される問題が懸念されたため，その対策として開発した特殊表面板(特許登録済)のさらなる改良により，ピアノブラックなど高輝度シートに対しても高意匠性が得られるようになった(図 10)。

　エンブレムのインサート/プレフォーム成形は，たとえばロゴの凸文字の天面と傾斜面にそれ

— 167 —

バックライトＯＦＦ

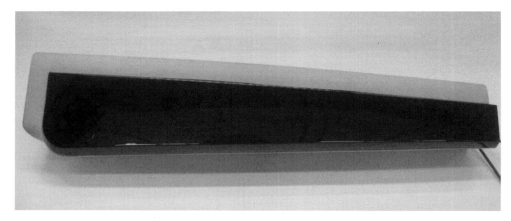

バックライトＯＮ

図9　バックライト効果のサンプル例

それ異なる配色をする場合は，さらに高度な位置決め精度が要求される．従来の熱板加熱成形の工法はシートの上面に熱板が固定されているため，型の最上面をシートレベルより低く設定する必要があった．その結果，熱板で加熱された軟化シートは型枠内の側面にも引き込まれるため，若干の位置ズレの要因になっていた．その問題点を改善するために，軟化シートを水平維持した状態で熱板を上方へ回避させ，下型をシートレベルより上方へ突き上げるTFH-UDを開発した．その工法とロゴのサンプル（全長250 mm）を示す（図11，12）．

　PCシートをTFH-UDにて成形した後に測定した結果が図13である．熱板式で突き上げを行う機構の位置決め精度は優れ，±0.2 mmの精度を維持できることがわかる．

5　厚板の真空成形

5.1　概　要

　真空成形は一般的に，大型化，薄肉化が容易であり，金型費も安価な特徴がある．2023年のK展での，当社社員調査によると，日本に比べて厚板の真空成形品が多く使用されていることが

第 1 章　射出成形技術の進展

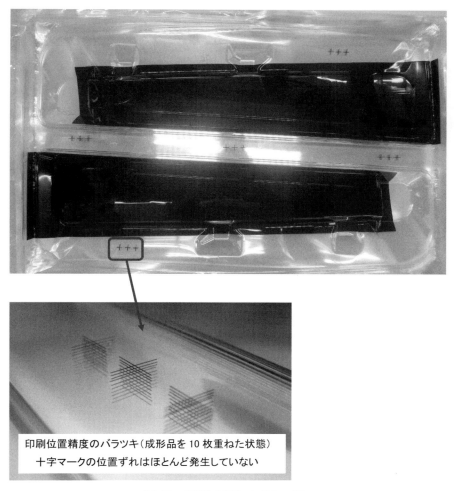

図 10　連続成形したサンプル

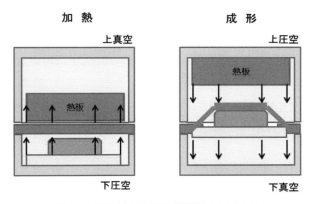

図 11　熱板上下駆動成形機/TFH-UD

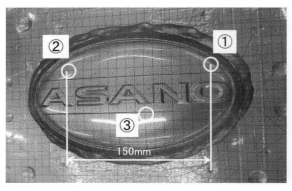

図12　TFH-UDにて成形したロゴのサンプル

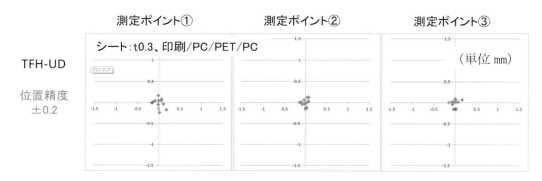

図13　TFH-UD成形後の測定結果

実感され，また，真空成形機の展示も多数見られた。しかし，厚板の真空成形品で位置合わせをされている部品は皆無であった。

ここでは，フィルムの位置合わせ技術を応用し，これまでできなかった厚板の真空成形の位置合わせを実現した例を紹介する。サンプル例は幅1250 mmの自動車バックドアをイメージしている（図14）。

5.2　成形方法と特徴

厚板の真空成形は通常上下の赤外線ヒーターで加熱するが，厚みが5 mmの場合，図14のサンプルで5 kgほどの重量となり，成形温度では大きくドローダウンする（垂れ下がる）。このため，伸びた柄が所定の形状位置へ再現性を持って成形されることは極めて困難であり，従来製品としては，後加工でカッティングシートを貼ったり，マスキングを施し塗装をするものであった。

熱板成形はドローダウンをしないが，片面加熱になるため，非加熱面の温度が上がらず厚板の成形には不向きであった。また，接触加熱のため，接触跡などで意匠性が損なわれる点も課題であった。

当社の熱板接触加熱と，輻射加熱の技術を応用し，ポリカーボネート厚み5 mmへスクリーン印刷を行い，熱板成形した。「ASANO」のロゴと光透過の印刷位置にズレがないことが一目でわかる（図15）。ポリカーボネートの5 mmを熱板成形する技術は図16の熱板と輻射のハイブリッ

第 1 章　射出成形技術の進展

図 14　光透過バックドアサンプル（2023.02　3DecoTech 展示品）

ト加熱により実現できる。
　これまでにないものが実現できており，成形メカニズムとしては確立できているといえる。これからは製品要求仕様を満たせる性能が必要であり，各社の協力を得たい。

6　車載ディスプレイ（CID）カバー

6.1　概　要
　車載ディスプレイ（Center Information Display：CID）カバーは，内装デザインと一体化した大

図15　凹凸部位への高精度な位置合わせの例

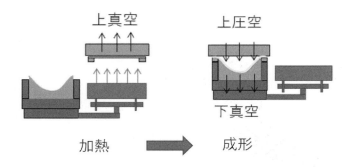

図16　熱板と輻射のハイブリッド加熱

型で3D曲面形状の成形品が増える傾向にある。また，安全性や軽量化に伴いガラスの代替として樹脂製カバーの採用に期待されている。樹脂製カバーの成形工法として，インサート/PCプレフォーム成形および数mmのPCシートをプレス成形する厚板曲げ成形がある。当社は両工法の大型カバーに対応できる成形機を製造販売しているが，ここでは厚板曲げ成形品(**図17**)の工法を紹介する。

図17　厚板曲げ成形品

第1章 射出成形技術の進展

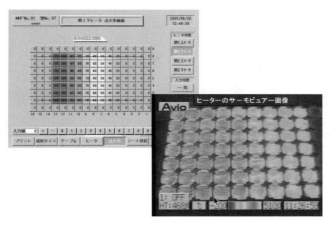

※口絵参照

図18　輻射加熱装置 QRH

6.2 成形方法と特徴

　樹脂の厚板曲げ成形は，たとえばPMMAとPCの2層シートに印刷柄を施し，ハードコートやアンチグレア（反射防止）などの機能性を付加した厚み2mm程度のシートを加熱軟化させプレス成形する方法である。ガラスの曲げ工法に対し印刷や機能性を付加したシートを1工程で3D曲面形状に成形できることが，大きなメリットである。

　厚板シートをプレス成形する際に重要なポイントが2点ある。1つはシート温度の管理である。成形前にシートを輻射加熱するが，成形ショットごとのシート温度が一定となり，シート全面温度のバラツキも最小限に抑える必要がある。当社の輻射加熱装置は独自に開発したQRH（クイックレスポンスヒータ）およびヒータ制御システムで構成され，成形機に搭載されている。ショットごとのシート温度を一定に保つために，放射温度計でシート表面温度を測定しあらかじめ設定した温度に到達したときに加熱シートを搬送，成形する機能を持つ。また，上下に配列されたQRH（図18）はヒーターエレメント1個ごとに0～100％まで1％ずつ出力を設定することが可能であり，加熱シートを搬送しながら表面温度を測定する「シート温度取込み機能」により，シート全面温度の均一性を確認することが可能である。

　2つ目は，加熱・軟化したシートをプレス成形する際に，印刷位置決め精度を維持しながら3D形状の湾曲部に発生するゆがみを極力抑制することである。具体的には，搬送シートを上下型で圧縮する際に，先行クランプが内蔵された特殊型とシートクランプを開放する機能の併用によって可能である。3D形状の曲げ成形サンプルを（図19）に示す。

7 加熱技術の進化

7.1 概　要

　熱成形の加熱方式は間接加熱の輻射式，直接加熱の熱板式とあるが，加熱のコントロールも高度化しており，以下に紹介する。

― 173 ―

プラスチック射出成形技術大系

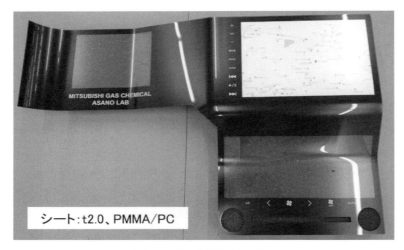

図19　曲げ成形サンプル

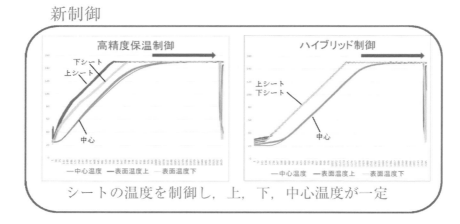

図20　温度制御時トレンドグラフ

7.2　輻射加熱式ハイブリッド制御

　当社では，独自開発した中赤外線ヒーターのQRHと制御によって，高精度保温制御を実現し，さらに，昇温カーブのコントロールを加えハイブリッド制御と呼んでいる（図20）。これらは，CFRPの予備加熱向けに開発されたが，現在は厚板の熱成形用にも応用が始まっている。

7.3　高精密温度分布熱板

　熱成形では，通常，シートの表面の温度分布を均一にすることが基本とされている。まれに，シート表面温度の分布を制御したいとの要望があるが，従来式の熱板または輻射加熱では実現はできなかった。図21は星形の温度分布を示すサーモグラフィである。外側が145℃に対し，内側は85℃と急激な温度変化となっているが，その表面は平滑である（図21b）。現在は，熱成形時に伸ばしたいところと，伸ばしたくないところを分ける目的で活用されている。

— 174 —

a：サーモグラフィ写真   b：熱板の表面

図 21　高精度温度分布熱板デモ機

8 おわりに

　2023年ではあるが，フィルムと厚板の位置合わせ成形が可能なTFH-UD-Q(**図22**)が上市され，各社との取り組みも進むようになっており，近い将来には製品化されることを期待している。

　真空成形による加飾成形には機能付加や，環境保全への期待もあり，その中で活動できることに喜びを感じ，今後も加飾シートに携わる材料メーカーの協力を得ながら，熱成形の工法メリットを生かして新たな市場ニーズに応え，装置開発を継続していきたい。

図 22　圧空真空成形機：TFH-1211-UD-Q

第1章 射出成形技術の進展

第5節 加飾成形技術

第5項 真空・圧空加飾成形法—空気転写工法—

エヌアイエス株式会社 柴田 直宏

1 はじめに

本稿では，真空・圧空加飾成形法，空気転写工法と合わせて環境に対する適用性について紹介する。

近年では環境負荷軽減という観点から，カーボンニュートラルやSDGsは各企業の責任において実行する時代に変わったことにより，今やどの業界においても環境というキーワードは重要実施項目に挙がっているといっても過言ではない。

そのような中で製品への加飾の概念も多様化する傾向が出てきている。環境樹脂やリサイクル樹脂を製品表面に出す意匠表現やモノマテリアルの観点からの材着加飾などがその代表例であり，産業をけん引している自動車，家電，情報関連機器などの業界が積極的な開発および販売を行っている。

その一方で，「彩り」や「デザイン」を付加価値として創造しながら環境にも配慮した加飾の開発も進められている。

「彩り」や「デザイン」が自由に表現できるフィルム加飾技術としては，射出成型時に金型の中で加飾を行うIM-D（In Mold Decoration）と，射出成形後の3次元形状部品へ加飾を行うOut Mold Decoration：後加工加飾（OM-D）が，代表例として挙げられる。

このOM-Dには，Out Mold Lamination：後加工貼合とOut Mold Release: 後加工転写（OM-R）というカテゴリーがあり，その中でOM-Rを成立させる工法として空気転写工法がある。

2 OM-R の特徴

第一は3次元形状をしている基材へ後加工でフィルム転写が可能ということである。射出成型後の樹脂部品やアルミ，マグネシウム，カーボン，ガラス，木などの基材であってもシワなくフィルム転写を行うことができる。

第二はフィルムが基材に残らないことである。加飾した基材にはフィルムは残らず，インキ層やコーティング層といった塗膜層のみが残るため，単一素材のリサイクル樹脂として活用することができる。

第三はデザインの多様性が実現したことである。近年では転写フィルムのカテゴリーにおいて

もテクスチャー付与が可能となっている。一般的なテクスチャー表現といえば，ヘアライン，カーボン，木目，ファブリック，シボなどが挙げられるが，転写フィルムでありながら，テクスチャー付与が実現している。また，印刷もインクジェットによる意匠表現が可能となったため，デザイン自由度は飛躍的に向上したといえる。

第四は既存金型の流用と穴あき部品や嵌め合い部品への展開が容易なことである。転写フィルムは基材に密着する塗膜層の厚みが15～30μと薄いため，材着や塗装用として起型した金型であっても，後加工で「彩り」を加えることが可能である。また，穴あき部品であってもOM-R技術であれば，基材にしかデザインが付与されないため，トリミングなどの手間がなくなる利点もある。嵌め合い部品においても通常の嵌め合い公差を変更することなくOM-R加工ができる点も特徴といえよう。

2.1 OM-Rが成立する条件

OM-R工法を確立する上で必要なアイテムが4つある。第一は真空圧空成形機(図1)である。空気転写(NATS)成形機(当社，エヌアイエス㈱[※1])やTOM(FVF)成形機(布施真空㈱[※2])がその代表例である。この両成形機の製造元は布施真空㈱であり，真空・圧空・加熱のバランスを活用して加工する設備である。第二は治具(図2)である。1度の加工で複数個生産することが多いため，多数個取りできる専用治具を作る必要がある。この治具にはシワなどが発生しない形状検討や基材以外には転写されない離形処理など，独自のノウハウが詰まっている。第三はフィルム(図3)である。3次元形状に追従する延伸性のあるOM-R専用フィルムを選定する必要がある。延伸性のあるフィルムは各社さまざまだが，一般的な物性評価に必要な延伸性は200％とされている。第四はUV照射機(図4)である。表面耐性を確保するために意匠の最表面にUV層を設けるケースが多いためである。

図1　真空圧空成形機

図2　治具

図3　フィルム　　図4　UV照射機

2.2 空気転写プロセス

ここでは空気転写プロセスによるOM-R工法について紹介する。まず治具に基材をセットする(図5)。加工スタートボタンを押すと治具テーブルが下がり，転写フィルムが自動で送られてくる(図6)。上チャンバが閉じた後，上下チャンバの真空引きと特殊ヒーターでフィルム加熱を

※1　https://nis-corp.co.jp/
※2　https://fvf.co.jp/

開始する(**図7**)。この特殊ヒーターはフィルムの表裏面の温度誤差がほとんど発生しないため，フィルム最表面の意匠層に必要以上の熱ストレスを与えることなく最下層にある接着層に熱を伝達することができる。次に治具テーブルが上昇する(**図8**)。上チャンバのみ大気開放するとフィルムが真空側に引っ張られ基材に貼り付く(**図9**)。さらに上チャンバに熱圧空を入れ基材の細部までシートを密着させる(**図10**)。最終加熱工程でスーパースチーム(過熱蒸気)による全方位加熱を行う(**図11**)。このスーパースチームは，飽和蒸気より高い温度を供給することで製品の表面，側面，アンダーカット面まで均一に熱が伝わる効果があり，接着剤を活性化させる効率が高いのが特徴である。加工が完了(**図12，13**)し，転写フィルムを剥がすと基材に加飾層だけが残

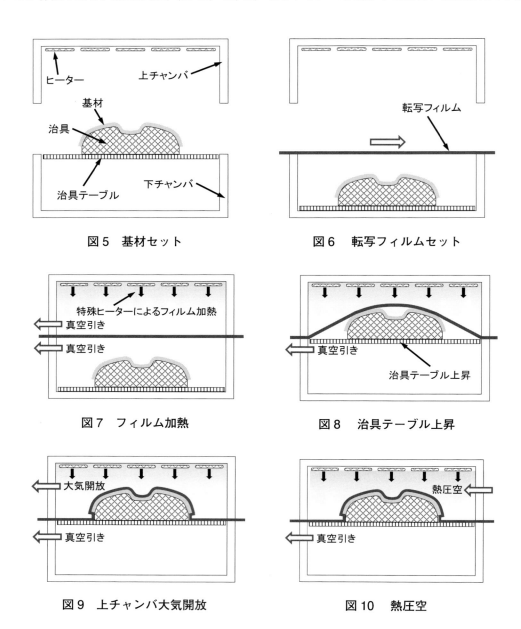

図5　基材セット　　　　　図6　転写フィルムセット

図7　フィルム加熱　　　　図8　治具テーブル上昇

図9　上チャンバ大気開放　　図10　熱圧空

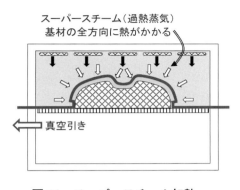

図11　スーパースチーム加熱

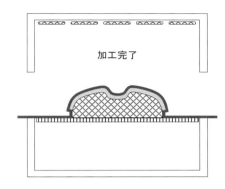

図12　加工完了

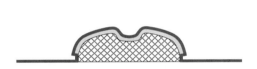

図13　治具取り出し

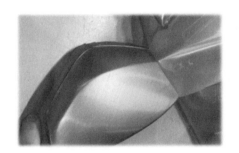

図14　転写フィルム剥がし

る(図14)。

2.3　OM-Rの活用事例

　自動車部品においては,内装が主体になるがセンターコンソール周りのベゼルやオーナメント,ドアトリム周りのオーナメントやスイッチベース,エアコン周りのベゼルなどで採用されるケースが多く,新企画の車種はもちろん,マイナーチェンジ時の意匠替えやオプションなどの少量部品でも対応ができる。

　家電・情報機器部品においても掃除機,炊飯器,健康器具,パソコンのキーボードや表面筐体,音響機器関連,ハードディスクユニットやルーターなどに至るまで,さまざまな部品への加飾展開が可能である。

3　環境対応

　これまでは空気転写工法による加飾技術の可能性について述べてきたが,企業各社が環境に対する取り組みを行う中で,どのような適用性が求められているかを整理しておきたい。

3.1　バイオマス樹脂への加飾

　バイオマス樹脂にはさまざまな種類がある(図15)。これらの樹脂はさまざまな用途で使用さ

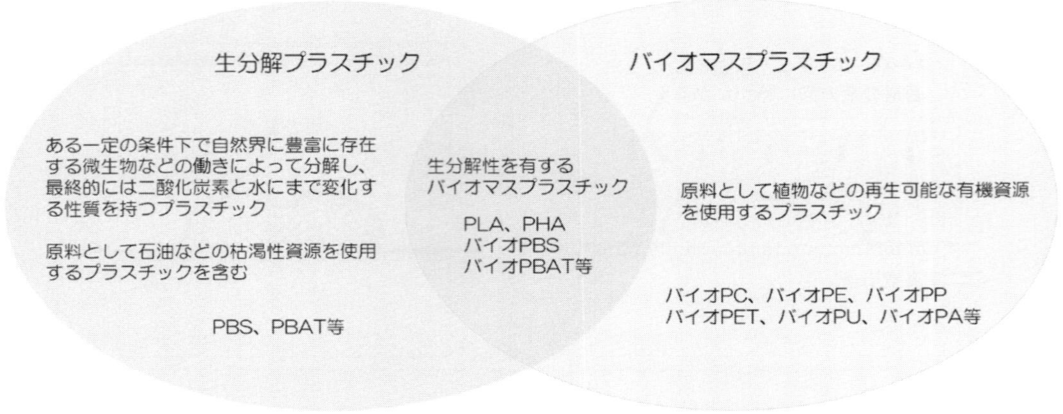

図15 バイオマス樹脂の種類

れているが，こういった樹脂は植物由来原料を使用した物が多いため，加飾についても前処理や後処理などの制約が出てくるケースが多い。ただ，こういった樹脂についても加飾のニーズは今後増えるとされており，その加飾方法の確立が必要とされている。

バイオマス樹脂を扱う上での課題は，射出成形の難しさや，使用する樹脂によっては，その表面が荒れることである。近年では射出成型技術もさらに向上し表面の粗さなども解決する手段が出ているが，使用する材料起因の問題で，フィルム加飾が付与しづらい問題については，フィルムメーカーの技術革新も必要不可欠である。そうした中で，前処理や後処理が不要な加飾技術としてOM-Rの技術に注目が集まっている(図16，17)。

3.2 リサイクル樹脂およびリユース基材

家電分野においては家電リサイクル法に基づき回収製品を分別再利用する取り組みがさらに進行している。自動車業界では自社の製造過程で発生した余り材や不良品の再利用も進められている。企業によってはリサイクルブランドを立ち上げている所もあり，リサイクルに対する取り組みも本格化しているといえよう。

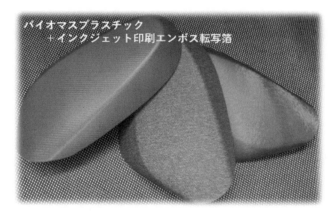

図16 バイオ樹脂＋OM-R品

図17 生分解樹脂＋OM-R品

この他，樹脂に限らずだが製造過程で発生した不良品は従来産廃として処理していたが，その表面に加飾を行うことでリユースし製品化する動きも出てきている。

こういった取り組みに使用される加飾工法がさまざまある中で，OM-R を活用したフィルム加飾に対する期待度も高まっている。

3.3 無駄を省くオンデマンド転写フィルムの有効性

かつての経済成長時はグラビア印刷・オフセット印刷・フレキソ印刷の技術革新が行われ大量生産や高品質化が掲げられてきたが，近年は少量多品種化する傾向が強くなったこともあり，フィルムの印刷についても少量かつスピーディーなオンデマンド印刷手法が増えてきた。近年ではインクジェット印刷の品質も向上したことにより，家電製品はもちろんのこと，自動車内装部品でも適用できる準備が整ってきている。

加えて，企業各社が無駄のない生産を行うための課題として，余剰在庫の削減が該当するが，必要以上に物を買わないというリデュースの観点から，このオンデマンド転写フィルムの技術は最適な供給環境といえよう。また，リードタイム短縮による開発のスピード化も達成できる。

4 おわりに

環境側面から加飾を考えると，モノマテリアル化の推進や環境材料を使用した塗装，それに天然由来材料を使用した製品作りなど，さまざまなアプローチで企業各社が取り組んでいる。

ただ，フィルム加飾の観点から考えると，従来の大量生産や高品質の時代は終わりを告げており，今後は品質も担保しながら，いかに環境にやさしいモノづくりができるかがポイントとなっている。本稿では，その過程を紹介するに過ぎないが，今後の方向性については理解して頂けたのではないだろうか。将来を担う子供たちのために，人類がこの地球上で生活を続けるために，私たちが今できることを行ってこそ将来があると期待したい。

第1章 射出成形技術の進展

第6節 複合成形技術—サンドイッチ成形—

UBEマシナリー株式会社　福田　裕一郎

1 はじめに

　射出成形法には，製品にさまざまな機能を付与する成形法が複数存在する。本稿で紹介するサンドイッチ成形は，表層/内層を構成する2材を用いて成形品を成す複合成形法の1つである。サンドイッチ成形品は断面が表層樹脂で内層樹脂を挟んだ構造となっており，本成形法の名前の由来ともなっているが，サンドイッチのように具材を露呈させるのではなく，具材にあたる内層樹脂を表層樹脂で包隠した成形品（**図1**）が多い。サンドイッチ成形の特長として，表層/内層樹脂の組み合わせにより，成形品に多種多様な機能性を付与することができるため，高機能・高付加価値成形の分野では古くから注目されている成形法であり，昨今の市場ニーズには以下の動向が見受けられる。

①　製品コストダウン…内層樹脂に安価材やリサイクル材を使用（外層樹脂は従来材のまま）
②　製品軽量化　　　　…内層樹脂の低比重化（発泡成形との併用）
③　内部機能化　　　　…内層樹脂に機能性樹脂（断熱性・遮音性・導電性・バリア性・強度など）を使用

市場ニーズに幅広く対応するためのサンドイッチ成形の課題として，表層/内層樹脂の充填バランスコントロールおよび内層樹脂の高充填化が挙げられる。本稿では表層/内層樹脂の充填切り替えを射出成形機のノズル部で行う従来の「ノズル合流方式」の説明とともに，課題を追求し開発した当社（UBEマシナリー㈱）の「Direct-Sandwich（ダイレクトサンドイッチ）成形法」について紹介する。

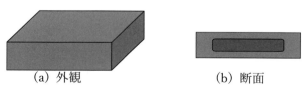

(a) 外観　　　　　(b) 断面
図1　サンドイッチ成形品

第1章 射出成形技術の進展

2 合流ノズル方式(従来方式)によるサンドイッチ成形法とDirect-Sandwich成形法の特徴

2.1 合流ノズル方式によるサンドイッチ成形法

2.1.1 成形設備および成形工程

成形機は，型締ユニット1台に対し射出ユニット2台を連結した構成であり，2種の樹脂材料により表層／内層を形成するためのサンドイッチ樹脂流動を促す合流部を用いたサンドイッチ成形法である。成形工程を以下に示す(**図2**)。

① A射出にて表層樹脂を金型キャビティ内に充填
② A射出を継続したまま，B射出にて内層樹脂の充填を開始
（合流部により，ノズル出口でサンドイッチ樹脂流動を形成）
③ 充填完了手前でB射出を停止し，A射出にて表層樹脂を充填し，内層樹脂を覆って封をする
（合流ノズル部を表層樹脂に置換）

2.1.2 技術課題

サンドイッチ成形において，樹脂充填部(ゲート)で内層材が表面に露呈しないよう，充填工程は表層材→内層材→表層材の順となる。充填工程最後の内層材から表層材への切り替え効率がサンドイッチ成形に要求される内層材の充填率を左右することとなるが，合流ノズル方式のサンドイッチ成形法は，ゲートに至る流路が複雑となることから，内層材→表層材の切り替え効率が悪く，内層材充填率が伸び悩む傾向にあり，内層充填率は一般的に20％程度，最大でも40％程度にとどまる。

2.2 Direct-Sandwich成形法

● 成形設備および成形工程

Direct-Sandwich成形法の特長を以下に示す。

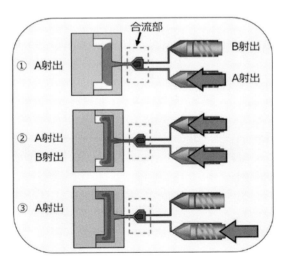

図2　合流ノズル方式によるサンドイッチ成形

・射出ユニット
　汎用機をベースに図3に示す2台の射出ユニットを配置
・型締ユニット
　汎用型締機構にUBE超精密型開閉制御技術「DIEPREST」を搭載

　上記設備によって，合流ノズル方式で課題となる複雑な流路構造や成形機の汎用性を損なう構造を必要としないため，汎用成形との兼用機として高い汎用性とパフォーマンスを発揮することが可能となる。また，表層樹脂と内層樹脂がそれぞれ独自の流路で金型内にアプローチするため，V/Gや多点ゲートなどゲートの自由度を向上させた成形が可能である。

Direct-Sandwich成形法の成形工程（例）を図4に示す。

① A射出にて表層樹脂を金型キャビティ内にショートショット充填する。
② A射出を止め，B射出にて内層樹脂を表層樹脂内部に充填していく。
　　内層樹脂の射出樹脂圧を利用して，表層樹脂のスキン層を貫通させて表層樹脂の内部の樹脂の未固化部位に直接的に内層樹脂を充填させていく。フル充填させることで表層樹脂を金型に密着させて表面のみ薄いスキン層に囲まれた状態を得る。
③ DIEPREST制御で金型キャビティを寸開することで内層樹脂流路を拡張させる。
④ B射出にて，さらに内層樹脂を充填する。この工程により充填された内層樹脂はスキン層により保護され樹脂反転不良を完全に防止できる。また同時に金型拡張により表層樹脂内部の樹脂圧は低下し，内層樹脂のサンドイッチ樹脂流動を容易化させるため，均一な充填が可能となる。
⑤ DIEPREST制御で型締プレス動作を行い，内層樹脂をより末端へ流動させる。

図3　射出ユニット配置例

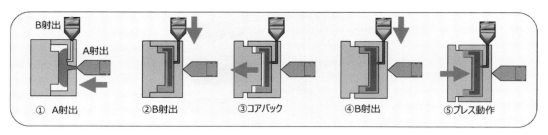

図4　Direct-Sandwich成形

3 成形事例

3.1 合流ノズル方式によるサンドイッチ成形法と Direct-Sandwich 成形法の比較

　表層樹脂に半透明 PP，内層樹脂に黒色 PP を用い，合流ノズル方式（従来方式）によるサンドイッチ成形法と Direct-Sandwich 成形法での試作疑似便座カバーの製品における内層充填率比較を行った。合流ノズル方式（従来方式）のサンドイッチ成形法は，初期板厚（金型クリアランス）2.0 mm，2.5 mm，3.0 mm の 3 水準，Direct-Sandwich 成形法は，2.0 mm（コアバック前板厚）→ 2.5 mm（最終製品板厚），2.0 mm → 3.0 mm の 2 水準を実施した。各水準の便座カバーの製品の表裏写真を図 5 に，内層樹脂充填率を図 6 に示す。

　合流ノズル方式のサンドイッチ成形法では，黒色 PP の充填状態から，内層樹脂が流動末端近傍まで充填されていることが確認でき，40％台の内層充填率となっている。また，板厚が厚くなるほど内層充填率は微増する傾向がみられるが，板厚（金型クリアランス）を拡張しても流動末端両脇部（図 5 中 ○ で示す箇所）には充填されておらず形状起因の流動挙動が見受けられる。

　Direct-Sandwich 成形法では，黒色 PP の充填状態から，内層樹脂が流動末端近傍まで，かつ流動末端両脇部位まで充填されていることが確認でき，最終板厚 3.0 mm では 60％以上の内層充填率を達成している。また，2.0 mm から板厚が厚くなると顕著に内層充填率が向上しており，合流ノズル方式によるサンドイッチ成形法と Direct-Sandwich 成形法の同板厚で比較すると，Direct-Sandwich 成形法が内層充填率向上に大きく寄与していることが確認できる。コアバックにより拡張された部分には空間が形成されることで，形状起因で充填できていない部分にも再び樹脂が流動するため，製品全体の内層樹脂均一性向上にも寄与している。

成形法	Direct-Sandwich成形法		合流ノズル方式		
板厚	2mm ⇒ 2.5mm	2mm ⇒ 3.0mm	2.0mm	2.5mm	3.0mm
内層充填率	54.4%	61.3%	43.9%	45.8%	46.4%
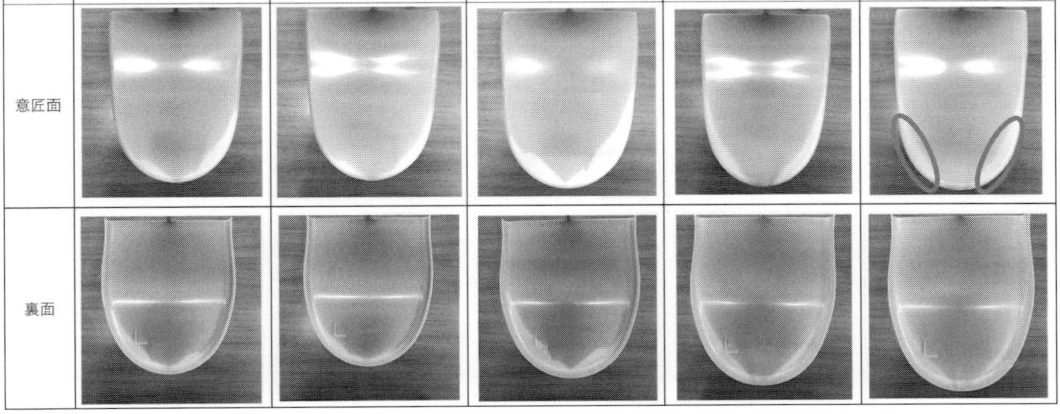 意匠面					
裏面					

図 5　各サンドイッチ成形法による製品外観

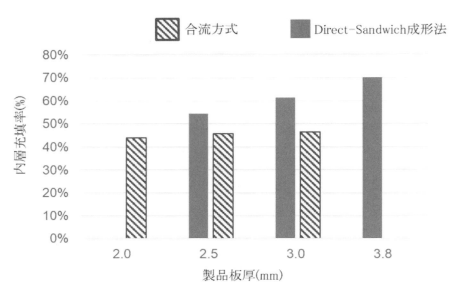

図6　各サンドイッチ成形法における内層充填率

3.2　Direct-Sandwich 成形法による成形事例

Direct-Sandwich 成形法にて成形した下記の試作品3例を紹介する。

① ミニドアトリム A（図7）
  表層：半透明 PP
  内層：黒色 PP　内層充填率 20%
  概要：多点ゲート（表層1点，内層2点）による部分的なサンドイッチ成形品

② ミニボンネット（図8）
  表層：透明 PP
  内層：木粉 51% + PP49%
    内層充填率 56%
  概要：ホットランナー・バルブゲートを使用せずに内層均一・高充填

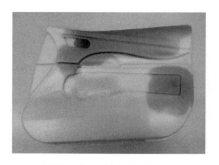
図7　ミニドアトリム A

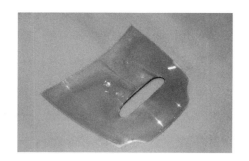
図8　ミニボンネット

図9　ミニドアトリムB

③　ミニドアトリムB(図9)
　　表層：PP＋化学発泡剤
　　内層：TPO＋化学発泡剤
　　　　　内層充填率50％
　　概要：内層をエラストマーの発泡によりスクラッチ性とソフト感の両立

4 外観への影響

　リサイクル材は，単体で成形するとシルバーなどの外観不良や異物の製品表面への浮き出しにより外観を必要とする部品には適用できない代表例である。そこで，外観材として使用できない以下2材料のリサイクル材をDirect-Sandwich成形の内層材として使用した製品の外観評価を行った。
《内層材》
(1)バンパーリサイクル材
　　工場内不良品，市場品を回収 → 粉砕 → 溶融 → 塗膜片フィルター除去 → ペレット
(2)発泡成形品粉砕材
　　発泡成形不良品 → 粉砕

　上記2材料を単体で成形した際の外観状態およびDirect-Sandwich成形にて内層に充填した製品を図10に示す。
　バンパーリサイクル材は，単体成形で発生しているシルバーおよび微小に残った塗膜片はDirect-Sandwich成形品の表層からは確認できず，発泡成形粉砕材も単体で大量に発生していたスワールマークが包隠されていることからも，サンドイッチ成形はこれらの材料を使用する場合の外観対策として有効である。

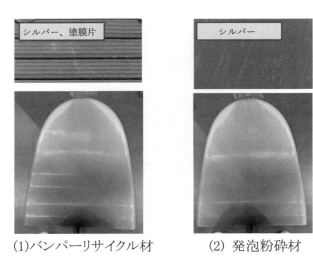

(1)バンパーリサイクル材　　(2)発泡粉砕材
図10　単体成形外観とサンドイッチ成形の外観

5 おわりに

　カーボンニュートラルを達成するためにプラスチックのリサイクル材活用は重要なテーマとなっており，サンドイッチ成形は有効な成形法である。Direct-Sandwich 成形により，従来法に比べ簡易かつ高い要求にも対応できるため，普及に向けて取り組む所存である。

第1章 射出成形技術の進展

第7節 型内接着・接合技術

第1項 NMT（Nano Molding Technology）による 金属と樹脂の接合について

大成プラス株式会社 山口 嘉寛

1 はじめに

1.1 接合技術のニーズ

近年の自動車分野においては軽量化による CO_2 排出量の削減，持続可能な社会の実現のためマルチマテリアル化が進んでいる。本稿では異種材料の接合技術の中から，金属と樹脂の異材質接合技術を紹介する。

近年，実際の生活の中でも連続した猛暑日や豪雨による災害を目の当たりにすると，地球の環境変化は遠い未来の話ではなく，差し迫った問題であると強く感じられ，異常気象を巻き起こす地球温暖化の原因の1つである二酸化炭素（CO_2）をはじめとする温室効果ガスの削減へのニーズは日に日に高まっているといえる。

2022年度における日本の CO_2 排出量は10億3,700万トンであり，その中でも運輸部門が国内の CO_2 排出量の18.5％（1億9,180万トン）を占めている[1]。そのうち自動車業界の占める割合は85.8％と最大となっており，CO_2 排出量を抑える EV，HV 化の流れが急速に進んでいる。しかしながら，EV の普及率はまだまだ低く，充電設備などのインフラの問題もあるが航行距離が短いことが原因の1つである。航行距離を延ばすためには，車重を抑えるための工夫が必要であり，異種材料の接合技術を用いた材料・部材のマルチマテリアル化は，強度と軽量化を満たすことのできる技術であると考える。

異種材接合はさまざまな産業分野で利用され，異種材料の複合化により，新しい付加価値を創造することで，多くの産業の発展に寄与してきた。昨今，脱炭素社会に向けて，高機能素材や低炭素・省エネルギー製品の開発に加え，より CO_2 排出量の削減が求められている EV，HV 化の流れが急速に進んでいる。車重は EV の燃費，すなわち走行距離に大きく影響を与える要素であるため，より軽量な部品を開発する必要がある。異種材料を組み合わせるマルチマテリアル化は軽量化を実現する重要な技術と認識され，その1つの分野である金属と樹脂を接合する技術として NMT（ナノモールディングテクノロジー：Nano Molding Technology）は低炭素社会の実現に向け，社会貢献できる技術と考える。

1.2 接合技術への挑戦

NMT は当社（大成プラス㈱）が発明した金属と樹脂を射出成形で接合する技術の名称である。当社は1982年にプラスチック成型メーカーとして創業，一般的な単色の成形品や2色成形，金

属や異種材料のインサート成形など幅広い製品を取り扱ってきた。2色成形では硬質樹脂と軟質のエラストマーを使用し，質感の向上や異なる材料の融着性を利用した防水性能など，機能性を付与した製品にも取り組んでいる。2色成形は水回りの防水パネルや防水防塵が必要な製品として身近な生活に役立つ技術である。このような背景の中で樹脂同士ではなく，2色成形やインサート成形の知見を活かした新しい接合技術，金属と樹脂との直接接合技術の開発に取り組み始めた。金属の表面処理や成形技術を駆使し2001年に最初の特許「アルミニウム合金と樹脂の複合体とその製造方法」を出願することができた。この技術を，金属にナノレベルの凹凸を形成する表面処理とインサート成形による射出接合技術を合わせNMTと名付けた。現在では銅合金，ステンレス，チタン合金などさまざまな金属と，PBTにはじまりPPSやPA系のエンジニアリングプラスチックに分類される樹脂を接合することを実現している。

2　NMTの概要

NMTは当社が開発し製品展開している金属と樹脂を直接強固に接合する技術である。この技術の概要は，金属を特殊な薬液に浸漬することで金属表面にナノメートルサイズの凹凸を形成する工程と，凹凸を形成した金属を射出成型機にインサートし溶融した樹脂を凹凸に流し込み，固化，接合させる射出成形工程からなる技術である。

2.1　NMT液処理工程

代表的な金属としてアルミニウム合金を例にとり，処理工程を説明する（**図1**）[2]。

まず，酸や塩基性水溶液にアルミニウムを浸漬し，表面の油分や汚れを除去した後，T液と呼ぶ水溶液に浸漬させ，表面に10～150 nm周期の微細凹凸を形成し水洗，乾燥を行う。一般的に薬液を使用した表面処理は廃液の問題などがあるため，環境負荷の高いイメージが付いている。しかし，NMTの液処理工程は安全面や環境に配慮し，比較的に低条件で運用することを心掛けている。薬液の濃度を低く設定し，単純化することで廃液の処理に対する負荷を軽減することができ，建浴する際の作業者の安全性も担保できる。さらに，温度条件では高温になりすぎず，また低すぎて冷却設備が必要となるような温度域にならないような領域で工程設計を行っている。このように，NMTの液処理工程は安全性や自然環境に対する影響，エネルギー問題を考慮し，可能な限り濃度や温度条件を低く設定し運用している。環境やエネルギーに配慮した生産工程を

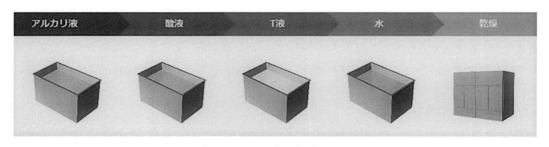

図1　NMT表面処理工程

 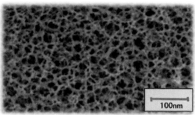

A5052　NMT 処理前　　　　　　　　NMT 処理後

図2　NMT 処理前後の SEM 画像

設計することは，次世代に対する取り組みとして CO_2 削減の観点からも重要な意識として考えている。

次に，アルミニウムの処理前，処理後の SEM 画像を(**図2**)に示す。

薬液処理後の表面に見える黒い部分が超微細孔で，薬品処理で金属表面に微細孔が形成されたことがわかる。

2.2　射出成形による接合工程

射出成形とは，熱可塑性樹脂を加熱溶融させ，金型の中に射出注入し，冷却固化させることでプラスチック成形品を得る工法である。この金型に NMT 処理した金属をインサートし，溶融した樹脂を射出し，微細孔の中に樹脂を流し込み冷却固化させることで，金属と樹脂を強固に接合させることができる。NMT で使用するのは汎用的な成形機であり，金型も一般的な樹脂成型の金型であることから，導入に際し比較的に障害の少ない技術といえる。

3　接合機能の発現

3.1　NMT 接合界面観察

NMT 処理されたアルミニウムとポリフェニレンサルファイド樹脂(以下，PPS)の接合界面断面を走査型透過顕微鏡(STEM)にて観察した画像を(**図3**)に示す。NMT 処理で形成された微細

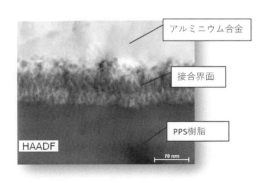

図3　STEM 画像

— 191 —

孔にPPS樹脂が充填されていることがわかる。また，エネルギー分散型X線分光分析器（EDX）による元素マッピングを併用するとPPS由来のS（硫黄）成分が観察され微細孔への侵入を観察することが可能である。また，図4に射出成形後の3D解析断面画像を示す。NMT処理によって形成されたナノオーダーの凹凸は，金属表面の非常に浅い範囲の中に複雑な孔が幾層にもできている。そのため，孔に入り込んだ樹脂の引っ掛かりが強くなり，強固な接合力が得られている。

3.2　NMT接合強度（せん断試験）

各種金属とPPS樹脂の接合物の，せん断試験結果を示す（**表1**）。

試験はISO19095TYPE-Bに準ずる規格で行っている（**図5**）。

各種金属とPPSのせん断強度は40～43 MPaである。破壊した接合界面の状態は界面からの剥離ではなく，樹脂の凝集破壊となっており非常に強固に接合しているといえる。

3.3　NMT接合強度（気密性）

次にスニッファー法を用いたヘリウムリークテストの試験結果を示す（**表2**）。形状はISO19095TYPE-D ANNEXに準じた形状である（**図6**）。樹脂はPPS，金属は純アルミ系A1050と

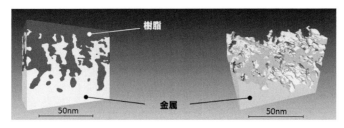

3次元的に形成された孔の中に樹脂が充填されている

図4　NMT処理後の3D断面形状

表1　各種金属とせん断強度

Material	Grade	せん断強度(MPa)	Material	Grade	せん断強度(MPa)
Al	A1050	43	Cu	C1100	42
	A2027	42	Mg	AZ31B	43
	A5052	43		AZ91D	41
	A6061	40	SUS	SUS304	40
	A7075	42		SUS316	40

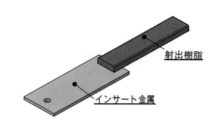

図5　せん断試験形状（ISO19095TYPE-B）

表2 ヘリウムリーク試験結果

□標準状態

金属	樹脂	BG（Pa·m³/s）	漏洩量（Pa·m³/s）
A1050	PPS	7.0×10^{-8}	7.2×10^{-8}
C1100	PPS	1.6×10^{-8}	5.4×10^{-8}

◆ヒートサイクル試験条件
150℃⇔-50℃　500サイクル

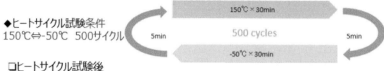

□ヒートサイクル試験後

金属	樹脂	BG（Pa·m³/s）	漏洩量（Pa·m³/s）
A1050	PPS	4.3×10^{-8}	4.5×10^{-8}
C1100	PPS	1.3×10^{-8}	2.6×10^{-7}

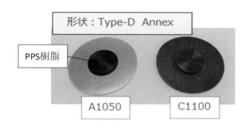

図6　気密試験形状（ISO19095TYPE-D ANNEX）

純銅系C1100を採用した。最大700 kPaの圧力をかけてヘリウムの漏れを測定したが，漏れは検出されなかった。判断方法としてはBG（バックグラウンド：試験室内の空気）の測定値を基準とし，試験片付近のヘリウム量を測定することで，変化量を確認する方法である。さらに，金属と樹脂の線膨張係数の差を考慮し，環境試験としてヒートサイクル試験（＋150℃ ↔ －50℃　500サイクル）を行った後に，再度試験を行ったが漏れは検出されなかった。環境試験後も漏れが発生しなかったことから，リークパスの発生もなく接合が維持されていると考えられる。

このような，比較的温度条件の厳しい環境下で気密性を確保することは金属と樹脂の線膨張係数の違いから難しい技術と考えられる。一般的には封止材をポッティングし隙間を埋めることで気密性を担保しているが，高温下で機能する封止材は非常に高価な場合が多い。ＮＭＴは直接接合することで，気密性を担保する二次材料を使用することなく，ポッティング工程も削減することができる。資材や工程の削減は，生産に対するエネルギーの削減，CO_2の排出量削減にも貢献できる環境負荷の低い生産プロセスを構築できると考えている。

3.4　屋外暴露試験

接合物の信頼性試験の一環として，屋外暴露試験の機会を得た。ISO19095せん断試験片を用いて宮古島の試験場（（一財）日本ウエザリングテストセンター宮古島暴露試験場）にて8ヵ月間の試験を実施した。試験機を使った加速試験ではなく，実際の自然環境に放置する試験は，昼夜の

プラスチック射出成形技術大系

塩ビ製のパンチングボードに取り付け

※口絵参照

図7　試験片の設置形態

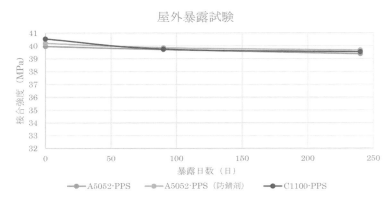

※口絵参照

図8　屋外暴露後の強度試験結果

温度や湿度の変化，紫外線の影響，台風による暴風雨など，複合的な環境に晒されるため，より過酷な試験といえる。実際の自然環境下における試験なので評価としては最適であるが，それなりの年月がかかるため，試験機による加速試験と併用することが望ましい。図7は設置の形態である。雨水が溜まらないように塩ビ製のパンチングボードに試験片を取り付け，日光や温湿度の影響を受けやすいように囲いなどはせず，そのままの状態で晒している。図8に屋外暴露後のせん断試験結果を示す。アルミ合金A5052 / PPS，C1100 / PPSの組み合わせでは，ほぼ強度の低下はない。PPSの対候性を懸念し塗装サンプルも並行して試験を行ったが，強度に影響は出なかった。PPSは基本的に紫外線に弱い樹脂といわれるが，8ヵ月間の暴露でも強度に影響が見られなかったことは実用に向けては良い結果といえる。また，図9に破断面の画像を示す。金属側は錆びの発生があり変色しているものもある。特に銅合金C1100の変色は大きいが，接合部までは影響していない。これは樹脂との接合によって，金属表面が保護された状態になり接合部分まで錆が進行しなかったことから，強度の低下がなかったと考えられる。

— 194 —

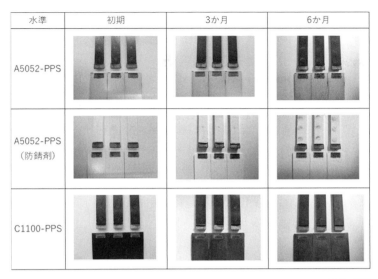

図9 試験後の破断面の状態

4 NMTのさらなる可能性

4.1 熱硬化性樹脂との接合

ここまでは，熱硬化性樹脂との射出接合について言及してきたが，新たな可能性として熱硬化性樹脂との接合についても述べておきたい。熱硬化性樹脂は熱可塑性樹脂と比べて耐熱性や耐薬品性，絶縁性に優れたものが多い。熱硬化性樹脂は脱炭素社会に向けてEV化が進む中で，高電圧・高電流が流れるバッテリーカバーや高い強度を必要とする構造部品などに使用されている。EVの普及に伴い，熱硬化性樹脂の需要は拡大していくと予想され，金属との接合が実現すれば，さらなる軽量化や品質向上などの多くのメリットをもたらすと考えられる。

4.2 熱硬化性樹脂との接合強度

熱硬化性樹脂との接合データを**表3**に示す。金属はアルミニウム合金A5052，樹脂はphenol（フェノール）樹脂を使用し，トランスファー成形で接合試験を行った。形状は**図10**に示すとおり，ISO19095 TYPE-Bに準じている。基本的な接合力は確認することができた。今後は環境試験後のデータを得ることで，接合の信頼性の確認，気密性試験などのデータを取得し使用用途を広げることを目標としている。

表3 A5052とphenol樹脂の接合データ

(単位：MPa)

金属	樹脂	試験No.					ave.
		No.1	No,2	No.3	No.4	No.5	
A5052	phenol	23.5	21.3	22.6	21.3	24.9	22.7

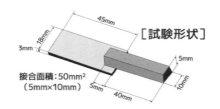

図10　熱硬化性樹脂のせん断試験形状

5　おわりに

　NMTは，金属表面に薬液処理を行いナノレベルの凹凸を形成し，射出成型を用いてインサート成形をすることで，金属と樹脂を強固に接合する技術である。2050年カーボンニュートラルの実現に向けて，生活や社会インフラとしての移動体である一般的な自動車やバスなどの公共交通機関，航空機の軽量化によるCO_2削減効果，自動運転の実現に向けて必要なセンサーや端子などの気密性と接合力が必要な分野にも貢献できる技術であると考えている。

文　献

1) 国土交通省HP
　　https://www.mlit.go.jp/sogoseisaku/environment/

2) 大成プラス株式会社HP
　　https://taiseiplas.jp/nmt/

第1章　射出成形技術の進展

第7節　型内接着・接合技術

第2項　レーザー処理によるガラス繊維複合材料の樹脂異種材接合技術 AKI-Lock® とその応用事例

ポリプラスチックス株式会社　栁澤　佑

1 AKI-Lock® の概要

　AKI-Lock® は，ガラス繊維強化プラスチックの成形品に含有されているガラス繊維（GF）を物理的なアンカーとして利用した接合技術である。従来からある接合技術の溶着や接着と異なり，接合性を向上させた特殊グレードの使用や長い硬化時間が必要などの課題を解決し，これまで接合の難しかったさまざまな異種材の組み合わせにおいて，強固かつ気密性に優れた接合が可能である。

　図1に，本技術の基本的な接合プロセスについて示す。本稿では例として二重成形の場合を取り上げるが，たとえば溶着や接着の前処理に利用し，接合強度や気密性を向上させることも可能である。

　最初に，ガラス繊維強化プラスチックを1次材として用いた成形品を準備し，その成形品の接合させたい部分にレーザー処理を施す。その際，レーザー条件を工夫することにより，ガラス繊維を残したまま樹脂分のみを除去でき，レーザーが通過した部分にガラス繊維が露出した状態の溝を形成することができる。AKI-Lock® 処理を施した成形品表面を観察すると，1次材の樹脂分が除去された溝には多数のガラス繊維が残存し，レーザーが照射されていない四角形に残された

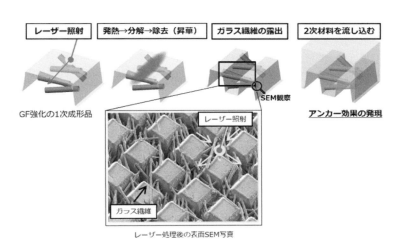

図1　AKI-Lock® の接合プロセス

樹脂部に橋渡し状にガラス繊維が存在している様子が観察される（図1 SEM 写真）。この処理を施した成形品を1次成形品とし，2次材を成形（インサート成形）する際に2次材が溝に流れ込み，ガラス繊維が物理的なアンカーとなって強固な接合を発現する。これが異種樹脂でも接合が可能なメカニズムであり，成形条件は使用材料の標準条件を選定すればよく，従来の二重成形のように1次材と2次材が溶融混合する必要はない。したがって，2次材の選定における制約，たとえば成形時に1次材表面を溶融させられる材料を選定する，などがないことが大きな特徴である。

2 AKI-Lock® を用いた成形接合品の諸特性

2.1 接合強度

AKI-Lock® による二重成形品の形状とその接合強度を表1に示す。

1次材がガラス繊維を含まない非強化材では，レーザー処理を施してもガラス繊維によるアンカー効果がないため接合が難しい。一方，1次材にガラス繊維が添加されていれば，AKI-Lock® 処理を施すことで両材料の相溶性にかかわらず，どちらかの材料が母材破壊するほど高い強度で接合が可能になる。

2次材が熱可塑性エラストマや熱硬化性エラストマ（ゴム）のような軟質材料であっても，非常に強固に接合していることがわかる。

軟質材料との接合部は剥離強度を求められることがあり，そのような場合にも AKI-Lock® は有用である。JISK 6854-1 を参照した 90°剥離試験でのポリブチレンテレフタレート（PBT）と熱可塑性ポリウレタン（TPU）の接合品の剥離強度を図2に示す。前述の引張モードでは接合面全体で荷重を受けるのに対し，剥離は亀裂先端の耐力が強く影響するため，接合力改善の難易度は高くなる。未処理品では手で触れると容易に剥がれる程度の接合力だった両材料が，AKI-Lock® によって約15倍の強度を示した。このように軟質材料との剥離強度が求められる状況にも AKI-Lock® は有効であること，破壊様式は軟質材料の母材破壊だった点は特筆すべきと考えている。

本結果は，ガスケットなど気密目的で後工程にて組付けている製品に対し，AKI-Lock® と射出成形の組み合わせによって，脱落防止や組付け作業の自動化への応用が期待できることを示唆

表1 AKI-Lock® の接合強度評価

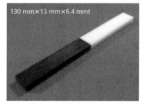

1次材 \ 2次材			DURACON® POM M450-44	DURANEX® PBT GH-25	DURAFIDE® PPS 3300	LAPEROS® LCP 1140A6	熱可塑性エラストマ E130i	熱可塑性エラストマ EEA	熱硬化性エラストマ NBR	熱硬化性エラストマ EPDM	熱硬化性エラストマ Q
DURACON® POM	M450-44	非強化	×	×	×	×	×	×	×	×	×
	GH-25	GF 25%	○	○	○	○	○	○	−	−	−
DURANEX® PBT	3300	GF 30%	○	○	○	○	○	○	○	−	−
DURAFIDE® PPS	1140A6	GF 40%	○	○	○	○	○	○	○	○	○
LAPEROS® LCR	E130i	GF 30%	○	○	○	○	○	○	○	○	○

※表中の省略名称について以下のとおりである。　○：強固な接合　×：接合せず　−：データなし
EEA：エチレンエチルアクリレート，NBR：アクリロニトリル・ブタジエンゴム，EPDM：エチレンプロピレンゴム，Q：シリコーンゴム

1次材の母材破壊　2次材の母材破壊

第1章　射出成形技術の進展

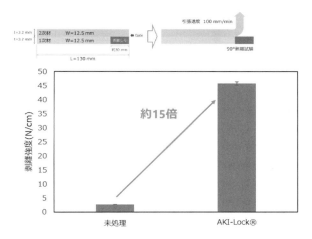

図2　PBT-TPU 接合品の剥離強度評価

している。また，自動車部品などで制振性や耐衝撃性を付与するためにエラストマやゴムなどを利用することも可能と考える。

2.2　気密性

二重成形による AKI-Lock® 成形品の He リーク試験での気密性（表2）の結果と評価品形状（図3）を示す。高い気密性を発現する材料組み合わせが大半で，かつヒートショック（HS）処理をか

表2　AKI-Lock® 気密性評価

初期

1次材 \ 2次材	DURANEX® PBT 3300	DURAFIDE® PPS 1140A6
DURANEX® PBT 3300	○	−
DURAFIDE® PPS 1140A6	○	○
LAPEROS® LCP E130i	○	○

※加圧力：500 kPa　　※○：＜×10^{-7} Pa·m³/s
※△：×10^{-7}～$^{-5}$ Pa·m³/s
※−：エアリーク試験 NG

HS 処理後

1次材 \ 2次材	DURANEX® PBT 3300	DURAFIDE® PPS 1140A6
DURANEX® PBT 3300	○	−
DURAFIDE® PPS 1140A6	○	○
LAPEROS® LCP E130i	△	○

※ HS 条件：−40℃⇔140℃/30 min 100 cycle
※加圧力：500 kPa　　※○：＜×10^{-7} Pa·m³/s
※△：×10^{-7}～$^{-5}$ Pa·m³/s
※−：エアリーク試験 NG

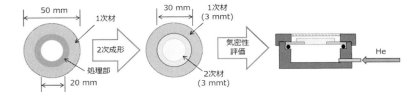

図3　気密評価試験片の形状

− 199 −

けた後も気密性は保持されていた。

　本形状においては，接合材料間の線膨張率の差から，成形収縮時やヒートショック時に接合部を引き剥がすようなひずみが発生すると想定されるが，AKI-Lock®の接合力はその温度変化に伴って発生した荷重よりも高かったと解釈している。以上より成形後だけでなく，耐久処理後も高い気密性を得られた結果は，AKI-Lock®を幅広い分野で利用できることを示唆すると考えられる。ただし，1次材PBTと2次材ポリフェニレンサルファイド（PPS）といった組み合わせでは，成形品を水没させて実施するエアリーク試験時で気泡が確認され，Heリーク試験に至らなかった。2.1の強度試験では相応の強度を発現したものの接合部の出来栄えは他の材料組み合わせよりも劣ることが示唆された。2次材の融点が1次材よりも高いため，AKI-Lock®処理による凸部が融解してしまったことが原因と推定している。また，1次材の液晶性ポリマー（LCP）と2次材PBTの組み合わせでは，成形後は良好な気密性を有していたにもかかわらず耐久処理後に高い気密性を維持できなかった。この点は上述の線膨張差がAKI-Lock®の接合力を上回ったことが原因と推測される。

　成形後の気密性のみの紹介となるが，2.1と同じPBT-EEA接合品の事例を紹介する（表3）。これより，軟質材料との組み合わせでも良好な気密性を達成できることがわかった。

　気密性の発現理由としては大きく2つの要因があると推定している。1つは2次材を成形するときに，1次材に形成された凸部を変形させる"カシメ効果"，もう1つは2次材の固化収縮時に"カシメ効果"と逆方向に働く"圧着効果"である。

　気密性の発現メカニズムを検討する目的で，接合部の断面観察を行った。1次材のレーザー加工溝に2次材が充填する様子とともに凸部が倒れ込み2次材を溝内に挟み込んだ状態になっている様子が観察できた（図4）。この観察結果は上記仮説を支持する情報と考えており，異種材同士の接合品で気密性を発現した重要な因子と捉えている。また，1次材PBTと2次材PPSの組み合わせでは凸部が溶融してしまい圧着効果が働かなくなることで良好な気密性が発現しなかったと考えている。

表3　PBT-EEA接合品の気密性評価

PBT-EEA接合品	
未処理	接合せず
AKI-Lock®あり	○

※加圧力：300 kPa
※○：～10^{-7} Pa·m³/s

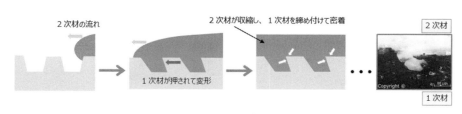

図4　AKI-Lock® 気密性発現メカニズムのイメージ図

"圧着効果"に関しては概念のみであるが，2次材が収縮する際，1次成形品によって拘束されていることにより接合面に発生する力を指し，成形収縮によって発生する応力から応力緩和分を引いた力が"圧着効果"として残留していると予想できる。

3 AKI-Lock® の2次加工への応用事例

これまで，AKI-Lock® の諸特性として成形接合の事例を紹介したが，ここでは溶着や接着の前処理としての AKI-Lock® の有用性を紹介する。また，表面処理としての AKI-Lock® の優位性についても触れる。

3.1 溶着の前処理

溶着における AKI-Lock® 利用のメリットは異種材接合への適用にある。溶着は通常，同材同士の組み合わせに限定されるが，AKI-Lock® のガラス繊維によるアンカー効果を利用すれば，異種材同士の溶着が期待できる。

接合原理は成形接合と同じ，一方の成形品表面に加工したレーザー加工溝へ，他方の成形品を溶融状態にして流し込むことである。レーザー処理で形成した溝を維持したまま，相手側の樹脂を溶融させて処理部に流し込み圧着する必要があるため，振動溶着や超音波溶着，スピン溶着など，接合面が摺動したり加振する溶着方法には不向きである。また，レーザー溶着の場合はレーザー透過部材がレーザーを透過するため，吸収部材の AKI-Lock® 処理が前提となる。しかしレーザー溶着時のレーザーにより，あらかじめ AKI-Lock® 処理により形成した溝形状部が溶融してしまうため，レーザー溶着の場合も AKI-Lock® の適用が難しい。

したがって，AKI-Lock® に適した溶着方法は熱板溶着である。熱板溶着での検討例を図5に示す。ここではガラス繊維強化系 PPS 試験片とポリオキシメチレン（POM）試験片の接合を試みた。熱板温度は，AKI-Lock® 処理した PPS 成形品は溶融させずに POM 成形品のみを溶融できるよう設定し，圧着することで，溶融した POM 樹脂を AKI-Lock® 処理部に流し込ませた。

AKI-Lock® 処理をしない通常の熱板溶着（未処理品）では全く接合しないのに対し，AKI-Lock® 処理品は良好な接合強度を発現した。高速・高圧で AKI-Lock® 処理部へ溶融樹脂を流し込む成形接合だけでなく，このような比較的緩慢な速度で溶融樹脂が流入する2次加工において

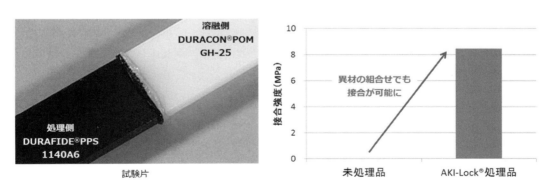

図5 熱板溶着の前処理としての AKI-Lock® の効果

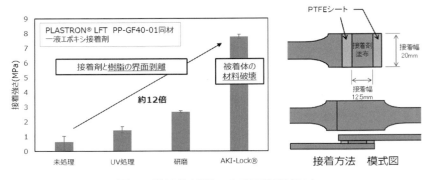

図6　難接着材料への応用事例（PP）

もAKI-Lock®は有効で，異種材接合法の選択肢が増えることは，従来にないソリューション提供へつながると期待している。

3.2　接着の前処理

通常，接着剤による接合においては，樹脂に合わせて最適な接着剤種を選択する必要がある。しかし，接着工程の前処理として被着体にAKI-Lock®処理を行い，接着剤が被着体表面で露出しているガラス繊維と絡み合って強固に接合できれば，接着剤種と被着体との組み合わせが最適でなくても接合が可能であると考えられる。

難接着材料として知られるポリプロピレン（PP）とエポキシ接着剤との接合結果を図6に示す。未処理品と比較してAKI-Lock®処理品は接合強度が大幅に向上し，破壊様式は界面剥離から被着体の母材破壊に変わった。比較のため，一般的に行われる表面改質手法であるUV照射や研磨処理による接合も試みた。両手法とも未処理品に比べ接合強度の改善は確認できたものの，いずれもAKI-Lock®ほどの効果はなく，破壊様式は界面剥離だった。

このように，特に接着が難しい材料において大きな効果が確認されたことは特筆すべき点である。

3.3　表面処理としてのAKI-Lock®の優位性

AKI-Lock®は物理的なアンカーでの接合であり，レーザー加工溝が欠損しない限り，レーザー処理後の使用期限は存在せず，量産を意識する上でも管理がしやすい前処理に分類されると考える。

一般に選択される前処理法には，UV処理，コロナ放電処理，プラズマ処理，プライマー処理が挙げられる。しかし，これらの処理の多くは失活が起きるため，効果が得られる使用期限が存在する。図7にUV処理およびコロナ処理したPOM成形品表面の濡れ性を水の接触角で評価した結果を示した。処理直後は水の接触角が大きく低下するものの，時間が経過するにつれて接触角が増加（失活）し，24時間後には効果が明らかに低減していることがわかる。またプライマーにおいても，数十分〜数時間の乾燥時間が一般的である。

このように，前処理法としてのAKI-Lock®は接着力改善だけでなく，表面処理効果の持続性の観点でも他手法と一線を画すことが期待される。

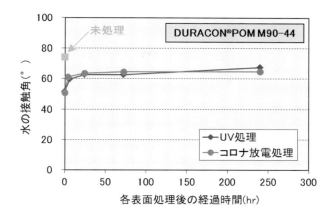

図7　各表面処理における水の接触角の経時変化

4　おわりに

　AKI-Lock® は，1次材のガラス繊維を物理的なアンカーとして接合に利用した画期的な手法である。また，本稿で紹介した"カシメ効果"や"圧着効果"によって，異種材組み合わせであっても高い気密性を発現させることができる。さらには，射出成形だけでなく溶着や接着などの工法にも応用が可能である。

　原則として，1次材がガラス繊維強化材料であることが求められるが，2次材の選定には制約が少なく，エラストマやゴムといった軟質材料を含めた幅広い材料の組み合わせで接合が可能となる。

　これまで異種材の溶着や二重成形で良好な接合を発現できる材料組み合わせは極めて限定的であった。また，難接着材料を接着工程のある製品で用いることは避けられていた。しかし，AKI-Lock® によって材料組み合わせの選択肢が大幅に広げられることが示唆され，従来は達成できなかった製品開発の可能性が広がり，新たな価値の創造に貢献できると期待している。

　本技術に興味をお持ちいただいた方は，ぜひ当社※(ポリプラスチックス㈱)にご相談いただきたい。

※　DURACON®，DURANEX®，DURAFIDE®，LAPEROS®，PLASTRON®，AKI-Lock® は，当社が日本その他の国で保有している登録商標である。

第1章　射出成形技術の進展

第7節　型内接着・接合技術

第3項　難接着素材，異種材の高強度・耐候性接着・接合を実現するPT-Bond技術

日本プラズマトリート株式会社　三好　永哲

1　はじめに

　さまざまな製品が私たちの生活に深く関わっている。また大きなニーズの変化が進行しており，多くの産業がそれぞれ根本的な変革を遂げている。その中で，多機能性や大容量，さらに小型化・軽量化といった要求に応えるためには，革新的な材料開発と材料の複雑な組み合わせが不可欠である。同時に，長期的な稼働安定性や製造工程の高効率化も求められており，これらがメーカー各社に新たな課題を投げかけている。

　これらの課題の解決において重要な鍵を握るのが，表面処理技術である。異なる材料を組み合わせた工業製品には接着や接合の信頼性が求められるが，材料の選定で解決しようとすると，対応できる範囲は限られてしまい，求める物性や機能面での妥協が必要となる場合も出てくる。最適な表面処理は，材料の選定条件を機能選びの観点に集約させることを可能にする。

　表面処理技術にはさまざまな方式があるが，本稿では自動化や環境保護，ランニングコストといった面で優位性を持つ大気圧プラズマによる表面処理について述べる。さらに大気圧プラズマを活用した大気圧プラズマCVDによる材料表面の機能化技術の量産実績が増加しているが，その中でもプラスチックやアルミといった難接着素材の接着・接合の耐候性を向上させる「PT-Bond」の技術を紹介したい。

2　プラズマ[1]による表面洗浄および活性化

2.1　プラズマとは[1]

　プラズマは，固体・液体・気体に次ぐ物質の第4の状態と呼ばれる。これは，気体を構成する分子が電離し，陽イオンと電子に分かれて運動している状態である（図1）。

　基材の最表面には，塵埃や有機物などの不純物が存在する。この最表面にプラズマが接触すると，励起されたプラズマ分子やイオンが不純物と化学反応し，二酸化炭素や水蒸気として揮発し，表面が浄化される。これがプラズマの洗浄効果である。

　さらに，洗浄された表面にプラズマが接触すると，表面の機能化が行われる。これは，励起されたプラズマ分子やイオンが，プラスチック材料のポリマー鎖の原子間結合を切断するためである。多くの場合，プラズマの作用は炭素−炭素結合や炭素−水素結合に関与する。切断された結

第1章 射出成形技術の進展

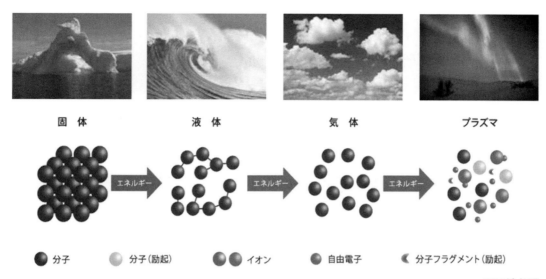

図1 プラズマの定義。気体にエネルギーを加えることにより電離したガス中の分子は，イオン，自由電子，励起した分子が飛び交う中性ガスである※

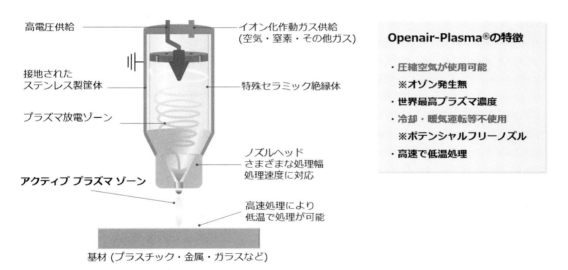

図2 大気圧プラズマ Openair-Plasma® のプラズマ技術とノズル構造

合は，プラズマや空気中の分子と反応し，処理表面に官能基を形成する。これにより，表面の極性とエネルギーが増加し，プラスチック基材表面の濡れ性が向上する。

図2に，大気圧プラズマ Openair-Plasma® のプラズマ生成技術とノズルの断面図を示す。

プラズマは，処理する材料や使用するガスの種類によって，水和物の除去，酸化膜の強化，還

※ 図1～12の写真と画像は，Plasmatreat の提供，図13の写真と画像は Pixta および Plasmatreat の提供である。

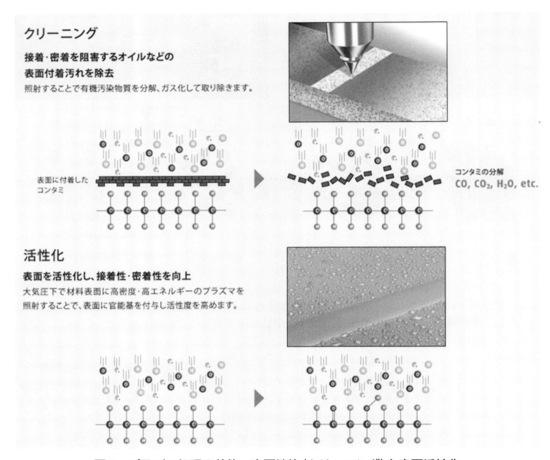

図3　プラズマ処理の効能－表面洗浄（クリーニング）と表面活性化

元など，さまざまな効果をもたらす。そのため，大気圧プラズマはプラスチックに限らず，金属やガラスなどの基材にも同様に洗浄と濡れ性の向上を伴う活性化を行うことができる[2)3)]。

図3には，プラズマ処理の効果である洗浄と活性化の様子を示す。

2.2　大気圧プラズマ技術 Openair-Plasma® の洗浄・活性化および活用事例

大気圧プラズマは，大気圧環境下で放電とガスによりプラズマを生成する技術であり，連続・インライン処理が可能である。この技術は作業環境への適用性や利便性が高く，多くの産業で広く利用されている。

図4には，Openair-Plasma® のさまざまなアプリケーションへの適用例として，自動車での使用例を示す。

特に，大気圧プラズマ Openair-Plasma® 技術は，さまざまな産業で活用されている。ここでは，需要の高まりと大きな変革が求められる半導体や電子機器分野における活用事例をいくつか紹介する。

・防湿・防錆コーティングの前処理：素子がアセンブリされた PCB の防湿・防錆コーティング前処理として使用されている。たとえば，航空機レーダーの基板に対するコーティングの密着

第1章 射出成形技術の進展

図4 Openair-Plasma® が表面処理として活用される車載アプリケーション例

性向上により，耐候性と長期安定性を確保している（図5）。
- **LEDのカプセル化前処理**：カプセル化前の洗浄工程として大気圧プラズマが使用されている。これにより，カプセル化の前処理が効率化されている。
- **半導体のカプセル化前処理**：半導体のカプセル化前処理として，大気圧プラズマがワイヤーの損傷を防ぎつつ使用されている（図6）。これにより，素子上の異なる材料と樹脂の良好な密着性が実現し，エアギャップを回避できる。

図5 PCBの大気圧プラズマ照射例

図6 素子カプセル化前の参考例

・ワイヤボンディングおよびアンダーフィルの前処理：ワイヤボンディングや素子のアンダーフィル前処理としても多くの事例がある。大気圧プラズマによる表面活性化により，基材表面の濡れ性が向上し，迅速で広範な濡れが実現している。特にノーフローアンダーフィルやキャピラリーアンダーフィル工程においては，プラズマによる濡れ性向上と毛細管現象の相乗効果で，その有用性が実証されている。

半導体や電子機器分野で多くの活用が見られる大気圧プラズマ Openair-Plasma® 技術は，他の産業でも同様に，表面の清浄化や活性化を目的とした導入事例が数多くある。

3 新たな表面ソリューション技術

大気圧プラズマ Openair-Plasma® 技術は，洗浄と活性化に加えて，新たな表面ソリューションも提供できる。たとえば，電子機器製品では，基板エポキシ樹脂のブリードアウトや密着性の低下，金属面の再酸化や腐食が問題となる。これらの問題に対するインライン処理のソリューションとして，PlasmaPlus® プラズマナノコーティング技術が適用可能である[4)-12)]。

以下に，PlasmaPlus® プラズマナノコーティング技術の詳細とその事例を紹介する。

3.1 PlasmaPlus® プラズマナノコーティング技術

PlasmaPlus® ナノコーティングは，特殊なノズルヘッドを介して特定の添加剤をプラズマに追加する技術である。プラズマ励起により，プリカーサー（前駆体）の反応性が大幅に向上し，コーティング層の最適な堆積と材料表面への結合が実現する。結果として，湿気の侵入に対する優れた保護を提供する。図7にPlasmaPlus® ナノコーティングの実際の処理として，PCBサンプルに対する例を示す。

主な利点は以下のとおりである。

・領域選択性：プラズマビームは特定の領域を選択的に処理可能。
・環境に優しい：乾式プロセスで廃棄コストがかからず，すぐに次工程に移行可能。
・薄膜コーティング：膜厚は数十〜数百 nm であり，充分な機能を発揮。

図7　PCB サンプルへの PlasmaPlus® 照射の参考例

3.2 難接着素材，異種材接合，高強度・耐候性接着と接合を実現する PT-Bond 技術

プラスチックの接着・接合が機械的接合よりも優位であるためには，以下の条件をクリアする必要がある。

・耐久性の高い接着を実現すること
・厳格な処理条件（DIN2304）の遵守

これらの条件を満たすために活躍するのが PlasmaPlus® ナノコーティングの中でも，接着促進技術の PT-Bond である。PT-Bond 技術を用いることで，PE（ポリエチレン），PP（ポリプロピレン），POM（ポリオキシメチレン）や添加剤含有プラスチックなどの難接着性プラスチックを弾性接着剤で接着できる。

図8は，PT-Bond によるプラスチック接着時の断面を示したものである。機能性プリカーサーを用いたコーティング技術により，基材との間に強固な層が形成される。蒸着膜表面である PT-Bond 層は，プラスチックの外観を保ちながら接着促進剤として機能する。この PT-Bond コーティングは，プラスチックに塗布された接着剤の耐久性を最大限に高め，極度の負荷の下でも接着強度を維持し，破壊パターンは常に凝集破壊を示す。図9に，3種類のプラスチック基材に対する PT-Bond を用いた接着接合の耐久試験比較を示す。

金属の接着・接合においても PT-Bond 技術は効果を発揮する。特に，以下のメリットが重要である。

・溶剤を使用しないドライプロセス
・VOC レス（揮発性有機化合物を含まない）

これにより，コーティングの下処理や後処理が不要となり，インラインプロセス化や自動化が可能となる。加えて，プラスチック同様に PT-Bond コーティングは，塗布された接着剤の耐久性を最大限に高め，負荷環境下でも接着強度を維持し，破壊パターンは常に凝集破壊を示す。図10に金属の一例としてステンレス鋼に PT-Bond を用いた接着・接合の耐久比較試験データを示す。

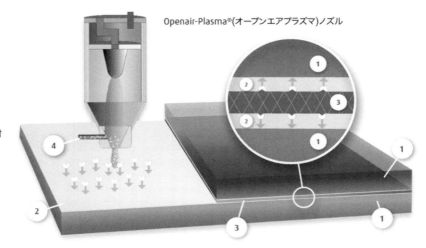

図8　PT-Bond によるプラスチック接着時の断面状況

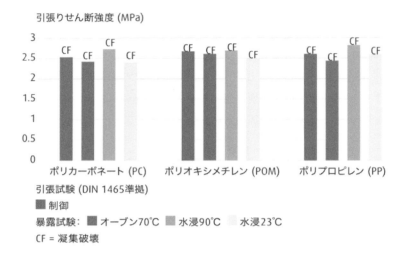

図9　PT-Bond処理によるプラスチック接着接合の耐久試験結果

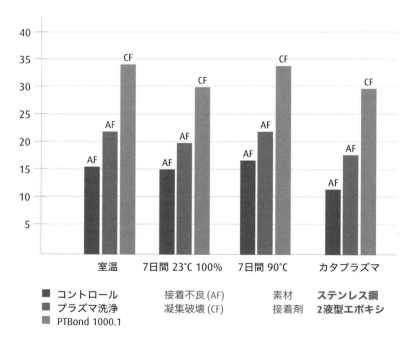

図10　PT-Bond処理によるステンレス鋼の接着・接合の耐久試験結果

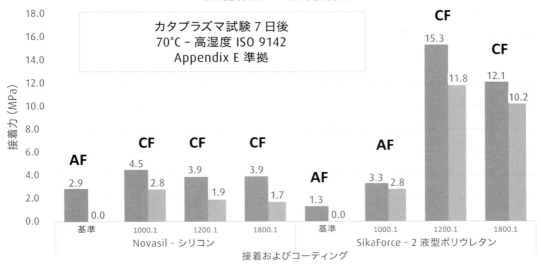

プラズマコーティングされたアルミニウム試料の接着力評価（経時条件下）
図 11　PT-Bond 処理によるアルミニウムと 2 種の接着剤による接着接合の耐久試験結果

また，図 11 にアルミニウム試料に対する 2 種類の接着剤と PT-Bond による接着力評価試験の結果を示す。

3.3　異種材接合を可能とする PT-Bond 技術

PT-Bond 技術は異種材の接着接合においても有用である。接着剤は特定の基材に対して十分な接着力を示すが，異種材間の接着では接着強度が維持できず，界面破壊が発生することが多い。このような問題に対し，PT-Bond 技術は効果的なソリューションを提供する。

現代の多様化した産業ニーズでは，異種材の接着・接合がますます求められている。PT-Bond 技術は，金属と樹脂の異種材間接着にも効果を発揮する。たとえば，金属上に樹脂を直接成形する場合でも，接着剤を使用せずに高い接着強度を実現した事例がある。図 12 には，AKRO-PLASTIC 社製 AKROMID® B3 GF30 プラスチックをさまざまな金属に射出成形し，PT-Bond による異種材接着強度とその他の手法による接着の強度比較データを示す。

PT-Bond は，接着剤を使用する場合と同様に，プラスチックや金属の接着力を向上させる。さらに，接着剤を使用しない場合でも，異種材間で優れた接着強度が得られることが確認されている。

PlasmaPlus® プラズマナノコーティングは，大気圧プラズマによる洗浄と表面改質と同様に，さまざまな基材に適用でき，その事例も多く，用途も多岐にわたる。

接着促進用プリカーサーを用いる PT-Bond 技術の有用性は，多くの実績から証明されている。たとえば，IGBT モジュールなどのパワーモジュールの樹脂封止において，PT-Bond は重要な役割を果たしている。これらのモジュールは大電力化の流れに伴いさらなる高温高湿環境下で

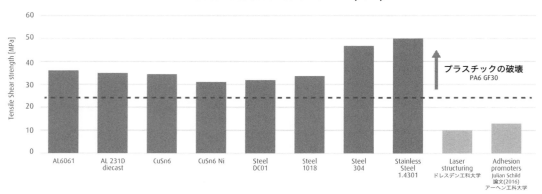

図12　PT-Bond処理による異種材接合（さまざまな金属とAKROMID® B3 GF30プラスチック）の引張剪断強度試験結果

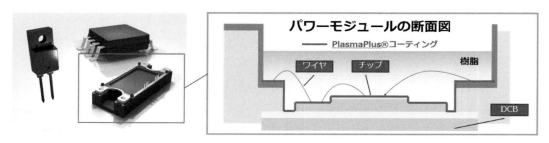

図13　パワーモジュールの例

の動作保証が求められるため，接合部である基材と樹脂，異種材間の密着性の維持が重要となる。

　PT-Bond技術を用いることで，1種類の樹脂でさまざまな基材に対する接着安定性を確保できる。この技術は，基材とコーティングの緻密な接合，およびコーティングと樹脂の密着性を強化する二官能性を有するコーティング表面技術によって実現される（図13）。

　この技術により，従来広く使われていたシランカップリング剤の塗布や乾燥工程が不要になり，廃棄や管理の問題も解決できる。

4　おわりに

　社会のニーズに合った製品と製造方法が常に求められる中，各業界への要求も変化している。特に技術関連の要求の変化は顕著である。

　大気圧プラズマ技術は，プラスチックを含むさまざまな材料の表面処理に新たな可能性を提供する技術であり，多くの業界の要求に応じた効率的で環境に優しいソリューションを提供でき

る。この技術は，再現可能なプロセスフローを実現し，高いシステム信頼性と低い製造公差を保つことが可能である。

さらに，大量生産のための現代のプロセス要件を満たす技術でもある。一貫した品質レベルを維持し，データ支援による自動化を実現することで，効率的な生産をサポートする。これにより，プラスチック製品を含む社会のニーズに応える製品と製造方法を提供することができる。

文 献

1) R. J. Goldston and P. H. Rutherford：Introduction to plasma physics, Taylor & Francis, Chap. 1, New York (1995).

2) 宮田隆志：接着と界面化学，接着ハンドブック第4版(日本接着学会編)，日刊工業新聞社，31-55 (2007).

3) 宮田隆志：接着と界面化学，プロをめざす人のための接着技術教本(日本接着学会編)，日刊工業新聞社，1-22 (2009).

4) C. Tendero, C. Tixier, P. Tristant, J. Desmaison and P. Leprince：*Spectrochimica. Acta Part B*, 61, 2 (2006).

5) F. Förster：*Plasma Processes Polym*, 19, e2100240 (2022).

6) H. Akita, S. Kuroda and T. Kawai：*R&D Tech. Rev.* 28, 2 (2016).

7) O. Carton, D. B. Salem, S. Bhatt, J. Pulpytel and F. Arefi Khonsari：*Plasma Processes Polym*, 9, 984 (2012).

8) S. Ben Said, F. Arefi-Khonsari and J. Pulpytel：*Plasma Processes Polym*, 13, 1025 (2016).

9) U. Lommatzsch and J. Ihde：*Plasma Processes Polym*. 6, 642 (2009).

10) C. Regula, J. Ihde, U. Lommatzch and R. Wilken：*Surf. Coat. Technol.* 2011, 205, S355.

11) M. Noeske, J. Degenhardt, S. Strudthoff and U. Lommatzsch：*Int. J. Adhes. Adhes.*, 24, 171 (2004).

12) D. Ben Salem, D. Pappas and M. Buske：*Plasma Processes Polym*, 20 (5), May 2023;e2200211 (2023).

第1章　射出成形技術の進展
第8節　高剛性・高強度品の成形技術
第1項　高機能なLFT製品を実現する成形技術
―DLFTシステム―

UBEマシナリー株式会社　信田　宗宏

1　はじめに

　近年，世界規模でカーボンニュートラル実現に向けた意識改革，法律による義務化など明確な目標設定，達成期限が制定され始めており，さまざまな業種，製品分野において，カーボンニュートラルに貢献する取り組みの重要性はさらに増加している。プラスチック成形設備メーカである当社（UBEマシナリー㈱）は，自社製品である射出成形機の消費電力低減，高生産性を実現する成形機開発を行う一方，成形ユーザーのカーボンニュートラルへの製品開発に貢献できる成形ソリューションの開発に尽力してきた。本稿で紹介するDLFTシステム（図1）は，カーボンニュートラルを背景に開発が加速しているハイブリッド車（HV），電気自動車（EV）において，課題となる車体重量対策として検討されている繊維強化プラスチックを用いた部品の高機能化，低コスト化に貢献できる技術である。

　当社はこれまで，長繊維強化樹脂（Long Fiber reinforced Thermoplastics：LFT）用にLFTスクリュを上市し，フロントエンドモジュール，バックドアモジュールなどの高い剛性と強度を必要とする自動車部品の樹脂化に貢献してきた。本稿ではLFTスクリュの紹介とともにDLFTシステムの特長について紹介する。

図1　DLFT射出成形機

2 長繊維強化樹脂（LFT）専用スクリュ

図2に示すように，LFT樹脂は，8～12 mmの繊維の束に溶融した熱可塑性樹脂を含浸してコンパウンドした材料であり，繊維補強による製品の強度・剛性の向上を目的に使用される。製品剛性においては製品中の繊維長さが長いほど剛性は高くなるが，樹脂の溶融過程（可塑化工程）でのせん断作用により繊維は切断される。特に大口径スクリュにおいて，せん断作用は樹脂の溶融には欠かせない要素であるため，汎用性の高いスクリュで成形した製品の繊維長は短くなる。一方，繊維切断を抑えることを目的とした低せん断型のスクリュは，繊維切断は低減するが溶融不足に陥りやすく，可塑化不良や繊維束の開繊（繊維をほぐす）・分散不良による強度低下や外観不良のリスクを伴う。

当社では，樹脂の溶融においてせん断作用の依存度が高くなる大型スクリュを中心に，樹脂形状に適した溶融効率となるスクリュ形状とすることで，繊維切断抑制と開繊，分散性を両立させたLFTスクリュを開発し，ラジエターコアサポートなど大型LFT製品の実用化に貢献してきた。

LFTスクリュは，図3に示すように一般成形機のスクリュと載せ替えのみで高機能製品を実現する成形が可能となる。

3 LFTスクリュでの成形事例

図4にLFTスクリュでの自動車部品の樹脂化事例を示す。

自動車は，フロントエンドモジュール，バックドアモジュールなど，モジュール化が進み，そのモジュールの骨格部材にLFT製品が実用化されてきた。フロントエンドキャリアーのラジエターコアサポートや電気自動車のバッテリーカバーは，前述のとおり軽量化だけでなく高い剛性と強度などの高い物性が求められるため，LGF-PP（ガラスファイバを含むポリプロピレン）やLCF-PP（炭素繊維を含むポリプロピレン）といったLFTにより成形されている。しかし，要求さ

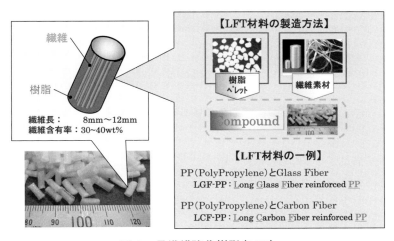

図2　長繊維強化樹脂（LFT）

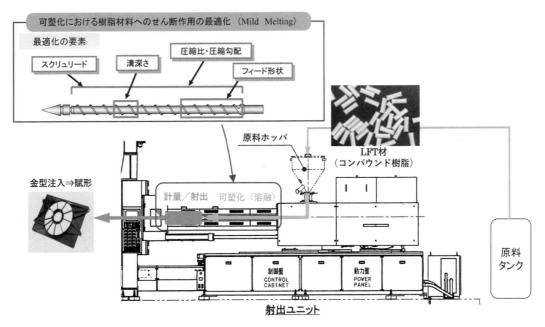

図3　LFTスクリュを搭載した射出成形機　可塑化機構

図4　LFTスクリュでの成形事例

れる成形品物性を満足させるためには長い繊維を残存させることが不可欠であるため，これらの物性を満足できるLFTスクリュが採用されている。

　また，バックドアアウターやバンパー，フェンダーなどの外板は，自動車のデザインを左右する要素を多分に持っており，高品質な外観や賦形の自由度が求められることから，樹脂成形化が進んでいる。またこれらの外板の成形に使用される樹脂は，タルクやエラストマーなどの添加剤

を含有したPPが使用されているため，添加剤を高度に均一分散させた成形が可能な高分散高混練スクリュが用いられる。

バックドアインナーは，軽量化だけでなく高い剛性と強度の必要性から，PP-LGFが使用されるが，塗装レス化を実現するためには，開繊不良による残存ガラス繊維束が外観表面に露出しないような可塑化時の高い分散性を要求される。このためバックドアインナーの成形には，開繊，分散性を重視したタイプのLFTスクリュが採用されている。

4 DLFTシステムによる直接成形

図5に長繊維を使用した種々の製造法による，強度，成形コスト（時間）を示す。

オートクレーブ方式で製造されたCFRPは主に航空機の主翼，尾翼に用いられている。

CFRPは，優れた強度を有するが，成形時間，加工時間が長く，コストが高いため，タクトタイム60秒の自動車製造には現時点では採用されていない。また近年は高速RTMの開発が進んではいるが，コスト低減が十分ではない。

これに対し，ハッチングの範囲で示す熱可塑性樹脂をベースとする長繊維強化樹脂は，絶対強度はCFRPより低いものの，繊維配向制御，リブ追加，複雑形状化などにより部品としての強度向上が容易で，射出成形による加工コストミニマム化が可能である。

当社は，LFT射出成形に焦点を絞り，特に樹脂の使用量が多い大型部品において，生産安定

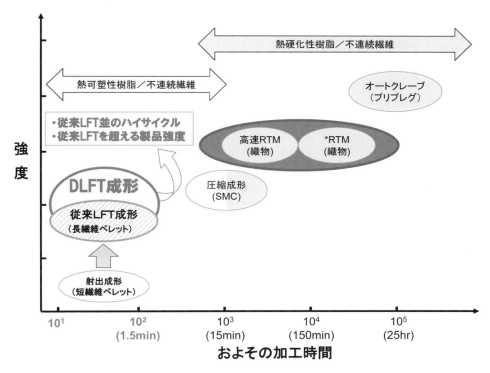

図5　LFT成形の強度・成形コスト比較

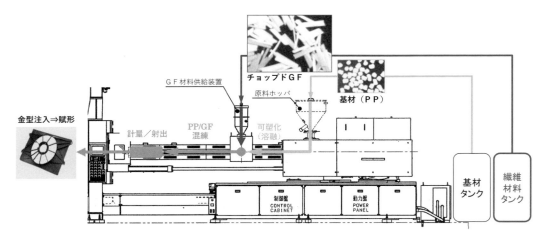

図6 DLFTシステムの構成と原料形態

性(製品品質)・物性面・コスト面から高いパフォーマンスを発揮するLFT成形を実現するために，樹脂/チョップドGFを別々に可塑化装置に供給し，可塑化工程で樹脂/繊維をコンパウンドして成形するDLFTシステム(当社の日本登録商標)を開発した。

図6にDLFTシステムの構成と原料形態を示す。

本システムは，一般の成形機同様インライン方式の可塑化装置を基本構造としており，原料樹脂を可塑化スクリュの根元部に，チョップドGF(カットされたGF)を可塑化スクリュの中央部付近にそれぞれ個別に供給する。

当社独自開発のDLFTシステムの構成は，専用デザインのスクリュおよびGF材料供給装置に加え，本システムのために開発した特殊成形方法を組み合わせることによって，繊維切断を低減かつ優れた開繊・分散性を実現させた。

製品開発や生産におけるDLFTシステムの特長を以下に示す。

● DLFTシステムの特長
　・製品品質の管理が容易
　　　DLFT供給装置によるチョップドGFの供給管理，製品管理による製品の繊維含有率，繊維長の安定性管理が可能
　・多彩な樹脂でのLFT成形
　　　射出成形機の可塑化工程でコンパウンドを行うため，市販品にない樹脂でLFT成形が可能
　・繊維含有率の自由設定
　　　DLFT供給装置によるチョップドGFの供給量調整により，任意の繊維含有率でのLFT成形が可能(繊維含有率に合わせたグレード樹脂のストック不要)
　・サーキュラーエコノミーへの貢献・材料コスト低減(図7)
　　　LFTコンパウンド工程を必要としないため，コンパウンド工程でのエネルギーを削減す

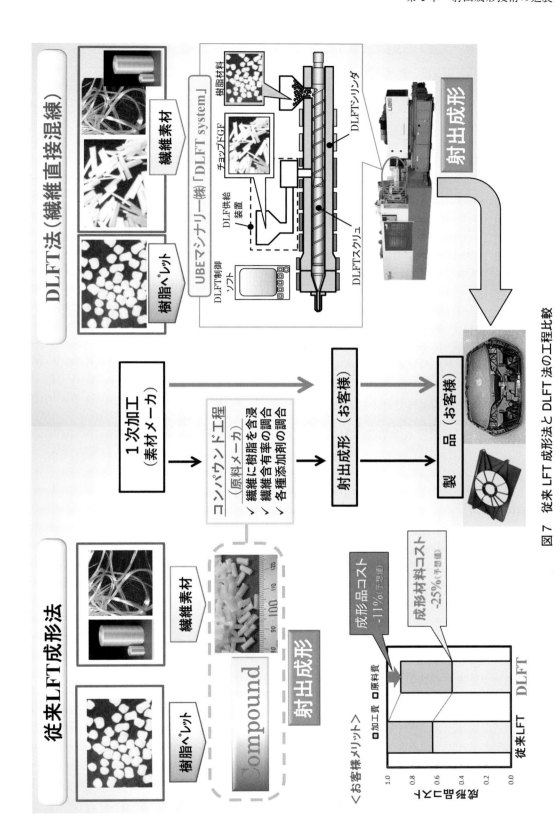

図7 従来LFT成形法とDLFT法の工程比較

表1　DLFTシステムと二軸押出プリプラ方式との比較

機構・構造	DLFT system	二軸押出プリプラ方式
可塑化・射出方式	インラインスクリュ（一軸）	二軸押出機＋射出プランジャー
構造	シンプル	大規模・特殊構造
GF形態	チョップド	ロービング

◎：優良　○：良い　△：劣る

成形システム	成形機の性能、使いやすさ					
	設置面積	操作性	成形安定性（繰返し性）	省エネ性	機動性（停止／再起動）	メンテナンス性
DLFT system	○（小さい）	○	◎	◎	◎	○
二軸押出プリプラ方式	△（大きい）	△	△	△	△	△

るとともに，材料費に組み込まれているコンパウンド工程分の費用を削減
・操作容易性
　一般の射出成形条件に対する追加設定項目が少なく操作の特殊性は低い

　当社DLFT以外に繊維を直接成形するLFT法として，海外ではガラスロービングを二軸押出成形機に直接引き込み溶融した熱可塑性樹脂と混練する，プリプラ方式のLFT射出成形機がある。

　表1に二軸押出プリプラ方式のLFT射出成形機とDLFTシステムの比較を示す。

　二軸押出プリプラ方式は，繊維材料として連続繊維であるロービングを使用することを特徴としており，製品に長い繊維が存在することもあるが繊維の取込方法や混練方法から考えると製品ごとに安定した繊維長さを制御することは困難となる。また可塑化・射出装置が一体となっている従来の成形機に対し，可塑化装置と射出装置が別体で構成されているため，操作性やメンテナンス性においては習熟した成形機・操作技能が必要と考える。

5　おわりに

　LFT成形は，可塑化装置のあり方によって製品のパフォーマンスが左右される樹脂成形法の1つであり，当社は過去に成形ユーザーのLFT製品開発に応えるべく，樹脂に適したスクリュ開発，成形ソリューション開発に注力してきた。本稿で紹介したDLFTシステムにおいては，昨今のカーボンニュートラルを背景とした製品の軽量化・高機能化ニーズに応える技術として多くの成形ユーザーに評価頂けるよう，さらなる開発・改良に取り組んでいく。

第1章 射出成形技術の進展

第8節 高剛性・高強度品の成形技術

第2項 長繊維強化品の射出成形—IMC成形—

株式会社GSIクレオス 上村 泰二郎

1 はじめに

IMC（In-Mold Compounder）工法は1998年に初めて市場に登場した成形技術である。その目的は'90年代初めから自動車用途に急激に採用が進んだガラス繊維や樹脂改質目的で添加材を充填配合したコンパウンドによる射出成形部品のコストダウンにあった。IMC成形技術を開発した独Krauss Maffei Technologies社は世界的に見てもプラスチックの主要成形技術の押出成形，射出成形，反応型樹脂注入を一つ屋根の下に持つ稀有な複合プラスチック成形技術メーカーである。

同社はそれぞれの成形ノウハウを統合した新しい成形技術を世に出すことで知られるが，IMC成形の場合は2軸スクリュ押出しによる混錬技術と射出成形プロセスをシステム統合することで，独自配合のコンパウンドを製造しながらダイレクトに射出成形による部品製造をするという革新的な成形技術を確立した。

本技術は2000年代半ばから自動車のフロントエンドモジュール，ドアモジュール，リアドアなどさまざまな自動車部品やコンテナパレット，洗濯機の回転部品など民生用を含めてさまざまな用途に採用され一世代を風靡した感がある。

現在ではCircular Economyのニーズに対応した新しいシステム開発も行われ，第2世代ともいうべき設備がKrauss Maffei社から紹介されている。ここでは時代ごとに求められるニーズに対応したIMC成形技術の変遷に焦点を充て，これからの動向について言及する。

2 IMC成形技術のシステム構成と特徴

IMC成形技術はKrauss Maffei社が持つ2軸混錬押出し機のコンパウンド製造ノウハウと射出成形技術が統合されたシステムである。そのシステム構成を図1に示す。

2軸押出し機の材料充填ホッパには複数のフィラー，充填剤などのコンパウンド原料を供給するMotan Colortronic社製Gravimetric Feederシステムを搭載し，所定の配合比でコンパウンド原料押出し機ホッパに投入して，2軸スクリュの混錬機構で専用コンパウンドを作っていく。強化繊維を投入する部分はスクリュ部位のミキシングゾーン直前でダイレクトに供給され，スクリュの回転刃によって所定の長さに切断され分散性の高いコンパウンドを作ることができる。

— 221 —

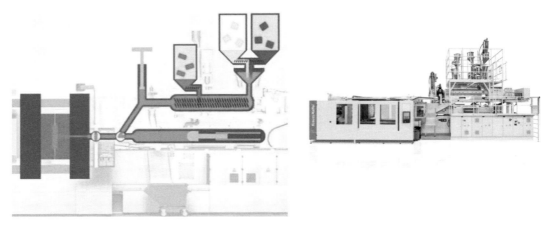

図1　IMC設備写真と構成図

　IMC成形による繊維強化コンパウンドは，スクリュ内でせん断応力を受ける距離が短く，通常の長繊維ペレットを使った場合と比べ，より長い繊維長を得ることができるという特徴がある。IMC工法のメリットは，①独自のコンパウンドノウハウを構築できること，②コンパウンドロットごとの品質不具合を回避し，安定した高品質が得られること，③何よりも材料コストが大幅に削減できること，などが挙げられる。

　ここで注意したいのはコンパウンドを作る2軸押出し機は連続運転であり，成形する射出成型機はインターバル運転なので直接連動させることはできないことである。それを可能にしたのは，2軸押出し機の先端にバッファー装置を設けていったんここでコンパウンド原料を蓄え，バルブの切り替えで射出成形に必要な材料を自動供給できるようにシステム化したことによる。この工法が成立したことで材料メーカーから購入するコンパウンド原料価格のほぼ30〜40％安い製造コストで自動車部品を作ることが実証され，瞬く間に世界中に広がり今では累計150台余りの設備が稼働している。

　なお，2000年代から2010年代，さらに近年になってIMC成形技術は扱う素材，工法を含め市場のニーズに合わせて更新されており，その変遷についても述べたいと思う。

3　2000年代，初期のIMC成形技術

　IMC成形技術は開発当初から自動車の機能部品適用が進みガラス繊維と添加材を加えたコンパウンド処方でトランクリッドやフロントエンドキャリアー(図2)などの部品開発が行われた。特に後者はカナダMAGNA社など世界中のTier 1メーカーに採用され，欧米の主要自動車メーカーに採用された。その適用技術を後押ししたのは世界的にも有名なドイツのFraunhofer研究所で，ライプチヒ近郊にあるFrauhfer Schkopauには複数台のIMC成形機が導入され，最も大きな設備は3,600トンの射出成形機で大型のプラスチックパレット開発などに貢献した。IMC成形技術開発では強化繊維の繊維長と分散性解析に力が注がれ，繊維を長く保つためのスクリュ設計や処方のプロセス制御がここで生まれている。またIMCと同様の長繊維熱可塑ダイレクト成

第1章　射出成形技術の進展

図2　フロントエンドキャリアー

形技術には，2軸押出し機とプレス成形を組み合わせたLFI（Long Fiber Injection）工法があるが，こちらはカールスルーエ近郊にあるFraunhofer ICTと油圧プレスメーカーのDieffenbacher社の連携でほぼ同時期に技術開発された歴史があり，比較してみると面白い。

　IMCとLFIはよく比較されるが，それぞれ一長一短があり成形部品に求められる特性と要求品質によって使い分けられた感がある。IMCに比べLFIの優れた点は繊維長がより長く保てることにあり，通常20～30 mmの繊維長を中心に最大50 mm長の成形が可能で適用部品の耐衝撃性を著しく改善することができた。

　一方でIMCになると繊維長の中心は2～4 mm程度で10 mmを超える処方も開発されたものの繊維長と金型内ゲートでの目詰まりをコントロールすることが難しく普及していない。2010年代になるとIMCの強度不足を補うようにBond Laminate社で開発された熱可塑プリプレグ（オルガノシート）やUDプリプレグテープを用いた部分補強技術と組み合わせて強度不足を補う開発が行われている。

　繊維長と各特性の相関グラフを図3に示す。IMCおよびLFIの技術開発はこの繊維長と性能

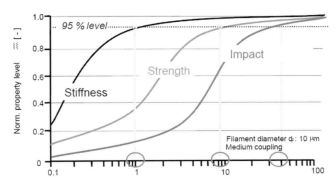

図3　繊維長と強度物性の相関性

― 223 ―

特性の相関においてさまざまなプロセス開発が行われてきた。

4　2010年代のIMC開発トレンド

　IMC成形の優れた点はプレスを用いるLFIに比べ生産性に優れ，射出金型によるリブ補強や複雑形状の3次元成形が容易で，何よりもプロセス制御の自由度が大きいというところにある。一方でコンパウンドバルクの固まりを型内でセットしてプレス成形するLFIは投入した場所から金型先端部へ樹脂の流動に伴って繊維方向が揃いやすくなるという技術的な課題があり，やはり繊維強化の一方向材との組み合わせや熱可塑プリプレグのオルガノシートとの一体成形が現在主流になっている。

　IMC工法でオルガノシートと一体成形を最初に提案したのは2010年のK展である。また2013年にはガス発泡技術のミューセルとの組み合わせが同じ国際プラスチック展(通称K展)で紹介され，各社での新たな開発がスタートするとともに，成形試作設備としてカナダのトロント大学内に1,300トンIMCとミューセルとの複合機が設置されたのもちょうどこの頃である。ちなみに，ミューセル微細発泡技術はマサチューセッツ工科大学で考案され1995年にTrexel社によって世界独占販売で市場投入された技術だが，世界で最も早く2001年にシステム統合をした会社がKrauss Maffei社である。

　10数年来蓄積したミューセルガス発泡技術をIMCと組み合わせることによって，新たな部品適用が進んでいる。代表的な用途は自動車のアンダーボディシールドで成形品サイズは概寸で幅800×長さ1500 mmで厚みが約4 mmと薄肉成形になる。ミューセルを用いることで寸法安定性やそりを押さえることができ，独RoechlingAutomotive社が商品化し，主にMercedesやBMWの高級車種に採用されている。ミューセル有無での寸法安定性については図4を参照されたい。

　2010年代のIMC開発はミューセルとの組み合わせだけでなく，Sustainabilityが叫ばれる最近のニーズに適合するようにリサイクル材をコンパウンド原料として再利用する技術開発が進んで

図4　アンダーボディシールド試作品(右ミューセルあり)

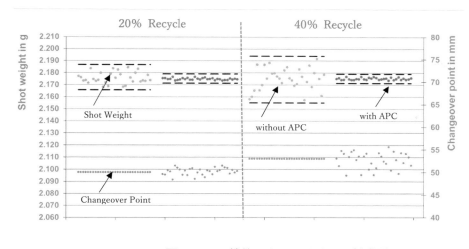

図5　APC機能によるリサイクル材成形

きた。流動性状や物性が不安定なリサイクル材の利用を可能にしたのは2014年にKrauss Maffeiが初めて市場に投入したAPC（Adaptive Process Controller）制御機能で，今でいうAI機能を先取りしたソフトが開発された。

　これは材料ロット違い，試作時環境の違い，オペレーターのレベル違いなどの変動要因に関係なく，良品が成形されたときのシリンダ内性状（粘度，圧力，イナーシャなど）をAIが記憶し，APC運転に切り替えるとソフトが良品成形時の性状に合わせるように制御する。APCソフトの最大の特徴はプロセス制御に作業員の能力に依存することなく，変動要因が大きなリサイクル材の成形でも要求精度内の安定した吐出量を維持できる点にある。通常射出成形保圧はノズル先端位置を固定させることが通例であるが，APC機能を使うと可塑化ユニット内の変動に合わせて装置がノズル停止位置を自ら制御し，かつバルブゲート制御と連動させることによって金型内ゲートの開閉タイミングを個々のショットでコントロールできるので樹脂粘性による吐出量の過不足を解消することができる。APC機能を用いたリサイクル樹脂の吐出精度と吐出量データグラフを図5に示す。

　またAPC制御は2018年，それまでの樹脂材料ごとのデータを全て取り込んでABS，PP，PAなど樹脂ごとにアルゴリズムを構築して，APCプラスとグレードアップして現在に至っている。このAI解析ソフトを駆使することによって，IMCとFiber Form（熱可塑プリプレグによる補強－2013年K展で成形試作済み）に，ミューセル工法を組み合わせ，IMC原料にリサイクル材を活用することも可能になる。その現実性を示す試作成形がドイツのReLei開発プロジェクトで実証され，2019年のK展で自動車の内装フロントカバーを想定した部品が展示された。その部品構成を図6に示す。

5　最新のIMC技術開発動向

　近年の欧州市場ではSustainability（持続可能性）に加え，Circular Economy（循環型経済）を形に

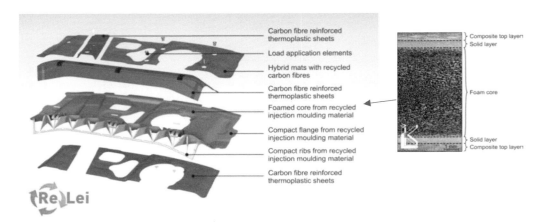

図6　繊維強化とミューセル，リサイクル材の応用プロジェクト

していくことがキーワードになっており，特にプラスチック材料のリサイクル（再利用）への取り組みが不可欠になっている。

　IMC成形技術も例外ではなく，先述のAPCプラスのAI解析機能を活かし，また押出し混練技術の進化により従来の2軸押出し機ではなく，シングルスクリュを組み合わせた新たなDCIM（Direct Compounding Injection Molding）システムが開発され，2022年K展のKrauss Maffei社ブースで成形実演を行い世界で初めて紹介された。その設備全景を図7に示す。

　DCIMは2017年にはミュンヘン郊外のRosenheim工科大学内研究所にプロセス開発用試験設備が導入されていて，成形データを積み重ね欧州内で選別された自動車部品Tier 1，パッケージ，医療関連メーカーで複数年に及ぶ実証試験が行われた。

　実証試験ではPA6 / GF50の長繊維ペレットを用いた物性とDCIMプロセスで独自のコンパウンドを作りながら射出成形した物性比較を行い，引張弾性率，引張強度，IZOD衝撃試験や赤外

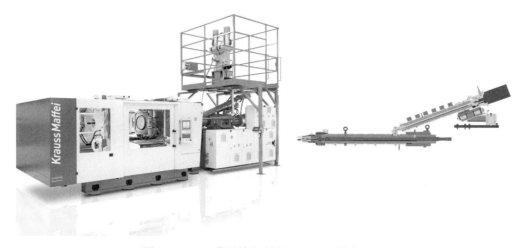

図7　DCIM成形機と射出ユニット構成

第 1 章　射出成形技術の進展

主剤：
- rHPDE　　射出グレード　　MVR　5 – 15
- rHPDE　　押出グレード　　MVR　< 1
- rPP　　　不織布繊維　　　MVR　800-1000

添加剤：
- ミネラル繊維、衝撃改質剤、カラーバッチ

図 8　K22，DCIM 試作パッケージトレー

分光法による分子構造比較で同等の特性・性状が作り出せることが確認されている。DCIM 工法は樹脂の可塑化が射出と完全に切り離され，単軸で良好なコンパウンドを得るために特殊なスクリュデザインが採用された。この設備は K 展が開催された 2022 年時点ですでに 15 台を超える出荷台数を数え，2 軸押出し機を用いた IMC の姉妹設備として市場に出始めている。

K 展での DCIM 成形デモでは Circular Economy を先取りした複数の異なるリサイクル材と強度を補完するための添加剤，着色剤などをブレンドして生鮮食料品を運ぶパッケージを射出成形し，5 部品に分かれた成形品をロボットが搬送してシステム内で自動組み立てを行う実演を行った。その成形部品と使用されたリサイクル材の内容を図 8 に示す。

これだけメルトインデックスが異なる 3 つのリサイクル樹脂を主原料とし，部品強度を担保するためのミネラル繊維や衝撃改質剤などを加えながら，非常に安定した成形ができるのも APC プラスが持つ AI 機能の賜物である。単軸スクリュでも十分なコンパウンド製造能力を保有しているので，社会的ニーズが高いリサイクル樹脂の利用による用途開発がさらに進むのではないかと思う。

なお，DCIM は 2 軸スクリュ押出し機を用いる IMC を置き換えるものではなく，それぞれの特徴を活かして共存する技術である。DCIM は小型～中型型締め力の射出成形で設備投資を押さえながらリサイクル材の活用を最大限に活かした設備であり，IMC は大型部品やより繊細な混錬技術が必要な用途に適した設備となる。

欧米の大学，研究開発センターでは IMC の応用として時代のニーズに適合する天然繊維を用いたコンパウンドプロセス開発も行われている（図 9）。

図 9　天然素材 IMC 成形の開発事例

プラスチック射出成形技術大系

　天然素材が物性的に高付加価値商品に見合うか？　　同様に炭素繊維が特性とコストのバランスからダイレクトコンパウンドプロセスに見合うか？という議論はあるものの，IMC プロセス，DCIM プロセスが Sustainability，Cicular Economy という社会ニーズに応える新しいコンパウンドの付加価値を今後も創造し続けるものと考える。

第1章　射出成形技術の進展

第8節　高剛性・高強度品の成形技術

第3項　複合材を用いたハイブリッド成形技術

株式会社八木熊　廣部　賀崇

1 はじめに

　当社(㈱八木熊)は，1895(明治28)年に絹織物などに使われる絹用の「ふのり」の製造販売を行うメーカーとして福井県福井市に創業。その後，1945年以降(昭和20年代)において繊維用合成糊材・油剤の卸売業へ転身。1965年以降(昭和40年代)の成長期には非繊維分野にも参入を果たし，地元における化学品専門商社へと発展した。

　1991(平成3)年には，樹脂加工業のフクビブロー成型工業㈱を吸収合併し製造部門を持つことで商社機能とメーカー機能を併せ持った融合体企業へ進化した。

　現在は，商社部門に加え，射出成形，ブロー成形を中心とし，工事用バリケード・規制機材などのオリジナルブランド品(KYstyle品)(図1)を展開する「ブランド事業」や顧客からのニーズに応じて素材や機能の開発提案から製造までを一貫して行う「ODM※事業」など多岐にわたる事業展開を行っている。

　2018年より熱可塑性樹脂の射出成形を活かしたハイブリッド成形の技術開発を開始し現在に

図1　オリジナルブランド品(KYstyle品)

※　ODM(Original Design Manufacturer)

至る。本稿では，当社が行っているハイブリッド成形について，成形事例を交えて紹介する。

2 ハイブリッド成形

2.1 ハイブリッド成形とは

　欧州を中心に成形方法が確立され，この成形で作られた部品は，欧州の自動車へ金属代替として多く採用されている。ハイブリッド成形は，CFRTP(熱可塑性炭素繊維強化樹脂)のプリプレグシートと射出成形を同一金型内で一体型成形ができる成形法である。当社では，図2に示すCFRTPプリプレグシートと射出成形が同時にできる「ハイブリッド成形機」を2018年より導入した。

　図3にハイブリッド成形機で成形したサンプルを示す。

　この成形機の特長を，以下に挙げる。

・一般的な射出成形と同様に短いサイクルで成形が可能
・一般的な射出成形の特長である形状の自由度と量産性を併せ持つ
・表層にプリプレグシートをインサートすることで，機械的強度を飛躍的に向上することが可能
・金属代替の強度を持ちながら，比重は1/4と軽量化が実現可能

図2　ハイブリッド成形機外観

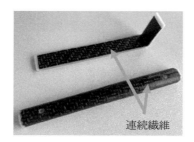
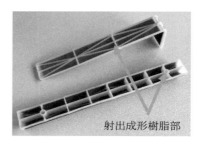

図3　ハイブリッド成形品

2.2 ハイブリッド成形概要
2.2.1 成形フロー
ハイブリッド成形工程について，図4をもとに説明する。
① プリプレグシートの加熱
樹脂含浸されたプリプレグシートをヒーターで加熱し柔らかくする。
② 金型内にプリプレグシートを搬送，挿入
加熱し柔らかくなったプリプレグシートを素早く金型へ搬送する。
③ 金型を閉じる
加熱し柔らかくなったプリプレグシートを賦形する。
④ 溶融した樹脂を射出
賦形されたプリプレグシートへ溶融された樹脂を射出する。
⑤ 冷　却
一般的な射出成形の冷却時間を設定する。
⑥ 完　成（取り出し）

2.2.2 成形樹脂
当社が導入したハイブリッド成形機は，さまざまな樹脂を使用できるよう高温，耐蝕耐摩耗のスペックを保有している。
成形可能樹脂は，
・汎用樹脂
　→ポリプロピレン（polypropylene）樹脂など
・エンジニアリングプラスチック
　→ポリアミド（polyamide）樹脂など
・スーパーエンジニアリングプラスチック
　→ポリエーテルエーテルケトン（polyetheretherketone）樹脂など
・ガラス繊維入り，炭素繊維入り樹脂も成形可能
であり熱可塑性樹脂は全て対応可能となっている。

2.2.3 プリプレグシート
使用可能プリプレグシートは，
・炭素繊維プリプレグシート
・ガラス繊維プリプレグシート

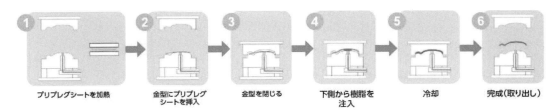

図4　ハイブリッド成形工程フロー図

・天然繊維プリプレグシート

でありプリプレグシート厚み：0.25～2.0 mm まで対応可能となっている。

3 成形品での強度確認

3.1 試験片での成形

ハイブリッド成形での機械的強度を確認するため，プラスチックの試験で使われるJISK7139ダンベル型引張試験片タイプAの試験片金型を作成（図5）し，各種検証を行った。

3.2 試験片での強度測定

試験体：① PPGF ＋ GFRTP
　　　　② PA6GF ＋ CFRTP
　　　　③ PCGF ＋ CFRTP

プリプレグシート：厚み 1.0 mm

試験方法：プリプレグシートと一体成形された試験片を材料万能試験にて引張強度測定。

図6に示すように，PPGF ＋ GFRTP の一体成形でアルミと同等の強度を有する。また，

図5　JISK7139 ダンベル型引張試験片タイプ A サンプル

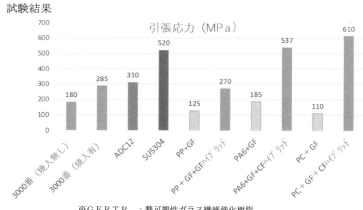

※GFRTP　：熱可塑性ガラス繊維強化樹脂
　PPGF　　：ガラス繊維強化ポリプロピレン
　PA6GF　：ガラス繊維強化ポリアミド6
　PCGF　　：ガラス繊維強化ポリカーボネート
　3000番　：アルミニウム合金の種類
　ADC12　：アルミニウムダイカスト成形用合金
　SUS304：ステンレススチール304

図6　引張応力試験グラフ
（試験値であり保証値ではない）

第1章　射出成形技術の進展

図7　PA6GF + CFRTP 試験片サンプル

PA6GF + CFRTP の一体成形の組み合わせ(図7)では，SUS304以上の強度結果になる(社内試験による)。試験片での試験結果より，プラスチックの材質やプリプレグシートの材質を変えることにより，金属同等以上の強度が確認される。

4 ハイブリッド成形品

当社では，プリプレグシートの賦形の検証やサンプル品として，2種の成形品を作成している。
試作品：①　ハーフパイプ型サンプル(図8)
　　　　②　L型アングル型サンプル(図9)

ハーフパイプ型の金型では，インサートしたプリプレグシートをU字型に賦形させた場合のサンプルを作成。その際には炭素繊維プリプレグシート(チョップド，綾織り，平織り)，ガラス繊維プリプレグシートなどを用いている。プリプレグシートの有無で製品剛性の違いを体感することが可能である。

L型アングル形状では，プリプレグシートを直角に曲げて賦形する成形を検証することと同時に，金属アングルの代替品サンプルとして作成。ハーフパイプ同様，炭素繊維，ガラス繊維などのプリプレグシートでのサンプルを作成した。

図8　ハーフパイプ型ハイブリッド成形サンプル

図9 L型アングル型ハイブリッド成形サンプル

5 今後の展開

　ハイブリッド成形は，軽量化をしながら高強度になることが最大の利点である。強度面では金属代替になり得る強度結果を得られ，今後，軽量化＋高剛性が望まれるさまざまな分野への展開が期待できる。

　当社では今後，ハイブリッド成形品の高外観化を目指し技術開発を進めていく。表面状態を綺麗に仕上げることで，これまでCFRTPやCFRPで必須であった塗装工程の簡略化（塗装レス）が可能になると見込まれる。軽量化＋高剛性＋高外観の製品で家電筐体，スポーツ分野，モビリティ分野などへ幅広く製品展開を進めていき，ハイブリッド成形を世に広めていきたいと考えている。

第1章　射出成形技術の進展
第9節　連続繊維強化熱可塑性樹脂素材と加工法
第1項　Tepex（オルガノシート）の成形法と応用事例

サンワトレーディング株式会社　馬場　俊一

1 はじめに

　オルガノシートのTepex（テペックス）（図1）は，連続繊維熱可塑性複合材料のことであり，その製造会社は，1997年に設立されたBond Laminates（ボンドラミネーツ）（独）である。2012年，Bond LaminatesはA company of the LANXESS groupとなる。2023年4月にオランダのトップ化学メーカーDSMの樹脂部門DSMエンジニアリングマテリアルズとドイツの特殊化学メーカーランクセスの樹脂部門ランクセスハイパフォーマンスマテリアルズの合併によりEnvalior（独）が設立される。現在，Bond Laminates A company of EnvaliorとしてTepexの製造をしている。

　Envaliorの合算売り上げは40億ユーロ，従業員4,000人，現在世界8ヵ国に32の生産・開発拠点を展開している。この新しい合併により樹脂の種類（図2）が増え，連続繊維もカーボン・ガラス・アラミド・天然繊維との組み合わせによるイノベーションと，サステナビリティへのさらなるハイブリッド成形への貢献ができる。

　ここでは，オルガノシートの特性・繊維と樹脂の組み合わせ・各種成形法と，最近要求の多い難燃・最新応用事例を紹介する。

図1　Tepex（オルガノシート）

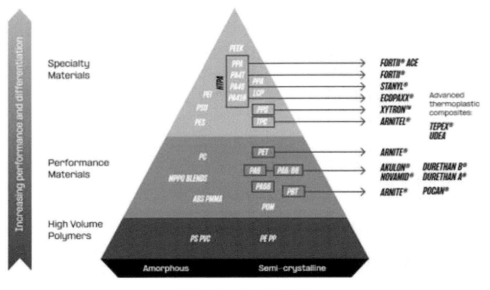

図2　Envalior 主要樹脂

2　Tepex（オルガノシート）連続繊維熱可塑性複合材料

　図3は，ダブルベルトプレスによる Tepex の連続積層量産プロセスである。左から強化繊維としての連続繊維のカーボンやガラス織物と樹脂をユーザーの希望の板厚と VF になるように機械に投入，熱と圧力をかけ織物に熱可塑性樹脂を完全に含浸・コンソリデーションさせ，冷却して中間材料のシートとなる。その後に指定された長さで切断して出荷となる。織物のフィラメントは，樹脂で完全に被覆されて，ボイドは2%未満である。

　中間材料の製造幅は，620 mm，860 mm，1240 mm で長さは任意，板厚は 0.1 mm～最大 6.0 mm である。

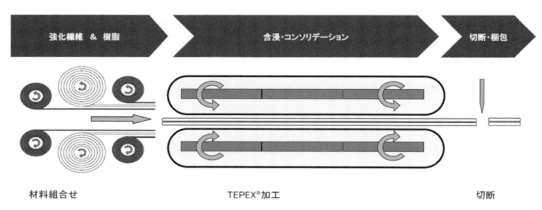

図3　Tepex 連続積層プロセス（ダブルベルトプレス）

2.1 連続繊維熱可塑性複合材料の特徴

連続繊維熱可塑性複合材料の特徴は，図4のように下記の4項目からなる。
それぞれの特徴を生かした部品デザインの多様性に貢献している。

① 優れた剛性と強度
　・低密度と薄い板厚
② 軽量化デザイン
　・従来の自動車部品の鉄製と比べて50％，そしてアルミ製と比べても20％軽量化している。
③ 優れた動的エネルギー吸収
　・自動車の安全を守るバンパービームやフロントエンド，そしてアンダーカバーなど多くの部品に採用されている。
④ 効率的な製造プロセス
　・60秒の成形サイクル
　・連続成形可能
　・射出成形とのハイブリッド成形可
　・リサイクル可

2.2 Tepexの種類

dynalite（ダイナライト）：・連続繊維に熱可塑性樹脂を含浸した中間材料
　　　　　　　　　　　　・完全含浸・コンソリデーション
　　　　　　　　　　　　・最大強度と剛性／低密度
flowcore（フローコア）：・強化繊維は，ランダム繊維（繊維長：30〜50 mm）
　　　　　　　　　　　　・完全含浸・コンソリデーション

図4　連続繊維熱可塑性複合材料の4つの特徴

・圧縮成形（熱可塑性 SMC）に最適
・dynalite との組み合わせ可
semipreg（セミプレグ）：・完全なコンソリデーションではない
・低密度・アコースティック特性調整可
・要求される性能が dynalite より著しく低い場合の代替

2.3 スタンダード製品

強化繊維と樹脂の組み合わせは，連続繊維熱可塑性複合材料にとって重要なファクターの1つである。2.4 と 2.5 で詳しく述べる。図5について，グリーンになっている組み合わせは28種類のスタンダード品で同時に量産可能な組み合わせでもある。グレーは製造不可で，イエローは，開発中を意味する。各材料はそれぞれ特徴を持っており，用途に合わせたカスタマイズやコストパフォーマンスにより大量生産を効率的に実現する。

2.4 強化繊維

一般的にマーケットには，複合材料（コンポジット材料）の強化繊維としては，ガラス・カーボン・アラミド・天然・バサルトなどがある。JEC Observer 2023[1]によるとグローバルマーケットの中で金額ベースでの割合は，下記のとおりである。その他にはアラミドやバサルトなどが含ま

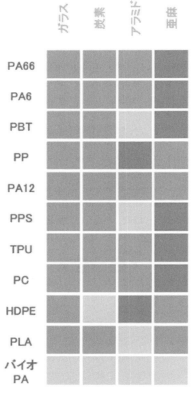

※口絵参照

図5　繊維と樹脂の組み合わせ

れる。

・強化繊維の金額での割合
カーボン繊維：18%
ガラス繊維：　77%
天然繊維：　　4%
その他：　　　2%

グローバルの複合材マーケットの中では，ガラス繊維が大きなシェアを持っている。カーボンは，航空宇宙やスポーツ用品に使用されている。

2.5　マトリックス

Tepex のマトリックスは，熱可塑性樹脂のみが使用されている。その特性は，部品成形において極めて効果的である。熱可塑性的マトリックスは，非常に短いサイクルタイムで，特別な作業環境も必要としない。連続繊維熱可塑性複合材料は，他の熱可塑性樹脂や，同じ熱可塑性樹脂と成形時に組み合わせることができる。このため軽量化部品のデザインの自由度が増す。

マトリックスは，強化繊維の接着のみに使用され，連続繊維熱可塑性複合材料の特性は，強化繊維のみで決まるというのは，正しい考え方ではない。マトリックスの主要な機能は，下記のとおりである。

・力を繊維へ伝える
・力を繊維から繊維へ伝える
・繊維を環境要因から守る
・機械的な負荷を吸収する

力が繊維へそして繊維から繊維に伝わった場合，複合材料の最適な機械特性を発揮する。そのためには繊維とマトリックスの接着が良好であることが必要である。すなわち繊維とマトリックスの最適な接着は，マトリックスや繊維の選択により確実にされる必要がある。

3　成　形

成形前に連続繊維熱可塑性複合材料を予備加熱することが必ず必要である。一般的にはスイスの Krelus（クリロス）社の赤外線ヒーターが使用されている。均一に短時間で過加熱が材料にかからないことが重要である。すなわち型を閉じた時，型の中で繊維が自由に動くことができる適切な温度管理が必要である。

3.1　ダイヤフラム成形

図6のダイヤフラム成形は，連続繊維熱可塑性複合材料から薄肉部品を生産するための成形方法である。材料を高弾性フィルムではさみ，全体を熱放射エネルギーもしくは熱伝導でマトリックスの成形温度以上に予備加熱する。その後，ダイヤフラム成形機の型の上に搬送する。

圧縮空気を用いて成形する。この成形プロセスは，小さな設備投資で可能であり，1つの型（凸凹のどちらか）でさまざまな厚みの材料を成形することができる。他の成形方法と比べてサイクルタイムは少し長いが，単純な形状部品の成形に適している。

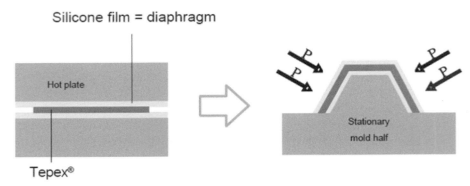

図6　ダイヤフラム成形

3.2　ゴムとマッチドメタル

この成形プロセス(図7)では，下型は金属型，上型はシリコン型を使用する。低圧力で型を閉じると材料に圧力がかかり成形できる。高い弾力性により，ゴム型は規則的な連続成形を可能にする。成形時均一な圧力分布を維持する必要がある。設備投資も比較的少なく，成形の最適化が容易である。

3.3　金型成形

ほとんどの場合，材料は金型を使用して成形される。上下の型は，金属で熱可塑性樹脂のために温度制御されている。適切な自動化と組み合わせたこの成形技術は，非常に短いサイクルタイムおよび再現性の高いプロセスを可能にし大量生産に適している。

3.4　圧縮成形

ランダム繊維の flowcore は，強化繊維に 30〜50 mm 程度の長繊維を使用しており圧縮成形に適している(図8)。そのためより複雑な部品形状の成形も可能にする。すなわちリブや機能要素部分の成形も可能である。圧縮成形は，樹脂成形技術において広く使用されている方法であり，非常に高い再現性および短いサイクルタイムを実現する。

3.5　コンビネーション技術成形

連続繊維と短繊維や長繊維で強化された同種のマトリックスを用い，射出成形と圧縮成形を組

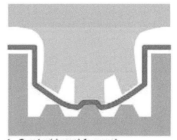 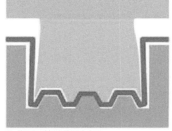 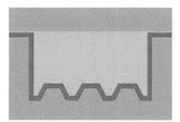

図7　ゴムとマッチドメタル成形

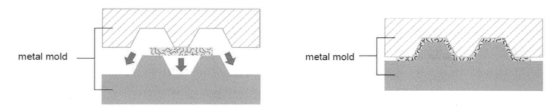

図8　flowcoreの圧縮成形

み合わせることで，軽量化とデザイン性の両方に優れた選択肢を提供する。たとえば図9のように，連続繊維と短繊維の射出成形を用いることで下記の付加価値を生み出すことができる。

・安定したリブ
・力の伝達要素
・機能要素
・コンポーネント部品の端部輪郭形成
・優れたデザインの適応性
・プロセスの削減
・完全自動化された再現性の優れたプロセス

3.5.1　インサート成形

インサート成形では，連続繊維熱可塑性材料の成形と短繊維・長繊維で強化された射出成形/オーバーモールドを別々の型と設備により2ステップで行うことである。溶融した射出成形樹脂と均等に接合するために，プリフォームした部品を射出成形機にインサートして成形する。

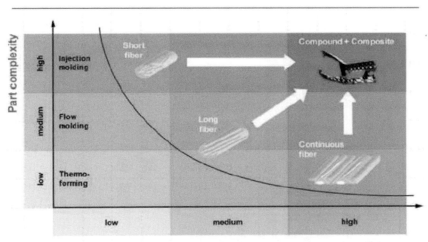

図9　連続繊維と短繊維・長繊維のコンビネーション[2]

3.5.2 ハイブリッド成形

ハイブリッド成形では，連続繊維熱可塑性複合材料の成形と射出成形を射出成形型の中で同時に行う。成形プロセスは，1ステップであるが，そのために材料は完成品の形状にカットしたブランクで準備する必要がある。近年ほとんどの自動車部品やその他分野の部品の全てがハイブリッド成形で量産されている。プロセスでコストダウンを実現している。

4 応用事例

2024年3月パリで開催されたJEC World 2024での展示会から最新応用事例を紹介する。

4.1 シートシェル

図10の(左)はBMWのシートシェルで PA6/ガラス繊維のハイブリッド成形品である。(右)は同じ金型でPP/FLAX繊維のハイブリッド成形品である。マトリックスや繊維が異なった組み合わせでも同様に成形が可能である。図10は，天然繊維であるFLAXとPPの組み合わせであるが，FLAXとPLAやFLAXとPA10.10も同様に成形可能である。

4.2 バッテリーキャリア/ロードコンパートメントウェル

図11の(上)は，メルセデスのバッテリーキャリアでPA6/ガラス繊維ハイブリッド成形品である。(下)も，同じくメルセデスのロードコンパートメントウェルでPP/ガラス繊維のハイブリッド成形品である。

図10　シートシェル
(左)PA6/ガラス連続繊維，(右)PP/FLAX連続繊維

図11　(上)バッテリーキャリア，(下)ロードコンパートメントウェル

第 1 章　射出成形技術の進展

図 12　ホイールブレード

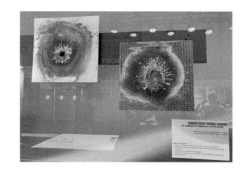

図 13　熱暴走テスト
(左)アルミ，(右)Tepex

4.3　ホイールブレード
図 12 は，PA6/ カーボン長繊維の Tepex flowcore で圧縮成形したホイールブレードである。

4.4　熱暴走テスト
熱暴走は，高電圧車両バッテリーが損傷した場合の最悪のシナリオである。図 13 は，熱可塑性 EV バッテリーハウジング用のための熱暴走比較テストである。(左)の 3 mm アルミは穴が貫通しているが，(右)の 3 mm Tepex PA6/ 連続ガラス繊維は耐えている。

5　おわりに

Tepex(オルガノシート)連続繊維熱可塑性複合材料は，高荷重に耐え得る最適な軽量化コンポーネント部品の設計自由度を広げる。これらの特性は，マトリックスの熱可塑性樹脂と連続繊維の種類(ガラス・カーボン・FLAX etc.)または繊維の織り方(1 方向・2 方向・多軸 etc.)で決まる。機械特性の異方性は，重要な要素の 1 つである。繊維の長さやマトリックスの特性など考慮して設計する必要がある。カーボンやガラス繊維だけでなく天然繊維や植物由来のマトリックスとの組み合わせによる難燃機能も含めた新たな用途開発がされるだろう。

接合の中でも特に射出成形接合が，Tepex とのハイブリッド成形の連続生産において非常に効率的であると考えられる。材料とプロセスの適切な相関関係をクリアすることにより連続繊維熱可塑性複合材料の可能性と今後効率的なリサイクルプロセスも発展することに期待したい。

文　献
1) JEC Observer 2023(2023).
2) Lanxess：QUALITY SUPPORT 2017(2017).

第1章　射出成形技術の進展

第9節　連続繊維強化熱可塑性樹脂素材と加工法

第2項　PA-MXD6をマトリックスとしたUDテープ「レニーテープ」

グローバルポリアセタール株式会社　丸尾　和生

1　はじめに

　近年，世界的な環境意識の高まりから，CO_2排出量規制の導入や電気自動車などの上市が始まっており，自動車など軽量化の要求はますます増加している[1][2]が，軽量化の策として，射出成形材料よりもさらに比強度が高く，軽量化効率の高い連続繊維複合材料が着目されている。熱硬化樹脂をマトリックスとした炭素繊維系複合材料（CFRP）については，航空機やスポーツ用途を中心に需要を拡大してきており，2030年には4,300億円規模まで成長すると見込まれている[3]が，冷蔵保存が必要，成形に時間を要する，後加工の難易度が高い，リサイクルが困難といったことが問題視されている。これらの問題を回避可能な熱可塑性樹脂をマトリックスとした複合材料（CFRTP）が着目[4]され，2035年には2,400億円の市場が見込まれている[5]。

　そこで当社（グローバルポリアセタール㈱）では，成形時間短縮やリサイクル性などの市場からのニーズに対応可能な熱可塑性樹脂であるPA-MXD6（ポリアミドMXD6）をマトリックスとし，強化繊維の性能をフルに発揮できる一方向連続繊維強化品（UDテープ）：レニー™テープを開発した。

2　レニー™テープの特徴

　レニー™テープは，連続したガラス繊維（GF）もしくはカーボン繊維（CF）の束を薄く平らに解繊し，当該繊維にポリアミドMXD6を含浸させたテープ状の中間基材である（**図1**）。

　マトリックス樹脂であるポリアミドMXD6は，三菱ガス化学㈱が1984年に独自技術により製造を開始した結晶性ポリアミド樹脂で，分子鎖に芳香環が含まれていることから，強度・剛性が高い，PA66やPA6に比べて吸水率が低い，有機溶剤や油に対する耐薬品性に優れるなどの特徴を有している[6]（**表1**）。同樹脂をベースとし，ガラス繊維や無機フィラーなどで強化した射出成形用材料：レニー™は，エンジニアリングプラスチックの中では最も高い強度・剛性を有しており，すでに自動車等輸送機部品，一般機械，電気・電子部品，レジャー・スポーツ用品，土木建築用部材など，さまざまな分野にて金属代替材料として利用されている。

　レニー™テープのグレードとしては，GF60wt％およびCF50wt％（いずれも40vol％）の2種を品揃えし，本格的サンプルワークを行っている（**表2**）。

－ 244 －

図1 レニー™ テープ形態

表1 ベース樹脂：ポリアミドMXD6の基礎物性

項　目	条　件	単位	ポリアミドMXD6	ポリアミド6	ポリアミド66
密　度	20℃		1.21	1.14	1.14
吸水率	20℃水中飽和	%	5.8	11.5	9.9
吸水率	65%RH平衡	%	3.1	6.5	5.7
融　点		℃	240	225	268
ガラス転移点	DSC法	℃	75	48	50

表2 レニー™ テープ，グレードラインアップ

グレード	樹脂	繊維	繊維%	密度	幅(mm)	厚み(mm)	繊維目付(g/m^2)	ロール長さ(m)	ロール重量(kg)
Reny Tape CF50	PA-MXD6 Tm：240℃	Carbon	50wt%/40vol%	1.46	165	0.15	110	500	18
Reny Tape GF60		Glass	60wt%/42vol%	1.78	165	0.25	160	350	25
Reny Tape LEX CF50	PA-MD10 Tm：215℃	Carbon	50wt%/38vol%	1.39	165	0.15	104	500	18
Reny Tape LEX GF60		Glass	60wt%/40vol%	1.69	165	0.25	152	350	25

　また植物由来樹脂であるポリアミドXD10をマトリックスとしたレニー™ テープも，製造体制を整え，市場の要請に応じてワークしている。
　レニー™ テープは，射出成形用レニー™ 同様，ベース樹脂であるポリアミドMXD6の特徴が反映されており，ユニークな性能を有している。以下にその特徴を示す。

● レニー™ テープの特徴
・他樹脂UDテープより高強度，高剛性
・PA6やPA66より低吸水性で，物性保持性に優れる
・インサート成形による射出成形品の補強が容易
・金属との溶着性に優れ，マルチマテリアル化が可能
・優れたガスバリア性

プラスチック射出成形技術大系

2.1 機械的物性

レニー™テープは強化繊維が連続的に配向していることから，同組成の射出成形品：レニー™より，弾性率は1.5～2倍程度，応力は2倍以上高い値となり，また高温多湿など，実用的な環境下においても高強度，高剛性を保持している（表3）。

また亜鉛やアルミよりも高い弾性率を有し，金属代替に有用な材料である。さらに他樹脂をマトリックスとするUDテープより優れた機械的物性を有しており，特にレニー™テープCF50については，CF含有量が少ないにもかかわらず，PA6系UDテープより高い強度を有している（図2）。

2.2 吸水特性

レニー™テープは，ベース樹脂であるポリアミドMXD6の特性から，他のポリアミド系UD

表3　レニー™テープの機械的物性

項　目	試験法	試験条件	単　位	レニー™テープ GF60%	PA6 UD GF60%	射出レニー™ GF60%	レニー™テープ CF50%	PA6 UD CF60%	射出レニー™ CF50%
物理的性質									
密度	ISO 1183	－	g/cm³	1.77	1.70	1.79	1.45	1.46	1.44
機械的性質									
引張弾性率	ASTM D3039	23℃ 50% RH wet	GPa	33	30	22	87	90	45
引張破壊応力			MPa	514	385	204	1400	1045	304
破壊歪			%	1.85		1.40	1.45		1.40
曲げ弾性率	DIN EN ISO 14125	23℃ 50% RH wet	GPa	34	33	22	85	89	43
曲げ応力			MPa	752	645	357	1330	705	517
圧縮弾性率	ASTM D6641	23℃ 50% RH wet	GPa	42.4			84.7		
圧縮応力			MPa	498			982		
破壊歪			%	1.4			1.4		
面衝撃（0/90/±45）破断エネルギー	DIN EN ISO 6603-2	23℃ 50% RH wet	J	8.2			4.7		
最大荷重			kN	3.9			3.2		
全エネルギー			J	13.4			10.2		
面衝撃（0/90）破断エネルギー			J	10.0	11.4		6.3	15.4	
最大荷重			kN	2.9	3.2		2.7	2.6	
全エネルギー			J	11.8	15.8		8.3	17.5	
熱的性質									
荷重たわみ温度	ISO 75-1	1.80 MPa	℃	238		230	240		232
		0.45 MPa		240		237			237

— 246 —

第1章　射出成形技術の進展

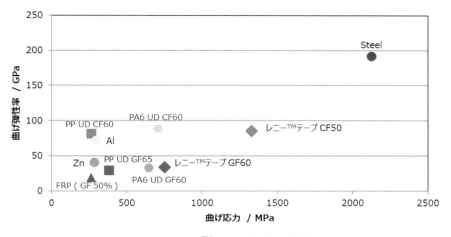

図2　レニー™テープの曲げ特性

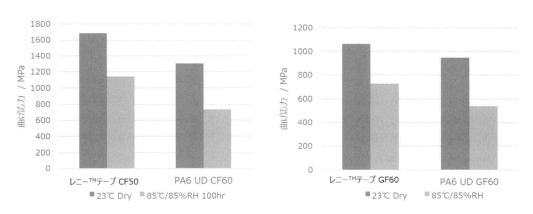

図3　レニー™テープの吸水特性

テープより吸水しにくく，吸水後の物性保持性は高くなる(図3)。

2.3　耐熱性

レニー™テープは，ベース樹脂のガラス転移点が75℃と比較的高いことから，広い温度領域にて高強度，高剛性を有している。そのことからさまざまな環境下で優れた物性を発現できる基材となる(図4)。

2.4　射出レニー™の補強

レニー™テープをあらかじめ射出成形用金型へ設置しておき射出成形することで，容易に射出材料を補強することが可能となる。

表4に，レニー™テープ GF60，1層を用いてインサート成形した際の諸物性を示すが(射出材料は GF60wt％強化グレードであるレニー™1032H)，曲げ応力は1.5倍程度，シャルピー衝撃強度(ノッチ付き)は3倍程度の補強効果が確認できる。また，図5にレニー™テープ・インサート成形例を示す。

― 247 ―

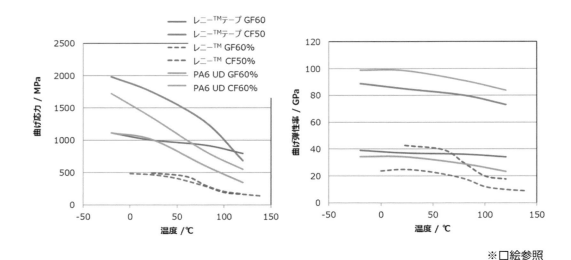

図4 レニー™テープの曲げ特性・温度依存性

表4 レニー™テープ・インサート成形品の機械的物性

	レニーGF60% 1032H	1032H +レニーテープ GF60 1ply	改善比率
曲げ応力（MPa）	426	615	44.4%
曲げ弾性率（GPa）	24.1	25.3	5.0%
シャルピー強度ノッチ付き（kJ/m^2）	14	39	178.6%
シャルピー強度（kJ/m^2）	63	75	19.0%

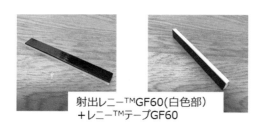

図5 レニー™テープ・インサート成形例

2.5 金属への溶着および補強

CFRP，CFRTP に関して，金属などとの異種材料接合に関する検討が盛んに行われている[7]が，レニー™テープは接着剤を用いることなく金属へ溶着することができ，超ハイテン材をも補強することが可能となる。

図6に，1180 MPa 級ハイテン材にレニー™テープ CF50 を溶着させた際の曲げ試験 S-S カーブを示す。なお，ハイテン材表面は，あらかじめサンドブラストによりアンカーを形成しておき，その面にレニー™テープを熱プレスにより溶着させ，曲げ試験に供した。結果，厚み1 mm

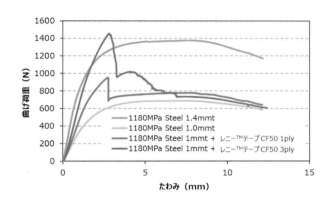

図6　レニー™テープ溶着による超ハイテン材補強

のハイテン材にレニー™テープCF50を3層溶着させることで，厚み1.4 mmのハイテン材以上の最大荷重(N)を発現できることがわかる。

また試験片質量(g)あたりのS-Sカーブ・初期勾配(N/mm)である「比剛性」，および同質量あたりの最大荷重である「比荷重」を図7に示す。厚み1 mmのハイテン材にCF50を3層溶着させることで，厚み1.4 mmハイテン材並みの比剛性および1.4倍の比荷重を達成しており，軽量化しつつ補強が可能となることがわかる。

2.6　ガスバリア性

レニー™テープは，酸素，水素，アルゴンなどに対し，優れたガスバリア性を有している(図8)。昨今，樹脂ライナの周囲に熱硬化エポキシ系UDテープをワインディングした高圧水素タンク・Type Ⅳの開発が進められているが[8]，レニー™テープを利用することで，ガスバリア性の向上やタンク少容化に貢献することができる。

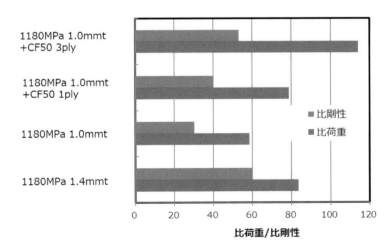

※口絵参照

図7　レニー™テープ溶着片の比剛性，比荷重

― 249 ―

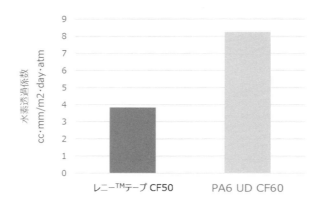

図8　レニー™テープのガスバリア性

3 成形加工例

3.1 熱プレス条件例
以下に熱プレス条件例を示す(図9)。
- 積層パターン例：0/90/90/0°
- 金型温度例：250〜290℃
- プレス圧力例：1〜3 MPa
- プレス時間例：5〜10分
- 脱型温度例：70℃以下

図9　熱プレス工程例

3.2 ハイブリッド成形例(熱プレス＋射出)
以下にハイブリッド成形例を示す(図10)。
- UDテープ積層例
    - レニー™テープ CF50：(0/90)x
    - CF50(0/90)x / GF60(0/90)x /CF50(0/90)x
- 射出材料例
    - レニー™ 1002H(GF30)，1022H(GF50)，1032H(GF60)
    - レニー™ C-36(CF30)，C-56(CF50)
    - レニー™ 1038(LGF60)，C-408(LCF40)

第1章　射出成形技術の進展

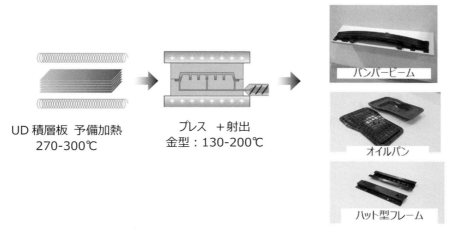

図10　ハイブリッド成形工程例

3.3　自動テープ積層 / 熱源：レーザー，パルス光源，赤外線，超音波など
　　以下，図11～13に示す。

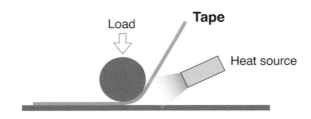

図11　自動テープ積層例

図12　テープワインディング例（パイプ）　　　図13　金属溶着・補強例（マグネシウム板）

― 251 ―

3.4 3D プリンティング

以下に 3D プリンティング加工例を示す(図14)。

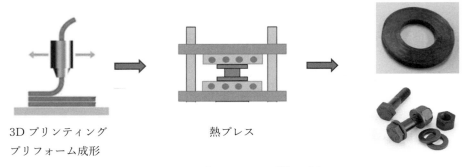

図14　3D プリンティング加工例

4 潜在用途例

図15を参照。
- 自動車部品
  - 各種ピラー
  - バンパービーム
  - サイドシルなど
- 自転車部品
- 電気・電子部品
- 航空機部品
- 建築材料
- スポーツ用品
- 圧力容器

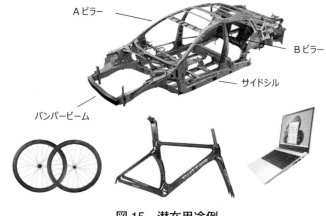

図15　潜在用途例

5 おわりに

　連続したガラス繊維もしくはカーボン連続強化材料であるレニー™テープは，圧倒的に高い強度，剛性を有していることから，金属代替材料として有用である。また金属との溶着性に優れることから，金属薄肉化(軽量化)および補強の両立が可能となる。さらには，ガスバリア性にも優れることから，水素などの高圧容器向けにも利用可能となる。

　昨今，CO_2 排出量削減のため，自動車の軽量化による燃費向上，電気自動車開発が急務となっているが，レニー™テープが自動車部品などへ適用されることにより，地球環境保護に貢献できることを期待する。

文　献

1) 湊清之：燃費規制とCO2削減効果，国際交通安全学会誌，**29**(2)(2004).
2) 石川隆司：自動車構造部品への炭素繊維強化プラスチック(CFRP)の応用の展望(CFRTPを中心に)，精密工学会誌，**81**(6)(2015).
3) CFRPの市場動向，機能材料，**42**(1)(2022).
4) 熱可塑性CFRP技術集，サイエンス＆テクノロジー－材料・成形・加工・リサイクル－(2015).
5) 富士経済：炭素繊維複合材料(CFRP/CFRTP)関連技術・用途市場の展望2022(2022).
6) 田中一美：市場に育まれたMXナイロン，化学工学，**75**(8)(2011).
7) 松本紘宜：炭素繊維強化プラスチックに関する最近の技術動向－マルチマテリアル化のための成形技術－，成形加工，**31**(7)(2019).
8) 内田安則：燃料電池車を支える高圧水素タンク，豊田合成技報，**56**(2014).

第1章 射出成形技術の進展

第10節 スーパーエンジニアリングプラスチックの高品質射出成形技術

第1項 LCPの特徴と射出成形技術

上野製薬株式会社 深澤 正寛

1 はじめに

　液晶ポリマー（Liquid Crystal Polymer：LCP）とは，溶融状態で液晶性を示すポリマーの総称であり，主要骨格にベンゼン環および / またはナフタレン環構造を含む剛直なモノマー（**図1**）によって構成される。その分子構造に由来し，さまざまな特徴を発現している。

　LCPの具体的な特徴としては，高い耐熱性や流動性，耐薬品性や難燃性（難燃剤なしでUL94 V-0認定），高周波領域における誘電特性，優れた絶縁破壊強さ，ガスバリア性，耐候性，振動減衰性，寸法安定性などが挙げられる。

　特に当社（上野製薬㈱）ではLCPの主原料である，ベンゼン環骨格のp-ヒドロキシ安息香酸（HBA）とナフタレン環骨格の6-ヒドロキシ-2-ナフトエ酸（HNA）を製造しており，それらを用いてLCPまで一貫生産をしている。また，世界的モノマーメーカーとしての合成技術力を活かし，モノマー構成や成分からの工夫による，新しい機能を持ったLCPの開発に注力している。

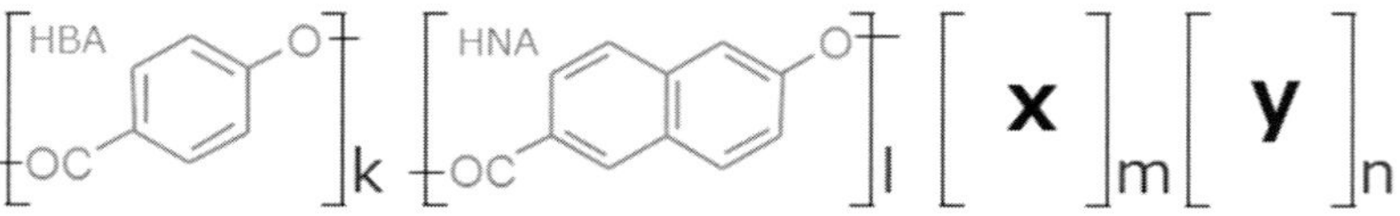

図1 LCPのモノマー構成例

2 LCPの特徴

2.1 LCPの射出成形性

　剛直なモノマーから構成されるLCPは棒状の分子構造を持つため，射出成形加工性において極めて特徴的な挙動を示す。

　LCPは溶融状態では棒状分子構造を有することにより分子鎖間の絡み合いが少なく，優れた流動性を示す。また一般に樹脂材料は固化時の結晶化に伴い収縮が起きるが，LCPでは溶融時の配向のまま固化するため収縮が少ない（**図2**）。同様の理由から固化速度が速いため，成形サイクルの短縮が可能である。具体的には約1mm程度の肉厚の成形品であれば保圧時間は1.0～2.5秒程度でよい。

－ 254 －

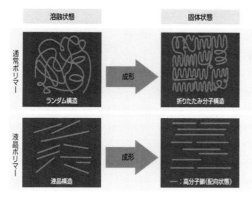
図2　分子構造のイメージ

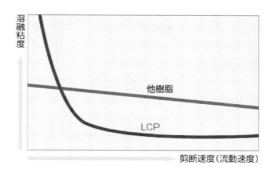
図3　溶融粘度のせん断速度依存性

　さらにLCPは溶融粘度のせん断速度依存性が高く，射出成形の充填初期のような高せん断速度域では低粘度のため低圧での充填が可能となり，充填後期の低せん断速度では粘度が上昇するためバリの発生を抑制することが可能である(図3)。

　以上に記すような，薄肉製品への高い充填性，高い寸法精度，成形サイクル短縮による生産効率向上といった理由から，LCPはコネクタなどの微細電気電子部品に特に広く使用されている。UENO LCPは高流動タイプをはじめとして，高強度，高耐熱タイプなどをラインナップしており，各種コネクタやモータインシュレータに広く採用されている。

2.2　LCPの機械強度の厚み依存性

　棒状分子構造を有するためにLCPは流動方向への配向性が高く，配向方向に対しては高い機械強度を有する。射出成形時に金型との界面で形成されるスキン層は，より強いせん断がかかるため特に高い配向性を有し，LCPの高い機械強度を発現する原動力となっている。

　表1にUENO LCP高剛性グレード「GT605」の厚みの異なる成形品の断面図を示す。断面を観察した際のガラス繊維(GF)の配向状態から，高配向層をスキン層として厚みを計測した。また成形品厚みに対するスキン層の占有比率を算出した。なおスキン層は金型との界面で形成されるため，図中の上面と下面の2カ所を計測した。

表1　UENO LCP「GT605」の成形品断面およびスキン層厚み

試験片厚み(mm)	通常観察像	偏光観察像	スキン層厚み(μm)	スキン層占有比率(%)
0.5			70	28
3.2			190	12

プラスチック射出成形技術大系

表2　UENO LCP と他エンプラの一般物性の厚み依存性[1]

| | | 単位 | ASTM | UENO LCP | | 芳香族エンプラ | 半芳香族エンプラ |
| | | | | GT605 高剛性 | 3040G 標準 | | |
				GF40	GF40	GF40	GF45
比重		-	D792	1.72	1.72	1.67	1.53
引張強さ		MPa	D638 上：3.2 mmt	188	150	181	153
			下：0.8 mmt	202	160	160	147
引張伸び		%	D638 上：3.2 mmt	1.1	1.3	1.5	1.6
			下：0.8 mmt	1.1	1.3	1.2	1.4
曲げ強さ		MPa	D790 上：3.2 mmt	242	195	260	240
			下：0.5 mmt	343	240	245	177
曲げ弾性率		GPa	D790 上：3.2 mmt	19	14	15	14
			下：0.5 mmt	22	18	15	12
Izod 衝撃値＜ノッチ付＞		J/m	D256	57	80	80	93
荷重たわみ温度	1.8 MPa	℃	D648	288	272	266	278
	0.4 MPa			＞ 295	＞ 295	-	-
成形収縮率	MD	%	上野法	0.0	0.0	0.3	0.3
	TD			0.6	0.6	0.9	1.1
0.2 mmt 流動長		mm	上野法	25	27	7	12

　UENO LCP「GT605」のスキン層厚みは成形品厚みによって変化することが示唆された。また成形品が薄肉になるほど，成形品厚みに対するスキン層占有比率は高くなることがわかった。

　表2に UENO LCP と他エンプラの一般物性の厚み依存性を示す。LCP は薄肉のときほど，相対的に引張・曲げ強度が高くなることがわかる。

2.3　LCP の耐リサイクル性

　LCP は熱的・化学的に安定な熱可塑性樹脂であることから，リサイクル使用においても優れた特性を維持することが可能である。具体的には，射出成形時に排出され廃材となるスプルやランナ部分の粉砕片を，バージンペレットと所定の比率で混合する「リグラインド」が工業的に用いられている。

　リグラインド使用により，樹脂の廃棄物量削減に貢献することができるほか，材料費の削減に寄与することができる。樹脂としては比較的高価な LCP であっても，その他のスーパーエンプラと比較してトータルでのコストダウンを実現している例が豊富にある。トータルでのコストダウンとはリグラインド使用による材料費削減効果のほか，LCP の特徴であるサイクルタイムの短縮，寸法精度が優れることによる金型改修費の削減，腐食性ガス低減による金型メンテナンス費用の削減などの効果を含めた意である。

　表3に UENO LCP「UX101」のリグラインド使用時の各種物性の推移を示す。リグラインド50％1世代とは，バージン材を用いた成形片の粉砕材とバージン材ペレットを 50/50 で混合した

第1章　射出成形技術の進展

表3　UENO LCP「UX101」のリグラインド使用時の物性推移

| | | 単　位 | 試験規格 | UENO LCP UX101（GF ＋ MD 35） | | | | |
| | | | | バージン材 | リグラインド 50% | | | |
				0 世代	1 世代	3 世代	5 世代	10 世代
機械強度	比　重	–	ASTM D792	1.69	1.69	1.69	1.69	1.69
	引張強さ	MPa	ASTM D638	111	108	106	108	105
	引張伸び	%	ASTM D638	2.8	2.6	2.5	2.6	2.4
	曲げ強さ	MPa	ASTM D790	135	135	136	135	134
	曲げ弾性率	GPa	ASTM D790	8.6	9.0	8.8	8.7	8.8
	荷重たわみ温度	℃	ASTM D648	254	250	251	250	249
燃焼性	燃焼性 0.75 mmt	–	UL94V	V-0	V-0	V-0	V-0	V-0
成形特性	0.1 mmt 流動長	mm	上野法	8.3				9.2
	ブリスタ発生数[※1]	%	上野法	15				11
	ソリ変形量[※2]　加熱前	mm	上野法	480				440
	加熱後	mm	上野法	1020				1040

※1：過酷な試験片形状・成形条件での結果。50%以下が SMT 対応可能と判定。
※2：過酷な試験片形状での結果。

ものを指す。またリグラインド 50% 3 世代とは，2 世代の材料を用いた成形片の粉砕材とバージン材ペレットを 50/50 で混合したものを指す。

　10 世代に達しても，機械強度および成形時の特性において大きな劣化がないことがわかる。

3　SMT コネクタ向け LCP の特徴と射出成形技術

3.1　SMT コネクタ向け LCP の課題

　昨今においても SMT（Surface Mount Technology）コネクタ市場の開発競争は活発であり，さらなる省スペース化を目的とした薄肉化要求は継続している。最先端の SMT コネクタ向けには，特に高い流動性が求められることからもっぱら高流動タイプの LCP が使用されている。また SMT コネクタの薄肉化や形状の複雑化に伴い流動性のみならず，さらに優れた低そり性や低ブリスタ性を併せ持つ LCP の要求が高まっている。

3.2　ブリスタの発生機構

　SMT コネクタは実装時にリフロー炉での熱処理工程があり，その際のピーク温度は約 250～260℃ 程度が一般的である。このリフロー処理時の熱により，「ブリスタ」と呼ばれる樹脂片表面の膨らみが発生することがあり，実装不良の原因となる場合がある。

　図4 に，リフロー処理後の LCP 成形品表面に発生したブリスタ箇所の断面図を示す。ブリスタ箇所は周囲に対して目視でも認識できる膨らみを有している。一方，図5 はリフロー処理前の LCP 成形品の断面図であり，表面の膨れが未発生の箇所である。

　一般的にブリスタの発生は，成形時に成形品内へ巻き込まれた気泡が熱処理時に膨張することで発生すると考えられている。その前段階として，ブリスタの起点となり得る小さな亀裂や気泡

— 257 —

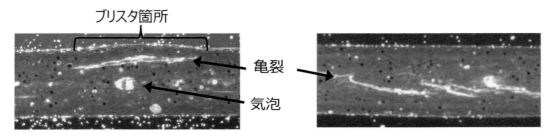

図4　ブリスタ箇所の断面（リフロー処理後）　　　図5　断面の亀裂（リフロー処理前）

は成形時の充填状態などに起因して形成され，金型から離型する際の抵抗力に起因してさらに大きな亀裂へ成長すると考えられる。

当社ではブリスタ発生機構の解明を開発にフィードバックし，ブリスタ発生を抑制したグレードを，SMTコネクタ向けにラインナップし，広く採用されている（**表4**）。

3.3　ブリスタを抑制する射出成形技術

LCPの射出成形においてブリスタを抑制するためには，気泡の巻き込みを低減することと製品内部の亀裂を低減することが肝要である。いずれの事象に対しても射出速度を低減するなどして低射出圧での成形条件とすることで良化の方向に向かう可能性は高いが，薄肉製品での使用が必然的に多くなるLCPの射出成形においては設計の制約により射出圧力を低減させることが困難であるケースも多い。

以下では，LCPの射出成形時の主要条件とブリスタ発生率との関連性について評価した結果を示す（**図6～8**）。

- 射出速度の影響（図6）：低速度域ではブリスタ発生率は低い。一方，高速度域ではブリスタ発生率は増加する。これは，高速度域では型内エアーが抜けにくく，エアー巻き込みが増加することに起因すると考えられる。
- 成形温度の影響（図7）：融点に対し，過剰に温度を上昇させることでブリスタ発生率が増加する。これは，過剰な粘度低下が起き，充填時のエアー巻き込みが増加するためと考えられる。一方で，融点近傍ではブリスタ発生率は低く抑えられる。ただし，樹脂が十分に融けきらないことによる他の不具合が想定される。ハナタレなどによってノズル温度を下げる場合でも，シリンダ中部などを融点+10～30℃程度に設定することを推奨する。
- 金型温度の影響（図8）：金型温度が低い（40℃）ときにブリスタ発生率は増加する。これは固化が速くなりすぎるためにエアー抜けが不十分であるためと考えられる。また金型温度が過剰に高い（140℃）ときにもブリスタ発生率は増加する。これは，高温では金型からの離型時に固化が十分進行せず，離型の際の抵抗力に耐えられず亀裂の発生が起きやすくなることが原因と考えられる。LCPのガラス転移点は約110～130℃といわれており，ガラス転移点近傍またはそれ以上の金型温度ではブリスタ発生率が増加すると考えられる。

表 4　UENO LCP の SMT コネクタ向け LCP のラインナップ

		単 位	試験規格	UX101 高流動 GF+MD 35	6130GM(GS) 高流動+高耐熱 GF+MD 30	UX207 超高流動 GF+MD 30	UM029 超々高流動 GF+MD 25
機械強度	比 重	-	ASTM D792	1.69	1.63	1.62	1.59
	引張強さ	MPa	ASTM D638	111	160	120	157
	引張伸び	%	ASTM D638	2.8	2.8	3.0	2.9
	曲げ強さ	MPa	ASTM D790	135	170	140	162
	曲げ弾性率	GPa	ASTM D790	8.6	11.6	9.0	11.5
	Izod 衝撃値<ノッチ付>	J/m	ASTM D256	110	190	170	176
	荷重たわみ温度	℃	ASTM D648	254	275	250	241
燃焼性	燃焼性	-	UL94V	V-0@0.75 mmt	V-0@0.75 mmt	V-0@0.75 mmt	V-0@1.5 mmt
成形特性	0.1 mmt 流動長	mm	上野法	8.3	10.2	11.6	14.9
	ブリスタ発生数※1	%	上野法	15	7	9	4
	そり変形量※2　加熱前	mm	上野法	480	450	470	290
	そり変形量※2　加熱後	mm	上野法	1020	1220	1060	860

※1　過酷な試験片形状・成形条件での結果。50%以下が SMT 対応可能と判定。
※2　過酷な試験片形状での結果。

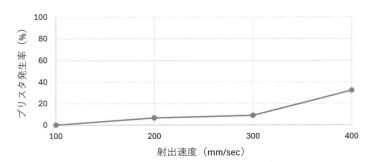

図6 射出速度とブリスタ発生率

※記載がない場合，以下の条件を標準とする。
・射出速度：300 mm/sec
・成形温度－成形材の融点：30℃
・金型温度：80℃

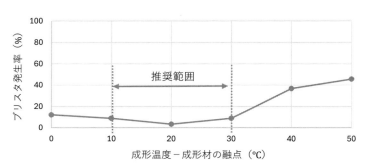

図7 成形温度とブリスタ発生率

※記載がない場合，以下の条件を標準とする。
・射出速度：300 mm/sec
・成形温度－成形材の融点：30℃
・金型温度：80℃

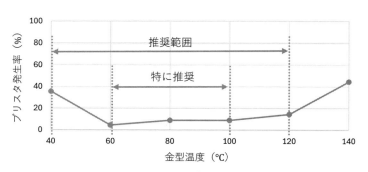

図8 金型温度とブリスタ発生率

※記載がない場合，以下の条件を標準とする。
・射出速度：300 mm/sec
・成形温度－成形材の融点：30℃
・金型温度：80℃

4 低融点LCPの特徴と射出成形技術[1]

　当社はLCPのモノマーメーカでもある優位性を活かし，モノマー構成を工夫することにより，全芳香族でありながら低温加工性を特徴とした低融点LCPとしてAL-7000（融点180℃），A-8100（融点220℃），A-5000（融点280℃）をラインナップしている（図9）。

　この低融点LCPを他樹脂に添加することで，LCPの特性である耐熱性や強度，そして，これまであまり活かされていない特性でもあるガスバリア性や耐候性，振動減衰性を付与することができる。2017年に低融点LCPと他樹脂（PET，PP，PE）とのアロイ品「UENO TECROS®」を上市し，複数のユーザにて採用に向けた各種評価が進んでいる。

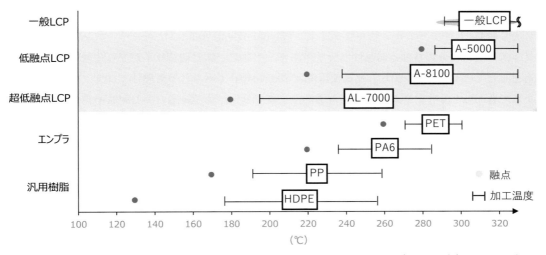

※一般LCPの融点：320℃以上

図9　各材料の融点と加工温度の比較

文　献
1) 鈴木准：プラスチックス，上野製薬㈱，6，53-57（2023）．

第1章　射出成形技術の進展

第10節　スーパーエンジニアリングプラスチックの高品質射出成形技術

第2項　PPSの特徴と射出成形技術

ポリプラスチックス株式会社　増谷　勇佑

1 PPS樹脂の概要と特徴

　PPS樹脂(ポリフェニレンサルファイド：Polyphenylene sulfide)はスーパーエンジニアリングプラスチックに分類される結晶性高分子であり，ベンゼン環と硫黄原子が交互に繰り返される構造を有している。融点280℃，連続使用温度200〜240℃で示される耐熱性に加え，難燃剤の添加なしでもUL94規格でV-0に相当する難燃性，ガソリン，オイルを含めた耐薬品性，低吸水率，低線膨張係数に由来する寸法安定性などがPPSの大きな特徴である。

　PPSの世界全体における販売数量は2023年で約14.5万トンと見込まれており，分野別では自動車分野64.6%，電気・電子分野23.5%，その他11.9%という構成比である[1]。特に自動車分野に関して，長期的にはHEVやPHEV，EVといったPPS成形品(モーターインシュレーター部品など)の搭載数の多いモデルがICEに代わって普及していくことへの期待もあり，今後も自動車分野がPPSの市場を牽引し続けるものとの見通しがなされている。

　PPSの主な用途として自動車部品においてはパワーコントロールユニット部品，電動ウォーターポンプなどが挙げられる。また，耐熱水性にも優れることから浴室・洗面所などに設置される水道の混合水栓や，給湯器の電磁弁といった水回り部品へも多く採用されている。

　PPSは構造により架橋型と直鎖(リニア)型に分類される。架橋型は化学架橋構造を有し，酸化架橋させることによって得られる一方，直鎖型は酸化架橋を行わずに直鎖状で高分子量化される。一般に架橋型は直鎖型と比較して耐薬品性に優れる傾向があり，射出成形においてはバリが発生しにくい一方で，靭性面に劣る。また，直鎖型は白色度が架橋型よりも高いため，着色が容易であるといった特徴もある。

　PPSはフィラーの高充填が比較的容易な樹脂である。一般には機械物性の強化のためにガラス繊維を30〜40%添加したグレードが標準的であるが，ガラス繊維と無機フィラーを60〜65%配合したようなグレードも上市されている。

　また，近年は部品の小型・軽量化要求を満たすため，樹脂と金属を一体成形する方法(インサート成形)が一般的となってきており，PPSは金属との親和性に優れる点から複合化技術に向く樹脂の1つである。このような用途では，金属と樹脂の線膨張率差に起因するヒートショック破壊の抑制が重要となる。そのため，市場では耐ヒートショック性の改善を図るために，より靭性を向上させたグレードも販売されている。

第1章 射出成形技術の進展

2 PPS の射出成形

2.1 PPS の一般的な射出成形条件

表1には射出成形における PPS の一般的な成形条件を示している。架橋型と直鎖型の間に条件面での大きな違いはない。数値は当社(ポリプラスチックス㈱)が販売する PPS 製品である DURAFIDE®※ PPS の射出成形における推奨条件を引用した。

表1　射出成形における PPS の一般的な成形条件

予備乾燥	120℃×5時間または140℃×3時間以上
シリンダ温度	(NH)320℃ − 320℃ − 305℃ − 290℃
金型温度	130〜150℃(実測)
射出速度	30〜100 mm/sec
保圧力	50〜80 MPa

PPS 自体は吸湿性の少ない樹脂であるが,ガス由来の外観不良やドローリングの防止などの観点から予備乾燥を設けることが望ましい。なお,過乾燥は樹脂の熱劣化に伴う物性低下を招くほか,無着色材の場合は変色の要因にもなり得るため,注意が必要である。

PPS は融点が280℃付近に存在するため,樹脂温度が300℃付近となるようにシリンダ温度を設定する必要がある。流動性および計量性を考慮すると,ノズルヒーターの設定で300〜320℃付近の設定,シリンダ後部は290℃付近とするような勾配をつけた設定が望ましい。

金型温度は PPS の成形において最重要な条件であり,実測で130〜150℃となるように設定することが望まれる。これは金型内での冷却固化過程において PPS の十分な結晶化を促し,材料特性を十分に発揮させるためである。PPS は室温よりも高い温度にガラス転移温度(T_g)を持つ樹脂であり,DSC(示差走査熱量測定)の結果からもおおむね80〜90℃の間に存在することが知られている(図1)。PPS に限らず結晶性高分子材料の射出成形において,金型温度が T_g 以下の場合,金型に流入した樹脂(特に成形品表面)は急冷されるため,分子鎖の運動性が低下することによって十分に結晶化が進行せず,その結果成形品における機械特性・耐薬品性などの低下を招く。冷却固化時の結晶化が十分に進行していない場合,成形後のアニール処理で一部緩和できる例もあるが,昇温時の冷結晶化に伴う結晶化度の増加によって成形品の寸法変化やそり・変形が生じるため,あまり好ましくはない。冷結晶化は,PPS においては DSC で120〜130℃近傍に明瞭な発熱ピークとして確認できる(図1)。一方で高すぎる金型温度は,成形サイクルの過度な延長や離型不良を招く。したがって,PPS の成形においては T_g 以上かつ冷結晶化温度以上の温度を前提に,成形時の離型性なども考慮して130〜150℃となるように金型温度を調節する必要がある。

射出速度と保圧力は,成形品の充填状態や外観の出来具合によって調整する設定値であるが,

※　DURAFIDE® は,当社が日本その他の国で保有している登録商標。

— 263 —

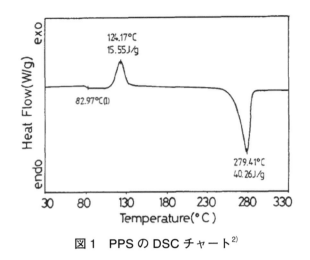

図1　PPSのDSCチャート[2]

固化過程での体積収縮分の樹脂補填と成形不良抑制の双方からも，ゲートシールを確保できる保圧時間設定の下で，可能な限り低速・低圧での成形が好ましい。PPSでよく見られる成形不良に関しては後述する。

2.2　PPS成形における鋼材選定

PPSの射出成形における注意点の1つとして，溶融時に硫黄系ガス，あるいは重合末端由来の塩素系ガスのような金属を腐食させるガスが生じることが挙げられる。加えて，市場のPPS製品の多くはガラス繊維や無機フィラーが添加されたものがほとんどであるため，鋼材の摩耗にも配慮しないといけない。そのため，PPSの射出成形を実施する際は，成形用金型および射出成形機のスクリュの鋼材として，耐腐食・耐摩耗性に優れた鋼材を選定する必要がある。一般に，鋼材中のCr(クロム)濃度が高いほど耐食性に優れ，鋼材中のC(炭素)濃度が高いほど高硬度であることが知られている。そのため，PPS用金型の鋼材選定としてはこの2点を満足したSUS系などの鋼材が好ましい。また，これらはプリハードン材(生材)としても使用可能な鋼材ではあるが，PPSの成形においては母材の高硬度化のために焼き入れといった追加の熱処理も必要である。

3　PPSにおける射出成形不良現象

3.1　成形時発生ガスに起因する不良(モールドデポジット(MD)，ガス焼け)

3.1.1　成形不良概要

PPSにおける射出成形で最も多い成形トラブルの1つに，金型へのモールドデポジット(MD)の堆積や成形品のガス焼けといった成形時発生ガスに起因する不良が挙げられる。MDとは，成形時に金型内に流入したガスや，成形品から染み出した成分が金型表面で冷やされることで，その一部が付着物となって析出する現象のことである(図2)。

PPSは加工温度が300℃を超える点や，諸特性強化のための添加剤などの影響もあり，成形時に生じるガスが比較的多い材料である。また，一般に製品部のキャビティよりも金型外へガスを

第1章 射出成形技術の進展

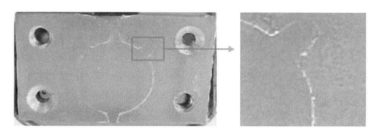

図2 モールドデポジット(MD)

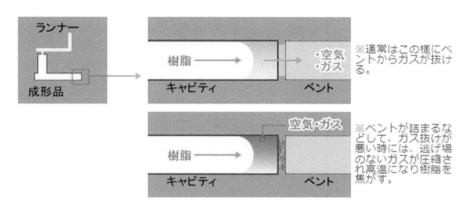

図3 ガスベント部におけるガス焼け発生メカニズム

逃がすことを目的に設けられたガスベント部への付着が市場において問題になる場面が多い。金型のガスベントは流動末端やウェルド部近傍に設けられることが多いが，このガスベントへのMD付着が過大になるとガスベントが閉塞し，成形時のガス逃げが不十分となってしまう。これにより発生する成形不良の最たる例が，ガス焼けである。

ガス焼けとは，成形時に成形品表面が焦げてしまう現象であり，流動末端や樹脂の合流部で生じやすい。金型内に元々存在した空気や成形時のガスの抜けが不十分である結果，断熱圧縮が生じることで瞬間的に500～600℃のような超高温まで到達してガス焼けとなる（図3）。焼けが生じる温度に到達しなかったとしても，樹脂と流動末端のキャビティ面との間には空気層が介在することとなるため，成形品はショートショット，あるいは転写不良のような見た目になる。

3.1.2 トラブルシューティング

ガス焼けのようなMDによるガスベント閉塞に起因する製品不良の対策として，金型側でのガスベントそのものの拡大が挙げられる。ただし，この対策は対症療法であり，根本的なMDの堆積抑制にはつながらない。ゼロにはできないが成形時の発生ガスそのものをいかに抑制するかが鍵となる。

成形時の発生ガスの抑制のためには，樹脂の熱分解を抑制することが重要である。成形条件での対策として，充填可能な範囲での樹脂温度の低下，すなわちシリンダ温度設定を下げることが挙げられる。可能であれば10℃程度設定値を下げるだけでも十分な効果がある。

また，樹脂の流速，特にゲート通過時の流速を下げることも効果的である。ゲートはキャビ

ティへの入り口であることももちろんだが，一般に金型内で最も流路が狭い部分であり，せん断発熱や流路縮小による形状起因の発熱が生じやすい。成形機側の設定としては射出速度を下げること，金型側であれば，ゲート点数の増加，ゲート径の拡大といった対策が効果的である。ただし，ゲート点数の増加については成形品中のウェルド部の増加による製品強度低下などが起き得るため，ゲートを設ける位置には注意が必要である。

この他，PPS成形時の樹脂置き換えが不十分であるためにシリンダやノズルに残留した物質がPPSの成形温度帯で分解し，ガス化することでMDの要因となる例もある。PPS成形時には適切なパージ材の使用といった，パージ手法の見直しも検討されたい。

3.2　バリ

3.2.1　成形不良概要

バリは金型の隙間に樹脂が入り込んでしまい，製品に余分な薄膜がついてしまう現象である。成形時に樹脂圧に負けてわずかに金型が開いてしまったパーティングライン面や，ガスベントや入れ子のような金型の隙間に樹脂が流れてしまうことで生じる（図4）。

市場におけるPPSのバリ不良は，ガスベントや入れ子の間といった，金型構造上どうしても隙間が開いてしまう箇所に樹脂が流れ込んで生じる場合がほとんどである。PPSには溶融粘度のせん断速度依存性が小さい，すなわち低せん断領域でも比較的流動性が良いという特徴があり，直鎖型のPPSほどこの傾向は大きい。これは薄肉の成形品を成形する場合には大きな利点となり得る部分であるが，PPSのバリ不良は，ある種この利点の裏返しであるといえる。

3.2.2　トラブルシューティング

バリの抑制のためには，充填時の樹脂圧を下げることが一番効果的である。そのために，射出速度を下げる，保圧力を低くする，といった対策をとることができる。また，充填状況によってはV-P切替位置を少し手前にすることでも効果が見られる可能性がある。

また，シリンダ温度を下げる，あるいは金型温度を下げることで樹脂の固化を速くすることでも対策が可能である。

3.3　離型不良

3.3.1　成形不良概要

離型不良は，成形品が正常に金型から取り出せない現象の総称を指す。成形品が可動側から突き出せない場合や型開時に固定側に取られてしまう場合，突き出した跡が成形品に残ってしまう場合など，形態はさまざまである。PPSは前述のように金属との親和性に優れる樹脂であるが，

図4　バリ不良例

第1章　射出成形技術の進展

それ故に離型直前に金型面と過度に密着している状態になってしまうと，結果として離型不良が生じてしまう場合がある。

3.3.2　トラブルシューティング

PPS における離型不良対策で重要なのは，金型温度の管理である。特に，コアピンなどの成形中に蓄熱しやすい箇所は注意が必要で，仮に150℃で金型温度を設定していたとしても，PPS は溶融状態で300℃以上の樹脂温度をもって金型内に流入するため，連続成形による蓄熱の結果，型構造によっては実温が200℃に達する箇所が現れる場合もある。そのため，PPS にとっては金型が高温になって金型表面をより転写しやすい環境となった結果，金型に貼りつくような現象が生じ，離型不良につながる場合も少なくない。そのため，樹脂温度を下げる，冷却時間の十分な確保，バッフルプレートなど金型を細部まで温度調節できる構造の導入，などの対策が望まれる。

また，コアピンや金属の立壁のような箇所への成形品の抱きつきや，ボス・リブ部，スプルーへの過充填なども離型不良要因として挙げられる。これらの改善のためには，成形条件面では適切な保圧力・保圧時間の設定，金型温度設定を行うこと，金型設計においてはテーパー角の確保，適切な冷却回路の搭載などが重要である。

4　おわりに

PPS は高機能化する自動車分野を中心に，今後も産業において重要なエンジニアリングプラスチックの1つである。当社は PPS コンパウンド製品を含めたエンジニアリングプラスチックのサプライヤーとしてだけでなく，エンジニアリングプラスチックのソリューションプロバイダーとして，材料技術のみならず，成形・加工・分析評価技術の開発にも積極的に取り組んでいる。当社が長年培ってきた PPS および射出成形に関する知見が，本稿を通して PPS の使いこなしにおける一助となれば幸いである。

文　献

1)㈱富士経済：コンパウンド市場の展望とグローバルメーカー戦略，167-176(2024).

2)K. H. Seo et al.：*Polymer*, 34(12)2524-2527 (1993).

第1章 射出成形技術の進展
第10節 スーパーエンジニアリングプラスチックの高品質射出成形技術
第3項 ポリエーテルイミドの特徴と射出成形技術

SHPPジャパン合同会社　海老沢　篤志
SHPPジャパン合同会社　木下　努

1 はじめに

1.1 ULTEM樹脂

ULTEM™樹脂は一般的にポリエーテルイミド（以下，PEI）と呼ばれ，General Electric（GE）社により開発された高耐熱性を持つ熱可塑性エンジニアリングプラスチックスである（図1）。ガラス転移点217℃，荷重たわみ温度が200℃と優れた耐熱性を有し，成形加工も比較的容易であるエンジニアリングプラスチックスであり，1982年に「ULTEM樹脂」として上市された。PEIはエーテル基とイミド基を有する非晶性のホモポリマーであり，優れた耐熱性，機械的強度，寸法安定性，自己消化性，低発煙性，耐薬品性，透明性，高い光屈折率，安定した電気特性，滅菌処理耐性，優れた加工性と金属との密着性などのさまざまな特徴を有しFAA準拠，FDA適合グレードや，医療用途適合グレード，水回り適合グレードなど，用途に応じた規格も取得していることから，たとえば，航空機内装部品，ヘッドランプリフレクター，赤外線レンズ，高耐熱コネクター，食品用途，医療用途などに採用されている（図2）。

1.2 EXTEM樹脂

EXTEM™樹脂は熱可塑ポリイミド樹脂でULTEM樹脂の特徴を有しながらガラス転移温度を247℃，267℃，さらに280℃近くの高温域まで改良をした超高耐熱性を持つ射出成形可能な熱可塑性エンジニアリングプラスチックスである。

図1　ULTEM樹脂ペレット

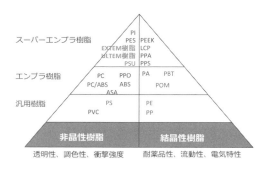

図2　ULTEM樹脂の位置づけ

1.3 SILTEM 樹脂

SILTEM™ 樹脂は ULTEM™ 樹脂の骨格の一部をシロキサン系のユニットを導入することで，高いガラス転移を維持しながら柔軟性を付加した材料になる。ケーブル被覆や添加剤としての実績を持つ。

一般グレードである ULTEM 樹脂 1000 系から耐薬品性改良の CRS シリーズ，ポリマーブレンドによる改質グレード，フィラー強化グレード，2022 年には Bio ベース由来の原料を使用したグレードを上市し，サスティナブルな材料など取り揃えている。

ULTEM 樹脂，EXTEM™ 樹脂，SILTEM 樹脂は，現在サウジ基礎産業公社（SABIC）スペシャルティ事業部にて製造販売をしている。

2 耐熱性と機械的物性

熱可塑性樹脂である ULTEM 樹脂，EXTEM 樹脂は非晶性樹脂であり，ポリマー骨格の違いによってガラス転移温度が 217℃ から 280℃ の高温に至る。荷重たわみ温度（HDT 1.82 MPa）では 198℃ から 255℃，ビカット軟化温度では 218℃ から 275℃ を示す。非晶性樹脂であることから，ガラス転移温度までの温度領域にて高い弾性率，強度を維持し，また線膨張係数（CTE）も低い数値のまま安定的である。一般的な非晶性樹脂のポリカーボネートのガラス転移点，約 150℃ と比べても，それより 70℃ から 130℃ 近く高いガラス転移点を示す ULTEM 樹脂，EXTEM 樹脂は，同様な非晶性樹脂の中でもほぼ最高レベルの耐熱性を示し，ポリカーボネートなどでは耐熱が足りない用途での採用が多い。

機械的特性においては特に強度と弾性率が高く，充填剤などの強化をすることなく，引っ張り強度 110 MPa，曲げ弾性率で 3510 MPa と他の耐熱性樹脂と比べても高く，たとえばポリエーテルサルホン（PES）と比べても 17％ 高い強度を示し，薄肉製品設計でも同等の性能が出せる。また比重も 1.27 と PES の 1.37 と比べても軽く，さらなる軽量化が可能となる。図 3 は ULTEM 樹脂と他樹脂との引っ張り強度の相対比較である。

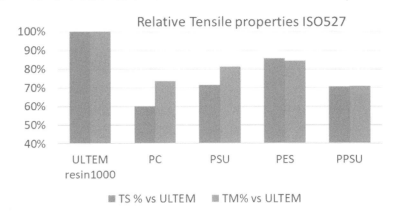

※口絵参照

図 3　ULTEM 樹脂と他樹脂との比較

図4　メガネフレーム　　　図5　ジューサースクリュー

　限界酸素指数も47と非常に高く自己消化性材料であり，難燃剤添加なしでも最高でUL94にてV-0 0.25 mmを達成する。燃えたときに発生するガスも少なく，またそのガスの有毒性が低いことから，航空機の内部部品プラスチックス材として多く使われている。
　非晶性樹脂の中では優れた耐薬品性と耐加水分解性があり，耐滅菌特性にも優れ，食品用途，医療用途，飲用水関係の規格などに準拠，メガネのフレームや，ジューサーのスクリューなど多くの採用実績がある（図4，5）。また誘電率や誘電正接，絶縁破壊強度などの電気的特性も幅広い温度範囲，周波数帯で安定した特性を示すことから，電気電子部品などにも多くの採用実績がある。
　EXTEM™樹脂はULTEM™樹脂の特性を維持しながらさらに耐熱性を上げたことで，透明性を維持しながら鉛フリーはんだ付け工程に対して使うことができ世界初の透明熱可塑性樹脂になる。今までは耐熱が不十分だったため，光レンズなどの部品などは基盤のはんだ付け工程をしたのちに設置をしていたが，耐熱が上がったことで，版画工程前に位置決め設置でき工数の削減が可能となる。図6はEXTEM樹脂で成形されたCPOレンズ，図7はEXTEM樹脂のDMAによ

 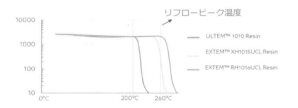

図6　EXTEMレンズ　　　　　　　　　　　　　　　　　　　※口絵参照

図7　EXTEM樹脂の耐熱性

る弾性率の温度依存データ，**図8**はEXTEM樹脂で作られたCPOレンズのリフロー試験テスト前後での寸法変化である。

SILTEM™樹脂は高い耐熱性と柔軟性を持つことから，電線被覆などのフッ素樹脂代替材として注目されている(**表1**)。

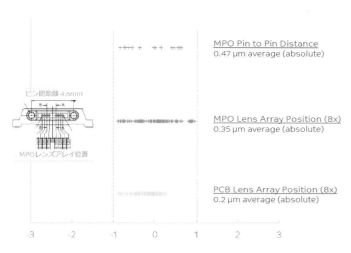

図8　3×260℃リフロー後の寸法変化(um)

表1　SILTEM樹脂と他樹脂との比較

特性	材料 試験方法	SILTEM™樹脂 STM 1500	STM 1600	STM 1700	ULTEM™樹脂 1000	フッ素樹脂 FEP	ETFE	PVDF	PEEK
ノンハロゲン		++	++	++	++	−	−	−	++
燃焼ガスのpH	IEC 60754-2	5.7	5.7	5.7	++	2.3	2.6	−	++
難燃性(酸素指数)	ASTM D2836	48	48	48	48	90	31	44	35
煙密度	ASTM E664	0	0	+	++	+	−	−	+
ガス毒性		+	+	+	0	−	−	−	++
曲げ弾性率	ISO 178	470	1250	2000	3200	600	1100	2100	4100
引張伸び	SABIC internal(%)	150	120	80	60	>200	>200	>200	40
摩耗		−	0	0	++	0	+	+	++
誘電率	100Hz - 1MHz	3.1	3.1	3.1	3.1	2	2.7	?	3
押し出し性		++	++	++	+	-	-	0	0
比重	g/cm³	1.18	1.19	1.2	1.27	2.1	1.72	1.8	1.32
コストインパクト	$/ liter	0	+	++	+++	0	+	+	−
使用温度	℃	130	150*	150*	170**	200	150	150	200

3 成形加工

ULTEM™樹脂，EXTEM™樹脂は，高耐熱非結晶性樹脂にもかかわらず成形加工性に優れており，複雑な形状，薄肉や寸法精度の厳しい部品の精密射出成形に適している。また，特別な装置を用いることなく，射出成形，押出成形やブロー成形，低発泡成形が可能である。

3.1 流動特性

図9は，ULTEM1000の溶融時の粘度特性を示したものである。

ULTEM樹脂は，低い剪断速度ではニュートンフローを示し，高い粘度を持ち，結果として押出成形や，ブロー成形に適した高い溶融粘度が得られる。逆に高いせん断速度では，速度変化により粘度が大きく変化して，0.25 mmくらいの薄肉成形も可能になる。

優れた熱安定性は，樹脂温度を上げることにより，複雑な形状の製品を成形するために必要な粘度低下を容易に可能にする。剪断速度依存性が大きいことは，射出速度を上げることで，極端な分子配列を防ぎ，成形残留応力が少なく，配向性のない製品を作ることができる。図10に各種ULTEM樹脂の流動性を示す。

3.2 成形設備

3.2.1 成形機

ULTEM樹脂は，通常の射出成形機で十分成形することができるが，インラインスクリュータイプの方がプランジャータイプよりも適している。

成形機の射出容量は，ランナーやスプルー部分を含んだ製品の総重量が，射出容量の30～70%のものを選定する。大きな容量を持つ成形機で小さな製品を成形すると，不必要に樹脂がシリンダー内に滞留し焼けなどの原因になる。シリンダー温度は，ほとんどの場合通常仕様の成形機で成形可能であるが，超薄肉成形品や流動距離の長い成形品などの成形には，400℃以上の温度設定が必要になるので，そのような成形には420℃以上設定可能な高温度設定仕様にする。

EXTEM™樹脂は，さらに高温度成形になるため，シリンダー温度は430℃以上設定可能な仕様にする。

型締力は，成形品肉厚が1.5 mm未満の薄肉成形の場合，成形品の投影面積1 cm²あたり0.5

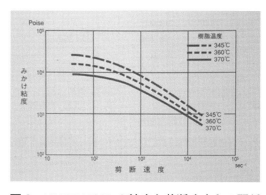

図9 ULTEM1000の粘度と剪断速度との関係

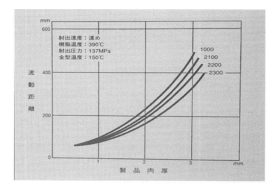

図10 ULTEM樹脂の流動性

~1.0 トン，成形品肉厚が 1.5 mm 以上の場合，投影面積 1 cm² あたり 0.3～0.5 トンになる成形機の選定が必要である（図 11）。

3.2.2 スクリューデザイン

スクリューは径にもよるが，L/D が 20～24，圧縮比が 2.0～2.3 が一般的である。短い供給部（5 フライト）と一定のテーパーを持った長めの圧縮部（11 フライト）とそこからつながる短い計量部（4 フライト）のデザインが適切である。急激な圧縮をすると過剰な剪断を起こし，材料劣化の原因になるので圧縮部は緩やかな一定のテーパーになる設計が必要である。

ガラス繊維強化材料を成形する際は，摩耗性を考慮したシリンダーやスクリューの使用を推奨する。窒化処理した鋼材の使用や高圧縮タイプについては推奨できない。

逆流防止リングは，樹脂が通るための間隔を両側にそれぞれ少なくとも 3 mm，リングの移動間隔が 5 mm 以上のスリッピングタイプのものが良く，また，リングの間隔がスクリュの溶融部の流動面積と等しいことが適している（図 12）。ボールチェックバルブは不向きである。

3.2.3 ノズルデザイン

オープンタイプのノズルがキャビティ内圧力を最大にすることができるため，使用することを推奨する。

ノズル口径は，4.5 mm 以上でスプルー口径より 0.5 mm 以上小さく，ランド長が 4～5 mm のものが適している。溶融樹脂の固化を防ぐためにできるだけ短いことが望ましく，温度は，個別のヒーターと温度制御が不可欠で ULTEM™ の溶融温度範囲に保つためにヒーター容量の大きい加熱システムが必要である（図 13）。ミキシングノズルやシャットオフノズルの使用は不推奨である。

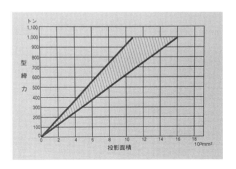

図 11 型締力

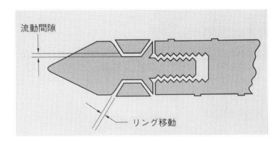

図 12 逆流防止リングデザイン

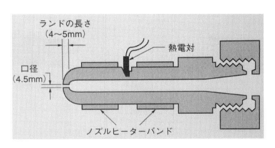

図 13 ノズルデザイン

4 成形条件

ULTEM™樹脂，EXTEM™樹脂は，その良好な流動特性のために成形性に優れている。そのため複雑な多数個取りの金型での使用にも適しており，さらには，高い剪断速度では速度変化により溶融粘度が大きく低下するため，0.25 mm もの薄肉製品の成形も可能である。剪断速度依存性が大きいということは，射出速度を上げることで極端な分子配列を防ぎ，成形残留応力が少なく，配向性のない製品を作ることができる。また，加工の許容範囲が広いため，以降に成形条件の標準的な設定について説明する。

4.1 予備乾燥

優れた特性と良好な外観を得るためには，十分な乾燥が必要である。

乾燥機は，除湿乾燥機を推奨するが，循環式熱風乾燥機でも乾燥可能である。

●乾燥条件
- 乾燥温度　ULTEM樹脂 150～160℃，EXTEM樹脂 160～170℃
- 乾燥時間　4～6時間
- 水分率　0.02％以下
- 露　点　30～40℃以下
- 24時間以上の乾燥は避ける
- 再吸湿による外観不良や物性低下を避けるためホッパーに投入する樹脂量は，ULTEM樹脂は30分以内，EXTEM樹脂は15分以内で使い切る量にする

4.2 溶融温度

ULTEM樹脂は，優れた熱安定性を有しており，成形温度幅が広いため，樹脂温度を上げることで，形状の複雑な製品の薄肉部への充填が十分可能である。温度設定は，成形機の種類，金型デザイン，製品設計などで異なるが，一般的な溶融温度範囲は340～415℃と幅広い温度で成形が可能であるが，ほとんどの用途に適した標準的な溶融温度は360～385℃である。

シリンダーの温度設定は，樹脂に対して無駄な熱履歴を避けるために，成形機の最大射出容量に対して1ショットあたりの実射出容量の比率によって変える必要がある。図14に1ショットあたりの使用量に対するシリンダー温度の設定例を示す。

図14　シリンダー設定温度例

ホッパー下の冷却温度は，あまり重要視されないことがあるが，安定した材料供給をするためには，70～100℃の設定が必要である。

4.3 金型温度

ULTEM™ 樹脂，EXTEM™ 樹脂は，常に温度制御された金型で成形する必要がある。金型温度は，表面温度でULTEM樹脂の場合120～180℃，EXTEM樹脂の場合150～200℃の範囲が適している。

高い金型温度設定は，流動性を良くし外観向上の手助けだけでなく，残留応力を減らして耐熱性や耐環境特性の改善につながる。逆に低い金型温度設定は，成形サイクルを短縮できるが，流動性を悪くし残留応力が高くなり長期物性に影響を及ぼす可能性がある。

均一な金型温度制御は，サイクルタイムと製品特性の最適化に重要であり，最大の温度差はキャビ・コア共に金型表面全体で5℃以下にする必要がある。金型温調機は，キャビ・コア個別に温度制御ができるよう，別々の温調機の使用を推奨する。

温調システムは，従来の水温調機の能力を超えているので，以下の4つの方法を推奨する。
・オイル循環式温調機
・加圧水タイプ温調機
・パルス冷却システム
・電気ヒーター

図15に金型温度を精密制御するための推奨金型デザインを示す。
・モールドベースがプラテンと接触しないよう断熱板を使用
・冷却チャンネルサイズは，直径8～13 mm（液体タイプの温調機）
・冷却チャンネルは，キャビティとコア表面から10～15 mmの位置に配置
・冷却チャンネル間の最大距離は40 mm

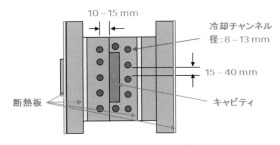

図15　推奨金型デザイン

表2にULTEM™樹脂，EXTEM™樹脂の推奨成形条件を示す。

4.4 射出速度

射出速度を最速にすると一般に流動長が長くなり，肉厚の薄い部分に樹脂が充填され，表面仕上げが良好になる。エッジゲートの成形品でスプレーマークやジェッティングを防ぐ場合は，充填速度を遅くすることを推奨する。肉厚の厚い成形品では，充填速度を遅くすることでひけやボイドを減らすことができる。ULTEM™樹脂ブレンドでは，ゲート部分での剪断速度を最小化するため，射出速度を実用上最も遅い速度にする必要がある。

ピンゲートやサブマリンゲートなどゲート径が小さい場合は，プログラム射出を使用しゲートでの剪断速度を小さくするよう多段射出速度設定を推奨する。開始時の射出速度を遅くすることで，ゲートブラッシュ，ジェッティングや材料の焼けを軽減することができる。

表2 推奨成形条件

Typical Grades	ULTEM	強化 ULTEM	ULTEM ブレンド	EXTEM	EXTEM
	1000 series CRS50XX 4001 8015	2/3/4/7000 Series CRS51XX, 52XX, 53XX AR9300	ATX Series HTX Series LTX Series 9000 Series	UH Series	XH Series
乾燥温度(℃)	150	150	135	175	175
乾燥時間（hrs.）	4〜6	4〜6	4〜6	6	6
ホッパー温度（℃）	150〜175	150〜175	150〜175	175〜225	175〜225
後部(℃)	330〜370	345〜370	315〜325	380〜390	360〜385
中部(℃)	340〜400	345〜400	325〜345	390〜405	375〜400
前部(℃)	345〜400	350〜400	340〜370	395〜415	380〜410
ノズル(℃)	345〜400	350〜400	340〜370	395〜415	380〜410
溶融温度(℃)	350〜400	350〜400	340〜370	400〜415	380〜410
金型温度(℃)	140〜170	140〜180	120〜150	150〜200	150〜200
スクリュー速度(mm/s)	200〜250	200〜250	200〜250	200〜250	200〜250
背圧（MPa）	3〜7	3〜7	3〜7	3〜7	3〜7

4.5 射出圧力

実際の射出圧力は，溶融温度，金型温度，成形品の形状寸法，肉厚，流動長，その他金型および機器に関する事項など，さまざまな要因によって決まる。一般的には，必要な特性，外観および成形サイクルが得られる最低の圧力にするのが適切である。図16に標準的な圧力の範囲を示

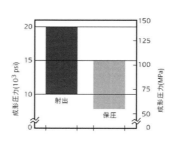

図16 標準的な射出圧力

すが，超薄肉成形の場合，さらに高い射出圧力が要求されるため250MPa以上の能力のある成形機を使用する必要がある。

4.6 スクリュー回転数

スクリュー回転数は，冷却時間全体を通じてスクリューが回転し，なおかつ全体のサイクルが遅れないように調整する。目安として，冷却時間タイムアップの1～2秒前に計量が完了するように回転数を設定する(**図17**)。強化グレードを成形する場合は，スクリュ回転速度を遅くすることで，過疎化によりガラス繊維の折れが低減できる。

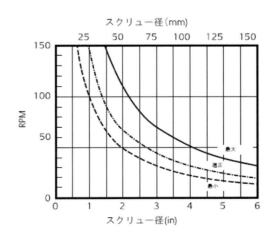

図17　推奨されるスクリュー回転数

4.7 背圧

均一な溶融を促進し，ショットサイズを一定に保つため，背圧は3～7MPaにする。溶融混錬を改善するために背圧を上げると溶融温度が高くなり，材料の劣化やスプレーマークが発生する場合があるので，必要以上に上げることは避ける。強化グレードを成形する場合は，背圧を下げることで，過疎化によるガラス繊維の折れを低減できる。成形品の外観にシルバーストリークやスプレーマークなどの問題が起らないように，減圧とサックバックは最小限にとどめる。

5　おわりに

ULTEM樹脂は，持っているその特性から自動車，航空機，光通信，医療機器などさまざまな用途に使われている。また，軽量化や部品の統合化を目的として金属からの代替えなど，さらなる新しい用途への展開が可能である。

ULTEM™樹脂，EXTEM™樹脂，SILTEM™樹脂はSABIC社でのみ製造・販売している素材であり，そのユニークな特徴から適切に成形加工ができるよう各国に成形のエキスパートを配置して，金型設計，成形機や乾燥機の選定や成形条件，成形後の製品への加工など，きめ細かい技術サポートも行っている。

第1章　射出成形技術の進展

第10節　スーパーエンジニアリングプラスチックの高品質射出成形技術

第4項　PEEKの特徴と射出成形技術

ポリプラ・エボニック株式会社　磯野　弘明

1 はじめに

　PEEKはポリアリールエーテルケトン(PAEK)といわれるポリマー群に属する樹脂であり，融点が約340℃，ガラス転移点が約140℃で，熱可塑性樹脂の中では最も優れた耐熱性を有したスーパーエンプラである。特徴としては，他のエンプラはガラス転移温度を超えたあたりから物性が著しく低下するが，PEEKはガラス転移温度を超えても，その物性の下降線が比較的なだらかということが挙げられる。そのため，高温で大きな負荷がかかるような過酷な環境下でも高い強度や靭性，優れた摺動特性を発揮する樹脂といえ，その高い信頼性から，従来自動車分野においては，エンジン付近などの高温部や重要保安部品パーツとして多く使用されている。当社(ポリプラ・エボニック㈱)が取り扱っているベスタキープ®(VESTAKEEP®)の一般物性表を**表1**に示す。PEEKは優れた摺動特性，耐薬品性，高い機械物性，寸法安定性に加え，火炎，煙，毒性物質の排出量が少ないなど，非常にバランスが取れたポリマーである。自動車以外では，その高い耐薬品性や純度から，半導体の製造装置部品として採用されている他，人体への適合性の高さから医療分野(インプラント含む)にも多く採用されている。

　また，昨今世界的に環境配慮型材料への高い関心が持たれているが，サステナブルな材料としてPEEKが提案できると考えている。本稿では，当社で測定したベスタキープ® PEEKのリサイクル性の評価データも共有する。PEEK自体は石油由来の樹脂であり，原料をバイオマス由来に変更することは，現時点の技術では非常に困難を極める。一方，PEEK自体の熱安定性は非常に優れていることから，熱履歴が複数回かかっても，著しい分子量の低下が見られない，数少ない樹脂である。リサイクルを積極的に活用することで，CO_2の排出量も減らし，かつコストダウンへも寄与することが期待される。

　以下より，PEEKの射出成形における注意点そしてPEEKのリサイクル特性について説明する。

2 PEEKの射出成形における注意点

　PEEKの射出成形における他のエンプラとの差異について，特に注意すべき2点について述べる。まず1つはその加工温度の高さのために特殊な設備が必要であるという点で，もう1つは結

表 1　PEEKの一般物性

特　性	条　件	規　格	単　位	ベスタキープ®2000G	ベスタキープ®L4000G	ベスタキープ®5000G	ベスタキープ®-JZV7402	ベスタキープ®-JZV7403
比重	23℃	ISO1183	—	1.30	1.30	1.30	1.30	1.30
引張降伏強度	23℃		MPa	100	94	93	100	100
引張降伏伸度			%	6	5	5	7	7
引張破断強度	23℃ 50% Rh	ISO527	MPa	80	75	78	80	80
引張破断伸度			%	25	30	> 40	30	40
引張弾性率			MPa	3,700	3,600	3,600	3,500	3,600
曲げ強度	23℃	ISO178	MPa	150	145	140	150	140
曲げ弾性率	50% Rh		MPa	3,500	3,400	3,300	3,500	3,300
ノッチ付きシャルピー衝撃強度	23℃	ISO 179/1eA	kJ/m^2	5	7	9	5	7
	−30℃			5	6	9	5	6
MVR	380℃ 5 kg	—	cm^3/10 min	70	12	8	65	18
グレード概要	—	—	—	低粘度 PEEK 標準グレード	中粘度 PEEK 標準グレード	超高粘度 PEEK 標準グレード	低粘度 PEEK ハイサイクルグレード	中粘度 PEEK ハイサイクルグレード

プラスチック射出成形技術大系

晶化が遅いという特徴から，PEEK の物性を最大限引き出すためには工夫が必要であるという点である。次よりその詳細を説明する。

2.1　高い加工温度

表 2 に PEEK 成形時の一般的な温度設定を示す。PEEK は融点が 340℃ であり一般的に射出成形機のシリンダ温度は 380℃ 以上を推奨され，繊維強化グレードや高粘度のグレードについては安定した成形のために 410℃ 以上までの昇温を求められる場合がある。そのため通常の成形機ではヒーターの容量が足りず，高温仕様の成形機が前提となる。

また，PEEK は 140℃ 付近にガラス転移点があること，そして後述するように結晶化に時間がかかるという特徴から，金型についても 200℃ 程度まで加熱する必要があり，金型設計における材質や使用できるグリスなどにも制限がある。特に温調は電熱ヒーターを使用し，温度の安定化のために断熱板を設置する必要があるため，他の樹脂で使用している金型をそのまま流用することは困難だといえる。

成形機の温度が高いために使用するパージ剤についても注意が必要である。黒色材や繊維強化の PEEK から材料変更をする場合に，やはり有効なのは高粘度なパージ剤を使用することである。一般的な市販の高温用パージ剤では温度に制限があり，成形時の温度での直接使用が不可能である場合がある。そういった場合には当社の超高粘度 PEEK であるベスタキープ® 5000G の使用が推奨される。

2.2　結晶化の遅さ

分子量によりある程度の違いはあるものの，PEEK の結晶化速度は遅い傾向にあり，金型温度や冷却時間が成形品の性能に大きく影響する。図 1 に非強化材料であるベスタキープ® 2000G の金型温度と成形品の比重の関係性を示す。結晶化の進行により成形品の比重は大きくなるため，同じ冷却時間で比較すると金型温度で結晶化度が大きく異なることがわかる。

成形後に結晶化度をより向上させるため，アニール工程を採用する場合もある。成形品をガラス転移温度以上の高温に長時間置くことで，非晶部が運動性を持ち結晶化が進行する。このとき，成形直後の状態よりもさらに収縮が進むため，アニール後の最終的な寸法を考慮した設計をする必要がある。PEEK のさまざまなグレード，アニールの有無などを含めて比重と引張降伏強度をまとめたグラフを図 2 に示す。アニールの効果も含め比重により物性を議論できることがわかる。このように十分な結晶化度となるよう，成形条件を設定したりアニールを採用したりすることで PEEK 本来の物性は発揮される。

また，物性以外でも結晶化の遅さにより冷却時間が不十分であると成形品の剛性が足りず，突き出し時に変形するという不具合が発生することもある。特に寸法精度などが求められる製品で

表 2　PEEK 成形の温度設定

設定パラメータ	単位	標準的 POM	ベスタキープ® （非強化）	ベスタキープ® （強化）
シリンダ温度	℃	180～210	380～400	380～410
金型温度	℃	60～80	180～200	180～200

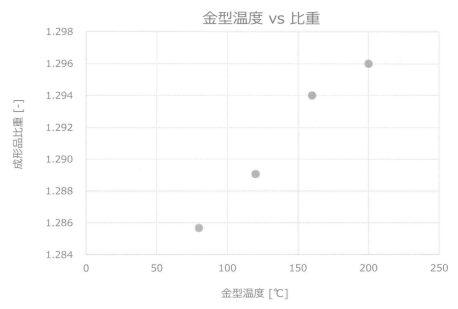

図1　金型温度と成形品比重の関係性

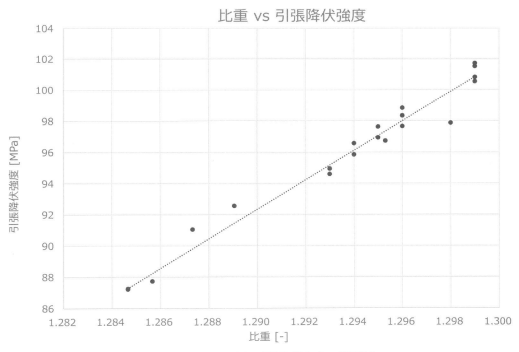

図2　成形品比重と引張降伏強度の関係性

はこの離型変形は致命的であるため，適切な冷却時間の設定が必要である。

　PEEKの結晶化の遅さは成形性の点ではマイナスが目立つが，物性面ではプラスに働くこともある。射出成形品の性能に大きく影響するウェルド強度が非常に高いことがその一例である（**表**

表3 PEEKのウェルド強度

ベスタキープ® グレード	グレード 概要	ウェルドなし 引張降伏強度[MPa]	ウェルドあり 引張降伏強度[MPa]
2000G	低粘度・非強化	100	99
L4000G	中粘度・非強化	96	95
2000CF30	低粘度・CF強化	235	100
4000CF30	中粘度・CF強化	236	111

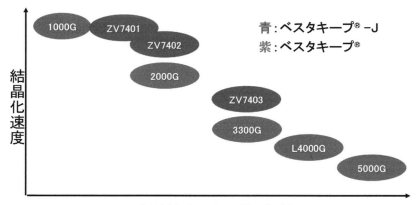

※口絵参照

図3 非強化PEEKのラインナップ

3)。特に非強化グレードでは，ウェルドの有無でほとんど強度に変化がないことがわかる。繊維強化グレードについてはウェルドによる強度低下が見られるが，ベース樹脂の溶融粘度が高いベスタキープ®4000CF30の方が優位である。

溶融粘度（分子量，靭性）と結晶化速度の関係のグラフ上に，当社の非強化PEEKグレードのラインナップをプロットしたものを図3に示す。射出成形における生産性の観点からいえば，結晶化速度が速い低粘度PEEKが望ましく，ウェルド強度や靭性，長期物性などでは高粘度PEEKが優れるといえるため，用途に合わせて最適なグレードの選定が必要であるといえる。

2.3 真空ボイドの発生原因とその対策

PEEK成形の特徴的な成形不具合である真空ボイドについて，原因と対策例を紹介する。

PEEK成形において非常に難易度が高いのが厚肉の成形品である。厚肉成形品は型内で十分に冷却したように思えても，内部がまだ高温のままである場合がある。その場合型から取り出された際に十分に結晶化できていない状態で内部が急冷となり，樹脂の急激な体積変化に耐えられず割れが生じ，ボイドが形成される。ガスの巻き込みのようにランダムな位置に発生するボイドと異なり，成形品の厚肉部の決まった箇所に発生することが真空ボイドの特徴である。図4に歯車形状における真空ボイドの例を示す。左が歯車成形品の形状を示しており，右がX線CTを用いて観察した成形品内部のスライス像である。ゲートから離れて圧力がかかりにくい，かつ歯車における最も厚肉となっている歯元付近でボイド（暗部）が発生していることがわかる。

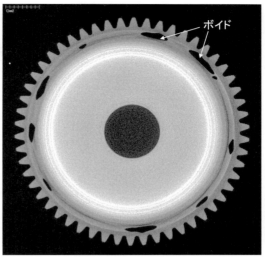

図4　PEEK歯車成形品の真空ボイド

　真空ボイドの対策としては成形品の充填密度を高くするために保圧力を高めたり，保圧時間を延ばしたりすることや，冷却時間を延ばすなどが挙げられる。保圧による改善を図るためにはゲートシール時間を考慮する必要があり，ボイドのリスクを低減するためにはゲート径を大きくしておくことが有効であるといえる。

3　PEEKのリサイクル特性

　PEEKは前述のとおり優れた特性を持つ熱可塑性樹脂であるとともに，非常に高価でもあることから再生材の使用が期待される材料である。PEEKの加工温度は400℃にも及ぶため熱による劣化が懸念される。PEEKを空気雰囲気下で加熱した場合，400℃以上でもほとんど分解による重量減少がないことが熱重量測定（TG）により確認されている（図5）。この高温安定性は再生材の使用を検討する上で非常に重要である。
　次より射出成形に関連性の高いリグラインド再生について説明し，PEEKリグラインド再生時の非常に高い物性保持率について紹介する。

● リグラインド再生による物性の変化

　射出成形において発生するスプルー・ランナーを粉砕し，その粉砕品をペレットと一定の比率でブレンドし，そのまま次の射出成形を行うリグラインドという手法が，最も簡易的な再生材の利用方法といえる。図6にリグラインドによる再生の概略を示す。ここで再生材の使用比率は製品に対するスプルー・ランナーの発生割合をもとに検討されるのが一般的であり，PEEKにおいては30〜70％程度にあたると考えらえる。表4に非強化材料であるベスタキープ®2000G（以下，2000G），ベスタキープ®L4000G（以下，L4000G）およびCF強化材料のベスタキープ®2000CF30（以下，2000CF30）の再生材割合を100％まで変化させたときの物性を示す。まず，非

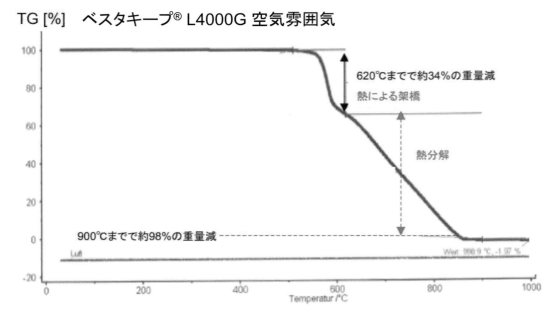

図5　高温化におけるPEEKの熱重量減少挙動

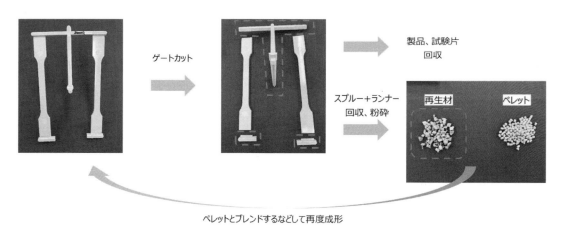

図6　リグラインドでの再生概略

　強化材料である2000GやL4000Gについては破断伸度を含めて再生材比率の増加による物性の変化が非常に小さく，100%再生材を使用した場合でもバージン材同等の物性を保持できていた。前述のTGの結果とも合わせてPEEKそのものについて熱劣化はほぼないといえる。続いてCF強化材料である2000CF30については，再生材比率によって明確に物性に変化が見られた。特に降伏強度に着目すると(図7)，再生材比率の増加に伴って低下しており，100%再生時にはバージン材と比較して約9%の強度低下が見られた。PEEKそのものの劣化がないことを考慮すると，この強度低下は成形や粉砕工程によるCFの破損の影響であると考えられる。このようにフィラーにより特性を付与しているような材料については，再生による物性変化に特に注意が必

表4 ベスタキープ®の再生材割合と物性

グレード	ベスタキープ® 2000G				ベスタキープ® L4000G				ベスタキープ® 2000CF30				
グレード概要	低粘度・非強化				中粘度・非強化				低粘度・CF強化				
再生材比率	0%	30%	50%	100%	0%	30%	50%	100%	0%	10%	30%	50%	100%
引張試験 弾性率[MPa]	3500	3730	3660	3650	3640	3560	3620	3590	23360	24100	23180	22260	22290
引張試験 降伏強度[MPa]	102	103	102	103	96	96	96	97	257	254	247	238	233
引張試験 降伏伸度[%]	6.1	6.0	5.7	6.1	5.5	5.5	5.5	5.6	1.8	1.8	2.0	2.1	2.1
引張試験 破断伸度[%]	11.3	9.9	10.7	14.4	15.0	16.3	17.1	14.7	1.8	1.8	2.0	2.1	2.1

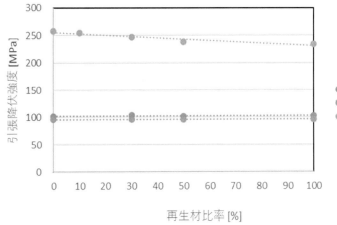

※口絵参照

図7 再生材比率と引張降伏強度の関係

要であるといえる。

　リグラインドによる再生を行う場合には，粉砕品の形状が不揃いなことによるハンドリング性の悪さなどが懸念される。押出成形や射出成形においては材料の供給安定性が重要となる場合が多く，再生材の割合が多くなることでスクリュへの入り込みに問題がある可能性がある。その場合には再度ペレタイズを行うことで形状を整えるリペレットという再生方法を採用するべきだといえる。その他にも粉砕時のコンタミのリスクなども含めて対策が必要となるが，今後の再生材要求に対応できるような技術的データの積み重ねを進めていきたい。

4 おわりに

　PEEK樹脂については，加工温度の高さと結晶化速度の遅さという2点注意すべき特徴があるものの，射出成形の基本については他樹脂と共通であり，ノウハウを活かすことも可能である。

プラスチック射出成形技術大系

PEEK 樹脂の応用は広範囲であり，昨今では EV の開発や半導体産業の活況に伴い，高温環境や薬品が接触する環境下での耐摩耗性などが要求される分野での重要性が増している。世界的には今も PEEK 樹脂の成形法として，押出成形で製造された丸棒などからの切削加工が多く見受けられるが，射出成形を上手に活用することで材料コストが高いといわれている PEEK 樹脂においても，コストダウンを実現しさらなる普及が期待できる。

第1章　射出成形技術の進展

第11節　光学材料・グレージング材料の開発と射出成形技術

第1項　シクロオレフィンポリマー（COP）の特徴と射出成形技術

日本ゼオン株式会社　澤口　太一

1　はじめに

　シクロオレフィンポリマー（cyclo olefin polymer：COP）は，主鎖骨格に脂環構造を持つ飽和の炭化水素ポリマーである。COP はその特徴を生かし，光学レンズなどの光学部材，表示パネル部材，シリンジ，バイアルなどの医薬品包装材料およびマイクロプレートなどのバイオ用途，半導体容器などさまざまな分野に利用されてきた。近年，光学レンズ分野では，スマートフォン用のカメラレンズ，バイオ用途の分野では，マイクロ流路デバイスなど微細な形状の成形部材が求められるようになってきている。これらの精密部材を COP の射出成形で作製する際，成形機の射出樹脂温度，射出速度，保圧，金型温度など，COP の樹脂特性を最大限に発揮できる成形条件の設定が必要になってくる。

　本稿では，COP の光学用途，医療・バイオ用途への展開と COP の成形方法について紹介する。

2　シクロオレフィンポリマー（COP）

　COP は，環状オレフィン類をモノマーとして合成され，主鎖にシクロペンタン環とエチレンを交互に有する構造のポリオレフィンと定義されている。現在工業化されている COP には，主にノルボルネン誘導体をモノマーに用いた水素化開環メタセシス重合型 COP（図1（a））と，ノル

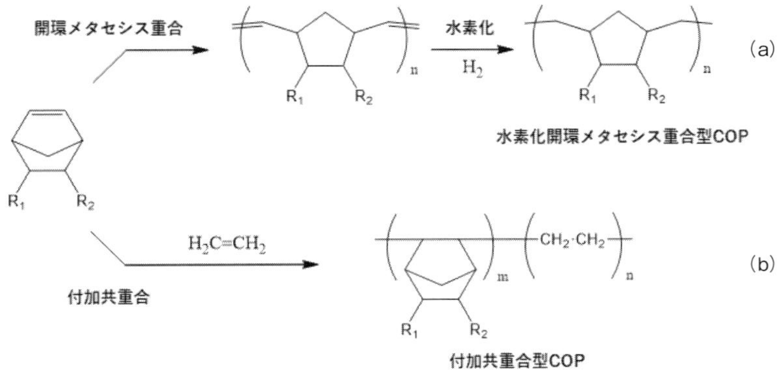

図1　工業化されている環状オレフィンポリマー（COP）

ボルネン誘導体とエチレンとをモノマーに用いた付加共重合型COP(図1(b))がある。当社(日本ゼオン㈱)が1990年より製造販売しているCOPは，前者の非晶質のノルボルネン開環重合体水素化物であり，ノルボルネン系モノマーをメタセシス反応触媒存在下で開環メタセシス重合(ring opening metathesis polymerization：ROMP)し開環重合体を得た後，重合体の二重結合を水素化することによって得られる[1)2)]。ここでは，当社が独自の技術で開発した水素化開環メタセシス重合型COPの原料および合成方法を中心に述べる。

2.1 COPの原料について

COPの原料であるノルボルネン誘導体は，ナフサの熱分解から副生されるC5留分中に豊富に含まれるジシクロペンタジエンを熱分解して生じるシクロペンタジエンと，各種オレフィンのDiels-Alder反応により，さまざまな置換基を有するノルボルネン誘導体モノマーを合成することが可能である(図2)。

2.2 COPの合成方法について

ノルボルネン開環重合体は，二重結合を多く含むため酸化されやすく，射出成形，押出成形などの熱処理時に容易に着色・不溶化してしまうため，そのままでは使用が難しい。そこで二重結合を水素化し開環重合体水素化物にすることで，水素化前よりも熱分解温度を約40℃上げることができ，熱安定性が高く，無色透明なポリマーを得ることができる。

また，ノルボルネン誘導体は，モノマーの置換基を選択することでポリマーの性状やガラス転移温度などを調整することが可能である。この一例として，**表1**に水素化開環メタセシス重合型COPにおける置換基の影響を示した。置換基の種類により，COPの結晶・非晶性，ガラス転

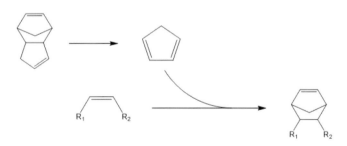

図2 ノルボルネン誘導体の合成

表1 水素化開環メタセシス重合型COPにおける置換基の影響

化学構造					
性状	結晶性	非晶性	非晶性	非晶性	非晶性
透明性	不透明	透明	透明	透明	透明
T_g(℃)	T_m：134	86	96	150	162

T_g：ガラス転移温度，T_m：融点

移温度を調整することができることがわかる。また，2種以上のノルボルネン誘導体の共重合も容易であり，任意の共重合体組成によりガラス転移温度などの物性をコントロールすることが可能となる。

3 光学レンズ材料としてのCOP

3.1 COPの光学レンズへの展開

近年，COPは光学レンズの分野で広く使われる材料となっている。COPを光学レンズに展開してきた理由としては，COPの基本特性が，光学レンズに求められる次の4つの基本的要素を満たしたためと考えられる[3]。

① 透明性，低複屈折性：高い情報の再現性
② 耐熱性：広い使用温度領域で高い信頼性
③ 低吸湿性，低寸法変化：使用環境（湿度）を選ばない高い信頼性
④ 成形性：射出成形での精密成形性，高い生産性

一方で，近年の電子技術の発展とともに，光学レンズの分野においてもCOPに対するさらなる高性能化への市場要求が出てきた。スマートフォン向けカメラでは，レンズユニットの薄型化が進み，「低複屈折化」「薄肉成形性」が求められるようになった。このような「低複屈折化」「薄肉成形性」に対するCOPの成形条件の最適化について後述する。

3.2 光学プラスチック材料の複屈折

光学レンズに求められる重要な特性として低複屈折性が挙げられる。複屈折とは，材料に光が入射する際，直交方向における光の屈折率が異なる現象である。レンズに複屈折がある場合，結像性能の低下などが生じるため，レンズを成形する材料には低い複屈折が必要であり，近年の高画素化の流れから，より低い複屈折が求められている。

通常，バルク状態にあるポリマーは，構造単位がランダムに配列し，等方性になるため複屈折を示さない。しかし，射出成形などによりポリマーに応力が加わると，ポリマーが方向性を持って配向した状態となる。この際に残存した分極率異方性により生じる複屈折が，配向複屈折である。また，ポリマーが固化する際の残留歪みや，応力が加わった際に発生する弾性的な変形時に生じる複屈折が，応力複屈折である。一般にポリマーの複屈折は，この配向複屈折と応力複屈折の和で示される（式(1)）[4]。

$$\Delta n = f \cdot \Delta n_0 + C \cdot \sigma \tag{1}$$

$f \cdot \Delta n_0$：配向複屈折　$C \cdot \sigma$：応力複屈折　f：配向関数　Δn_0：固有複屈折　C：光弾性係数
σ：応力

光学プラスチック材料の複屈折を低減するためには，①ポリマーの溶融時の流動性を高め，配向しにくい分子設計とする[5][6]，②固有複屈折がプラスのモノマーとマイナスのモノマーをランダム共重合，またはプラスのポリマーとマイナスのポリマーをブレンドし複屈折を相殺する，という方法がありさまざまな研究が行われている[7][8]。

3.3 COPの低複屈折化技術について

COPの複屈折を低減する方法についても3.2と同様に考えることができる。配向複屈折を低減するためには，分子量の最適化や内部滑剤などを添加し，溶融時の流動性を高くする方法がある。また，成形時の樹脂温度，射出速度，金型温度など成形条件を最適化することにより，射出成形時のポリマー配向を発生しにくくする方法も取られている。

さらに，配向複屈折をゼロに近づけるためには，固有複屈折を相殺してやることが有効であるが，脂環式構造を有するノルボルネン類モノマーのほとんどは，プラスの固有複屈折を示すため，配向複屈折をゼロにすることは難しい。そのため，できる限り固有複屈折絶対値の小さいモノマーを用いるなどの方法が取られている。

このようなCOPの高流動化，成形条件の改善，固有複屈折の低いモノマーの選択によって，現在では，配向複屈折の非常に小さいレンズが成形できるようになった。

一方，配向複屈折だけではなく，金型における冷却工程，金型からの取り出し工程，レンズをユニットへ取り付ける工程時の応力により発生する応力複屈折についても考慮する必要がある。たとえば，スマートフォン向けのカメラレンズなど，非常に小型のレンズを複数枚組み込んでユニットとする際には，応力がかかる場合があり，応力がかかった際に発現する応力複屈折が無視できなくなってきている。応力複屈折はポリマー固有の値である光弾性係数に依存する。

当社では，ポリマー構造を改良することにより従来のCOPより配向複屈折を低減し，また光弾性係数が0.1以下と極めて応力複屈折が小さいCOPである「ZEONEX® K26R」を製造販売している。ZEONEX® K26Rは，図3に示すように荷重を加えた際の応力による複屈折が，他のCOPと比較して小さいことから，応力複屈折を低減する効果がある。このように，配向複屈折，応力複屈折を低減することで，光学レンズのような射出成形体の複屈折を低減することが可能となる。

3.4 COPの薄肉成形技術について

近年の電子技術の発展とともに，電子電気機器の軽量化，小型化，薄型化が進んでいる。特に，スマートフォン向けカメラにおいては，搭載されるカメラユニットに用いられる光学レンズの薄肉化が進んでおり，薄肉成形性に優れる樹脂が求められている。光学レンズの薄肉化が進む

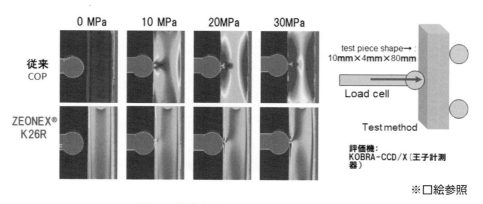

図3 荷重を加えた際の複屈折変化

第1章 射出成形技術の進展

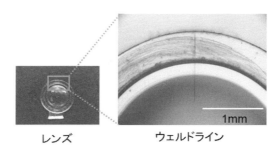

図4 ウェルドラインの例

一方で,その形状も複雑化しており,昨今のスマートフォン向けカメラに搭載される光学レンズは,均等な厚みではなく,薄肉部と厚肉部とが併存する薄肉偏肉化が進んでいる。

薄肉部と厚肉部とが併存する薄肉偏肉化レンズの成形における問題の1つに,ウェルドラインが挙げられる。ウェルドラインは,図4に示すように金型に流れ込んだ樹脂の2つ以上の流動先端部の会合界面に発現する線状の接合痕である。レンズに生じたウェルドラインが,レンズ有効径にかかることで光学欠陥となるため,成形条件や金型形状の改善によりウェルドラインの低減が行われてきたが,薄肉偏肉化が進んだレンズでは,薄肉部と厚肉部で樹脂の充填速度に差が生じやすくなるため,ウェルドラインがより生じやすくなっている。

COPにおいても,薄肉偏肉化レンズの成形においてはウェルドラインが問題となる。ウェルドラインの低減は,樹脂の流動性を高くすることのみでは解決されず,厚肉部と薄肉部での樹脂の充填速度に差が出ないような樹脂設計が必要である。充填速度に差が生じるのは,薄肉部では流路が狭まり,樹脂のせん断速度と温度の変化が大きくなるために,厚肉部と薄肉部の溶融粘度の差が開くことが原因として挙げられる。「ZEONEX® K26R」においては,樹脂骨格および分子量を最適化することにより,厚肉部と薄肉部の溶融粘度の差を最小限とするような樹脂設計を取り入れており,薄肉偏肉化レンズの光学欠陥を大幅に抑制することが可能となった。

3.5 COPの成形条件と複屈折について

COPの複屈折を低減することのできる成形条件について,射出樹脂温度,金型温度,保圧,射出速度の観点から最適化の検討を行った。図5に示すレンズ形状の金型を用いて,COP(ZEONEX® K26R,ガラス転移温度:143℃)の射出成形を行った。成形条件を表2に示す。基本条件を中心として,射出樹脂温度,金型温度,保圧,射出速度をそれぞれ変化させて射出成形を行った。射出成形機は,50トン射出成形機 ROBOSHOT α-S50iA(ファナック㈱製)を用いた。また,複屈折の測定は,位相差測定装置 WPA-100(Photonic Lattice, Inc. 製)を用いた。

各成形条件と複屈折の結果を図6に示す。射出樹脂温度については,温度が高い条件の方が,ゲート部分および反ゲート部分の複屈折が低下していることがわかった。金型温度については,どの金型温度条件においても,複屈折は同程度であった。これは,レンズの形状が薄く小さいた

― 291 ―

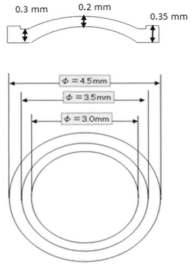

図5　レンズ形状

表2　射出成形条件

			基本条件	
射出樹脂温度	℃	310	320	330
金型温度	℃	118	128	138
保　圧	kg/cm²	250	400	550
射出速度	mm/sec.	20	40	60

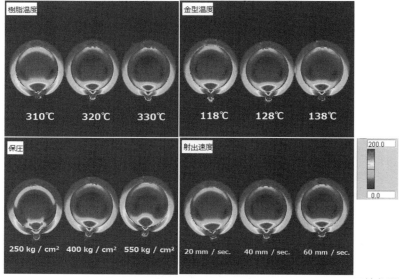

※口絵参照

図6　成形条件と複屈折

め，金型温度の影響を受けにくかったためと推測される。また，保圧については，低い保圧条件の方が，ゲート部分および反ゲート部分の複屈折が低下していることがわかる。ただし，保圧が低いと成形したレンズ面にひけが生じやすくなるため，ひけが生じない程度に保圧を低下させることが望ましい。射出速度については，高い射出速度条件の方が，ゲート部分および反ゲート部分の複屈折が低下していることがわかった。これらの成形条件と複屈折の関係性から，低複屈折化のためには，できるだけ応力を緩和させるような条件が望ましいことがわかる。

4 医療・バイオ用途としてのCOP

ここではCOPの医療・バイオ用途としての特性とその成形条件について紹介する。内容物の視認性，耐久性，保存特性，安全性の観点から，医療・バイオ用途向けの材料には，高い透明性，高い強度，低透湿性，耐薬品性，低不純物，薬剤成分の低吸着性などが求められている。これらの要求特性をバランスよく付与するポリマーとして，COPが選択されている。その主な用途としては，バイアル，輸液バッグ，シリンジ，マイクロプレート，マイクロ流路デバイス（図7）などが挙げられる。

4.1 透明性

バイアル，シリンジ，マイクロ流路デバイスなどの成形品は，内容物の確認が容易であることが望ましく，高い透明性を有する材料が求められる。COP，ポリプロピレン（PP）およびガラスの光線透過率について，分光光度計を用いて測定した結果を図8に示す。測定サンプルの厚みは3mmとした。COPの光線透過率は，ガラスとほぼ同等のレベルとなっており，COPが非常に高い視認性を有していることがわかる。

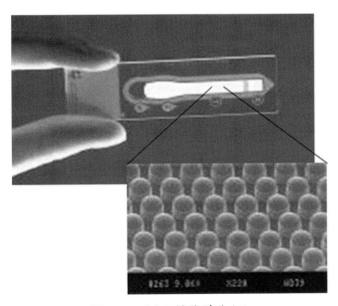

図7 マイクロ流路デバイス

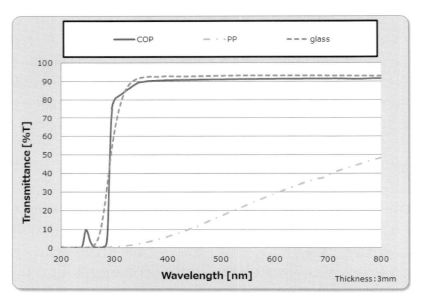

図8 主な医薬・バイオ向け材料の光線透過率

4.2 低温特性

　近年，バイオ医薬品を保存するニーズが高まっており，極低温の環境下でも高い強度を示す医薬品包装材料が求められている[9]。室温から−194℃まで環境温度を変化させた際のCOPとPPの衝撃強度を測定した結果を図9に示す。衝撃強度の測定方法は，シャルピー衝撃試験（ノッチなし）を用いた。室温において，COPとPPはほぼ同等の衝撃強度を示すが，−20℃以下の低温領域ではCOPの強度が高いことがわかる。このように，COPは極低温領域においても衝撃強度

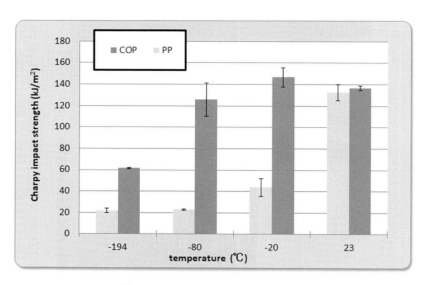

図9　COPとPPの低温衝撃強度

が高く，破損しにくい材料であるといえる。

4.3 蛍光特性

近年，生体模倣システム，診断チップなど，バイオ研究などへ応用するため，マイクロ流路デバイスを用いた研究が盛んに行われている[10]。このようなマイクロ流路デバイスは，光学的な観察が必要となる場合が多いことから，デバイスの材料には，自家蛍光が低いことが要求される。図 10 に COP と TCPS(Tissue culture-treated polystyrene)で作製した板を用いて，365 nm の励起波長での蛍光強度の比較試験の結果を示す。COP は自家蛍光が低い材料であることがわかる。

4.4 マイクロ流路デバイス成形時の転写性

マイクロ流路デバイスは，設計した微細な流路が正確に材料へと転写される必要があることから，材料には高い加工特性が求められる。図 11 に COP(ZEONEX® 690R, ガラス転移温度：

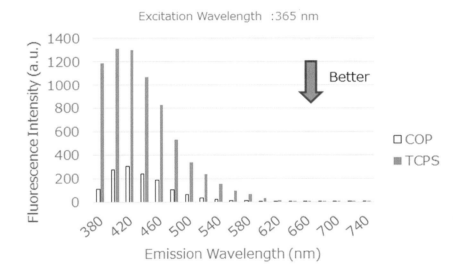

図 10 COP と TCPS の自家蛍光比較

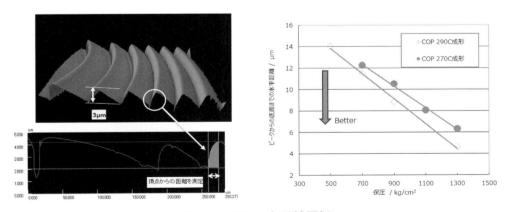

図 11 COP の転写性評価

プラスチック射出成形技術大系

136℃）を用い，高さ3 μm の凸形状を有する金型を使用して射出成形を行い，転写性を評価した結果を示す。射出成形は，金型温度90℃，冷却時間20sec.，射出速度20 mm/sec. の条件を固定し，射出樹脂温度 を270℃，290℃の2条件，保圧を500から1300 kg/cm^2 まで変化させて実施した。射出成形機は，50トン射出成形機 ROBOSHOT α-S50iA（ファナック㈱製）を用いた。3D レーザ顕微鏡 VK-9700（㈱キーエンス製）を用い，凸形状の頂点から底面までの水平距離を測定して，転写性を評価した。この評価は，水平距離が小さい値ほど金型形状を正確に転写していることを示す。

　転写性評価の結果，COP は保圧が高く，射出樹脂温度が高い条件で非常に高い転写性を示すことがわかった。COP を用いて，マイクロ流路デバイスを射出成形で作製する際，転写性を向上させるため，保圧，射出樹脂温度など成形条件を最適化していく必要がある。

文　献

1）M. Yamazaki：*J. Mol. Catal. A: Chem*, 213, 81 （2004）.

2）小原禎二：高分子，**57**，613（2008）.

3）高橋治彦：光学用透明樹脂，技術情報協会，**68** （2001）.

4）井出文雄：光学用透明材料，技術情報協会，**61** （2001）.

5）T. Takayama, M. Takagi, Y. Noro, M. Masuda and H. Ohtsu: *IEEE Trans. Consum. Electron.*, CE-33, 256 （1987）.

6）Y. U. Chen C. H. Chen and S. C. Chen: *Polym. Int.*,

40, 251（1996）.

7）A. Tagaya, H. Ohkita, T. Harada, K. Ishibashi and Y. Koike: *Macromolecules*, **39**, 3019 （2006）.

8）多加谷明広，原田知明，小池康博：成形加工，**21**，426（2009）.

9）C. V. Eester：*ON drug DELIVERY*, **117**, 53-58 （2021）.

10）M. Maeki, S. Yamazaki, R. Takeda, A. Ishida, H. Tani and M. Tokeshi：*ACS Omega*, **28**, 17199 （2020）.

第 1 章　射出成形技術の進展

第 11 節　光学材料・グレージング材料の開発と射出成形技術

第 2 項　パラペット®(PMMA)の特徴と射出成形技術

株式会社クラレ　栗田　日出美

1　ポリメタクリル酸メチル(Poly methyl methacrylate)とは

　ポリメタクリル酸メチル(PMMA)はプラスチックの女王と呼ばれ，優れた透明性，耐候性，耐薬品性，電気絶縁性，機械加工性，発色性に加え，表面硬度が高く幅広い分野で使用されている。

　光学用途としてはノートパソコンやタブレットパソコンのバックライト用導光体，レンズ，自動車用途としてはメーターカバー，テールランプ，サイドバイザー，家庭雑貨としては冷水筒，テーブルウエア，容器などポリメタクリル酸メチル素材の優れた透明性と美しさを生かした製品に使用されている(図1)。

　「パラペット®」は，当社(㈱クラレ)が生産販売するポリメタクリル酸メチル(PMMA)成形材料の商標である。「パラペット®」は特に光学用途に重点を置き開発されてきた経緯があり，古くはレーザーディスク(光ディスク)用PMMA樹脂の開発から始まり，優れた透明性，高流動性，微細転写性，低複屈折率性，異物低減に力を入れて開発された。その後，ノートパソコンやタブレットパソコンの普及に向けて導光体材料として光学グレードを展開し，今では0.5 mmの肉厚でL/T = 500を上回る超ハイフロー成形を実現し，国内外で高いシェアを獲得している。

　また，自動車用途においては，耐候性，耐熱性，耐薬品性が要求されることから，光学材料に比べ，高分子量タイプの耐熱グレードが使用される。バイザーでは耐衝撃性が要求されることから，アクリルゴムを微分散させた耐衝撃グレードが使用されている。

図1　PMMAの幅広い分野における使用例

2 材料の特長を生かした射出成形技術

　材料開発においてはポリメタクリル酸メチルの特長を生かすため，製品の要求特性を理解し，樹脂の特長と欠点を考慮しつつ，射出成形方法や2次加工上の問題，さらには製品の使用環境を考慮したバランスの良い材料設計が求められる。製品を作る上で樹脂設計と併せて，射出成形技術，金型設計技術，射出成形機の性能向上が欠かせない要素となり，各メーカーとの協力体制を築く必要がある。

3 樹脂開発

　光学材料として主用途であるノートパソコンやタブレットパソコンにおける導光体を例に説明する。導光体は液晶パネルの下に位置し，エッジからのLED光を面全体に配向させる役割を果たしている。近年，軽量化に伴い薄肉化やフレーム幅の縮小化が進み，タブレットパソコンなどは10インチサイズでの製品肉厚は0.5 mm以下の厚みが採用されている（図2）。

図2　導光体構成略図

　射出成形においてそり変形のない導光体を得るには，樹脂の流動性を向上させるとともに，樹脂の分解温度に近い高温域での射出成形を可能とするため，熱安定性の向上や透明性の維持，光学パターンなど微細形状を転写させたのち崩れることなく金型から離型させるための内部離型剤の最適化など賦形転写成形を意識した成形材料を開発している。また，光学材料としての宿命である異物低減はプラスチック材料を安定供給する上で欠かせない管理項目の1つである。クリーン化された製造設備によって異物管理を徹底し光学材料として高い支持を得ている。

　表1に代表的なパラペットの物性を示す。

第1章 射出成形技術の進展

表1 パラペットの物性

項目	試験方法	試験条件	単位	標準グレード		耐衝撃グレード		光学グレード	
				GF	HR	GR-01240	GR-01270	GH-S	HR-S
光学特性									
全光線透過率	JIS K7361-1	3 mm	%	92 ≦	92 ≦	92 ≦	91 ≦	92 ≦	92 ≦
ヘイズ	JIS K7136	3 mm	%	≦ 0.3	≦ 0.3	≦ 1.0	≦ 1.5	≦ 0.3	≦ 0.3
機械特性									
引張弾性率	JIS K7161	1A/1	MPa	3300	3300	2500	2100	3300	3300
引張強さ	JIS K7161	1A/5	MPa	67	77	62	50	62	77
曲げ弾性率	JIS K7171	—	MPa	3300	3300	2600	2200	3300	3300
曲げ破壊応力	JIS K7171	—	MPa	108	128	96	79	90	114
シャルピー衝撃強さ／ノッチなし	JIS K7111	1eU	KJ/m^2	19	22	50	73	20	22
ノッチ付き	JIS K7111	1eA	KJ/m^2	1.3	1.4	3	4.5	1.3	1.4
ロックウェル硬度	JIS K7202	M スケール	—	94	102	85	68	100	103
熱的性質									
荷重たわみ温度／アニールあり	JIS K7191	1.80 MPa	℃	86	101	95	90	95	101
ビカット軟化温度	JIS K7206	B50	℃	92	110	102	97	104	110
MFR	JIS K7210	230℃ 37.3 N	g/10 min	15	2	1.8	1.7	10	2.4
その他									
密度	JIS K7112	—	g/cm^3	1.19	1.19	1.18	1.17	1.19	1.19
吸水率	JIS K7209	24 hr	%	0.3	0.3	0.3	0.3	0.3	0.3
成形収縮率	JIS K7152-4	—	%	0.2～0.6	0.2～0.6	0.4～0.8	0.4～0.8	0.2～0.6	0.2～0.6

4 薄肉成形品の微細転写技術

薄肉成形品の微細転写技術は，レーザーディスク用 PMMA 樹脂の開発から若干遅れ，1980 年代から取り組み，ここで培った低ひずみによるそり低減技術，微細転写技術を導光体や大型レンズ，大型車両部品などに応用展開している。薄肉成形品の微細転写は，高温成形，高速充填，射出圧縮，冷却方法，さらに形状維持(そり変形)のための低ひずみ化が重要なポイントである。

4.1 射出圧縮成形

射出圧縮成形にはいくつかの方法があるが，筆者らが特に重要視しているポイントは射出圧縮し賦形した後の，ひずみ低減のための低圧型締の工程である。いわゆる型内圧力制御である。射出圧縮成形の効果としては，ひけ，そり変形の低減と耐クラック性の向上が認められる。

以下，図 3 をもとに述べる。

a. 充填工程：中圧型締

充填工程時の型締力を低く設定することで，高速充填による射出圧力を逃がし，充填速度を上げられる。また，ガスベントを十分保持しながら流路も確保できることで，充填がスムーズになる。

b. 保圧工程：中圧型締

保圧工程では金型内圧力と型締力のバランスにより，型開きさせることで，成形収縮に見合った樹脂量を金型キャビティ内に充填することができる。

樹脂量は圧縮と冷却による収縮分を充填する。

c. 圧縮工程：高圧型締

ゲートシール後，高型締力に切り替えることで圧縮工程に移行し賦形転写を行う。圧縮後もパーティングをわずかに開いた状態を保つことで，樹脂の流動で生じたゲートから流動末端にかけての圧力勾配を均一にすることができる。

射出開始から圧縮までの時間をいかに短縮し，固化層の形成を抑えられるかが転写性を大きく左右する。

d. 冷却工程：低圧型締→ゼロ圧力

圧縮直後に，固化層が厚くなり微細転写部は固化するが，流動層はまだ高温の状態にある。完全冷却するまで高型締力を保持すると，ひずみを固定したまま固化することから，冷却工程

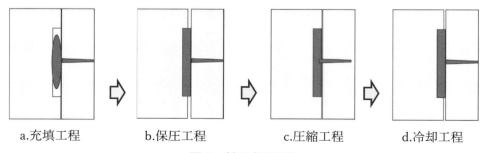

図 3　射出成形工程

では完全固化する前に圧力を解放するため低型締力に切り替える。こうすることで，過大な圧力を解放し，冷却工程中も樹脂の収縮に金型を追従させることで，ひずみが少なく，ひけもない高転写が保持される。また，型開き前にゼロ圧にすることでスムーズな離型が可能となる。

4.2　射出成形における微細転写

射出成形において金型表面に加工された微細形状を転写し，賦形した形状を崩すことなく金型から離型させることで初めて微細転写成形は完成する。

射出成形では溶融した樹脂が金型内を流動する過程では金型表面に加工された微細形状は転写されず，流動末端まで樹脂が到達した後，金型内圧力の上昇とともに転写が開始される。したがって転写時の樹脂粘度が最も重要な要素となる。転写時の樹脂粘度は当然低い方が有利であるため，高い樹脂温度で高速射出し，さらに圧縮をすることで金型内圧力の上昇を補助し昇圧までの時間を短縮できる。圧縮を加えることでゲートから流動末端にかけての圧力勾配をキャンセルさせることで面全体の均一な転写が図れ，ひずみ分布も改善されることから不均一な収縮も避けることができる。

転写させるためには固化層を薄くするか，あるいは固化層を形成しないようにする必要があることから，高型温で成形することが一般的であるが，高型温で成形する場合は，成形サイクル短縮のため冷却効率を上げる必要がある。そのため，冷却管の配置を鏡面から数ミリ単位で調整し，なおかつ多くの冷却管を配し，冷却媒体を乱流になる速度で流すことが必要である。こうすることで射出成形のメリットである生産性を確保できる。

レーザーディスクと同様にスタンパー方式を採用する方法では，スタンパー裏面に断熱層となるフィルムを装着することが可能となり，この断熱層により一時的に蓄熱されたスタンパー表面は，ガラス転移温度を超える高温となることから固化層が消失し高い転写性が得られる。生産性，コスト，難易度を考慮しながら成形方法を決定する必要がある。

また，転写を阻害する要因として金型の微細形状内のエアーの問題がある。金型微細形状内のエアーや樹脂から出る離型剤の気化ガスの余剰分はガスベントから金型外に排出させることが必要であり，ガスベントの詰まりやメンテナンスを考えるとエアーエゼクターや真空ポンプの設置が望ましい。

最後に離型であるが，面内の不均一な離型は成形品外観を損なう恐れがある。面全体を同時に離型することで微細形状の崩れがなくなり，外観の良い成形品が得られる。レーザーディスクの離型では型開き直前に金型の固定側から離型エアーを吹き出し，さらに固定側のエジェクタを作動させることで，成形品は稼働側に移動し均一に離型できる。

射出成形における微細転写技術には，ヒートサイクル成形，超音波の利用，超臨界液体の利用など，さまざまな転写方法も実用化されている。

射出成形技術は成形条件だけでは対応できることに限りがあるため，要求品質に合わせて設備も含めての技術開発が必要である。

4.3　成形品の品質を見極める手法

射出成形には「溶かす」「流す」「冷やす」のプロセスが存在することから，樹脂は射出成形機や金型の中で常に形状を変えながら膨張や収縮，せん断，配向を繰り返して成形品となる。成形品

プラスチック射出成形技術大系

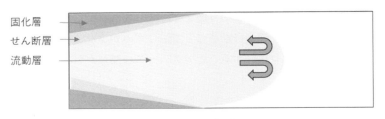
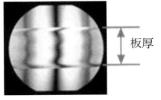

フローパターン略図　　　　　　　　ひずみ観察

図4　フローパターンとひずみ観察

は金型から取り出された後も応力の緩和，吸水，温度変化などにより動き続けている。

　射出成形中の樹脂は金型内を流動する過程で，金型接触面には固化層を形成しつつ内部は溶融状態にあり徐々に粘度が高くなりながら流動し，せん断，配向により分子は伸ばされた状態となる。樹脂は金型から取り出された後も元の形に戻ろうとする力が働くことで，そり変形を生じる。したがって，成形工程において，ひずみ（応力）をできるだけ減少させることがそり変形防止につながる。

　当社では，成形品の品質を見極める手法として，樹脂内部に発生するひずみを観察して定量化することにより，安定したより良い成形品を得ることができた（**図4**）。

　PMMA樹脂は透明であることから光学的にひずみを観察することが可能である。成形品断面（板厚方向）から，ひずみを観察し，固化層（スキン層），せん断層，流動層（コア層）を階層的に定量化し，成形品内部のひずみ状況を把握することで成形条件の最適化に努めた。

5　ポリメタクリル酸メチル（PMMA）の技術動向

　ポリメタクリル酸メチルの特徴として優れた透明性，耐候性，耐薬品性，電気絶縁性，機械加工性，発色性に加え，表面硬度が挙げられるが，さらに特徴を際立たせたメタクリル樹脂の技術動向を紹介する。

　ポリメタクリル酸メチルの耐衝撃性を改善するためには，アクリルゴムを微分散化させた耐衝撃グレードが使用されるが，曲げ加工する程の柔軟性はない。ゴムやシリコンのようにしなやかに曲がる程にポリメタクリル酸メチルを柔軟化させると粘着性が増加する。また，樹脂を柔軟化させるために一般的には可塑剤を使用するが，これらを克服した可塑剤フリーのアクリル系樹脂も開発され，LEDチューブ，二色成形による目地材，フィルムなどにも用途が広がっている。

　ベースがアクリル系樹脂であるため，アクリル由来の透明性・耐候性を有している。また，多様な極性樹脂に対する熱接着性，優秀な異形成形性，2次加工性（超音波，高周波による溶接，切断加工）のようなさまざまな特長を持つ軟質樹脂も開発されている（**図5**）。

　ポリメタクリル酸メチルの耐熱性向上は早くから取り組まれており，それぞれの用途に合わせた開発がなされてきた。メタクリル樹脂の耐熱性を高める手法として，耐熱性の高いモノマーの共重合やポリマー鎖に環状構造を導入することが一般的に行われている。もう1つの手法として，ポリメタクリル酸メチルの高次構造に着目し，これを制御する重合技術によって，ポリマー

第1章 射出成形技術の進展

図5 軟質アクリル「パラペット SA」

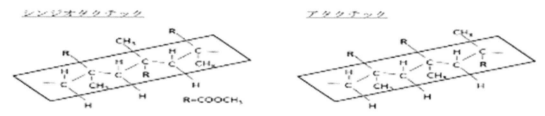

図6 耐熱性を 15℃向上させたパラペット SP[1]

中のモノマーユニットが交互となるシンジオタクティシティを高めることで，高い耐熱性を発現する。ポリメタクリル酸メチルが本来有する，力学物性，光学特性，耐候性を保持したまま，耐熱性が一般的なメタクリル樹脂と比較して，約15℃高い，約130℃のガラス転移温度を有する樹脂も実用化されている（図6）。

今後，技術革新が進む中で，生産性の向上や高機能化，複合化などあらゆる可能性を考えた樹脂開発の推進とともに，環境に配慮したプラスチックを目指し，リサイクル技術も一層高める必要がある。

文　献

1) ㈱クラレ
   https://www.kuraray.co.jp/news/2008/181112

第1章 射出成形技術の進展

第11節 光学材料・グレージング材料の開発と射出成形技術

第3項 特殊ポリカーボネート樹脂「ユピゼータ®」の特徴と射出成形技術

三菱ガス化学株式会社　加藤　宣之　　三菱ガス化学株式会社　石原　健太朗

1 一般 PC と特殊 PC について

　ポリカーボネート樹脂(以下，PC)は，高透明性，耐衝撃性，耐熱性，高屈折性，難燃性など，幅広い温度域で多様な機能を有している。これらの機能やさらなる改良[1]により，PC の適用製品分野は拡大しており，近年では特に電機，電子，光学分野での適用例が急増している。これらの製品分野の高度化，高密度化，高精度化に伴い，表1に示したビスフェノール A(以下，BPA)をモノマーとする PC では要求性能を満たせないことがある。その場合はモノマー組成を見直し，要求性能に合わせた PC に変更して市場の要求に対応する(表1に示したモノマーは，これまでに実用されている特殊 PC 原料の一例である)。

　一般 PC と特殊 PC の明確な分類方法は規定されていないが，PC を扱う者は，BPA モノマーのみで構成される PC を一般 PC と呼び，BPA 以外のモノマーを少しでも組成に取り入れた PC を特殊 PC と呼んでいる。現時点で世界全体の PC 生産量の99％程度が一般 PC であるため，いわゆる PC といえば，BPA のみのモノマー構成の PC を指す。また，特殊 PC は一般 PC で達成できない機能を補完する素材と捉えることができ，それに要求される高い機能を達成するため

表1　一般 PC と特殊 PC の違い

monomer	構造式	分　類
BPA		一般 PC
4,4´-BP		特殊 PC
TCDDM		特殊 PC
ISB		特殊 PC
BPEF		特殊 PC

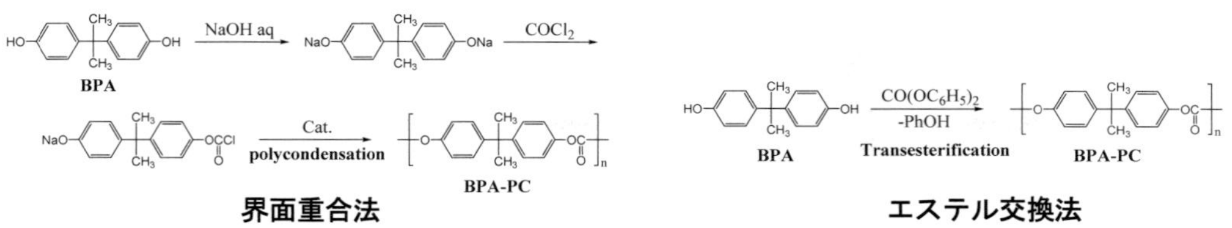

第1章 射出成形技術の進展

図1 PC重合法（界面重合法とエステル交換法）

に，その PC 原料のモノマー構造，最適な重合方法，コンパウンドから成形加工プロセスまで，多くの試行錯誤により作り上げていく素材である。要求される機能が，既存特殊 PC の微調整では難しいと判断された場合，全く新規なモノマー構造をベースに高機能化へチャレンジすることも多い。その結果，素材としての完成度が高いものが特殊 PC の新規グレードとして残り，さまざまな他用途にも展開されていく。

2 特殊ポリカーボネート樹脂ユピゼータ® について

ユピゼータ® は当社（三菱ガス化学㈱）により開発された特殊 PC 群の製品名であり，さまざまなモノマーの最適な組み合わせにより構成され，またそれらモノマー特性をポリマーに最大限発現させるように下記の2種類の重合法を使い分けて合成されている（図1）[2]。

3 特殊 PC ユピゼータ®EP シリーズの開発

私たちは環境負荷が小さく，モノマー選択の自由度が高い PC 製造法であるエステル交換法を用いて，新規な精密光学用途向け特殊 PC であるユピゼータ®EP シリーズ（以下，EP シリーズ）を開発した。これらはモノマーの組成比を厳密に制御することにより，分極異方性を極めて低く抑えた超低複屈折性と芳香族性分子構造による高屈折率を併せ持ち，その特性から小型カメラを中心にさまざまなデバイスに使用されている。現在，携帯デバイスとしてスマートフォンが世界中に普及しているが，この高屈折率樹脂である EP シリーズはそのカメラの性能向上や薄型化に寄与している。図2はスマートフォンに搭載されたカメラを中心で切断して横から観察した写真である。

このように非常に精密なレンズが何枚も積層されて小型カメラが構成されていることがわかる。レンズを薄くすることでカメラのサイズが小さくなる，すなわちカメラモジュールの低背化にはレンズの高屈折率化が非常に有効である。しかし，光学的な滲みである複屈折が画像の解像度を大きく低下させる原因となるため，複屈折は極力小さくする必要がある。複屈折は偏光板クロスニコル下で簡単に観察できる[3]。図3は小型レンズの複屈折観察結果である。図3（右）のレンズのように，クロスニコル下で観察しても光が漏れない＝低複屈折であることがレンズ素材には必要である。特に図3のレンズの右下のゲート部分は射出成形加工プロセスで最も応力歪みや配向歪みが発生し，複屈折が大きくなりやすい部分である。小型カメラの高解像度を達成するに

— 305 —

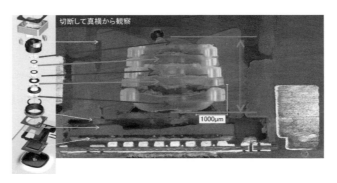

図2　スマートフォン搭載カメラの切断図

※口絵参照

図3　成形品の複屈折観察（明るい部分が複屈折大）

は，レンズ全体で複屈折を低く抑える必要がある。

　通常，高屈折性と低複屈折性という機能はトレードオフにあり，高屈折性を持たせると低複屈折性は失われる。その高屈折性と低複屈折性という機能を同時にPCに持たせるため，筆者らはさまざまな構造のモノマーの屈折率と複屈折の精密な定量化を行い，そのデータを基にさまざまなモノマーの組み合わせによる特殊PCの特性を検討した。加えて，ポリマー屈折率，複屈折に与える分子量の影響，厳密なモノマー組成比の制御やその他の工夫を凝らすことにより，高屈折性と低複屈折性という機能を同時に持つ特殊PCであるEPシリーズの開発に成功した[4)-6)]。

　たとえばモノマーの絶妙な組成比により得られたユピゼータ®EP-5000は屈折率 n_d = 1.635と，一般PCの n_d = 1.582よりも高い屈折率を持ちながら，一般PCの複屈折の1%以下という超低複屈折性を実現している。このEP-5000は低複屈折性を特徴とするEPシリーズの中でも最も複屈折性が低い素材であり，その環境耐久性の高さや成形性のよさも活かされて，現在でも多くの用途（携帯デバイスカメラ，車載カメラ，監視カメラ，ドローン搭載カメラ，ロボットセンサ，産業機器センサ他）のレンズに使用されている。高屈折性と低複屈折性を併せ持つ特殊PCにさらなる機能を付与する検討は続けられており，耐酸化性や耐加水分解性を付与したEP-6000，さらなる高屈折性を付与したEP-7000，さらに良好な射出成形性を付与したEP8000，現行EPシリーズで最高屈折率を持つEP-10000など，EPシリーズの進化は現在も続いている（図4）。

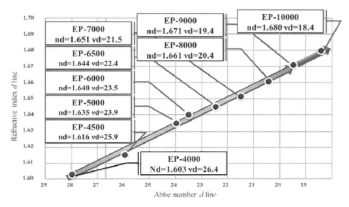

図4 ユピゼータ®EPシリーズの屈折率とアッベ数

4 特殊PCユピゼータ®EPシリーズの成形について

　一般PCは-100℃近傍において観測されるメチル基の回転，カルボニル基の熱運動，フェニレンカーボネート部の熱運動に関与する副分散（局所緩和）に由来する高い衝撃性と強度を持つ[7]。一方，EPシリーズは高屈折率化のためにモノマーにフェニル基を多く導入しており，衝撃を分子運動に変換するという，一般PCのような緩和効果が小さいため，成形加工には注意を要する。また，EPシリーズが主に使用される小型カメラレンズは図5に示すような薄肉で中央部が最も薄く，ウェルドが出やすい形状が多い。図5はレンズ外形が4.50 mm，中心厚みが0.25 mmで，片面が凸レンズ，もう片面が凹レンズという非球面レンズの例である。

　EPシリーズは分子量の最適化により高流動に設計されているため，一般PCの成形温度と比べて比較的低温でも薄肉部の流動の均一性とウェルドの低減が実現できている。EPシリーズは先述のとおり，一般PCに比べてモノマーの分子構造が剛直であるため分子鎖間作用が少ない。EPシリーズ成形品の機械強度は一般PCよりもアクリルやスチレン樹脂に近いため，金型設計の際にはレンズコバ部のテーパーを大きくとるなどの対策が有効である。またEPシリーズは，

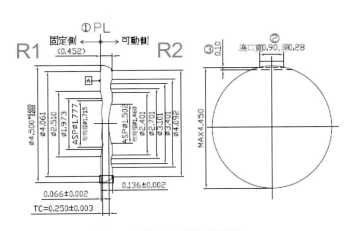

図5 小型レンズの形状例

小型薄肉レンズに最適な強度と流動性になるように分子量が最適化されているため，加水分解による分子量低下には，一般 PC 以上に気をつける必要がある。EP シリーズを成形する際に，ゲート折れなどの強度不足に起因する不良が発生した場合，乾燥条件を見直すことで改善することが多い。EP シリーズを成形する場合，ホッパドライヤーの使用は必須であり，さらに窒素式乾燥機が推奨される。窒素式乾燥機は乾燥効率の観点からできるだけ露点が低く，風量の多い装置を選ぶことが重要である。

　近年のスマートフォン搭載カメラの CMOS イメージセンサは高画素化および大型化による画質向上が顕著である。2019 年のハイエンド機種は CMOS 画素数が約 2000 万で，センササイズは大きくても 1/2 インチ以下であった。しかし現在では，画素数が 2 億画素，センササイズが 1 インチ前後の機種も増えており，それによってスマートフォン搭載カメラのレンズは大型化している[8)9)]。また，レンズへの品質要求が厳しくなり，成形難易度が格段に上がっている。

　以下に小型レンズ成形における要求事項と課題を示す(表2)。

　EP シリーズは小型薄肉レンズに最適な成形性を実現するよう設計，製造されている。しかし，レンズ形状が難化するにつれ，レンズ成形品として必要な複屈折特性とその他の項目の両立が困難になってきている。そのため，設計，金型作製，射出成形の全ての観点から対策が講じられている。レンズの設計では，より高屈折率な材料を使用することで，レンズの曲率を減らすように工夫されている。金型については元々レンズコアを突き出す方式であったが，レンズの偏心

表2　小型レンズ成形における要求事項と課題

要　求		課　題	
		成形技術的な視点	事業的な視点
①光学設計者によるレンズ形状の追求	・nm 面粗さへの対応 ・μm 形状精度への対応	・低複屈折との両立 ・低離型抵抗との両立 ・スプルランナ充填バランスの均一化	・金型洗浄後の寸法変化保証 ・金型増面による精度変化保証 ・キャビティ別での製品出荷対応 ・高転写，良離型材料の選定
	・偏肉設計への対応	・エア巻き込みとの両立 ・圧力／冷却分布に伴うそり・ひけ・ボイドの両立 ・最終充填部とベント部のマッチング	・金型温度安定の時間短縮化 ・特殊成形法の導入
②レンズの低複屈折化	・配向複屈折の低減 ・応力複屈折の低減	・サイドゲート由来の圧力不均一化 ・両精度との両立 ・ガスベント設計による流動長増加 ・冷却の均一化	・応答性の高い成形機の導入 ・特殊付帯設備の導入
③レンズの高外観化	・気泡なし ・フローマークなし ・異物なし	・精密可塑化技術 ・精密充填技術	・クリーンルーム成形による保証 ・成形機・付帯設備の高メンテナンス化
④レンズの安価化	・加工時間低減 ・失敗コスト低減 ・素材コスト低減	・ハイサイクル化による加工時間低減 ・計量安定化による高歩留まり化 ・樹脂の使用拡大	・ハイサイクル材料の選定 ・精密成形可能な材料の選定 ・ガラス代替可能な材料の選定

精度を向上させるために，コアを金型に固定する方式が主流となっている。そのためキャビティ内体積の増加によるガス抜け悪化の傾向が顕著となり，ガスベントの厚みや切り方などが工夫されている。また，生産効率を上げるために取り数が多くなる傾向があることから，金型全体で温度ばらつきが出ないように配管がデザインされ，加圧式水温調機による温度制御が精密にできるように工夫されている。また射出成形においては成形加工に起因する複屈折を低く抑えることが重要である。EP シリーズは低複屈折性に設計されているが，成形条件のミスマッチによる成形ひずみによって大きな複屈折が発生する場合がある。精密レンズ成形で発生する成形ひずみは以下の2種類に分類される[10]。これらが発生しないように成形条件を検討することが重要である。

・**配向ひずみ（≒配向複屈折）**：ガラス転移温度よりも高い温度領域でポリマーに引張やせん断力を加えることによって，ポリマーセグメントが応力方向に配向し，そのまま凍結したときに生じるひずみ。EP シリーズの分子構造により，これが発生しにくいよう設計されている。

・**凍結ひずみ（≒応力複屈折）**：ガラス転移温度以下で不均一冷却や局部的応力を受けた状態で凍結したときに生じるひずみ。

小型レンズ成形においては凍結ひずみが問題になることが多いが，①冷却速度の不均一，②保圧の過剰または不均一，③成形品を金型から取り出す際に受ける応力，の3点を考慮しながら，金型温度とシリンダ温度を調節することで解決できることが多い。また，凍結ひずみを解消するための手段として成形後のアニール処理も考えられるが，応力緩和による面形状変形が起こりやすいため，成形時にひずみを残さないことが最も重要である。

5 特殊 PC ユピゼータ®EP シリーズの今後の展開

EP シリーズに要求される機能はますます高度化し，従来の高屈折率かつ低複屈折などの機能に加え，ν_d，θ_{gf}，θ_{hf} などのさまざまな屈折率波長分散特性，蛍光低減，わずかな結晶性も持たせないこと，さらなる形状安定性などが求められてきている。また，より複雑な形状のレンズやより薄肉のレンズの成形が可能になる圧縮成形や新規加工法が検討されており，小型レンズの形状デザインの自由度が大きくなってきている。それらの新しい加工法に最適化した EP シリーズも開発されている。また原料からポリマー，最終製品までのプロセスにおける環境負荷低減も必要となってきている。筆者らはこれからも，市場のさまざまなニーズに対応する PC を設計，製造し，市場に提供していく。

文 献

1) J. A. Brydson：*Plastics Materials（Seventh Edition）*, 556-583（1999）.
2) 本間精一編：ポリカーボネート樹脂ハンドブック，日刊工業新聞，34-52（1992）.
3) 宝田亘：成形加工，**28**（1），23-24（2016）.
4) N. Kato, S. Ikeda, M. Hirakawa and H. Ito：*Polymers, 12, 2484*（2020）.
5) N. Kato, S. Ikeda, M. Hirakawa and H. Ito：*Journal of Applied Polymer Science, 134*, 45042（2017）.
6) N. Kato, S. Ikeda, M. Hirakawa, A. Nishimori and H. Ito：*AIP Conference Proceedings, 2065*, 030018（2019）.
7) 小椎尾謙：成形加工，**34**（7），258（2022）.
8) Market Breakdown of Camera Phone 2nd Half 2020

プラスチック射出成形技術大系

& 1st Half 2021 Forecast, TSR, 36(2020).
9) Market Breakdown of Camera Phone 2nd Half 2023 & 1st Half 2024 Forecast, TSR, 48(2024).

10) 本間精一編：ポリカーボネート樹脂ハンドブック, 日刊工業新聞, 431-439(1992).

第1章 射出成形技術の進展

第11節 光学材料・グレージング材料の開発と射出成形技術

第4項 モビリティ用途向けサステナビリティ環境対応素材「Panlite®CM」と大型射出成形技術

帝人株式会社 帆高 寿昌

1 はじめに

　2000年代の地球環境問題の深刻化に伴う自動車業界の世界的な燃費規制強化を背景とした車体の軽量化，2010年代のCASE・MaaSの進展に伴う100年に一度の大変革期を経て，2020年代ではカーボンニュートラル，さらにはサーキュラーエコノミーへの対応が素材メーカーの今後の世界市場での競争力を左右する。

　当社(帝人㈱)では2000年代より車体の軽量化のため，素材技術と加工技術の両面から開発を進め，自動車樹脂部品の普及に努めるべく，素材技術，成形加工技術，表面機能付与技術を確立してきた。そして2020年代より脱炭素化(非石油由来)・資源循環という社会・顧客ニーズに応えるため，「designing Circular Materials」をビジョンに掲げて，顧客における環境対応においてより多くの選択肢から最も適した解決策を提案するべく，サステナビリティ環境対応素材「Panlite®CM」を展開している(※環境配慮型PC樹脂製品にCircular Materials：CMのブランド名を冠して展開)(**図1**)。

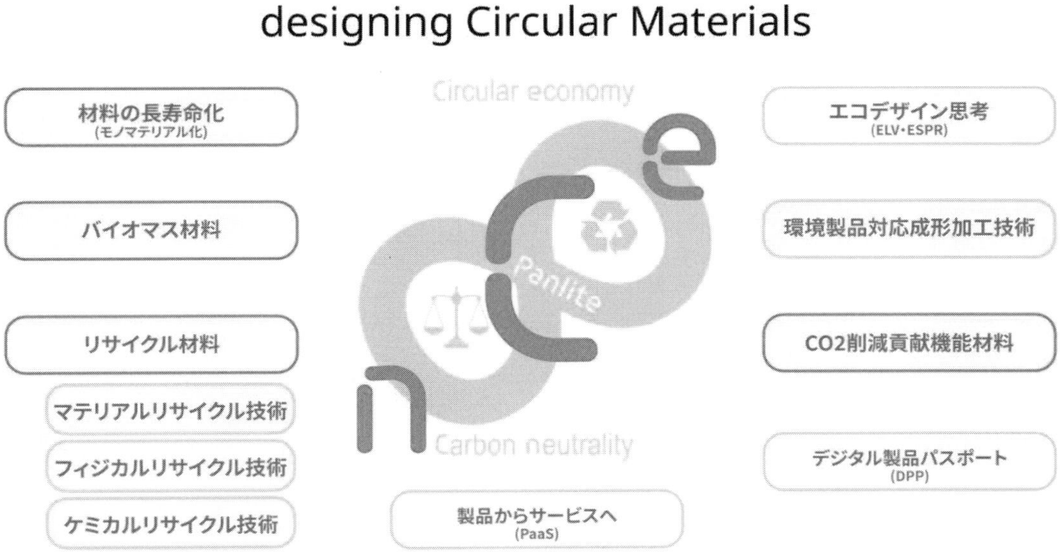

図1 「designing Circular Materials」の実現に向けたポートフォリオ

2 designing Circular Materials を支える素材技術

　ポリカーボネート樹脂（PC 樹脂）は，透明性，耐衝撃性，耐熱性，寸法安定性，長期信頼性などに優れたエンジニアリングプラスチックスであり，物性のバランスも良く，射出成形法，押出成形法，ブロー成形法などさまざまな成形法が使え，用途範囲も広いことから全産業分野で使用されている。自動車・車両用途では車体の軽量化や意匠性向上のために，ヘッドランプや自動車内外装部品に PC 樹脂，PC アロイ樹脂が多く使われており，今後もグレージング，フロントパネルなどへの採用が進むと考えられる。

2.1　材料の長寿命化

　これまでヘッドランプには耐候性を付与した PC 樹脂が採用されてきたが，今後採用が見込まれるグレージングやフロントパネルなどの大型透明製品に展開する上での重要な課題として，成形時の射出容量が一桁大きくなる，成形温度が高くなる，成形サイクルが長くなることが挙げられ，成形機内での過酷な熱履歴に耐え得るだけの十分な成形耐熱性を高める必要がある。そこで PC 樹脂が本来持つ特性（透明性，耐熱性，耐衝撃性など）を損なうことなく，過酷な成形状態下においても品質安定性と量産性の両立が可能な成形耐熱性を抜本的に改良した耐候グレードを開発，特に大型透明製品ではその全てが意匠面であるため樹脂劣化に伴うシルバーなどの発生を極限まで抑制することが求められる。そのことから PC 樹脂中に添加する安定剤，離型剤，UV 吸収剤等を含め全ての添加剤に対して成形耐熱性を改良した組成設計を施している。

　この組成設計は昨今の資源循環への対応において材料の長寿命化に貢献するとともにリサイクルする上でも重要となる。欧州においては新車製造においてリサイクルプラスチックを 25％使用，そのうち 25％は使用済みの自動車（廃車）からリサイクルするという ELV 規則案が提案されているが，廃車からリサイクルされる PC 樹脂はヘッドランプ由来がその大半を占めていることから PC 樹脂系のリサイクル材の枯渇が懸念されるため，グレージングやフロントパネルなどの新たな用途開発を行う上では資源循環を前提としたリサイクル時の物性低下をできるだけ抑えることが可能なエコデザイン思考による材料設計が求められる。また，リサイクル後の物性保持の観点からはより高い分子量の PC 樹脂，易リサイクル性の観点からはモノマテリアル化が求められることから，材料の長寿命化を活かせる加工技術との組み合わせが改めて求められるものと考える。

2.2　リサイクル材料

　当社では約 20 年前よりマテリアルリサイクルグレードを上市，高品質なポストコンシューマリサイクル原料を使用したグレードであり，リサイクラーとの連携により安定した供給体制を構築するとともに，徹底した品質管理により高いリサイクル比率においても安心して使用できる PC 樹脂として，GHG 排出量の削減に寄与するとともに資源循環に貢献している。

　さらには昨今の ELV 規則案の動向をふまえて，高品質な自動車由来ヘッドランプの市場回収品を使用したオープンループリサイクルグレードを開発，高い ELV 比率においてもバージン同等の品質を維持することを可能としている（図 2）。

　将来的には，顧客との連携によるサーキュラーマテリアルプラットフォームとして，オープン

第1章 射出成形技術の進展

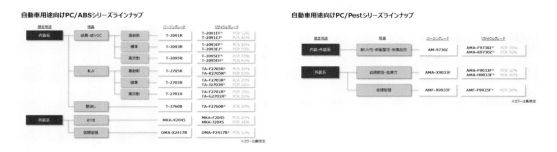

図2 自動車用途向けマテリアルリサイクルグレード（左：PC/ABS系・右：PC/Pest系）

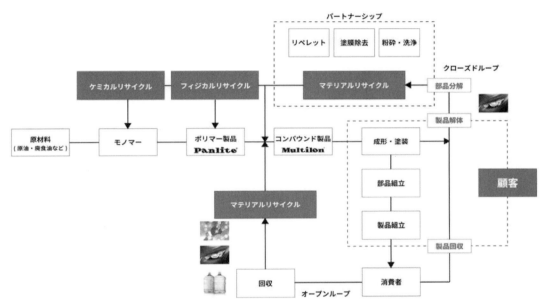

図3 顧客との連携によるサーキュラーマテリアルプラットフォーム

ループによるリサイクルのみならず，クローズドループによるマテリアルリサイクルを推進するとともに，マテリアルリサイクルが困難な廃棄物をケミカル・フィジカルリサイクルにより資源として再生するべく開発を進めている（図3）。

2.3 バイオマス材料

マテリアルリサイクルの適用が困難な透明用途やバージン材と同品質が要求される用途に対する解決策として，当社では国内で生産するPC樹脂について持続可能な製品の国際認証の1つであるISCC PLUS認証を取得。石油由来の原料を用いた従来のPC樹脂に加えてバイオマスナフサを使用したビスフェノールA（BPA）を用いて同認証に基づいたマスバランス方式によるバイオマスPC樹脂の生産販売を開始。このバイオマスPC樹脂は使用原料であるバイオマスBPAが従来の石油由来のBPAと同等の物性であることから，石油由来のPC樹脂と同等の物性を有するため，従来品から容易に切り替えることができ，製品のライフサイクル全体におけるGHG排出量の削減に貢献できる（図4）。

— 313 —

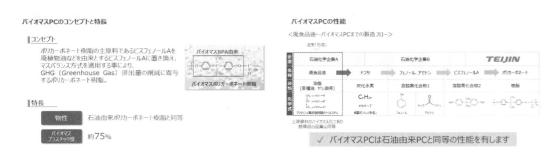

図4　バイオマスPCのコンセプト・特長と性能

2.4 CO_2 削減貢献機能材料

当社では顧客における製品製造時や製品使用時の CO_2 排出削減に貢献可能な，CO_2 削減貢献機能材料の開発にも注力している（図5）。

CO_2 削減貢献機能材料の一例として，PC樹脂が持つ本来の優れた透明性を活かしつつ赤外線を吸収する特殊無機微粒子を独自の分散技術を用いてコンパウンドすることで熱線遮蔽機能を付与したパンライト熱線遮蔽グレード「M-1100VX」シリーズを上市．このM-1100VXシリーズは可視光線透過率をできる限り低下させることなく日射熱取得率を高めたことで，グレージングなどに使用した場合，明るい光を取り入れるとともに太陽光による車内温度の上昇を抑制可能であることから，エアコン効率を高めて消費電力を抑制することで燃費・電費改善による CO_2 削減貢献に寄与することが可能となる（図6）。

図5　CO_2 削減貢献機能材料

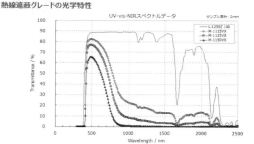

図6 CO₂削減貢献可能な熱線遮蔽グレード「M-1100VX」

3 designing Circular Materials を支える環境製品対応成形加工技術

3.1 射出プレス成形加工技術

　車体の軽量化に向けて金属やガラスをより軽量な樹脂へと置き換えが進む中，PC樹脂は「ゾウが踏んでも壊れないという優れた耐衝撃性」を有することから，たとえばガラス代替として最適な樹脂であるが耐傷付性の面から表面ハードコート処理を行う必要ある。ところが表面ハードコート処理したPC樹脂はハードコート剤によるケミカルアタックにより耐衝撃性が著しく低下することから，耐溶剤性の観点から高い分子量のPC樹脂を用いる必要がある。しかしながら，PC樹脂は分子量が高くなるほど成形性(流動性)に劣ることから，射出成形法では1㎡弱までの大きさに対応するのが限界であった。また，射出成形法は閉じた金型にPC樹脂を無理やり射出圧力で流し込むため残留応力が残りやすく，いかに高い分子量のPC樹脂で大型・大面積の製品を成形するか，また，いかに歪み(残留応力)が少なく均一な成形品を成形できるかが課題となる。

　上記課題を解決する加工法として，当社では射出プレス成形法に着目して加工技術の開発を進めてきたが，射出プレス成形法では金型を数mm程度開いた中間型締状態において樹脂を充填するため偏荷重により金型の平行度が乱れるとともに，金型の大型化(数10トン)に伴って自重により倒れが生じることから，製品の光学品質や金型のカジリ，破損などにより生産技術として成り立たなかった。そこでこのスケールアップに伴う諸問題を克服するべく，㈱名機製作所(現㈱日本製鋼所)と共同で3,400トンという世界最大級の四軸平行制御射出プレス成形機(MDIP2100-DM)を開発，同社独自の四軸平行制御技術を用いることで成形機の可動盤の平行度を保ち，偏荷重がかかっても金型の破損を抑制して製品の肉厚も均一化できるとともに，高い分子量のPC樹脂を用いても通常の射出成形法の約1/3～1/5の型内圧力で均一に成形できることから，従来では困難であった2㎡程度の製品寸法を有する成形を可能にするとともに，残留応力が少なく光学的に均質な製品を得ることを可能とした(図7)。

3.1.1 射出プレス成形法の特徴

　金型内に高圧で溶融樹脂を充填する通常の射出成形法は，高い生産性とリブ・ボスや3次元曲

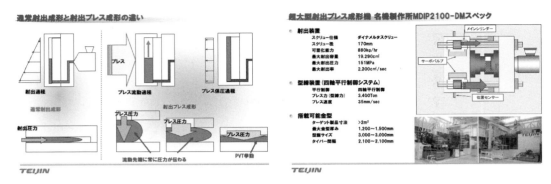

図7 通常射出成形と射出プレス成形の違い

面などの複雑な形状を得られるという特徴があり広く活用されている。半面，高い型締力で閉じられた金型内に溶融樹脂を高圧で充填するので成形品のそりなどの要因になる。また，高圧で充填することから成形品内部に多大なひずみが生じて成形品の強度低下にもつながる。これに対し，射出プレス成形法は，射出成形法の高い生産性を維持しつつ，高圧充填による残留ひずみを残さない圧縮成形法の利点を取り入れた成形法として開発された。射出プレス成形法は射出成形法とは異なりあらかじめ開いておいた金型内に樹脂を射出し，その後，型締力によって金型を閉じて樹脂を金型内に行き渡らせる成形方法である。樹脂を狭い空間に押し込む必要がないので大幅に充填圧力を低減でき，さらに，型締力により金型内のキャビティ全体に均等な圧力を加えるため，ひずみの少ない成形品が得られる。

射出プレス成形法では，射出時間，あるいは充填量に応じて射出とプレスを同時に行うことで，従来の射出成形法より大型・大面積の成形品を成形できる。通常の射出成形法では，キャビティ内の樹脂の流れが樹脂を注入するゲートから遠くなるにつれて遅くなる。これに対して射出プレス成形法では，金型を閉じる動きにより生じる樹脂の流れが加算されるので樹脂の流れが減速せず，流動先端の速度を一定以上にできる。このため，キャビティ内の樹脂の流動長を通常の射出成形法に比べ大幅に長くでき，投影面積の大きい薄肉の成形品を低い型締力で成形することが可能になる。また，従来の射出成形法では樹脂が固化する際に収縮するのを補うため，ゲートから樹脂に圧力を加え金型内の圧力を高く保つ保圧という動作が必要になる。これに対して射出プレス成形法では，キャビティ内の溶融樹脂を型締力により圧縮することにより保圧を加えるのと同じ効果があるため，ゲートからの保圧がほとんど不要となる。このためゲート部の残留ひずみ低減と保圧工程がなくなることによる成形サイクルタイムの短縮が可能になり生産性が向上する。

3.1.2 4軸平行制御のメカニズム

4軸平行制御射出プレス成形機（MDIP2100-DM）は可動盤を動かす高速移動用の2本のサイドシリンダと，型締力およびプレス力を発生させる4本のメインシリンダを持つ複合型締機構を採用，これにより大型機でありながら省スペースを実現した。型締機構の最大の特徴は，プレス工程において4軸を平行に制御するため，4本のメインシリンダそれぞれにリニアスケール（位置検出器）とサーボバルブを備え，数μmの精度で4軸を平行に制御できるようにしたことにあ

り，この4軸平行プレス制御により，偏荷重の加わる成形品でもその平行度を保ったまま精度良く成形することが可能となる。

3.1.3 射出プレス成形法と射出成形法との比較事例

従来の射出成形法と残留応力を比較するため，タテ520×ヨコ380 mm，肉厚5 mmの成形品をパンライト(PC樹脂)にて通常の射出成形法と射出プレス成形法で成形を行い，その残留応力を比較した。通常の射出成形法(型締力1,300トン)ではゲート付近に高い残留応力が観察されるのに対し，射出プレス成形法(プレス力600トン)では残留応力が非常に少ないことが確認できる。

次に，従来の射出成形法と流動特性を比較するため，タテ1,300×ヨコ1,000 mm，肉厚3 mmの大型成形品を用い，パンライト(PC樹脂)にて通常の射出成形法と射出プレス成形法で成形を行い，その流動性を比較した。通常の射出成形法(型締力3,400トン)では，その流動長は230 mm程であった。これまでは流動長さが足りない場合，樹脂温度や金型温度を上げ，樹脂の流動性を高めることで対応してきた。しかし，樹脂温度や金型温度を上げていくと成形サイクルが長くなるだけでなく，最悪の場合には樹脂の劣化を引き起こす。そこまでいかなくても強度低下，外観不良，変形の原因となる。樹脂を流動性の良い高流動グレードに置き換えるという対策もあるが，それでも流動長は2倍ほどに伸びるにすぎない。その点，射出プレス成形法では一般グレードのままで樹脂温度，金型温度を変更することなく完全に充填できた(図8)。

これは材料の視点に立つと，流動性を改良するためには他の特性を犠牲にせざるを得ない場合が一般的であるが，射出プレス成形法を用いることで加工法にてその流動性を確保でき，材料そのものが持つポテンシャルを最大限に活かすことができる。今後，グレージングやフロントパネルなどの新たな用途開発を行う上では資源循環を前提としたリサイクル時の物性低下をできるだけ抑えることが可能なエコデザイン思考による材料設計，さらにはリサイクル後の物性の観点からより高い分子量のPC樹脂が求められることから，資源循環にも貢献できる成形加工技術の1つであると考える(図9)。

3.2 加飾フィルム技術

近年，塗装レスによる環境負荷低減や光透過表示などのデザイン性向上が求められている。そ

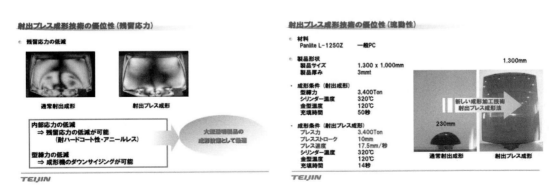

図8 射出プレス成形技術の優位性(残留応力・流動性)

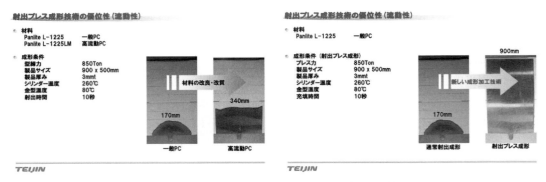

図9　射出プレス成形技術の優位性（流動性）

れらを実現する方法として，加飾フィルムのインサート成形やアウトモールド成形による塗装レス，機能性向上（耐擦傷性，耐薬品性，耐候性），デザイン性（光透過，3D形状，シームレス）および大型部品の一体化の検討が進められている。当社ではこれらに対応する基材フィルムとして，ハードコート技術により表面硬度と耐薬品性の向上，複層押出技術により表面硬度の向上，コンパウンド技術により低温フォーミング性の実現による次世代加飾用PC系フィルムの開発を行っている（図10）。

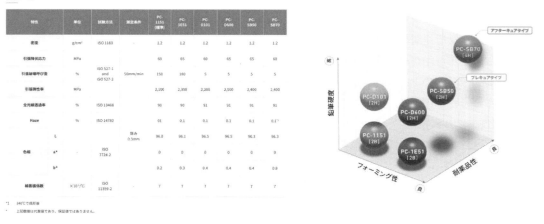

図10　加飾フィルムのラインナップ

4　おわりに

当社はこれまで培った素材技術と加工技術を，「designing Circular Materials」として顧客の環境対応に対してより多くの選択肢から最も適した解決策を提案するとともに，将来においても資源循環をサステナブル（持続可能）とするべく，昨今のエコデザイン思考に基づき，デジタル製品パスポートや次世代製品含有化学物質情報管理（製品に含まれる物質が資源循環において将来リサイクルする際に追跡できる仕組み）などへの対応を図っていく所存である。

第2章

環境負荷低減のための材料開発と
射出成形技術

第2章　環境負荷低減のための材料開発と射出成形技術

第1節　植物由来プラスチックの開発と射出成形技術

第1項　ポリ乳酸の開発と実用化

株式会社日本バイオプラスチック研究所　金髙　武志

1 はじめに

1.1 ポリ乳酸とは

ポリ乳酸(PLA)は分子中に水酸基とカルボキシル基の両方を備えるヒドロキシカルボン酸である乳酸が重合した脂肪族ポリエステルである。

原料となる乳酸は石油からでも作れるが、一般にはサトウキビや甜菜などの糖類から乳酸菌による発酵を経て得られる。つまり原料の100％が地上資源である植物由来になり得るものであり石油などの地下資源を必要としない。大気中に元々あった二酸化炭素を光合成により固定化したものであるから、焼却処理をしても発生する二酸化炭素は大気中に還すだけのことであり結果的に二酸化炭素の増加にはならない。

また、一般的にプラスチックは自然界では分解しないので使用後には焼却処理をするのが常ではあるが、PLAは微生物によって分解されるので自然界で放置され得るような用途でも安心して使用することができる。たとえば農業用資材や土木資材などにも適している。

植物由来であることと生分解性があることはそれぞれ何の関係もない事柄なのではあるが、PLAはたまたま同時にその2つの特性を備えているため、温暖化対策にも廃棄物処理のオプション増加についてもどちらにでも対応が可能であり、いわゆるバイオプラスチックの中では大本命のポジションにある(図1)。

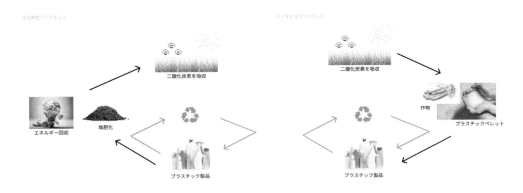

図1　生分解性プラスチック(左)と植物由来プラスチック(右)

プラスチック射出成形技術大系

1.2 加工における PLA の特徴

詳細については後述するが PLA の特徴は，まず融点が 155〜175℃ 程度のプラスチックであること。脂肪族ポリエステルであるから加水分解し得ること。特定の条件下で分解させると乳酸に環状二量体であるラクチドを生成し得ること。ラクチドは水分と反応して乳酸に変化し，製品の加水分解を促進させたり金型を腐食させたりし得ること。グレードによっては結晶化して耐熱性を発現することなどである。これらの特徴により加工装置の仕様や加工条件が検討される。

2 加工装置について

2.1 加熱システム

PLA の融点は一般品が 155℃，高耐熱品で 175℃，低融点品が 125℃ 程度である。ノズルの細い溶融紡糸では出口温度を 235℃ くらいにまで上げることがあるが，射出成型では出口温度は 200〜210℃ が目安である。ホッパ直下から出口まで一律 200℃ に設定し，それで加工が重いようであれば出口を 210℃ に設定すれば大体加工できる。また，各種添加剤を併用するならば，ホッパ下を低めの 160℃ くらいに設定しておいて高粘度でせん断力をかけてという手法もある。

2.2 予備乾燥

PLA は脂肪族ポリエステルであるから加水分解し得る。室温ではどうということもないが，射出成型における混錬では 200℃ まで加熱されるのであるから含んだ水分により加水分解が起こる。加水分解されると分子量が低下し，分子量の低下は直ちに粘度低下につながる。

想定外の粘度低下により，押出成形などではダイスから吹き出したりするため加工が困難になるだけでなく安全上の問題が発生する。射出成型であれば金型が受け止めるので危険性は小さいが，金型中での圧力が不安定になりひけが発生したりする。

そのような理由にて予備乾燥をすることが推奨される。射出成型においては水分率 250 ppm 以下くらいが望ましい。乾燥に際しては熱風乾燥がよく用いられている。一般品で 60℃ 程度，高耐熱品で 90℃ 程度，乾燥時間は 6〜8 時間程度であるが前の晩のうちに乾燥機にかけておけば翌日使用できるものと考えていただいて構わない。もちろん湿った熱風を用いては逆効果である。目安として露点が −40℃ くらいの乾燥空気を用いることが望ましい。

すでにバイオプラスチック用の乾燥機と銘打って保存タンクなどもセットで販売されているので装置は市場で調達が可能である。

2.3 真空ベント

混錬機には真空ベントを備えることが好ましい。

予備乾燥を十分にしたとしても絶乾状態にすることはまず不可能である。どうしても微量の水分が残り，加工中にホッパから侵入する水分もある。よって混錬機中では多少の加水分解は起こる。決して水分が多量にあるわけではないので，分子量が低下すると同時に発生し得るフラグメントは乳酸ではなく乳酸の環状二量体のラクチドである。

これを放置した場合には，成型物中にラクチドが含まれたものになる。やがて環境中の水分と反応して乳酸を生じる。エステルの加水分解には酸や塩基が介在すると促進されることは高等学

校で有機化学を学んだ方ならご存知のことであろう。仮に積極的に分解をさせたいアイテムであれば問題はなく歓迎できるかもしれないが，言葉を変えれば製品寿命が短いということである。

　さらにこのラクチドは全て成型物中に取り込まれるわけではなく，徐々に金型にも堆積していく。量が増えるとともに金型に曇りができるし，後になって乳酸に変じれば金型を腐食し得る。

　やはり総合的に考えればこのラクチドは除去されることが好ましい。発生するものがラクチドであることは都合の良い側面もある。ラクチドは混錬機に真空ベントを設ければ相当量が除去できるのである。途中にコールドトラップを設置しておけば針状の結晶として確認される。これがラクチドではなく乳酸の場合は分子中に水酸基とカルボキシル基を両方持つような極性の高い物質が簡単に揮発したりはしないため真空に引いたところでほとんど除去はできない。もちろん成型品の中からも除去できない。真空に引けば除去できる環状エステルの状態にあるのが最後のチャンスだといえよう。

2.4　金　型

　PLA用の金型の設計はknow-how性が極めて高いが，一般的に知られていることを中心に説明する。

　まず，PLAにはグレードによって熱的性質が異なることは加熱システムの段で示唆した。ここでは高耐熱グレードと一般グレードに大別することにする。また高耐熱グレードと一般グレードで何が異なるのかという科学に関する説明は本稿の主旨である射出成形についての説明を一とおり終えたところで付録的に記述することにする。

　まず，一般グレードは他の樹脂の金型と何も変わらない。現時点で流動性が特段に優れるグレードが市販されていないため薄肉成形には難易度があるかもしれない。

　以降，高耐熱グレードの取り扱いについて述べる。

2.4.1　金型温度

　改質剤なしでのニートのPLAで耐熱性を求めるのであれば，結晶化をさせる必要がある。結晶化をさせるためには，ガラス転移点以上融点以下の温度で保持させることが一般的である。PLAの場合にはガラス転移点がおおよそ55～60℃，耐熱グレードの融点が175℃である。筆者の経験では90～110℃くらいで保持するのがよさそうである。PETに比べてだいぶ時間がかかる傾向であるがこれで結晶化が進む。

　次に金型から取り出す際に高温のままでは表面硬度が心許ない。温度が下がる前に取り出せば，形崩れをすることもあるし，排出補助のイジェクターピンで穴が開くこともあり得る。結果的にサイクルタイムが長く必要となるのでもう少し工夫が必要となる。

2.4.2　金型システム（追加）

　取り出し時間を短縮するためには，金型に加熱用のシステムに加えて冷却用のシステムも備えれば良い。十分に結晶化をした後は急冷すれば取り出し時間は短くできる。さらに加熱／冷却用の管を成型キャビティの近くに配置したり，あるいは若干高価ではあろうがベリリウム綱のような熱伝導性の高い素材を用いるなどの解決策は講じることができる。

　さらに一般的な補助装置の場合，金型からの取り出しにインジェクターピンやガスアシストなどのシステムを備えるとよい。またできれば長い円筒形のような成型物の場合にはテーパーをつ

けると望ましい。というのも PLA は一般品で結晶化させない場合にはさほどでもないのであるが，結晶化させると 1%以上も収縮して金型に張り付いてしまうことがあるためである。

2.4.3　金型内結晶化と取り出し後結晶化の違い

筆者は，通常は金型内結晶化を推奨している。他章で述べられているであろうが加工硬化に伴って生じた内部残留応力を緩和するべく成型後にある程度の高温を保持するアニール処理は金属だけでなくプラスチックでも知られた手法である。

PLA について注意したいのは，高耐熱グレードは結晶化による耐熱性発現ということである。ポリカーボネートのような非晶性樹脂であれば，ガラス転移点よりやや低めの温度で保持するが，結晶性の PLA ではガラス転移点より高めに設定することは前述のとおりである。単に内部残留応力を除くだけの非晶性樹脂と違って，結晶性樹脂をミクロで観察すると高分子鎖が変形あるいは移動し，配列したすなわち結晶化した状態でロックされる。金型内で処理する分には問題はないが，金型から出してフリーの状態で行えば成型体としての形状保持よりも，分子レベルでの配列形状が支配的になるため成型体としていえばひずみを生ずることになる。

しかしその一方で，金型内での結晶化はサイクルタイムが長くなるので製造コストに直接かかわってくる。冷却システムを追加して取り出し時間を短縮することについて述べたが，そのような金型は高価である。

そこで次善策としては，成型金型に代わる安価な型を用意しておいて，そこに嵌め込んでからオーブン内にて後加熱することでも結晶化が可能である。しかし結晶化で熱収縮することは本質的には避けられない。あまりタイトな型を設計すると成型体が収縮して締まって張り付いたり，あるいはさらに締まって割れてしまうこともある。そこで若干の変形を許容して緩めの型を用いたり，あるいはシリコーンなどの柔らかい型を用いることを提案している。

3 耐熱性 PLA とは何か

ここまでで PLA の加工については大筋を述べた。以降は知らなくとも加工には問題はないが，耐熱性 PLA とは何かについて追加で説明をする。

3.1　PLLA と PDLA

ポリ乳酸の構造式を図2に示す。プラスチック加工技術ではなく有機化学の話になるが，乳酸は C3 物質で，中心の炭素原子に水酸基，メチル基，水素，カルボキシル基という4つの異なるものが結合している。このような炭素を不斉炭素と呼ぶことは高等学校の化学の教科書にもある。不斉炭素を1つ持つ化合物は鏡に映して対象な鏡像異性体を持つ。俗に右手と左手といわれるものである。どちらが右手かということはともかく，L-乳酸と D-乳酸が存在する[1]。

石油から特に工夫なく乳酸を合成しようとすると，大概は L-乳酸と D-乳酸が50%ずつ混合したものが得られる。一方で乳酸菌による発酵で得た場合には，酵素反応によるものなので立体構造に規制がかかり L-乳酸だけが得られる，と考えると理解しやすい。しかし現実には D-乳酸が4%程度含まれる。これは偶然にも乳酸菌が異性化酵素を持っており，L-乳酸の一部を D-乳酸に変えてしまうためといわれている。

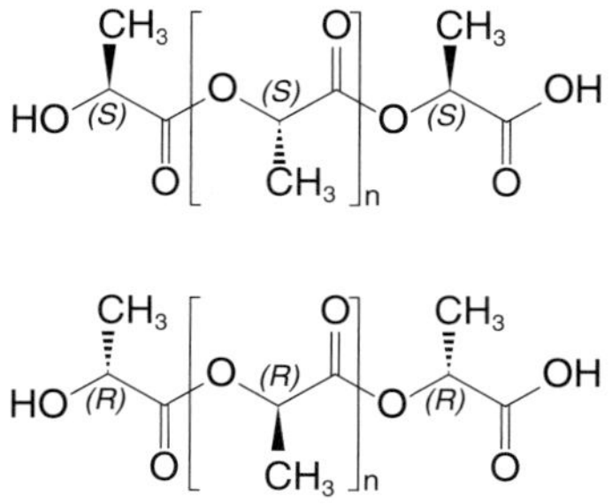

第2章　環境負荷低減のための材料開発と射出成形技術

図2　ポリ乳酸（PLA）[2]

　L-乳酸だけでホモポリマーPLLAを重合すると，10分子で3回転のα-ヘリックス構造をとる。コイルバネのような形状を想像していただければ正しい。これは規則正しい形状のため条件が揃えば結晶化して耐熱性を発現し得る。融点は175℃，荷重たわみ温度は結晶化後で105℃程度である。

　この高分子中に4％の比率でD-乳酸ユニットが含まれる場合，螺旋構造をたどっていくとランダムに4％の確率でD-乳酸が出現し，3/10回転だけ逆回転をし，またL-乳酸で正回転をしていく。D-乳酸に出合うたびに少しずつ逆回転を繰り返すため，コイルバネだったものはところどころで逆に捻れたものになる。ランダムに迷走した高分子鎖は簡単には結晶化できない。これが通常品とされるPLAで，融点は155℃で荷重たわみ温度は55℃程度にとどまる。

　なおD-乳酸だけでホモポリマー PDLAを重合すると，螺旋構造が逆向きなだけでそれ以外の特性はPLLAと全く変わらないものができる。

　物性一覧を**表1, 2**にまとめた。

表1　種々ポリ乳酸　光学純度と分子量

| | | 乳酸の光学純度（L/D）% | | | | | |
		99.5（A群）	98（B群）	96（C群）	90（D群）	50（E群）	0.5（F群）
分子量	180万（I群）	高耐熱・押出成形用	中耐熱・押出成形用	標準・押出成形用	低融点・押出成形用	エマルジョン用	結晶化促進用
	130万（II群）	高耐熱・溶融紡糸用	中耐熱・溶融紡糸用	標準・溶融紡糸用	低融点・溶融紡糸用	エマルジョン用	結晶化促進用
	100万（III群）	高耐熱：射出成形用	中耐熱：射出成形用				結晶化促進用
	70万（IV群）	高耐熱・精密射出成形用	中耐熱・精密射出成形用				
	40万（V群）	高耐熱・メルトブローン用	中耐熱・メルトブローン用				

表 2 ポリ乳酸の物性

| | | | PLLA | | | | | PLA | | | PDLA | |
| | | | 高耐熱 | | | 中耐熱 | | 標準 | 低耐熱 | | | |
		単位	A-3	A-2	A-1	B-2	B-1	C-1	D-2	D-1	F-3	F-2
用途	射出成型		○	○								○
	繊維			○	○	○		○	○			○
	押出し成型/熱成型				○		○	○		○		○
	造核剤										○	
物性	密度	g/m³	1.24	1.24	1.24	1.24	1.24	1.24	1.24	1.24	1.24	1.24
	光学純度	% isomer	>99%L	>99%L	>99%L	98%L	98%L	96%L	90%L	88%L	>99%D	>99%D
	MFI (Flow, 210℃/2.16 kg)	g/10 min	65	24	8	24	8	8	17	10	>100	24
	MFI (Flow, 190℃/2.16 kg)	g/10 min	30	10	3	10	3	3	8	4	>50	10
	融点 (Tm)	℃	170~180	170~180	170~180	160~170	160~170	150~160	125~135	125~135	170~180	170~180
	ガラス転移点 (Tg)	℃	55~60	55~60	55~60	55~60	55~60	55~60	55~60	55~60	55~60	55~60
	予備乾燥	要/不要	要	要	要	要	要	要	要	要	要	要
機械物性	引張り弾性率	MPa	3500	3500	3500	3500	3500	3500	3500	3500	3500	3500
	引張り強度	MPa	50	50	50	50	50	45	40	40	50	50
	破断伸長率	%	<5%	<5%	<5%	<5%	<5%	<5%	<5%	<5%	<5%	<5%
衝撃	ノッチ付きシャルピー, 23℃	kj/m²	<5	<5	<5	<5	<5	<5	<5	<5	<5	<5
耐熱	荷重たわみ温度B法 (非晶性)	℃	55~60	55~60	55~60	55~60	55~60	55~60	55~60	55~60		
	荷重たわみ温度B法 (結晶性)	℃	100~110	100~110	100~110							

3.2　ステレオコンプレックス PLA

　PLLA と PDLA，螺旋構造の向きだけが異なる 2 つを等分に混合し加工すると，螺旋構造が嵌合した密な構造を形成する。このとき螺旋も 3 分子で 1 回転となる[3]。この状態をステレオコンプレックス PLA と呼び，かつて帝人㈱がバイオフロント® という商標で市場に提案していた。

　融点は 230℃，荷重たわみ温度は 130℃ 程度のものが得られ，さらにガラス繊維などを加えることで 150℃ 近い環境でも使用し得るものができた。

　現在は PLA のようなバイオプラスチックと呼ばれるものは，使い捨て用途に用いられる汎用プラスチックの代替品として注目がされているが，いずれその動きはエンジニアリングプラスチックの分野にも及ぶであろうから再び注目されるであろうと考える。

4　用　途

　PLA の物性はポリスチレンに近い。

　フィルム押出や溶融紡糸なども可能であるが，本書は射出成形技術に特化しているのでその分野に限った例を挙げると，まず使い捨てのスプーンやフォークなどがある。コンビニエンスストアで弁当などを求めると付属しているものは元はポリスチレンであったが，近頃は PLA をブレンドしたものなども出回っている。

　さらに使い捨てではなく繰り返し使うものとして，耐熱性グレードのコンパウンドを用いた乳幼児用食器であったり，パルプや木粉などを配合して質感にバリエーションを持たせたコップなども販売されていたりする。

　会津若松市にある漆器メーカーでは PLA の射出成型品に職人が手作業で漆を塗った会津塗盃なども製造していて筆者も愛用している。

　かつてのトライアルでは評判が悪かったようであるが，以前は OA 機器の部材や携帯電話，ノートパソコンのハウジングなどにも採用されていた。当時は残留モノマーの管理が甘かったので耐久性が不足していたようだが，そのあたりの研究は進んで改善されているので再び採用される日も来るであろう。

　生分解性の用途として育苗ポットや土木・建設用の部材などにも使われている。

5　おわりに

　ポリ乳酸（PLA）は植物由来かつ生分解性のプラスチックの代表的なものである。従来の石油由来プラスチックの代わりに用いることで温暖化ガス削減の効果がある。また従来の非分解型プラスチックの代用とすることで，農業や林業などの資材で廃棄物処理方法のオプションが広がる。

　製品グレードのラインナップが少ないことから加工には難しさがあるのは事実ではあるが，工夫することで従来のプラスチックと変わらずに加工することが可能で，今後は用途もさらに広がるものと期待される。

プラスチック射出成形技術大系

文　献

1) Goffin Philippe, Deghorain Marie, Mainardi Jean-Luc et al.：*J. Bacteriol.*, **187**(19)6750-61(2005). ほか
2) https://ja.wikipedia.org/wiki/
3) T. Okihara et al.：*J. Macromol. Sci-Phy.*, B30(1&2),
119(1991).
4) 金高武志：望月政嗣監修：生分解性プラスチックの素材・技術開発 ―海洋プラスチック汚染問題を見据えて―，第2章第2節，エヌ・ティー・エス(2019).

第2章　環境負荷低減のための材料開発と射出成形技術

第1節　植物由来プラスチックの開発と射出成形技術

第2項　セルロース繊維強化樹脂と射出成形技術

古河電気工業株式会社　金　宰慶　　古河電気工業株式会社　木下　裕貴
古河電気工業株式会社　中島　康雄　　古河電気工業株式会社　伊倉　幸広
　　　　　　　　　　　　　　　　　　古河電気工業株式会社　須山　健一

1　セルロース繊維強化樹脂 CELRe®

　当社（古河電気工業㈱）グループが光ファイバケーブルや電力ケーブルなどの製造で培ってきた押出機を用いた樹脂混練技術を活かし，パルプと熱可塑性樹脂を二軸押出機で混練，ワンステップでマイクロオーダーのセルロース繊維を樹脂中に高分散させる技術を確立し，強度と耐衝撃性を両立したセルロース繊維強化樹脂 CELRe®※ を開発中である。

　従来，セルロース繊維は樹脂への分散が難しく，ナノ化や疎水化のプロセスを経ることから製造コストが高くなることが課題となっていたが，CELRe® はセルロース繊維のナノ化や疎水化を経由せず，熱可塑性樹脂にセルロース繊維を直接分散する独自プロセスにより，必要とするエネルギーが少なく，低コストで製造が可能である（図1）。

　CELRe® のセルロース繊維は二軸押出機中での樹脂との混練中で解繊され，樹脂中に分散している。解繊したセルロース繊維のサイズは約300～700 μm であり，当社のプロセスはマイクロサイズのセルロース繊維を樹脂中に分散する技術といえる（図2）。

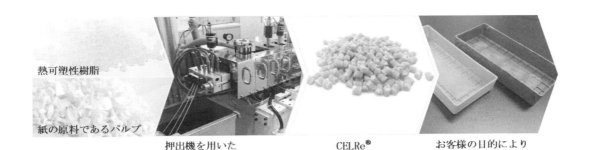

図1　CELRe® の製造プロセス

※　『CELRe®』は日本における古河電気工業㈱の登録商標である。

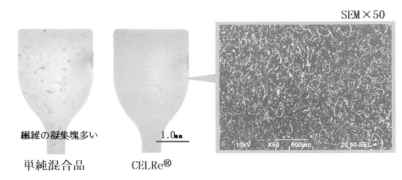

図2　独自技術でセルロース繊維を樹脂中にマイクロサイズで高分散

2 セルロース繊維強化樹脂の射出成形性

　セルロース繊維を強化材として使用した樹脂は熱可塑性樹脂が多く，その熱可塑性樹脂を成形するための最も一般的な方法として射出成形がある。他の成形方法と比較して，短いサイクルで複雑な形状の製品を作るのに優れているため，自動車，家電，OA機器といった分野に汎用的に利用されている。セルロース繊維強化樹脂はバイオマスの利用によりカーボンニュートラルに貢献でき，機械的強度に優れた特徴を持つ一方，実用化する上では成形加工性が重要な要素となる。

　CELRe®は，従来の熱可塑性樹脂と同様に射出成形機と金型によって成形が可能である。図3にCELRe®を用いた成形品の実例を示す。2.1より，CELRe®の射出成形性について紹介する。

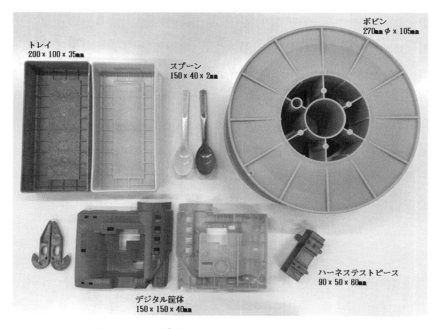

図3　CELRe®を用いたさまざまな成形品の例

第2章 環境負荷低減のための材料開発と射出成形技術

2.1 射出成形性に対するセルロース繊維強化樹脂の流動性の影響

　セルロース繊維が熱可塑性樹脂中に充填されることで熱可塑性樹脂の加熱溶融時の流動性が低下することが懸念される。熱可塑性樹脂の射出成形性を考える際，溶融時の流動性の指標としてメルトフローレート（MFR）が広く用いられているが，MFR は静的な状態での測定となるため，MFR 測定中の樹脂に生じるせん断応力は射出成形時のせん断応力に対して非常に小さく，実際の射出成形時の挙動とは相関性が少ない場合がある。そのため，MFR とは別の方法で，射出成形における樹脂の流動性と成形性を評価する手法としてスパイラルフロー試験を用いた。スパイラルフロー試験は，使用する金型にスパイラル状の溝が設けられており，一定の条件の下で射出成形を行ったときの樹脂流動長を測定する試験である。この試験により，樹脂流動長の成形温度依存性，射出速度依存性，射出圧力依存性の確認ができる。

　図 4，5 に CELRe® のスパイラルフロー試験の結果を示す。CELRe® のベース樹脂として使用しているポリプロピレンと同等の成形条件では，スパイラル流動長が短いが，射出圧力や成形温度を調整することで，ポリプロピレン単体と同様のスパイラル流動長が得られることがわかった。したがって，最適な成形条件を用いることで，セルロース繊維強化樹脂は汎用樹脂のポリプ

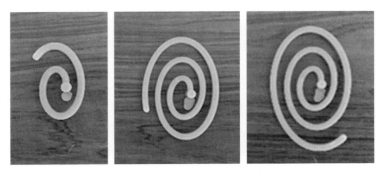

図 4　CELRe® のスパイラルフロー試験例（左から射出圧力 50 MPa，100 MPa，150 MPa）

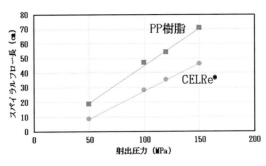
流動長の射出圧力依存性
（成形温度200℃、射出速度100mm/s）

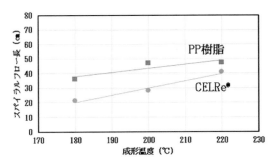
流動長の射出温度依存性
（成形圧力100MPa、射出速度100mm/s）

※スパイラル形状：アルキメデス型スパイラルフロー金型　幅5mm、厚み3mm
※テスト用成形機：18トン

図 5　スパイラルフロー長の射出圧力と射出温度依存性

ロピレンと同様に射出成形が可能であることが確認できた。

2.2 射出成形性に対するセルロース繊維強化樹脂の含水率の影響

　樹脂の含水率は射出成形性に直接的な影響を及ぼし，成形品の品質を左右する。過剰な水分を含んだままで射出成形してしまうと樹脂の種類によっては加水分解による分子量低下や，分子量低下に伴う物性低下，分解ガスの発生が懸念される。また，成形品の表面に銀条や気泡の発生，分解ガスによるショートショットや焼けが発生しやすくなる場合がある。特に，セルロース繊維強化樹脂に含まれるセルロース繊維は，吸湿性を持つため大気中の水分を吸収する。よって，セルロース繊維を含まない熱可塑性樹脂よりも含水率の管理は重要な項目となり，射出成形前の適切な予備乾燥が必要である。たとえば，図6に示したように，セルロース繊維強化樹脂 CELRe® は大気中に放置することで含水率約 0.2% まで吸湿する。これを乾燥温度 80℃ で 5 時間以上乾燥することで，含水率は 0.05% まで低下し安定する。この含水率での射出成形で得られた成形品は，発泡や焼けなどの外観不良がないことを確認している。

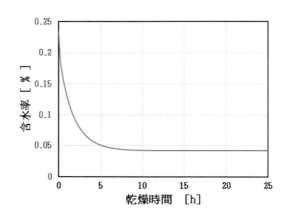

予備乾燥条件	
乾燥機種類	箱型熱風乾燥機
乾燥温度	80℃
乾燥時間	5時間以上
特記事項	バットに敷いたペレットの厚さを 3 cm 以下にする

図6　CELRe® の含水率と成形前予備乾燥条件

2.3 セルロース繊維強化樹脂の成形収縮

　射出成形後は，樹脂成形品が冷却される過程で起こる体積減少によって成形収縮が発生する。したがって，射出成形金型は，成形収縮を考慮して成形品の最終寸法が設計寸法となるように設計される。ポリプロピレンのような結晶性の樹脂は，射出成形後の冷却過程で樹脂中に結晶構造を形成するため，成形収縮率が高くなる傾向がある。

　一方，セルロース繊維をポリプロピレン中に充填することで成形収縮率が改善される。図7のように，セルロース繊維の含有率が高いほど，成形収縮率が減少し，セルロース繊維含有量 40% 以上からセルロース繊維強化樹脂の成形収縮率が安定していることが確認されている。

第2章　環境負荷低減のための材料開発と射出成形技術

ポリプロピレン樹脂

CELRe® 成形品
（セルロース繊維51%）

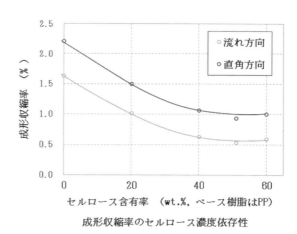
成形収縮率のセルロース濃度依存性

図7　CELRe® 成形品の成形収縮率

3　セルロース繊維強化樹脂成形品の持続可能な社会への貢献

　持続可能な社会に向け，資源の再利用や化石資源の使用を減らす動きが世界的に活発化している。セルロース繊維強化樹脂は，ナフサを原料とする樹脂材料からバイオマス材のセルロース繊維に置き換えることで，石油資源の節約と CO_2 排出量削減に貢献するが，さらに，成形品としてのマテリアルリサイクル性を活かした貢献が期待される。

3.1　セルロース繊維強化樹脂のマテリアルリサイクル性

　セルロース繊維強化樹脂は，成形品粉砕時にセルロース繊維の切断による強度低下が起こりにくいことが確認されている。図8は，CELRe® の射出成形品を粉砕，再生材100%で再度射出成形することを繰り返して強度変化を確認した結果である。CELRe® は4回再生を繰り返しても引張強度を90%以上保持した。セルロース繊維強化樹脂を使用することで，製品の資源投入量・消費量を低減することができる。

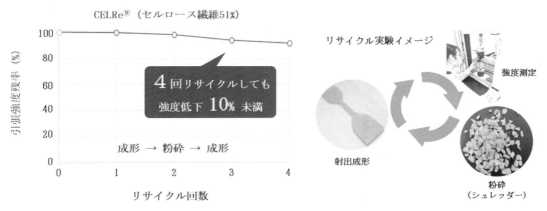

図8　リサイクル回数によるCELRe® の引張強度残率

― 333 ―

3.2 セルロース繊維強化樹脂のクローズドループリサイクル

循環社会の実現に向けた取り組みの1つとして，使用済みの自社製品から回収した素材を再度自社製品に使用するクローズドループリサイクルという仕組みがある。クローズドループリサイクルの課題は，品質の維持，効率的な回収システムの整備，リサイクル技術の開発だが，3.1 に示したようにセルロース繊維強化樹脂は複数回リサイクルが可能な材料である。たとえば，図9のように，CELRe® はお客さまでの射出成形時に発生する端材（たとえばスプールランナー）を粉砕し，再度射出成形に戻しても成形品の強度低下がほとんどないため，クローズドループリサイクルにより CO_2 排出量削減，廃棄物量削減に貢献できると考えている。

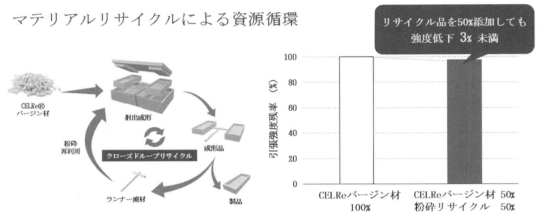

図9　CELRe® のクローズドループリサイクル

4 おわりに

セルロース繊維強化樹脂の射出成形性について，当社のセルロース繊維強化樹脂 CELRe® の特徴や射出成形性を用いて紹介した。セルロース繊維強化樹脂は低い流動性やセルロース繊維の高い吸水性の懸念から射出成形には不向きに見えるが，実際は適切な成形条件を選択することで従来の汎用樹脂と同様に射出成形が可能な材料である。近年の二酸化炭素による地球温暖化や石油資源枯渇などの環境問題に対する意識の高まりから，バイオマスであるセルロース繊維を用いたセルロース繊維強化樹脂の需要は今後増えると予想されている。当社では，2023年度から10トン/月の CELRe® 製造能力を確保し，サンプルの提供を開始している。今後も CELRe® の開発をとおして製品の CO_2 削減とリサイクルなどを促進し，持続可能な社会の実現に貢献していく。

第 2 章　環境負荷低減のための材料開発と射出成形技術

第 1 節　植物由来プラスチックの開発と射出成形技術

第 3 項　木粉充填材料と射出成形技術

菱華産業株式会社　都地　盛幸

1 はじめに

　全世界的な温暖化・森林破壊・海洋汚染など，石油資源の使用削減や資源再利用，循環の重要性がかつてないほど高まってきている。当社(菱華産業㈱)は，成形メーカーとしてこの課題解決に対する取り組みを最も重要視し，地球で最も豊富な再生型資源のセルロースである木材と生分解性樹脂を複合させた「MIRAIWOOD」の開発への取り組みを 5 年ほど前よりスタートさせた。

2 木材充填材料の開発

　木材系素材と複合するベース素材の選択では，環境性能の高い三菱ケミカル㈱製 Bio-PBS™ を採用した。

2.1 生分解性樹脂の選択

① 一般的に最も流通している生分解性樹脂は，ポリ乳酸(PLA)だが，本来樹脂が持っている物性(耐熱)を発現させるには，成形品を結晶化(100〜120℃)する必要がある。

② 木材の特性として 200℃付近から熱分解が始まり，ヤケによる変色や木ガスなどの発生による金型への影響が見られる。これを防ぐために低い温度領域で融解する樹脂を使う必要が

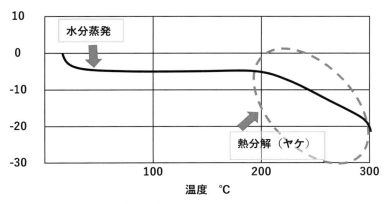

図 1　木粉の熱処理に対する重量変化

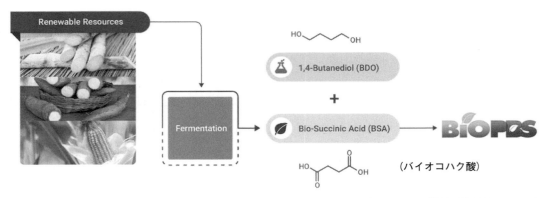

出典：Bio-PBS™ 技術資料（PTTMCC）

図2　Bio-PBS™ について

ある（図1）。

● 融解温度
　・ポリ乳酸 175℃〜（高い加工温度）
　・Bio-PBS™　120℃〜（低い加工温度）
③　木材には高剛性だが脆いという欠点があるが，軟質系樹脂であるBio-PBSは，その脆さを緩和する特性を有する。

2.2　Bio-PBS の特性

①　常温土中で生分解する。コンポスト設備なしでも生分解し，意図しないで投棄された場合でも最終的に分解する。

②　植物由来，バイオコハク酸と1,4-ブタンジオールからできている。現在50％がバイオ化（図2）。

③　優れた加飾適性（印刷，塗装）がある。
　一般的な木粉プラスチックはポリプロピレンをベース材としているが，ポリプロピレン自体が極めて弱い極性しか持たないことから塗装・印刷などの加飾には適さない。

④　フィラー（木粉）の相溶性が優れている。
　ブタンジオールの低極性とコハク酸セグメントの高極性が共存しているので，加飾適性を持ちながらフィラーの相溶性を有している。

3　木材配合のための供給課題と技術的条件

　MIRAIWOODのコンセプトは，一般的なバイオプラスチックスというだけではなく，アップサイクル（廃材活用）できる素材とバイオマスプラスチックスの複合材であるという点が特徴である。本来，製造過程で発生する廃棄処分とされるべき素材を活用して，新しい付加価値を与え再利用する社会課題解決の要素を含むものである。

3.1 素材の安定供給

社会課題に向けた取り組みとしての活動を広く発信していくためには，持続的な生産体制が必要で，中でも素材の安定供給は，最も重要である。また供給側の持続可能な循環型のものづくりに対する賛同が得られることも重要である。

MIRAIWOODの素材選定の第1号として，スポーツブランド，ミズノ㈱でのバット生産工程で発生する切削木材を採用した(図3)。継続安定的な量を受託でき，なおかつ3.2以降で述べる品質についても極めて安定していることがその理由であった。

※口絵参照

図3 バット生産工程で発生する切削木材
ホワイトアッシュ，メープル(広葉樹)

3.2 複合するための木材の品質的要素

MIRAIWOODは，木材配合率51％以上を基準とした。この理由としては51％以上の素材構成であればその素材の分類となるからである。つまり木材の分類となり作られた製品は，資源循環法に抵触せず可燃ゴミとして処理も可能となるからである。しかし木材の配合を高めることは容易ではない。配合を上げるほど流動性がなくなり成形性は著しく低下するからである。配合比は重量比が基準となっているため，高配合率を実現するためには木材の比重が重要になってくる。

3.2.1 針葉樹と広葉樹

木材の比重は，その種類によってさまざまである(表1)。マツ，モミ，ヒノキなどの針葉樹は，比重は，0.4 g/cm^{3}前後と小さい。一方，広葉樹に属するケヤキ，タモ，メープルなどは硬くて大きい。配合比は，あくまで重量換算となることから比重が高い広葉樹の方が51％以上の配合を維持するには有利である。

採用したバット材であるホワイトアッシュ，メープルの比重は0.7 g/cm^{3}前後で針葉樹の平均0.4 g/cm^{3}の2倍弱あるためフィラーの体積比を減らし合成樹脂量を増やして複合材の流動性を高めることが可能となる。

また木材は加熱するとセルロースやリグニンが分解され自己接着性が発現する性質を有することから，樹脂と木材はこの性質を利用し複合(接着)される。この性質は針葉樹より広葉樹に強く現れる。

表1 木材の種類と比重

針葉樹	比重(g/cm^3)	広葉樹	比重(g/cm^3)
モミ	0.35	ナラ	0.67
ヒノキ	0.41	カエデ	0.65
スギ	0.38	ケヤキ	0.68
サワラ	0.34	メープル	0.7
桐	0.19	Wアッシュ	0.68

図4　微粉砕前と微粉砕後

　コンパウンド後のペレットの比重は，木材を粉化することにより細胞気泡層がつぶれてなくなるため木質成分に真比重（1.2～1.3）が反映されることから木粉含有率が増すほど木質の真比重により近づく。

3.2.2　木材の微粉砕化

　木材を合成樹脂と複合させる際には，成形時のノズルの詰まりやゲートの詰まりの発生を防ぐため木材チップを微細化し，最大粒径を揃える必要がある。このため，当社のMIRAIWOODは，木粉平均粒径を150～300 μmとしている。粉砕手法によっては，さらに微細化することは可能だが，木材自体の質感美観を重視しこの粒径とした。また，ナノ，マイクロレベルの微細化によって流動性やたわみ強度が向上することはわかっているが，木質感がなくなることや作業負荷が大きくなる（コスト面）ことを考慮した結果である。

　粒径を揃えるための微粉砕は，刃物方式ではなく衝撃式によるスクリーンフィルターにて粒径を揃える。木粉粒径100 μm以上は乾式粉砕，100 μm未満は湿式粉砕方式が適している（図4）。

3.2.3　木材の含水率の影響

　自然木材の含水率は，一般的に20～30％とされる。水分が射出成形においてさまざまな不良につながることは周知のとおりである。合成樹脂との複合前に含水率を2％以下に低減する。バット材は，バット加工前に乾燥工程があり，切削木は含水率7～10％まで下げているためペレット化のコンパウンド前の工程を省力化できた。重要である木粉の均一分散は，水分が多いほど木粉が凝集しやすく十分な乾燥と高いせん断を与えることで改善が可能である。また凝集は，セルロース表面の水酸基同士の水素結合が原因であるため酸変性樹脂などの添加により表面を改質することも有効である。

4　押出機によるペレタライズ（コンパウンド）

　先述の微細化された木粉と生分解性樹脂を押出成形機にて混錬しペレット化する。フィラーと合成樹脂を混錬ペレット化するための留意点について以下に簡単に触れる。

4.1　二軸混錬押出機について

　単体樹脂をペレット化する場合は，一軸押出機のスクリュを選定することが多いが，木粉と合

成樹脂のような2種混錬ペレット化については，混錬効率の高い2軸押出機を選定することが一般的である。

木粉のペレット化について，以下の性能が求められる。
・木ガス発生に伴う耐蝕／耐摩耗性
・スクリュ部による脱気機構での水蒸気や木ガスの排出（真空引きなどで効果up）
・低発熱で分散性能に優れたスクリュセグメント
・広い操作範囲（負荷に対応した高速回転と高トルク）

4.2 スクリュの回転方向

スクリュのかみ合いの回転方向には，同方向と異方向がある（図5）。

同方向回転は，練り込み力が高く，スクリュやシリンダの摩耗に対する負荷が少ない。異方向は，発熱量が少なくムラも発生しにくい。それぞれのメリットがあり，木粉の混錬に関してどちらが適しているとは一概にいえない。

4.3 ストランドカット方式とホットカット方式（図6）

ペレットの成形方法として「ストランドカット方式」（図7）と「ホットカット方式」がある。

4.3.1 ストランドカット方式

押出機から出てきたストランド状（紐状）のペレットを冷却用水槽にて冷却固化させ，引き取りロールにて引き取りストランドカッターという刃物が回転することで樹脂をカットしてペレット状にする。

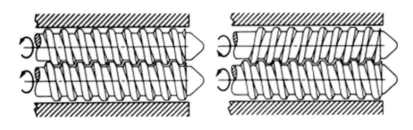

　　同方向回転　　　　　　　異方向回転
図5　スクリュのかみ合いの回転方向

ストランドカット方式ペレット　　　ホットカット方式ペレット

図6　カット方式別ペレット

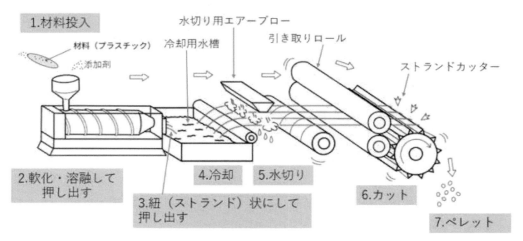

出典：アイアール技術者教育研究所，資料より
図7　水冷ストランドカット方式

　ウッドプラスチックス(以下、WPC)は吸湿性の高い木粉を使用しているため再乾燥の手間を省くため図6の水冷ストランドカット方式と同構造で水槽をなくした空冷ストランドカット方式を採用する。ストランドカット方式は，木粉配合率が高くなるほどストランドが切れやすくなるため比重の小さい木材の高配合は困難となる。

4.3.2　ホットカット方式

　押出機から出てきた樹脂をそのままカットしてペレット化する。冷却水槽が不要のため場所を取らない。樹脂をカットする回転刃の調整や素材の粘度によるペレットの掃き出しピッチを考慮する必要がある。ホットカット方式は，ストランドカット方式と違い木粉の割合が少ないとペレット同士がくっ付きやすく塊になりやすい。そのためストランド方式に比べ木粉の高配合に適している。

5　相溶化剤の添加

　疎水性のプラスチックスと親水性の木粉では親和性は基本的にはない。
　木材の微細化，粒径均一化，乾燥，そして押出機の練り込み方法，スクリュセグメントデザイン，カット方式などの機械的要素ともう1つの重要な要素として相溶化剤の添加がある。相溶化剤の効果として異材との相溶性向上，木粉の分散性向上，流動性向上，機械的強度アップなどがある。相溶化剤のメカニズムとしてマレイン酸変性PPなどで木粉を疎水化し相溶性を向上させたり，低溶融粘度ポリオレフィン系のポリプロピレンワックスで流動性や分散性を向上させたり，高分子量の相溶化剤では，せん断力で容易にフィブリルを効率良く発生させ繊維状のネットワーク構造で木粉を包み込むことで強度upなど，相溶化剤によってさまざまな機能付加が期待できる。

6 MIRAIWOOD の特徴と物性

MIRAIWOOD と一般的な WPC の違いに以下の特徴がある。

6.1 外観および加飾性(図8)
① 生分解性樹脂自体に極性があり木粉の分散性が高くポリプロピレンをベースとした WPC より美感に優位性がある。
② 塗装印刷など加飾が可能である。

図8 加飾可能な WPC

6.2 物性(ダンベル片による JIS 規格試験)

物性的には,曲げ弾性や曲げ強さなどは一般的な汎用樹脂と遜色はなく,温度特性などは,木材の特性を付加しているため高くなっている。逆の衝撃を表すシャルピー衝撃試験に関しては,木材の硬さ,脆さが影響して汎用樹脂より弱くなっている(図9~13)。

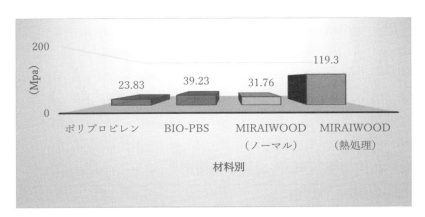

図9 引張強さ

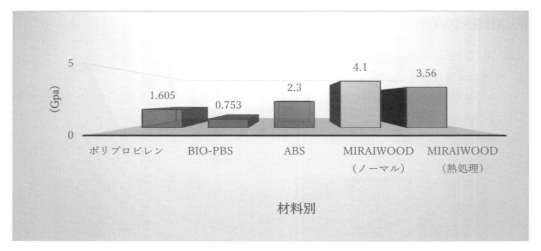

図10　曲げ弾性率

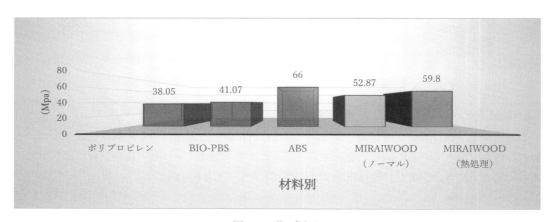

図11　曲げ強さ

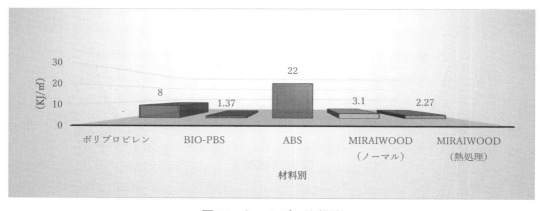

図12　シャルピー衝撃値

第2章　環境負荷低減のための材料開発と射出成形技術

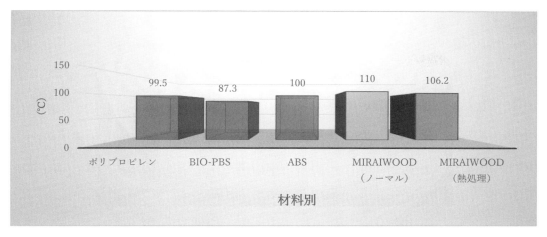

図13　荷重たわみ温度（0.45 Mpa）

7 射出成形技術

7.1 金型構造に関する留意点
材料の特性に合った金型構造やゲート仕様を考慮しなければならない。

① 木ガスに対応した金型表面への腐蝕対策のコーティングが必要。

② 流動性を考慮したゲート仕様の決定。製品仕様に合った圧力損失の少ないゲートおよびランナーを選定する必要がある。

③ 一般的な合成樹脂と比較しガスの発生量が多いため，ランナー部や製品面に対しガス抜きを多く設けなければならない。薄肉製品などは，真空引きなどの機構で強制的にガスを除去する方法で流動性を上げる効果もある。

7.2 成形条件
7.2.1 温度条件
樹脂温度設定は，木材の加熱分解を最小限に抑えられる150～160℃とする。製品肉厚やゲート仕様によっては充填が困難な場合は，金型温度を上げ流動性を確保する。180～200℃で流動性を確保した場合は，本来の木材の色ではなくヤケのため変色が確認される（図14）。

また金型仕様やゲート仕様の工夫，相溶化剤の効果を使い流動性向上を図り樹脂温度は極力上げないものとする。シリンダ内の滞留による分解も発生するため滞留時間には注意を要する（5分以内）。

7.2.2 形圧力と成形サイクル
木粉の配合が高いほど，樹脂ピーク圧は高くなる。オレフィン系樹脂単体と比較すると，樹脂最大ピーク圧は2～3倍となる。繰り返しとなるが先述の流動性を上げるためのファクターを十分に考慮し盛り込む必要がある。

成形サイクルについては，木材自体に断熱効果がありその特性からサイクルは10～20％程度延びる傾向がある。

　　　160 ℃　　　　　　　　190℃

※口絵参照

図14　成形温度による色調(ヤケ)の違い

8　製品外観

8.1　木材の種類による外観の違い

　木材が持つ色の違いにより色調が異なる(図15)。
　木材の種類によって木材構成成分の違いで熱分解温度が異なり，同温度条件でも色の変化に違いがある。

8.2　木粉の配向

　木粉の配向の偏りは，充填末端やウェルド部に発生する木粉の不均一分散である(図16)。
　要因として，以下が挙げられる。
　①　ベース材と木粉の流動性の相違。
　②　木粉同士が凝集しやすい。

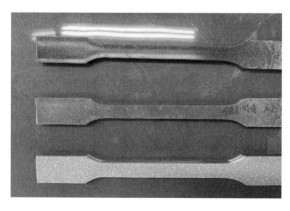

スギ　51%

カラマツ　51%

メープル/W アッシュ混合 51%

※口絵参照

図15　木材別の色調の違い

③ 木粉の粒径が小さいものが先に流れやすい。

また，対策としては次の3点が挙げられる。

① 木粉粒径を極力揃える（極端に小さいものは除去）。
② 相溶化剤で木粉の凝集を低減させる（疎水化）。
③ ペレットの流動性を上げながら薄肉化する。厚肉は，木粉が凝集しやすい。

図16 木粉の配向の偏りとその対策

9 環境配慮と社会課題解決としてのMIRAIWOODの取り組み

ミズノ㈱のバットの廃材活用から始まったMIRAIWOODの取り組みは，展示会や新聞・雑誌，ネット媒体をとおして少しずつではあるが広がり始めている（図17）。

以下，2例を紹介する。

9.1 カカオ産業支援への参画

㈱明治のカカオ産業のサスティナビリティ向上のためのカカオ未活用部位の有効利用を目的とした新たなライフスタイルブランド"CACAO STYLE"に賛同し，チョコレレート製造時，カカオ豆から取り除かれるカカオハスクを活用しMIRAIWOOD CACAOを開発し製品化した。

9.2 伝統工芸漆器の社会課題解決

石川県加賀市の山中温泉地区で作られる山中漆器は，現在，ウッドショックや山師の従事者不足などが原因で木材の価格が高騰し，素材であるケヤキやトチなど広葉樹の安定供給が非常に困難な状況となり，伝統工芸の職人にとっては厳しい状況が続いている。

また，漆器作りは木材を加工する際に大量の木屑が発生し，薄く加工した木地以外の木屑のほとんどは廃棄されている。その漆器作りから発生する木屑を回収し，MIRAIWOODの技術を使ってペレットを作成し，漆器の椀を作る際の荒挽（椀の材料）の形状に成形した。この成形した素材を従来どおりの伝統的な職人の手によってろくろで回転させ鉋で挽き，漆を塗り重ねること

図17　MIRAIWOOD CACAO の商品例

製作協力：㈱我戸幹男商店
図18　ケヤキ原木からのろくろ挽き前の椀

図19　金型で成形したろくろ挽き前の椀

で，サスティナブルな伝統工芸の漆器を創造した（図18〜20）。

漆器作りから発生する木屑を有効利用し，木材不足を解消することで，職人を目指す若い人材の負担を軽減し，伝統工芸の次世代への一助となることを展望する。

図20　ろくろ挽き，漆塗りを施した椀（金型）

10　MIRAIWOOD の今後の可能性

10.1　薄肉形状への対応

ペレットの流動性を上げることで汎用薄肉製品への展開を図った。開発中高流動 MIRAIWOOD は，肉厚0.7mm 容器の連続成形に成功した。

10.2　3D プリンターの活用で複雑な形状や超大型製品への展開

3D プリンターで対応可能な MIRAIWOOD 樹脂で，金型ではできない形状や超大型製品製作を可能とし樹脂としての汎用性を広げる（図21）。

製作協力：㈲スワニー
図21　3D プリンターでの成形

第2章　環境負荷低減のための材料開発と射出成形技術

11 おわりに

　気候変動による火災が頻発し，新たな伐採などで世界の森林は確実に縮小に向かっている。

　樹木は，何十年もの月日をかけて育ち，二酸化炭素を固定しているが，人間が木材として活用していくなかで多くの廃材も同時に生まれている。それらをサーマルリサイクルなどで処理すれば灰になり再び二酸化炭素に戻ってしまう。MIRAIWOOD は廃材も資源との考えに基づき，アップサイクルをするための技術革新を続け循環型の製造手法を確立していく。

第2章 環境負荷低減のための材料開発と射出成形技術
第1節 植物由来プラスチックの開発と射出成形技術

第4項 海洋生分解性プラスチック「NEQAS OCEAN」による薄肉フードコンテナの成形

株式会社ソディック　毎田　圭佑

1 はじめに

　プラスチックは私たちの生活のさまざまな場面において，必要不可欠な存在である。大量生産・大量消費・大量廃棄型の構図の中で私たちは便利で快適な生活を享受してきた。図1にプラスチックの廃棄物発生量の推計を示す。プラスチックの生産量は世界的に増大しており，1950年以降に生産されたプラスチックは83億トンを超える。また，生産の増大に伴い廃棄量も増加しており，63億トンがゴミとして廃棄されたといわれている。現状のペースでは2050年までに250億トンの廃棄物が発生し，主流となっているプラスチックは非分解性の材料がほとんどを占めているため，120億トン以上のプラスチックが埋立・自然投棄されると予想されている[1]。適切に回収・廃棄されずに海洋中に流出したプラスチックゴミは多くあり，生態系に大きな影響を及ぼしている。海洋に流出したプラスチックは世界全体で毎年800万トン[2]あり，このまま海洋

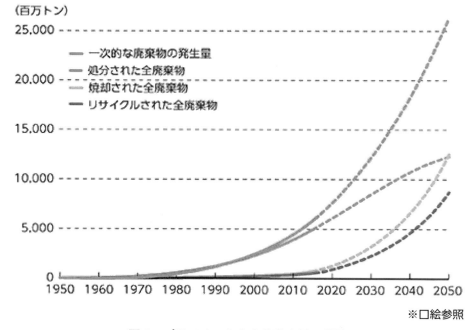

※口絵参照

図1　プラスチック廃棄物発生量の推計

第2章　環境負荷低減のための材料開発と射出成形技術

プラスチックの流出が続けば，2050年には魚の総重量を超えるともいわれている。

　流出したプラスチックは紫外線や風波などの影響により破砕・細片化することでマイクロプラスチックが発生する。マイクロプラスチックは海中を漂い，環境を汚染するばかりではなく，それを食べた魚から食物連鎖によってプラスチック自体やそれらに含まれる添加材が徐々に濃縮され，最終的に有害な化学物質として人へ蓄積することが懸念されている。これをきっかけにEUを中心にプラスチック製品の製造や使用を規制する動きが加速してきた。

　このような状況の中，植物などのバイオマス資源を材料とする「バイオマスプラスチック」と，微生物などの働きによって最終的に水と二酸化炭素に分解される「生分解性プラスチック」が注目されている。バイオマスプラスチックは石油を使わない材料であるため，環境負荷を抑え資源の循環につながる。しかし，バイオマスプラスチックは化学構造により生分解する材料としない材料があるため，海洋ゴミ問題の根本的な解決策とはなり得ない。また，生分解性プラスチックは従来，微生物が多く存在するコンポストや土壌での分解を想定して開発されてきたため，海洋域では分解を促す微生物が少なく，非常に遅い速度で分解するか，まったく分解しないことが明らかとなっている。そこで万が一正しく廃棄されなかったプラスチックゴミが河川を通じて海洋まで流出した場合でも，環境への影響をなるべく低く抑えることができるという観点で「海洋生分解性プラスチック」の開発も進んでおり，世界での需要拡大に向けた増産体制が整いつつある。

　㈱ネクアスは，バイオマス原料をポリマーに高充填する独自の技術である「SANTEC-BIO」を活用し，化石燃料やCO_2削減，生分解を目指した環境にやさしい材料の開発に着手し，その信念のもと，環境への負担を限りなくゼロにする100％自然由来，100％生分解性をあわせ持つ「NEQAS」を開発した。しかし，海洋中で分解することを特徴としたオーシャングレードは，流動性を示すメルトフローレートMFRが6.85 g/10 minと他のグレードと比較すると粘度が高い。また，生分解性プラスチックは材料の性質上，熱分解しやすく，樹脂温度を上げて成形することができない。そこで当社（㈱ソディック）の不活性ガス溶解システム「INFILT-V」を使用し温度を上げずに流動性改善を試み，改善結果を得られた（INFILT-Vの詳細については第1章 第4節 第2項を参照）。本稿では㈱ネクアスが開発した材料と当社の不活性ガス溶解成形システム「INFILT-V」を使用し成形を行った薄肉形状のフードコンテナについて説明する。

2 NEQAS OCEAN の特徴・製品事例

2.1 材料の特徴

　㈱ネクアスは石油由来のポリマーに卵殻や貝殻，コーヒーかすなどのバイオマス素材を高充填させることができるバイオマスマスターバッチ「NEQAS BIO」，木材や綿花から抽出される酢酸セルロースを主成分とし，非フタル酸の可塑剤を配合した海洋生分解性プラスチック「NEQAS OCEAN」をラインアップとして揃えている。

　とりわけNEQAS OCEANは土中だけではなく，これまで難しかった海水中での生分解を実現しており，世界初の透明性を有した海洋生分解性プラスチックとして注目を集めている。また，

— 349 —

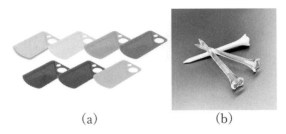

図2　NEQAS OCEAN を使用した成形品

この材料は繊維質により従来のプラスチックと同等の高い靭性としなやかさを兼ね備え，さまざまな成形方法に対応しているため，通常のプラスチックの代替材料としても使用することが可能となっている。また，この材料は最大5回のリサイクルを行っても物性の劣化がほとんど発生しない，高いリサイクル性を有している。

さらに，原料の一部は酢酸であるため，添加剤を加えることなく高い抗菌性を発揮する。そのため，トイレタリー用品などに活用することで環境性だけでなく，機能性も両立した製品を実現することが可能となっている。

2.2　NEQAS OCEAN を用いた製品事例

NEQAS OCEAN は自然環境において優れた生分解性を持っているだけでなく，さまざまな成形に対応する柔軟な物性を持っている。図2(a)は環境に配慮したイベントでの使用を目的としてNEQAS OCEAN を使用したトレイである。高いリサイクル性を持っていることから，使用後は回収して別の製品としても再生することが可能でゴミの削減にもつながる。

図2(b)は100％土に還る環境に配慮したゴルフティーである。通常，ゴルフティーは使用中に折れたり，飛んでいったりすることで回収できずに放置されることが多々ある。このゴルフティーは100％生分解性素材を使用しているため，微生物によって完全に分解される。また，素材由来の高い剛性により通常のプラスチックと同様な使用感で使用することも可能となっている。

3　NEQAS OCEAN を使用した薄肉フードコンテナ成形

図3に示すフードコンテナ金型は，製品の厚み0.65 mm，全長70 mm（最長部），2個取り，フルホットランナ方式を採用した金型である（製品形状は図4に示す）。NEQAS OCEAN は比較的粘度が高いため，射出圧力が機械スペックを超えショートショットとなってしまい連続成形が不可能だった。そこでeV-LINE® 全電動射出成形機MS100（プランジャ・スクリュ径40 mm）にINFILT-V を搭載し，不活性ガスを可塑剤として使用することで連続成形が可能か検証した。

通常成形では，薄肉の製品であるため，図5(a)のようにショートショットが発生したが，INFILT-V で CO_2 ガスを0.5 wt.％添加することによって流動性が向上し，ショートショットなく連続成形が可能となった。しかし，図5(b)のように成形品表面に注入したガスが発泡し，その泡を引きずったシルバーストリーク状の不良が発生した。そこで，あらかじめ金型内を発泡圧力

第2章　環境負荷低減のための材料開発と射出成形技術

図3　フードコンテナ金型
（左）可動型　（右）固定型

図4　フードコンテナ製品形状
NEQAS OCEAN で成形

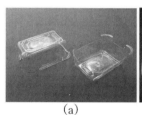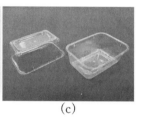

(a)　　　　　　　　(b)　　　　　　　　(c)

図5　成形品の外観
（a）ショートショット　（b）シルバーストリーク状の不良　（c）不良の改善

以上にして，より大気圧に戻りにくい状態で成形を行うことで，図5(c)のように不良を改善することに成功した。

今回使用した「NEQAS OCEAN」は微妙な温度変化や滞留で熱劣化が発生してしまう。そのため，流動性を向上させるために樹脂温度を上げることは好ましくない。不活性ガスを注入して成形を行うことで，熱に敏感な材料でも温度を上げることなく流動性を向上させ，薄肉製品であっても問題なく成形することが可能となる。表1はガス注入の有無による射出圧力を比較している。フードコンテナの成形では炭酸ガスを 0.5 wt.% 注入することで，射出圧力が 10% 程度減少することが確認された。

表1　ガスの有無による射出データの比較

	ガスなし	ガスあり
射出圧力（MPa）	210.92	190.29
樹脂温度（℃）	245	245

プラスチック射出成形技術大系

4 おわりに

　海洋に流出したプラスチックゴミによる環境汚染が世界的な問題となる中，さまざまな分野でこの問題を解決するために新素材，新製品の開発やその社会実装に取り組んでいる。本稿では「INFILT-V」による海洋生分解プラスチックの成形事例を紹介したが，今後も射出成形機や成形工法の開発提供をとおして，環境問題に貢献していきたい。

文　献

1) 環境省：令和2年版 環境・循環型社会・生物多様性白書，第1部第1章第3節

2) Erik van sebille：WORLD ECONOMIC FORUM, How much plastic is there in the ocean?

第2章　環境負荷低減のための材料開発と射出成形技術

第2節　材料使用量の削減

第1項　高精度コアバック制御を用いた低圧物理発泡成形

芝浦機械株式会社　林　浩之

1　はじめに

　近年，地球温暖化の対策として，脱炭素化，SDGsへの対応が求められている。樹脂製品は安価で軽量，成形の容易性と量産性からさまざまな分野で使用されているため，石油由来の樹脂の使用量削減やリサイクルは社会的要求への対応として重要である。これら対応への有効な技術の1つとして発泡成形がある。

　発泡成形は，発泡剤を含んだ溶融樹脂を金型キャビティ内に射出充填するとともに，気泡を発生・成長させ，冷却固化させて気泡の成長を停止した後に取り出す成形法である。この気泡の発生は，樹脂にガスが溶解している状態で急減圧させることにより，溶解しきれないガスが気泡として分離することで起こる。発泡成形の利点として，軽量化や樹脂の使用量の削減，ひけ・そりの低減や寸法精度の向上，必要型締力の低減などが挙げられる。

　発泡成形には化学発泡成形と物理発泡成形の2種類がある。化学発泡成形品はベースの樹脂材料に熱分解型発泡剤を添加するため，発泡剤の種類によっては産業廃棄物として処理しなければならない。物理発泡成形品は窒素ガスや二酸化炭素ガスを発泡剤としているため，再利用可能な点が生産・消費観点から有利である。また，物理発泡成形は供給するガス圧力を高めることで化学発泡成形よりも高い発泡倍率を得られる。そのため近年では，リサイクルや樹脂の使用量削減の観点から，物理発泡成形が着目されている。

　コスト面では，化学発泡成形は一般的な射出成形機を利用して生産ができるため，イニシャルコストは安価だが，発泡剤はベース樹脂に比べて価格が高くランニングコストが高価になる。物理発泡成形はランニングコストを低くできるが，専用機が必要になるためイニシャルコストが高価になる。そのため，物理発泡成形の普及にはイニシャルコストを抑える必要がある。

2　低圧物理発泡成形

　物理発泡成形のうち，マクセル㈱と京都大学が開発した「RIC-FOAM®」[1]はガスボンベから2～10 MPa程度の比較的低い圧力の窒素ガスや二酸化炭素ガスを発泡剤として射出成形機のバレル内に直接供給することから，低圧物理発泡成形と呼ばれる。従来のMuCell®法に比べ，装置構成が簡易で安価な特徴がある。

－ 353 －

低圧物理発泡成形では専用の可塑化装置を用いる。スクリュは一般的な射出成形機と違い2ゾーンに分かれており，上流側のゾーンにおいて樹脂を可塑化し，下流側のゾーンで発泡剤のガスを樹脂に溶解させる。バレルにはスクリュの下流側ゾーンに対応する位置にガス供給口を設ける。そのため，低圧物理発泡成形では一般の射出成形機に比べて可塑化装置が長くなり，射出成形機の設置面積が広くなる。また，特殊機であることから一般的な射出成形機に比べて導入コストも大きくなる。そこで筆者らは既存機の可塑化装置のみを交換することで比較的容易に低圧物理発泡成形へ対応できる方法を提案している。具体的にはスクリュ径 60 mm，L/D 20 の既存機の可塑化装置から，スクリュ，バレルなどの交換のみでスクリュ径 45 mm，L/D 28 の低圧物理発泡成形仕様の可塑化装置に変更し（図1），低圧物理発泡成形へ対応する。これによる射出成形機の設置面積の変化はない。

物理発泡成形ではガスボンベを用いるため，日本国内においては高圧ガス保安法が適用される。そのため，設備導入や変更の際に都道府県への申請や届出が必要となり，設備導入までに時間やコストがかかる。その他にも，ガスボンベ交換などのランニングコストの発生や，ガスボンベ設置場所の確保といった課題が挙げられる。

そこで，高圧ガス保安法の適用されない低圧物理発泡成形も提案している。これは，高圧ガス保安法の適用が除外される「コンプレッサで圧縮した 5 MPa 以下の圧縮空気」（高圧ガス保安法施行令第2条第3項）を発泡剤として利用することで実現する（図2）。コンプレッサのためランニングコストがかからず，設置場所もわずかですむ。5 MPa 以下のガス圧力であるため発泡倍率は2倍程度であるが，化学発泡成形と同等の発泡品質が得られている。

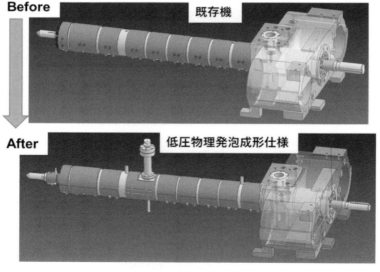

図1　既存機から低圧物理発泡成形仕様への可塑化装置の変更

第2章　環境負荷低減のための材料開発と射出成形技術

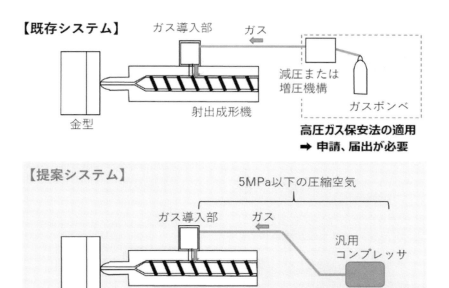

図2　低圧物理発泡成形の既存システムと高圧ガス保安法の適用が除外される提案システム

3 高精度コアバック制御

　発泡成形には，ショートショット法とコアバック法がある。ショートショット法は，キャビティ容積を変更せず気泡を成長させながら樹脂を充填させ，内部に発泡層を有する成形品を得る方法である。それに対しコアバック法は，キャビティ容積が小さい状態で樹脂を充填後，移動ダイ後退動作（コアバック）を行い，キャビティ容積を拡大して発泡セルの生成・成長を促すことで，内部に発泡層を有する成形品を得る方法である。キャビティの容積を変更しないショートショット法に比べ，コアバック法は樹脂の削減，軽量化効果が大きい。

　しかしながら，コアバック法ではコアバック完了時の金型開き量のばらつきやコアバック動作の挙動変化により，成形品の厚さ寸法や発泡状態にばらつきが生じる。このため，安定した品質の発泡成形品を得るために，射出成形機の型締装置の構造に起因する金型開き量の変動要因の撲滅や，コアバック動作制御の最適化によって高品質な発泡状態を維持することが必要となる。当社（芝浦機械㈱）では，これらの課題を解決するため高精度コアバック制御を開発した。ここで高精度コアバック制御の特徴を紹介する[2]。

3.1　クリアランスカウンタ装置

　型締装置の構造に起因する金型開き量の変動要因として，リンク機構におけるリンクとピンの隙間（クリアランス）がある。トグル式型締装置の場合，リンク機構を介して移動ダイの動作をサーボモータで制御するため，コアバック時にはクリアランスによる制御不感帯が生じ（図3(a)），金型開き量のコントロールが困難になる。これによりコアバック完了時の金型開き量に

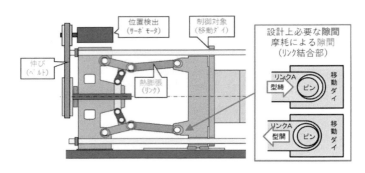

(a)クリアランスカウンタ装置無

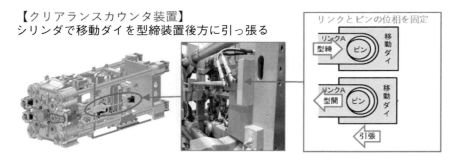

(b)クリアランスカウンタ装置有

図3 クリアランスカウンタ装置の有無によるリンクとピンの位相の変化

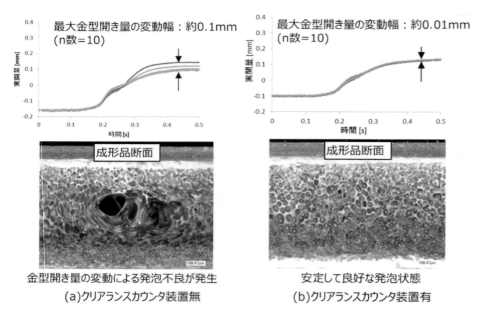

(a)クリアランスカウンタ装置無　　　　　(b)クリアランスカウンタ装置有

図4 クリアランスカウンタ装置の有無による金型開き量の変動幅の変化

ばらつきが生じ,発泡不良の原因となることがある(図4(a))。そこで型締装置に油圧シリンダを追加した「クリアランスカウンタ装置」(特許第6608168号)により,移動ダイを型締装置後方に引っ張ることでリンクとピンの位相を固定し,クリアランスを一定に保持することで制御不感帯を排除した(図3(b))。これによりコアバック完了時の金型開き量ばらつきが最小化し,安定して良好な発泡状態を得ることができる(図4(b))。

3.2　型開位置補正制御

実際の成形では機械精度や摩耗などの経時的変化や温度変動などの外乱により金型開き量の設定値と実開き量の間に差が生じる。経時的変化に伴う微小誤差はリニアスケールによって(図5),また温度変動などの外乱に伴う型厚の変化は実型締力の変動値から算出することによって(図6),それぞれ実開き量を補正している。これにより,経時的変化や温度変動などの外乱による影響を抑制し高精度な繰り返し安定性を得ることができる。

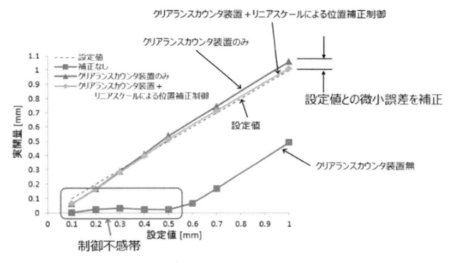

図5　リニアスケールによる金型開き量補正制御

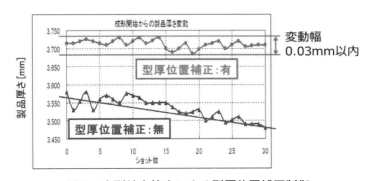

図6　実型締力検出による型厚位置補正制御

3.3 移動ダイ一定速度制御

リンク機構を有する型締装置はその特性上，金型パーティング面の開閉速度が曲線的なパターンとなる。そのため，発泡セルの成長速度に合ったコアバック速度の条件設定には慣れや経験を要する。それに対し，金型開閉用ボールネジの速度パターンを曲線的に制御し，コアバック速度を一定速度に制御する「移動ダイ一定速度制御」(特許第5872668号)により，発泡セルの成長速度とコアバック速度を同調させることができる(図7)。これにより均一な発泡層の形成が可能になるとともに条件設定が容易になる。さらに，微細な発泡セルの生成には高速圧抜きが有効であることから，従来制御に対して応答性を向上させ，設定したコアバック速度に達する時間を64％短縮している。

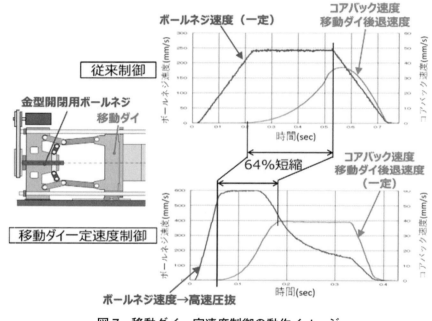

図7　移動ダイ一定速度制御の動作イメージ

4　低圧物理発泡成形の事例

4.1　汎用コンプレッサを用いた発泡成形

当社の電動式射出成形機 EC350SXⅢ-6AL(型締力 3,430 kN，スクリュ径 45 mm)を用いた成形事例を紹介する。汎用的なコンプレッサを利用し 4.4 MPa の圧縮空気を発泡剤として供給した。タルクを 20 wt％添加した PP に対して，高精度コアバック制御を用いて発泡倍率1.8倍を達成し，化学発泡成形と同等の発泡品質を得ることができている(図8)。

4.2　大型発泡成形品への適用

当社の超大型電動式射出成形機 EC1300SXⅢ-36AL(型締力 12,700 kN，スクリュ径 80 mm)を用いた成形事例を紹介する。タルクを 20 wt％添加した PP に対して 10 MPa の窒素ガスを発泡剤

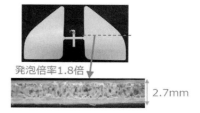

成形品	三角プレート
使用樹脂	PP
発泡剤	圧縮空気 4.4 MPa
縦	180 mm
横	140 mm
板厚(ソリッド)	1.5 mm

図8 汎用コンプレッサを用いた圧縮空気による低圧物理発泡成形品

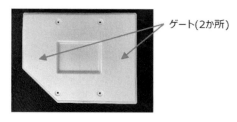

成形品	ドアモジュール
使用樹脂	PP
発泡剤	N_2 10 MPa
縦	450 mm
横	550 mm
板厚(ソリッド)	1.8 mm

図9 低圧物理発泡成形により作製した大型成形品

として供給して大型成形品を成形した(図9)。

　大型成形品においてはゲート部から充填末端部までの距離が長くなることから，充填直後のゲート付近と充填末端部との溶融樹脂温度差が大きくなり，成形品全体が発泡に適した温度となる時間が短くなる。コアバック開始タイミングが早く，発泡層の溶融樹脂温度が高い場合には破泡が発生し，逆にコアバック開始タイミングが遅く，発泡層の溶融樹脂温度が低い場合には発泡不足による板厚の減少が発生する。そのため，溶融樹脂温度が発泡に適した温度範囲に収まっているタイミングでコアバックを開始させる必要がある。実成形において溶融樹脂温度を発泡に適した温度範囲に収めるには，コアバック遅延時間によりコアバック開始タイミングを調整する。今回使用した大型成形品において，破泡が発生したコアバック条件(図10(a))に対して，コアバック開始タイミングを0.6秒遅くすると，発泡不足が発生することを確認した(図10(b))。

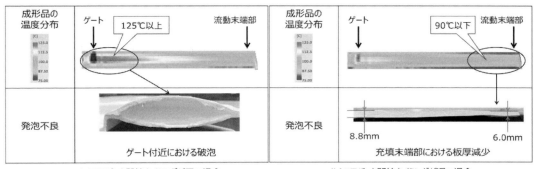

図10 コアバック開始タイミングの違いによる発泡不良

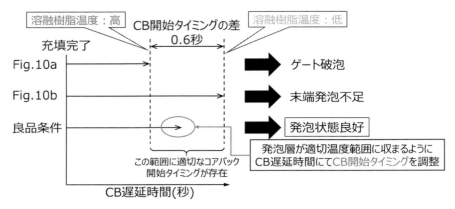

図11 コアバック開始タイミングの調整イメージ

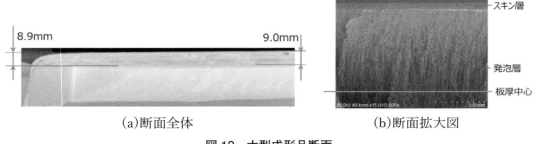

(a)断面全体　　　　　　　　(b)断面拡大図

図12 大型成形品断面

そこで，図11のようにコアバック開始タイミングを発泡層が発泡に適切な温度範囲に収まるように調整することにより，発泡倍率5倍の均一な板厚の成形品を取得できた（図12）。また，成形品の発泡状態は数～50 μm以下のセル径と微細な発泡セルを形成できている。

5 おわりに

樹脂の使用量削減に有効な技術の1つである発泡成形について，当社が取り組んでいる高精度コアバック制御を用いた低圧物理発泡成形を中心に説明した。これらを用いることで高品質な発泡成形が可能となり，自動車内外装部品をはじめさまざまな製品への適用に貢献できると考えている。今後もさらに高品質で付加価値の高い発泡成形品の実現を，お客さまとともに目指していく所存である。

文　献

1) 山本智史ほか：ぷらすとす，日本塑性加工学会会報誌，1(5)，333(2018)．

2) 田中郁朗：芝浦機械技報，29，46(2023)．

第 2 章　環境負荷低減のための材料開発と射出成形技術

第 2 節　材料使用量の削減

第 2 項　PP を用いた容器の射出圧縮成形技術

住友重機械工業株式会社　根崎　雄太

1　はじめに

　射出成形はプラスチック製品の製造において広く利用されている方法だが，近年，廃プラスチック削減実現のため，射出成形業界でも環境配慮活動に取り組む必要がある。バイオプラスチック成形，廃材リサイクルなどさまざまな手法があるが，本稿では「射出圧縮成形」による薄肉成形を紹介する。射出圧縮成形は射出成形に金型圧縮を組み込んだ成形法で，昔から存在している手法だが，さまざまな制約もあり成形難易度が高くなる。当社（住友重機械工業㈱）では容器成形における射出圧縮技術に再度着目し，開発を進めてきた。そして 2023 年度に開かれたプラスチック展示会「IPF2023」において PP を用いた容器射出圧縮成形を出展し，多くの関心を集めた（図 1，2）。本稿では，射出圧縮成形技術について，その基本原理，詳細プロセス，利点，そして環境への配慮などについて紹介する。

2　射出圧縮成形による薄肉化

2.1　基本原理

　まず，射出圧縮成形の基本原理について紹介する。

（1）計　量

　固体の樹脂をホッパ口から投入し，スクリュの入った加熱シリンダ内を通過して溶融させる。

図 1　IPF2023 住友重機械工業ブース

図 2　PP 薄肉容器（500 g タブ）

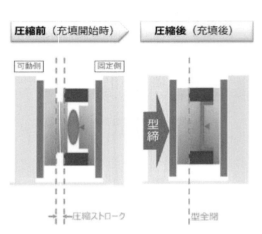
図3　射出圧縮における型締動作

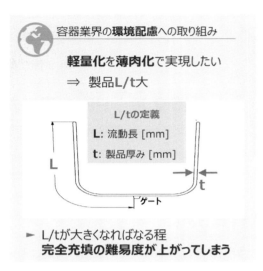
図4　L/tと充填難易度の関係

スクリュの回転・前後運動によって固体樹脂を溶融，ノズル先端へ輸送，金型に流し込む1ショット分の充填量を計量する。この工程は通常の射出成形と同様である。

　（2）　型閉・射出

　金型の中に溶融した樹脂を充填するために射出をするが，通常成形では金型を型締装置で完全に締めた状態を確認してから射出を始める。しかし，射出圧縮成形では金型を完全に閉じる前に射出を開始する。キャビティ間距離は完全型閉時より広くなり，樹脂の充填が容易になる（図3）。

　（3）　型締圧縮

　ある程度樹脂が金型に充填された後，金型を完全に締め型締力を発生させる。狙いどおりの寸法になるように型締力・型締タイミングを調整する必要がある。

　（4）　冷却・取出

　圧縮された成形品を冷却した後，金型を開き固化した成形品を取り出す。

　通常成形との最も大きな相違点は，金型を開いた状態で充填することである。樹脂は流路が狭いほど流れにくくなるため，成形可能なサイズには制限がある（図4）。特に，薄肉成形品は金型内の冷却で固化が早いため，充填難易度は高くなる。

　射出圧縮成形では溶融した樹脂を充填する段階で金型を開き，キャビティ空間を広くすることで充填難易度を下げている。充填後に型締を行い，金型に入った溶融樹脂を圧縮する。型締によって成形品を規定寸法になるように圧縮させるため，通常成形では充填できない薄肉品の成形を可能としている（図5）。

2.2　プラスチック容器の薄肉化

　プラスチック容器の薄肉化には，多くのメリットがある。以下にその主なポイントを示す。

　（1）　資源の節約

　プラスチック容器の薄肉化により，成形に必要な材料の量が減少する。これにより，石油などの原料資源を節約でき，持続可能な資源管理に貢献する。

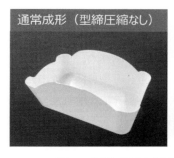 

図5　通常成形と射出圧縮成形の充填性比較

（2）コスト削減

成形材料が減少することによるコスト削減以外にも，薄肉化により金型内での冷却効率が上がり，成形サイクルが短縮でき，生産性が向上する。また，軽量化された容器の輸送に必要な燃料も軽減される。このように製造，物流コストの削減に寄与する。

（3）環境負荷の軽減

プラスチックの使用量が減ることで，廃棄物の量も減少する。廃棄されるプラスチックの量が減ることで，廃棄物処理の負荷やリサイクル処理の負担が軽減される。また，製造過程でのエネルギー消費量も少なくなるため，二酸化炭素の排出量削減にもつながる。

（4）消費者の利便性向上

軽量化された容器は，持ち運びが容易になり，使用時の利便性が向上する。また，廃棄する際も軽量であるため，消費者にとっての負担が減る。

（5）企業のブランドイメージ向上

環境に配慮した取り組みとして，薄肉化は企業のブランドイメージ向上にも寄与する。エコフレンドリーな製品を提供する企業として，消費者からの信頼と評価を得やすくなる。

（6）規制への対応

各国でプラスチック使用に関する規制が強化されている中，薄肉化は法規制への対応策として有効である。プラスチックの使用量削減は，多くの国や地域で求められている基準を満たすための一手段となる。

プラスチック容器の薄肉化は，資源節約，コスト削減，環境負荷の軽減など，さまざまなメリットをもたらす。これにより，持続可能な社会の実現に向けた一助となることが期待される。

3 容器薄肉化を実現する技術紹介

射出圧縮成形によって充填にかかる負荷は軽減できるが，さまざまな技術課題がある。射出圧縮成形による容器薄肉化を実現するためには成形機および周辺環境から適切なアプローチが必要である。それらをIPF2023で展示したPP薄肉容器成形の例と共に紹介する。

3.1　全電動射出成形機

全電動射出成形機は油圧式射出成形機と比べて，一般的に消費電力が非常に少なく，射出・型

プラスチック射出成形技術大系

締装置の精密コントロールを可能とし，多数個取りのハイサイクル成形で製造される容器などの成形品バラつきを低減させることができる。

3.2 高速射出仕様

溶融した樹脂を金型に流し込んでいくと，充填とともに金型に熱を放出し樹脂の固化が進んでいく。成形品の肉厚が薄いほど速く固化するため，薄肉品を成形するためには樹脂が固化するよりも早く金型に充填する必要がある。射出速度が遅いと樹脂が金型内に充填する前に固化してしまいショートになりやすい。仮に完全充填できたとしても部分的に固化が進行しているため，残留応力による成形不良へとつながる恐れがある。これに対応するため射出速度をアップした高速充填仕様により，標準仕様では成形が困難な薄肉の容器成形を可能としている。型締圧縮動作と組み合わせるとさらに効果が高まる。IPF2023で展示したPP薄肉容器においては，500 mm/sの高速射出成形と型締圧縮動作を組み合わせることにより，標準機仕様による成形時と比較し，約19%の軽量化を実現した（図6）。

3.3 高精度・高応答型締圧縮仕様

射出圧縮成形は可塑化装置の精度に加えて，型締精度によっても成形品質が大きく変化する。充填工程に対して圧縮するタイミングが早いと，充填最終段で樹脂は急激に流れにくくなりショートになりやすい。逆に遅いと過充填となり圧縮時にオーバーパックやバリとなりやすい。薄肉容器成形においては充填時間が短く，型締誤差による影響が特に大きくなる。高精度・高応答型締圧縮仕様では，圧縮の精度・応答性を向上させた型締装置を搭載することで，型締圧縮動作の繰り返し安定性を向上させている。型締装置の応答性向上は型締装置が毎ショット昇圧する時間が短縮されるため，ハイサイクル成形においては特に効果が大きい。

また，通常成形と異なる動作が必要になるため専用の型締圧縮動作設定がコントローラ画面に搭載されており，型締動作の精密制御を簡単に設定できるようになっている。

3.4 ハイサイクルパッケージ

使い捨て薄肉容器においては生産性が重要視されることが多く，短時間で多くの製品を作る要望がある。IPF2023で展示したPP薄肉容器は4秒以下で成形を行っている。

ハイサイクルでの成形を行うときに注意したいのは射出成形機要素部品の耐久性である。短時間で高速動作を繰り返し行うため，型締・射出ボールねじが発熱する恐れがある。また，通常成形と比べてブッシュなど部品の早期摩耗や油膜切れによる摺動部の発熱・かじりといった問題も発生しやすい。これらのハイサイクル成形をサポートする仕様としてハイサイクルパッケージを準備している（図7）。発熱しやすいボールねじには冷却ファンを搭載し，熱を放出しやすい仕様

図6　容器軽量化と樹脂量削減効果

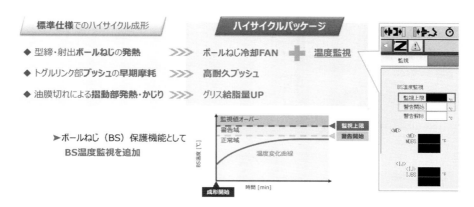

図7　ハイサイクル成形の課題と対応策

となっている。さらに，保護機能としてボールねじ温度監視も行う。ハイサイクル成形で高温発熱した状態を継続して成形していると，早期破損につながる恐れがある。ボールねじ温度監視ではセンサを搭載し温度実績値を常に監視する。監視値を超えると異常警告し，部品が破損する前に成形機を停止することが可能である。

　また，早期摩耗しやすいトグル部のブッシュは高耐久の部品を使用しており，耐久性を向上させている。そして摺動部に供給するグリス給脂量を増やすことで，ハイサイクル成形であっても油膜切れを起こさず，摺動部の発熱・かじりの発生を抑制している。その結果，IPF2023期間中，約8時間ハイサイクルでフル稼働しても一度も発熱異常で止まることなく連続成形することができた。

3.5　サイドエントリー取出ロボット

　容器圧縮成形に限った話ではないが，サイクルは製品取出時間によっても変化する。一般的な方法として上から取出機が落下し製品を取り出していくトップエントリー型の場合，取出機の走行距離が長く，スペックによっては成形機のハイサイクル動作に追い付かないことがある。この対策としてサイドエントリー型の取出機を使用する。これにより製品を取り出しコンベアに置くまでの走行距離を短縮することができる。IPF2023では取出機と段積機を別機とし，1ショット動作にかかる時間をさらに短縮させた（図8）。

　サイクル短縮をする上で重要となっている仕様を図9にまとめる。

3.6　射出圧縮対応金型

　射出圧縮を行う際，金型も考慮しなければならない。射出圧縮では充填中に金型を開いた状態になる。つまり形状によっては製品部以外に樹脂が流れ込み，バリとなる可能性があるため，金型を開いていてもバリの発生しない製品構造・または金型構造でなければならない。たとえば，製品形状変更が可能な場合は，細部形状を変更することでフローパターンを変え，バリ発生リスクを減らすことが考えられる。金型側としては，PL面での樹脂漏れを防ぐ機構を搭載するなどの工夫が必要である。

　また，成形品が薄くなると耐久性が低下する。強度を維持するには座屈しにくい形状で設計する必要がある。IPF2023で展示したPP容器では金型形状の工夫に加えて成形条件を最適化する

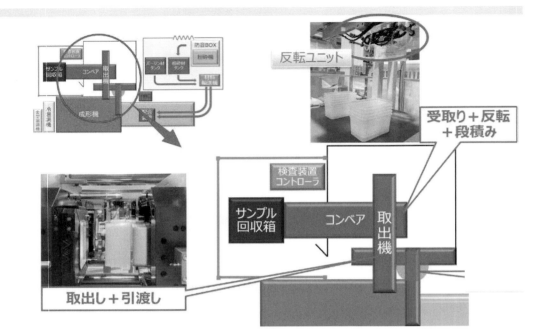

図8 サイドエントリー取出・反転ユニット

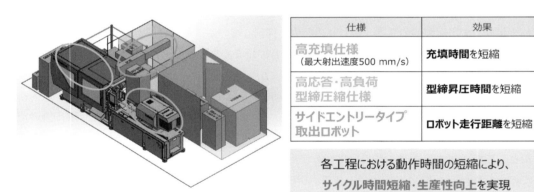

図9 サイクル短縮を支援する仕様と効果

ことで，内部応力を減らし座屈荷重を品質基準内に確保している。

4 おわりに

　射出圧縮成形技術は環境負荷の低減，高精度な製品の提供，コスト削減など，多くのメリットをもたらし，ますます多様化・高度化する市場ニーズに応えるための強力な手段である。一方で薄肉容器射出圧縮成形には成形品や金型の制限，品質上の課題もある。今後も研究を進め容器薄肉化のソリューションとして提案し，これらの課題解決に努めていきたい。

第2章 環境負荷低減のための材料開発と射出成形技術

第3節 リサイクル材の有効利用

第1項 粉砕材高配合比率の材料を使用したハイサイクル成形

株式会社ソディック 向出 浩也

1 はじめに

　プラスチック精密小物部品は，精度の高いデジタル家電製品やカーエレクトロニクス，光学部品，医療機器など，幅広い分野に利用されている。これら機器の小型・高性能・多機能化に伴い，微細形状品がさらに歩を進めると予想できる。

　生産性を向上させ納期短縮を図るためハイサイクル成形が必要になることや，製品体積が小さい小物精密部品では，ショートショット（充填不足）とバリ（過充填）の条件幅が狭く，充填量の少しのバラツキが不良品の発生原因になるため安定成形の可否が求められる。また，小物製品の成形においては最小射出容量の制限からホットランナー化は難しく，コールドランナーにしても製品体積に対するランナー体積比率は高くなりやすく，これまでのプラスチック成形においては，特に機械的強度の変化を避けるため，ランナー粉砕材などの再生材利用は制限されてきたが，昨今の環境負荷低減に対する関心の高さから，再生材の利用拡大は必須の条件となってきている。しかしながらランナーを粉砕したままの形状では可塑化計量が不安定になりやすく，リペレットをしてから混ぜるのが一般的な利用方法となっている。

　本稿では，V-LINE®（以下 ® を省略）射出可塑化機構の特徴を生かした，ランナー粉砕材をそのまま高配合で直接再利用する「ダイレクト水平リサイクル成形」について紹介する。

2 業界最高クラスの射出加速度 15G（P12 射出）射出成形機「LP シリーズ」

　プラスチック精密小物部品に求められる性能・機能が多様化し，薄肉・計量化，極端な寸法・形状の変化など，その成形難度が高まり続けている中，射出の敏速な加速・追従・鋭い制動の実現など射出性能の向上を図っている。

　「LP シリーズ」（**図1**）は，瞬間的な高流量・高出力を得られる超高応答な LDDV※を射出制御バルブに採用し，可塑化スクリュと分離構造した「V-LINE」の低慣性プランジャ，独自開発した油圧サーボ制御技術により，業界最高クラスの応答性で，最高速度までの立ち上がり時間 10 msec（加速度 15.3 G），最高速度からの立ち下がり時間 5 msec（プランジャ径 ϕ12 mm の場合）を

※ LDDV（リニア・ダイレクト・ダブルモータ・バルブ）

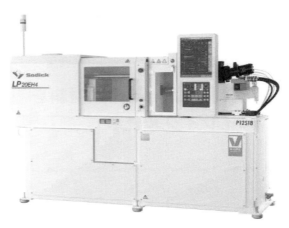

図1　新機種LPシリーズ「LP20EH4」全景

実現している。樹脂が素早く固化する薄肉製品では，敏速な射出応答性が必要となる。また，高応答の制御で動作するため充填率を高くした成形が可能になり，外乱の影響を受けにくくなる。

3　V-LINEの可塑化・計量工程

V-LINEのスクリュは，可塑化・計量工程で後退せず固定された位置で回転のみを行うため，溶融に必要な可塑化スクリュの有効長に変化がなく，溶融時の樹脂が受ける熱履歴は一定している。また，樹脂を押し出す力は一定で変化がなく安定した状態により溶融樹脂がプランジャを押し下げるため，一定密度で計量が行える（図2）。

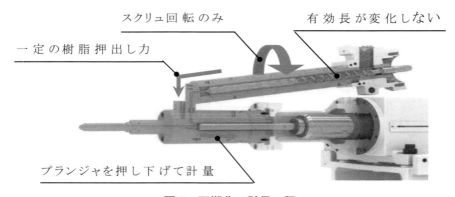

図2　可塑化・計量工程

4　プラスチックのリサイクル

SDGsや海洋プラスチックの問題が世界で取り上げられ，地球環境・自然環境に配慮しながら

第2章　環境負荷低減のための材料開発と射出成形技術

国や企業が活動する中，プラスチックのリサイクル問題は深刻化し関心が高まっている。

廃プラスチックのリサイクルにはさまざまな方法があるが，ペットボトルの再生にたとえると使用済みの製品を材料として使用し，同じ製品を新たに作る「水平リサイクル」と，元の製品と異なる衣類の繊維を作るなど，リサイクル後に用途が変わる手法の「カスケードリサイクル」がある。「水平リサイクル」は資源を長く使い続けられるとして，循環型社会の形成のため有益だといわれている。

5　V-LINEのダイレクト水平リサイクル成形

スプルー・ランナー（製品以外の部分）を粉砕してリペレット（粉砕材を再びペレット化すること）せず，そのまま定量混合器を用いて混ぜ合わせ高配合比率で再利用し成形を行った。粉砕材を高配合比率で使用する場合は，溶かした回数や粉砕した回数が増えると樹脂の物性が変化し，成形条件の管理が難しくなる。また，粉砕材はペレットのサイズや形状が不均一になるため，計量値がバラツキやすくなる。

V-LINEの可塑化機構は，一軸押し出し機と同様にスクリュは回転方向に動くだけで，射出プランジャにつながる流路はダイに該当し供給される樹脂材料の形状や大きさが変化しても，可塑化への影響は受けにくい。そのため，ランナー粉砕材をそのまま投与しても，射出シリンダの計

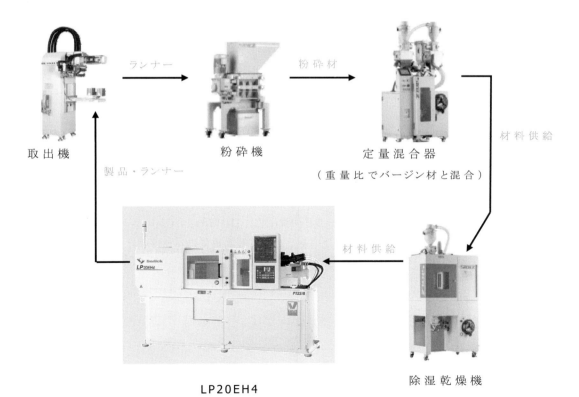

図3　ダイレクト水平リサイクルの概要

量状態が大きく変化することは少ない。

この特長を生かして，粉を除去した粉砕材を，直接混合する再利用法「ダイレクト水平リサイクル」が可能となった(図3)。

6 成形事例

6.1 製品形状

基盤と基盤を接続するコネクタ(以下，BtoB)で，製品形状はピン穴同士の間隔 0.3 mm，ピン数 24 芯，4 個取りの微細な精密小物部品になる(図4)。

樹脂は液晶ポリマー（LCP）を使用し，1 ショット重量 0.262 g(1 cav：0.008 g × 4 cav，ランナー：0.23 g)の成形を計量中に型開開始や型開中に突出開始などの複合動作を使用して，1 サイクル：1.98 秒のハイサイクルで稼働した。

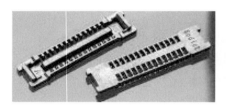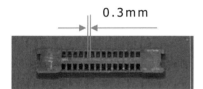

図4　BtoB コネクタの外観

6.2　材料混合比率の違いによる比較

バージン材 100％，粉砕材 50％，粉砕材 90％，粉砕材 100％の材料混合比率の異なる 4 水準で成形し，製品重量測定による安定性の比較を行った。

1 ショット重量に対するランナー重量比率が 88％あり，完全に樹脂をリサイクルして成形後の廃材をなくす環境負荷低減の観点から，粉砕材混合比率の目標値を 90％として取り組んだ(図5)。

射出速度：100 mm/s，保圧：30 MPa/0.1 秒，シリンダ温度：335℃

充填時間：0.04 秒，計量時間：0.46 秒，VP 切換圧力：110 MPa

以上の測定結果から，粉砕材料の混合比率を高めても製品重量のバラツキは同等であり，機械稼働の安定性に影響が生じないと判断できる。

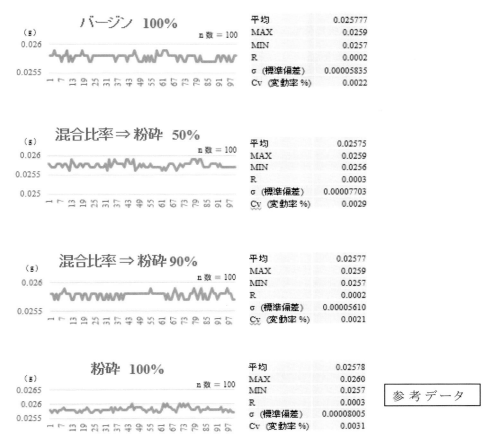

図5 製品重量測定結果

7 おわりに

　今回使用した新機種LP20EH4は，高い射出応答性を持った精密小物成形を得意とする成形機である。当社のV-LINEは，独自の逆止方式により射出初期から溶融樹脂の逆流がなく，毎回一定量の充填ができることや設定速度までの素早い立ち上がりと充填終盤（VP切換位置）での速度・圧力の素早い立ち下がりにより正確な充填量で再現性の高い制御ができる。また，高配合の粉砕材を使用しても，固定されたスクリュ位置で回転し可塑化工程を行うため，安定した計量ができ，外乱の影響も受けにくい構造である。

　SDGs，カーボンニュートラルと，プラスチック業界にとっては厳しい状況が今後も続いていくことが予想される。しかし，こうした潮流に対する新しい技術は日進月歩で開発されており，これらを効果的に取り入れていくことは，環境的課題をクリアするだけではなく，企業価値の向上にも直結する。

　今後，射出成形ラインの自動化・省人化，生産性，不良対策，安定品質など多岐にわたるお客さまの課題に対して，最適解をトータルで提案していきたい。

第2章　環境負荷低減のための材料開発と射出成形技術

第3節　リサイクル材の有効利用

第2項　粒断機によるランナ・スプールの粉砕と再利用技術

株式会社ハーモ　河口　尚久

1 製造業の再生プラスチック使用量に国が目標設定，使用実績の報告義務化も

　2024年6月26日の読売新聞によると，「政府は，大量のプラスチックを使用する製造業に対し，再生材の使用量の目標設定や使用実績の報告を義務化する方針を固めた。国内で回収される使用済みプラスチックは大半が焼却処分されており，規制強化で脱炭素化を後押しする。早ければ来年の通常国会で資源有効利用促進法の改正を目指す。」となっている[1]。現在は努力義務となっているものが，法による強制措置の方向に動き出している。規制強化の対象となるのは，自社製品の製造過程で一定量のプラスチックを使用している業種なので，射出成形業界全般に及ぶ可能性は大きいといえよう。

　今後法制化されるであろうこととして，①再生材の使用量の目標設定，②使用実績の報告義務，③取り組みが不十分な場合は改善を勧告・命令，③命令に従わない場合は罰則の適用も検討，という厳しい内容である。

　欧州連合(EU)は，2030年ごろまでに新車生産に使うプラスチックの25%以上を再生材とすることを義務付けているので，日本製品の市場の中での立場を確保するためにも取り組まざるを得ず，環境保護対策と日本経済の継続的発展の両面で，再生プラスチックの使用は必須課題となる状況だ。

　これらの背景にあるのは，当然カーボンニュートラルである。CO_2削減対策は，「成形におけるリサイクルの活性化でCO_2削減に寄与する」ということである。CO_2削減については周知のとおり Scope1：事業者自らによる温室効果ガスの直接排出，Scope2：他社から供給された電気，熱・蒸気の使用に伴う間接排出，そして Scope3：Scope1，Scope2以外の間接排出がある。その中で Scope3 に貢献するのが，筆者らの業界にとっては「樹脂原料のリサイクルをすること」である。プラスチックの原料は原油であり，その原油を熱し，精製して「ナフサ」ができて，それにさらに熱を加えて「エチレン・ポリプロピレン(気体)」と「ベンゼン(液体)」などの元の原料ができる。そして，これらを分子レベルでつなぎ合わせてプラスチック原料が作られるのだが，問題はその生成過程で多くの熱エネルギーが使われることである。(一社)プラスチック循環利用協会の「LCA(ライフサイクルアセスメント)を考える」によると，自動車や家電に多く使われる PP(ポリプロピレン)が生み出されるのに排出するCO_2は1 Kg あたり1.483 kg。レンズや容器に多く使われる PMMA(アクリル樹脂)に至っては4.073 kg となっている。その原料をリサイクルす

— 372 —

ればするほど，このCO_2が削減できるわけである。またプラスチックがリサイクルされずに廃棄され焼却する場合のCO_2排出は1 Kgあたり2.765 kgである(「地球温暖化対策の推進に関する法律施行令」より)。つまり樹脂は極力，捨てずにリサイクルすることがCO_2削減にそのままつながるということになる。日本は，樹脂の焼却によるサーマルリサイクルから，再生して使用するマテリアルリサイクルへの大きな変換を，今こそ必要とされている。

2 まだ粉砕機をお使いだろうか？ まとめて粉砕してタンブラーで原料と混合はもう古い？

本稿のタイトルは「ランナ・スプールの粉砕と再利用技術」であるので，このことに関して技術的観点からアプローチしたい。

当社(㈱ハーモ)は毎月のWebセミナーやメールマガジンの定期的送付，HPの資料ダウンロードコーナーの充実などにより，リサイクルへの問い合わせを多く頂戴している。この「ランナ・スプールの粉砕と再利用技術」の主役となるのは「粒断機」(図1)である。発売後30年近く経っているが，年間1,200台を超える注文をいただいている。ところで，初めて粒断機をご覧になるお客さまからの問い合わせで一番多いのが「製品はリサイクルできませんか？」である。結論は「ノー」である。理由はこの粒断機が「ランナ・スプール」の粉砕に特化した専用粉砕機だからである。粒状に切断するため「粒断機」という造語が名前になっているが，実は構造に即した名前となっている。一般的な高速粉砕機は，回転刃の回転に合わせた半円状のスクリーンというものがあり，そこにパンチングの穴が開いている。このタイプは製品も粉砕可能なものが多く，ランナ・スプールも試作段階で不要になった製品も全て一緒に入れてしまうことができる。通常はこの考えで間違いないし，製品が粉砕できないのは不便といえなくもないが，本見出しに示した「まとめて粉砕してタンブラーで原料と混合」という方法では，さまざまな問題が生じてくる。

いくつか挙げると，①粒が不ぞろいである，②粉がとても多い，③粉の粉塵が舞って雰囲気が劣化する，④粉塵によって作業者の制服が汚れる，⑤原料と混ぜ合わせる作業に手間がかかる，

図1　粒断機　SPC Ⅲ -C750

プラスチック射出成形技術大系

⑥⑤で生じた混合材を運ぶ手間がかかる，⑦⑤で生じた混合材と原料の混同が生じ管理が大変，などである。また，①と②によって成形品質の問題が生じたり，成形工程上の問題も起こり得る。

筆者らは「まとめて粉砕してタンブラーで原料と混合」という方法から，成形機ごとにランナが排出される場所に「粒断機」を1台ずつ置いて1by1でそのままリサイクル，混合，乾燥（必要に応じて）してリサイクルの方法へのシフトを推奨している。これにより上記の①〜⑦の問題と成形品質や成形工程上の問題が解決すると考えている。

③ 射出成形において粉に起因する問題が多岐にわたるのをご存じだろうか？

粉砕機を使って粉の多いリサイクル材を使うときにどんな問題が起きるのか？ 「粉も樹脂材料だから，捨てるのはもったいない」という，現場の責任者の言葉が思い出される。確かに貴重な材料という視点からは至極当然なのだが，粉に起因する問題点に強くフォーカスした際に挙げられる点に注目したい。一般的に，検索したり，経験的，セオリー的に出てくる問題点は「黒点」「白点」の問題であろうか？ 「黒点」は樹脂の粉が溶けにくいために，可塑時に焦げとなって現れる現象ともいわれる。

筆者らは，射出成形機メーカーや成形加工メーカーに「材料に混ざっている粉による問題点」を質問してみた。

3.1 成形機メーカーに聞いた「成形における粉の問題点」

① 透明もの白点（異物）は重要問題と考える。その他の可能性はあるが，透明ものが圧倒的に多い。

② 微細な粉はスクリュフライト底部やシリンダ内面に体積して，それらが時々剥がれ落ちて成形品に混入し，成形不良を起こすことはある。

③ 粉はペレットのような表面積がなく微細なため，ヒーターからの熱も伝わらず，スクリュ回転による「せん断発熱（ペレット同士がこすり合わさることによる摩擦熱）」も起きないので，固体から溶融状態になる際に，粉のまま混ざってしまうと完全に溶融することなく成形品に充填されてしまうことがある。透明ものでは白濁（天の川模様）が出たりすることがある。

④ ガラス転移温度の低い樹脂であれば，微細な粉でも溶融できるが，そうでない場合，一般的に粉は微細であるため完全に溶融できず，粉のまま可塑化されてしまうので，そのまま成形品になってしまうことが多いと感じる。

⑤ 材料の色が黒でコンタミも黒の場合，粉が固化されて固いカーボン状になると，スクリュチップの破損につながる恐れもある。

⑥ 粉は溶融できにくいため，それが原因となってシルバーという成形不良も引き起こすことがある。

オーソドックスな問題点や，天の川模様，シルバーなど，粉の問題とは思えないようなものも，成形機メーカーからは聞くことができた。また，「固いカーボン状になると，スクリュチッ

— 374 —

第2章　環境負荷低減のための材料開発と射出成形技術

プの破損」という機械破損の大きな問題にもなるとのことでした。

3.2　実際にお客さまで起きた粉による問題点

【事例①】電子部品製造メーカー

・計量の不安定が発生し，巻き込み・混錬に不具合が発生し，サイクルの不安定が発生する。
・またこの現象で可塑化内の均衡性が確保できず，結果的に充填のバラツキが発生し，不良が発生するといったことがネックとなってくる。

【事例②】雑貨メーカー

・材料搬送時ローダーフィルターが詰まる，掃除の頻度が高くなる。
・吸引力が弱まるためサクションホース内にブリッジが起きやすい。
・フィルター掃除時，工場内が汚れる。

【事例③】大手電子部品メーカー

・カーボンニュートラルの課題解決のために，バージン材オンリーから混合材を使うようになった。しかし，充填不足によるショートが発生するようになった。
・解決策として粉取りタイプのホッパ(ヘリカルホッパ)を使うとショートは全く出なくなった。

【事例④】レンズメーカー

・成形するにあたり黄変が出てしまい，原因を探ると原料のバージン材が輸送途中の振動により，擦れて出る粉によるものと判明。
・粉取りホッパを使いながら窒素を注入し，解決した。

　現場の方々は大変苦労されている。しかしこのように，リサイクル材使用に際しては，粉に由来する難題が立ちはだかる。この問題をクリアしなければリサイクル材の導入，リサイクル率のアップには問題が生じてしまう。

3.3　粉による計量時間のバラツキとは？

　ちなみに，筆者らが仮説としていた，「粉が多いことにより計量時間のバラツキが生じる」は，3社の成形機メーカーからは否定されている。つまり，混合材などで材料の粒の大きさが不揃いなことによる計量時間のバラツキはあるが，粉が問題で計量時間にバラツキが生じることはないとのことだった。しかしこれらの成形機メーカーではバージン材に含む粉もしくはリサイクル材の占める割合は25%程度の混合材と推測する。実際に当社のお客さまには粉砕材50%という場合も頻繁にあり，そうした場合は粉取りをする前と後では計量時間が短縮された例があった。したがって，この質問に関しては「粉の量によっては計量時間にバラツキはある」ということになる。このように，粒断機そのものではなく，現象をなぜ列挙したのかというと，「リサイクルが必要。粉砕機を導入しなければ」と考えるときに，真剣に粉を最小限にとどめることを考慮しなければならないからである。その点，粒断機で良質なリサイクル材を生み出せば，混合材であっても，原料(バージン材)にごく近い形の粒で，粉を最小限にすることができる。したがってリサイクルによる成形品の品質も成形工程における諸問題も解決できる。ランナ・スプールを粒状に切断することから「粒断機」と呼ぶ。

― 375 ―

4 なぜ「粉砕機」ではなく「粒断機」なのか？　上質なリサイクル材を生み出す理由とは？

「リサイクル」を推進するために「上質なリサイクル材」を生み出すことが必要と考える。「粉砕機」ではなぜそれが不可能で，一方「粒断機」はなぜ可能なのか。以下に述べる。スクリーン型高速粉砕機，櫛刃型低速粉砕機，当社の粒断機の3つを比べる。

① スクリーン型高速粉砕機

粉砕室があり，ランナーもスプルも製品も全て入れて粉砕するのはこのタイプである。回転刃が高速で回転して，半円型のパンチング穴が複数空いたスクリーンという板の上を通過して，ランナーやスプル，製品がその穴より小さくなって抜けていくまで何回でも粉砕する。パワーがあって製品も粉砕できる利点があるが，粉がたくさん発生し，粒の大きさも不揃いである。また，穴に向かってランナーやスプルが直角に入ると，そのまま抜けてしまう，いわゆるミスカットも多い。

② 櫛刃型低速粉砕機

図2のように，粗砕する大きな刃と，小さくカットする小さな刃が一体になっている櫛刃型の刃を持つ粉砕機。ランナー，スプル専用なので高速回転は必要なく，低速で回転してカットしていく。高速粉砕機と比べて粒は揃って粉も少ないが，ランナー，スプルが回転固定刃の穴を通過するまでに，櫛刃型回転刃が何回もカットすることがあり，細かい粒や粉が発生するのは防ぎきれない。

③ 当社の粒断機

ランナ・スプル専用のカット機「粒断機」は，刃のサイズがバージンペレットのサイズとほぼ同一であるため（図3），シリンダスクリュの供給ゾーンから圧縮・可塑化ゾーンへ，樹脂を安定供給することが可能である。特許を取得したスイングプレスカット方式では，スイング動作をする「プレス移動刃」と，本体に固定された「プレス固定刃」が噛み合うと，投入されたスプルやランナーが切断されるとともに排出される（図4）ため，粉の発生する原因が少なく，熱や静電気の発生も最小限にとどめることができる。回転刃で粗砕されたスプルやランナーは，プレス移動刃に対して直角に粒断され，一度カットされた材料は二度とカットされないため，粒の大きさが揃っている。細長いランナーがそのまま排出されるなどのミスカットや，粉もほとんど発生しない。また，粒断機機構と原料タンクで，粒断材と原料の混合ができる「混合機シリーズ」（図5）を使用すれば材料搬送手前で簡易混合ができる。ス

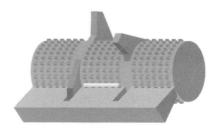

図2　一般的な櫛刃型低速粉砕機の内部構造

第 2 章　環境負荷低減のための材料開発と射出成形技術

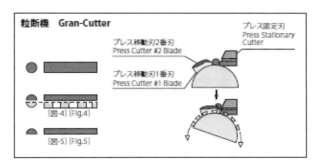

図 3　粒断機，プレス刃断面図

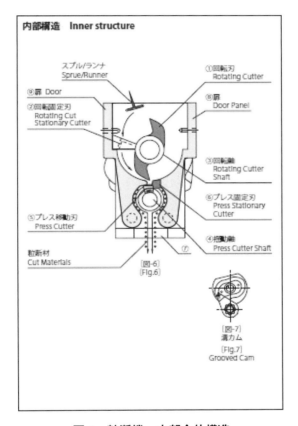

図 4　粒断機，内部全体構造

クリュによる材料切り出し回転数を設定して，上部より落ちてくる粒断材と原料それぞれを切り出して，混合タンク内の材料の滑り台に沿って材料が滑り落ちて，中央部分で衝突させることができる。このことにより，程よく 2 材が混ざり合って貯蔵される仕組みである。

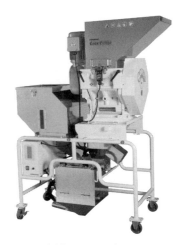

図5　混合機シリーズ GMtⅢ-C750

5　樹脂のリサイクルはカーボンニュートラルにも貢献

　(一社)プラスチック循環利用協会(PWMI)「LCAを考えるライフサイクルアセスメントの考え方と分析事例」の「樹脂製造のLCI(ライフサイクルインベントリ)」に関して，ライフサイクル(製造，使用，廃棄)の各段階における材料使用量，エネルギー消費量，環境負荷物質排出量，廃棄物量などに関する入力項目と出力項目のデータを収集し，計算した表が**表1**である[2]。

　この表で考えると，たとえば樹脂のPPを1kg製造すると製造，使用，廃棄に至るまでに排出するCO_2は1.483kgとなる。また他の資料によると1kgの樹脂を焼却廃棄するのに排出するCO_2は2.765kgともいわれる。日本においてはリサイクル率が高いといっても「サーマルリサイクル」つまり，燃焼させてエネルギー資源としてリサイクルする割合が非常に高い。しかしこの方法だとCO_2を大きく排出することになる。この方法を「マテリアルリサイクル」に転換し，で

表1　樹脂製造のLCI調査結果[2]

樹脂名	単位	工程エネルギー (MJ)	資源エネルギー (MJ)	CO_2 (kg-CO_2)
LDPE	/t	26,132	46,103	1,518
HDPE	/t	22,324	46,194	1,326
PP	/t	25,091	45,817	1,483
PS	/t	28,188	45,626	1,920
EPS	/t	29,957	46,537	1,939
ボトル用PET	/t	28,120	34,772	1,578
PVC	/t	24,790	21,273	1,449
PMMA	/t	60,902	49,372	4,073

(注)資源エネルギーは，原料として使用された化石資源の熱量評価値
出典：一般社団法人プラスチック循環利用協会(PWMI)「LCAを考える「ライフサイクルアセスメント」の考え方と分析事例」

きる限り樹脂製品として再生することがカーボンニュートラルの上から求められる。

例として，1日50 kgのPPを使用して成形品を製造する場合，そのうち10％をリサイクルに置き換えると，年間CO_2削減効果はどのくらいになるであろうか。

●成形機一台あたりの年間樹脂削減量

【計算式】50 kg × 20日（月稼働日）× 12ヵ月 = 12トン（年間樹脂使用量）

12トン × 10％リサイクル = 1.2トン（削減できる樹脂量）

1.2トン × 1.483 kg（PP 1トンの製造に伴うCO_2排出量）= 1.7796トン。これをそのままリサイクル材に変換できれば【年間削減できるCO_2】は1.7796トン（年間12トンの樹脂リサイクルで削減可能な年間CO_2排出量）となる。

「粒断機」は粒も揃い，粉が少ない，良質なリサイクル材を生み出すことができ，カーボンニュートラル，CO_2削減にも大きく寄与できる。

6 リサイクルし続けても品質は落ちない

「リサイクルし続けると品質が次第に落ちていくので再生材を使用したくない」という声を現場で耳にすることがある。しかし樹脂メーカーの三菱ケミカル㈱の「再生利用のポイント」[3]の「再生回数と物性保持率（計算値）」（図5）[3]によると「再生を5回程度まで行うと，物性保持率は到達保持率に近い値となる」，つまり，再生材が乾燥機などを通って成形機に戻るのを1回と数えて，これが5回繰り返されると，それ以降の品質は変わらない。つまり品質が落ち続けることはないということになる。表3，4を見ればリサイクル材の繰り返し再生回数が5回以上になると，バージン材と再生回数4回以内の樹脂材料99.9％以上を保つということがわかる。この理屈がわかれば，前出のようなリサイクル成形についての正しい見識が広まることを願う。

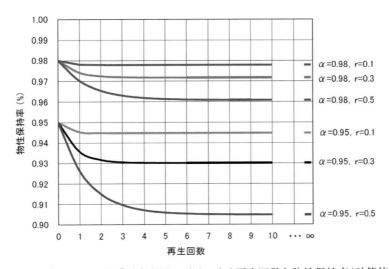

出所：三菱ケミカル㈱「再生利用のポイント」再生回数と物性保持率（計算値）

図6 再生回数と物性保持率[3]

プラスチック射出成形技術大系

表3　再生材料分布の理論計算式

繰り返し再生回数	新ペレット(%)	再生1回ペレット(%)	再生2回ペレット(%)	再生3回ペレット(%)	再生4回ペレット(%)	再生5回ペレット(%)
0	1					
1	1-r	r				
2	1-r	r(1-r)	r^2			
3	1-r	r(1-r)	$r^2(1-r)$	r^3		
4	1-r	r(1-r)	$r^2(1-r)$	$r^3(1-r)$	r^4	
5	1-r	r(1-r)	$r^2(1-r)$	$r^3(1-r)$	$r^4(1-r)$	r^5

表4　再生材料分布の理論計算式(当てはめ)

繰り返し再生回数	新ペレット(%)	再生1回ペレット(%)	再生2回ペレット(%)	再生3回ペレット(%)	再生4回ペレット(%)	再生5回ペレット(%)	合計(%)
0	100						100
1	75	25					100
2	75	18.8	6.2				100
3	75	18.8	4.7	1.5			100
4	75	18.8	4.7	1.1	0.4		100
5	75	18.8	4.7	1.1	0.3	0.1	100

バージン材と再生回数4回以内の樹脂材料99.9%

7　おわりに

　今日となっては，SDGs，カーボンニュートラル双方の観点から，リサイクル成形は時代の趨勢となり，必須の取り組み事項といえる冒頭で触れた「再生プラスチック使用量の報告義務化や罰則化」がされる前に，取り組むべきであろう。その際には大型粉砕機による混合材使用ではなく，リサイクル率も品質も担保できる粒断機の使用を提案したい。

文　献

1) 読売新聞：製造業の再生プラスチック使用量に国が目標設定，使用実績の報告義務化も…罰則も検討(2024年6月26日).
2) (一社)プラスチック循環利用協会：LCAを考えるライフサイクルアセスメントの考え方と分析事例(2022).
https://www.pwmi.or.jp/pdf/panf6.pdf#:~:text=2%20LCA%E3%82%92%E8%80%83%E3%81%88%E3%82%8B
3) 三菱ケミカル(株)：再生利用のポイント 図4-10 再生回数と物性保持率(計算値).
https://www.mcc-polymers.com/cms/wp-content/themes/mcg/assets/pdf/product/novaduran/molding.pdf#page=26

第2章　環境負荷低減のための材料開発と射出成形技術

第4節　省エネルギー化の推進（乾燥レス）

第1項　AI-VENT 搭載の射出成形機を利用した PBT 樹脂の乾燥レス成形

株式会社ソディック　横川　東志也　　　株式会社ソディック　谷口　晋吾

1　はじめに

　プラスチック成形の代表的な不良現象には，シルバーストリークやアウトガスによる外観不良がある。これらの要因は，可塑化溶融時にプラスチック材料から発生する水蒸気や揮発性ガスであり，キャビティで冷えて凝固し堆積したモールドデポジットとなる。これらの不良要因となる水分やガスを可塑化計量時に溶融された樹脂から除去することを目的としたベント式射出成形機がある。ベント式射出成形機は，可塑化シリンダの中間部に排気口（以下，ベント孔）を設けた装置で，水分や樹脂が溶融時に発生するガスを機外へ排出することができる。

　従来のベント式射出成形機は，溶融樹脂がベント孔から機外に漏れるベントアップがボトルネックとなり，無人化や自動化の大きな障害となっていた。仮にベントアップをセンサによって検出し，可塑化装置を停止し漏れを未然に防げても，機械を停止させることによる生産性の低下は避けられない。そこで当社（㈱ソディック）は，ベントアップをさせないベント式射出成形機を目指しベントアップの兆候を察知すると，スクリュ回転などの可塑化条件を自動修正し，生産を止めずに稼働できる AI-VENT を開発した。

　当社のベント式射出成形機 AI-VENT は，ポリフェニレンサルファイド（PPS）を使用したエアベント詰まりによるショートショット発生までのショット数を比較する検証において，当社標準機比で2倍となった。また別の PPS の成形において，モールドデポジットの付着量が40%減少した事例もある。

　成形不良の要因となる水分除去を行う乾燥は，不良要因削減のために必要であるが，本稿では，省エネルギー化と工程削減をテーマに当社の AI-VENT を用いた乾燥レス成形での事例を紹介する。

2　AI-VENT の構造・特長

　V-LINE® は，樹脂を溶融させる可塑化工程と，それを金型に充填させる射出の工程を分離する「スクリュ・プリプラ方式」構造を採用している。ベント孔とスクリュの位置関係が変わらないため，常に定位置での水分やガスの放出が可能で，溶融状態も一定であることから，安定した品質の成形品を得ることができる。ベント式射出成形機は，ベントアップが1つの課題である

— 381 —

が，AI-VENT のベントアップ抑制機能は，スクリュ回転数と材料供給量などを最適条件に補正することでベントアップが発生しても抑制制御で容易に解消することができる。

AI は「Automatically（自動的に），Improve（改善する）」の略称で，可塑化スクリュが前後に往復移動しないという当社の V-LINE® に，ベント式射出成形機用可塑化装置を搭載し定量供給装置であるフィーダとベントアップを検知するセンサ，およびベントアップ抑制機能を付与した構成になっている。

図1に AI-VENT の構成図を示す。ベント孔上部に設置された「赤外線変位センサ」により，スクリュ表面から盛り上がる溶融樹脂の高さを数値化して監視する。フィーダは，ホッパから供給される材料を制限する装置である。このフィーダにより供給部の樹脂量が少ない"飢餓供給状態"を作りベントアップを防止する。また飢餓供給により，ガスや水分はスクリュ後方へ排出しやすくなり，真空エジェクタにより材料投入口で積極的に吸引・外部排気する。

図2に AI-VENT の設定画面を示す。AI-VENT の操作は，他の条件と同様に成形条件として設定および記録管理できる。設定項目については，「制御モード」の選択,「フィーダ回転速度」「スクリュ回転（加速）」「フィーダ回転（減速）」「判定位置」などの数項目を設定するだけで，ベントアップ抑制を行える。

図1　AI-VENT 構成図

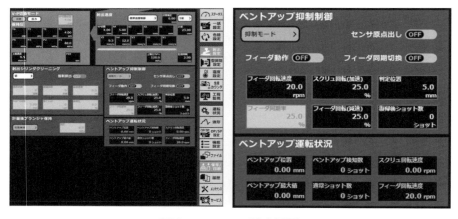

図2　AI-VENT 設定画面

3 AI-VENT 成形・効果事例

3.1 乾燥レス成形(事例 1)

　成形品は車載コネクタ,取り数は 2 個取り,樹脂はポリブチレンテレフタレート(PBT)を使用した成形事例を紹介する。図 3 は,AI-VENT で粉砕材 50％を用いた乾燥レス成形の成形品である。

　標準可塑化装置の場合,吸湿したプラスチック材料を未乾燥で成形すると,製品が満充填されないショートショットが発生したが,ベント式射出成形機用可塑化装置を搭載した AI-VENT ではショートショットの発生なく製品の満充填が可能となった。本成形事例でのショートショットは成形開始からのものであるため,揮発性ガスによる金型ベント詰まりによるものではない。未乾燥の PBT をパージすると水分を含んでいるため発泡状態となるが,AI-VENT ではこの発泡状態がなかった。可塑化時に AI-VENT により水分が除去され,樹脂密度が乾燥材料と同等になりショートショットの発生なく成形できたと考えられる。

　粉砕材はバージン材と比べ,供給樹脂の大きさにばらつきが生じる。可塑化・計量工程に樹脂を溶融する可塑化スクリュが移動する構造のインライン機は溶融に必要なスクリュ有効長が変化するため,樹脂が受ける熱履歴が一定とならず,成形に影響を与えやすいが,可塑化スクリュが移動しない構造の V-LINE® は,溶融に必要なスクリュ有効長が変化しないため,樹脂が受ける熱履歴は一定し,安定して溶融されるため,粉砕材比率が高まっても安定計量・安定成形が可能である。本成形では AI-VENT で水分が除去されたことで,この V-LINE® の特性が生かされた。

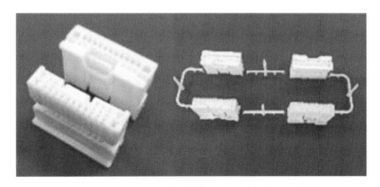

図 3　AI-VENT PBT 粉砕材 50％,乾燥レス成形品

3.2 乾燥レス成形(事例 2)

　成形品は靴ベラ,取り数は 1 個取り,樹脂はアクリル樹脂(PMMA)を使用した成形事例を紹介する。図 4 は,AI-VENT で乾燥レスを行ったものと,標準機で未乾燥成形を行った成形品である。吸湿した材料を未乾燥で成形すると,靴ベラ上面にあるゲートから,樹脂の流入方向にシルバーストリークが見られた。ゲート通過時に水分が樹脂内部に残存している状態だと,それらが気泡となり金型壁面で破裂,押しつぶされてシルバーストリークとなる。AI-VENT ではシルバーストリークや気泡不良はなく,揮発成分の除去効果を裏付けられる結果となった。

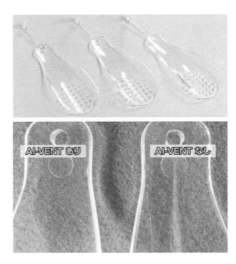

図4 AI-VENT乾燥レス成形品/AI-VENTなし未乾燥成形品（シルバーストリーク）

3.3 乾燥レス成形（事例3）

成形品はJISの引っ張り試験片，樹脂はポリブチレンテレフタレート（PBT），ポリアミド66（PA66），PPSの3種である。AI-VENTで乾燥レス成形の成形品と，標準可塑化装置で乾燥成形の成形品の引っ張り強度を比較した。溶融した材料に水分が残存していれば加水分解を起こし，成形品の強度低下につながるが，表1に示すように，AI-VENTの乾燥レス成形でも乾燥成形同等の引っ張り強度を得たことで，ベント孔からの脱揮効果が確認できた。

表1 AI-VENT乾燥レス成形品/標準 乾燥成形品（引っ張り強度）

最大応力 [N/mm^2]	AI-VENT （乾燥なし）	標準 （乾燥あり）
PBT	49.10	48.74
PA66	73.11	68.64
PPS	167.00	168.58

4 環境負荷の低減

AI-VENTの脱揮効果により，従来は必須だった乾燥機を使用せずに成形を行うことができ，生産現場の消費電力削減に貢献できる。例として図5に50トン成形機を使用した成形システム1台あたりの消費電力（kW）を示す。乾燥レスにすれば，およそ36％の消費電力が削減できるだけでなく，エネルギー効率の観点からいえば，乾燥機からの排熱による室温の上昇も抑えられ，夏季の空調負担も抑えられる。作業環境にもやさしい成形システムといえる。乾燥機の消費電力からCO_2の排出量を換算すると，AI-VENTを乾燥レスで使用すれば，24時間稼働で1日あたり30 kg，1ヵ月でおよそ1,800 kWh（24時間×30日）の電力量，およそ0.9トン（24時間×30日）

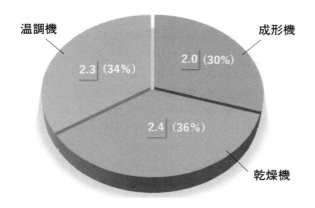

図5 成形システム1台あたりの消費電力(kW)

のCO$_2$削減につながる。試算条件は，仕込み量50 kgの乾燥機1台の消費電力2.4 kW，温調機1台の消費電力2.3 kW，50トンクラスのV-LINE®射出成形機1台の消費電力2.0 kW，CO$_2$排出量は換算係数0.5で計算した。

5 おわりに

本稿では脱炭素社会の実現に向けて，ベント成形の完全無人化稼働を実現でき，かつ樹脂の予備乾燥を必要としないAI-VENTの特長について紹介した。

昨今の少子化社会により，製造業の就業者数は，2002～2019年の約20年間で11.6％減少している。生産現場では，モールドデポジットによる金型清掃周期の延長や削減，機械のエラー停止を減らす生産性向上が求められる。日本のものづくり産業を成長に導くべく，生産効率のさらなる向上が不可欠であると当社は捉えている。また，脱炭素化に向け，廃プラスチックのリサイクル材料やバイオプラスチックの利用が進められているが，溶融時のガスが多く，成形の難易度が上がっている。また，資源価格高騰に対応した省エネルギー化，温暖化抑制に向けた低廃熱化も必須と考える。

こういった背景から，省エネ・省人化の両立に当社のAI-VENTが貢献できるとことを期待する。

第2章　環境負荷低減のための材料開発と射出成形技術

第4節　省エネルギー化の推進（乾燥レス）

第2項　SAG＋αIIを搭載した成形機による PLAの成形技術

東洋機械金属株式会社　池田　千真

1　はじめに

　近年，産業機械において省エネルギー化対応が急速に広がった。射出成形機においても油圧駆動からエネルギー効率の高いサーボモータとボールねじを使用した電動駆動方式に急速に移行した。また，電動駆動方式が主流となる中で，現在においても持続可能な開発目標であるSDGsや，2020年以降の温室効果ガス排出削減に向けた国際的な枠組であるパリ協定の採択などが，射出成形機のさらなる省エネルギー化を求める原動力になっていると予測される。一方，プラスチック材料においても環境負荷低減に向けて資源循環を目的に，石油から植物由来の原料を用いた生分解性を含むバイオマスプラスチックへの切り替え検討が多方面で行われている。しかし，植物由来の成分を含むバイオマスプラスチックは吸湿性が高く，量産現場の環境変化による成形性への影響が大きく，樹脂材料の乾燥管理が成形品質の維持に非常に重要となってくる。

　そこで本稿では，射出成形における省エネルギー化技術に関する内容とともに，バイオマス樹脂をはじめとする樹脂材料の乾燥管理に対する課題改善として，工場内で最も消費エネルギーが大きいとされる乾燥工程をなくした「乾燥レス成形」を紹介する。

2　射出成形の消費電力低減

　電動駆動方式射出成形機において，各駆動部のサーボモータをはじめ，樹脂材料を可塑化溶融する加熱シリンダにおけるヒータの消費電力の割合を図1に示す。ヒータでの消費電力が50％以上の割合を超える中，当社（東洋機械金属㈱）が着目したのが計量工程での消費電力である。その他，各駆動部における消費電力がそれぞれ数％に対して，計量軸では消費電力が約25％を占めている。これは可塑化時の計量モータの回転トルクの影響であるが，この可塑化時のモータの負荷を最小限に抑えることで消費電力の低下につながると考えた。

　そこで検討したのが，SAGスクリュである。SAGスクリュの詳細については，第1章第1節第2項で記載しているが，低せん断型のフライト形状としている点が特徴である。SAGスクリュを用いることで可塑化中のモータの負荷トルクが低減し，消費電力の抑制効果が期待できる。図2に，汎用型のフルフライト形状を有した標準スクリュとSAGスクリュを搭載した成形機にて，硬質PVC樹脂を成形した際の計量グラフの比較結果を示す。SAGスクリュ搭載機では，標準ス

第 2 章　環境負荷低減のための材料開発と射出成形技術

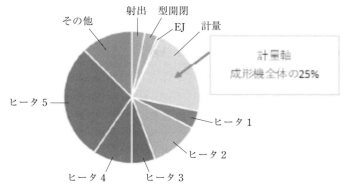

図 1　成形機全体の消費電力割合

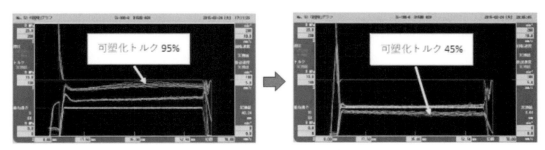

図 2　標準スクリュと SAG スクリュの可塑化トルク比較
（左：標準スクリュ　右：SAG スクリュ）

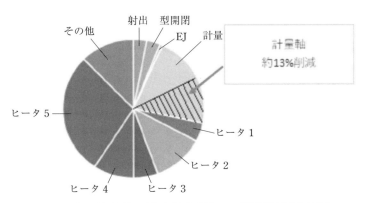

図 3　成形機全体の消費電力割合にて計量軸割合低減

クリュを搭載した機械と比べて可塑化トルクが約半減していることがわかる。その結果，図 3 に示すように，成形機全体の消費電力において，計量工程での消費電力の抑制が可能となる。

3　乾燥機の消費電力低減

　SAGスクリュを搭載することで，成形機全体の消費電力を低減することが可能となったが，成形工場全体においても消費電力の低減手段を検討した。成形工場内には，成形機以外に，乾燥機や金型温度調整機をはじめ，成形品の取出し機や空調など，大きな電力を必要とする周辺機器が多数使用されている。図4に，一例として成形工場内での消費電力割合を示すが，成形機よりも乾燥機の方が消費電量は多くなることがわかる。また，乾燥機からは多くの熱が放出されるため，工場内の空調に必要な電力量にも影響する。このように，射出成形において樹脂の乾燥工程は必要不可欠であるが，成形工場全体の省エネルギー化を実現するためには，乾燥工程における消費電力の削減が重要であり，最大の課題であるといえる。たとえば，除湿式乾燥機（75 ℓ タンク）を1年間使用（24 h × 20 日間）した場合の年間消費電力量は「約 23,000 kW/ 年」必要とされている。さらに，各電力会社から提供される排出係数から年間の CO_2 排出量を算出すると，数トン単位での削減が可能となる。

　そこで，成型工場内の省エネルギー化に向けて，乾燥機の使用を最小限に抑えるために，SAG＋αⅡを使用した乾燥レス成形を検討した。

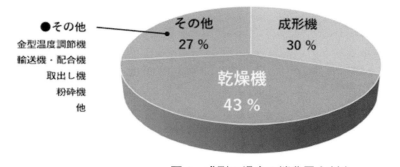

図4　成形工場内の消費電力割合

4　SAG＋αⅡを使用した乾燥レス成形

　SAG＋αⅡのシステムについては，第1章第1節第2項に記載しているが，これはSAGスクリュにて可塑化時のガス発生を抑制しつつ，真空脱気装置との組み合わせにより，発生したガスを脱気するシステムである。本システムは，未乾燥樹脂の成形においても水分をはじめ可塑化中に樹脂から発生するガスをスクリュ後部より脱気することで，主に乾燥不足に起因するシルバーストリークスの発生抑制や，成形品質の安定性を向上することが可能となる。そのため，従来乾燥必須の材料に対して乾燥レス成形が可能となれば，脱炭素社会の実現に一歩近づくことができると考えられる。

　ただし注意事項として，樹脂によっては可塑化中に加水分解などの樹脂の物性低下を引き起こすことがあるため，事前の確認が必要であるが，一部では実現できている事例もあり今後適用範囲が広がることが期待される。

5 SAG＋αⅡ搭載機によるPLAの成形技術

ポリ乳酸(PLA)は，植物由来のプラスチック素材を用いた生分解性樹脂として広く知られている。PLAは結晶化させることで優れた耐熱性と力学的特性を発現することから，さまざまな分野で用途開発が進められている。また，PLAは石油系原材料と違い，成形性が困難なことでも有名である。特に，PLAは結晶化しにくい特性から結晶核材を必要とし，デンプンが主成分であることから大気中の水分を容易に吸収するため，成形前に樹脂の予備乾燥が必要となる。さらに，予備乾燥が不十分な場合，ペレット内の水分が要因となり，図5に示すように，スクリュ供給部でペレットが凝集し可塑化が不安定となることや，加水分解による物性低下の不具合を発生することがある。つまり，PLAをはじめとする吸湿しやすい樹脂材料は，安定した成形品品質を維持するために乾燥状態を一定に保持することが重要であるといえる。

しかし，このような吸湿性の高い樹脂は乾燥が容易ではなく，材料の製造ロットをはじめ生産環境の影響を受けやすく状態を一定に管理することが難しい。このような材料に対して，SAG＋αⅡシステムでは，樹脂材料中の水分を可塑化過程で脱気するため，成形環境の変化が生じても成形品質を一定に維持することが可能となる。これら技術を紹介するため，当社ではIPF2023にて本システムを搭載した成形機を用いたPLAの乾燥レス成形を実演した。図6に，実演で使

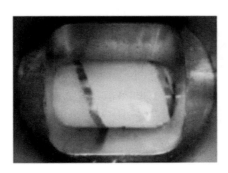

図5　スクリュ供給部でのペレット詰まり

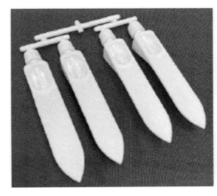

図6　PLA未乾燥材でのペグ(テーブルはWPCにて成形)

用した成形品を示す。成形品は，キャンプ用テーブルのペグであり，同じくバイオマスプラスチックである木粉70%入りのPP(ポリプロピレン)樹脂を未乾燥で成形した。特に木粉を含有すると，吸湿の影響だけでなく熱と酸素の影響を受けやすく，変色やガスの問題が生じやすい。SAG＋αIIは，ガスの脱気だけではなく，加熱シリンダ内を真空状態にするため，無酸素環境で可塑化を行うため酸化劣化を抑制することが可能である。このように，SAG＋αIIシステムは，PLA樹脂をはじめとする植物由来の樹脂材料に適した可塑化技術であり，本技術の適用範囲が今後拡大することを期待している。

6 おわりに

　本稿で紹介したシステムは，開発より10年以上経過するが，昨今求められている脱炭素社会実現には，必要不可欠な技術であると確信している。今後も，社会的ニーズに合わせた開発を行っていくことが，成形機メーカーの義務と考え，技術開発を継続していく所存である。

第3章

金型技術の進展

第 3 章　金型技術の進展

第 1 節　プラスチック成形用金型設計の基礎

株式会社モールドテック　落合　孝明

1　はじめに

　射出成形は，製造業において欠かせない技術として広く利用されておりプラスチック加工技術の進化とともに発展してきた。環境に配慮した材料やリサイクル可能なプラスチックの開発も進んでおり，持続可能な製造プロセスの一環としての役割も果たしている。

　射出成形で成形を行うためには金型が必ず必要であり，成形性の高いよい金型を製作するためにはしっかりと設計を抑えておく必要がある。よい設計をするためには基礎をしっかりと抑えておくことが大切であるのは当然だが，最近の技術動向を知っておくことも大切である。

2　金型設計に関係する最近の動向

　設計にかかわってくる最近の動向については，技術や材料の進化とデジタル化が挙げられる。本書の他の項目で詳しく触れられているのでここでは詳細は省くが主に次のような点が考えられる。

2.1　持続可能性と環境配慮

　昨今の製造業において環境への配慮は欠かせない。環境負荷を軽減する取り組みとしてリサイクルプラスチックやバイオプラスチックの使用は増加している。また，軽量化設計も大きな課題となっており，製品の軽量化により，資源の節約と輸送コストの削減を目指す動きが強まっている。

2.2　高性能材料の開発

　従来のプラスチック材料に比べて，耐久性や耐熱性が向上した高強度・高耐熱性樹脂材料の開発がされている。

2.3　デジタルトランスフォーメーション（DX）

　流動解析や冷却効率化などコンピュータシミュレーションを用いた成形プロセスの最適化が進んでおり，設計段階での不具合予測やコスト削減に役立っている。

　2.1～2.3 で述べた動向は，射出成形の設計および製造プロセスにおいて，より効率的で環境に配慮したアプローチを実現するための重要な要素となっており，これらの技術を導入することで，競争力を維持しつつ持続可能な生産体制を構築している。

金型設計はいうまでもなく製造プロセスの重要な要素であり，成形品の品質や生産効率に大きな影響を与える。

3 量産をするための製品設計

金型を用いて成形を行うためには成形性を考慮して製品設計をする必要がある。製品設計の段階から金型を意識した設計を行わなければ，いわゆる出戻りが発生してしまい無駄な時間とコストがかかってしまう。成形性を考慮した製品設計の主なポイントは以下の4点（**3.1～3.4**）になる。

3.1 抜き勾配

抜き勾配は，製品を金型からスムーズに取り出すために必要な勾配であり，抜き勾配がないと製品と金型が干渉し，製品不良や金型の破損などの不具合に通じる（図1）。勾配がついていれば干渉することなく製品を金型から取り出すことができる（図2）。元々の製品に勾配が設定されていればよいが，勾配の設定がされていないような製品の場合には，以下のことに注意して勾配を設定する必要がある。

3.1.1 勾配はできるだけ大きく取る

公差や相手部品との関係など製品に制約があり勾配が制限される場合が多いが，抜き勾配は大きいほど離型性がよくなる。ただし，外観部分などは角度が大き過ぎると印象が変わってしまうのでザインとのバランスに注意する必要がある。

図1　抜き勾配のない場合

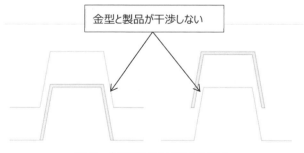

図2　勾配がついている場合

3.1.2 外周の勾配は一定にする

外周部の勾配が異なると離型バランスが悪くなる場合があるため，できる限り外周部の勾配は一定にする。また，勾配を一定にした方が加工性もよい。なお，リブや穴などと外周部の勾配を同一とする必要はない。

3.1.3 相手部品との関係性に注意する

金型で成形した成形品はそれ単体で製品として成立する場合よりも，他の複数の部品を組み付けて成立している場合がほとんどである。抜き勾配をつける際には，相手部品との干渉や過剰な隙間が生じてしまうなど，相手部品との関係性を考慮しなければならない。

3.2 肉　厚

よい成形品をとるためには肉厚はできる限り均一とし，強度や剛性が必要な部分にリブなどで補強するのが望ましい。肉厚が極端に薄肉や厚肉な部分があると，そりやひけ，ボイドなどの成形不良を起こす可能性がある。

しかしながら，製品の機能や用途によってなかなか均一にできないのも事実である。そのような場合には，急激に肉厚を変化させてしまうのではなく，緩やかに肉厚を変化させ樹脂の流動性をよくすることで成形不良を回避するとよい。

3.3 角　R

角部にはフィレット（曲面）を設けて応力集中を防ぎ，製品の耐久性を向上させる。このフィレットをつけることで流動性もよくなる。

3.4 アンダーカットの有無

アンダーカットを金型で処理するためにはスライドコアや傾斜コアといった機構が必要になる。

別の機構を組み込むということは，当然金型の製作工数の増加・コストアップにつながり，また，何らかの不具合が発生する確率が上がる。製品の機構上必要がないのであれば，アンダーカットはできる限り製品設計の段階で解消するのが望ましい（**図 3**）。

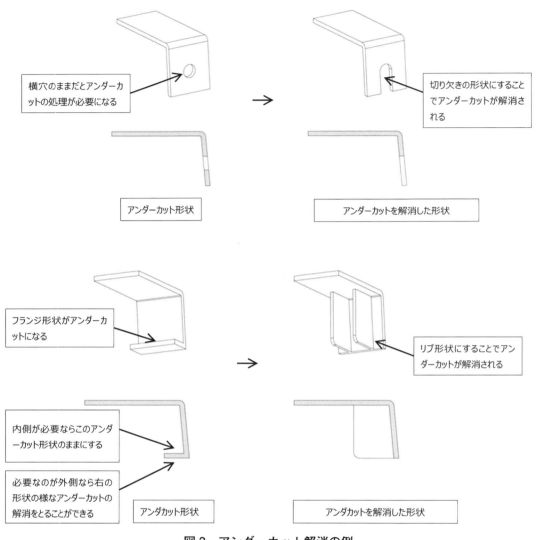

図3　アンダーカット解消の例

4 金型設計の基本

　金型設計を進めるにあたって最新の動向に着目することは非常に大切なことであるといえるが，それも基礎があってのことであり，金型設計においてはまずは基礎を抑えておかなければ始まらない。ここでは金型設計を進めていく上での主なポイントを述べていく。

4.1　成形機との関係性

　せっかく金型を製作しても成形機に取り付けられなければ意味がない。射出成形機と金型は，互いに適合するように設計されなければならない。金型のサイズやクランプ力，射出容量などが射出成形機の仕様に一致する必要がある。成形機による金型の仕様には主に**表1**のような項目が挙げられる。

第3章　金型技術の進展

表1　成形機による金型の仕様

金型の取付寸法	金型は一般的に上から吊り下げて成形機に取り付けられる。そのためタイバーの幅による寸法の制約が生じる。また，成形機によっては金型を取り付けるための位置が決まっている場合があるためそこでも寸法の制約が生じる。
金型の厚み	成形機によって，金型の最大および最小型厚が決まっている。
ロケートリング径	ロケートリングは金型と成形機の位置決めの役割をする。成形機の固定盤（固定プラテン）にあいている穴径によってロケートリングの径が決まる。
ノズル部寸法	成形機に付いているノズルの内径およびノズルタッチ部の半径に合うようにスプルーブッシュの寸法を設定する。
突出し部寸法	成形機から突出板を突き出すための押し出しロッド（エジェクターロッド）の位置および径。

4.2　樹脂の種類・成形品の投影面積

　金型設計を進めるためには樹脂の収縮率を反映する必要があり，樹脂の種類によって収縮率は異なる。特に最近ではリサイクル素材が使用されるため収縮率も複雑化してきているので注意が必要となる。

　また，ランナーを含めた樹脂の投影面積の合計は金型に必要な成形機の型締力や可動側のたわみ量の計算に使われる。これらの計算はデジタル化のおかげもあり自動で算出されることが多く設計を進めるための目安となる。

4.3　ランナー，ゲート

　スプルーから製品までの樹脂の通り道のことをランナーという。特に1つの金型で複数の製品を成形する場合には，ランナーのバランスが重要になる。バランスが悪いとショートショットや過充填などの原因となってしまう。

　ホットランナーシステムを用いる場合は，ランナーは常に溶融しており成形品のみが取り出される。そのためランナーの廃棄や粉砕の手間がなくなり，ランナーを取り出すための型開きや型閉じストロークも不要になるというメリットがある。その一方でホットランナーシステムをレイアウトするため金型が大きくなってしまいコストがかかってしまうというデメリットがある。コールドランナーとホットランナーのどちらを採用するかはこのメリット・デメリットを考慮する。

　ゲートの形状や位置は成形品質に大きく影響する。その製品の用途や形状・樹脂の種類などのさまざまな条件から決める必要がある。

4.4　温　調

　成形品を均一に冷却するための水路は特に成形数が多くなればなるほど重要となる。効率的に冷却回路を設計することで冷却時間を短縮し，成形サイクルを向上することが可能となる。

　特に昨今ではウェルドレス成形としてヒートアンドクール成形が注目を集めている。ヒートアンドクール成形とは射出時に熱媒体によって金型温度を急速に加熱することで樹脂流動を高め，樹脂充填後に冷却工程で熱変形温度以下の金型温度に急速冷却することで，固化速度を速めウェルドラインやフローマークを解消し，サイクル短縮および寸法不良削減を実現する成形方法である。

－ 397 －

4.5　突出し機構

　成形品を金型から取り出すための機構。良質な成形品を取り出すためには適切な位置に配置する必要があり，以下のポイントに注意をする。

（1）　成形品を安定して，バランスよく突き出せる位置にエジェクタピンを配置する（図4）。

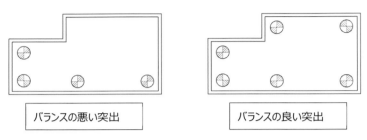

図4　突出しバランス

（2）　離型抵抗の強い部分に配置する。深いリブやボス，タテカベなどは特に離型抵抗が強いので重点的に配置する。深いボスにはエジェクタスリーブを採用する。

（3）　突出し面積はできるだけ大きく設定する。面積が小さいとピンの変形が起きたり，製品表面に白化などの現象が生じる。

（4）　成形品表面のエジェクタピンの跡を考慮する。エジェクタピンの凹凸形状，ピン周囲のバリなど，特に透明な製品や目に見える部分は注意が必要である。

（5）　スライドコア直下など特殊なエジェクタピンの配置が必要な場合は，リターンピンのスプリングなどエジェクタピン早戻し装置を採用する。

4.6　アンダーカット処理

　通常の金型の開閉では処理することができない形状のことをアンダーカットという。アンダーカットを金型で処理するためにはそれ用に今までとは別の機構を設定する必要がある。

　アンダーカットは処理の方向が製品の外側に処理するものと内側に処理するもので大きく2つに大別することができる。外側に処理する方法として代表的なものにスライドコア，内側に処理する方法として代表的なものに傾斜コアがある（図5）。製品のアンダーカットの形状によって，最適な処理方法を選択すればよい。

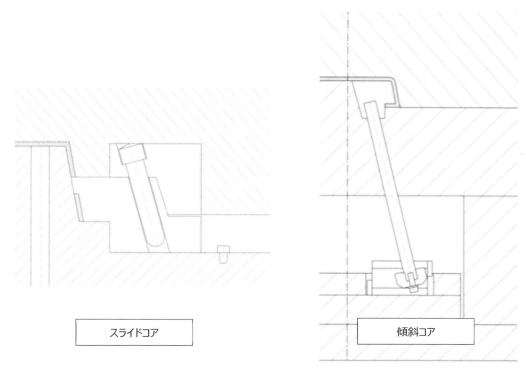

図5　スライドコアと傾斜コア

5　おわりに

　以上のような基本を押さえて製品設計および金型設計をすることが，成形品の品質や生産効率に大きな影響を与える。デジタル化によってかなりの作業は自動化できるようになってきている。だからこそ基本を理解して設計を進めていくことが重要なのである。

第 3 章　金型技術の進展

第 2 節　プラスチック成形用金型材料の開発

大同特殊鋼株式会社　井ノ口　貴之

1　はじめに

　プラスチック射出成形に用いられる金型は鉄鋼材料で作られるのが一般的である。鋼板のプレス成形金型のように強い力を受けたりアルミダイカスト金型のように高い熱衝撃を受けるわけではないが，耐久性以外にプラスチック成形特有の多種多様なニーズが存在する。そのため，使用するプラスチックの種類，製品の用途，サイズや部位などに応じてさまざまな鋼種が使い分けられている。

　炭素工具鋼・ダイス鋼・ハイスなどは JIS で規定された鋼種があるが，プラスチック成形金型用の鋼種は現行の JIS では規定されていないため，構造用鋼やステンレス鋼など他用途向けの鋼種を流用するか，プラスチック用に各鋼材メーカーが開発したブランド鋼を使用することになる。

　本稿では金型の使用時および製作時のそれぞれのニーズに基づくプラスチック成形金型用の鋼種開発の必要特性を説明し，それに応じた具体的な鋼種の解説をする。

2　成形時に求められる特性

2.1　耐摩耗性

　モデルチェンジによる生産終了より前に繰り返し使用による劣化で金型が使用できなくなることを「寿命を迎える」というが，その原因の 1 つは摩耗によって製品寸法が許容範囲を逸脱した場合である。プラスチック自体は鉄鋼材料よりはるかに軟らかいため 1 ショットごとの金型摩耗は非常に小さいが，百万ショット以上生産されるような製品では無視できない量となる。特に，プラスチックの強度向上のために添加されるガラス繊維（GF）や炭素繊維（CF）は鉄より硬いため，添加量が多いと比較的少ないショット数でも金型が顕著に摩耗する場合がある。

　また，型締めやスライド摺動による金型同士の接触による摩耗が製品のバリにつながる場合もあるため，このような部位も摩耗低減を考慮する必要がある。

　耐摩耗性を向上させるために必要な特性はまず第一に硬さであり，焼入れなどの熱処理によって高硬度化が可能な鋼種が使用される。大量の GF/CF が添加されている場合は 50〜60 HRC 以上を得られる鋼種が使用されるが，それでも不足する場合は窒化やコーティングなど表面処理を

— 400 —

実施する。

ただし後述するように硬さは被削性と相関している。必要以上に高硬度にすると型製作過程での切削加工の難易度が上がるため，適切な硬さを選定する必要がある。切削量の多い大型金型では被削性を優先して 20 HRC 以下の鋼種が使用される場合もある。

2.2　靱　性

製品形状によっては金型に細い突起や薄肉形状を設ける必要がある。突起や薄肉の根本がシャープコーナーになっていると，射出成形時の圧力によって応力集中が生じ，そこから型が割れるリスクが増す。型形状を変更できない場合は割れにくい金型材料を選定する必要がある。

材料の割れにくさを靱性と呼ぶ。これは破壊を進展させるのに必要なエネルギーを意味し，通常はシャルピー衝撃試験によって測定される衝撃値で評価する。割れ対策には靱性（衝撃値）の高い鋼種を用いることが有効である。

ただし一般的に靱性は硬さとトレードオフになる。同じ鋼種で靱性を上げるためには硬さを下げることになり，前述の耐摩耗性と両立しにくい。また硬さが低すぎると割れる前に変形してしまう可能性もある。硬さを下げずに靱性を高めるためには鋼種を変更する必要がある。

また，塑性変形を生じない程度の微小な応力を何万回何十万回と繰り返すことで亀裂が生じる，いわゆる金属疲労が発生している場合は，靱性より硬さを高めることが対策になる。金属疲労は亀裂先端の微小領域で応力が引張強さを超えることで生じる現象であり，引張強さは硬さに比例して高まるからである。したがって，割れが生じた場合はまず割れのメカニズムが何だったのかを確認した上で対策を検討することが肝要である。

2.3　耐食性

成形時に金型に注入される溶融プラスチックは化学薬品であるため，種類によっては成形中の温度と圧力でガスが発生し，金型を損傷することがある。特に，硫黄（S）や塩素（Cl）やフッ素（F）を成分に含むプラスチックは腐食性のガスが発生して損傷が激しくなる傾向がある。難燃剤など添加材が含まれる場合も同様である。ガスによる損傷は金型表面が焼けたように見えるため「ガス焼け」と呼ばれる。

発生ガスが腐食性である場合，耐食性の高い金型材料を使用することが対策となる。多くの場合は SUS420J2 などステンレス鋼系の鋼種が使用されているが，特に強い腐食性ガスを生じるフッ素樹脂の場合はそれでも十分でないため，ニッケル合金が用いられる場合も多い。

また，発生するガスが腐食性でなくてもガス焼けが生じることがあるが，高温高圧によって金型表面が損傷している場合と，凝固したガス成分が付着している場合とがある。後者は金型の洗浄によって対策できるが，前者であればステンレス鋼系の鋼種を用いるか，ステンレス鋼ほどではないが数％の Cr を添加して耐食性を向上した鋼種が用いられる。

2.4　熱伝導率

プラスチック射出成形では，1 サイクルごとに溶融プラスチックが金型内部で冷却されて凝固して取り出される。金型材料の熱伝導率が高ければ短時間で冷却できるため，サイクルタイムの向上につながる。また，近年では金型を冷却のみならず加熱も行って温度制御する場合があり，このときも熱伝導率が高いほど型内の温度分布が均一になりやすいため有利である。

— 401 —

プラスチック射出成形技術大系

高熱伝導率の金型材料としてはベリリウム銅がよく知られているが，価格が高価であることや硬さが最高でも 40 HRC 程度までであることから，通常はあくまで局部的な使われ方にとどまる。

鋼材の熱伝導率は合金成分が多いほど低下する傾向があるため，耐食性・靭性・被削性などの特性とトレードオフになりやすい。この点を踏まえて鋼種を選択する必要がある。

3 金型製作時に求められる特性

3.1 被削性（切削加工性）

金型形状は主にドリルやエンドミルによる切削加工で作られるため，削りやすいことは重要である。被削性の評価としては刃具の摩耗が少ないことと，切粉の破砕性が良いことに大別される。これらが良くないと刃具の交換頻度が増えたり加工速度を遅くせざるを得なくなったりして能率やコストが悪化する。

刃具の摩耗は被削材が硬いほど増えるが，削られるときの発熱や刃具表面への付着しやすさも影響する。刃具の欠けは被削材の靭性が高く切削抵抗が高い場合に起こりやすい。つまり軟らかくて脆い方が削りやすいが，これは前述の金型使用時の特性と相反することも多い。

削られた鋼材（切粉）が螺旋状につながって伸びるとドリルやエンドミルに絡みついて作業性を低下させるため，切粉が細かく砕けて容易に除去できることも重要な要素で，これを切粉破砕性と呼ぶ。切粉破砕性を高めるためには微量の硫黄（S）を添加してマンガン硫化物（MnS）が鋼材中に散りばめられた組織を形成させることが有効であり，高被削性鋼種には硫黄が添加されている場合が多い。ただしマンガン硫化物は靭性や鏡面性や耐食性を悪化させるため，各特性のバランスを取ることが重要である。

3.2 鏡面性

プラスチック成型品はプレス加工や金属鋳物に比べて転写性が高く，金型表面の微細な凹凸が製品面に再現される。意匠性の高い製品など表面状態の良さが求められる場合，金型の表面を精密に仕上げる必要がある。最もよく行われるのは鏡面研磨であり，文字通り鏡のように磨き上げて滑らかな表面を形成する。

通常，鏡面性のレベルは最終仕上げ研磨に用いる研磨剤の粒度で表現する。日用品であれば #3000〜#5000，ある程度の意匠性を求める製品なら #5000〜#8000，高級品や光学レンズ向けでは #10000 以上が必要とされている。

鋼材の品質が悪いと研磨しても凹凸が残ったり局所的に小さなくぼみ（ピンホール）が残ったりして，求められるレベルの鏡面が得られない場合がある。これらのトラブルを避けるために金型材料に求められる特性としては以下の点が挙げられる。まず鋼材の成分が均一でムラが少ないこと。そして酸化物や硫化物などの非金属介在物が少ないことである。これらは鋼材の成分だけでなく精錬と凝固コントロールによって実現されるもので，非金属介在物を凝固前に精錬で除去した上で，ムラなく均一に凝固させる技術が必要である。

これらの品質に加え，熱処理でなるべく硬くできる鋼種であることも望ましい。軟らかい鋼材を手作業で研磨すると「うねり」と呼ばれる波打ったような表面や「オレンジピール」と呼ばれる

— 402 —

斑点状の微小な窪みが散在する表面になりやすいためである。

高鏡面性鋼種は特殊溶解処理が適用されていることが多い。これは二次溶解ともいわれ，一度凝固させた鋼塊を端部から順に再溶融・精錬・再凝固させることで非金属介在物の低減と均一な凝固を実現するものである。成分と硬さが同じでも特殊溶解材の方が高鏡面が得られるが，製造できる寸法が制約されたり，コストが高くなるデメリットもある。

3.3　シボ加工性

プラスチック製品の表面に細かい模様を付ける場合は金型の表面をその形に加工するが，エンドミルなどの切削加工では難しいほど微細な模様を作るためには，腐食性の薬品を用いるシボ加工（エッチング処理）が主に行われる。

鋼材の合金成分濃度にバラツキ（偏析）があると耐食性の違いによって溶け方に差が生じ，シボ模様に意図せぬ濃淡ができてしまう場合がある。美麗なシボを得るためには偏析が少なく成分が均一であることが求められる。また，炭化物や非金属介在物も薬品に対する溶け方が素地と違うことでシボ模様を損なう場合があるため，これらが少ないことも望ましい。

なお，ステンレス鋼は耐食性が高いため腐食しづらいが，その分強い薬品を用いたり時間を伸ばしたりすることで処理は可能である。

腐食性の薬品以外にショットブラストを用いて梨地状の表面を得る方法もあり，このときは鋼材の耐食性ではなく硬さが影響するが，偏析や非金属介在物が少ない均一な鋼材が求められる点は同様である。

3.4　溶接性

加工後に設計変更が発生したり加工ミスを修復する必要が生じることがある。このような場合，金型全体を作り直すのはコストや納期に問題があるため，部分的に溶接（肉盛）による補修が行われることが多い。

溶接時の代表的なトラブルは溶接割れであり，溶接割れ感受性の低い鋼種が望ましいが，これは炭素（C）などの成分が少ない方が良い傾向があるため，硬さなど他の特性とのバランスを取る必要がある。また，溶接割れ防止には予熱・後熱などの実施や適切な溶接棒の選択も重要である。

3.5　プリハードン

プラスチック用成形金型は鉄板のプレス成形金型等ほどの硬さを必要としないため，あらかじめ熱処理を済ませた鋼材を直接仕上げ加工する場合もあり，これをプリハードン材と呼ぶ。プリハードン材は金型製作中に熱処理工程がないため納期短縮になるが，被削性の観点から適用できる硬さは 40 HRC 程度が実用上限と考えられ，これより高硬度が必要な場合は粗加工後に熱処理する工程を選択する必要がある。

4　代表的なプラスチック金型材料

3.で示した特性の全てを同時に満たす鋼種は存在しないため，ケース・バイ・ケースで多様な材料が使われている。ここでは硬さレベルとその他の特性ごとに代表的な鋼種を解説する。

4.1　20 HRC 級

大型コンテナやバスタブなどの大型プラスチック製品用の金型は製作時に大量の切削が必要となるため，硬さは 20 HRC 程度で比較的低廉な炭素鋼（SC）系鋼種が使用される場合が多い。サイズ的に市中業者での熱処理が難しいため，プリハードン材が一般的である。

4.2　30 HRC 級

日用品程度の意匠性を求める製品の金型には 30 HRC 程度が求められ，機械構造用合金鋼の一種であるクロムモリブデン鋼（SCM）やその改良鋼が用いられている。これも炭素鋼系と同様にプリハードン材が一般的である。プラスチック金型用に改良されたブランド鋼は，被削性や鏡面性が向上しているものが多い。

4.3　40 HRC 級

電化製品や化粧品ボトルなどやや高い意匠性が求められる製品の金型は，耐摩耗性と被削性や鏡面研磨性のバランスが良い 40 HRC 程度の硬さを持つ鋼種がよく使用されている。この硬さはプリハードンで加工できる限度と考えられている。前述のクロムモリブデン鋼を高硬度化した鋼種や，析出硬化系の鋼種が含まれ，特殊溶解を施したブランド鋼種も多い。

4.4　50 HRC 級

歪みを感じさせない透明部品や光学レンズなどの金型に求められる鏡面度を得るためには，50 HRC 以上の硬さが必要とされている。この硬さはプリハードン材での加工が困難であるため，粗加工後に熱処理が必要となる。

この硬さが得られる代表的な鋼種としてはマルテンサイト系ステンレス鋼（SUS）と熱間ダイス鋼（SKD61 系）がある。硬さ以外の特性としてステンレス鋼は耐食性が高いが靭性は低く，熱間ダイス鋼は靭性が高いが耐食性は低いという違いがあるため，必要特性によって選択される。

50 HRC が得られる材質としてこの他にマルエージング鋼も使用されるときがある。この鋼種は熱間ダイス鋼以上に靭性が高く折れにくいため，形状的に折損しやすい部位に適用されるが，輸出規制の対象であることに注意が必要である。

4.5　60 HRC 級

多量のガラス繊維を含むプラスチックや金属部品のインサート成形を行う場合には，それらの摩耗に耐える硬さが求められる。50 HRC 級でも不足する場合には 60 HRC 級が選択され，鋼種としては冷間ダイス鋼（SKD11 系）やその改良鋼が一般的である。当然だがプリハードン材ではなく熱処理を必要とする。

冷間ダイス鋼は硬質な炭化物を多量に含むため被削性や鏡面性に問題があり，成分変更や特殊溶解によってこの点を改良したブランド鋼種が鋼材メーカーで開発されている。

4.6　ステンレス鋼系

耐食性を重視する金型においてはステンレス鋼とその改良鋼が使用される。基となる鋼種はマルテンサイト系ステンレス鋼 SUS420J2 と SUS420F および析出硬化系ステンレス鋼 SUS630 が一般的である。

SUS420J2 系は耐食性と同時に硬さも 50 HRC 以上得られるため，高鏡面性鋼種としても代表的である。SUS630 系は析出硬化処理によって硬さを得るタイプであり，SUS420J2 系より高い

耐食性を持つが，硬さは 40 HRC 程度までである。SUS420F 系は SUS420J2 系に近い硬さだが硫黄が添加されているため被削性が高い。しかし硫化物の影響で耐食性と鏡面性は SUS420J2 系より劣る。したがって成形するプラスチックの種類や製品の要求品質によって使い分けられる。

5 ブランド鋼のラインナップ

以下では当社（大同特殊鋼㈱）がラインナップしているプラスチック成形金型用の鋼種について紹介する。

図1に硬さと鏡面性で評価した位置づけを示す。基本的に硬さが高くなるに従って鏡面性が向上するが，同じ硬さでも特殊溶解を適用した鋼種の鏡面性は高くなる。また炭化物を含有する冷間ダイス鋼系の鋼種（DC53，PD613）は高硬度だが鏡面性はあまり高くないという関係が見て取れる。

表1に代表的な鋼種の特性比較を示す。ここに示す特性の数値はあくまで相対的な指標であって定量的な評価ではないことに留意されたい。

5.1 PXA30

PXA30 は約 32 HRC のプリハードン材である。クロムモリブデン鋼および米国 AISI の P20 を改良した鋼種であるため，SCM 系または P20 系と呼ばれる。

特殊溶解は実施していないが精錬技術の改善によって非金属介在物を低減しており，#3000 程度の鏡面性まで対応可能である。後述する特殊溶解材に比べて大断面素材が製造可能であり自動車内装部品などの大型製品に適用されているほか，成分の調節により被削性が高いこと，溶接割れ感受性を低減しており溶接性が良いことなども特徴となっている。

5.2 NAK80 と NAK55

NAK80 と NAK55 は約 40HRC のプリハードン材である。米国 AISI の P21 系に類似している

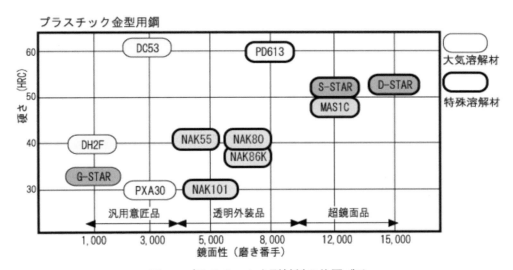

図1 プラスチック金型材料の位置づけ

表 1 代表的プラスチック金型材料の特性比較

区分	JIS鋼種系	大同ブランド	AISI相当鋼	使用硬さ(HRC)	被削性	鏡面性	シボ加工性	溶接性	耐摩耗性	靭性	熱処理変寸	耐食性	主用途	製品例
プリハード	SCM系	PXA30	P20	30~33	5	5	5	5+	3	5	-	3	大型汎用・鏡面適用型	自動車部品・テレビ筐体
	SUS系	G-STAR	420F	30~37	4	3	4	4	3	4	-	4	耐食母型・取付板	－
	析出硬化系	NAK55	P21改	37~43	5+	5	4	3	3	1	-	3	精密量産型	OA機器・ゴム型
		NAK80	P21改	37~43	4	5+	5+	3	3	1	-	3	精密量産・高鏡面型	透明樹脂製品・IT製品
	-	NAK86K	-	35~38	3	5	4	3	3	5	-	4	高耐食・高靭性型	自動車部品
	SKD系	DH2F	H13改	38~42	4	3	3	3	4	3	-	3	耐摩耗型	スライド部品・ピン類
	析出硬化系	NAK101	630改	30~35	2	4	4	4	3	5	-	5+	高耐食型	雨どい・樹脂パイプ
焼入・焼戻	SKD系	DHA1	H13	45~50	4	4	4	3	4	4	4	3	高耐摩耗型	一般エンプラ
		DC53	D2改	60~62	4	4	4	2	5	2	3	4	高耐摩耗型	コネクタ・ギア類
		PD613	D2改	56~61	4	4	4	2	5	3	3	4	精密量産・高耐摩耗型	コネクタ・ギア類
	SUS系	S-STAR	420改	50~53	3	5+	5	3	5	3	4	5	超鏡面・耐食型	TV枠・PC筐体
	マルエージング鋼	MAS1C	-	50~53	3	5+	5+	5+	4	5+	5	3	高靭性ピン類	細径ピン類

ため P21 系とも呼ばれる。通常のマルテンサイト変態を利用した焼入れ焼戻しではなく，時効処理によって Ni-Al-Cu の金属間化合物を析出させて硬さを得る析出硬化型である。

析出硬化型の特徴として，同じ硬さの焼入れ焼戻しタイプに比べて被削性が高いことや，溶接補修後の後熱処理によって硬さがほぼ母材と同等にできること，そのため溶接後に鏡面研磨やシボ加工を行っても境目が現れにくいことなどが挙げられる。

いずれの鋼種も特殊溶解によって非金属介在物を低減しているが，NAK55 はさらに被削性を向上するため硫黄添加によってマンガン硫化物を意図的に析出させているため，鏡面性は NAK80 より低い。そのため鏡面性優先なら NAK80，被削性優先なら NAK55 という使い分けが行われる。NAK80 は #8000 程度，NAK55 は #5000 程度までの鏡面性に対応可能である。

5.3 NAK86K

NAK86K は約 37 HRC のプリハードン材で，NAK80 の弱点を克服する新鋼種として近年新たに開発された。NAK80 は鏡面性・被削性の良さから非常に幅広く使用されているが，削りやすい代わりに粘りがなく脆い（靭性が低い）ことと，耐食性がなく錆びやすいことが弱点である。これに対して NAK86K は NAK80 と同程度の鏡面性を持ちつつ耐食性と靭性が高められている。

なお NAK86K は NAK80 と異なり析出硬化型ではなく焼入れ焼戻し型であり，被削性はやや劣る。そのため NAK80 を全て代替できるわけではなく，適材適所で使い分けすべきものである。

5.4 S-STAR と G-STAR

S-STAR は SUS420J2 を改良したマルテンサイト系ステンレス鋼であり，熱処理によって硬さ 50 HRC 以上が得られる。この硬さに加えて特殊溶解により非金属介在物を低減していることから高い鏡面性が得られ，#14000 以上に対応可能である。また，耐食性が高いため腐食性ガスが生じる金型に適用される。日本では約 32 HRC のプリハードン材として販売されており，硬さと鏡面性が不要で耐食性だけを求める場合はそのまま使用できる。

G-STAR は SUS420F を改良したマルテンサイト系ステンレス鋼であり，約 33 HRC のプリハードン材として販売されている。熱処理により約 49 HRC まで高めることができるが特殊溶解は行っていないことと被削性を向上させるために硫黄が添加されていることから，鏡面性は #3000 程度である。またステンレス鋼である素地と硫化物の耐食性の差が大きいためシボ加工でムラがでやすい点も注意が必要で，意匠面よりは主型の錆対策として使用される。

5.5 PD613

PD613 は冷間ダイス鋼 SKD11 を基に成分と製造方法を大幅に改良した高硬度鋼種である。焼きなまし状態で販売され，熱処理後の硬さは約 60 HRC が可能である。

ガラス繊維が多量に添加されたプラスチックの成形に適用できることに加えて，成分調整で炭化物を低減し特殊溶解で非金属介在物も低減しているため，SKD11 やその他の冷間ダイス鋼より高い鏡面性を得ることができる。ただし炭化物は皆無ではないため，対応可能な鏡面性としては #8000 程度である。

6 おわりに

プラスチック成形金型に使用されるさまざまな鋼種と要求特性について解説したが，あらゆる要求特性を同時に満足する万能の鋼種は存在しない点は強調したい。たとえば硬さと靭性，鏡面性と被削性などトレードオフになる特性は多い。金型製作が容易でも寿命が短くなってしまったり，寿命は長いがそれ以上にコストが高かったりすればメリットは失われる。どの鋼種が最適かは総合的に判断することが重要である。

その上で，時代の変化や新しいプラスチックの登場によって新しいニーズが生まれれば新しい特性を持った鋼種が求められることも事実である。鋼材メーカーとしては，今後もユーザーからの声に耳を傾けて新鋼種の開発に取り組んでいく。

第3章　金型技術の進展

第3節　ホットランナ金型とバルブゲートシステムの活用で変わるプラスチック成形

双葉電子工業株式会社　河野　之信

1　はじめに

　プラスチック成形業界において，品質と生産効率の向上は永遠のテーマである。ホットランナ市場は自動車業界を中心に，燃費向上と排出ガスの削減を目的として，車両の軽量化による金属部品からプラスチック製品への代替が進み，プラスチック製品の需要は今後も安定した継続が見込まれる。また，原油価格の高騰による材料コストの増加，製造プロセスにおけるエネルギー効率の向上など，環境への影響を最小限に抑える取り組みもホットランナ市場の追い風となっている。

2　ホットランナの基本構造

2.1　コールドランナとホットランナの構造比較

　ホットランナ金型は，大きく分けてマニホールドブロックとゲートノズルの2つの構造部品から構成される。射出成形機から注入された溶融樹脂はマニホールドブロック内で分岐され，ゲートノズルを介して金型内のキャビティへ流し込まれる。このとき，樹脂流路となるスプル・ランナ部は，成形中のプラスチックが冷えて固まることなくヒーターで温度制御され，溶融状態を維持するように設計されている。これにより，成形後に不要なスプル・ランナを成形することなく成形品のみを取り出すことで，廃棄ロスを削減し，原材料を有効活用することが可能である（図1）。

2.2　バルブゲート方式ホットランナシステムの構造

　ホットランナは，オープンゲート方式とバルブゲート方式の2種類に大別される。ここではより精密な成形，ハイサイクル化を可能とするバルブゲート方式について解説する。

　バルブゲート方式とオープンゲート方式は，どちらも樹脂流路となるスプル・ランナ部をヒーターによって一定の温度に保ち，金型内のキャビティへ導く役割を持っている。さらにバルブゲート方式では，シリンダの上下駆動を利用してバルブピンを前後進させてゲートの開閉を行い，確実なゲートシールを行う機構を有している（図2）。

　バルブゲート方式では機械的にバルブピンでゲートシールを行うため，ゲートの糸引き，ハナタレを起こす心配がなく，ゲート径を大きく設定することが可能であり，流動性改善，成形の安

— 409 —

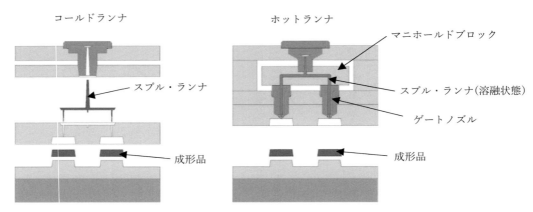

図1 コールドランナとホットランナの構造比較(左:コールドランナ,右:ホットランナ)

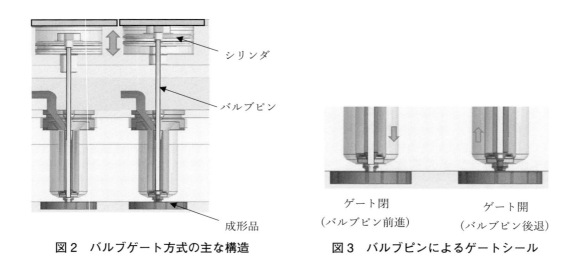

図2 バルブゲート方式の主な構造　　図3 バルブピンによるゲートシール

定化を図ることが可能となる(図3)。また,ゲート開閉制御のタイミングは,成形機からの射出信号を受け,成形機と連動した制御を可能としている(図4)。

第3章　金型技術の進展

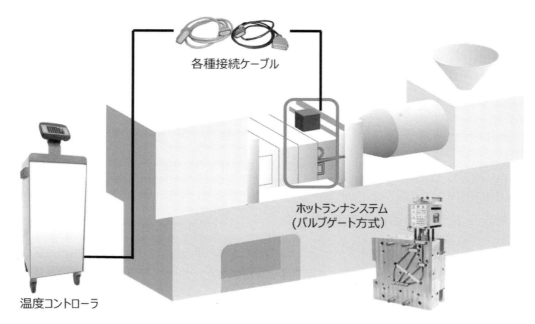

ゲートの開閉制御の流れ：制御の流れ：射出開始　→　ゲート開　→　充填・保圧完了　→　ゲート閉

図4　射出成形機とホットランナ周辺機器の接続イメージ

3 ホットランナシステムの導入効果

(1)　ランナレス化により材料ロスを削減し，材料コストを削減できる(図5)。
(2)　成形サイクルタイムの短縮が可能になり，生産効率が向上する(図6)。
(3)　ランナの取り出しやゲート後処理が不要になり，作業の簡略化が図れる。
(4)　均一な材料の供給が可能であり，成形品の品質が向上する。
(5)　再加熱や再利用による環境負荷の低減が期待できる。

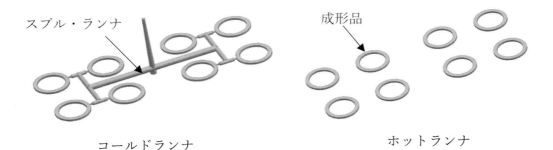

図5　ランナレス化による材料ロス削減イメージ

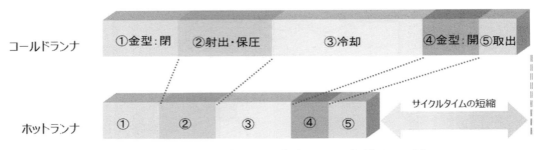

図6　ホットランナ化による成形サイクル短縮イメージ

4　ホットランナ活用の注意点

　ホットランナシステム（バルブゲート方式）の導入を検討する場合，初期投資費用の回収，生産性の向上，操作やメンテンス性などさまざまな課題がある。とりわけ設置スペースの確保は，金型の総型厚に大きく影響する重要な課題といえる。一般的なバルブゲートシステムは，マニホールドブロックの直上にバルブピンを開閉するための駆動装置となるシリンダ機構を設ける。この方式の場合，シリンダを構成する部材，ゲートを開閉するためのストローク量にも関係するが，取付板の型厚が増してしまう。金型総型厚からのホットランナシステム部の厚みの捻出は，金型剛性に大きく影響し，成形品のバリやそりといった品質に影響を及ぼすため，あらかじめ認識していなくてはならない。これらの課題を克服するため，竪型・小型成形機向けに薄型対応したバルブゲートシステムという方法もある。

5　薄型バルブゲートシステムの構造

　バルブピンを開閉するためのシリンダ機構の設置位置は，一般的にマニホールドブロックの直上（取付板）に設置される。対して薄型バルブゲートシステムは，シリンダ機構をマニホールドブロックの真横に設置する。これを連結アームと呼ばれるプレートでつなぎ，左右のシリンダの動きを同調する。この連結アームにバルブピンを取り付けることで，省スペースでのゲートの開閉機構を実現する。ホットランナ全体の型厚は，一般的なバルブゲートシステムの型厚と比較して37.5％の削減ができ，従来ホットランナシステム導入が困難であった50トンクラスの小型成形機や竪型成形機を用いたインサート成形品の分野においても，金型の制約を受けることなく，ホットランナを導入した成形性の改善，省資源化が可能となる（図7）。

第3章　金型技術の進展

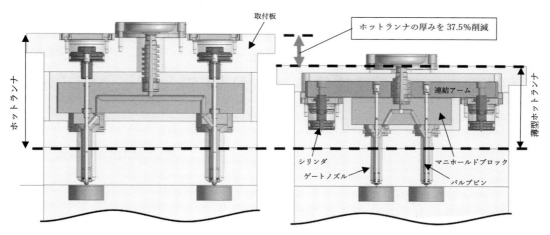

図7　薄型バルブゲート・ホットランナシステム

6 課題と今後の展望

　ホットランナシステムの導入には初期投資がかかることから，小ロット生産への導入が難しい場合がある。そのため技術進化とともに導入コストが下がることが期待されている。また，成形現場では，操作やメンテンスにある程度の知識と技術が求められるため，これらを解決するための教育プログラムやトレーニングの充実がメーカー側に求められる。

　今後さらなる技術革新と市場の成熟により，多くの企業，成形品に導入が進むと予測される。また，環境意識の高まりにより，持続可能な製造プロセスとして，ホットランナ技術の重要性がますます必要とされることを期待する。

第3章 金型技術の進展

第4節 加飾，機能性付与金型（Non Skin Decoration）

株式会社IBUKI　佐藤　誠

1　樹脂加飾技術について

　プラスチックは軽量化とともに賦形性の良さから低コストで複雑部品を大量生産でき，さまざまな製品に広く適用されている。しかし成形したままのプラスチック製品では，表面の質感や見栄えが劣り安っぽく見えてしまうなどの外見上の欠点がある。このためプラスチック製品に高級感を持たせるべく塗装，メッキ，フィルム貼り合わせなどの手段により成形品に加飾層を付与することが行われている。この場合は加飾層となる材料や付与するための工程追加によるコスト面の課題に加え，塗装にまつわるVOCやマルチマテリアルのリサイクルなど環境負荷にかかわる課題がある。それに対して，加飾層を用いず金型の表面性状を成形品にそのまま転写する"Non Skin Decoration"（以下，NSD）がモノマテリアルな加飾技術として注目されている。NSDによる加飾は従前より皮シボやマット調を代表的な図柄とし樹脂製外装部品に適用されている。金型への図柄の形成方法はエッチングが一般的であるが，近年ではデジタルデータをもとに切削やレーザー加工で金型へ形状を彫り込む手法も拡大し加飾の可能性を拡げている（図1）。

　NSDによる加飾の目的には意匠表現性と機能付与性がある。当社（㈱IBUKI）の意匠表現性の

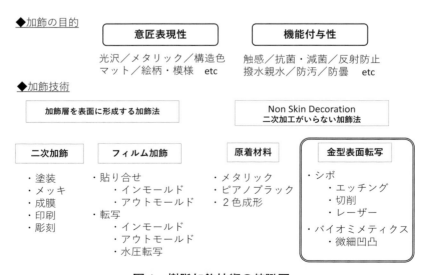

図1　樹脂加飾技術の俯瞰図

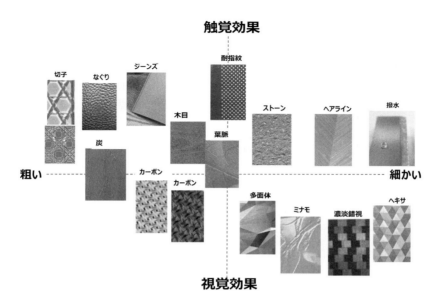

図2 加飾パターン一覧

事例は，ヘアライン・カーボン繊維状・檜垣模様・立体ハニカムメッシュ・自然をモチーフにした柄などがある。これらは成形品に二次加工を施すことなく射出成形の打ちっぱなしでその図柄を再現できる。機能付与性の事例としては表面性状の微細凹凸による撥水性，触感性，反射防止性などの発現がある。撥水性はバイオミメティクス(生体模倣技術)の代表的な事例でもあり，材料特性だけでは困難な高い撥水性を実現できている。

図2は加飾成形品サンプルのラインアップである。横軸に図柄サイズ(粗い〜細かい)，縦軸に効果(視覚〜触覚)を取り分類した。2. 以降で，この中より代表的な事例を用いて意匠表現性と機能付与性のそれぞれの技術ポイントを説明する。

2 意匠表現性の加飾

ここではヘアライン・幾何模様(例：ヘキサ柄)・自然物(例：石目柄)の3パターンを取り上げ，切削加工により金型へ図柄を彫り込む手法を紹介する。切削加工による加飾金型では，たとえば鏡面部分に対しては高度な熟練技能を必要とする金型ミガキ技術，微細な形状創成に対しては1つひとつの切削痕を刃物形状に合わせて精密にコントロールする卓越した金型切削技術がポイントとなる。

2.1 ヘアライン

ヘアラインとは単一方向へ髪の毛ほどの細長い筋目をつける加飾パターンで，高級感を持つ金属的な質感を製品表面に付与することができる。この質感はヘアラインを形成する微小な凹凸形状からの光の反射をコントロールすることで与えることができる。金型へ同じサイズで溝加工を施したヘアラインであっても，加工条件の違いにより表面性状の微妙な差異が生まれる。たとえ

ば加工面が粗い溝では，光が乱反射し白っぽい見た目となり金属的な質感が失われてしまうことがある。当社では高品位ヘアライン金型を安定して加工するため，溝形状(ピッチやライン長さ)，エンドミル情報(ボールR，接触点，工具種類)，加工条件(送り，回転数，カスプ)，レーザー測定機による表面粗さ(算術平均高さ，最大高さ，山頂点の算術平均曲率，他)などのパラメータを組み合わせ管理し，さまざまなパターンのヘアラインを提示することで顧客デザイナーの要望に応えている。図3はヘアラインを付与した金型サンプル，図4はヘアライン溝の切削痕である。切削痕で溝方向に対して直角方向に等間隔で並ぶ線状マークはエンドミルの切れ刃の動きを転写したものでありシャープな切れ味が確認できる。図5はさらにレーザー顕微鏡で2400倍まで拡大した図である。均一に形成される一刃ごとの切削痕のサイズ，ピッチ，面粗さの組み合わせにより光の干渉による虹模様をコントロールすることができる。

2.2　幾何模様(例：ヘキサ柄)

デジタルデータをもとに切削やレーザー加工で金型へ形状を彫り込む手法により，精緻な幾何パターンの付与ができる。ここで取り上げるヘキサ柄とは，六枚の正三角形を用いた正六角錐で表面を覆うように加工した加飾パターンである。この形状を構成する正三角形一枚一枚の表面性状を切削工具(微小径ボールエンドミル)の軌跡により光の反射状況をコントロールし絵柄の見栄えを変えることができる。図6は切削加工によりヘキサ柄を施した金型加工サンプルである。

図7は走査線加工と呼ばれる工具経路で加工したものである。走査線加工では，正六角形の形状によらず意匠範囲全体を0.1～0.6 μmの範囲の一定間隔の直線経路で加工を行う。工具にボールエンドミルを使用する場合は図8に示すとおり加工面に削り残しとして発生する尖った凹凸形状が生成される。これはカスプと呼ばれ，一定間隔の規則的な壁面となることで光の干渉が生じ虹色に光る。さらに正六角錐各面は光の入射角度に対して異なる角度を持つため各面に

図3　ヘアライン金型

図4　ヘアライン切削痕

図5　切削痕の2400倍拡大図

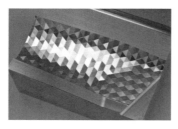

図6　ヘキサ柄加工の金型

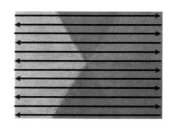

図7　走査線加工

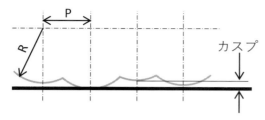
図8 カスプの説明図

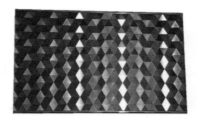
図9 走査線加工の成形品

図10 スパイラル加工

図11 スパイラル加工の成形品

よって反射が異なることから鮮やかに光る面と反射が鈍い面が組み合わさることで意匠に変化を持たせることができる。**図9**はヘキサ柄を走査線加工した金型を用いた射出成形品に光を当てた画像であるが，反射する際に上下の三角形が光りダイヤ形状に見えることが確認できる。

これに対して**図10**はスパイラル加工と呼ばれる工具経路で加工したものである。この加工方法ではほぼ等高線に沿った工具経路で六角形を1つずつ周回状に連続して仕上げるため，エッジがシャープに仕上がり形状が際立つ。また，切削方向が三角形ごとに変化するため虹感は出にくく白黒のコントラスト感が際立つ。**図11**ではスパイラル加工の場合は走査線と異なり，上下の三角形が同時に光ることなく照射角により上下いずれかの三角形が独立に光ることが確認できる。

以上の例のように工具軌跡を変えることで意匠面の反射をコントロールし好みの見栄えにすることができる。

2.3　自然物（例：石目柄）

岩石，木の葉，木目，なめし皮，水面など自然物の表面性状を3次元スキャナーによりデジタルデータ化し射出成形用の金型を製作することができる。**図12**は石目柄の事例である花崗岩であり，この表面の凹凸の位置情報と高さ情報を3次元スキャナーにより得る。この3次元座標をもとにNCフライスやレーザー加工機で金型を彫り込み射出成形などの方法で表面性状を成形品に忠実に転写することができる。しかし，単純に凹凸形状を転写しただけでは単調な色目となり花崗岩の質感を出すことができないという問題がある。花崗岩は白っぽく見える石英や長石などの主成分に1割程度の黒雲母などの有色鉱物を含むことを特徴とするが，この異なる2種類の質感を金型の意匠面の表面性状を変えることで再現した。金型の加工法例としては，以下に切削とブラスト処理を組み合わせた加工手順を説明する。

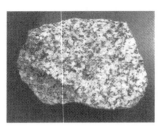 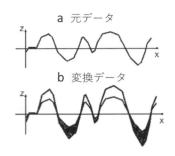 

図12　花崗岩　　　図13　3Dスキャンデータ断面　　　図14　自然石と石目柄成形品

図13aは3DスキャンデータのY座標軸を固定してXZ断面を表示したものである。加工のステップ1ではこのスキャンデータに基づき切削を行い，この切削面をステップ2で切削面全体をブラスト処理する。ブラスト処理により意匠面全体がランダムな方向の面粗さを持ち光が乱反射することで石英や長石に相当する白っぽい光沢となる。次に先の3DスキャンデータのZ座標データを特定の比例係数倍に変換したデータ（図13b）を求めZ方向に伸張した部分（図中黒色部）を取り出し切削加工を追加する。この追加した切削部分が鏡面に近い金属的な光沢になることで鉱物黒雲母がイメージできる質感を作り出せる。図14は自然石と石目柄を付与した成形品の例である。

以上のとおりプラスチックに金型表面性状を転写する成形加工方法において，加工法や加工条件により質感を部分ごとにコントロールすることで，モノマテリアルでの意匠性の可能性を高めることができる。

3　機能付与性の加飾

ここでは当社が微細金型加工技術をもとに開発を進める機能付与性加飾技術について，撥水，触感，反射防止の3事例をもとに紹介する。

3.1　撥水機能

液滴を弾く撥水材料は自己洗浄性，防汚性，抗菌性，防曇性，防氷性などの効能があり，身近な生活からさまざまな産業にその利用が期待されている。撥水現象は材料自体の濡れ性に加え，物質の表面に微細な凹凸を施すことで図15に示すように液滴と物質の間に空気の噛み込みができ撥水機能が高められる。この原理はロータス（蓮の葉）効果として知られており，これを利用した固体表面の撥水化に関しては多数の研究論文（たとえば文献1）などによって従前より広く紹介されている。

この原理を応用し当社が開発した射出成形品の撥水構造例を図16に示す。微細突起の形状は略円錐台となり図例のサンプルでは下底面径φ60μm，上底面径φ24μm，樹脂の先端高さ50μmである。この微細突起は45°千鳥型にピッチ100μmで配置した。ポリプロピレンは90°〜100°程度（図17a）のやや撥水性の樹脂であるが，微細凹凸を施し撥水構造部では145°程度の撥水角（最大155°：図17b）の静的撥水角を確認できた。

第3章　金型技術の進展

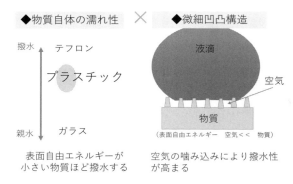

図15　撥水の仕組み

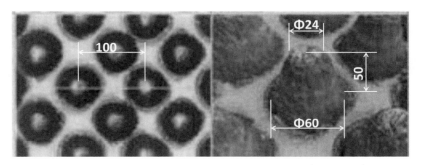

レーザー顕微鏡による観察画像　　（単位：μm）

図16　成形品に付与した撥水構造

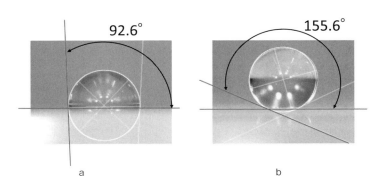

図17　撥水角の評価図（PP材）

3.1.1　撥水構造の応用例①（3次元樹脂成形回路部品）

　撥水，親水の組み合わせにより液体の付着をコントロールする事例を紹介する。樹脂成形品の表面に金属粒子分散液を塗布後に固着させ導体回路パターンを形成する方法において，**図18**のように導体回路パターン部を比較的親水性の高い平滑面とし，回路部以外を撥水構造体とすることで導体回路パターン部へ選択的に金属粒子分散液を塗布することができる。これによりマスキング処理が困難な3次元曲面や穴の内側など複雑な形状に対応できる。

— 419 —

親水性（回路パターン部）　　　回路パターン形成

 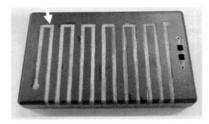

撥水性　＜成形後＞　　　　＜金属粒子分散液を塗布後に固着＞

図18　3次元樹脂成形回路部品

撥水により液滴が成形品表面で弾かれ流れる

図19　水滴の滑落試験（5°傾斜）

3.1.2　撥水構造の応用例②（水滴の滑落）

樹脂部品表面の防汚性のため液滴を速やかに表面から除去する滑落性能が求められる。撥水角145°のPP材に対して，5°傾斜面に30 μL程度の水滴をスポイトにより樹脂表面へ落下させ滑落性を評価した。微細凹凸を施さない通常の平滑表面では水滴は落下したその場で停留するが，微細凹凸を施した表面では落水後の水滴が成形品表面で弾かれるように流れることが確認できた。図19は水滴の滑落状態を動画撮影し30ミリ秒間隔の画像を左から右へ並べたものである。

微細凹凸を施した成形品表面は前述のとおり高い撥水角および滑落性を有するが，水滴を放置し濡れた状態で放置すると水滴は滑落せずその表面に停留し水滴面を180°回転し天地を逆にしても水滴は保持された状態（ペタル効果）になることがある。この課題に対しては，成形材料自体の撥水性改善ならびに水捌けの良い撥水構造化など滑落性能の安定化に向けた改良に引き続き取り組んでいる。

3.2　触感の向上

微細凹凸構造はプラスチックとは思えないソフトな触感を樹脂表面に付与できる。図20は触感を説明した図であるが，樹脂表面の微小突起の僅かな撓みを指紋が感知することで素材そのものがあたかも柔軟な材料であるかのような触感を与えることができる。ファブリック素材や皮革の意匠を模した樹脂製品や，たとえばドアグリップの触感改善，ボタン部の触感（ブラインドタッチ），プルハンドルの触感向上などの効果がある。

3.3　反射防止

レンズやガラスなど光を透過させる用途での反射防止は，可視光波長以下のナノオーダー微細

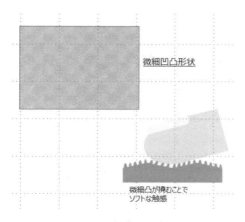

図20 触感の改善例

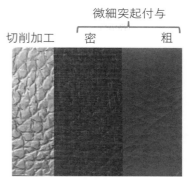

図21 反射防止の例

突起であるモスアイ構造が知られている。これに対して外装用途に対しては50〜100 μmオーダーであっても明瞭な反射防止効果がある。図21は切削加工で皮革模様を金型に掘込転写した樹脂成形品である。切削加工および切削加工面にさらに微細突起を粗密2パターン付与した3つの事例である。微細突起の密度を上げることで漆黒感が強まることがわかる。漆黒感と皮革模様の明瞭さとがトレードオフとなるため微細突起の密度を調整することで多様な製品ニーズに対応できる。

4 おわりに

シンプルに成形工程だけで製造でき，モノマテリアルゆえにリサイクル性などの環境負荷も小さいNSDは今後さらに期待される技術分野であると考える。樹脂ゆえの課題はあるものの，プラスチック射出成形技術にかかわる皆さまと協力し前進させていきたい。金型メーカーである当社も微力ながら切磋琢磨し取り組む所存である。

文　献

1) 中島章：撥水性固体表面の科学と技術，The journal of the Surface Finishing Society of Japan, **60**(1), 2-8(2009).

第3章　金型技術の進展

第5節　射出成形金型内ガス排気装置 "ECOVENT" シリーズ／成形実証および今後の期待

ケンモールドサービス株式会社　齊藤　清晃　ECOVENT 株式会社　齊藤　輝彦
山形県工業技術センター　後藤　喜一

1 射出成形金型内ガス排気装置 ECOVENT とは

1.1　はじめに

　昨今，新規機能性や新規リサイクル材料といった，新しい材料技術がますます増えている。同時に成形時に直面する成形問題も大幅に増加している。厳しい生産効率改善および品質安定性を求められる状況下では，これら問題解決は喫緊の課題である。特に，成形時に発生するガスに起因する不良は成形不良問題の大きな要因である。射出成形の歴史上，解決すべき永遠の課題といっても過言ではない。

　今回，ECOVENT㈱が開発した金型内ガス排気装置は，従来方策では達成できなかった排気効率を有し，根本的な課題解決手段として最近大きく注目されている。本稿では ECOVENT を使用した実際の実験データを基にその効果および今後の期待について述べる。

1.2　開発の背景

　ECOVENT© の原型は，ECOVENT㈱の前身である㈱齋藤金型製作所で開発された。PBT GF30％の電気製品ケース成形品において，成形不良（ショート，ヤニ付着）および頻回な金型メンテナンス（10,000 ショットごと）に悩まされた。各種ガスベントや装置を試したが根本的な解決に至らず，ある時，大量のバリを出すことによりショートを改善した事例に着想を得て，バリを制御してかつ大排気量を可能にする機構を開発した。実際の金型に設置したところ，成形不良改善はもとより，メンテナンスサイクルも 10,000 ショットから 25,000 ショットまで改善した（図1）。

　その後，この新たなベント機構に改良を重ね，国内外の特許を取得したのち，ECOVENT（エコベント）として販売を開始した。標準部品化された新規射出成形金型内ガス排出装置は当社から ECO-WIND©（エコウインド）シリーズおよび FLAT©（フラット）シリーズとして，多種多様な材料や金型向けにシリーズ展開されている。

1.3　本装置の原理

　本装置は成形機側から材料と共に排出されるガスを大開口部から金型外へ排気しつつ，樹脂は流出させない機構を持つ。スプルを通りランナーを流れてきたガスはサブランナでつながった装置開口部から気体排気溝を通過し，金型外へ排気される。次に溶融樹脂が装置開口部に到達し樹脂の圧力で内蔵 SLIDER が作動する。気体排気溝が閉じられることで樹脂は金型外へ流出しない（図2a）。また，製品面に設置する FLAT シリーズの場合も同様，キャビティ内を流れる樹脂

— 422 —

第3章　金型技術の進展

 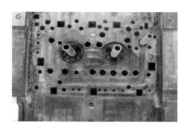

図1　実際に使用した電気製品ケース成形金型の写真比較
　　　左：10,000ショット後（ECOVENT設置前）
　　　右：25,000ショット後（ECOVENT設置後）

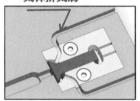 

a　ECO-WIND（エコウインド）シリーズ

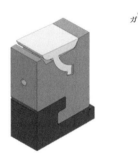  

b　FLAT（フラット）シリーズ

図2　各シリーズの動作原理

― 423 ―

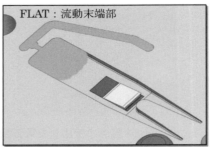

図3　各シリーズの代表的な設置例

がFLAT天面（バタフライ部）を通過することで，バタフライが閉じる機構である（図2b）。

真空ポンプなど，補機類を使用せずとも樹脂の圧力でランナーやキャビティ内のガスや空気を金型外に押し出すことができるのが本装置の大きな特徴である。

1.4　主な設置場所

設置する場所は目的に応じて決める。ガス排気効率を考慮し，流量および圧力が最大限かかる場所に設置することが望ましい。

主にランナー設置型のECO-WIND（エコウインド）シリーズはランナーエンド部に，製品内部設置型のFLATシリーズの場合は流動末端部に設置する（図3）。

2　ウェルド試験金型を用いた実証成形試験

2.1　計測による流動挙動の可視化（ウェルド試験金型①）

プラスチック射出成形金型へガス抜き装置/ECOVENTの効率的な設置場所を検討するため，山形県工業技術センターと共同でウェルド評価用試験金型を製作し，評価を行った。

図4に金型および成形品概要を示す。

金型内樹脂流動の挙動を把握するため，スプル直下，ゲート付近，流動末端部に圧力センサを設置し，ガス抜き装置/ECOVENTを設置し，ガス抜き装置（ベント）有無による挙動（圧力変位）を把握することで効果的な設置場所を探ることを目的とした。

ベントなしは完全にベントがない状態とし，ベントありは図5のとおりランナーエンドおよび流動末端部に設置した条件で比較した。

結果，スプル直下ではベントなし，あり，共に圧力変位に大きな違いは見られないが，ベントありの場合，ゲート部圧力ピークが急激に下がった。流動末端部についてもベントなしでは圧力が持続したが，ベントありの状態では流動末端部の圧力は感知されなかった。

実際に成形品の流動末端部を比較した場合，ベントなしの場合，流動末端部に顕著なヤケが認められた。一方，ベントありの場合，流動末端部に目立ったウェルドラインも認められなかった。考察として，スプル経由樹脂流動が開始された時点で流動末端部からガスおよび空気が抵抗なく流動中継続して排気された結果と思われる。結果，金型中には残存ガスおよび空気を完全に

第3章 金型技術の進展

図4 ウェルド金型および評価成形品

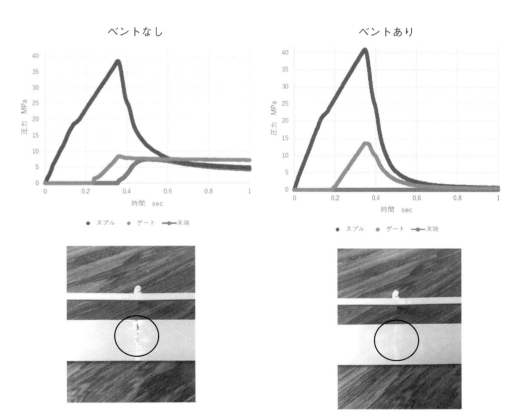

※口絵参照

図5 測定データおよび実際の成形品

排気できたと考えられる。
　この測定データおよび実際の成形品の比較から，ECOVENTを活用した低圧化は，品質改善効果に大きく貢献すると考えられた。

2.2　計測による流動挙動の可視化（ウェルド試験金型②）

　効果検証の裏付けを進めるため，新たなウェルド試験金型を製作し，検証することとした。

　図6に成形機および条件成形材料を示す。材料は三菱エンジニアリングプラスチック㈱製ポリカーボネート樹脂（ユーピロンG2020M）を使用した。成形機は㈱日本製鋼所製射出成形機（電動射出成形機J110EL Ⅱ）を使用した。

　圧力センサを前回同様に配置，金型内の樹脂流動挙動を測定したほか，今度は流動末端部に温度センサを配置，流動末端部の温度変化も測定した。図7に金型およびセンサ類配置例を示す。

図6　成形機および条件

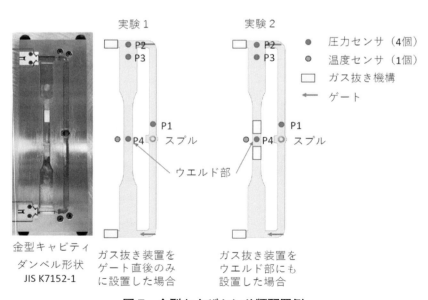

図7　金型およびセンサ類配置例

第3章　金型技術の進展

成形挙動モニター詳細

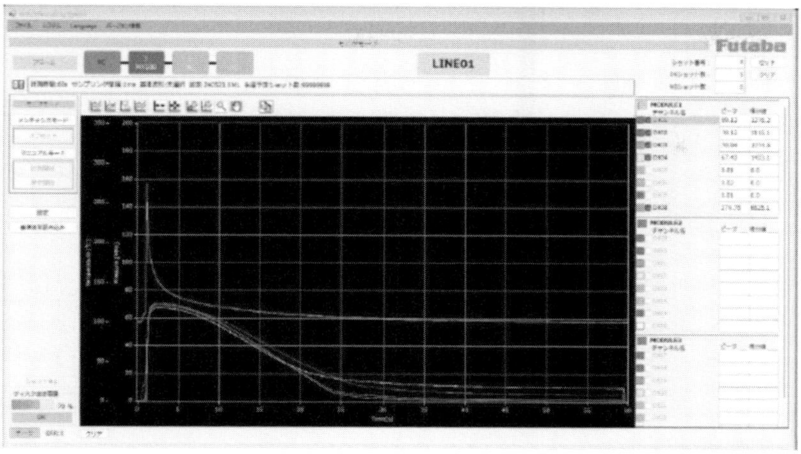

双葉電子工業㈱製

射出成形監視システム	MVS08	
圧力計測アンプ	MPS08	
圧力センサ	SSE型	φ3mm
樹脂温度センサ	EPSSZL型	φ4mm

図8　モニタリング機器概要

金型はダンベル形状(JIS K7152-1準拠)のキャビティを有し，ダンベル中央部で両方の流れが衝突する構造(ウェルド)になっている。

圧力センサは，スプル付近(P1)，ゲート付近(P2,P3)，そしてダンベル中央部の流動末端(ウェルド)付近(P4)の計4個を配置，ウェルド部には樹脂温度を測定するため金型固定側に赤外線式温度センサを設置した。

ガス抜き装置として，ゲート直後にガス抜き装置(ECOVENT/ ECO-WIND BASIC Ver.4.1)を設置したケース(実験1)と，キャビテイ内ウェルド部付近にガス抜き装置(FLAT)を設置したケース(実験2)を夫々実施し，比較評価を行った。

測定に関しては，双葉電子工業㈱製の射出成形監視システム(図8)を利用し，圧力，樹脂温度データを(実験1)および(実験2)において収集した。

2.3　計測による流動挙動の可視化(圧力測定データ)

収集したデータはエクセルの表にまとめ，グラフ化(図9)，データ比較した。圧力に関し，実験1および実験2とも，総じてガス抜き機構(ECOVENT)を配置した場合，圧力損失減少が認められた(図10)。特に，実験2のウェルド部にガス抜き機構(ECOVENT)を配置した場合，流動抵抗による明らかな圧力損失減少を確認した。これは，金型内のガスがキャビティ外へ大量に逃されたことで，樹脂の流動抵抗が大幅に減少したためと考えられる。

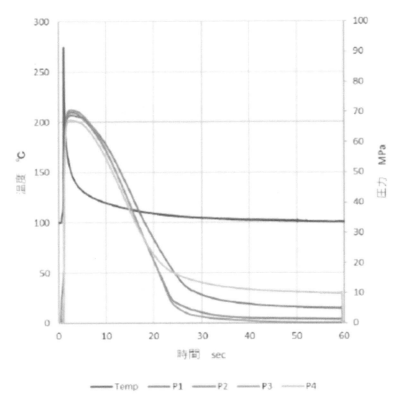

図9　出力数値グラフ例(温度および各配置センサ部)

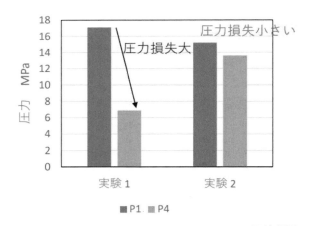

図10　圧力損失比較グラフ(P1-P4)

2.4　計測による流動挙動の可視化(温度変化データ)

　ウェルド部にガス抜き機構(ECOVENT)を配置しない場合(実験1)，3回平均で283℃であった。配置した場合(実験2)，3回平均で269℃であった。結果，実験1と実験2を比較すると，ガ

繰返し	実験1	実験2
1	284.9	274.7
2	280.1	265.1
3	285.3	265.9
平均	283	269

ピーク温度 ℃

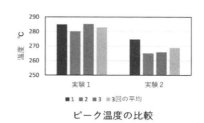

ピーク温度の比較

図11 ピーク温度比較(実験1-実験2)

ス抜き機構(ECOVENT)を配置した実験2は平均値として14℃低い結果となった(図11)。

考察として,この温度差要因はウェルド部にガス抜き機構がない場合,逃げ場のない気体が圧縮されたことにより温度が上昇したものと考えられる。

以上のことから,ウェルド部にガスが滞留する位置へ高効率で排気できるECOVENTを配置することは,樹脂充填を妨げずにガスの高効率排気に有用であることがわかった。

3 実証結果による期待される効果

これら評価検証結果をもとに,ECOVENT設置がもたらす期待される効果を述べる。

・圧力損失の解決

成形機側からランナーを走りゲートからキャビテイに至るまでのガスをゲート到達前に金型外に排気することにより,ガス流入による金型内圧上昇がない。

さらに,成形品の流動末端にも設置することで,キャビテイ内空気も金型外に完全に排気することが可能となる。これは射出に過度な圧力を必要とせず,圧力損失を防ぎ,省エネにつながると期待される。

・ガス由来の残渣を金型内に残さない

金型外にガスを完全に排気することにより,ガス残渣による金型内部の汚れを最小限に抑えることが可能になる。これまでECOVENTを設置した金型は結果的に汚れにくい効果があったが,今回の比較データはこれを裏付け,補足するもので,金型メンテナンスサイクル延長が期待され,ひいては生産性向上につながる。

・低圧成形への応用

検証結果のとおり,ECOVENTを用いることで金型内圧力が下がることが実証された。ECOVENTを利用することにより低圧成形が可能になるため,成形機サイズを下げる(ダウンサイジング),高充填を目的とする過度な圧力が不要(充填効率UP)となり,金型コスト削減および省エネ効果も期待できる。

・ガス排気効果の安定性

微細な溝や隙間に排気を依存する従来型ベントと比較して,大排気断面積(従来方策比100倍以上)から排気するECOVENTは,隙間の目詰まりによる排気量低下の影響を受けにくいため,ECOVENTのメンテナンスだけで生産開始から金型メンテナンス時まで安定したガス排気を行

うことができる。その結果，成形品質のばらつきを少なくすることができる。

・容易なメンテナンス性

　ECO-WIND の場合，設置場所が PL 面なので，サイクル一時停止中に本装置の汚れ，スライダ可動状況を簡単に確認することができる。また，ネジ1本で PL 面から着脱できるので成形機から金型を下ろす必要がなく，簡単にメンテナンスを行うことが可能である。

4　おわりに

　ECOVENT 販売開始以来，多くの分野で成形品質改善に取り組んできた。実際の効果に対する要因に対し，これまで結果論として改善事例を挙げてきたが，今回の評価から，今後はこれまでの知見とともに検証データを積み上げ，ガスに起因する成形不良の原因解析から各種事案解決に最適化した ECOVENT シリーズの開発につなげる所存である。

　今回の実験は山形県工業技術センターとのトライアル共同研究により実施した。日頃からECOVENT に関するデータ検証，および助言・協力を頂いている山形県工業技術センター様へこの場を借りて御礼申し上げたい。

第3章　金型技術の進展

第6節　金型のセラミックスコーティング技術

日本コーティングセンター株式会社　堂前　達雄

1 はじめに

　金型の耐久性を向上させる表面改質技術としては，被膜を被覆する硬質 Cr めっき，Ni めっきや溶射被膜，金属の表面層に他の元素を加えて改質させる浸炭，窒化，TD 処理などがあるが，これら従来の表面改質法は，固体・液体・気体などを利用した処理法であった。しかし最近では，自動化が容易で，しかもシビアなプロセス制御が可能な真空やプラズマエネルギーを利用した表面改質法，とりわけセラミックスコーティングでは，PVD 法が注目され，切削工具，金型，機械部品など多様化するニーズに対応する手段として，着実に認められてきた。

　一方，昨今の景気の低迷で高性能化と低コスト化がさらに厳しく要求され，また欧米における RoHS 指令，REACH 指令さらに有機フッ素化合物 PFAS 規制などの環境規制によって，切削加工や金型加工の分野では潤滑剤レス，ドライ加工化によって加工条件がさらに厳しくなるとともに環境に対する調和性についても満足しなければならなくなってきた。また機械部品の摺動部品での潤滑物質の選定にも環境規制を考慮しなければならなくなった。すでに六価クロムの非含有を要求する RoHS 指令によって，これまでの硬質クロムめっきが使用できなくなり，PVD 法による CrN 膜が適用されている。

　また，金型加工においては，自動車 EV 化の大きな変革によって，自動車部品の軽量化の要請から加工材がアルミ合金やコンポジット材料，また高張力ハイテン材などの難加工材へと移行が進められている。金型に対する離型性，耐摩耗性，耐かじり性の向上は重要な課題である。こうした要求に対し，表面改質処理メーカーは，さらに高性能・高機能被膜の開発をこれまでの元素の組み合わせによる新規膜の開発から，ナノレベルでの制御を用いた新規被膜の開発が進められている。一方で，最近では既存の PVD 法と他の表面処理法とを組み合わせて互いの短所を補う，いわゆる"複合表面処理"の研究が進められ，すでに各方面で実用化が進んでいる[1]。

　本稿では金型加工に使用されるセラミックスコーティング，とりわけ PVD 法のイオンプレーティングによる窒化物セラミックスコーティングや DLC（Diamond like carbon）について製法，特徴，樹脂成型への適用を紹介する。

— 431 —

2 PVD法イオンプレーティングの特徴とセラミックスコーティング

最初に真空およびプラズマを利用した表面処理方法の概要を説明する。真空を利用した蒸着法には図1に示すように種々の方法があり、それぞれ表1に示すような特徴がある。中でもイオンプレーティングは真空チャンバー内で蒸発した、金属や化合物をイオン化し、負の電圧を印可した基材に引き付けて、凝集、成膜する方法である。PVD法の中では他手法よりも密着性に優れ、付き回り性も良好である。原材料の蒸発、イオン化手法によりカソードアーク式、ホローカソード式、エレクトロンビーム式、イオン化蒸着式などに分類される。またCVD法の中でもイオンプレーティング同様プラズマを利用したプラズマCVD法があり、原材料にガスを用いることで被膜を合成する。金属塩化物を使用することで窒化物セラミックスや炭化物セラミックスを合成できるが、近年は炭化水素ガスを原料としてDLCの合成を行っている。ここでは金型、機

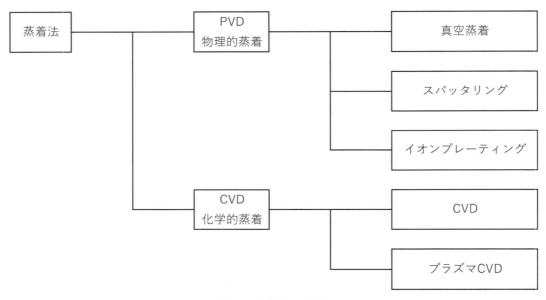

図1 蒸着法の分類

表1 種々の蒸着法の特徴

			面粗度	密着力	付き廻り性	処理温度	合金膜の成膜	複層膜の成膜	大型品処理
PVD		真空蒸着	○	△	×	150～300	△	○	△
		スパッタ	◎	○	△	80～300	◎	◎	◎
	イオンプレーティング	カソードアーク	△	○	○	200～500	◎	◎	◎
		HCD	○	○	○	450～500	×	◎	△
		イオン化蒸着	◎	○	○	80～300	×	◎	◎
CVD		熱CVD	×	◎	◎	800～1200	×	◎	○
		プラズマCVD	◎	○	◎	100～300	×	◎	○

械部品への処理実績が多いカソードアーク方式イオンプレーティング法とDLCの成膜手法に関して説明する。

2.1　カソードアーク方式イオンプレーティング法

　アーク放電を利用し，原材料の固体表面を溶融，気化させる手法である。図2にカソードアーク法の概要を示す。原材料の蒸発はアーク放電による溶融スポットを高温で高速に移動させることで均一な蒸発を促せる。蒸着源の壁面への配置ができ，装備の大型化が可能である。原材料の選択により種々の被膜の蒸着ができ，合金材料も蒸発できる。また，蒸発源の複数配置が容易なことから，複層膜の成膜が容易にできる。一方で蒸発源表面から面粗度低下の原因となる未溶融粒子（マクロパーティクル）が発生しやすい設備であり，各社で面粗度対策を実施している。蒸発源の出力調整で200～500℃の幅広い温度域での処理が可能である。処理チャンバー中央に回転機構を配置し，専用の治具に処理対象物をセットし，膜厚を均一にするために自公転させることが多い。TiN，TiCN，TiAlN，CrNの他，当社（日本コーティングセンター㈱）ではヴィーナス，ACT，ACCといった合金系の複層膜，窒化やショットピーニングなどを組み合わせたJcoat＋αなどを処理し，各分野で幅広く使われている[2]。

2.2　カソードアーク方式による窒化物系セラミックス被膜の特徴

　PVD法による窒化物膜は，1種類の金属元素と窒素の化合物から生成されるが，カソードアーク方式の特徴である複数の金属ターゲットを用いる積層膜や複数元素からなる合金ターゲットを使用することができることからセラミックス被膜の高機能化に寄与してきた。以下に当社にて開発した被膜を中心に紹介する。

（1）　TiN：光沢があり印象的な金色の膜である。装飾膜としてスタートしたが，2,000～2,500 Hvの膜硬さや，耐摩耗性などから切削工具へ適用され，機械部品，金型などに広く使用された経緯がある。500℃付近から酸化が始まるため，高温での使用には適さない。

（2）　TiCN：TiNの反応ガスに炭素を加えた被膜。3,000～3,500 HvとTiNよりも硬く，耐摩耗性に優れている。冷間鍛造や，深絞り加工によく採用される膜種である。

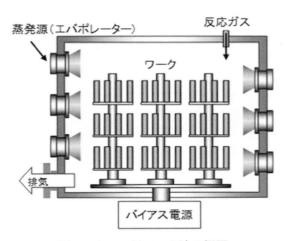

図2　カソードアーク法の概要

プラスチック射出成形技術大系

(3) TiAlN：TiN に Al を加えた被膜。耐酸化性が 700℃ と高いため切削工具に多く採用された。溶損，ヒートクラックに注目しダイカスト向けに採用されている。

(4) CrN：銀白色のセラミックス膜で，TiN に比べ若干硬さが低く 2,000～2,200 Hv 程度だが，潤滑性に加え，耐酸化性，耐焼き付き性が良好で，金型や，機械部品に多く使われる膜種である。反応ガスに炭素を加えたり，母材金属に Al などを添加した高機能膜が各社で開発されている。

(5) ヴィーナス：CrAl 系窒化物の複層被膜で用途に合わせて当社では S ヴィーナス，S ヴィーナス W，G ヴィーナス，D ヴィーナスといったさまざまなバリエーションがある。S ヴィーナス，S ヴィーナス W は滑り性を向上させた被膜で対象物によって使い分けている。G ヴィーナスは S ヴィーナスと逆にグリッピング性を高めた被膜である。D ヴィーナスは金型など面圧が高い製品に対応するために膜構成を変更してある。ヴィーナスの硬さは 3,000～3,500 Hv で耐摩耗性，耐酸化性，耐焼き付き性が良好である。樹脂成型では面粗度の良好な S ヴィーナスが多く採用されている。

(6) ルーナス：Cr 系被膜で硬さは 2,000～2,400 Hv。面粗度が良好で膜欠陥が少ない。CrN と同様に潤滑性，耐酸化性，耐焼き付き性が良好で，金型や，機械部品に多く使われる膜種である。

(7) ACT，ACC：Cr 系複合被膜で，特に耐食性を重視した膜である。PVD 膜に存在する微細なピンホールを複合膜で不連続にし，ピンホール腐食を抑制する。ACT は耐キャビテーション・エロージョン対策に適し，ACC は点錆の発生を大幅に抑制する。

　以上の被膜の特徴を**表2**にまとめた。

2.3　DLC（Diamond like carbon）の製法とその特徴

　ダイヤモンドは，代表的な高硬度の他に，機械的，電気的，化学的，熱的，光学的に優れており，各分野に適用されている。一方で，ダイヤモンド薄膜の成膜は処理温度が 600～1000℃ と高く，適用が制限される要因の１つである。DLC はアモルファス炭素膜の総称で，ダイヤモンド

表2　日本コーティングセンター㈱の PVD 被膜（抜粋）

被膜名	色調	硬さ(Hv)*1	膜厚(μm)*2	摩擦係数*3	耐摩耗性	耐酸化性	耐焼付性
TiN	金色	2,000～2,500	1.0～4.0	0.35～0.45	○	○	○
TiCN	灰色	3,000～3,500	1.0～4.0	0.30～0.40	◎	△	○
TiAlN	黒紫色	2,300～2,800	1.0～4.0	0.30～0.45	○	◎	○
プライム T	赤茶色	3,000～3,500	1.0～4.0	0.30～0.45	◎	◎	◎
マーキュリー	青灰色	3,000～3,500	1.0～4.0	0.35～0.45	◎	◎	◎
CrN	銀白色	2,000～2,200	1.0～10.0	0.25～0.30	○	○	○
ヴィーナス	黒灰色	2,500～3,500	1.0～10.0	0.35～0.45	◎	◎	◎
ルーナス	銀白色	2,000～2,400	1.0～4.0	0.25～0.45	○	○	◎
ACC	銀白色	2,000～2,200	1.0～10.0	0.25～0.30	◎	◎	◎
ACT	金色	2,000～2,500	1.0～4.0	0.35～0.45	○	○	○

*1　マイクロビッカース荷重 25g 測定　　*2　標準 3±1μm　　*3　無潤滑ボールオンディスク SUJ2 荷重 5N

表3　ダイヤモンド，DLC，黒鉛の諸特性

物　質	ダイヤモンド	DLC	黒　鉛
結晶系	立方晶	アモルファス	立方晶
結晶構造	sp3	sp3,sp2	sp2
硬さ（Hv）	10,000	1,000〜7,000	＜1,000
熱膨張係数（×10^{-6}/K）	2.3	−	4〜6
熱伝導率（W/m·K）	1,000〜2,000	0.2〜30	0.4〜2.1
体積抵抗率（Ω·cm）	$1 \times 10^{12〜14}$	$1 \times 10^{3〜14}$	1.4×10^{-3}
密度（g/cm^3）	3.52	1.2〜3.3	2.26

表4　DLC の成膜手法と代表的な特性

	プラズマ CVD	イオン化蒸着法	UBMS 法	カソードアーク法
成膜原理				
原　料	炭化水素ガス	炭化水素ガス	グラファイト，炭化水素ガス	グラファイト
成膜温度	300℃以下	200℃以下	200℃以下	200℃以下
水素含有量	30〜40 at%	〜15 at%	0〜30 at%	0〜5 at%
硬度［Hv］	1,000〜2,500	1,000〜3,500	1,500〜4,000	3,500〜7,000
密着性	○（導電体，一部絶縁体）	○（導電体）	○（導電体）	○（導電体）
摩擦係数	0.05〜0.2	0.1〜0.2	0.05〜0.2	0.1〜0.5
表面平滑性	0.002〜0.01 μm	0.01〜0.1 μm	0.005〜0.01 μm	0.05〜0.1 μm
量産性	◎	○	○	△〜○

の sp3 構造と黒鉛の sp2 構造が不規則に混ざり合っている。**表3**にダイヤモンド，DLC，黒鉛の諸特性を示す。

　DLC には大きくプラズマ CVD 法，イオン化蒸着法，UBMS（Unbalanced magnetron spattering）法，カソードアーク法の 4 種類の成膜手法がある。成膜手法，成膜条件により，sp3 と sp2 の構成比率，H_2 の含有率，金属元素の添加の有無などが変化しさまざまな特性を示す。**表4**に DLC の成膜手法と代表的な特性を示す。DLC は一般的に 300℃以下での低温処理が多いため，鉄鋼材料以外にアルミ合金，銅合金，樹脂，セラミックスなどへの処理も可能である。

2.4　各種 DLC の特徴

　当社では，各種 DLC をラインナップし，顧客のニーズに対応している。**表5**に当社の DLC 被膜とその特性を示す。

（1）　NEO スリック：密着性に優れ耐久性が良好な膜で，鉄系材料だけでなく，非鉄金属やセラミックス，ゴム，樹脂といった絶縁物へのコーティングも可能である。被膜硬さは 1,200〜

プラスチック射出成形技術大系

表5　日本コーティングセンター㈱の DLC 被膜の特性

膜種	処理温度 ℃	処理膜厚 μm	被膜硬さ Hv	色調	摩擦係数[*1]	表面抵抗値 Ω	耐熱温度 ℃	分類
NEO スリック	< 150	1.0～3.0	1,200～2,800	黒　色	0.15～0.20	10^{6-9}	250	a-C:H
NEO スリック C	< 150	1.0～3.0	1,200～2,200	黒　色	0.05～0.20	10^{3-6}	250	a-C:H
THOR スリック	< 150	1.0～3.0	1,000～2,800	黒　色	0.15～0.20	10^{6-8}	250	a-C:H
スリック nano	< 100	0.05	1,000～3,000[*2]	干渉色	0.10～0.20	－	250	a-C:H
WINKOTE	< 200	1.0～3.0 10	1,000～1,500	黒　色	0.10～0.20	10^{5-10}	250	a-C:H
TETRA スリック	< 200	0.5～1.5	4,500～6,000	干渉色	0.10～0.20	10^{5-6}	400	ta-C

＊1　無潤滑ボールオンディスク：SUJ2 荷重 5.1×10^{-1} kgf　＊2　無潤滑ボールオンディスク：Al_2O_3 荷重 1×10^{-1} kgf

2,800 Hv と硬く艶のある黒色が特徴である。導電性を追加した NEO スリック C や ESD 耐性を付与した THOR スリックなどの用途別に機能を付与した種類の DLC があり，機械部品，刃物，金型と広く使われている。

(2)　TETRA スリック：sp3 構造の ta-C 膜で，被膜硬さは 4,500～6,000 Hv と硬い。耐熱性は 400℃と DLC の中では高い。

(3)　WINKOTE：被膜硬さが 1,000～1,500 Hv で内部応力が低く厚膜化が可能な被膜である。PCVD で成膜しており $\phi 700 \times 4,000$ mm の大型製品の処理が可能である。欠陥の少ない被膜が成膜可能で厚膜時は耐食性，電気的絶縁性に優れた特性を示す。

3　樹脂成型金型に対する窒化物セラミックス膜，DLC の適用事例

金型加工用被膜の中で特に樹脂成型金型向けの適用事例を当社での実例を中心に紹介する。

3.1　耐摩耗性が要求される事例

樹脂の強度を向上させるために添加される炭素繊維，ガラス繊維による金型表面の摩耗の低減を目的にした事例である。

(1)　射出成型用スクリュ，スクリュヘッド，逆止リング，スペーサー（TiN,CrN）

耐摩耗性，耐食性の向上を目的に TiN，CrN の処理を実施している。膜厚は 2～5 μm で各種樹脂に採用されているが，樹脂の種類，射出条件によって効果に差が出る。

(2)　スクリュエレメント，バレル，ブレーカープレート（Jcoat ＋ α(TiN),TiN）

押し出し成型機部品に耐摩耗性向上を目的に TiN または窒化と TiN の複合処理 Jcoat ＋ α(TiN)を実施。結果良好で，リピート受注がある。

(3)　入子（ヴィーナス）

食品用ペットボトルのキャップ成型用入子に耐摩耗性向上で使用している。PP 樹脂を加工しており，入子の材質は MAS1C。結果良好でリピート受注がある。

(4)　ブロー成型機部品 V リング受け板（S ヴィーナス）

STAVAX 製の V リング受け板に S ヴィーナスを採用。ゴム製の V リングが摩耗していたが

Sヴィーナスの採用で寿命が2倍以上伸びた。
(5) 梱包機用セーラー(CrN, NEOスリック)

梱包機用セーラーにCrN, NEOスリックを採用。相手材は樹脂フィルムで耐摩耗性, 滑り性が向上し, 未コート品に対し数倍に寿命が延長した。

3.2 耐食性が要求される事例

樹脂を成形する際に発生する塩素ガスなどの腐食性ガスが金型表面を腐食させることを防ぐための耐食膜の適用事例である。

(1) スクリュ(CrN)

ナイロン, PPS, PBT加工用スクリュで採用。スクリュの材質はDAC。ノンコートでは早期に腐食が発生したが, CrNの採用で耐食性が向上し, 4倍の寿命が得られた。

(2) スクリュ(ACT)

PPSU加工用のスクリュで採用。スクリュの材質はSCM440。めっきなどで対応していたが, 超臨界ガスの影響で早期腐食が発生していた。ACTコートの採用で耐腐食効果が見られた。

(3) 樹脂成形用ベリリウム銅製コア(NEOスリック)

熱伝導性の良いベリリウム銅は樹脂成形型に使用されることが多いが, 成形時に発生するガスにより腐食して離型性が悪くなる。従来, DLC処理が難しい材質であるが, 低温処理が可能で密着力が良好なNEOスリックにより対応が可能となった。

(4) インジェクションモールド(ACT, Jcoat + α(ACT))

インジェクションモールドへのJナイト(プラズマ窒化)ありなしでのACT処理例を図3に示す。Jナイトはイオン窒化と比べ化合物層を形成せず, 窒化層を形成している。また, ACTは耐食性を重視したCr系複合被膜である。JナイトとACTの複合処理でショット数が飛躍的に伸びている。

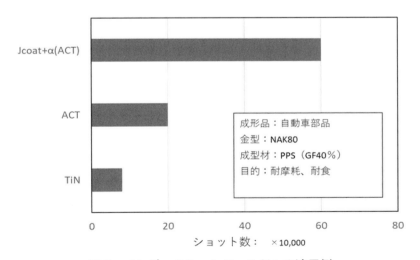

図3 インジェクションモールドへの適用例

3.3 離型性が要求される事例

(1) ヴィーナスコートの非粘着性試験

表6にヴィーナスコートの非粘着性試験結果を示す。この試験は簡易的に樹脂成型の離型性を判断するもので，50 mm 角の試験片に種々のコーティングをしたものの表面に樹脂を所定の温度で溶融状態にしたものを付着させ，冷却硬化させて判定した。

SiO_2 フィラー（80％）＋エポキシ（20％）の樹脂を，180℃に加熱した50 mm 角のステンレス試験片の上から押し付けて溶融させ，その後十分硬化させてから剥離した。いずれも手では取れなかったが，Sヴィーナス，Gヴィーナスで樹脂の付着が発生したのに対しSヴィーナスWは綺麗に剥がれた。樹脂成型に適した被膜組成と表面性状の効果と判断している。

(2) 樹脂成形のエジェクターピン（NEOスリック）

医療用PE樹脂製品用の成形用エジェクターピンに採用。従来毎回離型剤の塗布が必要であったが，NEOスリックの採用により離型剤フリーでショット加工が可能になった。24万ショット加工が可能で，未コート品の3～4倍寿命が延長した。

(3) キャビティ（Jcoat ＋ α(TiN)）

ペットボトルの首丈（スクリュ部分）成型のキャビティにJcoat ＋ α(TiN)が採用されている。樹脂はPETでキャビティはNAK80。Jcoat ＋ α(TiN)の採用で離型性，耐摩耗性が数倍向上した。透明PETでは白化防止のためJナイト（プラズマ窒化）のみを採用。

(4) シュート，ガイド（SヴィーナスW）

樹脂のプリフォーム用のSUS304シュート，ガイドにSヴィーナスWを採用。滑り性が向上し，詰まりがなくなった。

(5) プレート（Sヴィーナス）

ポリアセタールの押し出し成型品を上下で挟む板。離型目的でテフロンを使用していたが3ヵ月で交換。Sヴィーナス採用で溶着がなくなり交換周期が伸びた。また，製品面も改善された。

3.4 耐ガス焼けが要求される事例

(1) ストリッパーリング（NEOスリック）

PP，PEなどのオレフィン系樹脂を加工する際のガスヤニ付着を防止。ストリッパーリングの材質はDH2F。清掃回数が激減し，生産性が向上した。

表6 ヴィーナスコート非粘着性試験

| SヴィーナスW | Sヴィーナス | Gヴィーナス |

（2）　飲料キャップ用コアピン（ルーナス，CrN）

　　飲料キャップ用のガス焼け防止用にルーナス，CrN を採用。樹脂は PP でコアピンは NAK80。ガス付着が軽減し，メンテナンス性が向上した。

（3）　飲料キャップ用キャビティピン（ルーナス，CrN）

　　樹脂付着防止目的でルーナス，CrN を採用した。成形品は LDPE でガス焼けが軽減し，メンテナンス性が向上した。

4 おわりに

　セラミックスコーティングは，最近の環境問題，自動車の EV 化など激しく変わる時代の要求に応え得る有効な手段として活用されている。その応用範囲は成型金型，切削工具，機械部品など多岐にわたっている。その多種多様な要求に応えるべくコーティングメーカーは新しい被膜，複合処理法の開発を進めている。

　本稿で紹介した PVD 処理，DLC 処理，種々の複合表面処理は，時代の新しいニーズに対応できる極めて有効な手段と考えられ，今後，新たな機能性材料の成型加工に対する金型の耐久性向上や成型品の品質向上に寄与できると思われる。

文　献

1）川名淳雄：表面技術，**58**，440（2007）．

2）池永勝：精密工学会誌，**57**，838（2009）．

第4章

プラスチック成形品の成形解析・評価

第4章 プラスチック成形品の成形解析・評価

第1節 流動解析(成形品設計)

株式会社先端力学シミュレーション研究所　愛智　正昭
株式会社先端力学シミュレーション研究所　金井　茂

1 はじめに

　プラスチック成形品の流動解析とは，射出成形機から射出された溶融樹脂が金型内を経て充填される挙動を解析することである。製品設計において，解析により得られる流動パターン・圧力分布・温度分布・ウェルドライン位置などの予測結果を使って，設計した製品の成形可否，外観状態，強度，ひずみなどにより，要求性能を満たせるかという判断をするのに必要なツールである。

　金型内における溶融樹脂の流れる方向により，強度，収縮などが変化するため，流動履歴は部材の性能に影響する。また，部材としての性能を発揮するためには，適切な温度，圧力で成形することが必要となる。そのため，射出成形品の設計には，正確な樹脂流動履歴を計算することが重要である。

　ここでは，樹脂流動を解析する手法と，解析例および成形品設計への解析結果の利用について説明する。

2 解析手法

　流動中の熱可塑性樹脂は，基本的に粘性流体であるため，非圧縮性ナビエ・ストークス方程式(1)(2)を解くことによって計算できる[1][2]。

$$\frac{\partial \rho u}{\partial t} + (\rho u \cdot \nabla) u = -\nabla P + \eta \nabla^2 u \tag{1}$$

$$\frac{\partial \rho}{\partial t} + \nabla \cdot \rho u = 0 \tag{2}$$

　ここで，ρ：密度，u：流速，P：圧力，η：粘度である。通常，熱可塑性樹脂の流動解析では，密度は一定値とする。

　ところで，多くの射出成形品は薄物であることと，流動樹脂の粘度が大きいことにより，ナビエ・ストークス方程式を安定的に解くことは困難であり，また計算時間がかかる。このため，成形品が単純形状の場合は，板厚方向の圧力分布や流動を無視した，2次元のシェル要素を使用す

― 443 ―

プラスチック射出成形技術大系

る Hele-Shaw 式(3)(4)で解くことができる。この式では，板厚方向を z 方向としている。

$$\frac{\partial}{\partial x}\left(S\frac{\partial P}{\partial x}\right) + \frac{\partial}{\partial y}\left(S\frac{\partial P}{\partial y}\right) = 0 \tag{3}$$

$$\bar{u} = -\frac{S}{b}\frac{\partial P}{\partial x}, \quad \bar{v} = -\frac{S}{b}\frac{\partial P}{\partial y} \tag{4}$$

ただし，$S = \int_0^b \frac{z^2}{\eta}dz$ \tag{5}

ここで，$\bar{u},\bar{v}$ は流速の x,y 成分の板厚方向平均，b は板半厚である。

実際の成形品は薄物であってもシェル形状ではなく，複雑な3次元形状なので，式(3)(4)を3次元に拡張した3次元 Hele-Shaw 式(6)(7)が使われる。

$$\frac{\partial}{\partial x}\left(S\frac{\partial P}{\partial x}\right) + \frac{\partial}{\partial y}\left(S\frac{\partial P}{\partial y}\right) + \frac{\partial}{\partial z}\left(S\frac{\partial P}{\partial z}\right) = 0 \tag{6}$$

$$\bar{u} = -\frac{S}{b}\frac{\partial P}{\partial x}, \quad \bar{v} = -\frac{S}{b}\frac{\partial P}{\partial y}, \quad \bar{w} = -\frac{S}{b}\frac{\partial P}{\partial z} \tag{7}$$

ここで，$\bar{u},\bar{v},\bar{w}$ は流速の x,y,z 成分の板厚方向平均である。また式(5)の積分は板厚方向とする。

流動樹脂は温度，せん断速度の影響を顕著に受ける非ニュートン流体であるため，流動に伴って，温度，せん断速度を求め，粘度を計算する。温度は3次元熱伝導方程式(8)を解く。

$$\rho C_p\left(\frac{\partial T}{\partial t} + u\cdot\nabla T\right) = \nabla\cdot(k\nabla T) + \rho\frac{dQ}{dt} + \eta\dot{\gamma}^2 \tag{8}$$

C_p は比熱，k は熱伝導率である。$\frac{dQ}{dt}$ は樹脂の発熱項で，通常の熱可塑性樹脂では考慮しない。また $\dot{\gamma}$ はせん断速度であり，$\eta\dot{\gamma}^2$ はせん断発熱を表す項で，射出成形では通常無視できない。

樹脂粘度はクロスアレニウス式(9)，クロス WLF 式(10)などが使用される[3]。

$$\eta = \frac{\eta_0}{1 + (\eta_0\dot{\gamma}/\tau)^{1-n}} \quad \eta_0 = B_0(T_B/T) \tag{9}$$

$$\eta = \frac{\eta_0}{1 + (\eta_0\dot{\gamma}/\tau)^{1-n}} \quad \eta_0 = D_1 exp\{-A_1(T - T_G)/(A_2 + T - T_G)\} \tag{10}$$

ここで，$n,\tau,B_0,T_B,D_1,A_1,A_2,T_G$ は樹脂粘度の測定結果からフィッティングして求めるパラメータである。

樹脂射出成形では，金型に樹脂が充填していくため，樹脂充填率fを，次の移流方程式で解く。ここで$f = 0$は樹脂未充填を，$f = 1$は樹脂フル充填を表す。

$$\frac{\partial f}{\partial t} = -u \cdot \nabla f \tag{11}$$

樹脂の充填領域は，時間とともに増大するため，流動・圧力・メルトフロント・粘度は時々刻々計算する必要がある。1回の時間ステップで，流動末端が1メッシュ程度進む時間刻みが適切である。

熱可塑性樹脂の射出解析では，樹脂の密度を一定として計算することが多い。しかし，成形品のサイズが大きいときなどは射出圧や温度変化の影響で樹脂密度が変化する。この場合は，式(6)を使用することはできないので，代わりに，以下の式(12)を使用する。この式では密度の空間微分項は無視している。

$$-\frac{b}{\rho}\frac{d\rho}{dt} + \frac{\partial}{\partial x}\left(S\frac{\partial P}{\partial x}\right) + \frac{\partial}{\partial y}\left(S\frac{\partial P}{\partial y}\right) + \frac{\partial}{\partial z}\left(S\frac{\partial P}{\partial z}\right) = 0 \tag{12}$$

密度の時間微分項は樹脂の圧力・温度と物性データから求める[4]。

なお，式(12)は発泡樹脂の流動解析にも適用可能で，この場合は密度の時間変化を発泡反応率から求める。発泡樹脂では，発泡反応，硬化反応があるため，密度モデル，粘度モデル，発熱モデルが必要であり，種々のモデルが提唱されている[5][6]。

樹脂の流動は式(1)(2)，あるいは式(3)，または式(6)，式(12)を解くが，このとき圧力・流速の境界条件を定める必要がある。樹脂の入り口では，指定圧力または指定流量を与える。流動末端では，圧力をゼロとすることが多い。しかし，金型空気抜けが十分でない場合は，空気の影響で流動末端の圧力が変わる。この影響を考慮するためには，金型内の空気圧力を解く必要がある[7]。

金型内の空気を理想気体とすると，式(13)で表される。また，温度については，断熱圧縮や等温変化，あるいはそれらの混合を使用する。断熱圧縮の場合は式(14)が成立する。

$$\frac{PV}{T} = 一定 \tag{13}$$

$$TV^{\gamma - 1} = 一定 \tag{14}$$

ここで，γは比熱比である。

なお，空気領域は，樹脂注入の最初の段階では金型に単一であっても，流動の進展により複数領域となることがある。このため，空気を解くためには，形状判定が必要となる。

金型内の空気は，空気抜け穴や金型のパーティングラインで外部に抜ける。この量は空気抜け穴の断面積，相当直径，穴深さ，圧力差から管内流れの一般式を使って求めることができる。

方程式の離散化手法には，有限要素法・有限体積法・差分法が使用される。ただし，温度方程

式(8)をこれらの手法で解くと，疑似拡散の影響が大きくなり，温度計算の精度が低下することがある。この問題は，マーカー追跡法を使用することにより回避できるが，多くの計算時間を必要とする[7]。

3 解析例

3次元 Hele-Shaw 式による流動解析例として，カバーケースの射出成形解析を示す。最初に，解析形状を図1に示す。2つの図は，上面，下面から見たものである。

流動解析により，樹脂が到達する時刻歴，射出された樹脂の各時間の温度分布，圧力分布，粘度分布，流線，および樹脂充填完了時のウェルドラインを確認することができる(図2)。

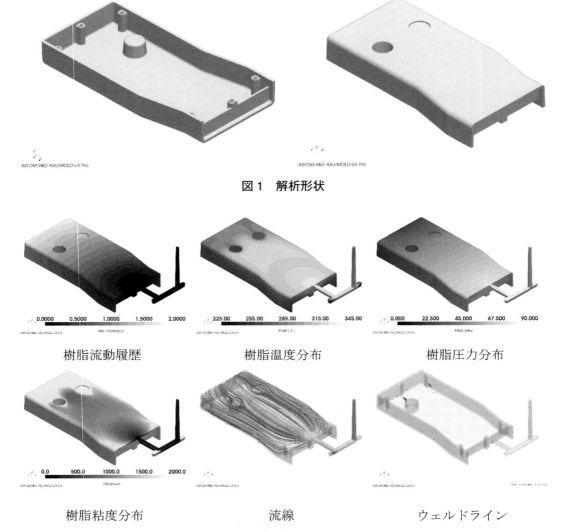

図1 解析形状

樹脂流動履歴　　　樹脂温度分布　　　樹脂圧力分布

樹脂粘度分布　　　流線　　　ウェルドライン

図2 流動解析の結果

第4章　プラスチック成形品の成形解析・評価

　ところで，プラスチック製品を設計する上で重要なのは，設計どおりの製品を造ることであり，成形する上で，ゲートの役割は重要となる。射出成形におけるゲート形状や位置は，製品に影響する。

　図3に異なる3つのゲート形状と流動解析結果を示す。各々の形状ごとに樹脂の流れる様子は異なり，成形上のメリット，デメリットをふまえ，最適なものを選定する。

　流動解析では，計算コスト・精度の関係でランナーゲート部位などは1次元モデルを使用して計算することが多かったが，昨今，複雑な形状を持つランナー，ゲート形状も多くなり，3次元モデルをそのまま用いて計算することが増えている。3次元形状をそのまま使用することで，モデル作成が容易になることや，形状再現性によるランナーゲートを含む体積を正確に再現できるメリットもある。

　射出成形による懸案項目として，ウェルドライン位置の確認は，外観・製品強度の問題により，事前に検討すべき重要な項目である。ゲート位置を変更し，外観や製品強度に問題のない場所に変更することや，成形条件を変更してウェルドラインが発生する部位の温度を高温にすることで目立たなくすることができる。このような目的で，流動解析が使用される。このほか，形状起因のウェルドラインを流動解析により予測することで対策することも可能である。

　図4に示した解析結果は，形状起因により発生した例であり，薄肉，凹凸形状による樹脂流れによりウェルドラインが生成されている。この例では，凹形状を変更することでウェルドライン発生を小さくすることが可能である。

　金型内空気の影響で，成形不良を起こすことがある。このようなことが起こらないように，金型にガスベント（空気逃げ）の設計をするわけだが，金型空気の影響による成形不良の事前予想や最適なガスベント設計にも，流動解析が利用できる。この場合は，樹脂流動と空気流動を同時に

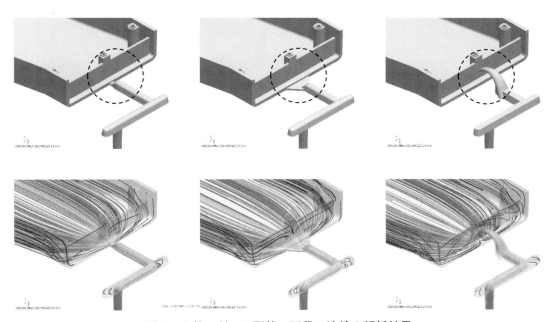

図3　上段：ゲート形状，下段：流線の解析結果

プラスチック射出成形技術大系

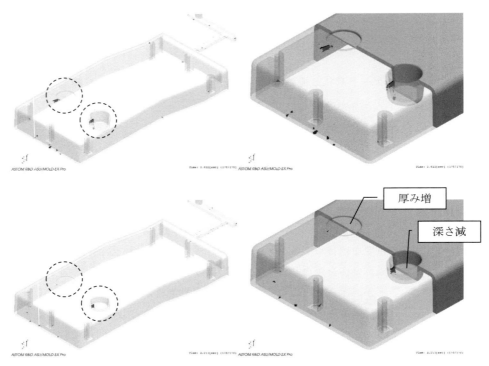

図4　ウェルドラインの解析結果（上段：形状変更前，下段：形状変更後）

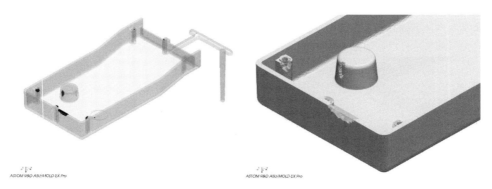

図5　充填完了時の金型内空気の解析結果（左：空気を表示，右：樹脂を表示）

解く必要がある。

　図5は，金型にガスベントを設けずに解析した結果である。ボス末端やウェルドライン発生位置，流動末端に空気による未充填箇所が確認できる。金型内空気の影響で，樹脂流動も変化する。

第4章　プラスチック成形品の成形解析・評価

4 おわりに

　樹脂流動解析時に注意すべき，製品形状，金型形状による影響を解析した結果を述べたが，この他に樹脂種類（樹脂物性）による影響や成形条件による影響など，計算により評価できる項目は数多く存在し，流動解析をするメリットは大きい。

　流動解析は，数十年前から実用に供されており，計算精度・計算項目は年々進歩しているが，いまだ満足するには不十分なケースも存在する。解析手法の改善や樹脂物性の精密なモデル化など，精度を高めるために考慮しなければならない項目はいまだあり，今後のさらなる発展が望まれる。

文　献

1) 寒河江勝彦ほか：高粘性非ニュートン流体の数値解法，日本機械学会論文集 B 編，55(517)(1989).
2) 日本塑性加工学会編：流体解析-プラスチック成形，第 8 章，コロナ社(2004).
3) 日本塑性加工学会編：流体解析-プラスチック成形，第 3 章，コロナ社(2004).
4) 扇沢敏明：高分子の PVT の基礎，高分子の科学と技術 5(4)(1996).
5) 河野務，荒木邦成：冷蔵庫用ポリウレタン樹脂の発泡成形シミュレーション，冷凍，87(2012).
6) Rekha R. Rao et al.：*Foam Process Models*, SANDIA REPORT(2008).
7) 金井茂：多様な素材に適応する樹脂解析 CAE システムの特徴と事例，日本プラスチック工業連盟誌プラスチックス(2019).

第4章　プラスチック成形品の成形解析・評価

第2節　冷却解析

CoreTech System Co., Ltd.　林　哲平　　CoreTech System Co., Ltd.　邱　顯森
　　　　　　　　　　　　　　　　　　　　CoreTech System Co., Ltd.　邱　彦程

---

1 はじめに

　プラスチック射出成形の分野では，適切に設計された冷却システムが，サイクルタイムの短縮と製品品質の向上に重要な役割を果たす。逆に，不適切な冷却設計は，不均一な収縮とそりの主要因の1つとなる。射出成形の冷却に関する一般的な議論とは異なり，本稿では，Computer-Aided Engineering（CAE）ツールを使用して，金型温度調節機（金型温調機（MTC））と冷却管との間の相互作用をさまざまな視点から分析する。それにより，冷却が射出成形プロセスに与える影響について理解を深める機会を提供することを目的としている。

2 金型温調機と冷却管

　射出成形業界においては，生産性と製品品質の向上が不可欠である。これらを可能にするためには，冷却管内の流量と圧力が最適な範囲内にとどまるようにすることが重要で，これには適切な金型温調機（MTC）を選択することが肝要である。MTCと冷却管の両方を適切に設計および調整することにより，金型内の均一な冷却媒体の流れが得られ，最適な冷却性能を実現できる。ただし，MTCの選択や設定が不適切な場合，不十分な冷却の要因となる。

　一般的な金型冷却システムは，MTC，ホース，金型内の冷却管，マニフォールド入口，マニフォールド出口の要素で構成されている（図1）。金型自体も熱交換器と見なすことができ，溶融プラスチック部品は冷却媒体の循環を通じて熱を放出する。製品と金型の設計に応じて，冷却システムにはさまざまな冷却管設計があり，その結果，冷却効率にもさまざまな変化が現れる。

　射出成形プロセスでは，MTCが提供する冷却媒体を金型全体に循環させることで金型の温度を制御するのが一般的である。また，冷却媒体の温度を調整することで金型の温度を一定に保つ。しかし実際には，MTCを使用する際の一般的な課題の1つとして，金型によって冷却管設計が異なることが挙げられる。冷却管設計ごとに異なるMTCを購入すると，相当なコストが発生する。では，現在手元にあるMTCが，金型の冷却管と互換性があるかどうかは，どうすれば判断できるだろうか。

　従来，MTCと金型の互換性は，金型のサイズ，成形品のサイズ，および必要な金型温度に基づいて推測されてきた。その後，生産現場の実際の温度条件に基づいてMTCの微調整が行われ

－ 450 －

第4章 プラスチック成形品の成形解析・評価

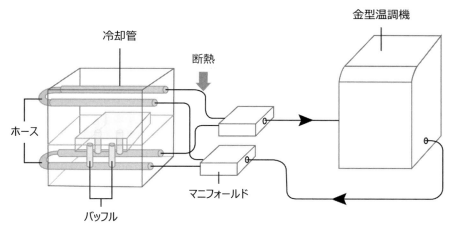

図1 射出成形における一般的な冷却システム

る。ただし，ある特定の冷却管設計，特に標準から外れた不規則な設計では，従来の長い円形パイプ構造から逸脱することがあり，純粋に経験に基づいて評価するのが難しくなるため，MTC適合性の評価がより複雑になる可能性がある。

3 適切な金型温調機を選択する方法は？

　金型温調機（MTC）が金型の冷却管の構造と適切に一致しているかどうかを判断するには，MTCと金型の両方で構成される冷却システム全体を考慮する必要がある。**図2**に示すように，金型の冷却媒体の流路では，金型内の内部冷却管に加えて，ホースまたはマニフォールドを使用してMTCを金型に接続する。MTCからの冷却媒体は，これらの接続部を介して金型に分配さ

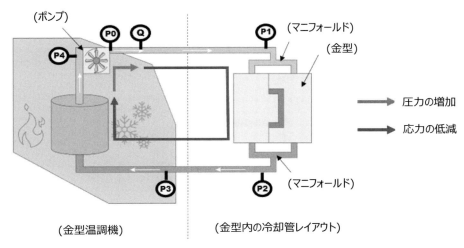

※口絵参照

図2 金型温調機と金型の水の流れ

― 451 ―

れ，金型を通過した後，冷却媒体は回収されて MTC に戻される。

　冷却媒体は MTC に入った後，最初に熱交換器を通過し，設定された温度に応じて冷却媒体が加熱または冷却される。その後，冷却媒体はポンプによって MTC から押し出される。流体は常に高圧から低圧にかけて流れていくため，冷却媒体はポンプを出る箇所で最高圧力に達し，流路を移動するにつれて流体圧力は徐々に低下する。冷却媒体がポンプに戻る際には最低圧力に達する。

4　ポンプと冷却管の関係

　MTC メーカーが提供する仕様書には，しばしばポンプの性能曲線が見られる。これらの曲線は，ポンプの出力圧力が高くなると流量が減少し，逆に圧力が低くなると流量が増加することを示している。パイプ流量理論によれば，パイプの直径が一定である場合，流量が大きいほどパイプ内の圧力差が大きくなる。図3に示すように，ポンプと冷却管が組み合わされると，交点で圧力バランスが保たれる。このバランスによって，冷却管内の流量と圧力を決定することができる。

　正しい交点を確認するために，ここでは，CAE ソフトウェア，特に冷却管解析機能を備えた Moldex3D を使用した。このツールは，高性能冷却システムの設計と検証に資するものである。

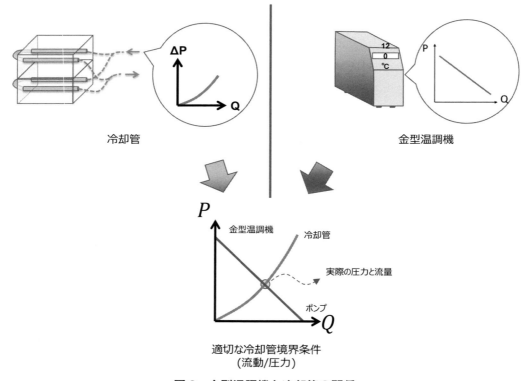

図3　金型温調機と冷却管の関係

第4章 プラスチック成形品の成形解析・評価

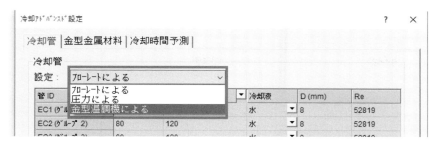

図4 冷却管境界条件を設定するためのMoldex3Dインターフェース

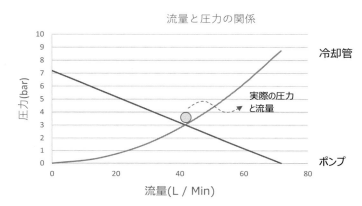

図5 Moldex3Dによる流量と圧力の関係の解析

本ソフトの備える3D流動解析技術は，冷却管内の冷却媒体の動きを計算し，最適な設計を促進するための豊富な解析結果（流路や速度ベクトルなど）を提供する。

Moldex3Dを使用すると，冷却管に接続された入口のMTCを指定することができる（図4）。流量計がない場合でも，MTCの仕様に基づいて対応する冷却管レイアウトを設計および検証することが可能である。このアプローチにより，冷却管とMTCの関係を明確にするシミュレーションが可能となり（図5），その結果，流量や圧力を推定することなく，より理に適った流入条件を得ることができる。

冷却管解析による流量の把握に加え，金型温度解析と組み合わせることで，目標とする金型温度が達成されているかどうかを評価することができる。この包括的なアプローチにより，選択されたMTCが現在の金型冷却管設計に適しているかを評価することができる。

5 実現可能性の検証

ここでは，MTCと射出成形機を用いた検証実験を行った。まず，MTCのポンプ容量設定を，図3，5のポンプを表す線に対応するメーカーの仕様（図6）に従って取得する。その後，出口流量を変えてMTCの圧力測定を現場で行う。

メーカーが提示した仕様値とMTCの実際の出力容量との間には，約30％の乖離があることが

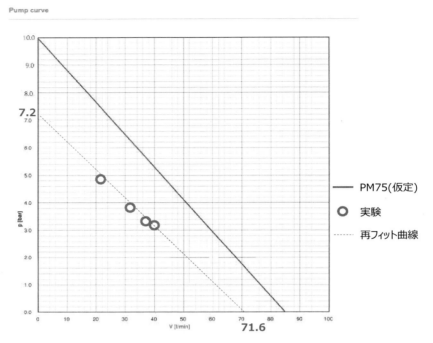

図6　金型温調機の出口流量の圧力値のメーカー仕様との比較

わかる。この乖離は通常，メーカーが提示する値が理論上のポンプ能力を表しているために生じるものであるが，MTCの内部配管内でさらに圧力損失が発生することは，この乖離においては考慮されていないことが少なくない。

　MTC性能と冷却管解析を統合した後で，さらに実際の値とシミュレーション結果との比較を行った（図7）。その結果，冷却管の圧力損失のシミュレーション値は，実際の測定値よりも低いことが確認された。この問題を解決するために，現場の機械の構成を参考にし（図8），図9に示すように，マニフォールドと外部ホースを含むようにシミュレーションを修正した。その結果，MTCから得られる入口条件は，実験値に近いことが示された。

　この段階から，2つの重要な考察が得られた。第1に，MTCの仕様書に記載されている圧力と流量の関係は，機械や配管の影響により変動するため，実際の測定値とは誤差が生じることである。したがって，MTC（青い線）の性能曲線には適切な調整が必要となる。第2に，金型とMTCの間の冷却管が，距離が長すぎたり急な屈曲があったりするなどの要因により大きな圧力損失が発生する場合，正確な流量と圧力の関係（赤線）を得るためには，これらをシミュレーション内で考慮する必要がある点である。

　以上の手順により，MTCの調整された圧力と流量の関係は，さまざまな金型や冷却管の設計に適用できると予想される。これにより，金型とMTCの適合性を事前に評価したり，金型開発段階で冷却管の設計を調整したりすることが可能になる。特に，予測シミュレーションが必要な非標準的な冷却管構成の場合に有効である。

第4章 プラスチック成形品の成形解析・評価

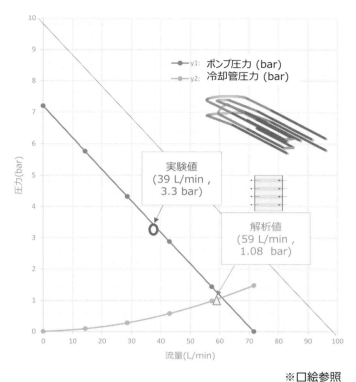

※口絵参照

図7 冷却管接続後の実測値とシミュレーション値の比較

図8 現場の機械構成

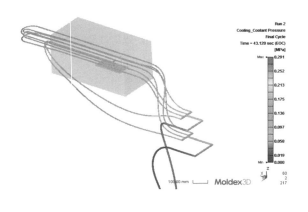 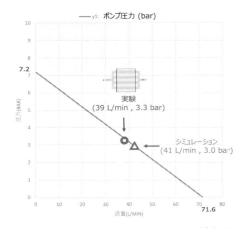

※口絵参照

図9 冷却管接続後の実測値とシミュレーション値の比較（マニフォールド，外部ホース含む）

6 おわりに

　MTCメーカーにとって，全ての顧客の金型の冷却管設計を理解することは現実的とはいえない。逆に顧客にとっては，金型ごとに異なるMTCを購入するのは費用対効果の面で困難である。そのため，ほとんどの場合は金型サイズ，製品寸法，温度要件などの要素に基づいて既存のMTCの適合性を推定し，その後，現場の温度条件に基づいて精密な調整を行う。しかし，冷却管の設計によっては，特に非標準的な構成ではさらなる課題があり，経験だけでMTCの適用性を評価することは困難である。

　本稿では，金型の冷却管に接続されたMTCの性能測定に焦点を当て，シミュレーションと現場実験の比較を行った。さまざまな冷却管の流動抵抗を調整し，MTCのポンプ流量と圧力変動を測定することで，実験的な流量と圧力を実際の性能曲線に変換することが可能になる。

　MTCの性能と冷却管解析を統合するCAEソフトウェア（Moldex3D）を活用し，MTCの仕様や冷却管形状など，冷却システムに関する情報を入力することで，金型内の温度制御システムのシミュレーションと最適化を行うことができる。このアプローチにより，金型内の冷却管解析が容易になり，流量を決定し，金型温度解析と併せて，目標とする金型温度が達成されたかどうかを検証することができる。最終的に，このプロセスを活用することで，現在の金型冷却管設計に対するMTCの適合性を評価するのに役立てることができ，最適な冷却条件と冷却管構成の特定を可能とする。

第4章　プラスチック成形品の成形解析・評価

第3節　配向解析

CoreTech System Co., Ltd.　林　哲平
CoreTech System Co., Ltd.　曽　煥錩

1 はじめに

　長繊維強化熱可塑性プラスチック（LFRT）は，その優れた機械的特性，高い強度対重量比，優れた耐食性，高い耐クリープ性により，一次材料として広く使用されている。繊維強化プラスチック製品の機械的特性は，繊維の長さと配向に影響され，繊維の配向の程度は，その機械的挙動に異方性をもたらす。射出成形プロセスでは，流動場と固化層が繊維配向に影響を与え，金型壁面の近くでは，繊維は流れ方向に沿って配向するが，金型壁面から遠い繊維は流れ方向に対して垂直に配向する傾向がある。

　外部荷重を受けた繊維強化プラスチック製品の変形，破壊，および極限強度を正確に予測することは困難であるため，製品設計者はこれらの材料を設計に使用する際，ある制約に直面することとなる。本稿では，客観的な繊維配向モデルを採用して，LFRT 複合材料の信頼性の高い3次元流動シミュレーションを実施し，材料の微細構造の理解と予測を深める。

2 繊維配向方程式

　繊維含有流体レオロジーの分野では，短繊維と長繊維の動的な繊維配向状態を決定するために，過去30年間にわたり研究者によって多大な努力が費やされてきた。最も一般的なモデルには，Folgar-Tucker モ デ ル，ARD（Anisotropic Rotary Diffusion）モ デ ル，iARD（Improved Anisotropic Rotary Diffusion）モデルなどがある。これらのモデルの特徴を表1に示す。

　以下に，ARD-RSC モデルと iARD-RPR モデルの基本理論の概要を示す。

表1　一般的な繊維配向モデル

Folgar-Tucker	繊維間の相互作用は，短繊維の配向分布を予測するために使用される等方性回転拡散を使用して記述される。
ARD	繊維間の相互作用は，異方性回転拡散を使用して記述され，長繊維の配向分布をより正確に予測できる。ただし，5つのパラメーターを指定する必要がある。
iARD	繊維間の相互作用は異方性回転拡散を用いて記述され，長繊維の配向分布の予測に必要なパラメーターは2つ。

プラスチック射出成形技術大系

2.1 ARD-RSC モデル

FT モデルの IRD テンソルは，主に短繊維間の相互作用を記述する。一方，3 次元空間における異方性回転拡散（ARD）テンソルを導入し，Jeffery 流体力学モデル（HD）とともに使用して，次式のように表される長繊維の挙動を記述する。

$$\dot{A} = \dot{A}^{HD} + \dot{A}^{ARD}$$

$$\dot{A}^{ARD} = \dot{r}\left[2D_r - 2\mathrm{tr}(D_r)A - 5D_r{\cdot}A - 5A{\cdot}D_r + 10A_4 : D_r\right]$$

このモデルでは，空間テンソル D_r は，方位テンソル A とひずみ速度テンソル D の一般的な 2 次多項式テンソル関数として単純化することができ，$D_r = f(D, A)$ と表される。

$$D_r = b_1 I + b_2 A + b_3 A^2 + \frac{b_4}{\dot{r}}D + \frac{b_5}{\dot{r}^2}D^2$$

ARD-RSC モデルには 6 つのパラメーターが含まれるが，パラメーター数が多すぎるため，数値計算が不安定になり，不都合が生じることが多々ある。

2.2 iARD-RPR モデル

前述のモデルとは異なり，iARD-RPR モデルは，繊維の挙動を記述するために 3 つのコンポーネントのみを使用する。

① Jeffery 流体力学（Jeffery Hydrodynamics：HD）
② 改良型異方性回転拡散（Improved Anisotropic Rotary Diffusion：iARD）
③ 配向遅延主速度（Retardant Principal Rate：RPR）

方程式は次のとおり。

$$\dot{A} = \dot{A}^{HD} + \dot{A}^{iARD}(C_I, C_M) + \dot{A}^{RPR}(\cdot)$$

多くの関連係数を使用するのとは異なり，改良型 ARD（iARD）テンソルは，その空間テンソル D_r に 2 つの物理パラメーターを使用して計算される。

$$\dot{A}^{ARD} = \dot{r}\left[2D_r - 2\mathrm{tr}(D_r)A - 5D_r{\cdot}A - 5A{\cdot}D_r + 10A_4 : D_r\right]$$

$$D_r = C_I\left(I - C_M\frac{D^2}{\|D^2\|}\right)$$

$$D = \frac{1}{2}(L^T + L)$$

L は変形率テンソルまたはひずみ速度テンソルとして知られており，スカラー量

— 458 —

$$\|D^2\| = \sqrt{\frac{1}{2}D^2:D^2}$$

は D^2 のフロベニウス・ノルムである。一方，Retardant Principal Rate（RPR）モデルは，樹脂流動内の繊維回転の減速挙動を記述するために採用されている。

$$\dot{A}^{RPR} = -R \cdot \dot{\Lambda}^{IOK} \cdot R^T$$

$$\dot{\Lambda}_{ii}^{IOK} = \alpha\dot{\lambda}_i \; i,j,k = 1,2,3$$

ここで $\dot{\Lambda}^{IOK}$ は特定の対角テンソルの材料微分を表し，上付き文字は固有配向動力学（IOK）を示す。仮定：$R = [e_1, e_2, e_3]$ 回転行列として：R^T その転置行列として：$\lambda_i(\lambda_1 \geq \lambda_2 \geq \lambda_3)$ は，Aの固有値である。

C_I，C_M α これらのパラメーターは，繊維同士の相互作用，繊維・母材間の相互作用，および繊維の回転遅延動作を表し，推奨値は：$0 < C_I < 0.1$，$0 < C_M < 1$，$0 < a < 1$ となる。iARD-RPRモデルは，繊維配向の予測を強化するために Moldex3D に組み込まれている。したがって，数値モデリングによる解析は，理論的な方法と仮定によって正確な繊維配向解析をサポートすることができる。

3 事例検証

3.1 繊維配向について

本事例では，樹脂流動ソフトウェアを用いて，図1に示すようなセンターゲート式ディスク射出成形金型の充填工程における繊維配向分布を精密に予測した。ここでは3つの領域：A（ゲート近傍），B（中央），C（流動末端）を観察した。

図2～4に，ARD-RSC モデルと iARD-RPR モデルの繊維配向予測結果と実験データの比較を示す。図中の A_{11}，A_{22}，A_{33} は，それぞれ流動方向，流動垂直方向，厚さ方向に対応している。A_{11} の値が高いということは，流動方向に配向している繊維の数が多いことを示し，A_{33} の値がゼ

 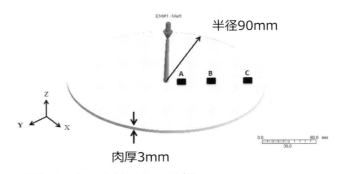

図1 ディスクのセンターゲート射出成形モデル

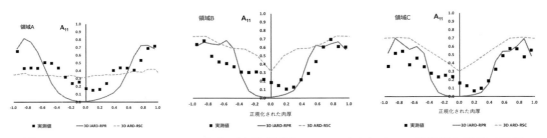

図2　iARD-RSC，ARD-RSC，および実験（領域 A，B，C）からの A_{11} 繊維配向結果の比較

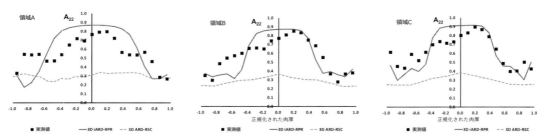

図3　iARD-RSC，ARD-RSC，および実験（領域 A，B，C）からの A_{22} 繊維配向結果の比較

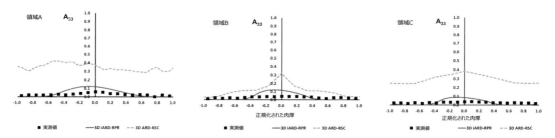

図4　iARD-RSC，ARD-RSC，および実験（領域 A，B，C）からの A_{33} 繊維配向結果の比較

ロに近いということは，厚み方向にほとんど配向していないことを示す。さらに，領域 A に示すように，ARD-RSC モデルの予測される配向分布（破線）は，ほとんどランダムに見え，実験で観察された傾向とは一致しない。さらに他の領域と比較すると，領域 B と C についても同様の結果が得られ，ARD-RSC モデルの A_{11} と A_{33} の予測値が高すぎる一方，A_{22} の予測値は低すぎることがわかる。したがって，予測結果と実験結果には十分な一致が見られないことがわかる。この比較は，iARD-RPR モデルを使用して行われた 3D 予測が，ARD-RSC モデルを使用して行われた 3D 予測よりも実験結果とより一致していることを示す。

3.2　繊維長について

　樹脂流動ソフトウェアを使用して，射出成形金型の充填工程中の繊維長分布を予測した。図5は，ディスク上の A，B，C の3つのマークされた領域における正規化された厚さの繊維長分布を示している。流れ場のせん断速度が低いため，長い繊維はコア領域（肉厚方向の中心）に集中し，短い繊維はせん断速度が高くなるシェル層付近に分布している。にもかかわらず，領域間の

第4章 プラスチック成形品の成形解析・評価

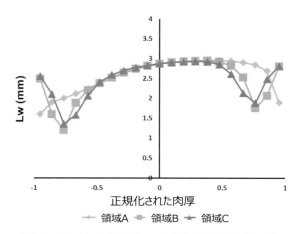

図5 流動方向の応力/ひずみ応答結果の比較

繊維長のばらつきは大きくはない。

さらに，繊維配向と繊維長から得られた応力/ひずみ応答予測値を実験曲線と比較したところ，図6，7に示すような結果が得られた（それぞれ流動方向の伸縮バーと垂直方向の伸縮バーの場合）。ひずみが0.01未満の場合，流動方向と垂直方向の両方の応力/ひずみ応答は実験曲線とほぼ一致する。ただし，より大きなひずみ（0.01以上）で観察された過剰な予測は，進行性損傷をモデル化するのに役立つ。

現在，繊維強化複合材料に関する構造解析研究のほとんどは，繊維配向分布が機械的性能に及ぼす影響のみに焦点が当てられており，繊維長やアスペクト比の影響は理論的予測において十分には考慮されていない。本事例によると，繊維配向と繊維長の両方を組み込んで応力/ひずみ

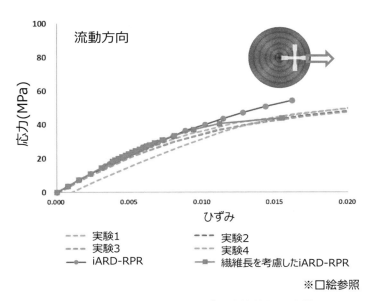

図6 流動方向の応力/ひずみ応答結果の比較

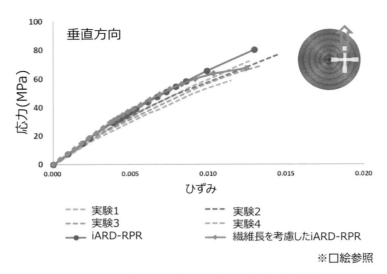

図7　垂直方向の応力／ひずみ応答結果の比較

応答を計算した場合(図6，7の赤線)の方が，繊維配向のみを考慮した計算よりも正確性が高まることがわかる。繊維配向と繊維長を正確に予測することは，局所的な機械的特性の予測精度向上につながるといえる。

第4章　プラスチック成形品の成形解析・評価

第4節　樹脂材料の破壊判定基準の決定と衝撃試験解析による検証

株式会社テラバイト　竹越　邦夫

1　はじめに

　有限要素法（Finite Element Method, 以下，FEM）解析における樹脂材料の破壊判定基準の決定について述べる。FEM では，破壊判定基準を満たした要素を削除することで破壊を模擬する方法が主流である。相当塑性ひずみ，最大主ひずみなどが破壊判定基準として選択されることが多い。

　近年，さまざまな破壊判定基準の考え方が提案されている。ひずみ速度依存性，応力三軸度依存性などの考慮，さらに，これらを累積損傷度に置き換える方法などが挙げられる。本稿では，ポリカーボネート（Polycarbonate, 以下，PC）材の破壊判定基準の決定と検証成果を紹介する[1)2)]。

2　材料構成則

　PC 材は樹脂材料であるため，引張変形時の応力－ひずみ関係，圧縮変形時の応力－ひずみ関係は異なり，さらに，ひずみ速度依存性を有する。これら特徴を考慮するため，商用ソフト Ansys LS-DYNA[3)] の樹脂材料構成則 MAT_SAMP-1[4)] を利用する。本稿では破壊判定基準の決定に焦点をあてるため，PC 材の応力－ひずみ関係の決定については，文献[5)]を参照されたい。

3　破壊判定基準

　本事例で用いる破壊判定基準を説明する。MAT_SAMP-1 構成則では，破壊判定基準には単軸引張の相当塑性ひずみ $\varepsilon_{\mathrm{eq,p}}^{\mathrm{u}}$ が使われる。金属材料の Mises 構成則で扱われる相当塑性ひずみ $\varepsilon_{\mathrm{eq,p}}$ との関係は式(1)で表される。

$$\varepsilon_{\mathrm{eq,p}}^{\mathrm{u}} = \int_0^{\varepsilon_{\mathrm{eq,p}}} \sqrt{\frac{3}{2(1 + \nu_{\mathrm{p}}(\varepsilon'_{\mathrm{eq,p}}))}} \, d\varepsilon'_{\mathrm{eq,p}} \tag{1}$$

　ここで，$\nu(\varepsilon_{\mathrm{eq,p}})$ は塑性ポアソン比と呼ばれるパラメータである。塑性変形に伴う体積膨張を模擬することが可能である。相当塑性ひずみの関数として定義され，引張変形では，0.0〜0.5 の範囲の値をとり[5)6)]，圧縮変形では 0.5 に等しいと考えられている[7)]。

プラスチック射出成形技術大系

式(2)に従来型の破壊判定基準を示す。

$$\varepsilon_{\text{failure}} \geq \varepsilon_{\text{eq,p}}^{\text{u}} \equiv \sum \Delta \varepsilon_{\text{eq,p}}^{\text{u}} \tag{2}$$

ここで，$\varepsilon_{\text{failure}}$ は破壊判定基準の相当塑性ひずみ，$\Delta \varepsilon_{\text{eq,p}}^{\text{u}}$ は各計算ステップにおける相当塑性ひずみの増加量である。相当塑性ひずみの増加量を合計した値が相当塑性ひずみであり，破壊判定基準以上となったときに破壊と判定される。

破壊判定基準はひずみ速度や応力三軸度に依存することが議論されている。本稿では式(3)で応力三軸度 μ を定義する。式(4)にひずみ速度依存性，応力三軸度依存性などを考慮した破壊判定基準を示す。

$$\mu \equiv p/\sigma_{\text{vm}} \tag{3}$$

$$\varepsilon_{\text{failure}}(\dot{\varepsilon}_{\text{eq,p}}, \mu, L_{\text{e}}) \equiv \varepsilon_{\text{failure}}^{\text{static}} F(\dot{\varepsilon}_{\text{eq,p}}) G(\mu) H(L_{\text{e}}) \tag{4}$$

ここで，式(3)における p は静水圧，σ_{vm} は Mises 相当応力である。応力三軸度 μ は不変量であり，応力状態によって固有の値をとり，二軸引張，単軸引張，純せん断，単軸圧縮，二軸圧縮状態における応力三軸度はそれぞれ $-2/3$，$-1/3$，0.0，$+1/3$，$+2/3$ の値となる。式(4)における $\varepsilon_{\text{failure}}^{\text{static}}$ は静的引張状態における破壊判定基準，$F(\dot{\varepsilon}_{\text{eq,p}})$ はひずみ速度依存性を記述する強度倍率関数，$G(\mu)$ は応力三軸度依存性を記述する強度倍率関数，$\dot{\varepsilon}_{\text{eq,p}}$ は相当塑性ひずみ速度である。また，解析固有の問題として，延性材料の破壊挙動は要素寸法に依存することが知られている。この問題に対処するため，要素寸法依存性を記述する強度倍率関数 $H(L_{\text{e}})$ を破壊判定基準に乗ずる。ここで，L_{e} は解析開始時の要素の対角長さを表す。以上が従来型の破壊判定基準の考え方である。

次に累積損傷型の破壊判定基準を説明する。考え方は疲労解析における累積損傷則に類似している。疲労解析における累積損傷則は，応力振幅が単一ではない場合における疲労破壊の有無を予測する方法である。ある応力振幅 σ_{A_k} に対する寿命を $N(\sigma_{A_k})$，作用回数を n_k とする場合，疲労の累積損傷則は式(5)で定義され，損傷度 D が1以上で疲労破壊と判定する。

$$D \equiv \sum_k \frac{n_k}{N(\sigma_{A_k})} \tag{5}$$

寿命 $N_k(\sigma_{A_k})$ を $\varepsilon_{\text{failure}}(\dot{\varepsilon}_{\text{eq,p}}, \mu, L_{\text{e}})$，作用回数 n_k を $\Delta \varepsilon_{\text{eq,p}}^{\text{u}}$ と置き換えることで，累積損傷型の破壊判定基準は定義される。式(6)に累積損傷型の破壊判定基準を示す。損傷度 D が1以上で破壊と判定する。

$$D \equiv \sum \left\{ \frac{\Delta \varepsilon_{\text{eq,p}}^{\text{u}}}{\varepsilon_{\text{failure}}(\dot{\varepsilon}_{\text{eq,p}}, \mu, L_{\text{e}})} \right\} = \sum \left\{ \frac{\Delta \varepsilon_{\text{eq,p}}^{\text{u}}}{\varepsilon_{\text{failure}}^{\text{static}} F(\dot{\varepsilon}_{\text{eq,p}}) G(\mu) H(L_{\text{e}})} \right\} \tag{6}$$

ここで2つの破壊判定基準の違いを理解するためのシンプルな思考実験を**図1**に示す。円柱型試験片を圧縮し，その後，引張変形させる。変形中に生じる相当塑性ひずみ，損傷度 D を整

第4章 プラスチック成形品の成形解析・評価

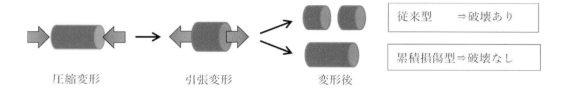

<思考実験の内容>
・試験片を圧縮変形させた後、引張変形させることを考える。
・圧縮および引張変形の破壊判定基準（相当塑性ひずみ）をそれぞれ5.0および1.0とする。
・圧縮および引張変形の相当塑性ひずみの増加はそれぞれ0.0→0.5および0.5→1.0とする。

図1 破壊判定基準の比較（思考実験）

表1 思考実験における相当塑性ひずみと損傷度の履歴

相当塑性ひずみの変化	応力状態	破壊判定基準 $\varepsilon_{\text{failure}}(\dot{\varepsilon}_{\text{eq,p}}, \mu, L_e)$	従来型 $\Delta\varepsilon_{\text{eq,p}}$	$\varepsilon_{\text{eq,p}}$	累積損傷型 ΔD	D
0.0 → 0.5	圧縮	5.0	0.5	0.5	(0.5〜0.0)/5.0 = 0.1	0.1
0.5 → 1.0	引張	1.0	0.5	1.0	(1.0〜0.5)/1.0 = 0.5	0.6

理した結果を**表1**に示す。従来型の破壊判定基準では、引張変形時に相当塑性ひずみが破壊判定基準以上となり破壊判定される。一方、累積損傷型では、引張変形後の損傷度Dは0.6であり、破壊判定基準未満であるため、破壊と判定されない。これは圧縮変形では損傷の累積が少ないことが原因である。思考実験の条件では、引張変形と比較して圧縮変形の破壊判定基準は大きく設定されている。これは、引張変形と比較して、圧縮変形では試験片の破壊は容易ではない、という意味であり、言い換えれば、損傷の蓄積が少ないとなる。累積損傷型の破壊判定基準とは、要素が「経験する」状態に応じて、損傷の累積度合いが調整されると理解できる。

4 材料試験

FEMにおける延性材料の破壊挙動は要素寸法に依存することに注意し、破壊判定基準を決定する必要がある[1)2)8)]。つまり、実験から得られた破壊時のひずみを破壊判定基準として用いることは難しい。材料試験の目的は破壊判定基準の検証用データを得ることである。材料試験を模擬したFEM解析によって材料試験片の破壊挙動を再現できるように破壊判定基準を決定する。したがって、FEM解析で模擬可能な拘束条件、荷重条件を考え、材料試験を計画、実施することが重要である。

破壊判定基準を決定し、それを検証するために実施した材料試験は静的引張試験、高速引張試験、静的圧縮試験、シャルピー試験である。引張試験では、平行部を有する試験片が一般的には用いられるが、本事例では平行部がないASTM D1822 Type S試験片（**図2**）を用いる。ASTM D1822 Type-S試験片を使用するアイデアは岡部[9)]から得ている。平行部を有する試験片では、

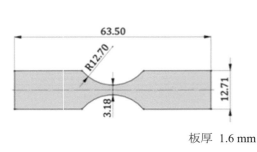

図2 ASTM D1822 type S 試験片

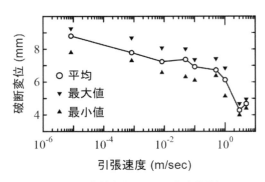

図3 破断変位－引張速度関係

引張試験において平行部の一部が局所的に伸び破断に至るが，その局所性にばらつきがあり，破断伸びの決定は困難となる。一方，ASTM D1822 Type-Sのような平行部がない試験片では，局所変形の開始は試験片中央であり，破壊開始は中央付近となるため，破壊挙動の再現性は良い。

図3に引張試験で得られた破断変位-引張速度関係を示す。破断変位を縦軸に，引張速度を横軸に整理している。白丸は平均値，下三角は破断変位の最大値，上三角は破断変位の最小値を表す。破断変位の最大値と最小値の差はおおむね一定である。また，引張速度の増加に伴い，破断変位の減少傾向が見られる。

5 従来型破壊判定基準の決定

図4に破壊判定基準の決定に用いる引張試験解析モデルを示す。六面体ソリッド1点積分要素を用いてモデル化されている。引張試験機にチャックされる部分は四角形シェル要素でモデル化され，試験片と節点共有で結合されている。片側のチャックは6自由度完全拘束され，もう一方のチャックは引張方向の変位自由度以外拘束されている。強制速度条件を用いて引張試験を模擬する。

図5に引張速度1.0 m/secの引張試験解析結果，および解析結果のデータ処理から破壊判定基準の取得を示す。図5左は解析結果における相当塑性ひずみ($\varepsilon_{eq,p}^u$)分布である。試験片中央に変形が集中している。ここで着目することは破断変位6.1 mmにおける相当塑性ひずみの最大を示

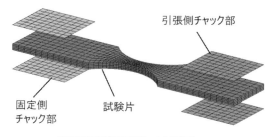

引張試験解析モデル（分解図）

図4 破壊判定基準を決定するために用いられた解析モデルの分解図（最小要素寸法0.4 mm）

第 4 章　プラスチック成形品の成形解析・評価

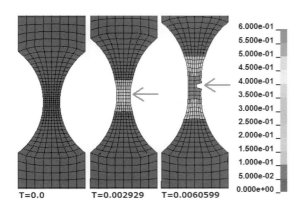
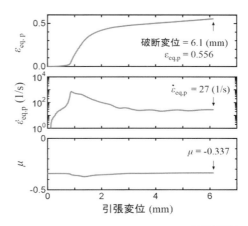

※口絵参照

図 5　引張試験解析結果
(左)引張速度 1.0 m/sec の引張試験解析結果における相当塑性ひずみ($\varepsilon_{eq,p}^u$)分布図。2 本の矢印は，破断変位 6.1 mm において，$\varepsilon_{eq,p}^u$ が最大となる要素を示している。(右上)左図において矢印で示した要素における $\varepsilon_{eq,p}^u$ の時刻歴。(右中央)同要素における相当塑性ひずみ速度 $\dot{\varepsilon}_{eq,p}$ の時刻歴(右下)。同要素における応力三軸度 μ の時刻歴。

す要素(以下，要素 A)を特定することである。図中矢印で示す箇所に要素 A がある。図 5 右上は要素 A における相当塑性ひずみ〜引張変位関係である。破断変位における相当塑性ひずみ($\varepsilon_{eq,p}^u$)は 0.556 である。図 5 右中央は要素 A における相当塑性ひずみ速度〜引張変位関係である。破断変位における相当塑性ひずみ速度は 27(1/sec)である。図 5 右下は要素 A における応力三軸度〜引張変位関係である。破断変位における応力三軸度は −0.337 であり，ほぼ単軸引張状態と確認できる。この作業を全ての引張速度について実施することで，$\varepsilon_{failure}^{static} F(\dot{\varepsilon}_{eq,p})$ が得られる。図 6 に破壊判定基準のひずみと相当塑性ひずみ速度の関係を示す。

破壊判定基準の応力三軸度依存性 $G(\mu)$ については，次の考え①〜③に基づいて設定している。

① 等二軸引張試験を実施していないため，単軸引張の破壊ひずみと同じひずみ量で破壊すると仮定。

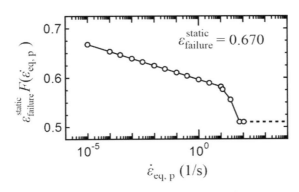

図 6　破壊判定基準 $\varepsilon_{failure}^{static} F(\dot{\varepsilon}_{eq,p})$ と相当塑性ひずみ速度 $\dot{\varepsilon}_{eq,p}$ の関係

② PC材は圧縮変形では破壊されないと仮定。静的圧縮試験では，70%圧縮時で破壊が見られなかった。

このため，圧縮試験解析における70%圧縮時の相当塑性ひずみ $\varepsilon_{eq,p}^u$ の最大値を取得し，$G(\mu = \mu_{comp}) = 1.7$ と決定する（図7）。

③ Hancock-McKenzie則（式(7)）を利用してフィッティングした曲線を $G(\mu)$ として利用する。ここで，α は係数，μ_{ut} は単軸引張における応力三軸度である。本稿で用いるPC材では，$\alpha = 0.8$ である。

$$G(\mu) = \exp[\alpha(\mu - \mu_{ut})] \tag{7}$$

図8に破壊判定基準の応力三軸度依存性 $G(\mu)$ を示す。本事例におけるPC材では，応力三軸度の増加に対して，樹脂材料は破壊されにくくなる設定である。

図9に破壊判定基準の要素寸法依存性を示す。要素寸法依存性を決定するため，さまざまな要素寸法で作成された引張試験解析モデルが用いられることが多い[8]。引張試験解析を行い，要素寸法によらず，破断変位が再現されるように，破壊判定基準の要素寸法依存性 $H(L_e)$ を決定する。

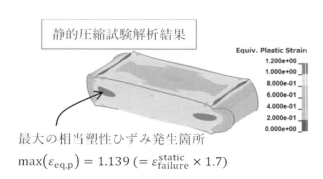

※口絵参照

図7　70%圧縮時の試験片と解析結果の比較
（左）試験結果，（右）解析結果（相当塑性ひずみ分布）

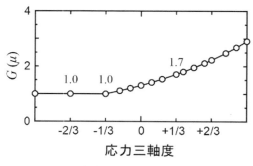

図8　応力三軸度依存性 $G(\mu)$

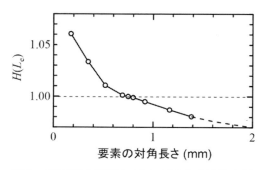

図9　破壊判定基準に対する要素寸法依存性

第4章 プラスチック成形品の成形解析・評価

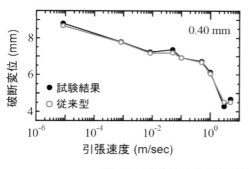 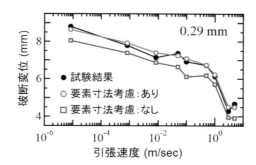

図10 試験結果と解析結果の比較(破断変位－引張速度関係)
右上の数値(0.40 mm, 0.29 mm)は試験片モデルの最小要素寸法を表す

図10に試験結果と解析結果を比較した破断変位－引張速度関係を示す。図左は従来型の破壊判定基準を適用した解析結果を表す。試験片モデルの最小要素寸法は0.4 mmであり，良好な再現結果が得られている。図右におけるグラフは最小要素寸法0.29 mmの試験片モデルを用いて得られた結果である。要素寸法依存性考慮の有無に対する解析結果を示している。要素寸法依存性を考慮する場合，良好な再現性が得られている。一方，要素寸法依存性を考慮しない場合，破断変位は過小評価されている。

以上の作業によって，従来型の破壊判定基準を作成および検証可能である。

6 累積損傷型の破壊判定基準の決定

累積損傷型の破壊判定基準の決定について説明する。注意することは，従来型用に決定された破壊判定基準 $\varepsilon_{\text{failure}}(\dot{\varepsilon}_{\text{eq,p}}, \mu, L_e)$ を累積損傷型の破壊判定基準に流用することは難しい，ということである。上述した思考実験において，同一の破壊判定基準の条件下で，従来型と累積損傷型の破壊判定結果が異なることを示した。これが流用を困難にする理由である。また，累積損傷型の破壊判定基準では，要素の「経験する」状態に応じて，損傷の累積度合いが決まる。試験結果を再現できるように破壊判定基準の曲線データを調整すると，損傷の累積度合いが調整の度に変更される。このため，累積損傷型の破壊判定基準の決定においては試行錯誤して決めていくことが要求される。

図11に破壊判定基準のひずみ速度依存性を示す。凡例の丸が従来型，菱形が累積損傷型の破壊判定基準のひずみ速度依存性である。本事例では，図8に示す応力三軸度依存性 $G(\mu)$ を変更せず，図6に示すひずみ速度依存性の破壊判定基準 $\varepsilon_{\text{failure}}^{\text{static}} F(\dot{\varepsilon}_{\text{eq,p}})$ を調整し，試験結果を再現できるように累積損傷型の破壊判定基準を決定している。

図12に検証結果を示す。「累積損傷型」は図11に示す累積損傷型データを適用した結果である。「累積損傷型(調整前)」は図11に示す従来型データを累積損傷型破壊判定基準に適用した結果である。後者では，引張速度 0.1 m/sec から 1.0 m/sec の破断変位の再現性がない。しかし，累積損傷型の破壊判定基準用に入力データを調整することで，破断変位の再現性が改善している。

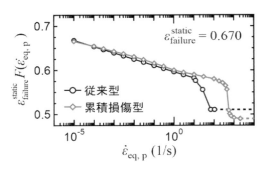
図11 破壊判定基準のひずみ速度依存性

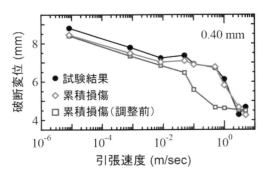
図12 試験結果と解析結果の比較
（破断変位－引張速度関係）

7 破壊判定基準データの検証

シャルピー衝撃試験(JIS K7111-1/1eA および 1eU)を用いた検証解析事例を示す[2]。ノッチ付きシャルピー試験では，10本中9本がヒンジ破壊，1本が完全に破壊された。一方，ノッチなしシャルピー試験は10本全て破壊されなかった。

図13にシャルピー試験解析モデルを示す。ハンマーは振り子としてモデル化されており，衝突直前の状態から解析が開始される。動摩擦係数を0.20，静摩擦係数を0.30としている。要素寸法の最小値は0.15 mm，最大値は0.32 mmである。

破壊判定基準による解析結果の違いを確認するため，表2に示す4ケースA～Dの組み合わせを試す。破壊判定基準のひずみ速度依存性考慮の有無，および従来型または累積損傷型の破壊判

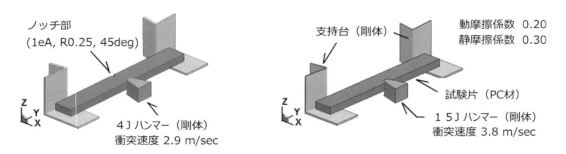

図13 検証解析モデル
（左）ノッチ付きシャルピー試験，（右）ノッチなしシャルピー試験

表2 破壊判定基準の検討ケース

	従来型	累積損傷型
破壊判定基準のひずみ速度依存性考慮：あり	A	B
破壊判定基準のひずみ速度依存性考慮：なし	C	D

第4章　プラスチック成形品の成形解析・評価

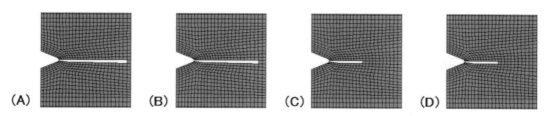

図14　ノッチ付きシャルピー試験解析結果における最終状態の割れ状況の比較

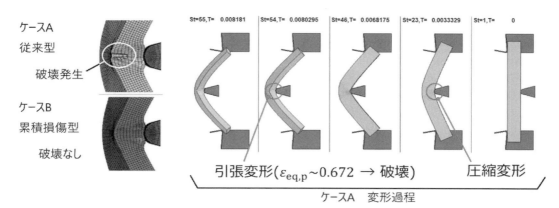

図15　ノッチなしシャルピー試験解析（変形過程）

定基準の選択の組み合わせである。ノッチ付きシャルピー試験解析結果の比較を図14に示す。割れ部分の視認性を良くするため，ノッチ部周辺を拡大し，変形倍率を0倍としている。ノッチ先端から伸びている白い筋が破壊判定された箇所である。破壊判定基準のひずみ速度依存性を考慮しないケースC，Dでは，ノッチ部からの割れの進展は途中までとなっている。ひずみ速度依存性を考慮する場合，試験結果と同様にヒンジ破壊となるように割れが進展している。

ノッチなしシャルピー試験解析の結果を図15に示す。ノッチなしシャルピー試験解析では，ケースA，Bのみを比較する。いずれのケースでもヒンジ破壊は発生していないが，ハンマーの衝突箇所について，両者に違いが見られる。ケースAでは，若干の破壊が発生し，ケースBでは，破壊が見られない。図中の「St」は変形過程のスナップショット番号，その横の「T」は経過時間である。試験片にハンマーが衝突後，St＝46付近まで試験片は曲げ変形となる。その後（St＝54），支持台から試験片は外れ始めるため，曲げ変形の内側は圧縮変形から引張変形に切り替わる。図1に示した思考実験と同様に，圧縮変形から引張変形への切り替わりによって，圧縮変形時では破壊判定基準未満であった相当塑性ひずみが引張変形時では破壊判定基準以上となり，ケースAの解析結果は破壊と判定されている。

8　おわりに

以上の事例を総合的に考えると，PC材の破壊判定基準については，累積損傷型が有効であり，ひずみ速度依存性および応力三軸度依存性を考慮することで，妥当な結果が得られている。

プラスチック射出成形技術大系

また，破壊判定基準用の入力データの作成，検証について，平行部のない試験片（ASTM D1822 Type-S）の利用事例を示した。試験結果のばらつきは小さいため，解析結果との比較検証が容易である。

文 献

1) K. Takekoshi and K. Niwa : *Appl. Mech. Mat.*, **566**, 474 (2014).

2) K. Takekoshi and K. Niwa : *13th Int. LS-DYNA Users Conf.* Proceedings (2014).

3) Ansys, LS-DYNA KEYWORD USER'S MANUAL Volume I, II, III (2024)

4) S. Kolling et al. : *4th German LS-DYNA Users Conf.* Proceedings, A-II-27 (2005).

5) K. Takekoshi and K. Niwa : *12th Int. LS-DYNA Users Conf.* Proceedings, Session05-C (2012).

6) G. S. Dhaliwal and M. A. Dundar : *J. Compos. Sci.*, **4** (2), 63 (2020).

7) P. A. Du Bois et al. : *10th Int. LS-DYNA Users Conf.* Proceedings, 19-35 (2008).

8) S. Lee et al. : *Procedia Manuf.*, **15**, 751 (2018).

9) 岡部俊：日本機械学会第 23 回計算力学講演会論文集，430 (2010).

第 5 章

プラスチック成形品の残留応力と除去

第5章　プラスチック成形品の残留応力と除去

第1節　プラスチック成形品残留応力の非侵襲計測技術の開発

東京大学　梶原　優介

1　はじめに

　射出成形の成形時においては，樹脂には大きな圧力が印加され，また樹脂温度も大きく変動する。そのため，成形後には熱応力や印加圧力の不均一性，また場合によっては強化繊維の配向による収縮不均一性などにより射出成形品には残留応力が発生する。残留応力が残っていると，経年によって成形品が寸法公差から外れたり，疲労強度の低下の要因になることから，プラスチック成形品の残留応力の評価技術はこれまで強く求められてきた。プラスチック成形品の残留応力評価技術としては，ドリルで穴を開けて応力解放時の歪みを計測する穿孔法[1)2)]や，薬品浸漬時のクラックから残留応力を予測する薬品浸漬法[3)]があるが，いずれも製品を破壊してしまう測定であるため成形品の品質管理には最適とはいえない。また，非侵襲な残留応力計測法としては光弾性を利用した測定法[4)]があるが，定性的評価であるとともに対象が透明樹脂に限られてしまう。

　一方，金属の残留応力測定法は成熟しつつあり，格子定数の変化から残留応力を定量化するX線回折法が有力な手法となっている[5)]。原理上，表層の残留応力しか測定できないものの，さまざまな製品に適用されている。しかしながら，プラスチックを構成する高分子はX線回折に敏感ではなく，成形品内部の測定への適用も難しいため適用が困難である。高分子の分析であればフーリエ変換赤外分光法（FTIR）に代表される赤外分光の適用も検討されているが，赤外線の振動数は，分子の官能基の振動に敏感であるものの，高分子や高分子群の振動には対応していないため，残留応力という高分子のマクロな伸縮が伴う現象を捉えるには最適ではない。そこで最近では，プラスチックを構成する高分子の振動モードがテラヘルツ（THz）帯域にある[6)]ことに着目し，THz偏光を利用したプラスチック内部残留応力評価技術が提案されている[7)]。ここでTHz波とは，波長30〜1 mm程度（周波数0.3〜10 THz）の遠赤外光のことを指し，周波数がさまざまな高分子の振動数に対応しているとともに，高分子に対する非常に高い透過性を示す。そのためプラスチックの内部測定において非常に親和性の高い電磁波であるといえる。

　THz波を利用したプラスチック成形品残留応力評価技術の基盤となる概念図（高分子群の模式図）を**図1**に示す。プラスチック成形品内に残留応力が存在していない場合，図1(a)のように高分子はランダムに配向して振動していると考えられる。この場合，高分子の振動モード（周波数：0.5〜6 THz）に対応したTHz波の直線偏光を入射しても偏光依存性は生じない。一方，高分子内に残留応力が存在している場合，図1(b)のように残留応力の向きと大きさに依存して高分

— 475 —

子が伸縮し，高分子配向が揃ってくる。そのためプラスチック内の高分子振動に異方性が生じ，THz直線偏光を入射すると吸収に偏光依存性が生じる。非常に単純化したモデルではあるが，以上の着想をもとにプラスチック成形品の非侵襲な残留応力評価技術を提案している。図2に提案計測法の概念図を示す。残留応力が存在して高分子配向が揃っているプラスチック成形品にさまざまなTHz直線偏光を入射すると，高分子振動の異方性に起因して検出信号に偏光依存性が観察される。偏光依存性と残留応力の大きさを定量的に結びつけることができれば，プラスチック成形品の残留応力評価における提案法の妥当性が示される。

本稿では，提案法確立に向けたこれまでの取り組みと展望について紹介する。提案法の妥当性を示すためにはまず，高分子配向とTHz偏光依存性に相関があること，印加応力とTHz偏光依存性に相関があることを示す必要がある。以下に，THz偏光測定光学系の構築および構築光学系を利用した実験的検証について記述する。

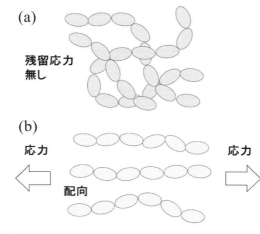

図1　残留応力と高分子配向
（a）残留応力なし，（b）残留応力あり

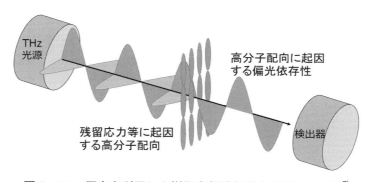

図2　THz偏光を利用した樹脂内部残留応力測定法の原理[7]

2 THz 偏光測定光学系

　THz 波を利用した測定には，一般的に THz 時間領域分光法(THz-TDS)が用いられる。THz-TDS とは，THz パルスを試料に照射し，透過(反射)後のパルス波の波形を時間分解計測し，得られた波形をフーリエ変換することによって周波数ごとの振幅と位相を得る測定法である[8)9)]。時間領域の分光法としては非常に強力なツールであるものの，光源(フェムト秒レーザ)や光学系を含めると非常に高価であり，また試料サイズが限られることも多いことから，比較的安価な連続波(CW)差周波光源と偏光子によるシンプルな偏光光学系を構築した。

　構築した THz 偏光計測光学系の写真および模式図を図3に示す[10)]。高価なフェムト秒レーザの使用は避け，2台の分布帰還型(DFB)レーザおよびフォトミキサを利用した CW 差周波光源を適用した。一方の DFB レーザの発振周波数は 195.98 THz で固定されており，他方の DFB レーザの発振周波数を変更することによって THz 帯の差周波を発振させる。光源から放射された THz 波は放物面鏡によってコリメートされてビーム径 25 mm の平行光線となる。コリメート後はアッテネータを透過後に焦点距離 141 mm のレンズによって集光される。アッテネータは，光源部，偏光子，試料台における多重反射干渉の影響を低減させるために，少し光軸から傾けた上で導入している。レンズを透過したビームは偏光子によってある方向の直線偏光となり，焦点位置で試験片に入射する。試験片を透過後はレンズによって再びコリメートされ，放物面鏡によって検出器に集光されて検出される。検出器には，広帯域で雑音特性に優れるフェルミレベル制御バリア(FMB)ダイオードを用いた。試料は直径 4 mm のアパチャーが開いた回転台に保持されており，回転台を回転させることによって常に同じ場所の偏光依存性を評価することができる。

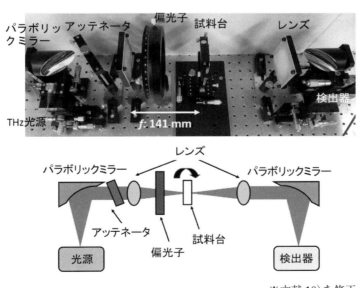

※文献 10)を修正

図3　THz 偏光計測光学系の写真および模式図[10)]

3 高分子配向とTHz偏光特性の相関

 提案法検証の第一歩として，高分子配向とTHz偏光依存性の間に相関があることを検証した。具体的には，高分子の配向度の異なるプラスチック成形品を作製し，各試料のTHz偏光測定を行った。材料はエンジニアリングプラスチックとして自動車部品などに利用されるポリブチレンテレフタラート（PBT，繊維なし）であり，図4に示す試料を射出成形によって作製した。試料の幅は10 mm，流動方向の長さは50 mm，厚さは3 mmである。成形時にフローフロントにおける伸長流動によって高分子が伸ばされて配向が生じるため，高分子配向度は射出速度に大きく依存する[11]。THz偏光測定は，流動末端から約20 mm上部で行った（図4の丸く囲んだ部分）。成形時には射出速度のみを10, 100, 300 mm/s（シリンダ径22 mm）と変化させ，各射出速度の試料を3個ずつ，計9個作製した。射出速度以外の成形条件は，シリンダ温度265℃，金型温度130℃，保圧40 MPa（8秒）である。図5は，THz偏光測定時の偏光方向および試料，試料台の写真である。図のように成形時の樹脂流動方向と平行にTHz偏光電場を入射する場合を偏光角0°と定義し，試料を時計回りに45，90，135°と回転させて透過率を評価した。測定周波数は0.5および0.7 THzである。図6に，各射出速度における偏光角とTHz透過率の関係を示す。ただし，プロットは各条件3個ずつの結果の平均値である。いずれの測定周波数においても，射出速度を10 mm/sで成形した試料では偏光角依存性が確認できない。一方，射出速度の高い（100, 300 mm/s）試料では，偏光角90°の場合に吸収が最も大きい結果となった。高分子が配向している場

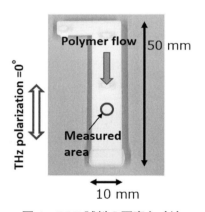

図4　PBT試料の写真と寸法

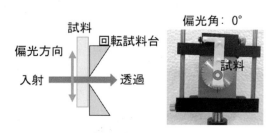

図5　測定時の偏光方向および試料，試料台の写真

第 5 章　プラスチック成形品の残留応力と除去

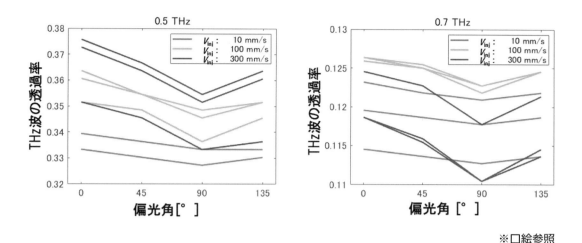

※口絵参照

図6　各偏光角に対する射出速度と THz 透過率の関係[10]

合，分子配向と垂直方向の振動が支配的となるため高分子配向と垂直方向の THz 偏光電場は吸収されやすいが，本結果はそれを反映したものと考えられる。以上から，高分子配向と THz 偏光依存性の間に相関があることが実験的に示された。

4　印加応力と THz 偏光特性の相関

次に，印加応力と THz 透過特性の間に相関があるかどうか検証を行った。試料は，ポリテトラフルオロエチレン（PTFE）のダンベル形状部品を準備した。図7左に，PTFE 試料の写真を示す。厚さは 3 mm である。図7右は，PTFE 試料に応力を加えるために作製した引張試験装置の写真である。上下のシャフトはガイドの役割を果たしており，応力を加えながら試料の同じ位置の THz 透過特性を測定するため，左右ねじをステッピングモータによって左右に引っ張る設計としている。本装置で試料を引っ張りながらロードセルで応力を測定し，試料中心位置に THz 波を入射させて透過出力を検出した。

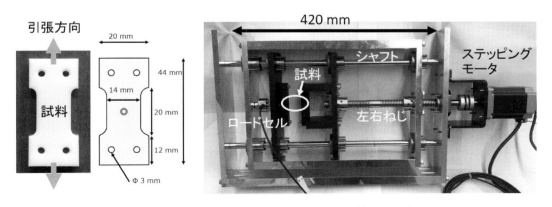

図7　PTFE 試料の形状および引張試験装置の写真

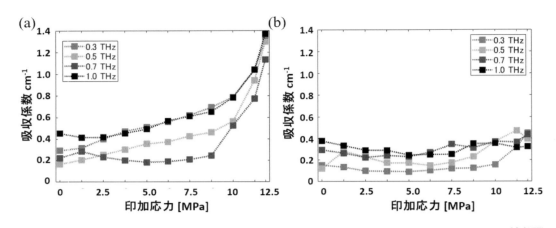

図8 印加応力に対する吸収係数の測定結果
(a)引張方向と垂直な偏光入射の場合, (b)引張方向と平行な偏光入射の場合[10]

※口絵参照

引張方向に対して平行または垂直なTHz偏光電場(0.3, 0.5, 0.7, 1.0 THz)を入射し,印加応力に対する吸収係数を評価した。吸収係数の計算のためには試料厚さが必要であるため,各印加応力に対する試料厚さ変化は事前にマイクロメータで測定している。その上で,入射前後の光強度比と試料厚さから吸収係数を計算した。各周波数に対し,3つの試料を測定して平均値を求めている。各THz偏光における印加応力と吸収係数の関係を図8に示す。引張方向に対して平行な偏光の場合は応力による吸収係数の大きな変化はほとんどないものの,垂直な場合は応力と吸収に強い相関がある。印加応力によって伸長された高分子配向と垂直なTHz電場成分が強く吸収された結果であると考えられ,図6の結果と一致する。印加応力350 N近傍で急激に吸収係数が大きくなっているが,これは350 N近傍で弾性変形から塑性変形に変移しているためであり,試料厚さ変化の結果と同様の傾向を示している。以上の結果から,PTFE試料を測定した場合,弾性変形領域,塑性変形領域いずれにおいても高分子伸長によって吸収係数と応力に線形な関係があること,また塑性変形領域においてはより高分子が伸長されて吸収係数が大きくなることが確認された。すなわち,応力と高分子配向,THz透過特性に相関があることが明らかとなっている。

5 残留応力とTHz偏光特性の関係

応力と高分子配向,THz透過特性に相関があることを適用し,THz偏光光学系を利用してプラスチック成形品の内部残留応力測定の妥当性を評価した。具体的には,さまざまな条件で成形した試料をTHz偏光測定によって評価したのち,小さく切断して残留応力を開放する。その際に残留応力に応じて試料寸法が変化するため,試料寸法変化とTHz偏光依存性の分析結果を比較することによって,残留応力とTHz偏光特性の関係を評価した。

試料は射出成形によって成形したPBTであり,寸法,形状,測定領域は図4と同等である。

射出速度は10 mm/s，シリンダ温度は265℃，金型温度は130℃と統一した。一方，保圧は0 MPaと40 MPa(8秒)の2水準で作製し，成形後のアニーリング(130℃，4時間)もあり，なしの2水準とした。作製試料数は各条件3個ずつである。保圧，アニーリングともに残留応力低減のためによく適用される工程である。測定領域は図4同様に流動末端から約20 mm手前の領域とした。3.の実験と同様，樹脂流動方向と平行にTHz偏光電場を入射する場合を試料角度0°と設定した。測定周波数は0.5，0.7 THz，測定領域は径4 mmである。各試料に対して試料角度0，45，90，135°における吸収係数を求め，偏光係数PFを計算した。ここで偏光係数PFとは，試料角度0，45，90，135°における吸収係数を用いて次式のように定義される[7]。

$$PF = \frac{\sqrt{(A_0 - A_{90})^2} + \sqrt{(A_{45} - A_{135})^2}}{A_0 + A_{45} + A_{90} + A_{135}} \quad (1)$$

ただし，A_θは試料角度がθ(°)の際の吸収係数である。THz偏光測定を行ったのち，図9に示すように測定点から樹脂流動方向に前後5 mmの位置で試料を切断して10 mm角の試料片を切り出した。その後20℃の環境で1日放置して残留応力を解放させ，切断前後の幅と厚さを20℃の環境においてマイクロメータで10回ずつ測定して寸法変化を評価した。ここで幅とは，樹脂流動方向と垂直な方向の試料幅を指す。

試料切断前後の試料厚さ，幅の変化と，各成形条件における偏光係数PFの関係を図10に示す。各周波数において，厚さ，幅の寸法減少値とPFは強い正の相関関係にあった。相関係数は0.5 THz，厚さ変化において0.917，0.7 THz，厚さ変化において0.850，0.5 THz，幅変化において0.897，0.7 THz，幅変化において0.833であり，高度に有意である。いずれの結果においても寸法が小さくなる方向に応力が解放されているため，引張方向の残留応力が生じていたことがわかる。使用したPBTのヤング率(約2.5 GPa)と寸法変化から試料の残留応力を概算すると，保圧0 MPa，アニーリングなしの場合，厚さ方向約17 MPa，幅方向約8 MPaと計算できる。溶融樹脂流動時の樹脂温度と金型温度の温度差が100℃程度あることを考慮すると，寸法の小さい厚さ方向により大きな温度差が生じ，大きな熱応力が発生することが想定される。そのため厚さ方向に残留応力が大きく生じた結果は妥当であるといえる。以上のように，寸法変化から間接的に予測される残留応力と偏光係数の間に強い相関があることから，THz偏光計測法によって樹脂内部の非侵襲な残留応力測定が可能であることが示された。

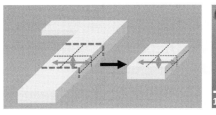

図9 PBT試料の切断

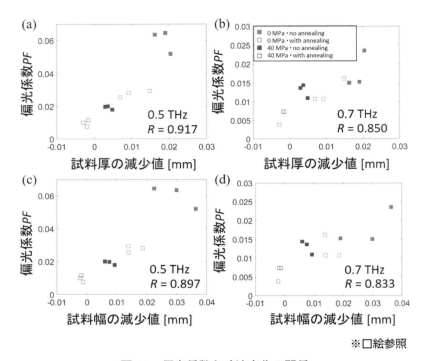

図10 偏光係数と寸法変化の関係
(a) 0.5 THz, 厚さの変化, (b) 0.7 THz, 厚さの変化, (c) 0.5 THz, 幅の変化, (d) 0.7 THz, 幅の変化[11]

6 おわりに

　筆者らが提案するTHz偏光計測を利用した樹脂内部残留応力測定法について,構築したTHz偏光測定光学系を利用した妥当性評価実験を紹介した。THz偏光測定光学系はCW差周波光源と偏光子,レンズ,アッテネータ,FMBダイオード検出器などから設計・構築している。検証実験では,まず射出成形条件によって高分子配向の異なるPBT試料を作製してTHz偏光特性を評価し,高分子配向とTHz偏光依存性に強い相関があることを確認した。その後,引張試験装置を構築してTHz偏光計測光学系に組み込み,PTFE試料を引っ張りながらTHz透過特性を評価し,応力と高分子配向,THz透過特性に相関があることを明らかにした。最後に射出成形条件によって残留応力の異なるPBT試料を作製してTHz偏光特性を評価したのち,試料を切断して残留応力を解放後,寸法変化と偏光係数 PF の関係を評価した。その結果,残留応力とTHz偏光係数 PF の間に強い相関があることが示された。以上のように,THz-TDSおよびTHz偏光光学系いずれによっても,THz偏光計測法によって樹脂内部の残留応力測定が可能であることが示された。今後は,さまざまな樹脂に対して残留応力とTHz偏光係数の関係の定量的な評価を推し進め,X線回折を利用した金属の残留応力測定法同様に,プラスチック残留応力に対する標準計測法まで昇華させたいと考えている。

文　献

1) O. Sicot, X. L. Gong, A. Cherouat and J. Lu： Influence of experimental parameters on determination of residual stress using the incremental hole-drilling method, *Composites Science and Technology*, **64**, 171-180(2005).

2) A. Magnier, B. Scholtes and T. Niendorf： Analysis of residual stress profiles in plastic materials using the hole drilling method e Influence factors and practical aspects, *Polymer Testing*, **59**, 29-37(2017).

3) A. Turnbull, A. S. Maxwell and S. Pillai： Residual stress in polymers—evaluation of measurement techniques, *Journal of Materials Science*, **34**, 451-459 (1999).

4) J. C. Coburn, M. T. Pottiger, S. C. Noe and S. D. Senturia： Stress in polyimide coatings, *Journal of Polymer Science*, **32**, 1271-1283(1994).

5) B. Benedikta, M. Kumosaa, P. K. Predeckia, L. Kumosaa, M. G. Castellib and J. K. Sutterb： *Composites Science and Technology*, **61**, 1977-1994 (2001).

6) M. Tonouchi： Cutting-edge terahertz technology, *Nature Photonics*, **1**, 97-105(2007).

7) Y. Kajihara, R. Takahashi, I. Yoshida, S. Saito, N. Sekine, S. Nowatari and S. Miyake： Measurement Method of Internal Residual Stress in Plastic Parts Using Terahertz Spectroscopy, *Nanomanufacturing and Metrology*, **4**, 46-52(2021).

8) D. Grischkowsky, S. Keiding, M. van Exter and C. Fattinger： Far-infrared time-domain spectroscopy with terahertz beams of dielectrics and semiconductors, *J. Opt. Soc. Am. B*, **7**, 2006-2015 (1989).

9) 深澤亮一：ぶんせき, **6**, 290-296(2005).

10) Y. Kajihara, A. Tanaka, W. Chen, S. Wang, K. Tao and F. Kimura： Development of residual stress evaluation method for polymer products using THz polarization measurement, *CIRP Annals*, **73**, 393-396(2024).

11) Z. Tadmor： Molecular orientation in injection molding, *Journal of Applied Polymer Science*, **18**, 1753–1772(1974).

第5章 プラスチック成形品の残留応力と除去

第2節 穿孔法による残留応力測定

株式会社 IHI 検査計測 高倉 大典
株式会社 IHI 検査計測 郡 亜美

1 残留応力測定法

　金属材料の残留応力測定では，**図1**に示すような①X線や放射光，中性子線を用いた回折法などの「非破壊法」，②切断法やコンター法などの「完全破壊法」，③穿孔法やDHD（Deep Hole Drilling）法などの「準破壊法」が主として用いられる[1)-3)]。測定者はこれらの測定法の中から，測定対象の破壊の可否，ラボへの持ち込みか現地計測か，測定深さや空間分解能，測定コストなど残留応力測定にかかわる種々の要求事項から適切な測定法を選定する。しかし，樹脂材料は結晶と非晶が混在，もしくは非晶のみからなるため，残留応力測定においては回折法の適用は大きく制限され，実用的には穿孔法（Hole Drilling）が広く用いられている。また，後述するが穿孔法の装置は可搬であるため出張計測が可能であり，表面から最大2mm深さまで測定可能という特徴を持つことから，樹脂材料に限らずさまざまな材料の残留応力測定に大きなアドバンテージを持った手法であるといえる。

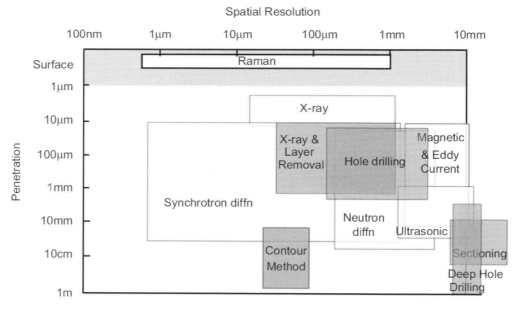

図1　主に金属材料に適用される種々の残留応力測定法[1)]

第5章 プラスチック成形品の残留応力と除去

2 穿孔法による残留応力の測定手順

穿孔法残留応力測定システムを図2に示す。穿孔法はASTM E837に規定された手法であり、測定対象に接着したロゼットひずみゲージの中心を穿孔する、いわゆる「準破壊法」に分類される残留応力測定法である。

穿孔法による残留応力測定手順を以下に示す。

① 測定対象表面にロゼットひずみゲージを接着する。
② ひずみゲージ中央にドリルで小さな穴を20ステップに分けて段階的に穿孔していく。
③ 穿孔によって解放されるひずみを各ステップ穿孔後に都度測定する。
④ 測定した各穿孔深さにおける解放ひずみから残留応力の深さ方向分布を算出する。

穴を掘り進めていくに従って、測定対象表面に貼り付けたロゼットひずみゲージで検出される解放ひずみの感度が低くなるため、より深くまで残留応力測定を行う場合はより大きいサイズのゲージを用いる必要がある。表1に穿孔法でよく用いられる3種類のひずみゲージのゲージ径(3方向に配置された受感部の中心を通る円の直径)と、それぞれのゲージを用いて測定する場合の穿孔穴径および測定可能な深さの一覧を示す。

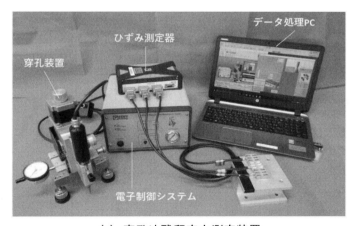

(a) 穿孔法残留応力測定装置

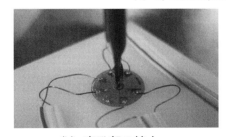

(b) 穿孔部の拡大

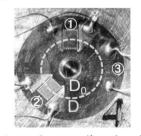

(c) ロゼットひずみゲージ

図2 穿孔法残留応力測定システム

表1 ロゼットひずみゲージのゲージ径と穿孔穴径および測定深さの一覧

ゲージ径：D	穴径：D_0	測定深さ：h
10.28 mm	約 4.0 mm	2.0 mm
5.14 mm	約 2.0 mm	1.0 mm
2.57 mm	約 1.0 mm	0.5 mm

3 穿孔法の残留応力測定原理

図3に示すようにx方向の1軸の引張荷重を受ける薄肉平板（穿孔前）が，半径R_0で穿孔される状態を考える。

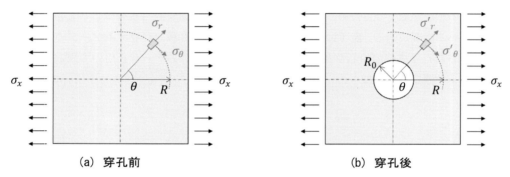

(a) 穿孔前　　(b) 穿孔後

図3　穿孔前後の応力状態

ここで$r = R/R_0$とすると，穿孔穴中心位置から距離R，角度θの位置の穿孔前の半径方向応力σ_rと周方向応力σ_θ，せん断応力$\tau_{r\theta}$，および穿孔後の半径方向応力σ'_rと周方向応力σ'_θ，せん断応力$\tau'_{r\theta}$は，それぞれ次式のように表すことができる。

$$\sigma_r = \frac{\sigma_x}{2}(1 + cos2\theta)$$

$$\sigma_\theta = \frac{\sigma_x}{2}(1 - cos2\theta)$$

$$\tau_{r\theta} = -\frac{\sigma_x}{2}sin2\theta$$

$$\sigma'_r = \frac{\sigma_x}{2}\left(1 - \frac{1}{r^2}\right) + \frac{\sigma_x}{2}\left(1 + \frac{3}{r^4} - \frac{4}{r^2}\right)cos2\theta$$

第 5 章　プラスチック成形品の残留応力と除去

$$\sigma'_\theta = \frac{\sigma_x}{2}\left(1 + \frac{1}{r^2}\right) - \frac{\sigma_x}{2}\left(1 + \frac{3}{r^4}\right)cos2\theta$$

$$\tau'_{r\theta} = -\frac{\sigma_x}{2}\left(1 - \frac{3}{r^4} + \frac{2}{r^2}\right)sin2\theta$$

　応力を受けた材料を穿孔すると応力の一部が解放され，周囲の応力分布は力の釣り合いを保つように再配分される。解放応力は穿孔前後の応力の差であるので，

$$\Delta\sigma_r = \sigma' - \sigma$$

$$\Delta\sigma_\theta = \sigma'_\theta - \sigma_\theta$$

$$\Delta\tau_{r\theta} = \tau'_{r\theta} - \tau_{r\theta}$$

と表すことができ，解放されるひずみ ε_r および ε_θ はフックの法則より以下のように表される。

$$\varepsilon_r = -\frac{\sigma_x(1+\nu)}{2E}\left(\frac{1}{r^2} - \frac{3}{r^4}cos2\theta + \frac{4}{r^2(1+\nu)}cos2\theta\right)$$

$$\varepsilon_\theta = -\frac{\sigma_x(1+\nu)}{2E}\left(-\frac{1}{r^2} + \frac{3}{r^4}cos2\theta - \frac{4\nu}{r^2(1+\nu)}cos2\theta\right)$$

　ここで，係数 A, B, C を以下のように定めると，

$$A = -\frac{1+\nu}{2E}\left(\frac{1}{r^2}\right)$$

$$B = -\frac{1+\nu}{2E}\left[\left(\frac{4}{1+\nu}\right)\frac{1}{r^2} - \frac{3}{r^4}\right]$$

$$C = -\frac{1+\nu}{2E}\left[-\left(\frac{4\nu}{1+\nu}\right)\frac{1}{r^2} + \frac{3}{r^4}\right]$$

解放ひずみは以下のように表すことができる。

$$\varepsilon_r = \sigma_x(A + Bcos2\theta)$$

$$\varepsilon_\theta = \sigma_x(-A + Ccos2\theta)$$

上記は 1 軸応力場を対象とした式であるが，2 軸応力場を上述した x 方向の 1 軸応力場と y 方

向の1軸応力場の重ね合わせと考えると，解放ひずみ ε_r の一般的な表現は以下となる。

$$\varepsilon_r = A(\sigma_x + \sigma_y) + B(\sigma_x - \sigma_y)cos2\theta$$

これが穿孔法における残留応力測定の基礎となる式である。

ロゼットひずみゲージは図2(c)に示すように計測部が3軸（図2(c)中の①②③）あり，それぞれの軸の向きでの半径方向ひずみが計測されるため，残留応力3成分（$\sigma_x, \sigma_y, \tau_{xy}$）が計測でき，同様に最大・最小主応力の大きさと向きを得ることができる。

4 穿孔法の検証試験[4]

穿孔法を用いた樹脂材料の残留応力測定の妥当性検証のため，ポリフェニルサルファイド樹脂（Poly Phenylene Sulfide：PPS）を用いた4点曲げ試験を行った。試験片はJIS K7139のダンベル試験片（多目的試験片 A1：全長170 mm，中央の平行部の幅10 mm，厚さ4 mm）としたが，試験治具の都合で図4に示すように試験片のタブ部を切り落とした板材を用いた。

試験には図5に示す4点曲げ治具を使用した。治具は下部にあるボルトを上側に押し込むことで試験片に曲げ荷重を負荷する構造になっており，試験片裏面に貼った単軸ゲージの値を見て荷重の調整を行うことが可能となっている。図6に検証試験の試験状況の図を示す。検証試験

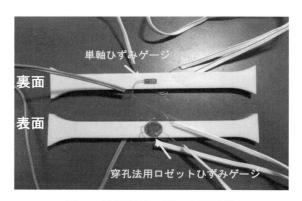

図4 検証試験に用いた試験片

図5 検証試験に用いた4点曲げ治具

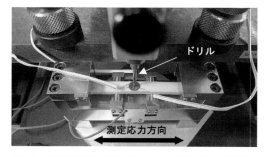

図6 試験状況（穿孔法による残留応力測定）

では，試験片長手方向応力が裏面で 15 MPa となるように荷重を調整し，表側の中央位置で穿孔法による残留応力測定を行った。測定に用いたゲージのゲージ径は 5.14 mm，穿孔穴径は 2 mm，測定深さは 1 mm であり，1 mm 深さを 20 ステップ（0.05 mm 深さ／1 ステップ）で穿孔して各ステップごとに解放ひずみを測定することで応力の深さ方向分布を測定した。

図 7 に梁理論から導かれる板の長手方向応力の板厚方向分布の模式図を示す。本試験では，表側表面で 15 MPa の引張応力，裏表面で 15 MPa の圧縮応力の直線分布が理論解となる。穿孔法は深さ 1 mm までの測定を行っているため，表側表面は 15 MPa，深さ 1 mm 位置では 7.5 MPa の引張応力となるはずである。

図 8 に穿孔法による残留応力の測定結果と理論値の比較を示す。図より，測定結果は理論値よりも若干小さめの値となったが，理論値とよく一致していることがわかった。この結果より，穿孔法が樹脂材料の残留応力測定に有用であることが確認できた。

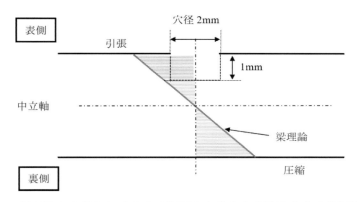

図 7　梁理論から得られる応力の板厚方向分布と穿孔法の穴の位置関係

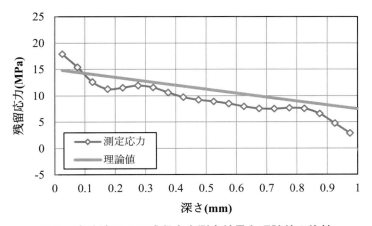

図 8　穿孔法による残留応力測定結果と理論値の比較

プラスチック射出成形技術大系

5 穿孔法のその他の適用事例

　上記の検証試験は，等方性のPPS板材を用いた残留応力測定であるが，材料の異方性を考慮した応力算出方法も可能である。炭素繊維強化プラスチック（CFRP）やエンジニアリングプラスチックなどには異方性を有したものもあるが，穿孔法はこれらの材料の残留応力測定にも適用できる手法である。

　穿孔法は，ひずみゲージを貼り付けてドリルで穿孔でき，物性値（ヤング率とポアソン比）がわかるものであれば残留応力測定が可能で，これまでに金属材料やプラスチックのほか，ガラスについても測定実績がある。また，図2に示すように穿孔法残留応力測定システムは比較的コンパクトで可搬であることから，橋梁や種々の工業製品，工場設備などの残留応力について出張測定が可能である。

文　献

1) P.J. Withers et al. : *International Journal of Pressure Vessels and Piping*, **85**, 118（2008）.
2) 高倉大典，深澤大志：IIC Review,（62）38-44（2019）.
3) 三上隆男：IIC Review,（57）18-25（2017）.
4) 郡亜美，鈴木優平，三上隆男：IIC Review,（62）33-37（2019）.

第5章　プラスチック成形品の残留応力と除去

第3節　CAEを用いたプラスチック成形品の品質評価

株式会社 JSOL　牧　晴也

1　はじめに

　Moldex3D は，台湾に本社を構える CoreTech System 社によって開発されている，射出成形プロセスのシミュレーションに特化した樹脂流動解析ソフトウェアである。射出成形プロセスのうち，充填工程・保圧工程・冷却工程・最終的な変形について一貫した解析を行うことができ，自動車・家電メーカー，医療機器，材料メーカーなど，樹脂成形に携わっているほとんどの業界で使われている。使用用途としては，製品形状の初期検討時のランナー・ゲート位置を変えた際の流動性評価や，試作時の成形条件検討，成形不良の発生原因の分析まで，幅広く用いられている。本稿では，Moldex3D を用いた成形の中で発生する残留応力の予測や，解析を活用した成形品質改善の事例について紹介する。

2　Moldex3D を用いた樹脂流動成形解析と残留応力評価

　ここでは，Moldex3D を用いた樹脂流動成形解析の概要，成形品の品質に残留応力がどのように影響するか，解析における残留応力評価，などについて説明する。

　Moldex3D は，流動，冷却，変形の3つの基本ソルバーを揃えている。流動ソルバーでは，充填・保圧工程時の金型キャビティ内の樹脂の流動の様子を熱流体解析する。冷却ソルバーでは，樹脂が充填される際の金型の3次元的な温度分布の時間変化を計算する。変形ソルバーでは，流動・冷却ソルバーによって得られた冷却過程での型内樹脂の温度変化と，樹脂の固化工程における固体粘弾性効果・応力緩和，および離型までの金型拘束境界条件を考慮して，型開き後空冷した樹脂製品の変形を計算する。実成形を模したフルプロセス解析（**図1**）を行う場合は，これら3つのソルバー間でデータの受け渡しが行われ，プロセス全体を考慮した解析が行われる。具体的には，金型の温度分布を得るための冷却解析を最初に行い，冷却解析から得た金型温度分布を境界条件として樹脂の充填を解析し，樹脂の充填による金型の温度分布を再び解析し，これらの情報を用いて変形解析を行うことにより，プロセス全体の現象を考慮した一貫した解析を実現している。

　成形過程における樹脂流動や熱の影響により，型内の樹脂に溜め込まれる応力のことを残留応力と呼ぶ。一般的な射出成形において，残留応力は主に，成形品の変形に大きく影響し，場合に

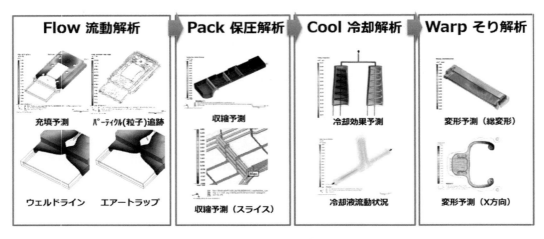

図1 Moldex3Dを用いたフルプロセス解析の流れ

よってはクラックや破損などの製品欠陥を引き起こす原因となり得る。また，光学部品の成形においては，残留応力は複屈折を引き起こす原因となり，光学部品の品質に悪影響を及ぼす(図2)。樹脂成形における残留応力は，流動起因残留応力と熱起因残留応力に分けられる。流動起因残留応力は，成形中のせん断応力や伸長応力により樹脂中の高分子チェーンが流動方向に引き延ばされることにより発生するもので，樹脂溶融時の粘弾性特性が強く関連している。通常，流動起因残留応力の影響を少なくするためには，製品形状・ゲート位置の変更などの設計変更や射出速度の変更などの成形条件の変更を試行し，樹脂の充填挙動を変化させることが一般的である。一方，熱起因残留応力は樹脂冷却時の冷却効率差による収縮率の違いによって発生する応力のことであり，樹脂固化時の粘弾性特性が強く関連している。熱起因残留応力による影響を少なくしたい場合は，冷却時間を長くするか，冷却回路を見直して冷却効率を改善するなど，製品を均等に冷却できるような設計変更が推奨される。

　一般的な射出成形品のそり変形や流動挙動を予測する範囲においては，流動粘弾性の影響はごくわずかであるため，先述のようなMoldex3Dの通常のフルプロセス解析においては，樹脂の物性のうち流動樹脂の粘弾性は考慮されず，固体時の粘弾性のみが考慮される。残留応力の影響は変形解析結果として現れるが，前述の理由により，この際に考慮されている残留応力は熱起因残留応力のみであり，流動時の残留応力は考慮されていない。光学部品の品質を検証する場合

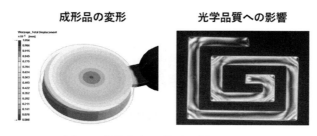

図2 残留応力の成形品質への影響

第5章　プラスチック成形品の残留応力と除去

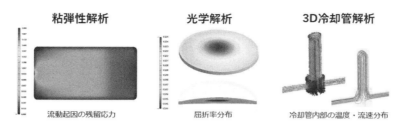

図3　成形品質を評価するための解析モジュール

や，ジェッティングなどの流動粘弾性に起因する現象を検証したい場合は「粘弾性解析モジュール」を用いて流動粘弾性を考慮した解析を行うことにより，「流動起因残留応力」の解析結果を確認することが可能である。さらに，「光学解析モジュール」を用いることにより，熱起因・流動起因の複屈折や成形品の位相差・屈折率など，光学部品に固有の結果項目を解析することが可能である。また，「3D冷却管解析モジュール」を用いることにより，冷却管内部の温度・流速に対し3DCFD解析を行うことができ，冷却効率をより厳密に解析することができる（図3）。

3　残留応力に関連した解析事例

ここでは，Moldex3Dを用いた成形品質の評価と，品質向上を目的とした設計改善の事例を3つ紹介する。

3.1　レーザープロジェクターレンズアレイ成形における成形条件の最適化の事例[1]

Moldex3Dでは実験計画法（DOE）モジュールを用いることにより，実験計画法を用いた成形条件の最適化を行うことが可能である。ここでは，実験計画法モジュールと光学解析モジュールを用いて，光学部品の複屈折現象と成形条件パラメータの間の相関関係を確認し，残留応力とそりの問題を改善する事例を紹介する。

本事例では，図4のレーザープロジェクターのレンズアレイ（レンズの配列部品）を取り上げ，オリジナルの成形条件に対して，金型温度・射出速度・保圧圧力・保圧時間などの複数の成形条件を変化させて解析を行った。

実験計画法により，射出速度が上昇すると複屈折現象の影響が低減すること，保圧圧力を高く

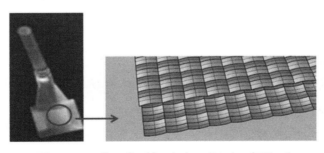

図4　レーザープロジェクターのレンズアレイ

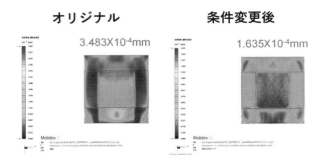

図5　各条件における光路差の可視化結果

するとそり変形が低減することが確認できた。射出速度と保圧圧力を同時に引き上げたケースでは、残留応力が上昇してしまい、光屈折が均一でなくなるというデメリットが確認されたため、最終的な最適ケースとしては射出速度の引き上げのみが採用された。オリジナル、条件変更後の解析結果を図5に示す。射出速度の引き上げにより、残留応力の影響が弱まり、光の屈折が小さくなることがわかる。Moldex3Dの結果における充填パターン・光学解析結果は試作品とよく一致しており、この事例では量産前に成形パラメータの最適化が速やかに行え、時間とコストの削減につながった。

3.2　MCM成形の厚肉光学製品の冷却時間を55％短縮の事例[2]

厚みのあるプラスチック部品の射出成形では、ひけ・ジェッティング・ボイドなどの成形不良や、長時間にわたる冷却が必要となることから生産効率が問題となることが多い。ここでは、B-A-Bのサンドイッチ構造をもつ多層射出成形製品の射出成形に対して、マルチコンポーネント成形（MCM）モジュールを用いて解析を試行し、A層とB層の板厚変更が冷却時間と光学特性に与える影響を検証した事例を紹介する。

本事例では、厚さ12 mmの光学レンズ製品（図6左）に対して、光学特性の改善と冷却時間の短縮を図る。オリジナルの設計では通常の射出成形を用いて製造を行っていたため、製品を取出し温度まで冷却するには384秒を必要とし、冷却時間が長すぎるという問題があった。また、事前に行った同設計の成形解析では、放熱不良に起因するひけが確認された。この問題を解決するため、マルチコンポーネント成形プロセスが導入され、1ショット目で中間層（A層）、2ショッ

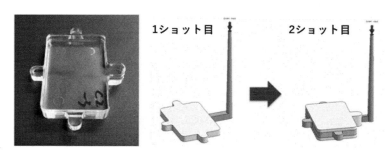

図6　厚さ12 mmの光学レンズ製品（左）とMCM成形プロセス（右）

第5章　プラスチック成形品の残留応力と除去

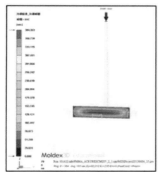
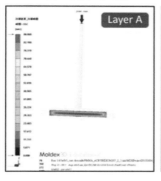
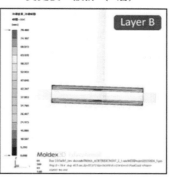

図7　取り出し温度に至るまでに必要な冷却時間の予測結果を比較

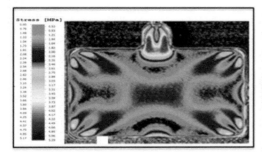
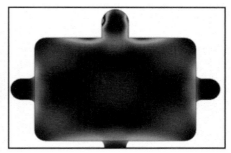

図8　残留応力の実測結果をフリンジパターンの解析結果と比較

ト目で上下層(B層)をそれぞれ成形する設計変更を行った(図6右)。

最適な板厚比を検討するため，4つの板厚比条件で解析を行い，各層の板厚違いによる冷却時間の差を確認し，この結果からA層6mm，B層3mmの製品設計において冷却時間が最も短くなることがわかった。この設計において，合計冷却時間は172秒となり，オリジナル設計の冷却時間(384秒)に対し55%の短縮が実現できた(図7)。

また，Moldex3Dの光学解析モジュールを用いて解析した本製品のフリンジパターン(干渉縞)を実製品の残留応力の実測結果と比較したものを図8に示す。実測値と解析結果のパターンは非常によく一致しており，樹脂の充填に伴う流動起因残留応力を正確に捉えられていることがわかる。

3.3　コンフォーマル冷却回路の最適化によるLEDレンズ残留応力の縮小の事例[3]

LEDとつなぎ合わせるLEDレンズは，光の利用効率および発光効率を高めるために使用される部品である。外観品質に対する要求が高く，ウェルドラインやフローマークなどの表面欠陥を極力抑える必要があり，表面粗さについても20 nm未満が要求されているなど，非常に高い寸法精度が要求される。このような部品の成形において，冷却終了時の製品温度分布はできる限り均等であることが望ましい。

― 495 ―

プラスチック射出成形技術大系

　本事例では，図9に示すLEDレンズの成形における，冷却回路設計の最適化を行う。最適化前の冷却回路設計では冷却後の温度分布が不均等になり，冷却時間が長い上にそり変形および熱残留応力が大きくなってしまっていた（図10）。
　このような従来の冷却設計から抜本的な改善を図るため，3Dプリンターで作成されたコンフォーマル冷却回路の導入が検討され，Moldex3Dを用いて解析を行うことにより図11の(a)，(b)の2案を比較した。(a)の設計は従来設計のバッフルの代わりにコンフォーマル冷却回路を使用しており，(b)の設計はウェルドライン付近に冷却回路を1つ追加しているという特徴がある。
　これらの冷却回路設計について，温度分布結果（図12），残留応力結果（図13）を示す。なお，それぞれのコンターレンジは図10と統一されている。最適化された設計は最適化前の設計と比べて冷却後の温度が低くなり，分布も均等になっている。また見込み冷却時間は15秒から13秒に短縮され，13％減少している。製品の残留応力についても改善がみられ，より高い光学性能が発揮できるようになった。冷却効率としては(a)の方がより良い設計となり，残留応力の低減については(b)の方がより良い設計となることが解析結果からわかった。
　ここでは，Moldex3Dを用いた解析事例を3つ紹介した。これらの事例は全てWebにも掲載

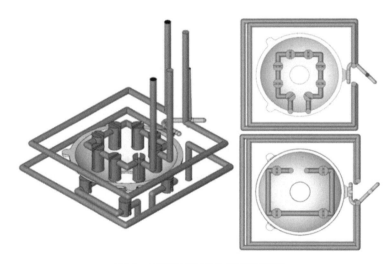

図9　最適化前の冷却回路設計

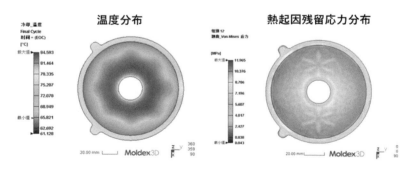

図10　最適化前の冷却回路設計の成形品の温度分布・残留応力分布

― 496 ―

第5章 プラスチック成形品の残留応力と除去

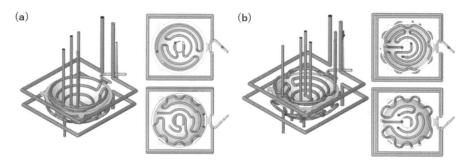

図11　検討したコンフォーマル冷却回路案

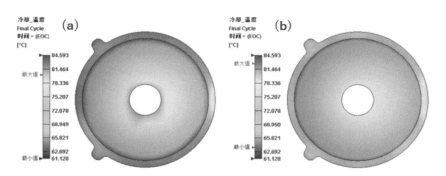

図12　各コンフォーマル冷却回路設計における冷却終了後温度分布

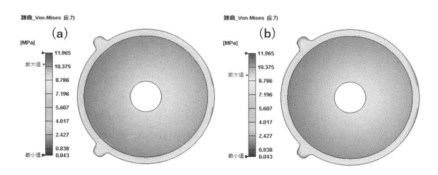

図13　各コンフォーマル冷却回路設計における熱起因残留応力分布

されており，解析結果などをカラー表示で参照いただけるため，本節を読んでご興味を持たれた方は，引用元のURLよりご参照頂きたい。

4 おわりに

　本稿では，Moldex3Dを用いた樹脂流動解析の概要から，解析上における残留応力の考慮，実際にMoldex3Dを用いて成形品の品質評価・設計改善を行った事例までを紹介した。このよう

プラスチック射出成形技術大系

に，成形現場で発生している課題を整理して適切にCAE解析を活用することにより，型内の温度・圧力・残留応力など目には見えない情報を可視化して成形品の品質評価を行えるだけではなく，試作を行うことなく設計変更のトライアンドエラーを試行することができるなど，多くのメリットが得られる。当社（㈱JSOL）のホームページでは，今回掲載した事例の他にもさまざまな事例を紹介しているほか，無料の体験セミナーも随時開催しており，実際にMoldex3Dの操作を体験していただくことが可能である。本稿を読んでご興味を持たれた方は，ぜひお問い合わせをいただきたい。

文　献

1) Moldex3D 光学モジュール適用事例：レーザープロジェクター レンズアレイの最適化
   https://jp.moldex3d.com/blog/customer_success/optimize-an-array-lens-in-a-laser-projector-through-moldex3d-optics-solution/

2) マルチコンポーネント成形：厚みのある光学製品の冷却時間を55%短縮
   https://jp.moldex3d.com/blog/customer_success/reduce-55-cooling-time-of-a-multi-component-molded-thick-optical-part/

3) コンフォーマル冷却回路の最適化　LED レンズ残留応力の縮小
   https://jp.moldex3d.com/blog/customer_success/optimizing-the-conformal-cooling-channel-design-of-injection-molded-led-lens-for-decreasing-residual-stress/

第5章　プラスチック成形品の残留応力と除去

第4節　残留ひずみ／残留応力とアニール処理技術

本間技術士事務所　本間　精一

1 はじめに

残留ひずみは冷却過程で発生した弾性ひずみが残留したものである。残留ひずみに関しては，残留応力ということもある。残留ひずみ（弾性ひずみ）と残留応力には次の関係がある。

$\sigma = E \times \varepsilon$

σ：残留応力（MPa）　　　E：ヤング率（MPa）　　　ε：残留ひずみ（単位なし）

したがって，残留ひずみ ε の値が同じでも材料のヤング率 E によって残留応力 σ は変化する。成形に関しては残留ひずみと表現するが，製品不具合では応力の値が問題になることから残留応力と表現する。また，一般的に引張ひずみ／引張応力下で製品不具合（クラック，寸法変化，そりなど）が起きるので，引張の残留ひずみ／残留応力を対象にする。

残留ひずみにはさまざまな種類があるが，本稿では冷却過程で生じる残留ひずみと成形後の機械加工や溶着加工で生じる熱ひずみについて述べる。さらに，アニール処理技術についても述べる。

2 残留ひずみに関係する特性

2.1 粘弾性と応力緩和

図1に示すように熱可塑性プラスチック（以下，プラスチック）はポリマーの集合体である。ポリマーは強い結合（共有結合）で結びついているが，ポリマー間は弱い結合（ファンデルワールス結合）で引き合っている。プラスチックが粘弾性を示す概念を図2に示す。図2(a)のようにポリマーの結合角や原子間距離が瞬間的に変位すると弾性ひずみが生じる。しかし，図2(b)のように時間が経つとポリマー間でズレ（せん断降伏）が生じて粘性ひずみが生じる。ひずみを解放すると弾性ひずみは元に回復するが，粘性ひずみは回復せず永久ひずみとなる。このように，プラスチックは弾性と粘性の特性を示す。

粘弾性モデルでは弾性はスプリングで，粘性はダッシュポットで表す。図3は応力緩和を表す3要素粘弾性モデルである。一定ひずみ ε を与えるとスプリング S_1 とスプリング S_2 が瞬間的に変位して弾性ひずみによる応力（初期応力）が発生する。しかし，一定ひずみの下では時間が経

— 499 —

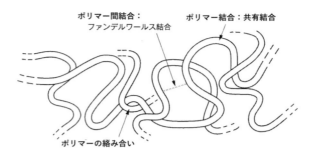

図1 熱可塑性プラスチックの分子形態

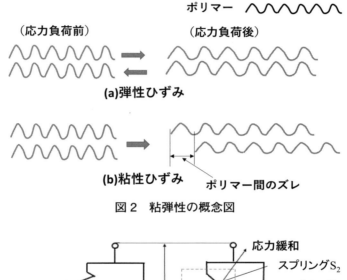

図2 粘弾性の概念図

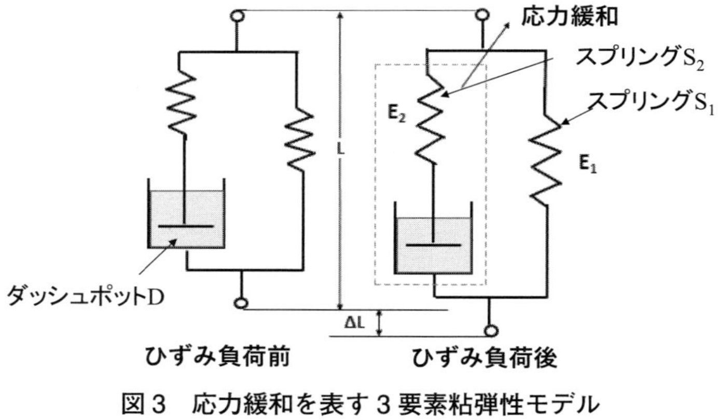

図3 応力緩和を表す3要素粘弾性モデル

つとダッシュポットDによる粘性ひずみが生じるためスプリングS_2の弾性ひずみは減少する。その結果，初期応力は徐々に減少する。ひずみと時間経過後の応力は次式で表される。

$$\sigma_t = \varepsilon(E_2 e^{-t/\tau} + E_1) \tag{1}$$

σ_t：t時間後の応力　ε：ひずみ　E_1：スプリングS_1のヤング率
E_2：スプリングS_2のヤング率　　τ：緩和時間

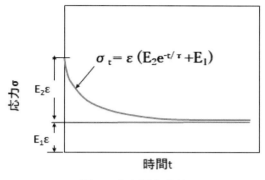

図4　応力緩和曲線

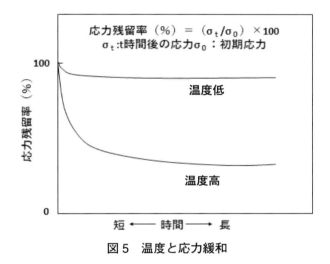

図5　温度と応力緩和

式(1)右辺(　)内の第1項は粘性による応力の減少効果を示す。また，緩和時間τはプラスチックによって決まる特性値であり，τは短いほど緩和しやすい。また，温度が高くなるとτは短くなるので応力緩和しやすい。

図4は式(1)の関係を表した応力緩和曲線である。短時間側では応力は急激に緩和するが，時間が経つと一定値($E_1 \times \varepsilon$)に近づく。つまり，溶融させない限り，応力緩和しても応力は0になるわけではない。

実際には試験片に一定のひずみを与えたときに発生する応力の時間変化を測定する。図5は横軸に経過時間を，縦軸に応力残留率(または応力)を表した応力緩和曲線である。温度が高くなると応力残留率は低くなる。

2.2　圧力・比容積・温度特性

比容積(cm^3/g)は単位質量あたりの容積である。比容積の逆数が密度(g/cm^3)である。プラスチックの比容積(v)は圧力(P)と温度(T)によって変化する。その関係を表すのがPvT特性である。

図6に非晶性プラスチックの例としてポリカーボネート(PC)のPvT曲線を示す[1]。圧力が高

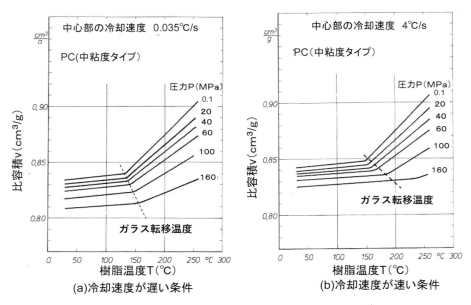

図6 圧力および冷却速度と温度－比容積変化①[1]
材料：ポリカーボネート（非晶性プラスチック）

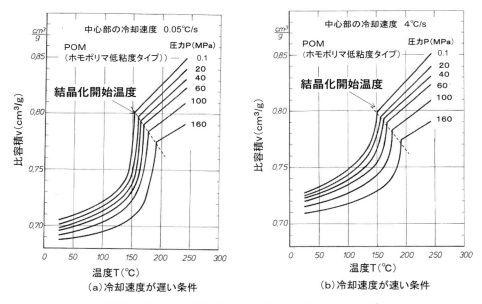

図7 圧力および冷却速度と温度－比容積変化②[2]
材料：ポリアセタール（結晶性プラスチック）

いと比容積は小さくなるので容積圧縮性があることがわかる。溶融状態から冷却されると，比容積はガラス転移温度（T_g）までは温度の低下とともに小さくなり，T_gを過ぎるとなだらかに小さくなる。圧力は高い方がT_gは高くなる傾向がある。また，冷却速度の違いによっても室温に達

するときの比容積に差がある。図6(a)と図6(b)を比較すると，同一圧力では冷却速度が遅い図(a)の方が室温に達したときの比容積は小さくなることがわかる。

図7に結晶性プラスチックの例としてポリアセタール(POM)のPvT曲線を示す[1]。圧力が高いと容積圧縮性があるので比容積は小さくなる。比容積は結晶化開始温度(T_c)までは緩やかに低下し，T_cを過ぎると結晶化するため急激に小さくなり，結晶化終了後はゆるやかに小さくなる。圧力が高いほどT_cは高くなる傾向がある。図7(a)と図7(b)を比較すると，同一圧力では冷却速度が遅い図(a)の方が室温に達したときの比容積は小さくなることがわかる。

3 残留ひずみと対策

3.1 射出成形と残留ひずみ

射出成形の各工程を図8に示す。残留ひずみは保圧と冷却の工程で発生する。保圧工程においても冷却は進行しているが，ゲートシールしてキャビティ内に圧力が伝わらなくなると保圧時間は終了し，その後は冷却時間となる。

非晶性プラスチックのPvT特性を例に成形品容積に対する保圧や冷却速度の影響を説明する。

図9は保圧をかけたときの比容積変化である。保圧をかけると圧縮されて溶融樹脂の比容積は①点から②点に減少する。密度は比容積の逆数であるので，キャビティに充填される樹脂質量は次式で表される。

$$M = V_c \times \frac{1}{v_p} \tag{2}$$

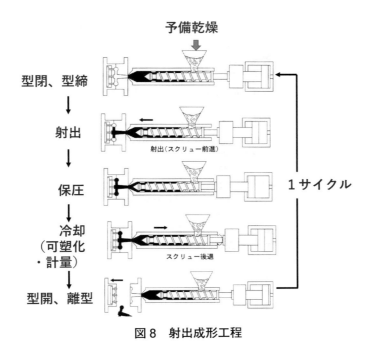

図8　射出成形工程

M：樹脂質量(g)　　V_c：キャビティ容積(cm³)　　v_p：②点における比容積(cm³/g)

ゲートシール後は収縮するにつれて比容積は徐々に減少して，やがて 0.1 MPa（大気圧）の比容積（③点）に達する。その後は 0.1 MPa の温度-比容積線に沿って減少して室温の比容積（④）に達する。式(2)の関係から室温における成形品容積は次式で表される。

$$V = v_{25} \times M$$
$$= V_c \times \left(\frac{v_{25}}{v_p}\right) \quad (3)$$

V：成形品容積(cm³)　　v_25：室温の比容積(cm³/g)　　M：樹脂質量(g)

V_c：キャビティ容積(cm³)　　v_p：②点における比容積(cm³/g)

式(3)から，圧力を高くして比容積 v_p を小さくすると成形品容積は大きくなることがわかる。実際の成形では圧力損失があるためゲート側圧力は高く，流動末端側圧力は低くなる。そのため圧力の高いゲート側の成形品容積は大きく，末端側の成形品容積は小さくなる。

図10に示すように室温に達したときの比容積 v_{25} は冷却速度が遅い(a)と小さく，速い(b)と

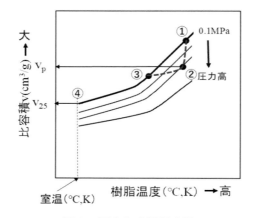

図9　圧力と成形品容積

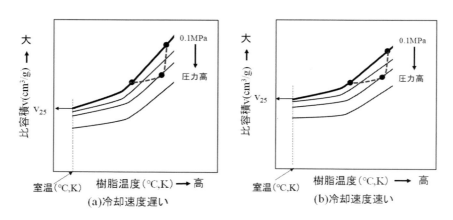

図10　冷却速度と成形品容積

第5章 プラスチック成形品の残留応力と除去

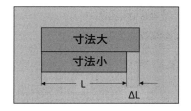

図11 残留ひずみ発生概念図

表1 残留ひずみの設計，成形条件対策

要 因	対 策	対策の理由
設 計	①均一肉厚に設計する ②コーナにアールを付ける ③金型冷却穴の最適設計	冷却速度の等速化
	④ゲート方式，位置の最適化	型内圧差を小さく
成形条件	①金型温度を高くする	残留応力の緩和
	②保圧を低くする	型内圧差を小さく

大きくなる。式(2)に示したように同一保圧ではキャビティに充填される溶融樹脂の質量 M はほぼ同じであるから，成形品容積は次式で表される。

$$V = v_{25} \times M \tag{4}$$

V：成形品容積(cm^3)　　v_{25}：室温の比容積(cm^3/g)　　M：成形品質量(g)

式(4)から成形品容積 V は室温に達したときの比容積 v_{25} の大きさによって決まることになる。実際の成形では，次の場合にはキャビティ内の冷却速度差が生じることは避けられない。

① 肉厚差がある成形品では，厚肉部は冷却速度が遅く，薄肉部は冷却速度が速くなる。
② 金型温調用加熱冷却穴の設計によっては冷却速度に部分的な差が生じる。

プラスチック(非強化)の熱収縮は等方向性であるので，成形品容積が大きいと寸法は大きく，小さいと寸法は小さくなる。型内収縮過程で寸法の大きい箇所が小さい箇所の収縮を拘束すると残留ひずみが生じる。また，残留ひずみが解放されると後寸法変化やそりが発生する。

図11に示すように，寸法小の箇所が寸法大の箇所によって収縮が拘束されて引張変形したとすると，残留ひずみは次式で表される(寸法大の箇所に圧縮変形がないと仮定)。

$$\varepsilon = \Delta L / L_0 \tag{5}$$

ε：残留ひずみ　ΔL：引張変形(mm)
L_0：拘束されず収縮した寸法(mm)

実際の射出成形では型内圧差や冷却速度差が生じることは避けられないが，実用上の不具合が生じない残留ひずみに抑えるように設計や成形条件で調整する必要がある。**表1**に設計，成形条件対策を示す。これらの対策だけで残留ひずみを低減できないときにはアニール処理する必要がある。

3.2 機械加工，溶着加工による熱ひずみと対策

局部的な熱収縮差によって生じる残留ひずみを熱ひずみと表現する。成形後に機械加工や溶着加工をする際に，加工面が局部的に溶融すると溶融層の熱収縮を非溶融層が拘束するときに熱ひずみが生じる。

成形品の機械加工にはゲート仕上げ，穴開け，タップねじ加工，バフ掛けなどがある。不適切な条件で加工するとせん断熱や摩擦熱によって加工面温度が上昇して溶融する。溶融層の熱収縮が非溶融層によって拘束されると，熱収縮寸法差による熱ひずみが生じる。図12に熱ひずみの概念図を示す。

熱収縮差による寸法差を次式に示す。

$$\Delta L = L \times \alpha_p \times (T_2 - T_1) \tag{6}$$

ΔL：熱収縮差　　L：非溶融層に拘束されないときの寸法(mm)
α_p：線膨張係数((mm/mm)/℃)　　T_1：室温(℃)
T_2：固化温度(℃)
(非晶性プラスチック：ガラス転移温度　　結晶性プラスチック：結晶化終了温度)

したがって，式(6)から熱ひずみは次式になる。

$$\begin{aligned}\varepsilon &= (\Delta L/L) \\ &= \alpha_p \times (T_2 - T_1)\end{aligned} \tag{7}$$

ε：熱ひずみ

熱ひずみによる残留応力(初期応力)は次式で表される。

$$\sigma = E \times \alpha_p \times (T_2 - T_1) \tag{8}$$

σ：残留応力(初期応力)　　E：ヤング率

機械加工による熱ひずみの発生原因と対策を表2に示す。

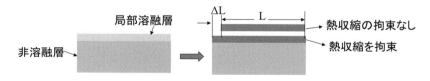

図12　熱ひずみの発生概念図

表2　機械加工による熱ひずみの原因と対策

加工法	原因	対策
ドリル穴開け加工 タップねじ加工	加工条件が不適のためせん断熱，摩擦熱により溶融	鋭利な工具を使用 錐の回転速度，送り速度の適正化
バフ掛け	加工条件が不適のため，摩擦熱により溶融	表面が過度に溶融しないように軽くバフ掛けする

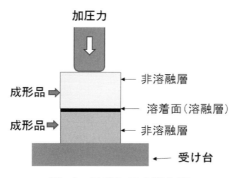

図13 溶着加工の概念図

　成形品の溶着加工には溶接，熱板溶着，高周波溶着，超音波溶着，回転摩擦溶着，振動溶着，レーザ溶着などがある。図13に示すように溶着面に熱または機械的エネルギーを与えて接触面近傍のみを選択的に溶融させたのち，圧着して溶着する方法である。

　溶融層の熱収縮を非溶融層が拘束するので熱ひずみが発生する。そのため，式(7)と同様の原理で熱ひずみが生じる。

　溶着加工では溶着面から溶融樹脂がはみ出すと熱ひずみによるクラックが発生することが多い。溶着面から溶融樹脂が過度にはみ出さないように加工条件(加圧力，加圧時間)を適切に調整する必要がある。

4 残留ひずみによる不具合

4.1 ケミカルクラック

　ケミカルクラックは，応力と薬液の共同作用でクラックが発生する現象である。ソルベントクラックや化学クラックと呼ぶこともある。

　残留応力が原因でケミカルクラックが発生することが多い。表3に残留応力によるケミカルクラック発生例を示す。メタクリル樹脂(PMMA)，変性ポリフェニレンエーテル(PPE)，ポリ

表3　ケミカルクラックによる割れトラブル例

事　例	プラスチック	薬　液	応　力
印刷時のクラック	PMMA	インク溶剤	残留応力
軟質ポリ塩化ビニルフィルムの包装によるクラック	PC	PVC中可塑剤がPCに移行	残留応力
タップねじ切り面のクラック	変性PPE	切削油	熱ひずみ応力(タップねじ加工)
機械部品のクラック	変性PPE	油，グリス	残留応力
成形時のクラック	PC	離型剤，金型の防錆油	残留応力
機械部品透明カバーのクラック	PC	機械油	熱ひずみ応力(傷補修のバフ掛け)

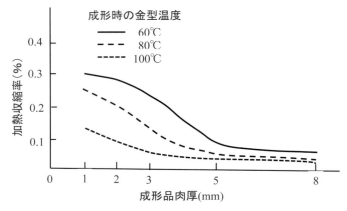

図14 75℃熱処理による加熱収縮率[3]
（材料：POM）

カーボネート（PC）などの非晶性プラスチックで起こりやすいことがわかる。薬液も可塑剤，切削油，離型剤，防錆剤などさまざまである。また，非晶性プラスチックは溶剤を含む接着剤，塗料，印刷インキなどと残留応力が原因でケミカルクラックが発生しやすい。

ケミカルクラックは残留応力が比較的小さくても発生するので，アニール処理によって残留応力を低減する対策が取られる。

4.2 ストレスクラック

厚み1〜3mm程度で極端な肉厚差がなければ，残留応力によってストレスクラックが発生することはほとんどない。金型温度が極端に低い条件で成形した場合や厚み10mmを超える厚肉品の成形では大きな残留応力が発生するので，クラックが発生することがある。成形条件で対策できないときにはアニール処理をする。

4.3 後寸法収縮，そり

結晶性プラスチックは成形後においても後結晶化（2次結晶化）が起きる。成形時に十分結晶化していないと，使用過程で後結晶化が進行することで寸法収縮が起きる。**図14**はポリアセタール（POM）成形品を用い，75℃で熱処理したときの加熱収縮率を測定した結果である[2]。金型温度60℃では加熱収縮率の変化は大きいが，100℃では加熱収縮率の変化は小さいことがわかる。

寸法を安定化するためアニール処理をする。また，アニール処理するとそりが発生する場合には，製品設計や成形条件の見直しが必要である。

5 アニール処理技術

残留ひずみは一定ひずみの応力であるので，高温下で応力緩和を促進することで残留応力を低減できる。アニール処理は成形品を高温で熱処理を行って残留応力の低減や寸法を安定化する方法である。

第5章 プラスチック成形品の残留応力と除去

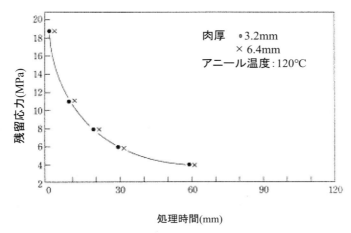

図15 PCのアニール処理による残留応力の低減[4]
（溶媒浸漬による残留応力測定例）

5.1 アニール処理の目的
5.1.1 残留応力の低減
　ストレスクラックまたはケミカルクラック限界応力以上の残留応力があるとクラックが発生する。これらの不具合を防止するには，残留応力をそれぞれの限界応力以下にまで低減しなければならない。製品設計や成形条件を調整して限界応力以下に低減できないときには，アニール処理によって低減する。

　図15は，ポリカーボネート（PC）成形品について120℃でアニールしたときの処理時間と残留応力の関係である[3]。PC試験片を用いてアニール処理し，溶媒浸漬法で残留応力を測定した結果である。アニール処理によって初期残留応力が約19 MPaであったものが，60分のアニール処理によって約4 MPaまで低減することがわかる。残留応力を4 MPa以下に低減できれば，ストレスクラックやケミカルクラックが発生することはない。

5.1.2 寸法の安定化
　結晶性プラスチックでは，成形時の結晶化が十分進んでいないときには，高温で使用すると結晶化が徐々に進み後寸法収縮が起きる。寸法を安定化するためにアニール処理を行うことがある。後寸法収縮は実使用温度が高いほど促進されるので，製品の上限使用温度を前提にアニール温度や時間を決める必要がある。

5.2 アニール処理条件
5.2.1 アニール処理温度
　アニール処理温度と応力残留率の関係を図16に示す。処理温度が高いほどアニール効果は高くなるが，高過ぎると変形，熱酸化による色相変化などの問題が生じやすい。これらの不具合が生じない最高温度に設定する。

　非晶性プラスチックのアニール温度はガラス転移温度よりも20～30℃低い温度，または荷重たわみ温度より5～10℃低い温度である。この温度はアニール温度で成形品が変形しない上限温

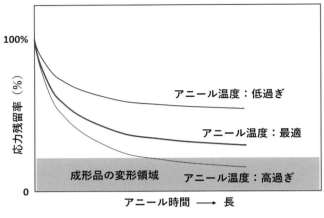

図16　最適アニール処理温度

度を目安にしている。

結晶性プラスチックの寸法安定化のためのアニール温度は実際に使用する最高温度より10～30℃程度高い温度で行うのが一般的である。残留応力を低減する目的では，結晶化温度でアニール処理することが推奨される。

5.2.2　アニール処理時間

成形後に室温まで冷えた成形品を加熱炉に投入してアニール処理するのが一般的である。図17に示すように，アニール処理時間 t は昇温時間 t_1 と残留応力低減時間 t_2 の和である。残留応力低減時間 t_2 は比較的短時間であるが，昇温時間 t_1 はアニール炉に投入する成形品数や肉厚によって変化する。多数の成形品をアニール炉に投入すると熱を吸収するので一時的に炉内の温度が低下することもある。成形品の投入状態によっては炉内の温度分布が変わることもある。したがって，アニール時間を一概にいうことは難しいが，厚み2～3 mmの成形品を前提にすると昇温時間を含めたアニール時間は2～3時間を目安にしている。成形品厚みが厚くなるとアニール時間を長くしなければならない。ただし，アニール時間が長過ぎると変色や衝撃強度低下が起きるので，最小時間にとどめるべきである。

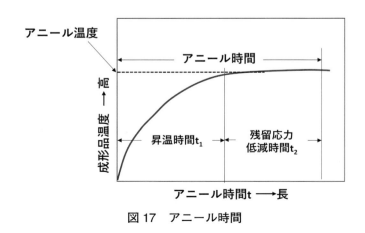

図17　アニール時間

アニール処理時間を短縮するには昇温時間 t_1 を短くする必要がある。次の方法がある。
① 成形直後に成形品温度が低下しない間にオンラインでアニール処理をする。
② 遠赤外線アニール処理装置を用いて，昇温時間を短縮する(**5.3.4**)。
③ 熱媒中でアニール処理する(**5.3.2**, **5.3.3**)。

5.3 アニール処理方法
5.3.1 熱風加熱炉による方法
熱風循環式加熱炉を用いる方法であり，アニール処理に最も多く利用されている。アニール処理にあたっては次のことに注意しなければならない。
① アニール時間が長過ぎると成形品表面が熱酸化変色しやすい。変色の程度は樹脂の熱酸化特性によって異なる。
② アニール炉への成形品の入れ方や個数によって，炉内の温度分布に差が生じやすい。
③ 熱風エア中の塵埃が付着しやすい。

5.3.2 油またはソルトバスによる方法
高温の油(鉱物油)やソルトバスに成形品を浸漬してアニール処理する方法である。熱媒中では空気と直接接触しないため熱酸化変色が起こりにくいこと，熱媒と直接接触するため加熱効率がよいなどの利点がある。本法は厚肉製品でアニール処理に長い時間を要する成形品に適した方法である。図18は，POM 押出成形丸棒の径を変えたときの所要アニール時間である[4]。アニール温度は POM の結晶化温度150℃で行っている。丸棒径が太くなるとアニール時間は長くなるが150℃熱風中より油中の方がアニール時間は短くなることがわかる。

熱媒によるアニール処理法は処理後に成形品の洗浄が必要であること，一度に多くの成形品をアニール処理することが困難であるなどの難点もある。

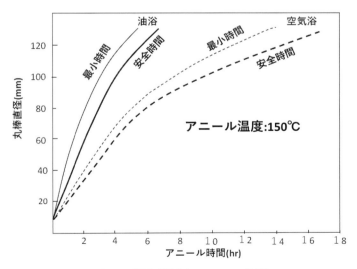

図18 厚肉製品のアニール処理
(材料：POM)[5]

5.3.3 高温水による方法

ポリアミド6(PA6)やPA66は熱風加熱炉で高温アニール処理すると熱酸化により変色しやすいので，高温水中でアニール処理する方法が取られている。PAは吸水しやすい性質があるので，高温水に浸漬すると成形品内部に水分が浸透することで分子間力(水素結合力)が低下して分子が動きやすくなるので，結晶化や応力緩和を促進できる。その結果，残留応力を低減し，寸法を安定化できる。また，吸水させることで衝撃強度も大幅に向上する。

一般的には成形直後に80～90℃の高温水に短時間浸漬する方法が取られている。また，高温・高湿雰囲気中でアニール処理する専用装置「カトマンアニーリング装置」も販売されている[5]。この方法はアニール処理後に水切りの必要がなく，水汚れも少ない利点がある。

5.3.4 遠赤外線加熱装置による方法

有機物は2～20μmの遠赤外線を吸収すると分子振動によって自己発熱する。この特性を利用してアニール処理する方法である。一般的には，遠赤外線による自己発熱と熱風加熱を併用する装置が販売されている。

本法は成形品の自己発熱を利用してアニール温度に達するまでの時間を短くできるのでアニール時間を短縮できる。ノリタケ㈱では遠赤外線アニール装置を販売している。**図19**は同社の遠赤外線アニール装置と熱風循環アニール装置を用いたときの成形品の昇温時間の比較である[6]。遠赤外線アニール装置ではアニール処理温度までの昇温時間が大幅に短縮されることがわかる。また，アニール時間が短くなるので，成形ラインに直結してオンラインでアニール処理することができる。**表4**は遠赤外線アニール装置による各種射出成形品のアニール処理例である[7]。通常の熱風加熱装置によるアニール処理と比較するとアニール時間は大幅に短縮されることがわかる。

5.4 アニール処理の留意点

アニール処理は残留ひずみ／残留応力を低減する簡便的な方法ではあるが，いくつかの留意点もある。

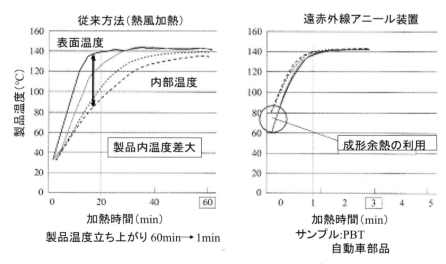

図19 熱風と遠赤外線加熱の比較[7]

第5章　プラスチック成形品の残留応力と除去

表4　遠赤外線アニール事例[8]

製品名	樹　脂	アニール条件*	目　的
自動車ヘッドランプレンズ	PC	120℃ 5分(40分)	クリーンアニール処理 ハードコート処理のための残留ひずみ低減
自動車リアランプ・バックアップランプ	PMMA + ABS	85℃ 5分(60分)	溶着部の残留ひずみ低減
IC トレー	PPE	160℃ 6分(240分)	寸法の安定化 そりの抑制
人工透析器部品	PC	120℃ 3分(120分)	残留ひずみ低減 クリーンアニール処理

＊遠赤外線と熱の併用のアニール条件。(　)内は従来のアニール時間。

　第1に，ゲート仕上げ，穴あけ，タップねじ加工，溶着などの2次加工を行うときには，これらの加工を行った後にアニール処理する方がよい。成形後にアニール処理しても，これらの加工によって熱ひずみが発生するとアニール処理を再度実施しなければならないからである。

　第2に，アニール処理すると加熱収縮を起こし成形品の寸法は小さくなる。非晶性プラスチックは，通常のアニール温度で処理すると，0.1〜0.2%程度の加熱収縮を示す。たとえば，成形収縮率を0.6%と見込む場合に，アニール処理するとアニール後の全収縮率は0.7〜0.8%に見込まなければならない。結晶性プラスチックは，成形条件に左右される。特に金型温度が低い条件で成形したものは加熱収縮が大きくなる。

　第3に，アニール処理時間が長過ぎると熱酸化を起こし成形品の外観(色相)が変化しやすい。色相変化の程度はプラスチックの熱酸化性によって異なるが，残留ひずみを除去できる最短時間にとどめるべきである。

　第4に，アニール処理すると一般的に強度，弾性率や荷重たわみ温度は高くなる。反面，衝撃強度は低下する傾向がある。特に高衝撃強度を必要とする製品ではアニール処理を避ける方がよい。

6　おわりに

　射出成形で発生する残留ひずみには，本稿で述べた残留ひずみ以外に分子配向ひずみや金具インサートひずみもある。これらの残留ひずみは通常のアニール処理条件では低減できないので，本稿では割愛した。

文　献

1) "Thermodynamik" Kenndaten für die verarbeitung thermplastier kunststoffe, Carl hanser Verlag Munchenwien(1979).
2) 三菱エンジニアリングプラスチックス㈱：ユピ

タール技術資料設計編，16(1994).
3) 三菱エンジニアリングプラスチックス㈱：ユーピロン／ノバレックス技術資料成形編，57(2003).
4) 高野菊雄編：ポリアセタール樹脂ハンドブック，

プラスチック射出成形技術大系

日刊工業新聞社，419(1992).

5)㈱イチネン製作所ホームページ
https://www.ichinen-mfg.co.jp/product/machine/

6)中村賢治：プラスチックスエージ，123，126，

Nov(2003).

7)中村賢治：プラスチック工業技術研究会セミナー
「樹脂成形品用アニール装置の特徴・機能」4-1〜
4-19(H18年7月27日).

第6章

プラスチック成形品の2次加工技術

第6章 プラスチック成形品の2次加工技術

第1節　プラスチックの超音波溶着技術

精電舎電子工業株式会社　関　篤揮

1　はじめに

　プラスチック同士を接合する手法として嵌め合わせやねじ締め，接着剤などを用いた接合方法が取られてきた。また外部から接合面に熱や振動（超音波，高周波，レーザーなど）によりエネルギーを局所的に集中させ，発熱させて溶着するといった工法がある。本稿では超音波振動を用いたプラスチックの二次加工における超音波溶着について詳述する。

2　超音波振動技術

2.1　超音波とは

　超音波とは産業界において，「ヒトが聞くことを目的としない音」と定義されている。参考までに，ヒトが音として認識できる可聴域は 20 Hz～20 kHz 帯である。また音とは空気の「振動回数」ともいえるが，この振動を応用した技術として，超音波溶着機をはじめとして，超音波カッターや超音波洗浄機，超音波エコー，超音波探傷器など多くの分野に展開されている。中でも超音波溶着とは，溶着させたい熱可塑性プラスチックを周波数＝振動回数で叩いたり摩擦したりすることで発生する熱を利用した工法である。自動車部品や家電製品，マスクなど，この超音波溶着技術を利用したプラスチック製品は私たちの生活の中で欠かすことができない。

2.2　超音波振動の原理

　超音波溶着を行う超音波溶着機は，「発振器」「振動部」「工具ホーン」の3部位から構成されている（図1）。振動部内部には交流電圧を加えると振動する圧電セラミックスの，チタン酸ジルコン

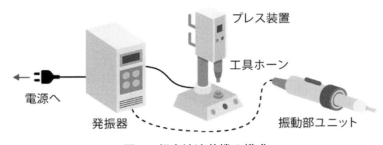

図1　超音波溶着機の構成

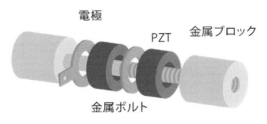
図2　振動子の構成

酸鉛(通称 PZT)が内包されている。PZT を電極と金属で挟んでボルト締結したものがボルト締めランジュバン型振動子(通称 BLT)となる(図2)。この BLT は，超音波溶着で使用する周波数で動作するよう調整を行っている。PZT は交流電圧により伸縮運動を行っており，この伸縮運動の距離(振幅)は数 μ〜数十 μ と非常に小さいが，工具ホーンによって伝達・共振・増幅させることで加工に必要な振幅を得て溶着を行う(図3)。

・発振器
　振動部へ高周波電力を供給し，共振周波数の制御を行う。また超音波振動の発振時間や成型品の溶融沈込量などの制御を行い，溶着や加工したい対象物(ワーク)に対してさまざまな溶着条件の設定を可能にする。

・振動部
　圧電セラミックスで構成された振動子(BLT)と振幅を増幅させる固定ホーンで構成されている(図4)。さらに工具ホーンで振幅を増幅させるとともに，振動をワークに伝達させる。

・工具ホーン(図5)
　振動部からの振幅を増幅し，ワークの溶融に最適な振幅を生み出す。ワークと工具ホーン先端面を加圧・密着させ超音波発振することで，溶着に至る。プラスチックの材質にもよるが必要な振幅は数十 μ 程度で，超音波振動がワークの内部を伝達し，溶着界面で発熱(衝突・摩擦・変形)することで，瞬時に溶着させる(図6)。工具ホーンには，主にジュラルミン，鋼材，チタン材などの金属が用いられ，ワークの材質や特性により使い分ける。振動子，固定ホーン，工具ホーンを合わせたものを振動系と呼ぶ。

図3　超音波溶着機／プレス装置

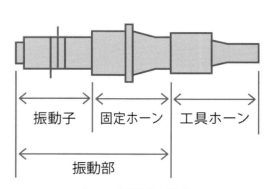
図4　振動系の構成

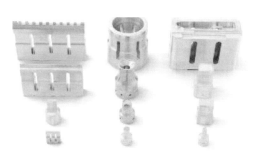

図5 工具ホーン

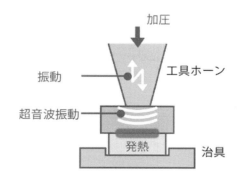

図6 超音波溶着のイメージ

3 超音波溶着に適した材料

3.1 超音波溶着が可能な材料

　対象となるプラスチックは熱可塑性であることが大前提で，成形品やシートなど形状は問わない。ただし，超音波振動を伝えるためのツールである工具ホーンがワークに正しく密着することが重要であるため，複雑な形状への対応は不適である。材質は多岐にわたって適用可能であり，結晶性・非晶性は問わないが同じ結晶性であることが望ましく，異材質の場合には結晶性が同じであること，融点が比較的近いものに限られる。材料への強化材（ガラスフィラーや炭素繊維など）が含まれていても溶着は可能である。

　超音波振動では使用する周波数により振動が伝達する距離が異なり，溶着させたいワーク界面と工具ホーンが接する位置との距離が離れている場合には，振動がワーク内部を伝達する過程で減衰し，界面で熱を発生させることができない。振動周波数は低いほど伝達性が良く，高いほどワーク内部で減衰しやすい。つまりワークが成形品である場合には低い周波数が優れており，高い周波数はフィルムやシートなどの薄物の溶着に優位性を持つ。以下に 19.15 kHz での溶着適合表を示す（**表 1**）。

3.2 溶着リブ

　ワーク界面が平面状の場合，界面の溶融が均一にならず安定した溶着が行えないことがあり，界面には溶けシロである「溶着リブ」を設ける必要がある。超音波振動は性質上，ワークの脆弱な箇所へ集中する傾向を有するため，これを利用し，ワーク界面に小さな突起＝溶着リブを付与することで効率良く溶着を行うことができる。溶着強度は通常，溶融面積に比例し，溶着リブの寸法や形状はワークの要件（溶着強度，外観）に応じて設計する必要がある。ただし，溶着リブの溶融体積を大きく設計するほど強度は増す傾向にあるが，必要以上に大きくすると溶融バリが発生し，外観や機能を損ねる可能性が高まる。溶着後のワークに求められる機能によって溶着リブ形状も多数存在するが，ここでは多くの場合で採用されるダイレクトジョイントとシェアジョイントについて解説する。

プラスチック射出成形技術大系

表1　19 kHz時の溶着適合表

熱可塑性樹脂溶着適合表　●：最適　○：適合

伝達溶着特性　■優　■良　□可

溶着適合	スチロール	AS	ABS	ノリル	ポリアセタール	アクリル	セルロースアセテート	ナイロン	ポリカーボネート	ポリエステル	ポリエチレン	ポリプロピレン	塩化ビニール	PBT	先端振幅 (μm)
スチロール	●														20
AS	○	●	●												20〜25
ABS		●	●			○			○				○		20〜25
ノリル	○			●											20〜30
ポリアセタール					●										30〜35
アクリル		○	○			●			○				○		20〜25
セルロースアセテート							●								20〜25
ナイロン								●							20〜30
ポリカーボネート			○			○			●				○		25〜30
ポリエステル										●					30〜35
ポリエチレン											●				30〜35
ポリプロピレン												●			30〜35
塩化ビニール			○			○			○				●		20〜25
PBT														●	30〜35

・ダイレクトジョイント(図7)

　一般的な形状で，三角リブとも呼ぶ。主に非晶性樹脂の場合に多く用いられるリブ形状である。ワークの片方に小さな三角形を設け，もう片方はフラットの形状にする。基本的に溶着リブは同材質の場合，工具ホーン側に，異材質の場合には融点の高い方に設ける。ただし全てがこの限りではなく，溶着時に発生する溶融バリの許容範囲によって，ワークそのものの形状やリブ形状の設計変更が必要になる(図8)。

・シェアジョイント(図9)

　結晶性樹脂，耐熱性や耐衝撃性に優れたエンジニアプラスチックの気密溶着や強度を高めた溶着に適した形状で，片方を角に，もう片方を斜めに設計し互いをぶつけるような形状に設計したリブ形状である。ダイレクトジョイントに比べ注意点が多く(ワーク成型精度，設置位置関係，溶着中のワークの挙動(膨らみなど))，溶着難易度は高い。斜め形状であるためワーク直上から工具ホーンで押圧することでワークが外側に拡がるような挙動となる。このため受け治具で壁を立て，ワークが外側に逃げないよう工夫が必要である(図10)。

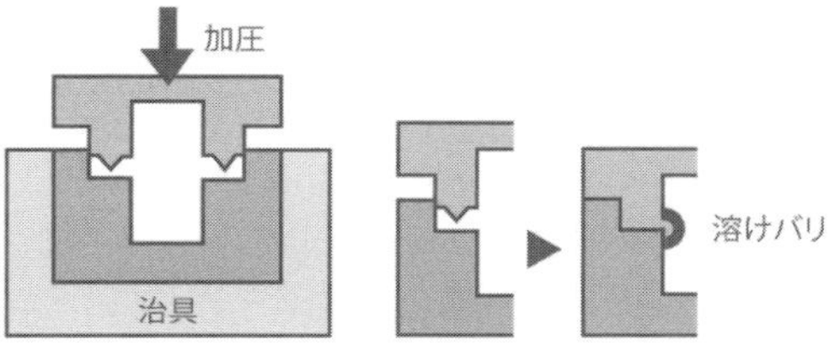

図7　ダイレクトジョイント

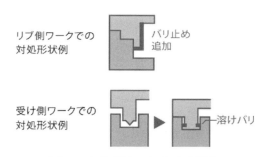

図8　リブ形状によるバリ対策

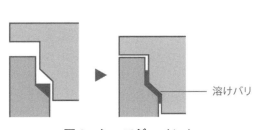

図9　シェアジョイント

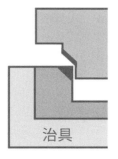

図10　治具を用いたワーク変形の規制

4 種々の超音波工法

　これまで超音波振動を用いたプラスチック成型品の溶着技術について詳述してきた。しかし超音波振動は成型品だけではなくシートやフィルム，また溶着とは異なる振動エネルギーを使ったプラスチックの加工法も開発されている。それぞれの加工法について紹介する。

・伝達溶着（組立溶着）（図11）
　成型品同士を溶着して組み立てる工法。ワークを重ねて工具ホーンを押圧しながら超音波振動を与え，ワーク界面を発熱させて溶着させる。
例）自動車ランプ，体温計，ルアー，電動パーキングブレーキ

・直接溶着（シール溶着）（図12）
　工具ホーンを押圧した部分を工具ホーン先端形状のまま溶着させる工法。押し出しチューブ，ボトルなどの成型品やシートのシールなどに使用される。フィルムや不織布の連続溶着・溶断にも採用される。
例）軟包材（パッケージ），マスク，サージカルガウン

・超音波金属インサート（図13）
　ナットなどの金属部品をプラスチック成型品の穴に超音波振動を利用して圧入する工法。他方式と比較し熱影響が少なく，数秒の加工時間で完了する。
例）自動車インテークマニホールド，歯間ブラシ

・超音波かしめ（リベッティング）（図14）
　プラスチックと金属，もしくは異種材のプラスチック同士の成型品を固定し組み立てる工法。

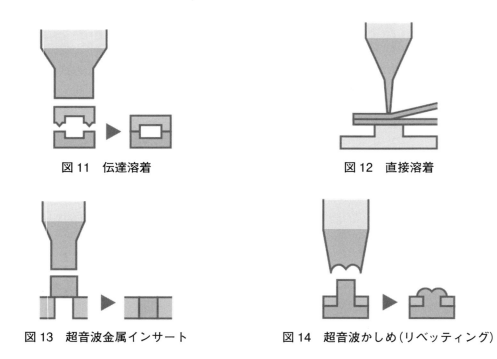

図11　伝達溶着　　　　　　図12　直接溶着

図13　超音波金属インサート　　図14　超音波かしめ（リベッティング）

第6章 プラスチック成形品の2次加工技術

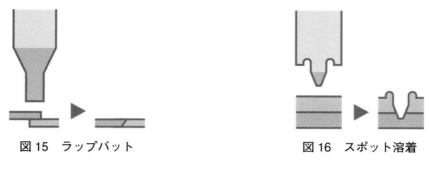

図15 ラップバット　　　　　図16 スポット溶着

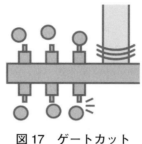

図17 ゲートカット

熱かしめ工法に比べてガタつきが少なく，多点を同時に加工することも可能。
例）自動車内装材，電子基板組み立て
・ラップバット（図15）
　フィルムやシートの端部を微量重ね合わせ，1枚分の厚さに溶着する工法。エンドレスシートのつなぎなどに採用される。
例）フィルム加工
・スポット溶着（図16）
　2枚重ねたプラスチック板を局所的に溶着する工法。溶着リブは不要だが，工具ホーン先端をプラスチック板に食い込ませる必要がある。溶着させる板材の厚みに制限がある。
例）プラスチック製段ボール
・ゲートカット（図17）
　工具ホーン先端を成型品のランナー部分に押圧して超音波振動を加え，瞬時にゲートから切り離して部品を仕上げる工法。
例）ゴルフティー，使い捨て鉛筆（選挙会場，競馬場，ゴルフ場などに設置）
　この他に工具ホーンを刃形状または刃を取り付けて超音波振動を付与し，その切れ味を格段に向上させた超音波カッターや，工具ホーン先端より発せられた振動・振幅により直下の空気層が振動し，音圧となってワークを浮遊させたり消泡させたりする技術も開発されている。

プラスチック射出成形技術大系

5 おわりに

　これまで詳述してきたプラスチックの二次加工に用いられる超音波振動は，医療用や洗浄，探傷検査装置に使われるものとは全く異なる周波数，発振方式となっている。しかし用途や分野に合わせて開発が進み，幅広く世に普及している技術であることをあらためて言及する。

　本稿で紹介した超音波溶着加工は，接着剤などの介在物を有する接着工程の改良に寄与し，特に製造業界でのプラスチックの接着・接合工程を大幅に短縮した。また材料同士を溶着することでリサイクル性を向上させ，接着剤や金属ビスにかかるコストを低減させることができる。近年は，産業界の発展とともに新規に開発されるプラスチック材料の特性や用途，成型品形状に求められる要求レベルが高まっている。時代の変化に合わせ，超音波溶着機も日々開発が進んでおり，高い精度を持った制御方法や従来のエアシリンダによる加圧方式から電動(サーボ)駆動方式が開発されている。今後も産業界の発展に超音波溶着は欠かせない。日々の技術革新の積み重ねにより，超音波溶着機の進化，ひいてはより豊かな社会づくりに貢献していく。

第6章 プラスチック成形品の2次加工技術

第2節　プラスチックへのめっき技術

株式会社真工社　野村　太郎
株式会社真工社　今野　大地

1 はじめに

　プラスチックへのめっき技術は、プラスチック材料の表面に金属膜を形成する技術で、装飾性、耐食性、導電性の向上など、多岐にわたる用途に利用されている。特に、自動車、電子機器、家庭用品などの分野で広く採用されている。本稿では、プラスチックへのめっき技術の基礎知識から、主要な技術、課題、環境対応型表面処理技術について詳述する。

2 プラスチックめっき

2.1 プラスチックへのめっき

　プラスチック材料へのめっき技術（プラスチックめっき）は、金属光沢を有する部品が容易に得られることからさまざまな分野や用途で使用されている。素材に金属を用いた場合に比べて軽量化が可能であり、形状の自由化からデザイン性が高く、大量生産に向くこと、および素材自体のコストが低いなど多くの利点がある。プラスチック素材自体もめっきを施すことで剛性、耐摩耗性、耐候性、耐熱性などの特性が向上する。現在では装飾用として、**図1**に示すように、自動車の外装および内装部品、家電製品、水洗金具などの住設部品、遊技機器、雑貨などに広く使用され、装飾用途以外に電気・電子部品の電磁波遮断（シールド）目的や、さらにはプリント配線板、パッケージ基板、アンテナ部品などの回路形成にまで用途は拡大している[1]。

　プラスチック上へのめっきは銀鏡反応で金属化を行い、無電解めっきで導電化していた。しかしながら、この方法はめっき皮膜の密着性に乏しく、製品全体を包み込むような厚いめっきが必要であったことから、限られた製品しかめっきを行うことができなかった。

遊技機器部品

住設部品

自動車部品

図1　プラスチックめっき部品

1962年，アメリカにおいて，ABS（アクリロニトリル-ブタジエン-スチレン共重合体）樹脂を無水クロム酸と硫酸の混合水溶液で処理することで密着性の良いプラスチックめっきが可能になり，マーボン・ケミカル社よりめっき密着性が良好なめっきグレード用のABS樹脂が発表された。さらに，ABS樹脂の工業化は1963年からで，その初期には，塩化第一錫の塩酸溶液を用いたセンシタイジング処理と塩化パラジウムの塩酸溶液を用いたアクチベーティング処理が行われてきたが，この方法では治具（ラック）の塩ビゾルコートにまで無電解めっきが析出し，電気めっきにおいて治具を掛け換える必要があった。その後，パラジウムコロイドのキャタリストとアクセレーターの組み合わせによる前処理方法が開発され，前処理から無電解めっきを経て最終の電気めっきまで同じ治具で処理するワンラック法により，めっき製品の大量生産が可能となった[2]。1980年代に入るとエンジニアリングプラスチック（エンプラ），スーパーエンジニアリングプラスチック（スーパーエンプラ）などの樹脂が開発されるとともに，そのめっき方法が検討されるようになった[3]。

　現在，プラスチック上のめっきといえばABS樹脂上のめっきが一般的で，めっきを施している樹脂製品の85～90％がABS樹脂上のめっきといわれている[4]。ABS樹脂は各成分が持つ特徴を生かし，優れた特性バランスを有している。アクリロニトリルは強度，耐薬品性，耐熱性に，ブタジエンは柔軟性があるため耐衝撃性に，そして，スチレンは外観性，加工成形性にそれぞれ優れており，その用途によって組成を変化させ，さまざまなところで使用されている樹脂である。その構造はサラミ（海島）構造を形成しており，AS樹脂（アクリロニトリル-スチレン共重合体）相を海として，ブタジエンゴムの島が点在している。ABS樹脂を高温のクロム酸-硫酸混合溶液に浸漬すると，優先的にブタジエンゴムが酸化溶解し，図2のようにプラスチック表面に微細孔が生じることで，めっき皮膜がプラスチックに食い込むように形成され，アンカー効果（相手にいかりを降ろしたように物理的に引っかける効果）により密着を得ることができる。さらに，最表面に極性基が生じ，めっき金属との化学的結合力も期待できる[5]。したがって，このエッチング処理はプラスチックにめっきを施す上で最も重要な工程である。

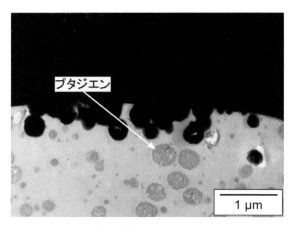

図2　エッチング処理後のABS樹脂断面

2.2　プラスチックめっきの特徴

プラスチックへのめっき部品は，金属素材を用いためっき部品に比べて，次のような特徴を有する。

（1）　研磨なしでめっきが可能

金属素材は，通常，その表面に微細な凹凸や不純物があるため，めっき前に研磨・脱脂などの表面処理が必要である。しかし，プラスチック素材は，成形後の表面が非常に滑らかで均一であるため，研磨なしでめっきが可能である。これにより，研磨による微細な傷や歪みのリスクを避け，最終製品の外観品質が向上するというメリットがある。

（2）　材料費が安価

プラスチック素材は，アルミニウムや鉄鋼などの金属素材に比べ，一般的にコストが低い。たとえば，ABS 樹脂のような汎用プラスチックは，比較的安価で入手可能であり，大量生産に適している。また，軽量であるため，輸送コストの削減や取り扱いが容易という利点もある。これにより，製品全体のコストを抑えることができ，コストパフォーマンスの高い製品を提供することが可能である。

（3）　複雑な形状の部品が大量生産しやすい

プラスチックの射出成形は，金属の加工技術に比べて，非常に複雑で細かい形状の部品を一度に大量に生産することが可能である。金属加工では，複雑な形状を作るには多くの加工工程が必要となる場合が多く，コストや時間がかかる。これに対して，プラスチック成形では，金型を使用することで同じ形状の部品を繰り返し大量に作ることができ，効率的かつ経済的である。

（4）　軽量化に適している

ABS 樹脂の比重は 1.05 と軽量で，アルミニウム 2.70，亜鉛 7.13，鉄 7.87，ステンレス（SUS304）7.93，ニッケル 8.90，銅 8.93 と比較して，とても軽量である。さらに，金属種やその厚みによって多少は異なるが，ABS 樹脂に銅-ニッケル-クロムの多層めっきを施した場合でも，比重は 1.1〜1.2 程度である。このことは，部品形状が大型になればなるほど軽量化の効果が大きいことを示し，自動車や航空機など軽量化が求められる産業では大きな魅力となっている。

2.3　ABS 樹脂めっきに適した成形条件と金型設計

ABS 樹脂といってもさまざまな組成があり，その全てがめっき処理が可能なわけではない。一般的にめっきグレードの組成は，アクリロニトリルが 24〜25％，ブタジエンが 19〜20％，スチレンが 55〜57％含有している。当然，このブタジエンの含有量が少なくなると，めっき処理の難易度が高くなる。

ABS 樹脂にめっきを施す場合，良好な品質を得るためには成形条件や金型設計も非常に重要な要素の 1 つになる。成形温度や圧力，金型設計が適切であれば，表面が滑らかで均一な成形品を得ることができ，後工程でのめっきの密着性や外観品質が向上する。また，金型設計では，ゲート配置やベント，ランナー設計が品質に大きく影響するため，慎重な検討が必要である。

これらの点は ABS 樹脂に限ったことではなく，プラスチック全般に当てはまる。たとえば，

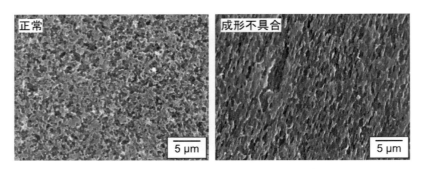

図3　正常品と成形不具合品のエッチング状態

ABS樹脂の射出成形では，ゲート（樹脂の入口）近傍，最遠部などでブタジエン成分の形状や分散密度が異なりやすく，めっき密着性の面内ばらつきにつながる[6]。図3のように，エッチングをした表面を観察した結果，左が正常時のエッチング状態，右が配向が延びてしまっているときのエッチング状態である。左に比べ右には縦長の穴が空いている。これらは，エッチング状態が悪くなる要因となり，膨れやめっき未着といった不具合を生じてしまう。このように密着不良などの不具合が生じた際は，めっき工程が真っ先に調査対象になることが多いが，成形品にも目を向けて調査する必要がある。

2.3.1　ABS樹脂めっきに適した成形条件

（1）　成形温度

樹脂温度は230～260℃が一般的だが，使用するABS樹脂のグレードに応じて調整が必要である。適切な樹脂温度を保つことで，材料が均一に溶融し，表面の滑らかさが向上する。

金型温度は50～70℃が推奨される。金型温度が低すぎると，成形品の表面に残留応力が残り，めっき時に不具合が生じる可能性がある。

（2）　射出圧力と速度

中程度の射出圧力を使用し，成形品の完全充填と表面品質が確保される。高すぎる射出圧力は，材料の流動性を高めるが，内部応力を生じやすくなる。速度は中速での射出が望ましい。過度に速い射出速度は，フローマークや表面の不均一を引き起こす可能性がある。

（3）　冷却時間

金型内での冷却時間は，成形品の寸法安定性や残留応力に影響するため，冷却速度を調整し，成形品全体が均一に冷却されるようにする。

（4）　成形品の取り扱い

脱型後，成形品は取り扱いに注意し，表面に傷が付かないようにする。傷や異物が付着すると，めっきの品質が低下する。

2.3.2　めっきを行う上での金型設計

（1）　金型の表面処理

金型のキャビティ表面は，できるだけ鏡面仕上げにする。これは，成形品の表面を滑らかに保ち，めっきの際に高品質な仕上がりを得るために重要である。

(2) 金型のゲート設計

　ゲートは成形品に流動痕ができないように配置し,適切なサイズに設定する。トンネルゲートやファンゲートなどが一般的である。ゲート位置は,めっき後の後処理が簡単で,外観に影響を与えない場所に設計する。

(3) ベントとランナー

　成形時にガスや空気が適切に逃げるように,ベントを設ける。ベントが不足すると,成形品表面に欠陥が生じ,めっき時に問題が発生する恐れがある。ランナーは流動抵抗を最小限に抑えるために,均等な流れを維持するように設計する。ランナーのバランスが取れていると,キャビティ内での充填が均一になりやすい。

(4) 成形品のリブ設計

　リブは剛性や強度を持たせる,そりを防ぐものであるが,めっきでは電気めっき用接点としても用いられる。リブの厚みが大きくなると,その基部にひけや気泡を生じやすくなるため,リブ厚は成形品の肉厚(壁厚)の50〜70%が望ましい。

2.4 めっきに適した成形品のデザイン

　電気めっきでは,突起部や角部などの電流が流れやすい部分(高電流部)に,金属の析出が集中するため,その部分がこぶ状析出となったり,焦げたりしやすい。そのため,図4のように突起部や角部にRを付け,丸みを持たせた形状にすることで,正常なめっきがしやすくなる[7]。また,無電解ニッケルめっきでは,製品の奥まった箇所が鋭角になっている場合,隅の方はめっき液が入りにくく,めっきが付かない恐れがあるので,その箇所にRを付けるとよい。

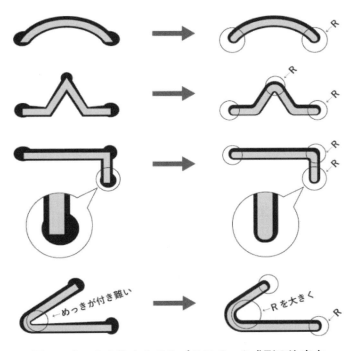

図4　めっきを施す上でのプラスチック成形の注意点

2.5 成形不具合に伴うめっき不良

成形品にめっきを施すと，成形品単体では目立たなかった不具合も目立ち不良品となることがある。特にキズ，ウェルドラインやひけなど凹凸を伴う不具合はめっきによる光沢感の影響で，はっきりと見えるようになってしまう。ここでは，代表的な不具合として，シルバーストリークと生地バリについて説明する。

2.5.1 シルバーストリーク(シルバー不良)

シルバーストリークは成形材料の中に含まれている空気や揮発ガスが，成形品の表面に現れてしまう現象である。主な発生原因は，材料の乾燥不足，シリンダの温度が高い，射出速度が速い，射出時の空気巻き込み，異物混入などが挙げられる。このシルバーストリークはめっき工程中で加温されることにより，樹脂中に溜まっているガスが膨張し，めっきの凸状不良になる。また，膨張した後に弾けることによりめっき未着不良となる。図5はめっき後にデジタルマイクロスコープを用いて観察したものである。めっきを断面研磨観察し，めっきと樹脂の間に見える空気の隙間がシルバーストリークである。

2.5.2 生地バリ

生地バリは金型の合わせ面の隙間や突き出しピンなどの隙間から樹脂があふれ，成形品の形状からプラスチックがはみ出した状態のことである。金型の使用を繰り返しているうちに摩耗し開きが生じてしまうことが原因である。バリは見た目が悪いというだけではなく，嵌合不具合や怪我の原因となる可能性もあるため注意が必要である。また，図6のようにバリを覆うようにし

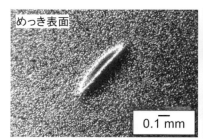 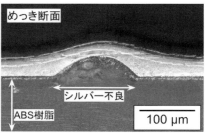

図5 めっき後のシルバー不良観察結果

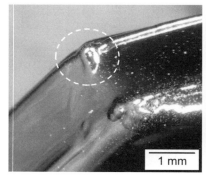 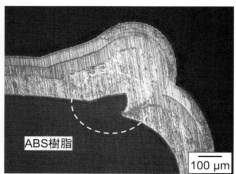

図6 めっき後の生地バリ断面研磨観察結果

第6章 プラスチック成形品の2次加工技術

てめっきが付くため，めっき後にバリを取ると，バリがあった箇所にはめっきが付いていない箇所ができてしまう。そのため，めっき前の除去が必須である。

3 プラスチックへのめっきプロセス

3.1 めっき技術の種類

めっき法は，大きく分けて乾式法と湿式法に分類できる。乾式法は，真空中など非水溶液中で表面処理を行うもので，PVD，CVDなどの真空蒸着やイオンプレーティングなどがある。一方，湿式法は成膜する金属の溶けた溶液中などで表面処理を行うものである。さらに湿式法は，電気めっきおよび無電解めっきに分類される。

電気めっきと無電解めっきの根本的な違いは，金属析出（還元反応）のメカニズムである。電気めっきは，整流器などの外部電源から供給される電子を受け取り，めっき液中の金属が還元されることによって金属を基材に析出させる方法である。これに対して無電解めっきは，外部電源を用いることなく，同じ液中にある還元剤の化学的作用によって金属を基材に析出させる方法である。

3.2 ABS樹脂へのめっき処理工程

ABS樹脂のめっき処理工程は樹脂表面に導電性を付与する前処理工程と要求特性に応じた電気めっき処理工程に分類される。前処理は脱脂，エッチング，触媒付与，無電解めっきの工程がある。電気めっきはストライクめっき，電気銅めっき，電気ニッケルめっき，クロムめっきが一般的な工程である。その概略を図7に示す。

3.2.1 前処理工程

（1） 脱脂/整面

成形品の表面に付着している油分や汚れを除去し，樹脂表面の親水性を高めることによ

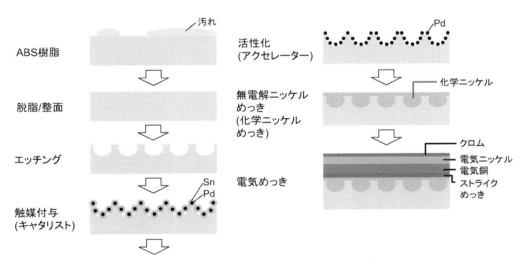

図7　ABS樹脂へのめっきプロセス概略

り，次工程であるエッチング工程でのエッチングムラなどを防ぐのが主な作用である。
(2) エッチング

　ABS樹脂中のブタジエンを優先的に酸化溶解し，樹脂表面に微細孔を形成する工程である。樹脂めっきにおける密着力は，この微細孔を利用したアンカー効果によって得ているため，密着性における非常に重要な工程である。このエッチング処理の過不足は，めっき密着性の低下を招くことになる。図8にエッチングレベルの外観を示す。エッチング不足状態ではめっき密着のためのアンカーが不十分であり密着性は低下する。逆に，過剰な状態では樹脂の強度が低下し，結果的にめっき密着性が損なわれる状況となってしまう。

　ABS樹脂をエッチング液に浸漬すると先述のとおりブタジエンが優先的に酸化溶解する。次いで，アクリロニトリルが溶解しやすく，スチレンが最も酸化されにくい。上記の酸化反応により，ABS樹脂の表面にはカルボキシル基(-COOH)，ヒドロキシル基(-OH)，カルボニル基(-CO-)，アルデヒド基(-COH)の極性基を生じ，親水性が得られるが，極性的にはアニオン性を示す。よって，後工程で使用するPd(パラジウム)触媒と同じ極性を持っていることになり，これらの官能基は，極性的にはPd触媒の吸着を阻害する性質がある。しかしながら，ABS樹脂の場合，その含有成分の1つであるアクリロニトリルが酸化されて生じるニトリル基($-NO^{2+}$)がカチオン極性を示すため，アニオン極性を中性化する。ABS樹脂が，他の樹脂に比べPd触媒の吸着性が優れているのは，この作用によるところが大きい。

(3) 中　和

　エッチング液で使用しているクロム酸を除去する工程である。強力な酸化剤である6価クロムは，Pd触媒の破壊，化学ニッケルにおける還元反応を阻害するなど弊害が多く，この中和工程での除去能力が以後の工程に与える影響は非常に大きい。

(4) 触媒付与(キャタリスト)

　無電解めっきの反応触媒であるパラジウム触媒を樹脂表面に吸着させる工程である。Sn(錫)とPdのコロイドと塩酸で構成され，アニオン極性を持った状態で液中に存在している。キャタリストには，エッチング液からの6価クロムおよび中和工程で処理された無害の3価クロムが持ち込まれてくる。6価クロムが混入した場合，コロイドは酸化反応を受けて分解する。コロイドの分解によって生じた4価のSnは，ABS樹脂表面に吸着し，ザラ不良(めっき皮膜表面に小突起が生じる現象)を引き起こす可能性があるため，6価クロムの持ち込みには十分注意する必要がある。

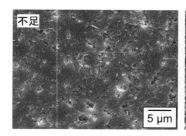 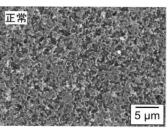 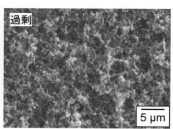

図8　ABS樹脂のエッチング状態

（5）　活性化（アクセレーター）

　　樹脂表面に吸着したコロイド中の Sn を除去し，触媒として機能する Pd 金属に変化させ
るための工程である。硫酸溶液と塩酸溶液の混合液タイプが広く使われており，治具への
めっき析出の程度などによって塩酸の添加量を決定している。また，空気撹拌，機械撹拌，
温度などの条件を中心に微調整を行いながら対応している場合もある。

（6）　無電解ニッケルめっき（化学ニッケルめっき）

　　不導体である ABS 樹脂に導体皮膜を形成する工程である。化学ニッケルあるいは化学銅
を使用しているが，どちらかといえば化学ニッケルを採用しているめっきメーカーが多い。
銅に比べ，電位的な腐食が発生しやすく導電性が悪いなどの欠点もあるが，経時的な浴変化
が少なく管理が容易，ワンラック性に優れる，ザラ不良の発生が少ないなどの利点がある。

3.2.2　電気めっき

（1）　ストライクめっき

　　無電解めっき皮膜上には，まずストライクめっきを施す。無電解めっきにて得られた導電
性皮膜の厚みを増すことが主な目的である。ストライクめっきを行わずに次工程の硫酸銅
めっきを直接実施すると，無電解めっき皮膜が薄いため，電気接点付近や低電流領域のめっ
き皮膜が溶解し，膨れ，めっき未着などの不具合が生じる。ストライクめっきの種類として
はニッケルと銅があり，無電解めっき皮膜や素材の種類によって，どのストライクめっきが
適しているかを選択している。

（2）　電気銅めっき（硫酸銅めっき）

　　電気銅めっきは，素材表面の傷やウェルドなどを隠すために，レベリング性の良い硫酸銅
めっきが用いられる。硫酸銅めっきの目的は，レベリング性の良い光沢のあるめっき外観，
およびめっき皮膜の柔軟性付与である。ニッケルやクロムめっきに比べて柔らかい皮膜であ
る銅を挟むことにより，樹脂とのストレスを緩和する役割を担っている。

（3）　電気ニッケルめっき

　　電気ニッケルめっきは，光沢剤の種類を変化させた半光沢ニッケル，光沢ニッケル，マイ
クロポーラスニッケルの 3 層構造になっている（トリニッケルを加えた 4 層構造の場合もあ
る）。クロムめっきを含めて，外観性とともに耐食性を保つ上で重要な工程である。マイ
クロポーラスニッケルには珪素化合物の微粒子が混入されており，皮膜に共析する。このこと
により，次工程のクロムめっき皮膜に微細な穴が形成され，腐食電流の分散によってさらに
耐食性が向上する。

（4）　クロムめっき

　　クロムめっきは，硬く美しい銀白色の金属光沢外観が得られることから，装飾用として用
いられる。表面には薄い酸化クロム層が形成されるため，高い耐食性を有している。めっき
浴は 6 価クロム浴が主流であるが，環境問題の観点から 3 価クロム浴が普及しつつある。

3.3　ABS 樹脂以外のプラスチックへのめっき

3.3.1　PC/ABS 樹脂へのめっき

PC/ABS 樹脂とは，PC（ポリカーボネート）に ABS 樹脂を混ぜ合わせたプラスチック材料のこ

とである。ABS樹脂に比べて耐熱性および耐衝撃性に優れていることから，めっき部品は自動車部品への適用が多く，ドアハンドルやラジエーターグリルなどに用いられている。その他に，OA機器，電気電子部品，精密機器などのさまざまな分野でも使用されている。また，ABS樹脂と同様のエッチング処理が可能であるが，ABS樹脂と比較してややエッチング性が劣るため，処理条件などを調整することが望ましい。

3.3.2 2色成形品（PC＋ABS樹脂）へのめっき

2種類のプラスチックを組み合わせて，一度に成形機から取り出す成形法を2色成形という。この成形品にプラスチックめっき技術を組みわせたものが2色成形品へのめっきである。具体的には，めっきが析出しやすいABS樹脂と，めっきが析出しにくいPC樹脂を組み合わせて成形し，ABS樹脂だけに選択的にめっきを施す技術である（図9）。2色成形品へのめっきはさらなる加飾性，機能性を高めることができ，自動車部品や遊技機器の筐体加飾部品に使用されている。

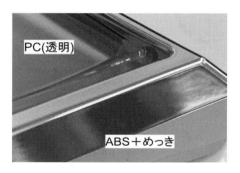

図9　2色成形品へのめっき

3.3.3　その他樹脂へのめっき

ABS，PC/ABS，PC+ABS樹脂以外のめっき可能な樹脂として，ポリプロピレン樹脂（PP），変性ポリフェニレンエーテル樹脂（m-PPE樹脂），ポリアセタール樹脂（POM），ポリアミド樹脂（PA）などがあるが，ABS樹脂へのめっきに使用される汎用工程での処理は難しい。これらプラスチックへめっきを施す際に重要な工程はエッチング処理である。エッチングの良し悪しで，めっき析出性および密着性が左右される。そのため，各種プラスチックの特性を十分に調査し，適切なエッチング処理を行う必要がある。また，これらの樹脂はABS樹脂のように樹脂表面に触媒が吸着しやすい官能基が発現しにくい。そのため，触媒付与工程前にコンディショナー（触媒吸着向上剤）処理を行うとよい。

3.4　クロムめっき以外の装飾仕上げ

クロムめっきは銀白色の金属光沢を有し，耐食性や耐摩耗性に優れることからさまざまな用途で利用されているが，装飾めっき仕上げはクロムめっき以外にも数多く存在する。

3.4.1　サテンめっき

サテンめっきは，金属の表面に光沢のない均一なつや消し仕上げを施すめっき技術である。サテン仕上げとも呼ばれ，装飾的な用途で多用され，独特の質感と美観を持っている。光を拡散させるため，金属表面が均一な微細な凹凸で覆われ，光沢感が抑えられた柔らかな外観を有している。

3.4.2 装飾3価クロムめっき

装飾3価クロムめっきは，装飾性および機能性を持つ装飾仕上げで，使用薬品の毒性が低く，環境や作業者への健康に与える影響が少ないため，環境に優しい代替めっき法として実用化されている。3価クロムめっきの実用性が増加してきた背景は意匠性による効果が大きく，6価クロムめっきでは得られない色調が実現可能である。自動車部品では，6価クロムめっき部品と3価クロムめっき部品が混在して採用されている。そのような状況下で，ロシアにおいて，クロムめっきに特異的な腐食が生じる問題が起きた。この特異的な腐食は融雪剤の影響と考えられ，6価クロムめっき部品で多く発生するのに対し，3価クロムめっき部品では腐食が少ない事象が見られた。このことから，3価クロムめっきがより注目され，耐塩害性(融雪剤を使用する地域での耐食性)めっきとしてさらに適用されるようになった[8]。また，最近では黒色3価クロムと呼ばれるスモーク色調のクロムめっきが流行しており，自動車のバンパー，グリルやカメラ部品などに採用されている(図10)。

3.4.3 金めっき

金めっきは，その優れた特性から，さまざまな産業分野で不可欠な技術となっている。耐食性，導電性，美観，生体適合性といった多くの利点を持ち，電子機器，医療機器，宝飾品などで広く利用されている。

3.4.4 カラークリア塗装

無電解めっきや電気めっきは，塗装やコーティング，印刷と違って対象となる素材を金属皮膜で覆う技術である。高級感のある金属皮膜や多くの機能的特性が実現できる利点とは裏腹に，金属色以外の多彩なカラー化が困難という弱点を持っている。そのため，クロムめっきとカラークリア塗装との組み合わせで重厚感を持ったカラー化を実現している。

3.5 ダイレクトプレーティング法

絶縁体であるプラスチック上に，無電解めっきを使用せずに電気めっきを直接施すプロセスをダイレクトプレーティング法という。1990年代にプリント配線板のスルーホール用めっきとして開発され，その後，プラスチックへのめっきプロセスとして展開された。手法としては，パラジウム法，カーボン法，導電性樹脂法などがある[6]。ここでは，代表的なパラジウム法を図11に示す。ダイレクトプレーティングは直接電気めっきを行うため，活性化～ストライクめっきま

図10 黒色3価クロムめっきと6価クロムめっきの外観比較

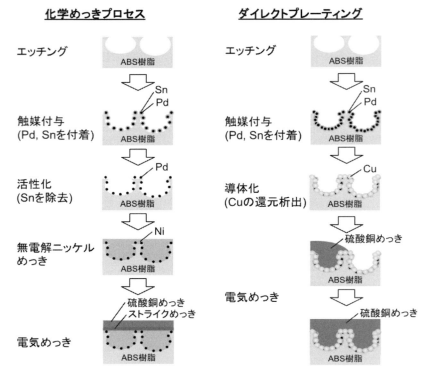

図11 化学めっきプロセスとダイレクトプレーティングの比較

での処理工程が不要となり，量産ラインにおける処理工程（水洗槽含む）は約30%短縮されている。さらに，無電解めっき液中に含有されるリンや窒素を使用しないので，それに伴う排水処理費用も不要となり，コスト低減も見込まれる。また，従来法の無電解めっきに起因する不良を回避することができるため，生産性向上につながる[9]。

4 環境規制対応型プロセスによる絶縁樹脂へのめっき技術

4.1 環境規制

プラスチックめっきは，自動車部品や電子機器，家庭用品などの多くの製品に使用される技術である。しかしながら，このプロセスにはいくつかの環境問題が伴う。プラスチックめっきには，クロム酸，硫酸，ニッケル化合物，パラジウムなどの有害な化学物質が使用される。これらの化学物質は，人の健康や環境に対して有害な影響を及ぼす可能性がある。めっき業界における環境規制に対する取り組みは年々強くなっている。欧州連合（EU）は戦略的な取り組みとして，環境と人の健康の保護のために化学物質を管理すること，世界経済の持続的な活動を掲げて，有害物質の排除もしくは使用量の削減を目的に産業分野に強い規制を要求している。その法制化として，RoHS指令（Restriction of Hazardous Substance），REACH規則（Registration, Evaluation, Authorization and Restriction of Chemicals），ELV指令（End-of Life Vehicles Directive）などがあ

る。これらの規制に示された有害物質材料として，鉛，水銀，カドミニウム，6価クロム，PBB（ポリ臭化ビフェニル），PBDE（ポリ臭化ジフェニルエーテル）がある。

4.2　6価クロムフリープロセス

　プラスチックめっき分野の6価クロムフリー化は，最終仕上げである6価クロムめっきに関する代替技術として，前述の3価クロムめっきや錫系合金めっきが実用化されている。一方，エッチング処理で使用される6価クロムは，代替技術が完全に確立されていないこともあり，日本国内においては明確な使用制限が定められていない。しかしながら，上述のような欧州での有害物質に関する規制が近い将来日本にも波及してくる懸念もあり，クロムフリーエッチング技術への要望が年々高まっている[10]。現在，6価クロムエッチングの代替技術として過マンガン酸エッチングが実用化されており，6価クロムエッチングフリープロセスの最も有力な代替技術ではあるが，一部のPC/ABS樹脂へのめっき密着性を確保する上でいくつかの課題が残っており，完全普及には至っていない。その処理工程としては，過マンガン酸エッチング処理前に樹脂表面を膨潤させるプリエッチング処理を行うプロセスもあるが，触媒付与工程以降は従来法の工程と同様である。

4.3　エンジニアリングプラスチックへの環境低負荷型表面処理法

　エンプラやスーパーエンプラへのめっきは，そのプラスチックの特性を十分に調査し，適切なエッチング処理を行う必要がある。エッチング処理には，硝酸，水酸化ナトリウム，フッ化水素酸，リン酸などの化学薬品が用いられるが，これらの薬品は皮膚腐食性，刺激性や急性毒性など，健康に対する有害性が大きい。さらに，廃液が深刻な環境汚染問題を引き起こす恐れがあること，その排水処理に大きなコストがかかるなどの問題点がある。この代替技術はこれまで多くの手法が検討されており，近年ではオゾン水による表面改質[11)12)]，紫外線（UV）改質処理[13)]など，環境に配慮した新しい表面処理法が開発されている。オゾン水改質法では，オゾンの酸化作用を利用して樹脂表面を改質（エッチング）し，使用後にはオゾンは無害な酸素に分解される。また，大気UV改質処理法は，図12のUV照射装置（江東電気㈱製，KOL4-200H/I2）を用いてUV光を照射し，樹脂表面に機能性官能基を発現させる方法であり，有害な化学物質を使用せずに表面改質が可能となる。これらのエッチング代替処理法は，従来法で必須であった廃液処理などを全く必要としない特徴があり，環境配慮型の処理として期待できる。大気UV処理法により，スーパーエンプラであるポリフェニレンサルファイド（PPS），汎用エンプラである変性ポリフェニレンエーテル（m-PPE）やポリブチレンテレフタレート（PBT）にもめっきを施すことが可能である。昨今では，亜鉛ダイカスト品の代替や，既存部品に電磁波シールド性が求められるケースが増えており，エンプラへのめっき需要が高まっている。その他に適用可能な樹脂としては，エポキシ（EP），ポリイミド（PI），液晶ポリマー（LCP），シクロオレフィンポリマー（COP），ポリアミド（PA）などがある。さらに，UV光が露光した領域のみが選択的に改質されることを利用し，めっきの析出領域を任意に制御することも可能である[14)]。しかしながら，複雑な形状品の表面処理が困難であるという課題がある。

図12　大気 UV 照射装置

5　おわりに

　プラスチックへのめっき技術は，日常生活から産業界に至るまで多岐にわたる分野で重要な役割を果たしている。技術の進化とともに，より高性能で環境に優しいめっき技術の開発が求められている。また，めっき処理時の材料コストも年々上昇しており，コスト低減への対策など，克服すべき課題は多い。今後も新しい技術の導入と課題解決に向けた開発が進展していくことを期待する。

文　献

1) 北晃治：表面技術, **64**(12), 622(2013).
2) 斎藤囲：表面技術, **58**(12), 700(2007).
3) 榎本英彦, 村田俊也：表面技術, **59**(5), 282(2008).
4) 佐藤一也：成形加工, **12**(10), 608(2000).
5) 小松康宏：めっき技術ガイド, 全国鍍金材料組合連合会, 325(1996).
6) 関東学院大学 材料・表面工学研究所：めっき大全, 日刊工業新聞社, 264-275(2017).
7) プレーティング研究会：めっき 基礎のきそ, 日刊工業新聞社, 88-89(2006).
8) 榎戸真哉：表面技術, **69**(6), 230(2018).
9) 別所毅：表面技術, **59**(5), 305(2008).
10) 永峯伸吾, 北晃治：表面技術, **66**(5), 201(2015).
11) 田代雄彦, 梅田泰, 本間英夫：表面技術, **66**(5), 195(2015).
12) 佐藤正勝, 三好康弘, 柿原邦博, 田中昭成, 山崎和俊：表面技術, **62**(2), 127(2011).
13) 野村太郎, 中林祐稀, 田代雄彦, 梅田泰, 本間英夫, 高井治：表面技術, **68**(11), 624(2017).
14) 堀内義夫, 本間英夫：溶射, **61**(1), 36(2024).

第 7 章

AM 造形技術，IoT/AI を活用した ものづくり技術

第7章　AM造形技術，IoT/AIを活用したものづくり技術

第1節　AM(アディティブ・マニュファクチャリング)法

第1項　ストラタシスが切り開く次世代の 3Dプリンティングソリューション

株式会社ストラタシス・ジャパン　中間　哲也

1　3Dプリンティング技術の導入

　3Dプリンターは，AM(アディティブ・マニュファクチャリング)技術の代表的な製品として近年，製造業や医療，教育，エンターテインメントなど，多岐にわたる分野で急速に普及し，その影響力を拡大している。その中でも，ストラタシス(Stratasys)社は，高分子材料を用いたAM技術のパイオニアとして業界をリードし続けてきた。1989年に米国で設立されたストラタシス社は，Fused Deposition Modeling(FDM)技術を発明し，それを基盤に多くの革新的な3Dプリンティングソリューションを提供している。

　ストラタシスの技術は，プロトタイピングから最終製品の製造に至るまで，幅広い用途で使用されており，特に，複雑な形状の部品やカスタマイズ製品の製造において，その優位性が発揮されている。同社の3Dプリンターは，高精度かつ耐久性のあるパーツを作成する能力に優れており，航空宇宙，自動車，医療，消費財など，さまざまな業界で利用されている。

　本稿では，3Dプリンティング技術の基礎から応用例，そして未来の展望まで，ストラタシス社の技術と製品を中心に解説する。読者各位には，3DプリンターおよびAM技術の可能性を理解いただき，今後の活用方法を考えるための基礎知識が得られることを願う。

2　3Dプリンターの技術的基盤

　3Dプリンターを用いたAM技術には，多種多様なプロセスがあり，各技術の特性や利点がある。ここでは，ストラタシスが有する代表的な5つの技術である，Fused Deposition Modeling(FDM)，PolyJet，Selective Absorption Fusion(SAF)，Programmable PhotoPolymerization(P3)，およびStereolithography(SLA)について，その原理，特徴，使用可能な材料の種類と特性について解説する。

2.1　Fused Deposition Modeling(FDM)

　FDM方式は，熱可塑性樹脂を使用する最も一般的なAM技術の1つである。この技術では，フィラメント状の樹脂材料をノズルで加熱・溶融し，層ごとに積み重ねていくことで物体を造形する。ノズルから射出された材料は，造形中にチャンバー内で自然に冷却され，固化し，最終的な形状が出来上がる。汎用プラスチックおよびABSやポリカーボネートなどのエンプラ，スー

プラスチック射出成形技術大系

パーエンプラなどの材料が選択でき，他の方式と比較して低コストで，耐久性のある造形が可能
である。

2.2 PolyJet

PolyJet方式は，光硬化性樹脂を使用した技術で，インクジェットプリンターに似たプロセス
を採用している。すなわち，液体の樹脂を層ごとに微細なパターンで噴射し，UV光で瞬時に硬
化させていくことで物体を造形する。PolyJet方式の最大の特徴は，高い解像度と滑らかな表面
仕上げが得られる点，および，多彩な材料を組み合わせて使用できるため，柔軟性のある複雑な
パーツやフルカラーでの造形が可能となる点である。一般的に，ゴム類似，硬質プラスチック，
生体適合性材料などが選択可能となる。

2.3 Selective Absorption Fusion（SAF）

SAF方式は，粉末床溶融技術の一種で，粉末を敷き詰めた範囲に熱吸収剤を噴射し，熱エネ
ルギーを加えることで粉末を溶融させ，物体を造形する。このプロセスは，一度に多数の部品を
製造できるため，小型部品の小ロット量産に適している。SAF方式の特徴は，高速での製造（造
形開始から造形終了までの1サイクル約12時間）が可能であり，また均一な機械的特性を持つ
パーツを作成できる点で，使用される材料には，ポリアミド（PA11およびPA12）やポリプロピ
レンがあり，これらは耐久性や耐熱性に優れている。

2.4 Programmable PhotoPolymerization（P3）

P3方式は，プログラム可能な光重合プロセスで光硬化性樹脂を使用する。この技術は，液体
の光硬化性材料に高解像度のDLPプロジェクターを用いてUV光を照射して硬化させ，精密か
つ高品質なパーツを製造することができる。P3方式の特徴は，非常に高い精度と均質性を持つ
パーツを作成できる点である。また，造形や条件を細かく設定できるため，医療用器具や高精度
な工業用部品の製造に適している。使用可能な材料には，耐薬品性のあるものや，生体適合性の
あるものなどが含まれる。

2.5 Stereolithography（SLA）

SLA方式は，3Dプリンティングの初期から存在する技術の1つであり，高精度なプロトタイ
ピングに適した技術である。SLAは，液体の光硬化性樹脂を層ごとにレーザーで硬化させ，物
体を造形する。SLAの特徴は，非常に滑らかな表面仕上げと細部まで再現可能な高解像度であ
り，複雑な形状や微細な構造の造形に優れているため，工業デザインや歯科医療，ジュエリーデ
ザインなどの多岐にわたる分野で利用される。使用される材料は，標準的なプロトタイピング用
樹脂から，生体適合性のある特殊な樹脂など，用途に応じた選択が可能である。

3 3Dプリンターを用いた製造プロセスとワークフロー

ここでは3Dプリンターを用いた製造ワークフローについて概要を図1に示すとともに，各ス
テップについて解説する。

3.1 3Dモデルの設計

3Dプリンターを用いてものづくりを行う際には，3Dモデルデータが必要となる。このモデ

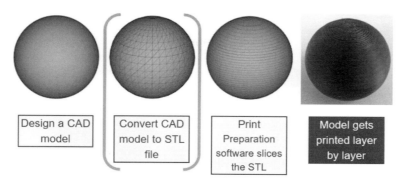

図1　3Dプリンティングの製造ワークフロー

ルは，CAD（Computer-Aided Design）ソフトウェアを使用して作成される。設計の段階では，プリントする物体の形状だけでなく，材質，厚み，サポート構造の必要性，プリント方向などを考慮する必要がある。また，最終製品がどのように使用されるかを見据えて，強度や耐久性の要求にも対応できるデザインを検討することが重要である。

3.2　スライシング

設計した3Dモデルは，スライシングソフトウェアによって3Dプリンターが認識できる形式に変換する必要がある。スライシングソフトウェアは，モデルを薄い層に分割し，3Dプリンターに転送する。3Dプリンターは，受け取ったデータに従い造形を積み重ねることで物体を造形する。このプロセスで使用されるソフトウェアには，ストラタシス社ではStratasys GrabCAD Print[※]がある。

スライシングでは，層ごとの厚み，材料，造形モデルの内部密度，サポート構造の配置など，設定を細かく調整することが可能で，これらの設定が最終的な造形品質や造形時間を決定する。

3.3　造　形

3Dプリンターは転送されたスライスデータを使用して実際の造形を開始する。造形を成功させるためには，あらかじめ適切な環境を用意しておく必要がある。

・例：FDM方式のプリンターでは，スライシング時に指定した材料の装填（ロード）や，モデル，サポートの各ノズルの位置関係のキャリブレーションなどが必要となる。

造形開始時は，材料のフィードやプリントヘッドの動作をオペレーターが監視し，異常がないか確認することが推奨される。材料が詰まったり，層ごとにプリント位置がずれたりするなどの問題が発生することがあるが，これらの問題を早期に発見し対応することで，プリント失敗を防ぎ，材料と時間の無駄の削減につながる。

3.4　ポストプロセシング

造形物は，造形完了後，ポストプロセシング（後処理）を行う必要がある。概要を図2に示す。ポストプロセシングにはサポート材の除去，表面の研磨や塗装，追加の機械加工などが含まれ

※ https://grabcad.com/ja/print より無償でダウンロードが可能。

図2　ポストプロセシング

る。特に高い精度が求められる部品や，滑らかな表面仕上げが必要な場合には，この工程が不可欠である。造形方式やユーザーの品質基準に応じて内容は異なり，手道具で簡単にできるものから，付帯設備が必要となる場合もある。

3.5 注意すべき点と一般的な課題

造形中には，予期せぬ問題が発生することがある。たとえば，材料の収縮やそり，ノズルの詰まり，サポートの不適切な配置など。これらの問題に対処するためには，経験や事前の調整が必要となる。

また，造形時間が長くなるほど，外部要因による影響（温度変化や振動など）が造形品質に影響を与える可能性が高くなる。これを防ぐために，メーカー推奨の環境でのプリントが推奨される。さらに，スライシングや設定の誤りが最終的な造形結果に影響を与えることがあるため，各工程において注意する必要がある。

4　3Dプリンターの使用事例

AM技術は，設計や製造のプロセスに変革をもたらし，多くの産業分野で幅広く応用されている。主要な分野における応用例を通じて，AM技術の利用方法について解説する。

4.1　製造業における事例

AM技術は，製造業において特にプロトタイピングやカスタムパーツの製造で重要な役割を果たしている。

金型などの従来の製造方法と比較して，3Dプリンターを用いることで迅速にプロトタイプを作成し，設計の検証を行うことが可能となり，またそのために開発サイクルの短縮やコスト削減が実現する。自動車業界では，複雑なエンジン部品や内装パーツの試作にAM技術が活用され，製品開発のスピードアップに貢献している。

また，3Dプリンターは小量生産やカスタム製品の製造にも適しており，たとえば，航空宇宙

分野では，軽量かつ高強度の部品を 3D プリンターで製造した部品に置き換えることで，航空機の燃費向上に寄与するなどの実績がある。

4.2 医療・歯科分野における事例

医療・歯科分野では，患者ごとにカスタマイズされた医療機器やインプラントを作成するために 3D プリンターを活用している。たとえば，義肢や補聴器などのカスタマイズが必要な器具において，3D プリンターを用いて作成することで，患者に最適なフィット感や機能性を提供することが可能である。手術前に患者の臓器の精密なモデルを造形することで，医師が手術前にシミュレーションを行うことによりより精度の高い手術の計画を立てることにも寄与しており，手術時間の短縮やリスクの軽減が図られている。

さらに，バイオプリンティング技術の進展により，将来的には組織や臓器の再生も期待されている。

4.3 エンターテインメント分野における事例

エンターテインメント業界でも 3D プリンターの活用が広がっており，映画やゲームのキャラクターモデル，セットの小道具，コスチュームの制作などで，3D プリンティングが重要な役割を担っている。これらにより，デザイナーやアーティストは，細部まで再現されたリアルなオブジェクトを短時間で制作することが可能となり，作品のクオリティを向上することが可能となった。ストラタシス社は過去に LAIKA Studios（米国）が手掛けたストップモーション・アニメーションの映画において，数十万点にも及ぶパーツの製作に協力した実績がある。

5 利点と課題

AM 技術は従来の製造方法とは異なる特性を持ち，多くの利点がある一方，解決すべき課題も存在する。

5.1 AM 技術の利点

（1） コスト削減

AM 技術は，従来の製造方法に比べてコスト削減に大きく貢献するケースも多く，特に複雑な形状の部品やカスタムパーツの製造においては，専用の金型を必要としないため，少量生産や試作段階でのコストが大幅に削減される。また，材料の無駄を最小限に抑え，必要な部分だけを積層していくプロセスは，資源の効率的な利用にもつながっている。

（2） 迅速な試作

前述のとおり，3D プリンターを用いた製造は，試作プロセスを劇的に短縮する。設計からモック品作成までの時間が短いため，デザインの確認や改良を迅速に行えることが大きな理由であり，製品開発のスピードが加速し，市場投入までのリードタイムが短縮されるため，企業の競争力の向上につながっている。

（3） カスタマイズの自由度

AM 技術は，一点物の製品作成においても高い自由度を享受できる。個々の顧客のニーズに応じた製品を作成することが可能であり，医療分野では患者ごとにカスタマイズされたイ

プラスチック射出成形技術大系

ンプラントや矯正器具の製造が一般的になっている。さらに，ファッションやジュエリーデザインなどの分野でも，顧客の要求に応じたユニークな製品の製造が可能である。

5.2 課題

（1） 材料の制約

現在の3Dプリンターでは，使用できる材料に強度や耐久性，耐熱性などの制限が存在する。特に高性能材料や複合材料を使用する場合，対応する3Dプリンターが限られているため，選択肢が狭まる。

（2） 精度と速度の課題

3Dプリンターは，高精度なパーツの製造が可能だが，特に微細な部品や非常に滑らかな表面仕上げが求められる場合，造形プロセスで非常に時間がかかることがある。また，大量生産においては，従来の製造方法と比較すると速度が遅くなるため，量産には向かないという課題がある。

（3） コストパフォーマンス

一部の高性能3Dプリンターや特殊材料は，依然として高額であり，いまだ中小企業や個人が使うにはハードルが高い傾向にある。また，特定の用途においては，従来の製造方法と比較してコストが高くつくこともあり，用途に応じたコストパフォーマンスの見極めが必要となる。

5.3 今後の技術開発による解決策

（1） 材料の多様化と高性能化

今後の技術開発により，3Dプリンターで使用可能な材料がさらに多様化し，高性能化が進むと予想される。たとえば，複合材料や新しいポリマー，さらにはバイオマテリアルの開発が進むことで，さまざまな産業における応用範囲が広がり，製品の性能や耐久性が向上すると考える。

（2） 高速化と精度の向上

3Dプリンター技術自体の進化においては，造形速度の高速化と精度の向上が期待されている。新しい造形技術やプロセスの最適化により，大量生産に適した高速かつ高精度な造形が可能になると考えられる。これにより，3Dプリンターが大量生産分野でも競争力を持つようになる。

（3） コストの低減

技術の普及とともに，3Dプリンター本体や材料のコストが徐々に低下すると予想される。また，新たな製造プロセスや効率化技術の導入により，全体的なコスト削減が進むことで，より多くの企業や個人がAM技術の恩恵を受けられるようになると見込まれる。

6 未来展望と結論

AM技術は，将来的にさらに発展し，新たな市場や産業に影響を与えると考えられている。未来のAM技術は，新しい機能性材料の開発が進み，造形される製品はより高性能で多機能なも

のになることが容易に想像できる。たとえば，導電性やさらなる耐熱性を持つ素材，生体適合性を持つバイオマテリアル，さらには自己修復機能を持つ素材などが登場することで，電子機器，航空宇宙，医療などでの応用がさらに広がると予想される。

また，AM 技術は分散型製造を可能にし，製品を必要な場所においてオンデマンドで作成するという新たな製造モデルを促進している。このモデルは，物流コストの削減，在庫管理の効率化，さらには個別化された製品の迅速な提供を可能にする。将来的には，個々の家庭や小規模な製造施設が 3D プリンターを利用して製品を製造するというシナリオも現実味を帯びてきている。

さらに，バイオプリンティング技術は，AM の未来において重要な役割を果たす分野となる。この技術により，人間の組織や臓器の再生が可能となり，医療分野における大きな革新が期待されている。将来的には，患者の細胞を用いてカスタムメイドの臓器を作製することが可能になることもあり得る。それにより，移植医療の課題が解消され，医療の質が大幅に向上することが期待される。

AM 技術は，異なる産業間の融合を促進し，新たなビジネスモデルを生み出している。たとえば，デジタルファブリケーションと IoT 技術の融合により，スマートマニュファクチャリングが可能になり，製品の設計から製造，配送までをシームレスに統合することができる。このような新しいビジネスモデルは，従来のサプライチェーンを再構築し，グローバルな競争力を持つ企業の台頭を促すと想像できる。

環境意識の高まりに伴い，持続可能な製造プロセスへの関心が高まっている。AM 技術は，材料の使用効率が高く，製造過程での廃棄物を最小限に抑えることができるため，持続可能な製造方法としても注目されている。また，リサイクル可能な材料やバイオベースの材料の使用が広がることで，環境負荷の低減につながり，持続可能な社会の構築に寄与できると見込める。

一方で，実際の工業製品の製造現場においては 3D プリンターによる造形品が量産品質に至っていないことから，特に国内においては量産技術を代替するまでには至っておらず，AM 技術がさらなる普及を目指すためには，量産品同等の品質を担保できるようになることが喫緊の課題となっている。

結論として，AM 技術は今後も私たちの生活や産業に深く関わり，その発展は無限の可能性を秘めている。前述のとおり高度な材料科学の発展，分散型製造の普及，バイオプリンティングの進展など，さまざまな分野での応用が広がり続けており，新たな市場やビジネスモデルが生まれ，持続可能な未来を支える技術としての AM 技術の地位はさらに確固たるものとなる。

技術の進化に伴い，新たな課題も生まれると考えられるが，それらを乗り越えることで，3D プリンティングは未来の製造プロセスの中心となり，社会全体に多大な影響を与えることとなるだろう。

第7章 AM造形技術，IoT/AIを活用したものづくり技術

第1節 AM（アディティブ・マニュファクチャリング）法

第2項 ARBURG社による射出成形機を応用した3Dプリンターの開発
―新工法 APF（Arburg Plastic Freeforming）方式の説明―

株式会社シーケービー 池田 博樹 ARBURG Pte Ltd LIM WEI YEN

1 はじめに

Arburg Plastic Freeforming（APF）には，射出成形機用の標準的なプラスチックペレット材が用いられ，この加工方式により高品質な部品が得られる。オープンパラメーターシステムは，さまざまな材料を使用可能にし，部品の機械的および幾何学的特性を最適化することができ，射出成形品と同等の強度と高密度を実現している。APFは機能部品の工業用積層造形に特に適しており，多くの分野に用いられているが，代表的なものに消耗品のカスタムメイドプラスチック部品，医療用インプラント，オリジナル素材によるスペアパーツの3つが挙げられる。この技術は，さまざまな材料に対応でき最高450℃の融点のプラスチックを加工することができる。350℃でのABS，PC，アモルファスPAのような標準的な材料に加え，TPUやその他の熱可塑性軟質材料など，より多くの材料をFreeformerで加工することができるほか，PPのような半結晶性材料の加工も可能である。

APF工程は，射出成形と同様に，15mmのスクリュを備えた加熱可塑化シリンダでペレット材を可塑化することから始まる。次に，固定された高周波ピエゾノズルから毎秒最大400個の液滴が吐出される（図1）。加圧下で生成される液滴の直径は，ノズルのサイズと機械のパラメーターにより150～300μmである。液滴の直径が小さいほど表面のきめが細かくなり，直径が大きいほど加工速度が速くなる。3軸で移動可能なパーツキャリアは，X，Y，Z方向に位置決めすることができ，事前に計算された位置に個々の液滴を正確に配置することができる。塗布された液滴は，液滴と接合し，周囲の材料と結合するため，層ごとに高い機械的強度を持つ3次元部品が製造される。

吐出量は，設定された液滴吐出量と吐出周波数に依存し，ノズル径0.2mmの場合，最大25cm/h，積層厚も適用ノズル径に依存し，0.15～0.25mmである。APFには2つの吐出ユニットが標準装備されており，50～200℃に加熱可能なビルドチャンバーは，154mm（2ホッパ），234mm（3ホッパ）× 134 × 230mmである。

— 548 —

第7章 AM造形技術，IoT/AIを活用したものづくり技術

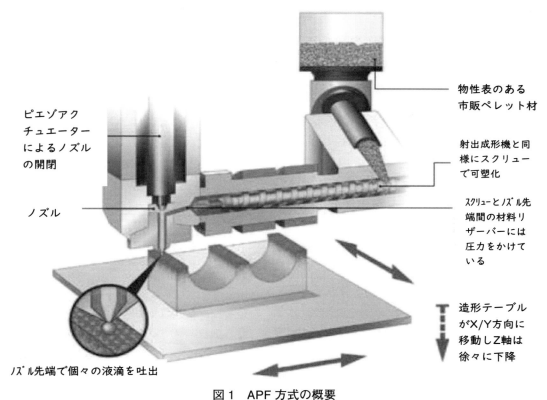

図1　APF方式の概要
ペレット材が可塑化ユニットで溶融され液滴の形でノズルから吐出

2 材料の認定，選択，準備

　可能な限り高品質を達成するため，特定の材料と部品形状に適切な機械パラメーターとデータ処理パラメーターを設定するが，これらはいつでも個別に変更することが可能である。造形部品の品質は，材料特性，機械パラメーター，データ処理によって決まり，全てのパラメーターは互いに適合している必要がある。標準的なプラスチックペレットが使用できるが，できるだけ粉塵が混ざっておらず乾燥された物が適している。新しい材料が使用可能かどうかを確認するために，手順に沿ったプロセスで正しいクオリフィケーションパラメーターが決定される。ユーザー自身が材料の設定をすることも，Arburgの材料データベースを利用することも可能である。ABS(Terluran GP 35，メーカー：Ineos Styrolution)，PA10(Grilamid TR XE 4010, EmsChemie)，PC(Makrolon 2805, Covestro)，TPE-U(Elastollan 78 A15, BASF)，PP(Braskem CP 393, Braskem)などの一般的な材料は，このデータベースに記録されている。
　また，以下のような特殊な用途向けの特殊プラスチックもデータベースに加わっている。
・医療用PLLA(Purasorb PL18, Resomer LR 708：Purasorb PL18およびResomer LR 708：製造元：CorbionまたはEvonik)
・航空宇宙用に承認されたPC(Lexan 940, Sabic)など。材料のデータベースは継続的に拡大し

ており，ドイツARBURG本社にあるArburg Prototyping Center(APC)では，複数台のFreeformerが顧客のためにベンチマークとなる部品を製造している。

③ 液滴形状とアスペクト比に及ぼす機械パラメーターの影響

　新しい材料を処理する場合，可塑化シリンダ，ノズル，ビルドチャンバーの温度はその材料に合わせて調整される。その際，材料データシートに記載されている詳細がベースとなる。部品のひずみをできるだけ抑え，液滴間の結合を良好にするためには，非晶性熱可塑性プラスチックの場合，ビルドチャンバーの温度をできるだけ高くする必要がある。しかし，加工中の部品の安定性を十分に確保するためには，加工される材料の融点以下に設定しなければならない。良好な液滴の結合は高い溶融温度によっても達成されるが，可塑化シリンダ内の温度が高すぎると，材料が急速に劣化する可能性があるためである。

　その他の機械パラメーターとしては，吐出速度，背圧，減圧などが挙げられる。次のステップでは，ドロップレットのサイズを目標層の厚さに適合させる。標準ノズル直径は200 μm，液滴あたりの吐出量と温度の変更は，液滴の形状とその結果得られる部品充填の両方に影響を与える。ノズルサイズの選択は液滴幅に大きく影響し，選択された液滴体積は液滴の高さを決定する。液滴の形状は材料の流動特性にも影響される。良好な部品密度を得るためには，液滴の高さは層厚よりわずかに高くする必要がある。出来上がった液滴の厚みに応じて，2つの液滴間の距離は，スライス時にいわゆるアスペクト比(幅÷高さ比，W/H)によって調整する。フォームファクターを正確に設定するため，さまざまな設定でテストキューブを造形し，その密度と表面品質をテストする(図2)。より良い成形品を得るため，この工程は重要である。

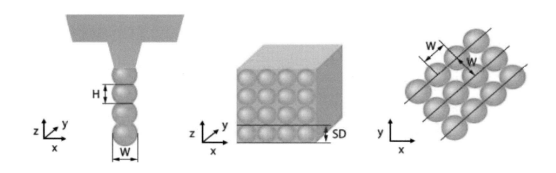

W＝液滴幅，D＝液滴長さ，SD＝積層高さ

図2　液滴の形状に影響を及ぼす要素
ノズルサイズ・液滴の吐出量・材料の流動性により決定する(W/H)

④ スライシングで層の詳細を定義

　スライシングでは，たとえば，部品キャリア上の液滴の位置決めパラメーターが定義される。

第7章　AM造形技術，IoT/AIを活用したものづくり技術

輪郭と内部充填には，それぞれ異なるストラテジーが採用され外形輪郭の液滴は個別に高精度で塗布される。このため，パーツキャリアはあらかじめ計算された各位置で停止する。輪郭のある層への充填では，パーツキャリアは決められた経路に沿って移動し，連続した液滴が列をなして連続的に吐出される。部品密度は個々の液滴間の距離に影響される。外側の輪郭における液滴の結合をより良くするために，輪郭と充填の重なりを定義することも可能である。X方向およびY方向に調整可能なスケーリング係数は，基本的に特定の材料の収縮率に依存する。一方，Z方向の寸法安定性は，スケーリングファクターだけでなく，層の厚さによっても決まる。Freeformerのスライスソフトウェアの標準機能は，部品に適合したサポート構造の自動生成である。この機能は材料に関連する温度，吐出，スライスパラメーターなどの特定のプロファイルが作成される。

5 積層方向と充填角度の影響

Arburg社のオープンシステムを使用すると，部品の機械的特性に的を絞った影響を与えることができる。射出成形部品との比較における，APF部品の方向性，部品密度，引張強さの影響を以下に示す。軸に沿った造形方向の向きは，機械的強度，ひいては部品の品質に大きな影響を与える。一連の試験において，PC製のDIN EN ISO 251-2（タイプ1BA）に準拠した試験片を，同一のプロセスパラメーターで水平方向と垂直方向に造形した。水平方向の試験片の引張強さは，最大引張強さの100%に相当する。積層構造のため，垂直に組み立てた引張棒の引張強さは低くなっているが，この造形方向で，材料データシートで指定された強度の約83%が達成されている（図3）。

高度の部品充填を達成するためには，機械パラメーターとスライスパラメーターを既存の材料特性に適合させる必要があり，液滴サイズは，層の厚みと隣接する液滴との距離を決定する。こ

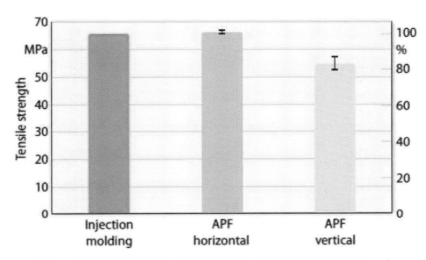

図3　射出成形と比較したPC（Makolon2805，積層高さ200 μm）
達成可能な引張強さは造形方向に依存する

れらの設定が適切でない場合，高い部品密度とそれに伴う高い機械的部品特性が得られない。アスペクト比（W/H）を変えることにより，液滴間の距離が変化するため，APF部品の密度，ひいては充填の程度に的を絞った影響を与え，フォームファクターが高いほど液滴間の距離は大きくなる。

- 例①：**熱可塑性エラストマー（TPE）のような軟質材料の場合**
 アスペクト比を変えることによって，製造される部品のショア硬度を変えることが可能である（図4）。それに伴い部品の機械的特性も変化する（図5）。
- 例②：**PMMA（タイプ：プレキシグラス7N）で作られた試験片を研磨した場合**
 特殊なプロセスパラメーターを使用することで，いかに部品の透明性を達成できるかを示す。

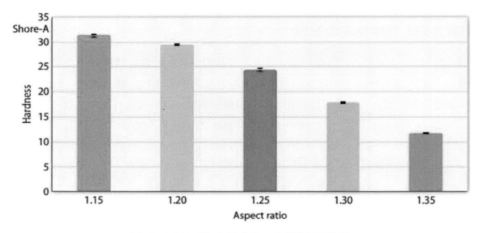

図4　アスペクト比とショア硬度の関係

アスペクト比（W/H）を変えることによりパラメーターの変更なしでショア硬度の変更が可能（TPE：Medalist，ショアA硬度30）

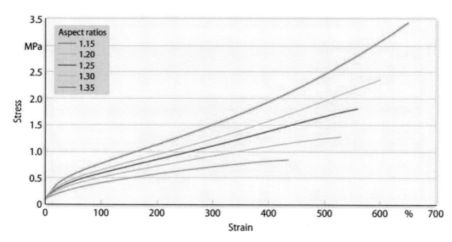

※口絵参照

図5　TPE（Medalist MD-12130H）で製作したアスペクト比の異なる引張試験片の応力／ひずみ曲線

第7章　AM造形技術，IoT/AIを活用したものづくり技術

図6　液滴が高密度に充填されている場合
APFプロセスではPMMAで透明プレートを製造することができる

この場合，液滴は極めて高密度に充填されており，試験片は造形工程後に研磨している（図6）。

6　オリジナル素材で作られた産業用機能部品

　APFプロセスは，業種や適用分野にほとんど制限がなく，現在，産業用途で利用が進んでいる。機能的なプラスチック部品をコスト効率よく個別または少量生産することで，大量生産部品への移行，ひいては市場投入を加速することが期待できる。
　たとえば，アディティブインプリントによるレタリングなど，大量生産される製品の個別化により，プラスチック部品はメーカーにとって付加価値を生み出すような形で向上されている。Freeformerは，試作品に適しているだけでなく機能部品の工業用積層造形にも適している。
　その一例が，エアダクトである。
　航空宇宙用途（図7）で承認されたPC（Lexan 940）で8.5 gの部品を製造した。PP（Braskem CP393）と，造形後に水で溶解されるサポート材Armat 12を使用すると「クリック効果」を特徴とする繊細で耐久性のある構造の，スナップフック付き機能的ケーブルクリップが製造できる（図8）。Igus社はFreeformerで主に独自のトライボロジカル材料を加工している。iglidur 260から作られた耐食・耐摩耗摺動ベアリングは，外部潤滑剤を必要としない摺動特性を備えており，同じ材料で作られた射出成形部品と同等の耐摩耗性が確認されている。

プラスチック射出成形技術大系

図7　エアダクト航空宇宙用途のPC
航空機の客席上への設置など

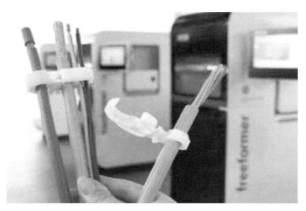

図8　半結晶性PPから作られた造形製造のケーブルクリップ
繊細な構造と射出成形部品特有のクリック感が特徴

7　2つの構成部品

　Freeformerには2つの吐出ユニットが標準装備されているため，2つ目の吐出ユニットを追加部品として使用することで，さまざまな色，特殊な触感，統合された機能，またはハードとソフトの組み合わせの部品を製造することができる。また複雑な形状もサポート構造によって実現可能である。APFプロセス用の新しいサポート材を開発する際，ARBURGは大学や既存の材料メーカーとの共同研究を行い，配合の専門知識を活かしている。水溶性のArmat 11とArmat 12は，特にPP加工に適している。
　APFプロセスは，射出成形のように技術的な生産上の制約なしに部品を作り製造することができる。造形後に水で溶かすサポート材を使用することで，複雑な部品の集まりであっても，連結ロッププーリーを一体で製造することができる(図9)。
　ロッププーリーは，ハウジングと固定フックを含めて作られ，ジョイントを介して可動する。その形状は，力のかけ方と張力特性を考慮して最適化され，引張試験によってテストされてい

— 554 —

第7章　AM造形技術，IoT/AIを活用したものづくり技術

図9　完成品の状態で造形されたモジュール
バイオPAから作られた多関節ロッププーリーの耐荷重は100 kg

る。重さ61.5 g，耐薬品性バイオポリアミド(Grilamid XE4010)製の造形製造部品は，100 kgの耐荷重を持つため，軽量構造に関しても興味深い結果となっている。ある種の生産上の制約と自己支持角度を考慮すると，硬質／軟質TPUとPHA(Arboblend)の組み合わせから作られた可動遊星ローラーでさえ，支持材を使用せずに製造することができる。

8 カスタマイズされた個別部品と機能性材料

産業用途では，カスタマイズされたプラスチック部品は，消耗品や単品の医療部品に最適である。その一例として，Freeformerはすでに，個別化された手術補助具として使用されるPA製のソーイングテンプレートや，一定時間後に体内で溶解する医療用PLLA(Purasorb PL18やResomer LR 708)製の頭蓋骨，頬骨，指骨などのインプラントを製造している(図10)。

図10　APFで医療グレードのPLLAで個々の頭蓋骨インプラントを製造

図11　APFプロセスでPAとTPE2成分で作られたグリッパー・フィンガー

　積層造形の利点は，日々の要件に合わせて現場で小ロットを生産できることである。自動化ソリューション用グリッパーは，要求に応じて迅速，柔軟，かつ安価に製造ができる(図11)。
　機能性材料の場合，付加的な特性を部品に狙いどおりに組み込むことができる。フラウンホーファーICTのFreeformerを使用して付加製造された「ライトスティック」の場合，導電性カーボンナノチューブ(CNT)がPC + ABSブレンドに配合され電流を流すことができる。よくある質問の1つに，積層造形による部品製造の費用対効果に関するものがある。ARBURG社内で生産する場合のコスト計算例では，射出成形の代わりに積層造形を使用する意味がある閾値を示している(図12)。
　当該部品は，オールラウンダーの電気コネクターに取り付けるPEI製の0.09 gのスペーサーである。年間約1,200個の部品が必要で，Freeformerは70個の少量バッチを約3時間で造形製造するのに対し，射出成形機ではこれらの部品4個を8秒で生産する。これは年間生産量全体を40分足らずで賄うことになるが，その場合，ワークに適した金型が必要で，そのコストは約8,000ユーロに上る。この場合，損益分岐点に達するのは5,540個を生産した時であり，諸経費が1,792ユーロなので，必要な1,200個のスペーサーのコストはAPFプロセスの方が何倍も安く，さらに倉庫保管の節約もできる。費用対効果の高い生産を行うには，どのような数量がどのような時期に必要か，また，どのような財務上の条件を満たす必要があるかを正確に計算する必要がある。

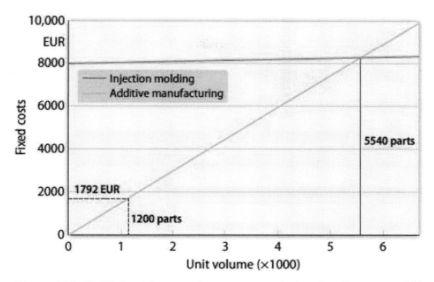

図12　射出成形機とアディティブ・マニュファクチャリングのコスト比較

9 プロセスチェーンにおける造形価値とFreeformerへの顧客要求の統合

　造形製造，射出成形，インダストリー4.0技術を組み合わせることで，ワンオフ部品や少量ロットのアディティブ製造だけでなく，大量生産部品にも対応し，顧客の要望を付加価値チェーンに組み込むことが可能となる。

　大量生産部品の顧客固有の個別化がどのように実現されるかを，ハノーバー・メッセ2015でARBURGがGiraのロッカー式照明スイッチを例に初めて実演した。

　K2016とハノーバー・メッセ2017では，「スマート」な荷物タグのITネットワーク化された空間分散生産を示した（Kunststoffe）。ARBURGが顧客の要望に応じて製品を1単位バッチとして個別化した最初の顧客が，Legoグループである。2017年夏，米国フロリダ州オーランドのレゴ・ブランド・リテール・ストアでパイロット・プロジェクトが実施された。消費者は，標準的な4x2ブロックのキーフォブに文字や自分の名前をその場で装飾してもらい，自分だけのユニークなパーツを持ち帰っている（図13）。

　APFは，移動可能なKukaの7軸ロボット「Tiwa」を使って自動化することも可能である。この自動化のために，ロボットシステムと通信するEuromap 67インターフェースが装備され，フードは完全に自動で開閉し，ワークの脱着も自動化している（図14）。

プラスチック射出成形技術大系

図13 Legoストアで実施されたパイロット・プロジェクト
Freeformerでカスタマイズした（個別の名前を入れた）ブロックを製作

図14 ITネットワーク化され包括的に自動化された大量生産部品の生産ライン
7軸ロボットシステムでFreeformerの造形チャンバーへの材料を自動供給している

10 おわりに

Arburg Plastic Freeforming（APF）とFreeformerは，産業用積層造形向けに設計されたシステムである。その液滴サイズとプロセス制御は，ワークの要件に適合させることが可能である。結果的に，射出成形に匹敵する材料固有の特性が得られ，これらのプロセスのうち，どちらが費用対効果が高いかは単価に依存するため，ケース・バイ・ケースで評価する必要がある。機械とスライシングパラメーターの最適化は，部品の品質向上に大きく貢献する。試作と機械的引張試験の結果では，材料によっては，APFプロセスで射出成形部品に近い部品密度と引張強度を達成

第7章　AM 造形技術，IoT/AI を活用したものづくり技術

できることが示されている。したがって，オリジナル素材から作られた機能的な部品は，1点ものや少量ロットとしてコスト効率よく生産することができる。さらに，Freeformer を生産ラインに組み込むことで，大量生産部品の個別化も可能である。

第7章　AM 造形技術，IoT/AI を活用したものづくり技術

第1節　AM（アディティブ・マニュファクチャリング）法

第3項　EOS 社樹脂粉末積層造形システムの魅力と可能性について

株式会社 NTT データ ザムテクノロジーズ　原田　彰　　株式会社 NTT データ ザムテクノロジーズ　毛利　孝裕

1 はじめに

　従来の 3D プリンターは射出成型用の金型を製造する前の試作段階で意匠面の確認や，機能性の評価などに使用する試作品を金型レスで素早く造形する Rapid prototyping（以下，RP）の用途で活用されてきたが，カスタマイゼーション，オンデマンド生産など 3D プリンターがもたらすさまざまなメリットが認知されることで，現在では最終製品の製造へと活用領域を拡大している。こうした流れの中で 2009 年に ASTM International（以下，ASTM）により 3D プリンティング技術は「Additive Manufacturing」（以下，AM）という工法として名付けられ，「除去的（切削）製造および成型的（塑性）製造方法とは対照的に，層の上に層を重ね材料を結合して 3D データから立体形状を製造するプロセス」と定義づけられた。さらに現在では，ISO と ASTM が，それぞれのAM の規格化を担当する委員会 ISO/TC 261 と ASTM F42 のジョイントグループで AM の規格を制定し，ISO/ASTM を冠した規格番号で発行している。これらの規格は，基本規格（用語の意味や概念の関係性），方法規格（検査方法など作業方法），製品規格（製品の形状や性能の仕様），マネジメントシステム規格（仕事の仕組み）から成り，AM にかかわる企業などが参画し，最終製品を製造する品質を保証するための規格整備が進められている。本稿では当社（㈱ NTT データ ザムテクノロジーズ）が取り扱う EOS 社 AM 装置の事例を交えながら今後の AM の展望について紹介する。

2 樹脂 AM の分類

　ASTM が規定する AM は 7 種のカテゴリーに分類されており，樹脂の造形技術はそのうち 4種からなる。以下にそのカテゴリーについて紹介する。

2.1 液槽光重合法（Vat photopolymerization）

　槽内に液体状の感光性樹脂を充填し，光重合反応を用いて樹脂を硬化させる方式であり，光源にレーザーを使用した SLA（Stereolithography Apparatus）は 1980 年代に初めて登場した 3D プリンターに搭載された最も歴史のある技術である。その後，プロジェクターを光源とする DLP（Digital Light Processing），液晶ディスプレイを光源とする LCD（Liquid Crystal Display）など面露光方式が登場し造形速度が高速化している。高精度でなめらかな表面が実現できることから，

第7章　AM造形技術，IoT/AIを活用したものづくり技術

長くRP用途を牽引してきた方式であり，主な材料はエポキシ系樹脂とアクリル系樹脂の2種類をベースとし，各種フィラー充填によりさまざまな特性を持った樹脂開発が可能であるためRP用途にとどまらず活用の領域を拡大している。

2.2　材料押出法（Material extrusion）

熱可塑性樹脂をフィラメント状に成型した材料を熱した吐出口に押出して積層する方式である。ABSやPLAなど汎用性の高い材料が使用可能であり，家庭用3Dプリンターから最終製品の製造用途まで，幅広く普及している方式である。近年ではフィラメントを使用せず，射出成形用のペレットから直接造形を行う方式も登場しており，小ロットの大型部品の製造などへの応用などが期待されている。Gコードによる3軸制御を基本としているため応用範囲も広く，コンクリートなどの建材を吐出する建築プリンターの他，食品プリンター，バイオプリンターなどさまざまな業種で技術応用されている。

2.3　材料噴射法（Material jetting）

インクジェットノズルから液摘状の感光性樹脂などの材料を吐出し積層する方式である。複数のインクジェットヘッドを搭載することにより物理特性の異なる材料を部分的に組み合わせることや，複数材料を混合させて，特性を調整することも可能である。また元来のインクジェットノズルの特性を生かしたフルカラーの造形や，材料に銀ナノインクを使用したプリント基板用プリンターにも応用されている。

2.4　粉末床溶融結合法（Powder bed fusion）

熱エネルギーにより平面に充填された熱可塑性樹脂もしくは金属の粉末を焼結または融解する方式であり，生産性，精度，装置安定性，材料特性，繰り返し再現性などさまざまな要素を総合して最終製品の製造に最も適した方式の1つであると考えられている。本方式については，当社が販売を取り扱っているEOS社の具体例を用いて **3.** にてさらに詳しく紹介する。

3　EOS社の樹脂粉末積層造形システムについて

1989年にドイツで設立されたEOS社は，産業用3Dプリンターのリーディングカンパニーであり，グローバルの販売実績は累計5,000台を超える。金属材料向けと樹脂材料向けの2種類のシステムが存在し，各々の材料特性に応じてレーザー仕様などのシステム要件が異なるため，金属粉末積層造形システムはMシリーズ（Metalの略），樹脂粉末積層造形システムはPシリーズ（Polymerの略）と別々のシステムとしてシリーズ展開している。本稿では樹脂粉末積層造形システムをメインにその特徴を紹介する。

EOS社の樹脂粉末積層造形システムは粉体の材料をCO_2レーザーで溶融しながら，一層一層造形していく粉末床溶融結合法（Powder bed fusion：以下，PBF）を採用している（**図1**）。他の造形方式の多くは，造形物を支えるための「サポート材」（**図2**）が必要であるが，PBF方式の場合，焼結されない粉末がサポート材の役割を果たすことからサポート材が不要である。サポート材が不要であることから，他の造形方式に比べて中空構造や複雑形状で優位性があること，サポート材の設計不備に起因する造形不良が発生しないこと，サポート材の除去作業が不要であること，

— 561 —

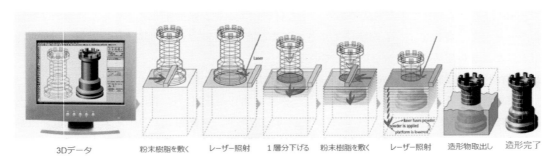

図1　粉末床溶融結合法(Powder bed fusion)造形フロー

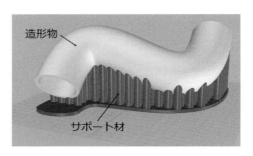

図2　サポート材のイメージ図

出典：EOS
図3　EOS P 770

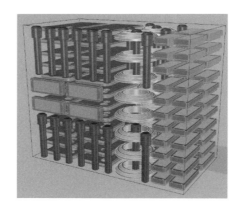

図4　多数個造形のイメージ図

複数部品を自由に積み上げて造形できるなどさまざまなメリットが享受できる。大型モデルであるEOS P 770(図3)の場合，造形領域はW700 × D380 × H580 mmであり，サポートレスの強みを生かした部品の多数個造形が可能である(図4)。

　EOS社の樹脂材料はポリアミド12とそれをベースにアルミニウム，ガラスビーズ，難燃剤などのフィラーを充填したバリエーション品，ポリアミド11，熱可塑性エラストマー(TPU)などさまざまな材料をラインナップしている。代表的な樹脂であるポリアミド12はバランスの良い特性分布から射出成型の代用としてさまざまな業種・用途で活用できる汎用性を備えている。

4 AMの代表的な利点

　AMは市場の変化やニーズにフレキシブルに対応できるさまざまな利点を備えており，既存工法では対応が難しかった用途で最終製品の製造へと活用領域を拡大している。以下にAMの代表的な利点を紹介する。

4.1　形状自由度

　射出成型の製造物には抜き勾配，隅アールなどさまざまな形状の制約が存在するが，AMは射出成型に比べて形状の制約が極めて少なく，アイデア次第で射出成型では実現不能であった新たな形状，新たな付加価値を創造する可能性を秘めている。従来の製造制約を解放し，AMによる付加価値を最大限に高めるこの設計思想はDesign for Additive Manufacturing（DfAM）と呼ばれる（図5）。製造制約がなくなることで，複数部品の統合や機能優先の形状など設計の自由度が飛躍的に向上し，部品性能の向上，軽量化，コスト削減，納期短縮などさまざまな効果が享受できるようになる。

4.2　カスタマイゼーション

　射出成形の製造物は主に金属製の金型が必要となるが，AMはこの型を要することなく3Dデータから直接立体物を造形するため，一品一様のカスタマイズ品を低コスト，短納期でフレキシブルに製造することが可能である。たとえば医療業界ではCTスキャナ，口腔内スキャナなど

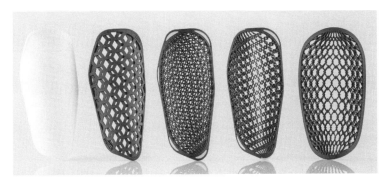

出典：EOS

図5　DfAMを活用した膝ガードの造形事例

出典：EOS

図6　骨切ガイド（右），切断する骨のイメージ模型（左）

出典：Etihad Engineering
図7　Etihad Engineering 社による航空機の内装部品

の入力装置が普及するとともに個々の患者の患部の形状に適合した手術治具(図6)，歯科矯正器具，入れ歯など身近な領域でAMの活用が拡大している。これら医療の領域でAMが活用される理由として，入力装置の普及の他，患者ごとに異なる形状を低コストで複数個同時に製造可能であること，バイオニックな形状や個体認識番号など切削などの既存工法で再現しにくい形状を高精度に造形可能であることなどさまざまな要因が存在している。

4.3　オンデマンド生産

金型が不要なAM技術は必要なときに必要な場所で必要な数量だけ製造することが可能であり，サプライチェーンに革新的な変化をもたらしている。在庫保有という概念から解放され，管理コストや在庫の廃棄リスクもなく，既存工法では生産終了となる古い部品でも，永続的に1個単位で製造可能である。また，ニーズのある国や地域に装置を設置することで物流費用の削減やリードタイムの短縮につなげることも可能である。このオンデマンド生産は，生産数量の少ない航空機，鉄道などの内外装部品，カスタムメイドメガネなどの領域で活用が広がっている(図7)。

5　AMの課題

AM技術は日進月歩で着実な発展を遂げており，今や小ロットの最終製品の製造まで活用領域が広がっているものの，標準的な生産技術として普及するためにはいくつかの課題が残存している。以下に代表的なものについて論述する。

5.1　製造コスト

AMは試作品やカスタム品など少量生産では低コスト，短納期などの強みが発揮できるものの，自動化された既存工法の生産システムと比較すると生産能力の面でいまだ改良の余地がある。AMには樹脂材料の充填，造形物の取り出し，造形後の表面処理などさまざまな工程で人の手が必要であり，連続運転や自動化については各方式共に部分的・限定的に取り組み始めている状況である。

生産能力の他，材料費の課題も存在する。AMの樹脂材料はそれぞれの方式・機体に最適化された専用材料へ加工する必要がある上，余剰樹脂などの産業廃棄物が発生するため，樹脂ペレットから直接生産が可能で，廃棄樹脂の少ない射出成型技術に比べると材料原価が高額になる。

第7章　AM造形技術，IoT/AIを活用したものづくり技術

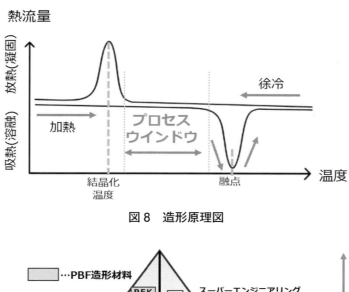

図8　造形原理図

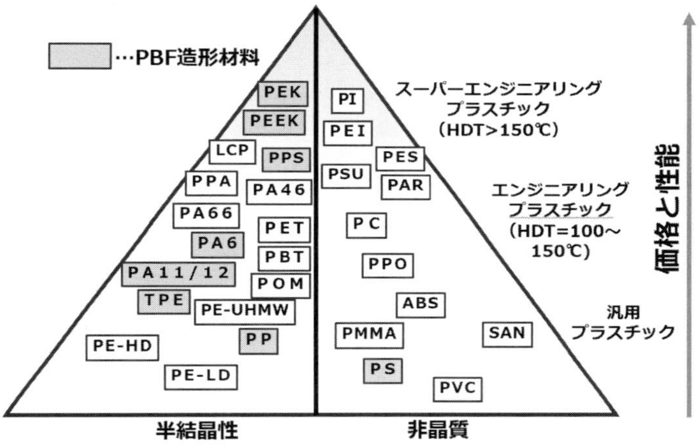

図9　PBF方式で造形可能な材料

5.2　材料の制約

2.で述べたとおり，AMには方式ごとに造形可能な材料の制約が存在する。一例としてPBF方式の樹脂の制約について紹介する。PBF方式に採用される樹脂には，造形原理図(図8)に示すように，吸熱時(溶融)と放熱時(凝固)の温度にズレ(ヒステリシス)が存在する。造形中の造形領域をこの温度帯(プロセスウィンドウ)に保持し，造形終了後，造形領域全体を熱平衡状態に保ったまま徐冷し，造形物を凝固させることで凝固収縮による歪みの発生を抑制し，サポートレス造形を実現している。図9に代表的な熱可塑性樹脂とPBF方式で造形可能な材料を示す。

5.3　設計技術

4.1で述べたとおり，Design for Additive Manufacturing(DfAM)はAMによる付加価値を最大限に高めることが可能であるが，実際に運用するためにはいくつかの課題が存在する。慣れ親しんだ既存工法の設計ルールを白紙にして自由に設計しようとしても簡単にはアイデアが思いつかない。目標性能を満たす形状にたどり着くために解析や試作を繰り返しながら設計するのも困難な作業である。また，AMが得意とするラティス構造などの複雑形状をモデリングする場合，

DfAMに対応したCADソフトの導入が必要になってくる。さらに，造形物の強度や寸法精度などAM方式ごとの特性を理解してデザインルールを構築する必要もある。

最終的に，AM独自の付加価値の高い設計を製品として実現するためにはAM装置の能力の把握，品質管理のノウハウ，ものづくり全体にわたるプロセスの再構築など相応の投資と経験が必要になる。

6 EOS社とXAMによる課題への取り組み

5.で述べてきたようにAMで解決すべき課題はおおむね見えつつあり，この課題を解決すべくEOS社と当社が取り組んでいる最新技術動向を以下に紹介する。これらの最新技術が今後の市場の変化と融合し，AM活用領域が拡張を続けることで，やがてAMが標準的な生産技術として普及することを期待している。

6.1 高速化

EOS社で開発中のLaser Pro Fusion技術は，同社現行機の生産性を大幅に向上させる技術として開発が進められている。同社の樹脂粉末積層造形システムは30〜70Wの1〜2本のCO_2レーザーを走査する方式であるが，Leser Pro Fusionは最大で100万個のダイオードレーザーを同時に発光させ，最大5kWの高出力で造形する方式を採用しており，生産性の飛躍的な向上が期待されている。

6.2 自動化[1]

POLYLINEプロジェクトはドイツ連邦教育研究省の資金援助の下，ドイツ・ミュンヘンにおいて，BMW社を中心に実施されたAM自動製造ラインによる自動車部品の製造に関する実証実験である。使用されたシステム(図10)は上市済みのEOS社樹脂粉末積層造形システム「EOS P 500」をベースとし，Grenzebach社の自動搬送システムとDyeMansion社の自動後処理システム(洗浄，表面処理，着色)の連携により成り立っている。3年に及ぶ検証ののち，2023年に成功を持ってプロジェクトが終了した。実験の成果として，AM装置の生産性の向上，ダウンタイムの

出典：BMW, EOS

図10　EOS P 500をベースとした自動製造システム

削減，無人運転による作業者の安全確保，部品あたりのコストの削減などさまざまな効果が報告されている。なお，BMW 社は過去 10 年間に試作や量産で使用する部品を 100 万点以上 AM で生産しており，本プロジェクトの成果も今後の生産技術に応用する計画である。

6.3 樹脂の再利用[2]

5.1 で述べたとおり，AM では一定量の廃棄樹脂が発生する。この廃棄樹脂を再利用する新たな取り組みとして EOS 社はフランスの樹脂材料メーカーである Arkema 社主導の下，樹脂のリサイクルプログラム「Virtucycle®」に参画した。このプログラムでは，1 kg のポリマー材料を 0.945 kg の射出成型用の樹脂ペレットに再生することができ，原材料の製造工程と比較して約 7 kg の CO_2 削減が達成されることが確認されている。ユーザーは廃棄樹脂を売却することで売却益を得ることができるため，環境面とコスト面の両面で効果を得ることができる。現在，欧米よりサービスをスタートし，アジア地域での展開も検討されている。

6.4 材料制約への対応

5.2 で述べたとおり，PBF 方式で使用できる樹脂は限られているが，汎用的な PBF 用樹脂をベースに，成分の調合やカーボンファイバーなどのフィラー充填により，寸法精度，強度，難燃性など，特性のバリエーションを拡張することで適用範囲を拡張している。EOS グループ会社である Advanced Laser Materials（ALM）社では，宇宙航空，自動車，ドローン，電子，工業，エネルギー，一般消費財などさまざまな業界におけるアーリーアダプターをターゲットに，特定のアプリケーションやプロセス要件に適合した樹脂材料と造形プロセスを企画・開発し，すでに海外を中心に 150 社の導入実績がある。今後この新規性の高い樹脂ソリューションが国内でイノベーションを巻き起こすことが期待される。

6.5 設計ツール

AM らしい付加価値の高い形状は従来工法を前提とした設計とは異なる発想が必要であるとともに，与えられた条件の下，機能性を最大化した形状を得るために複雑な解析計算を繰り返し行う必要がある。そのため高度な数学的手法とコンピューターシミュレーションを取り入れた「コンピューテーショナルデザイン」という新たな設計手法が注目されている。

当社で取り扱っているソフトウェア「nTop」では，距離・応力・圧力・温度など，さまざまな

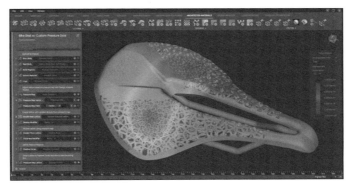

出典：nTop

図 11　nTOP で設計した自転車のサドル

プラスチック射出成形技術大系

出典：EOS

図12　FDRで造形した本の造形サンプル
（造形物のサイズ：W32 × H40 × D11 mm, 最小厚み 220 μm以下）

値の分布を密度や肉厚などの設計値に反映することができるため，軽量化，高耐久などさまざまな機能要求をリアルタイムで形状に反映しながらモデリングすることが可能である。また，ボロノイ構造，ラティス構造，ジャロイド構造など金型では造形できない複雑形状を活用することでAMの付加価値を高めるDfAMソリューションとしてトップクラスの性能を誇っている（図11）。EOS樹脂粉末積層造形システムとの相性も良く，nTopで作成した形状データはメッシュファイルに変換することなく造形できるため，形状精度やファイルサイズの問題が発生することなく運用可能である。

6.6　微細造形技術

EOS独自の微細造形技術であるFine Detail Resolution（FDR）は通常のCO_2レーザーのスポット径を極細にチューニングし，柔軟で軽量な樹脂材料ポリアミド11と組み合わせて使用することで，最小220 μmの壁厚と最大 +/- 40 μmの優れた寸法精度が実現可能なシステムである。ポリアミド11で造形された部品は柔軟性と靭性を兼ね備えており，切削加工や射出成型など従来工法では対応できない微細形状の領域で，AM独自の付加価値の高い製品を生み出すことが可能である。図12は肉薄形状，柔軟性，靭性をPRするために手のひらサイズに設計された本のデモンストレーション用サンプルであり，ページをめくることも可能である。

7　生産技術としての普及について

AMの課題解決に向けた取り組みは進展しているものの，AM技術が射出成形技術のように標準的な生産技術として普及するためには，造形機・材料の課題解決だけでは不十分であり，付加価値の高い製品企画，造形ノウハウの習得，品質保証など体系的な取り組みが必要となる。

当社は，1993年にEOS社と国内総代理店契約を締結後，AMの実践者であり先駆者として産業化されたAMプロセスを実現すべく，2020年に「AMをものづくりのあたりまえに」のビジョンを掲げ，AMの専業会社として㈱NTTデータ エンジニアリングシステムズから独立分社化を

図13 デジタルマニュファクチャリングセンター

果たした。2022年に設立したデジタルマニュファクチャリングセンター(図13)にはEOS社積層造形機を16台設置し、30名を超えるエンジニアが顧客と一丸となってAM生産技術の確立に取り組んでいる。AMを生産技術として活用するためには、AMに関して上記のような取り組みができる企業と連携することが重要である。

8 おわりに

本稿では、試作用途から始まったAM適用領域が最終製品の製造に拡大していく展望を解説した。AMは市場の変化に対応するための技術であり、射出成型技術では実現できない新たな付加価値を生み出す可能性を秘めている。今後、AM技術は市場の要求が変化し、造形速度の向上、DfAMの浸透、システムの自動化などブレイクスルーを経て、将来的に射出成型技術と共に標準的な生産技術として双方の技術の長所と短所を補完し、共存共栄していくことを期待している。

文 献

1) https://www.eos.info/en-us/press-media/press-center/press-releases/dyemansion-eos-grenzebach-polyline-project

2) https://www.eos.info/en-us/press-media/press-center/press-releases/responsible-aluminium-manufacturing

第 7 章 AM 造形技術，IoT/AI を活用したものづくり技術

第 2 節 IoT/AI を活用したものづくり技術

第 1 項 技術伝承と人材育成を目的とした 「IoT"ブレイン"金型」の開発

株式会社 LIGHTz 乙部 信吾

1 背景：「技術伝承」の難しさ

　射出成形技術は素形材加工，変形加工分野に属し，「素材に外力や熱を加えて変形させる加工」と定義される。実際の製造は，金型の内部に溶融したプラスチックを流し込み成形するというかたちで行うが，製造物の品質（出来，不出来）は実際に作ってみなければわからないというケースが大半であり，失敗を避けるためのノウハウは現場担当者の暗黙知になっており，その考え方を若手に伝えるのは大変難しい。

　製造メーカーにおいては，成形条件を「成形機の設定パラメータ」の一覧表などの形式にまとめ，若手にもわかるような「レシピ化」を進めている現場も多いが，個々の製造品の形状特徴によってはうまく成形できない場合もあり，基礎の考え方が十分に伝わっていない現場では，若手だけでは改善が難しい現状がある。

　そのような中，国内製造業では人手不足が顕著となり，射出成形技術の担い手が減ってきているという背景から，技術伝承の喫緊の取り組みが必要となっている。

2 IoT，AI を活用した金型技術の開発

　当社（㈱LIGHTz）は，筑波研究学園都市（茨城県）にある AI 開発ベンチャー企業である。今回，㈱IBUKI（中小金型メーカー，山形県），および山形大学工学部（グリーンマテリアル成形加工研究センター）の伊藤浩志研究室と共同で開発した「IoT"ブレイン"金型」の成果を報告する。

　IoT 金型とは，金型に取り付けたセンシングデバイスからの入力データを活用して成形性を高める金型のことである。今回はさらに，この金型に AI を"ブレイン"として搭載する新規の開発を行った（図1）。

　この AI には，ディープラーニングや機械学習などの計算技術を盛り込んだだけではなく，熟達者思考を模した2種類のモデルを取り入れている。

　その1つは，金型メーカである㈱IBUKI の現場技能者の思考である。こちらは成形時の不具合回避に関する現場知見が主となっている。

　もう1つは，山形大学の伊藤教授の思考をモデル化したものである。こちらは，長年，樹脂成形分野の研究に携わられてきた同研究室のプラスチック（高分子材料）成形現象に対するアカデ

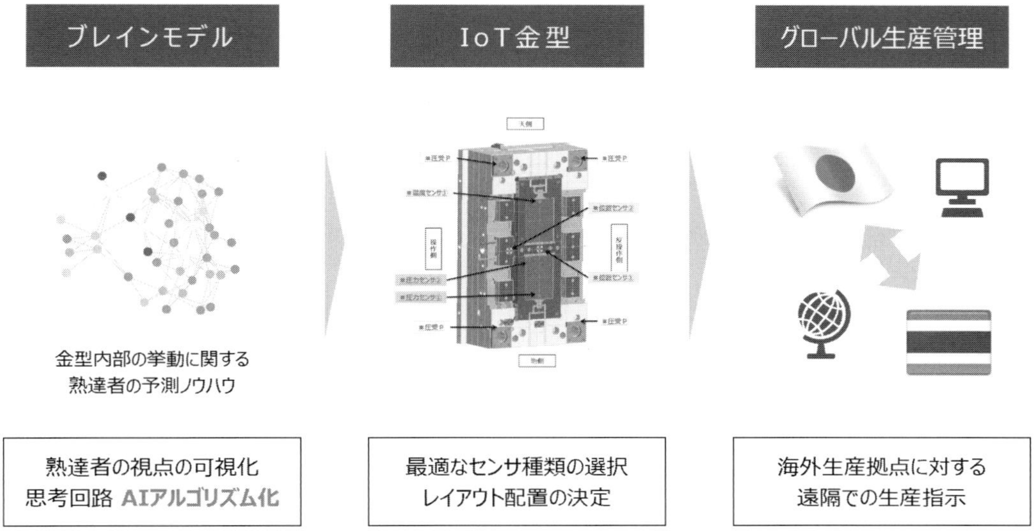

第7章 AM造形技術，IoT/AIを活用したものづくり技術

図1 IoT, AIを活用した金型開発のコンセプト

図2 現場知見，学術知見のハイブリッド

ミックな見方，思考が主となっている。

中小企業の現場知見と大学の研究成果がどちらも盛り込まれた金型になっている点に本取り組みの価値がある(図2)。

3 開発内容「IoT金型」の設計

3.1 製作アプローチ

まずはじめにIoT"ブレイン"金型の基礎となる「IoT金型」の製作アプローチについて説明する。

「IoT金型」は，以下のステップで製作した。

— 571 —

<アプローチ>
① 熟練の金型技術者に対してヒアリングを行い，そのノウハウ(暗黙知)を可視化，モデル化する
② モデル化した結果から，金型上で測定，観測すべきポイントを洗い出し，必要なセンサ類を選定する
③ 金型内の的確な位置にセンサを配置するためのレイアウト設計を行う

3.2 ブレインモデル

熟練の金型技術者が，射出成形に対して，どのようなことを考えているかをヒアリングし，その思考を「言語ネットワーク」の形でモデル化したアウトプットを図3に示す。

思考の全体像はブレインモデルと呼称する言語ネットワークの形式にまとめ，その共起関係(何と何を同時に考えるか)を読み解いた。

このモデル化によって，射出速度や金型温度，樹脂温度などの計測結果を起点にして，複合的に成形機の設定値のチューニングを検討している熟達者の思考が可視化できた。

そして，熟達者の思考は「路式(ルート)」ではなく，「網式(ネットワーク)」で形成されている

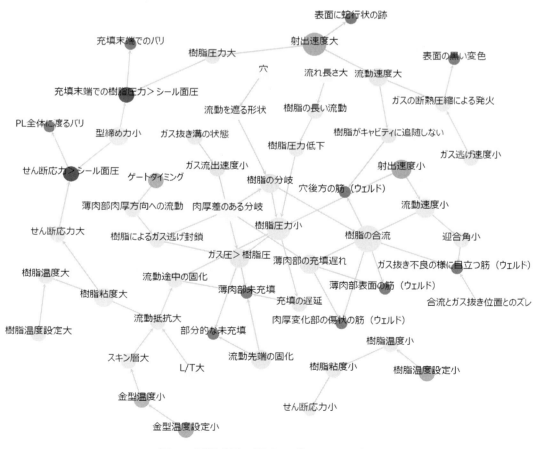

図3 樹脂成形に関するブレインモデル

こともわかった。
3.3 センサ選定
　次に，ブレインモデルによって判明した測定，観測ポイントに対し，必要となるセンサを検討した。今回，「IoT金型」に搭載したセンサの一覧を図4に示す。

　センサの選定に際しては，現場技能者，および大学の研究員から追加のヒアリングも行い，金型，および内部の樹脂挙動の現象把握のために必要となる観測点をリストアップした結果となる。最終的には6種類のセンサを選定した。

　変位センサは，樹脂成形時，特に保圧の際の金型の開き量を計測するために必要と判断した。金型外部の開きより，よりコアに近い金型内部の開きが重要となるため，300℃以上の耐熱性能を持つセンサをメーカと共同で新規に開発した。

　温度センサは，ゲートから流入する樹脂の温度を計測したり，金型の末端部でどれくらいまで樹脂の温度が下がっているかを計測することを想定した。

　流速センサは，金型内部に樹脂が流れ込んでくる速度を計測するためにリストアップした。金型内部では，金型表面に近い所を流れる「スキン層」と，成形品の中心部に近い所を流れる「コア層」では樹脂の流動速度が異なることが経験的に知られているが，この挙動を把握することにもチャレンジしたいと考えた。

　内圧センサは，流入口の圧力変化が，金型内部の圧力変化にどのようにつながるかの挙動を把握することを目的にリストアップした。金型内部のガスの抜け方が樹脂の回り込み方に影響するため，その挙動を明らかにすることができたらと考えた。

　振動センサは，金型が開閉動作する際のビビリ現象を把握することを目的に選定した。成形のショット数が増えると徐々に開閉機構の摩耗が起こり，摩擦が大きくなるため，その変化が成形

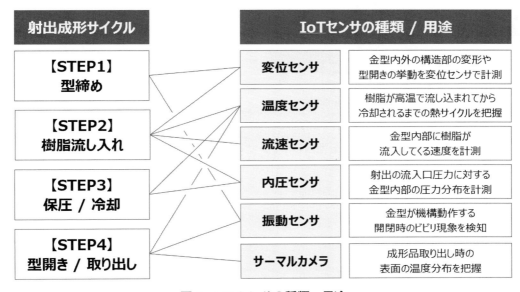

図4　IoTセンサの種類，用途

品質にどのように影響するかを把握したいと考えた。

サーマルカメラは，金型から取り出した成形品の表面温度を測定し，取り出し後の冷却によるそりの発生などを予測することが可能になるのではないかと考えた。

3.4 レイアウト設計

次にセンサの具体的なレイアウトを検討しながら，本金型の設計を行った。3D/CADモデル上でのセンサレイアウトの検討結果を図5に示す。

ゲート近傍に圧力センサや温度センサを配置し，金型内には樹脂流動の初速を計測するための流速センサを配置している。サーマルカメラでは，成形品取り出し時の表面の温度分布を計測している。その他，成形品の重量から樹脂の充填量もデータとして取得している。

どこにセンサを配置すればよいか，レイアウトを決定する設計思想としては，現場熟達者が，「普段は見えない金型内部の挙動」をどのように頭の中で思い浮かべ，不具合を回避しているかの考え方をベースにし，そこに大学研究のアカデミックな視点として，現象の変化点を数値(特徴量)として捉えるのに最も適した配置はいずれか，という考えを加え，完成させていった。

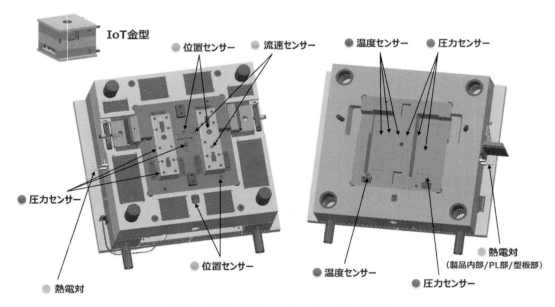

図5　金型内の「センサレイアウト」設計

3.5 「IoT 金型」製作

実際に製作した IoT 金型の実物写真を図 6, 7 に示す。

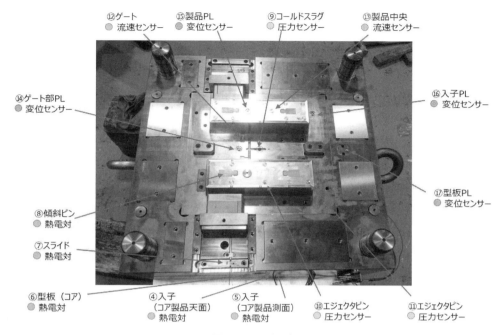

図 6　IoT 金型
(実物(コア側))

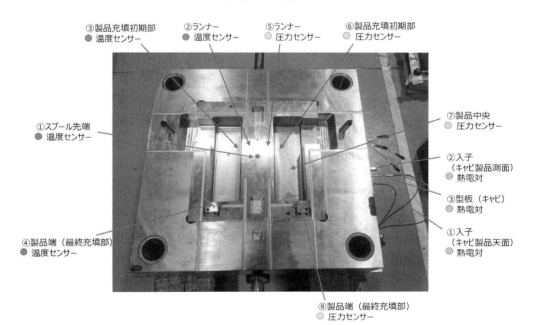

図 7　IoT 金型
(実物(キャビ側))

4 IoT 金型を用いた実験

次に製作した金型で実際に射出成形を行い，どのようなセンシングデータが取得できるかの実験を行った。今回，実験には4種類の樹脂材料（PP，PP＋タルク，PA，PC）を用いた。

PP（ポリプロピレン）はさまざまな製品に使われている最も汎用的な樹脂として扱った。

PP＋タルクは，主に自動車部品などで成形品の強度を上げるために用いる材料として，PPとの違いを検証するために選定した。

PA（ポリアミド）はナイロン系の樹脂として，その特性を確認するために選定した。

PP，PA は結晶性の樹脂であるのに対して，PC（ポリカーボネート）は非晶性の樹脂として，他の樹脂との特性差が出る可能性を想定して選定した。

成形実験のパターン表を**表1**に示す。

この実験は，成形機の設定を変えたときにどのような現象が起きるか，そのときにIoTセンサの検出値がどうなるのかを把握するために行ったものである。良品成形の条件を導出できたら，それを中央値とし，各設定値を「プラス／マイナス」に振っていくと，ある水準に達したときに成形品に不具合が発生する。そのときのデータに不具合発生のラベルを付与してAI構築の元データとする。

今回の実験パターンを構築するにあたって取り上げた成形機のチューニングパラメータと不具合発生の関係をまとめたパラメータ表を**表2**に示す。

成形の熟達者は，これらの組み合わせを経験的に理解しているので，どのパラメータをどれくらいチューニングすれば不具合を解消できるのか，即時にその量を定めることができるが，この表の組み合わせの複雑さを見ればわかるように，複数の不具合が出たときにそれを同時に解消す

表1 成形実験 パターン表

各成形条件パラメータが，金型内の樹脂挙動へ与える影響を知るための実験
⇒単一のパラメータを振り，各センサーの波形データを取得

基準値＝良品条件

		----	---	--	-	基準	+	++	+++
金型温度	℃					30	40	50	60
ノズル温度	℃			170	175	180	185	190	
射出速度	mm/s		9	11	13	15	17	19	21
VP切り替え位置	mm			17.5	18.5	19.5	20.5	21.5	
保 圧	MPa		0	10	20	30	40	50	
保圧時間	s	0	1	3	5	7	9	11	
スクリュ回転数	rpm				20	30	40	50	
背 圧	MPa		6	8	10	12	14	16	18
サックバック量	mm			1	2	3	4	5	
冷却時間	s			20	25	30	35	40	
射出時間	s			1.3	2.3	3.3	4.3		
射出圧力	MPa			64	74	84	94	104	

表2 [不具合×成形パラメータ] 関係表

成形パラメータ	調整	シルバーストリーク	グレージング	ひけ	離型不良	フローマーク	バリ	ショートショット	ウェルドライン	やけ	光沢不良	そり	ジェッティング	糸引き	ボイド
材料コンタミ	異物を除く	●													
材料流動性	下げる						●								●
材料流動性	上げる					●		●	●			●			
材料乾燥	過熱しない										●				
材料乾燥	時間かける	●													
型開速度	下げる											●			
型開速度	上げる													●	
型締力	上げる			●			●								
ノズル径	上げる					●					●				
ノズルタッチ	確認する	●			●										
離型剤	減らす		●							●					
離型剤	使用する				●						●				
V/P切り替え	遅くする			●											
冷却時間	減らす														
冷却時間	増やす			●						●	●				
保圧時間	減らす						●								
保圧時間	増やす			●		●			●						●
射出時間	減らす				●										
射出時間	増やす			●							●				●
サイクル時間	減らす	●													
サイクル時間	増やす					●		●	●						
サックバック量	増やす														
充填量	減らす		●		●		●								
充填量	増やす			●				●			●				
スクリュ回転数	下げる		●	●											
スクリュ回転数	上げる														
射出速度	下げる		●				●				●		●		
射出速度	上げる					●		●			●	●			
保圧	下げる		●												
保圧	上げる									●					●
射出圧力	下げる		●				●								
射出圧力	上げる	●		●		●		●	●		●				●
背圧	かける	●						●		●					●
ノズル温度	下げる						●							●	
ノズル温度	上げる	●				●		●							
金型温度	下げる			●	●								●		
金型温度	上げる	●	●			●		●	●		●	●			●
シリンダ温度	下げる			●									●		
シリンダ温度	上げる					●		●	●		●	●			●
勾配適宜				●											

るパラメータ設定をすることは容易ではない。

　IoTセンサで取得した特徴量(圧力センサの検出値)の例を図8に示す。PCは高粘度であるため，他の樹脂に比べて高い充填圧力が必要となっていることが分かる。

　センサデータ取得の実験結果から，射出成形のステップにおいて，どの段階でどのような不具合が検出できるかの全体像を整理したマップを図9に示す。

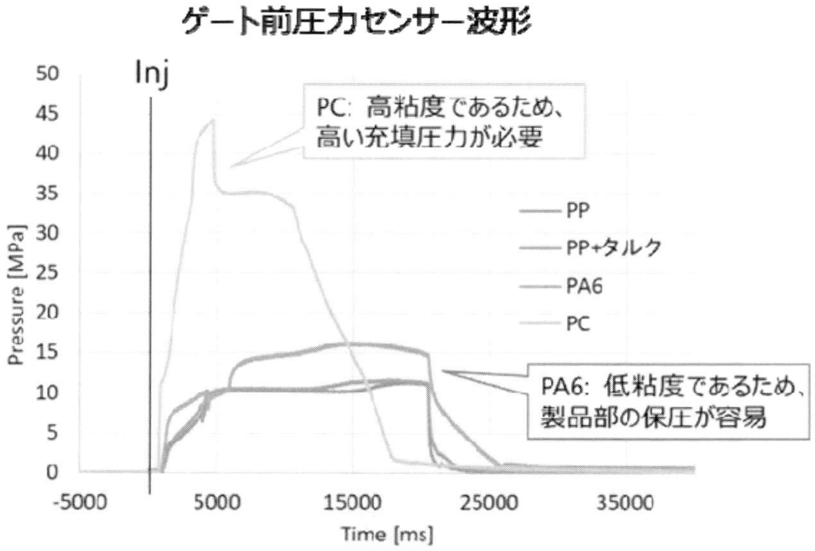

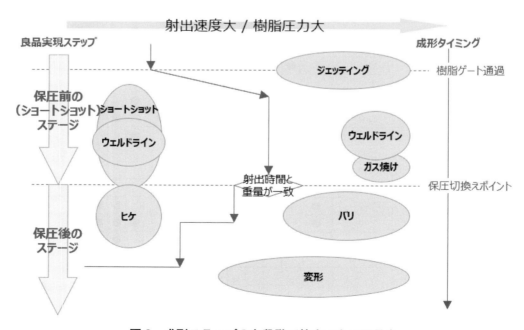

図8　ゲート部に敷設した圧力センサの検出値

図9　成形ステップの各段階で検出できる不具合

たとえば，ゲートに樹脂が流れ込んだ際に空気が混入することで起こる「ジェッティング」や，保圧時に金型が開いてしまうことで起こる「バリ」の不具合などを時間軸ごとに確認できる。

5 「AIツール」構築

次にIoT金型から検出されたセンシングデータの特徴量を元に不具合の発生状況を予測することを目的に開発した「AIシステム」の概要を説明する。

システム画面を図10に示す。

このシステムは，金型に取り付けたセンサのデータがインプットされると成形機チューニングの補正値がアウトプットされるという仕組みになっており，その値の導出理由をAIが文章で解説してくれる。AIは「ブレインモデル」のニューラルネットワークの構造を元に構築されている。

ブレインモデルはスペシャリストの思考を模したものになっているため，本システムから導出される解説は，熟達者本人からアドバイスを受けているような情報になっている。

次に，この「複数の事象を同時に解決する」ため，どのような形式でツールを構築したかを説明する。

ツールとしては，右側にIoTデータ表示部，中央上に成形機のパラメータチューニングに関するリコメンド表示部，中央下に算定結果の根拠を言語で示すブレインモデル表示部を配置する構成になっている。

以下，順番にその仕様を説明していく。

① センシングデータ表示部

　IoTセンサの実測データは，クラウド経由でこのエリアに数値グラフとして表示される。

　実測値は，良品が取得時の基準データとの差分(ズレ量)を比較できるようになっている。

② リコメンド表示部

　画面中央上には，言語で成形機のパラメータ変更を促すリコメンドが表示される。その下に実際に入力するパラメータの推奨値を示すチャートが配置されている。

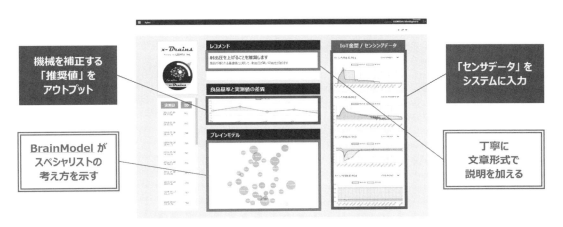

図10　「IoT"ブレイン"金型」システム画面

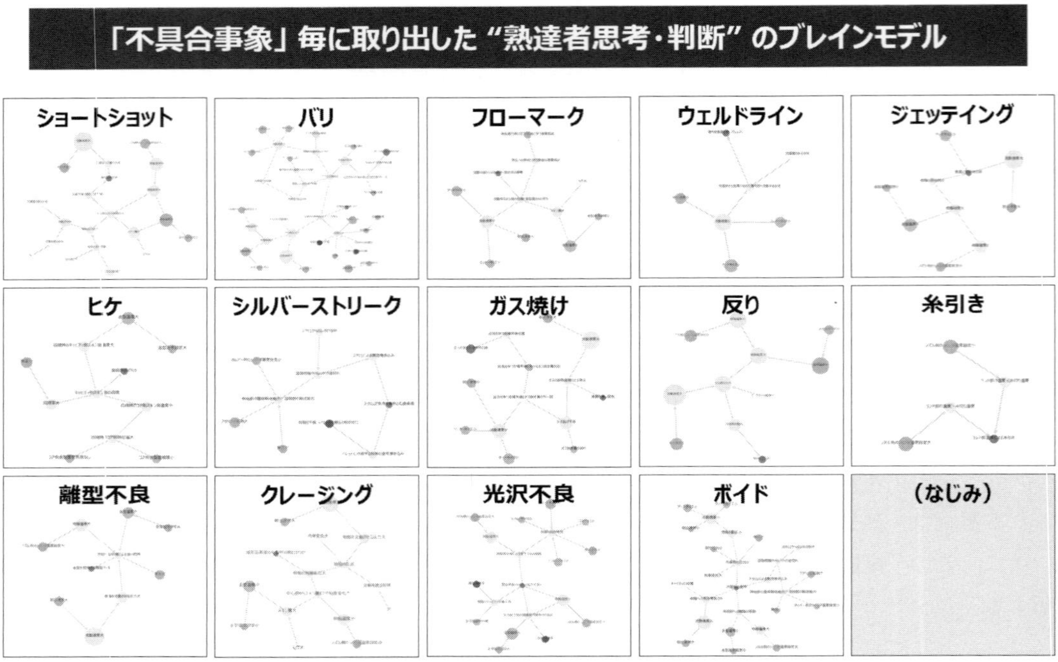

プラスチック射出成形技術大系

図11　不具合現象ごとのブレインモデル

③　ブレインモデル表示部

　　通常，AIを活用したシステムでは，その導出プロセスがブラックボックス化（なぜ，その答えが出たのかがわからない）になることが多いが，今回のシステムでは，解の導出の理由を熟達者の思考で説明するブレインモデルを配置することにより「説明できるAI（ホワイトボックス型AI）」として本ツールを活用できる。

ブレインモデル表示部に出てくる不具合事象ごとのブレインモデルを図11に示す。

ショートショット，バリ，フローマークといった各不具合に対し，どのパラメータが発生原因になっているのかを示すことで，若手職人の判断を助けるものとなっている。現在は15種類の不具合について，リコメンドが可能となっている。

このような仕組みによって，若手職人は，金型内部で起こっている現象を数値で把握することができ，AIが出力する計測数値の特徴量に対する解釈を元に，現場での不具合改善の判断や具体的なアクションを起こすことができる。

以上がIoT"ブレイン"金型システムを介した技術伝承の全体像である。

6 「説明できるAI」の効用

　次に，デジタルデータを介した技術伝承を支える「説明できるAI」というテクノロジーについて解説する。

　"説明できるAI"という言葉を聞かれたことはあるだろうか。その言葉には覚えがなくとも，

－ 580 －

第 7 章　AM 造形技術，IoT/AI を活用したものづくり技術

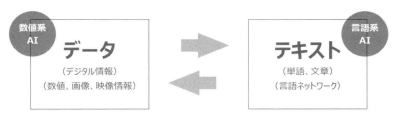

図 12　数値と言語を相互変換する D2T 技術

「AI はブラックボックスになってしまう」という問題については耳にされたことがある方も多いのではないだろうか。

AI（ディープラーニング）は，その解の導出過程を説明するための参照系（根拠を示すデータ）を作ることが難しく，基本的にはアウトプットされた解の過程，理由を知ることができない。それを解決する技術が「説明できる AI」である。筆者らはそれを「D2T（Data to Text）」という技術で実現した。

その概要を図 12 に示す。

これは取得された数値データに対し，テキストで解説を加えるという技術である。今回の IoT "ブレイン" 金型でいうと，数値データがセンシングデータで，それに紐づく言語データがブレインモデル（スペシャリストが頭の中で考えている言葉）になる。

数値を処理する AI と言語を処理する AI は，バックグラウンドとなる技術基盤に大きな違いがあり，相互変換の部分の開発が特に難しい。製造業の方には「メカ設計とエレキ設計くらい違う」と説明すればわかっていただけるかもしれない。

そのため，なかなか AI 開発の世界でも実現できなかった技術なのだが，これによって，AI 自身が「何故，そのようになったのか」，理由を説明できるようになった。これが本技術の効用である。

最近は「生成 AI」がこの機能を実装しており，テキストから画像を作成したり，写真データの入力からその中に映っているオブジェクトの名前をリストアップしたりすることができる。

また，数値と言語を組み合わせることによって，本 AI は，ビッグデータを活用した AI 構築に要する 1～10 万のデータに対し，極少のデータで開発できたことも成果であった。実際には，不具合ごとに約 200 ショット程度のデータ（15 種類の不具合を対象にするのであれば，3,000 データ程度）を取得すれば，その傾向を予測し，成形パラメータをチューニングできるものとなった。

7 技術伝承，人材育成への活用

最後に，開発したIoT"ブレイン"金型の技術伝承，人材育成への活用の方向性について述べたい。

昨今，世界的な感染症の広まり，国際的な紛争の勃発，地政学的なリスクを回避するためのブロック経済化，生産の国内回帰，サプライチェーンの断絶，水資源の枯渇，環境リスクなど，製造業を巡る状況は年々変化している。また製造の現場で活用されるテクノロジーも，IoTに始まり，現在では生産現場でのAI活用もかなり進み，より高度な水準に到達している。

一方，そこで働く「ヒト」の役割はどのようになっていくのだろう。

AIによって人の仕事は奪われる。特に単純なタスクは自動されていくといわれて久しいが，今回，開発したIoT"ブレイン"金型のようなデジタルファブリケーション機器に搭載されていくIoT，AIは，生産設備とヒトの協調の形である「ヒューマン・イン・ザ・ループ」のモデルとなり，次世代の成長に資する技術伝承，知識創造モデルを築いていけるものと考えている。そのコンセプトを図13に示す。

従来は，現場に製造設備が導入されると，そこには担当人員が当て込まれ，機械ではなくその担当人員に暗黙知が蓄積されるのが一般的な形であった。その担当人員から次の世代への技術伝承も人から人へ伝えられるものであり，結果的に暗黙知化，属人化から抜け出すループを作ることはできなかった。

デジタルファブリケーション機器が活用される今後は，機械に蓄積されたデータを人が活用

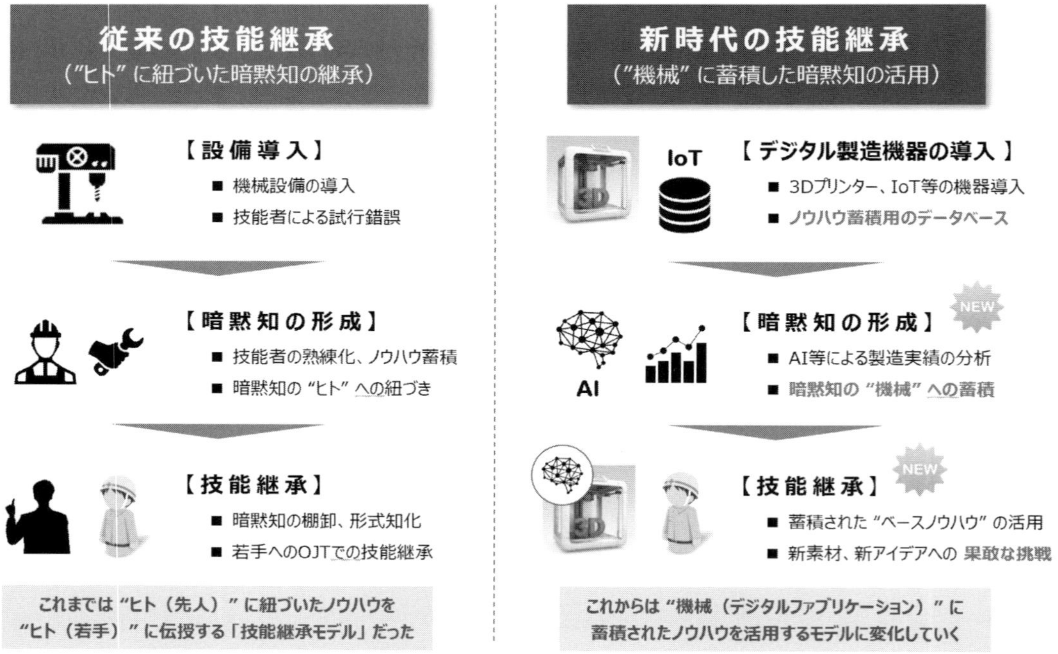

図13　デジタルファブリケーションと技能継承

第7章 AM造形技術，IoT/AIを活用したものづくり技術

し，そこに"人ならでは"の判断や思考を加え，さらに高度な生産条件，新しい素材，工法にチャレンジしていく世界が広がっていくと考えられる。本稿で紹介したIoT"ブレイン"金型もその活用形の一端を担うものとなるはずである。

このように，デジタルファブリケーション機器に蓄積されたデータやAIによる判断アシストの機能を活用したものづくりの姿を考えてみると，個々の状況や製造品の形状，特徴に合わせた「思考」や「判断」は，ラストワンマイルとして，間違いなく「ヒト」の仕事として残るということが理解できるのではないだろうか。

今後，グローバルの工業生産トレンドは加工，組立，共に「自動化」の方向に進んでいくのは間違いない。これまでは全て人が担ってきた「判断」の領域にもAIがアシストツールとして入ってくることも確実な未来である。

その中で大事になってくるのは，各企業における「経験の良質な蓄積」であり，そのアセット（資産）化された技術資産の受け皿となるのはヒューマン・イン・ザ・ループを形成する"若手技術者"である。その若手人材の育成について，図14に当社の考え方を示す。

最近の若手は知性が高く，情報の扱いにも慣れており，そつなく仕事をこなしているように見えるのだが，実は仕事の背景，理屈がわからず，反射的に業務上の対処を進めているケースも少なくない。筆者はこういった人材を「早押しクイズ」型人材と呼んでいる。答えがわかっているので，与えられた条件に対して，何も考えずに反射で答えることができるという意味で，これでは外部信号を元に表層的な処理をするAIやロボットと同じになってしまう。

今回，IoT"ブレイン"金型のシステムの中に「説明できるAI」という技術を盛り込んだのは，AIが出した答えを鵜呑みにするのではなく，その答えが導出されたプロセス，背景，理屈を確認し，目の前の新しい問題に対する自分なりの答えをヒト自身が出すことができるようにするためである。

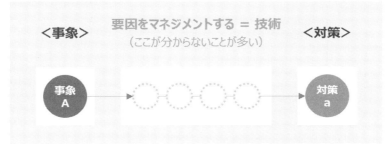

図14 LIGHTzが考える「若手の育て方」

プラスチック射出成形技術大系

　最近，当社の AI システムを導入していただいたお客さまから「若手が元気になった」という声をいただくことが多い。先輩に聞くよりも AI システムで調べる方が気が楽，というのは時代の流れかもしれないが，確実に若手の主体性は上がり，その仕事の能率，レベルも上がってきているとのことだった。売上も伸びたし，不具合も減ったと感謝された。

　アナログにとどまらず，デジタルに踏み込む DX（デジタル・トランスフォーメーション）には各社のご苦労があると思う。DX にはさまざまな価値があるが，ぜひ，「ヒトと AI」の関係について各企業で一考をいただき，佳き未来を築き得る「ヒューマン・イン・ザ・ループ」の形を創っていっていただけたらと願う。

第7章　AM造形技術，IoT/AIを活用したものづくり技術

第2節　IoT/AIを活用したものづくり技術

第2項　ミドルウェアの開発と導入例

一般社団法人西日本プラスチック製品工業協会　平田　園子

1　はじめに

　当協会（（一社）西日本プラスチック製品工業協会）がプラスチック業界へのIoT導入促進のために実施した「プラスチック業界におけるデータフォーマットの共通化およびシステムオープン化実証事業」の取り組み以降，わが国の製造業におけるデジタル化とそのデータの利活用は，スマートファクトリーの導入，センサー技術の進化，ビッグデータの活用，ロボット技術の進化などで急速に進歩を遂げており，プラスチック製品製造業においても多大な効果が期待できるが，実際の製造現場のデジタル化はまだ十分進んでいるとはいえない状況であると考える。

　製造現場のデジタル化が進まない理由としては，
- 製造工程において高品質な製品を製造するために属人的な「勘所」を頼りにし，新しい技術や手法への導入に慎重になる傾向がある。
- 機械や設備の更新や導入に必要な費用負担が大きい。
- 職種の専門性が高く，デジタル化にはそれらの専門知識やスキルを持った人材が必要であるが，人材が不足している。

など，容易に解決には至らないものが多い。しかしながら，当協会で取り組んだ事業による成果物である，グローバル基準の規格EUROMAP63に準拠した成形機のデータフォーマットの共通化，そのデータを統合する成形条件情報収集システム（以下，ミドルウェア）の活用により，プラスチック射出成形企業のデジタル化において，上記理由の解決に十分寄与できると思われるため，紹介したい。

2　ミドルウェアの開発

2.1　当協会について

　当協会は，福井県以西に事業所を置くプラスチック製品製造業に関する事業を営む，法人・個人を会員とする業界団体であり，2024年3月末時点で約410社余りで構成されている。当協会は会員企業をはじめとするプラスチック製品製造業を支援することを目的とし，主な事業として，
- 経営・技術に関する業界内のトピックスや景況感，賃金動向など，業界に密着した情報収集や提供

プラスチック射出成形技術大系

・経営的課題の解決を図る活動を支援
・プラスチック成形加工に特化した人材育成プログラムを提供
・課題解決のための委員会，部会を運営
・情報交換懇親会の場を提供し，企業間の相互連携を促進
・関係省庁との情報交換

などを実施している。

その一環として，製造現場のデジタル化という課題解決のために，2016年度に新たにIoT特別部会を立ち上げ，ミドルウェアの開発に取り組むこととなった。

2.2 成形条件管理の必要性

当協会のプラスチック成形企業を営む会員企業の中でも，射出成形を実施する企業は70％強と，中小企業のプラスチック製品製造業では射出成形加工を営む企業が大多数を占める。これらの企業が，成形条件管理，その記録の保持・活用を，どのような場面で必要だと感じるかを**表1**にまとめた。成形条件管理に対する具体的なニーズとしては，対外的に自社の製造工程における管理体制を示し，必要に応じてトレーサビリティデータとして利用したいという意見がある一方，社内での生産プロセスの効率化や品質管理に利用したいという意見もあった。

ここで課題となるのが，プラスチック射出成形を営む中小企業の多くは，複数メーカーの射出成形機を使用していることであるが，そのような工場内で成形条件管理やその記録の保持・活用を実施する場合，

① 人手により紙に記録
② 成形機メーカーが販売するオプションソフトウェアを利用
③ 成形機に搭載されたメモリに保存された成形条件情報を利用

の3通りの方法が選択肢として考えられる。

①の場合，作業時間を要する上に，転記による誤記入というヒューマンエラーの可能性がある。また，得られた情報をデジタルデータとして利用するには，手書き文字の自動読み取り装置や，人手による入力作業など，別の工程が必須であり，成形条件情報利用までには時間や工数を要する。

②の場合，デジタル化された成形条件情報がそのまま利用可能な方法である。成形条件情報収集には成形機メーカー独自のオプションソフトウェアを必要とすることがあり，複数のメーカー製成形機で構成される工場においては，成形機を構成するメーカーの数だけオプションソフト

表1 成形条件管理の必要性

必要とする場面	具体的なニーズ
営　業	顧客から成形記録の提出を要求された
品質・変化点	成形条件の無断変更がないか，監視したい
トレーサビリティ	成形条件変更の時期・期間を把握したい
品質・予備保全	実績値でのばらつき発生の有無を監視したい
金型試作の効率化	試作時の成形条件の詳細記録を残したい
品質・コスト	成形条件と成形不良の因果関係を解明したい

ウェアの導入が必要になる可能性がある。それら複数のオプションソフトウェアを利用して情報収集した上で、一元管理するためにデータ形式を変換したり、データを結合したり、という後工程が必要になることが多い。

③の場合、メモリ容量に制限があることからデータ取得のために別途作業が必要となり、①と比較すると、転記作業などの負担は軽減されるものの、その後収集データを成形条件項目別に整理して解析に至るまでには、②と同様の後工程が必要になる。

結果的に、成形条件情報の利用には「手間」と「コスト」が必要であり、成形条件情報の積極的な利用に至らない最大の理由であった。しかし、ものづくりの高付加価値化や差別化を目指すために、成形条件情報を、その後の利活用が容易な状態で入手する方法を見いだすことは、プラスチック射出成形企業にとっては長年の課題であった。

2.3 システム開発と実証事業

これらの課題を解決するために、近畿経済産業局、ムラテック情報システム㈱（当時、現ムラテックフロンティア㈱）、当協会の3者が、2016年度に経済産業省の「IoT推進のための社会システム推進事業」を活用し、射出成形機メーカー5社（住友重機械工業㈱、東洋機械金属㈱、日精樹脂工業㈱、㈱日本製鋼所、ファナック㈱（順不同））、およびオブザーバーとして（一社）日本産業機械工業会、周辺機器メーカー、生産管理システムメーカーが横断的に参加し、ミドルウェアの開発およびシステムの無償提供による、IoT導入拡大を図る事業に取り組み（図1、現在は、

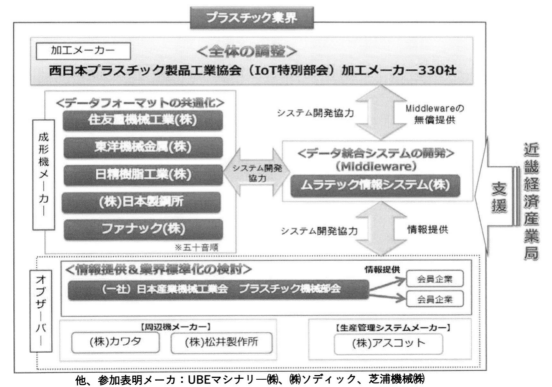

図1　IoT導入事業における関係図

㈱スター精機，双葉電子工業㈱，ミネベアミツミ㈱，村田機械㈱，㈱ユーシン精機も参加表明），ミドルウェアは2017年3月末に完成した。

2.4 ミドルウェアの概要

本事業で開発したミドルウェアは，取得データのメーカー横断的な共通化を図ることを目的として，欧州プラスチック機械工業会および米国プラスチック産業協会が業界の推奨標準として策定した，成形条件情報に関するグローバル基準であるEUROMAP63を採用した。

EUROMAP63では，以下の2つが規定されている。

① 成形機との通信コマンド（命令，手順）
② データを呼び出すトークン（成形条件項目の内容）

①については網羅的に規定されているが，②については標準トークンの規定のみで，それ以外の項目は使用者が自由に設定可能な仕様となっている。今回のミドルウェアの開発においては，EUROMAP63の標準トークンに加え，プラスチック射出成形企業が必要とする成形条件項目を共通追加トークンとして加えた。さらに，共通追加トークンでは足りない，より多くの成形条件項目が必要な場合は，独自にトークンをミドルウェアのトークンテーブルに登録することで，成形機からさらに多くの成形条件情報を収集することも可能である（図2，表2）。

ミドルウェアで取得した成形条件情報は，そのものを閲覧するだけでなく，成形条件の変更履歴や，成形時の実績値における標準偏差などの解析結果も含めた閲覧が可能である。

また，ミドルウェア自体はWebソフトであり，単体で利用することも可能である。ミドルウェアにより一括して把握・収集された成形条件情報はデータベースとしてサーバなどに蓄積され，他のシステムと連動させることによって，品質・生産管理やトラブルの予知保全など，さまざまな活用が可能である。

なお，データベース定義は全て公開しており，データベースを利用する他のシステムの開発が任意に実施でき，プラスチック射出成形企業における普遍的なニーズだけでなく，各社のニーズに沿ったオリジナルなシステムの開発など，従来とは異なる利活用方法を創造することも可能である。

現在，当協会訓練センター（大阪府和泉市）の射出成形機にもミドルウェアを導入しており，オンサイト・オンラインのいずれでも見学に対応している。

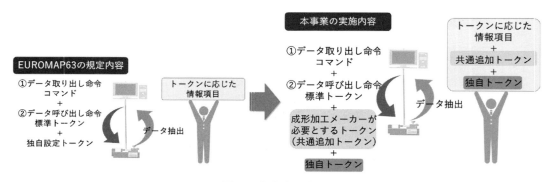

図2　本事業の内容

第7章　AM造形技術，IoT/AIを活用したものづくり技術

表2　成形条件管理項目一覧（共通追加トークン）

	一般的条件項目名	設／実	単位	トークン
1	機種名			SetDescMach
2	時計の同期			SetTimMach
3	仕事名			SetDescJob
4	品　名			SetDescPrt
5	金型名			SetDescMld
6	成形条件名			SetRecMld
7	擬似トークン　現在日付			DATE
8	擬似トークン　現在時刻			TIME
9	擬似トークン　カウンタ			COUNT
10	成形機の情報			ActStsMach
11	設定ショット数	設定値		SetCntCyc
12	実測ショット数	実測値		ActCntCyc
13	サイクルタイム設定値	設定値	s	SetTimCyc
14	サイクルタイム実測値	実測値	s	ActTimCyc
15	型締力	設定値	KN	SetFrcClp
16	型締力実測値	実測値	KN	ActFrcClp
17	ノズル温度（1〜3）［ユニット］	設定値	℃	@SetTmpNoz_T_1〜3［unit］
18	ノズル温度（1〜3）［ユニット］	実測値	℃	@ActTmpNoz_T_1〜3［unit］
19	加熱筒温度［ユニット，ゾーン］	設定値	℃	SetTmpBrlZn［unit,zone］
20	加熱筒温度［ユニット，ゾーン］	実測値	℃	ActTmpBrlZn［unit,zone］
21	ホッパ下温度設定値	設定値	℃	@SetTmpHop［unit］
22	ホッパ下温度実測値	実測値	℃	@ActTmpHop［unit］
23	金型温度設定値［ゾーン］	設定値	℃	SetTmpMldZn［zone］
24	金型温度実測値［ゾーン］	実測値	℃	ActTmpMldZn［zone］
25	射出速度（1〜10）［ユニット］	設定値	mm/s	@SetVelInj_V_1〜10［unit］
26	射出速度切替位置（1〜9）［ユニット］	設定値	mm	@SetStrInj_Sv_1〜9［unit］
27	射出圧力（1〜10）［ユニット］	設定値	MPa	@SetPrsInj_P_1〜10［unit］
28	射出圧力切替位置（1〜10）［ユニット］	設定値	mm	@SetStrInj_Sp_1〜10［unit］
29	射出保圧切替位置［ユニット］	設定値	mm	@SetStrInj_S_10［unit］
30	V-P切換圧力	実測値	MPa	ActPrsXfrSpec［unit］
31	充填時間［ユニット］	実測値	s	ActTimFill［unit］
32	充填ピーク圧	実測値	MPa	ActPrsMachSpecMax
33	最小クッション位置	実測値	mm	ActStrCsh［unit］
34	計量回転数（1〜6）［ユニット］	設定値	rpm	@SetSpdPlst_Vc_1〜6［unit］
35	計量位置（1〜6）［ユニット］	設定値	mm	@SetStrPlst_Sc_1〜6［unit］
36	計量完了位置設定値	設定値	mm	SetStrPlst［unit］
37	計量完了位置実測値	実測値	mm	ActStrPlst［unit］
38	背圧（1〜6）［ユニット］	設定値	MPa	@SetPrsPlst_Pc_1〜6［unit］
39	計量時間［ユニット］	実測値	s	ActTimPlst［unit］
40	計量前サックバック位置（幅）［ユニット］	設定値	mm	SetStrDcmpPre［unit］
41	計量後サックバック位置（幅）［ユニット］	設定値	mm	SetStrDcmpPst［unit］
42	保圧圧力（1〜6）［ユニット］	設定値	MPa	@SetPrsHld_P_1〜6［unit］

プラスチック射出成形技術大系

表2 成形条件管理項目一覧（共通追加トークン）（つづき）

	一般的条件項目名	設／実	単位	トークン
43	保圧時間（1〜7）［ユニット］	設定値	s	@SetTimHld_T_1〜7［unit］
44	冷却時間［ユニット］	設定値	s	@SetTimCnt_CoolTim［unit］
45	型開スピード（1〜6）	設定値	mm/s	@SetVelClp_Vo_1〜6
46	型開切替位置（1〜5）	設定値	mm	@SetStrClp_So_1〜5
47	型閉スピード（1〜5）	設定値	mm/s	@SetVelClp_Vc_1〜5
48	型閉切替位置（1〜4）	設定値	mm	@SetStrClp_Sc_1〜4
49	エジェクタ突出速度（1〜3）	設定値	mm/s	@SetVelEje_Va_1〜3
50	エジェクタ突出切替位置（1〜3）	設定値	mm	@SetStrEje_Sa_1〜3
51	エジェクタ後退速度（1〜3）	設定値	mm/s	@SetVelEje_Vr_1〜3
52	エジェクタ後退切替位置（1〜3）	設定値	mm	@SetStrEje_Sr_1〜3
53	前進保持時間	設定値	s	@SetTimEje_Ta_1
54	エジェクタ突出回数	設定値	回	@SetCntEje

※ メーカー，機種，年式などにより設定されていない項目やデータ取得できない項目がある。

3 ミドルウェアの利用状況，および導入により期待される効果

ミドルウェアは2024年3月末時点で40社を超える企業に利用いただいている。その活用方法はさまざまであるが，以下のような事例が挙げられる。

① ミドルウェアそのものを活用

ミドルウェア自体は前述のとおりWebソフトであることから単体での利用が可能であり，取得した成形条件情報だけでなく，成形条件の変更履歴や，成形時の実績値における標準偏差などの解析結果も含めた閲覧が容易にできることが特長である。

ミドルウェアの画面をモニターなどで投影し，工場内の射出成形機全台の状況を視覚的に確認する手段とするだけでなく，成形条件情報収集を遠隔工場，関連企業にも導入し，射出成形機の状態監視・成形条件管理を，設置場所を問わず網羅的に実施することができるため，稼働状況の一元管理や，成形部門管理者による遠隔監視，さらに技能者不在の事業所に対して遠隔の技能者による成形条件変更の指示の適時実施が可能となる。

② ミドルウェア収集データの利用

データベースを利用して，各社のニーズに沿って独自のシステムを開発した上での利活用事例が多い。

・作業員の手によって書き写された成形日報というアナログデータが不要になり，記録用紙の削減，記録や整理のための人手の削減，保管場所の削減にも寄与でき，成形現場のデジタルトランスフォーメーション（DX）としての効果は十分期待できる。

・射出成形機の稼働状況，生産個数などの情報がデジタルデータとして得られることで，上位システム（生産管理システムなど）で即座に利用可能となる。

・トレーサビリティデータとして，製造後日数が経過した製品であっても，製品の不具合などと成形条件情報との関連性を検証することが可能となる。

第7章　AM 造形技術，IoT/AI を活用したものづくり技術

・実績値データのばらつきや上限値・下限値の監視により，機械・機器類の異常や，品質の異常などを早期に察知するなど，より高度な設備の予知保全が可能となり，消耗部品の自動手配などが実施可能となる。

・射出成形工程以外に金属加工や製品組み立てなど，他工程を有する企業は，射出成形機の生産実績を把握する管理ツールとして利用することで，射出成形機だけでなく工場全体の生産工程の管理が可能になる。

・成形条件情報および実測データとして，射出成形機メーカーを問わず，同義とみなすデータを収集することにより，省エネルギー性(温度，サイクル)，成形チャージ(サイクル)，品質管理などの観点でメーカーを問わない一元管理や，メーカー横断的な比較が可能となる。

・成形条件情報を自動で収集するため，たとえば，熟練作業者による成形条件の調整プロセスにおいて，「成形条件のどの項目をどの程度変更するのか」という情報を可視化した上で保管することが可能となる。すなわち，「勘所」のデジタル化が容易に達成できることから，成形条件の調整などのような，口頭での伝承に限界があるノウハウについても，スムーズな共有や承継の一助になり得る。

4　おわりに

　今回のプラスチック業界への IoT 導入支援事業は，射出成形機からメーカー横断的に成形条件情報を共通化して自動収集し記録，閲覧できることを主目的として実施した。その結果，当初予想した生産効率の向上や品質管理の強化が実現できるだけでなく，デジタル化された成形条件情報を用いることで AI 技術の活用も非常に身近なものとなった。

　一方，デジタル化とは対極の存在のような「勘所の実現」も，特に射出成形作業においては，成形条件情報が容易に収集，参照できることにより可能になると考えられる。

　今後の IoT 特別部会の活動としては，プラスチック射出成形企業の利便性をより一層向上させるべく，現行ミドルウェアの普及活動を継続すること，ミドルウェアにより取集したデータの活用方法など，関連業界団体などと連携してプラスチック業界のデジタル化，IoT 化を推進することができるよう，プラスチック射出成形企業によるミドルウェアの活用事例の紹介を継続的に実施すること，さらに，ミドルウェアの大幅なバージョンアップ，具体的にはミドルウェア開発において採用したグローバル基準 EUROMAP63 の後継規格である EUROMAP77 への準拠について，そのニーズを含めて検討する予定である。

第7章　AM造形技術，IoT/AIを活用したものづくり技術

第2節　IoT/AIを活用したものづくり技術

第3項　リモート監視システムiPAQET4.0の紹介

芝浦機械株式会社　西川　巧

1 はじめに

当社(芝浦機械㈱)は「SAVE TIME(高生産性)」「SAVE WORKFORCE(省人化)」「SAVE THE EARTH(環境対応)」を高次元で実現した新世代射出成形機をお客さまに提供するためS-Concept(図1)を掲げている。リモート監視システムiPAQET[※]4.0は，S-Conceptの一端を担うIoTソリューションである。

図1　S-Concept

※「iPAQET」は，芝浦機械㈱の登録商標である。

2 リモート監視システム iPAQET4.0

iPAQET4.0 は，スマート工場の実現を目指し，製造現場のデジタル化を支援するソフトウェアである。当社射出成形機からデータを収集，蓄積および閲覧することが可能であり，収集できるデータには，射出成形機を動作させるための成形条件や生産実績となる品質モニタデータなどがある。iPAQET4.0 は，新世代射出成形機だけでなく，油圧機など旧世代の当社射出成形機を接続することも可能である（図2）。

iPAQET4.0 の特徴は，「標準機能」と「拡張機能」で構成が2つに分かれていることである。標準機能および拡張機能からそれぞれ厳選したものを紹介する。

2.1 標準機能

標準機能とは，当社射出成形機から稼働状況や成形条件，品質モニタデータ，操作履歴などのログデータを収集し，閲覧を可能とする機能である。

生産現場の効率化につながる iPAQET4.0 の新機能を中心に紹介する。

2.1.1 旧世代（iPAQET または iPAQET3）からデータを引き継ぐ：データ引継ぎ

当社は，iPAQET4.0 から2世代前の iPAQET または1世代前の iPAQET3 をユーザに提供してきた。iPAQET4.0 は，前述の旧世代ソフトウェアとデータ構造が異なる。

データ引継ぎは，旧世代のソフトウェアで蓄積されたデータ構造を iPAQET4.0 で扱うデータ構造に変換する機能である。データ引継ぎを行うことで，過去に蓄積したデータを継続して使用することが可能になる。

ユーザは，iPAQET4.0 から旧世代のソフトウェアで蓄積されたデータが保存されているディレクトリを選択し，処理実行の開始ボタンをクリックすることでデータの継続使用が可能になる。

2.1.2 成形条件表をデジタル化する：カスタムエクスポートレシピ

カスタムエクスポートレシピは，iPAQET4.0 で収集した成形条件データをユーザが運用して

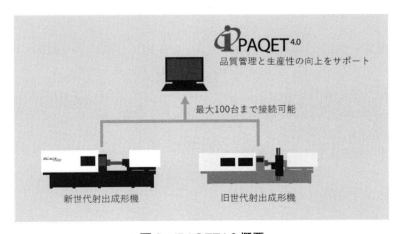

図2 iPAQET4.0 概要

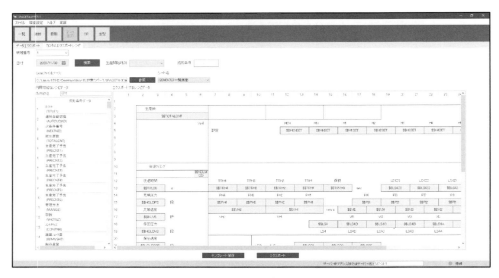

図3 カスタムエクスポートレシピ画面

いる成形条件の管理フォーマットに出力する機能である。データとして保存できるため，作業者は日々の手書き作業から解放される。

ユーザは，運用している成形条件の管理フォーマットをiPAQET4.0に取り込み，iPAQET4.0が収集する成形条件の項目をドラッグ＆ドロップで関連付けることで，設定が完了する。設定が完了したデータをテンプレートとして保存することで，次回以降は設定要らずとなる。作業者は，日付や生産開始時刻を選択してエクスポートボタンをクリックすることで必要な成形条件表をデータとして保存できる(図3)。

2.1.3 金型の保全記録をデータで管理する：PM Plus(金型保全)

PM Plus(金型保全)は，金型の保全記録を登録，管理する機能である。

ユーザは，iPAQET4.0で金型に施した作業内容などの保全記録，画像ファイルやドキュメントファイルの登録を行うことで金型の保全記録について詳細な情報を管理することができる(図4)。

2.1.4 金型の保全タイミングを状態から判断する：PM Plus(押出トルク監視)

PM Plus(押出トルク監視)は，射出成形機から取得した押出モータのトルクデータで金型の状態変化を監視する機能である。

ユーザは，状態監視の基準となる基準波形の生成と基準波形に対する上下の監視幅を設定することで金型の状態を監視できる(図5)。

2.1.5 遠隔地から射出成形機の画面を操作する：リモートアクセス(オプション)

リモートアクセスは，事務所や出張先など生産現場から離れた場所で射出成形機の画面閲覧および操作を可能にする機能である。

生産現場にいるユーザAが射出成形機の画面(図6)でリモートアクセスを許可状態にすることで，生産現場から離れた場所にいるユーザBは，射出成形機の画面を閲覧，操作することがで

第7章　AM造形技術，IoT/AIを活用したものづくり技術

図4　PM Plus（金型保全）画面

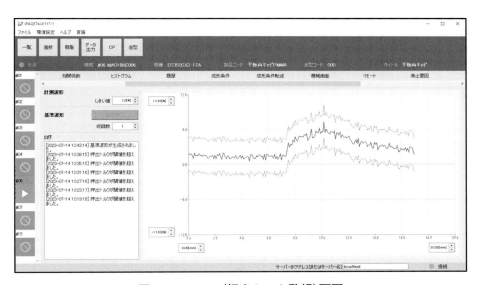

図5　PM Plus（押出トルク監視）画面

きる（**図7**）。熟練の作業者は生産現場にいなくても，射出成形機の状況を確認し，成形条件の調整や現場作業者への指示が可能になる。

2.1.6　生産が停止した要因を分析する：停止要因分析（オプション）

停止要因分析は，射出成形機が停止した要因を集計，分析する機能である。

ユーザは，射出成形機の画面に表示される停止要因ボタンを押下し，iPAQET4.0に停止要因のデータを送信することで射出成形機が停止した要因を集計および分析できる（**図8**）。

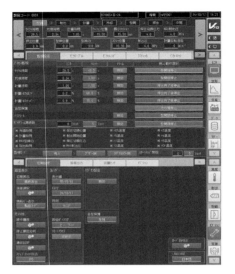

※口絵参照　　　　　　　　　　　　　　　※口絵参照

図6　射出成形機の画面　　　　　　図7　リモートアクセス画面

図8　停止要因画面

2.2　拡張機能

　拡張機能とは，標準機能からさらにデータの利活用を発展させた機能である。iPAQET4.0の標準機能で収集した品質モニタデータから二次元コードの画像ファイルを生成して保存するTrace Plus，ハードウェアを追加することで，当社射出成形機からは取得できない消費電力データを収集し，閲覧可能とするEM Plusなどがある。
　今後もお客さまのニーズに合った拡張機能を拡充させていく。

第7章　AM造形技術，IoT/AIを活用したものづくり技術

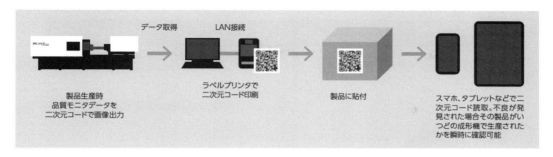

図9　Trace Plus 概要

2.2.1 トレーサビリティを手軽に実現する：Trace Plus

Trace Plus は，生産時の品質モニタデータから二次元コードの画像ファイルを生成して保存する機能である（図9）。iPAQET4.0 にラベルプリンタなどを接続することで，1ショットごとに画像ファイルを印刷することも可能である。

ユーザは，二次元コードにする項目を品質モニタデータから最大10項目まで選択することができる。また，一般的なプリンタの印刷設定と同じように設定することで，二次元コードの印刷も可能である。印刷された二次元コードをモバイル端末で読み取ることで，生産時の品質モニタデータを確認することができる。

2.2.2 生産における消費電力の見える化：EM Plus

EM Plus は，電力測定モジュールを追加することで，成形機本体だけでなく，取出機などの周辺装置も含めたシステム全体の消費電力監視を行う機能である（図10）。

ユーザは，iPAQET4.0 で電力測定モジュールの設定（ネットワーク情報，機器名称の登録など）を行うことで，成形機本体や周辺装置の消費電力量を監視することができる。さらに，二酸化炭素排出量の算出係数や電気料金の単価設定を行うことで，生産活動における二酸化炭素の排出量や電気料金の監視もできる（図11）。

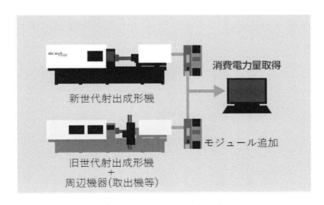

図10　EM Plus 概要

— 597 —

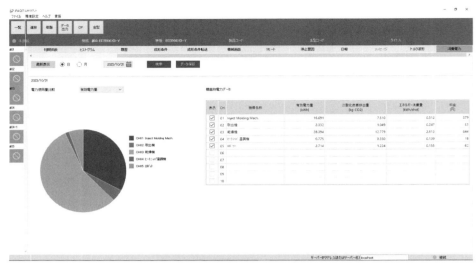

図11　消費電力監視画面

3 おわりに

　リモート監視システム iPAQET4.0 の一部を紹介した。iPAQET4.0 は，S-Concept の一端を担い「SAVE TIME（高生産性）」「SAVE WORKFORCE（省人化）」「SAVE THE EARTH（環境対応）」をユーザに提供することを目的としている。多様化するユーザニーズに応えるため，今後もソフトウェア開発を続けていく所存である。

第 7 章　AM 造形技術，IoT/AI を活用したものづくり技術

第 2 節　IoT/AI を活用したものづくり技術

第 4 項　デジタルツインを使った金型温度の均一化技術

サイバネットシステム株式会社　宮内　隆太郎
サイバネットシステム株式会社　北川　智也

1　はじめに―金型内部温度の計測におけるデジタルツイン―

　製造現場における CAE 適用の課題の 1 つに，鋳造や射出成型における金型の温度管理が挙げられる。加工精度の品質を上げるためには，金型の温度管理が非常に重要であることは周知の事実であると考えられる。しかしながら金型の加工面には直接センサーを取り付けることができないため，加工面の温度を直接測ることはできない。CAE による伝熱解析などで事前に検討を行って，実際の運用時の状況を極力想定したシミュレーションなどを実施しているとも考えられるが，現実には加工面の実際の温度は直接計測で知ることが極めて難しいため，シミュレーションと実測との比較ができず，シミュレーションの結果に信頼性を与えることが困難であるという課題もある。さらに CAE によるシミュレーションではリアルタイムに結果を知ることはできず，あくまで事前の検討による予測という活用の範囲にとどまることになる。このような背景から近年 CAE のモデルをセンサーの代わりとして活用するという方法が注目されている。CAE のモデルに対して測定が可能な場所の温度情報や投入電力などのインプット情報を与えて，リアルタイムに計算を実施することができればシミュレーションのモデルがあたかも実際のセンサーの代わりとなる。シミュレーションのモデルであれば，取り付ける場所に気を払う必要などがなくなり，測定できる場所が限定されるなどの制約もなくなるものと考えられる。このような要求を実現するためには，シミュレーションのモデルが現実の物理現象よりも早く応答を返す必要がある。それを実現するのに後述するモデル低次元化の技術というものが重要な役割を担う。ただし，この低次元化技術が有効であるのは，低次元化される前の基となる解析モデルが正確に物理現象を表現できるものであるという前提が必要となる。

　図 1 は，金型の温度制御にデジタルツインを用いて制御を実施することを示したものである。CAE で作成した解析モデルを低次元化技術によってエッジコンピュータへ組み込み，低次元化技術によって高速化されたモデルが出力する結果を，仮想センサーの結果として，目標の温度に追従するように制御していることを示したものである。2. では，このデジタルツインを実現するのに重要な役割を果たすモデル低次元化技術について述べていきたい。

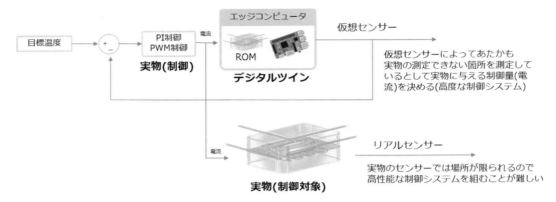

図1　金型温度制御のためのデジタルツインのイメージ図

2 モデル低次元化技術とシステムシミュレーション /1D CAE/MBD

2.1 モデル低次元化技術の概要

ここではまず，シミュレーションのモデルをベースにしたデジタルツインを実現するのに重要な役割を担う低次元化技術（英語では Reduced Order Modeling，以下，ROM）について述べる。ROM とは一般には有限要素法（FEM）や数値流体力学（CFD）などのシミュレーションによる計算量を削減する手法を総称して Reduced Order Modeling と呼ばれている。ROM の特徴としては FEM や CFD のモデルに対して，支配的な挙動や動作を保持したまま，計算時間や記憶容量を大幅に削減してモデルを単純化したものである。ROM の方法としてはさまざまな数学的なアルゴリズムや手法が開発されているが，代表的なものにモード縮退法やクリロフ部分空間法，直交固有関数展開（POD），動的モード分解（DMD），また深層学習の基礎的なベースとなっている回帰型ニューラルネットワーク（RNN,LSTM）など，ROM の手法については多岐にわたる。これらの手法については文献を挙げておくので参照されたい[1)4)-12)]。図2はROMのイメージを示したものである。一般にFEMやCFDのモデルのシミュレーションの結果は3次元の分布図を示すが，ROM化されたモデル（低次元化されたモデルのこと）は，システムシミュレーションモデルや1Dモデルと呼ばれ，3次元分布などの情報などは通常持たない入力と出力を関係付けられたモデルとなる。

2.2 システムシミュレーション /1D CAE/MBD

ROM 化されたモデルは一般にシステムシミュレーションという環境で利用される。デジタルツインとして活用する前に，そのモデルが意図した挙動をするものとなっているどうか十分に検証される必要がある。ROM モデルはシステムシミュレーションや 1D CAE（または MBD）と呼ばれる開発環境において，最適設計や制御シミュレーションにおいてもすでに多く活用されている。図3は米国の Ansys 社が提供する Ansys Twin Builder と呼ばれる統合開発環境である。

Ansys Twin Builder という統合開発環境には，Ansys 社の3次元物理シミュレーションのモデルを ROM 化する DynamicROM/StaticROM 機能が提供されており，統合開発環境としての機能

第7章　AM造形技術，IoT/AI を活用したものづくり技術

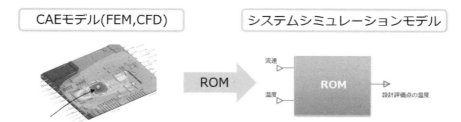

図2　モデル低次元化のイメージ図

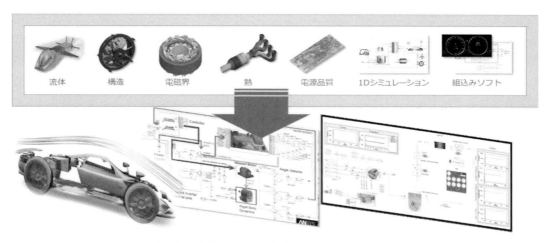

図3　統合開発環境の Ansys Twin Builder

を強力にサポートしている。この Ansys Twin Builder には，エッジコンピュータや PLC，産業用 PC の環境で利用できるモデルとして出力する機能も備わっている。

● Ansys Twin Builder による ROM 機能 － Dynamic ROM Builder －

Ansys Twin Builder の Dynamic ROM Builder で用いられる手法[2]について概要を述べる。

Dynamic ROM Builder では以下に示す非線形動的システムを Recurrent Neural Network（以下，RNN）を用いてモデルの同定を行う。

$$\dot{X}(t) = f(X(t), B(t)) \tag{1}$$

$$X(t=0) = X_0 \tag{2}$$

一般に通常の RNN や LSTM（Long Short-Term Memory）では順伝播と逆伝播のニューラルネットワークの層を離散的に捉えるが，Ansys Twin Builder の Dynamic ROM Builder ではニューラルネットワークの層を連続的に捉えた微分方程式として，システムの構造を捉えた学習を行う[3]。この手法の優れた点として，学習するデータの時間の刻みが固定ステップでなく可変ステップでもよい点や，データが欠落する場合があっても学習をロバストに行うことができることが挙げられる。

— 601 —

3 金型の誘導加熱システムの低次元化モデルの構築

3.1 金型の3次元誘導加熱有限要素解析

ここでは 2. で紹介した Dynamic ROM Builder を用いた低次元モデルの作成を，3次元誘導加熱による金型温度の予測に適用することを検討した[13]。図4 は誘導加熱の解析を商用ツールである Ansys の電磁界解析モジュール Maxwell と伝熱解析モジュール Mechanical を用いて連成解析を行う様子を模式的に表したものである。

ここでは誘導加熱の解析を実施するためにコイルに電流を交流で流し，金型に交流磁界による渦電流を発生させている。この渦電流によって金型自体が発熱をすることとなり，この発熱分布を時間平均化したものを伝熱解析の境界条件として与え，温度分布を計算する。さらにここでは電磁界解析の渦電流の抵抗値を温度依存性としておき，伝熱解析で得た温度を調和電磁界解析側にフィードバックして与え，抵抗を変化させている。このため時間平均による発熱条件が温度依存性となり変化することとなる。このため，誘導加熱の解析は電磁界解析と伝熱解析の連成解析になり，かつ境界条件が温度依存性となる非線形の過渡伝熱解析となっている。ここでは，数回の有限要素法による誘導加熱のシミュレーションを行い，その結果を用いて ROM モデルの作成を行っている。図5 に示すような電磁界解析のモデルに対して過渡的な電流を流して温度分

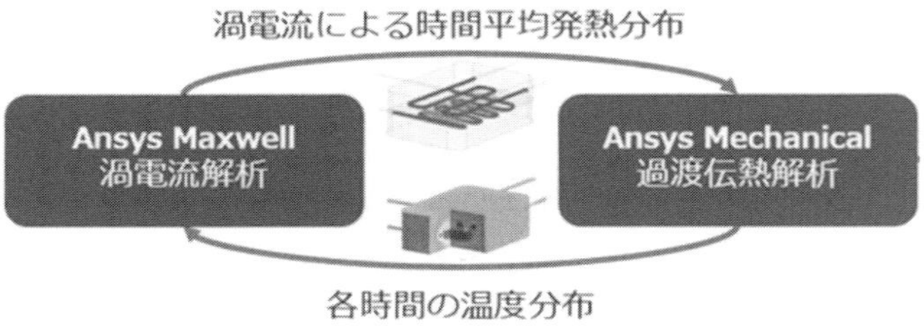

図4 電磁界解析と伝熱解析の連成による誘導加熱解析のイメージ

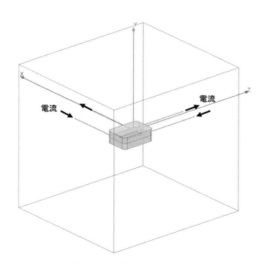

図5 電磁界解析の有限要素モデル

第 7 章　AM 造形技術，IoT/AI を活用したものづくり技術

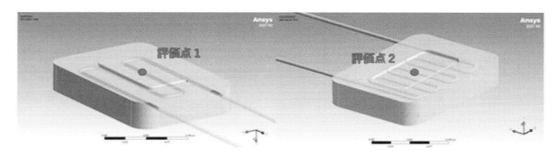

図 6　過渡伝熱解析の有限要素モデル

布を伝熱解析で取得した。ここでは厳密には電流を過渡的に変化させるのではなく発熱量を時間平均で使用するため，電流の値は交流電流の振幅として与えている。さらに調和電磁界解析を実施しているので周波数を 20 KHz としている。電磁界解析では空間領域に対してもメッシュを作成する必要があり，さらに電気を流す通電領域を作成して電流は空間の外部から供給する形をとらなければならない。このようなモデル化をすることで金型に相当する導体領域に渦電流を発生させることができる。

電磁界解析からの発熱量を境界条件として伝熱解析に与え，温度分布を求める。本研究では上側金型の代表点と下側金型の代表点を評価位置として出力データとしている。図 6 の位置を温度の評価位置とした。

本研究では数パターンの電流を境界条件として調和電磁界解析に与え，図 6 で示す位置の温度履歴を出力結果として取得し，入出力の学習データとした。

3.2　誘導加熱解析モデルの ROM 化

ここではいくつかの電流パターンを与えて，温度分布を取得し，評価位置の温度履歴を取得した。いくつかの電流パターンとその温度履歴の結果を学習データとして ROM モデルを作成し，そのモデルに未知の電流条件を与えて有限要素解析の結果と同等の結果を予測できるかどうかの検証を行った。以下に学習用に用意した電流 2 パターンと，そのときの温度履歴のグラフを記載する。シミュレーションの結果は 800 秒までの結果とした。図 7 は電流の条件を変えた 2 パターンの入出力の結果（評価点の温度結果）データである。この 2 パターンの学習用データから図 8 に示した検証用の電流条件を ROM モデルへ与えて，有限要素モデルと同等の結果を示すことができるか検証を行った。2 パターンの学習データから作成したモデルでは，図 8 の右側のグラフの傾向はおおむね一致しているが，誤差もかなりみられる。そこで学習用のデータの作成にシステム同定でよく用いられる APRBS（Amplitude Modulated Pseudo-Random Bit Sequences）を用いて入力データを作成し，シミュレーションを実施した。そのシミュレーション結果を出力データとしたものの学習パターンを図 9 に示す。この入出力のデータの結果を学習に追加した。

ここでは最後に図 7 の 2 パターンの入出力データと，図 9 の APRBS による 1 パターンの入出力データを加えて 3 パターンの学習データを用いて予測モデルの作成を行い，検証用データの図 8 の左側のグラフの応答を予測できるかどうかを確かめた。図 9 の結果（右）は図 8 の結果（右）と比較して検証用データである図 8 の結果（左）を精度良く予測できている。APRBS による入出力

— 603 —

プラスチック射出成形技術大系

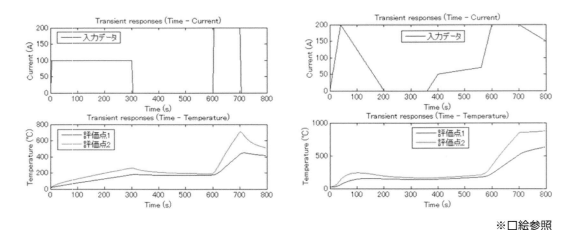

※口絵参照

図7　電流の入力条件を変えた評価点における温度履歴のグラフ

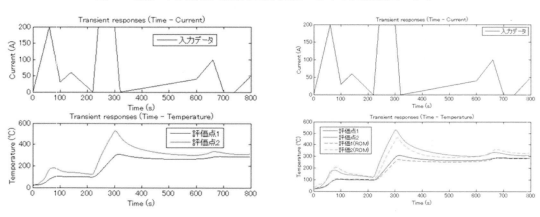

※口絵参照

図8　検証用の入力条件（左）と2パターンの学習データによるROMモデルの予測の結果（右）

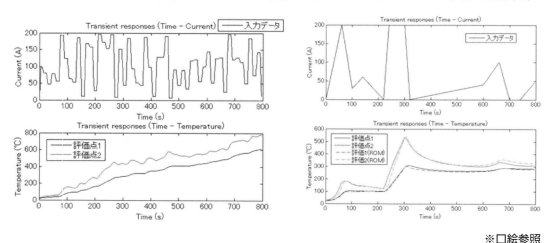

※口絵参照

図9　APRBSで生成した追加学習データ（左）と3パターンの学習データによるROMモデルの予測の結果（右）

— 604 —

データの作成とそれを学習データに追加したROMモデルにおいて予測の精度が向上していると考えられる。このように学習データを追加することでROMモデルの予測精度を向上させることができる。

4 デジタルツインを活用した制御システムの構築

ここでは3.で作成した低次元モデル（ROMモデル）を用いて，温度制御のシミュレーションを行った（図10）。金型の評価位置の温度が指令値の温度に追従できていることをシミュレーションで確認した。

システムシミュレーションで挙動を検証したROMモデルを，PLCやエッジデバイスに実装して，リアルタイムに測定データをROMモデルに入力し仮想センサーとして活用することが可能である。図11は，このようなシステムを構築することを示したイメージ図である。上記のようなシステムを構築することがROMモデルとIoT技術を連携することで可能であり，仮想センサーを活用した高度な制御システムの構築が可能となる。今後このような技術が，金型温度の精

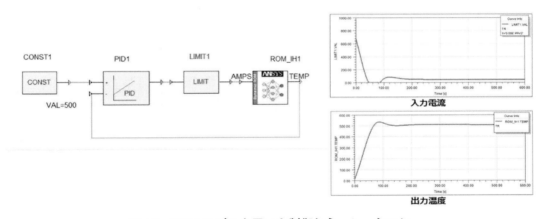

図10　ROMモデルを用いた制御シミュレーション

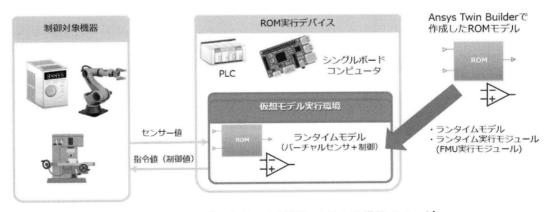

図11　ROMモデルを用いた制御システムの構築イメージ

密な制御による均一化いう産業界における重要な課題に対して大きく貢献していける可能性があると考える。しかしながら，多くの現場の技術者がこれらの技術の実用に供するためには，まだまだ多くの改善を要すると考えられる。本技術は多くのツールを連携した技術となっているため，ユーザーの使いやすさの向上や，シミュレーション精度自体の向上，計算機の性能向上や低次元化技術のさらなる改善など，解決しなければならない課題は多くあるものと認識している。

5 おわりに

　本稿では，シミュレーションベースのデジタルツインを金型温度の均一化という課題に対して，どのように適用していけばよいかを俯瞰して紹介することを試みた。デジタルツインに必要となる要素技術の概要紹介という形に留ったが，今後これらの各要素技術が進展し，かつ連携が深まっていくことでデジタルツインがより多くの現場に活用されていくと予想される。今後，多くのシミュレーションのユーザーや金型開発の現場技術者にデジタルツインの恩恵が受けられるようさらなる技術の追求を続けていく予定である。

文　献

1) モデル低次元化の基礎
https://www.cybernet.co.jp/ansys/learning/lesson/027/
2) ANSYS Inc.：Ansys Twin Builder 2024 Help, 1072-1197 (2024).
3) R.Chen et al.：32nd Conference on Neural Information Processing Systems (NeurIPS2018), Montréal, Canada "Neural Ordinary Differential Equations".
4) 大日方五郎，B. アンダーソン：制御システム設計：コントローラの低次元化，システム制御情報学会編 (1999).
5) W.Schilders et al.：Model Order Reduction, Springer (2008).
6) S.Tan and L.He：Advanced Model Order Reduction Techniques in VLSI design, Cambridge University Press (2007).
7) A. Quarteroni and A. Veneziani：*Analysis of a geometrical multiscale model based on the coupling of PDE's and ODE's for blood flow simulations. SIAM J.* 1 (2) 173-195 (2003).
8) P. Feldmann and R. Freund：*Efficient linear circuit analysis by Padé approximation via the Lanczos process. IEEE Trans. Computer-Aided Design* (14) 137-158 (1993).
9) W. Keiper et al.：Reduced-Order Modeling (ROM) for Simulation and Optimization, Springer (2017).
10) J. Nathan et al.：Dynamic Mode Decomposition: Data-Driven Modeling of Complex Systems (2017).
11) A.C.Antoulas, Approximation of Large-Scale Dynamical System, SIAM (2015).
12) T. Bechtold et al.：Fast Simulation of Electro-Thermal MEMS, Springer (2007).
13) 宮内隆太郎，喜多雅子，熊澤光，谷口亮太：ニューラルネットワークを用いた仮想センサー技術の開発について，第64回自動制御連合講演会論文集.

第7章　AM造形技術，IoT/AIを活用したものづくり技術

第2節　IoT/AIを活用したものづくり技術

第5項　AIを利用したプラスチック成形品の良否判定・成形条件調整技術

株式会社MAZIN　内山　祐介

1　はじめに

　わが国において，生産年齢人口の減少が問題となって久しい。特に製造業においては，熟練技能者の確保が難しく，技能伝承が途絶えてしまうことが危惧されている。射出成形の現場では，熟練技能者がプラスチック成形品を目で見て手で触ることで，不良品を検出し，また，安定して良品が成形されるような成形条件の探索を行っている。この技能をAIに代替させるものが射出成形AIである。

　本稿では射出成形中に収集したデータを利用する，射出成形AIの良否判定機能と成形条件調整機能を解説する。続いて，射出成形AIの基本機能を搭載したコントローラを使用したシステムについて説明する。また，射出成形AIの導入事例と期待される効果についても紹介する。

2　射出成形AI

　射出成形AIが使用する各種データを図1に示す。射出成形機のモニタに表示されているショット履歴データは各メーカが提供する専用のソフトウェアやUSBフラッシュメモリなどを用いて取得することができる。射出速度や射出圧力といった射出成形機のモニタに表示されている時刻歴波形データは，成形機メーカが提供するオプション機能を使用することで外部に出力することが可能である。

　射出成形機から出力されるデータのほかに，外付けの電流センサや加速度センサを使用することによって運転中のデータを収集することができる。一部の射出成形機においては，これら外部センサのデータを成形機内に取り込み，操作パネルに表示することが可能である。

　金型内の樹脂の挙動を捉えるためには，圧力や温度などの金型内センサが使用される。これらを使用するためには金型改造の手間が生じるものの，金型内センサから得られるデータは他のデータと比較して最も情報量が多い。代表的なものとして，金型内の樹脂圧を測定するための圧力センサ，溶融樹脂の温度を測定するための樹脂温度センサが使用されている。

　以下では，これらの中から金型内センサデータまたは射出成形機から出力される時刻歴波形データを使用した，射出成形AIによる良否判定技術および成形条件調整技術について説明する。

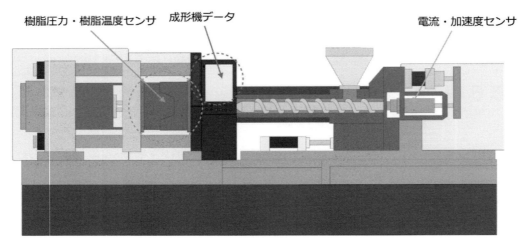

図1 射出成形中のデータ収集

2.1 良否判定機能

金型内に設置した樹脂圧力センサから得られるデータを使用して，量産中に発生する突発的な成形不良を検知することが可能である。センサデータから成形品の品質に寄与する特徴量を抽出し，良品のデータ群が持つ構造を学習する。これにより，良品とは異なる挙動を示したものを成形不良として判定する。

図2に成形不良検知の概念図を示す。良品に対応したセンサデータは同じような挙動を示すことから，抽出される特徴量はクラスタを形成する。図中に特徴量を2成分で表現したものを示しているが，これは平面上に散布した点のクラスタに対応している。したがって，良品が成形され続ける限りは同じ近傍に特徴量が散布し続けることになる。このとき，良品の特徴量が従う確率分布を推定し，確率的に良品とみなせる範囲を特定する。新たに成形品が得られるたびに，良品のクラスタ中心からの距離を計算し，その値が良品の範囲に含まれるかどうかを評価すること

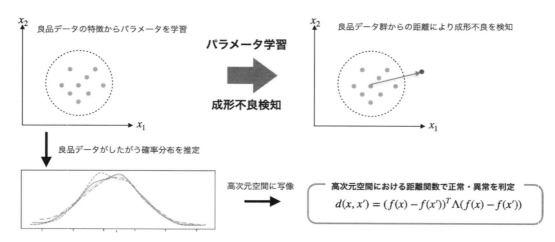

図2 成形不良検知の概念図

によって，成形品の良否判定を行う。

2.2 成形条件調整機能

成形不良検知では，良品のセンサデータから抽出した特徴量のクラスタから一定の距離が離れた成形品を不良と判定した。これを応用すると，環境変化などの影響で成形品の品質が徐々に変化していくトレンドを検知することができる。このようなトレンドの発生を検知した際に，元の成形品の状態に近づけるために成形条件を調整する。

これを実現するために，入出力の推定と最適値の探索を交互に行うことで，データ間の対応関係が与えられていない状況で使用できる，ブラックボックス最適化を採用した。この方法では，良品センサデータから抽出した特徴量のクラスタ中心からの距離が一定値以下に収まるような成形条件を射出成形中に探索する。したがって，クラスタ中心からの距離を良品の範囲内に収めるように設定すると，成形品の状態が徐々に変化するトレンドが発生した場合でも成形条件の微調整により良品が成形され続ける状態を維持することが可能となる。

図3は成形条件調整の実際の結果である。図3左は成形条件（射出速度，VP切換位置）に対する良品データ群のクラスタ中心からの距離を可視化したものである。これらの入出力関係は2変数関数として与えられることから，2次元曲面として可視化することが可能である。この曲面の最小値を与える成形条件を探索している様子を図3右に示している。これより，適当な回数の探索を行うことで最適値に収束していることが確認できる。

2.3 システム構成

射出成形AIのシステム構成図を図4に示す。良否判定・成形条件調整機能が実装されたAIコントローラを射出成形機に設置し，射出成形機のコントローラおよび金型センサアンプと接続することでデータを取得する。AIコントローラの演算結果は有線接続したモニタ上で確認することができる。AIエンジンはエッジ環境で動作するため，外部ネットワークに依存しないスタンドアローンでの使用が可能である。一方，複数台のAIコントローラをネットワークに接続することで，射出成形機の一括監視システムとして運用することも可能である。

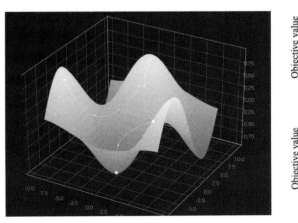
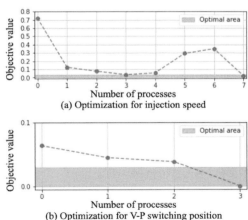

図3　成形条件調整の例（射出速度・VP切換位置を調整）

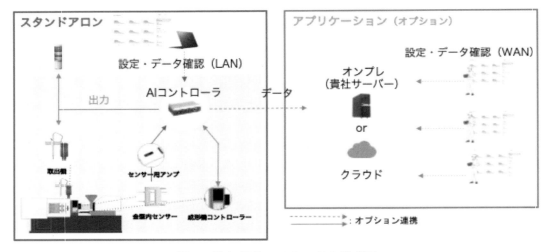

図4　射出成形AIのシステム構成図

2.4　運用手順

　射出成形AIの運用手順をまとめたものが図5である。手順1として，良品データを20～30ショット分収集し，システムに登録する。AIコントローラ内部では，これらのデータから特徴量が抽出され，良品データ群のクラスタ中心座標および各パラメータの学習が行われる。手順2では，新たに得られたデータに対して良品データ群のクラスタ中心からの距離を異常度として算出し，外れ値判定を行うことで成形品の良否判定を行う。このとき，この値が成形条件調整開始を判断するための閾値を上回った場合には，成形条件調整が開始される。手順3では，アプリケーション画面上にAIが算出した成形条件の提案値が表示される。成形条件自動調整モードがONのときにはこの値が射出成形機にフィードバックされ，次のショットから反映される。成形条件自動調整モードがOFFのときには，射出成形機の操作者が手動でコントローラに成形条件の推奨値を入力する。

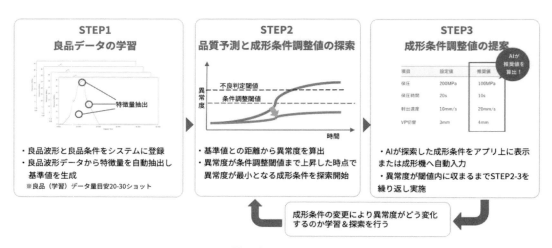

図5　射出成形AIの運用手順

3 適用例と効果

射出成形AIの適用例として夜間無人運転と海外拠点の生産立ち上げの例を紹介する。

3.1 夜間無人運転への適用

生産性向上を目的に成形工場の夜間無人化を検討されていたものの，日中と夜間とでは環境変化の影響により最適な成形条件が異なるため，夜間生産の導入が見送られていた。射出成形AIを導入して夜間無人運転を行うことで，日中の成形品と同じ品質を維持するための成形条件を自動で探索しながら生産を行うことが可能となり，深夜時間帯の歩留まりを改善する効果が得られた（図6）。

3.2 海外拠点の生産立ち上げ

グローバルに生産拠点を展開する企業では，国内で金型の製作から成形条件出しまでを行った後に，海外拠点に生産を移管している。一方で，海外拠点では日本国内と温湿度や水質が異なることから，同一の金型・樹脂材料・射出成形機および付帯設備を使用したとしても良品を生産するための成形条件が異なることが多い。射出成形AIを導入することで，国内での成形条件出しの際に得られた基準状態をもとに，海外拠点で良品を生産するための成形条件の探索が可能となる。その結果，生産立ち上げのリードタイムを短縮できる（図7）。

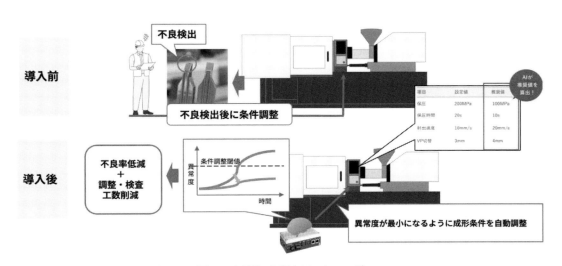

図6 夜間無人運転のイメージ

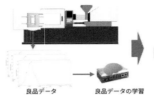

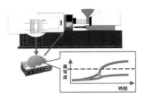

人、環境が変わっても一定の品質を再現

図7　海外拠点での生産立ち上げのイメージ

4 おわりに

　本稿では射出AIの機能である良否判定機能と成形条件調整機能について紹介した。これらの機能はいずれも従来から成形技術者が行っていた業務をアシストするものであり，人とAIが協調することで成形技術を向上させた1つの例であるといえる。AIに対する一般的なイメージとして，「人の仕事が奪われる」というものが先行しているきらいがあるが，ここで紹介した例のように，人とAIが協調し相互補完的な関係を築くことで，今後ますます高難度化が進んでいく射出成形の領域において生産技術を向上させていくことに貢献することを期待している。

索　引

英数・記号

1D CAE ・・・・・・・・・・・・・・・・・・・・・・・・・・・・・・・ 600
2 材質成形法 ・・・・・・・・・・・・・・・・・・・・・・・・・・・ 18
2 色成形 ・・・・・・・・・・・・・・・・・・・・・・・・・・・ 92, 534
3D 曲面 ・・・・・・・・・・・・・・・・・・・・・・・・・・・・・・・ 172
3D プリンター ・・・・・・・・・・・・・・・・・・・ 541, 560
3D プリンティング ・・・・・・・・・・・・・・・ 252, 541
3 価クロム ・・・・・・・・・・・・・・・・・・・・・・・・・・・・・ 532
3 次元樹脂成形回路部品 ・・・・・・・・・・・・・・・ 419
3 次元スキャナー ・・・・・・・・・・・・・・・・・・・・・・ 417
4 軸平行制御射出プレス成形機 ・・・・・・・・・ 316
4 点曲げ試験 ・・・・・・・・・・・・・・・・・・・・・・・・・・ 488
6 価クロム ・・・・・・・・・・・・・・・・・・・・・・・・・・・・・ 532
ABS ・・・・・・・・・・・・・・・・・・・・・・・・・・・・ 541, 561
ABS 樹脂 ・・・・・・・・・・・・・・・・・・・・・・・・・・・・・ 526
AI ・・・・・・・・・・・・・・・・・・・・・・・・・・・・・・・・・・・・・ 570
AM（アディティブ・マニュファクチャリング）
　・・・・・・・・・・・・・・・・・・・・・・・・・・・・・・・・・・ 541, 560
APF ・・・・・・・・・・・・・・・・・・・・・・・・・ 548, 551, 558
APRBS（Amplitude Modulated Pseudo-Random
　　Bit Sequences）・・・・・・・・・・・・・・・・・・・・・ 603
ASTM ・・・・・・・・・・・・・・・・・・・・・・・・・・・・・・・・・ 560
ASTM E837 ・・・・・・・・・・・・・・・・・・・・・・・・・・・ 485
CAD ・・・・・・・・・・・・・・・・・・・・・・・・・・・・・ 543, 566
CAE 解析 ・・・・・・・・・・・・・・・・・・・・・・・・・・・・・ 498
CFRTP ・・・・・・・・・・・・・・・・・・・・・・・・・・・・・・・ 230
CO$_2$ ・・・・・・・・・・・・・・・・・・・・・・・・・・・・・・・・・・・ 83
CO$_2$ 削減貢献機能材料 ・・・・・・・・・・・・・・・・ 314
CO$_2$ 排出 ・・・・・・・・・・・・・・・・・・・・・・・・・・・・・ 252
CO$_2$ 排出量 ・・・・・・・・・・・・・・・・・・・・・・・・・・・ 333
CT スキャナ ・・・・・・・・・・・・・・・・・・・・・・・・・・ 563
designing Circular Materials ・・・・・・・・・・・ 311
DfAM ・・・・・・・・・・・・・・・・・・・・・・・・・・・・・・・・・ 563
DLC ・・・・・・・・・・・・・・・・・・・・・・・・・・・・・・・・・・ 431
DLP ・・・・・・・・・・・・・・・・・・・・・・・・・・・・・ 542, 560
DSI 成形 ・・・・・・・・・・・・・・・・・・・・・・・・・・・・・・・ 97
DX（デジタル・トランスフォーメーション）・・・・・ 584

ELV 規則案 ・・・・・・・・・・・・・・・・・・・・・・・・・・・ 312
EP シリーズ成形品 ・・・・・・・・・・・・・・・・・・・・ 307
FDM ・・・・・・・・・・・・・・・・・・・・・・・・・・・・・・・・・ 541
GIT（Gas Injection Technology）・・・・・・・・・ 107
Hancock-McKenzie 則 ・・・・・・・・・・・・・・・・・ 468
Hele-Shaw 式 ・・・・・・・・・・・・・・・・・・・・・・・・・ 444
He リーク試験 ・・・・・・・・・・・・・・・・・・・・・・・・ 199
Hole Drilling ・・・・・・・・・・・・・・・・・・・・・・・・・ 484
IMC（In Mold Coating）法 ・・・・・・・・・・・・・・ 13
IM-D ・・・・・・・・・・・・・・・・・・・・・・・・・・・・・・・・・ 176
IML システム ・・・・・・・・・・・・・・・・・・・・・・・・・ 147
IML 自動化 ・・・・・・・・・・・・・・・・・・・・・・・・・・・ 150
IML の革新 ・・・・・・・・・・・・・・・・・・・・・・・・・・・ 151
INFILT-V ・・・・・・・・・・・・・・・・・・・・・・・・・・・・ 123
IoT 金型 ・・・・・・・・・・・・・・・・・・・・・・・・・・・・・・ 571
IoT 技術 ・・・・・・・・・・・・・・・・・・・・・・・・・・・・・・ 605
ISO ・・・・・・・・・・・・・・・・・・・・・・・・・・・・・・・・・・・ 560
LCD ・・・・・・・・・・・・・・・・・・・・・・・・・・・・・・・・・・ 560
LED レンズ ・・・・・・・・・・・・・・・・・・・・・・ 495, 496
LFT ・・・・・・・・・・・・・・・・・・・・・・・・・・・・・・・・・・・ 214
LFT-D ・・・・・・・・・・・・・・・・・・・・・・・・・・・・・・・・・ 15
LFT スクリュ ・・・・・・・・・・・・・・・・・・・・・・・・・ 215
LSTM ・・・・・・・・・・・・・・・・・・・・・・・・・・・・・・・・ 601
MBD ・・・・・・・・・・・・・・・・・・・・・・・・・・・・・・・・・ 600
MCM 成形 ・・・・・・・・・・・・・・・・・・・・・・・・・・・・ 494
MD ・・・・・・・・・・・・・・・・・・・・・・・・・・・・・・・・・・・ 264
NATS ・・・・・・・・・・・・・・・・・・・・・・・・・・・・・・・・・ 177
NGF ・・・・・・・・・・・・・・・・・・・・・・・・・・・・・・・・・・ 152
Non Skin Decoration ・・・・・・・・・・・・・・・・・・ 414
OM-D ・・・・・・・・・・・・・・・・・・・・・・・・・・・ 153, 176
OM-R ・・・・・・・・・・・・・・・・・・・・・・・・・・・・・・・・・ 176
PA ・・・・・・・・・・・・・・・・・・・・・・・・・ 231, 542, 576
　＝ポリアミド
PA-MXD6 ・・・・・・・・・・・・・・・・・・・・・・・・・・・・ 244
PA66 ・・・・・・・・・・・・・・・・・・・・・・・・・・・・・・・・・ 384
PBF ・・・・・・・・・・・・・・・・・・・・・・・・・・・・・・・・・・ 561
PCR ・・・・・・・・・・・・・・・・・・・・・・・・・・・・・・・・・・・ 89
PC 樹脂 ・・・・・・・・・・・・・・・・・・・・・・・・・・・・・・ 534

PC（ポリカーボネート）……………… 576
PDLA ……………………………………… 324
PIR ………………………………………… 89
PLA ……………………… 321, 335, 389, 561
　　＝ポリ乳酸
PLC ……………………………………… 605
PLLA ……………………………………… 324
PMMA …………………………………… 297
PolyJet …………………………………… 541
PPS ……………………………………… 262
PPS の一般的な成形条件 ……………… 263
PPS 用金型の鋼材選定 ………………… 264
PP ……………………………… 231, 542, 576
　　＝ポリプロピレン
PVD ……………………………………… 431
QPC ……………………………………… 149
REACH 規則 …………………………… 536
Reduced Order Modeling ……………… 600
RNN ……………………………………… 601
RoHS 指令 ……………………………… 536
RP ………………………………………… 560
RTM ……………………………………… 92
SAG ＋ α II ……………………………… 388
SDGs ……………………………………… 68
SLA ……………………………… 541, 560
SMT コネクタ …………………………… 257
THz 時間領域分光法 …………………… 477
THz 偏光計測光学系 …………………… 477
TOM ……………………………………… 177
TOM 工法 ………………………………… 152
UD テープ ……………………… 244, 246
V-LINE …………………………………… 123
VOC レス ………………………………… 209
VP 切換位置 …………………………… 100
X 線 CT ………………………………… 282

あ

アスペクト比 …………………………… 550
厚板曲げ成形 …………………………… 172
圧縮試験解析 …………………………… 468
圧縮成形 ………………………………… 240
圧力センサ …………………………… 59, 424
圧力損失 ……………………………… 6, 427

圧力・比容積・温度特性 ……………… 7, 501
圧力変位 ………………………………… 424
圧力補正 ………………………………… 135
圧力容器 ………………………………… 252
後処理 …………………………………… 543
アニーリング …………………………… 481
アニール ………………………………… 280
アニール処理 …………………………… 508
アニール処理温度 ……………………… 509
アニール処理時間 ……………………… 510
アニール処理方法 ……………………… 511
アルコール ……………………………… 132
アンカー効果 …………………………… 526
アンダーカット処理 …………………… 398
アンダーカットの有無 ………………… 395
アンダーフィル ………………………… 208
アンチグレア …………………………… 173
安定流動 ………………………………… 5
暗黙知 …………………………………… 572

い

イオン化蒸着 …………………………… 432
イオンプレーティング ………………… 432
石目柄 …………………………………… 415
異種材接合 ……………………………… 211
意匠 ……………………………………… 165
意匠性 …………………………………… 133
意匠層 …………………………………… 178
位相差 …………………………………… 493
位置決め精度 …………………………… 168
一方向連続繊維強化 …………………… 244
一般 PC ………………………………… 304
移動ダイ ………………………………… 355
異方性 …………………………………… 490
異方性回転拡散 ………………………… 457
医療 ……………………………………… 545
印加応力 ………………………………… 480
インクカートリッジ …………………… 126
インサート …………………………… 81, 230
インサート成形 …… 167, 190, 241, 245, 247
印刷柄 …………………………………… 173
インダクタ ……………………………… 84
インパネ ………………………………… 167

インモールドラベリング ······ 13, 146	オーバーホール周期 ················· 61
インラインスクリュ ··············· 220	オープンゲート方式とバルブゲート方式 ······· 409
	オープンループ ···················· 312
	応力緩和 ··················· 309, 499

う

ウェルド ·························· 282	応力緩和曲線 ······················ 501
ウェルドライン ······· 10, 76, 88, 291, 424,	応力三軸度 ························ 463
443, 495, 496, 577, 578	応力残留率 ························ 501
ウェルドレス ······················ 113	応力複屈折 ························ 289
受け治具 ························· 521	大型化 ···························· 168
後寸法収縮 ························ 508	押出成形 ·························· 162
薄型対応したバルブゲートシステム ······· 412	押出プレス成形法 ··················· 15
渦電流 ··························· 602	オルガノシート ·········· 235, 236, 243
薄肉 ······························ 56	温暖化対策 ························ 321
薄肉化 ··························· 168	オンデマンド転写 ··················· 181
薄肉成形 ················ 89, 289, 300	温度制御システム ··················· 456
薄肉製品への高い充填性 ············· 255	温度センサ ························ 573
薄肉偏肉化 ························ 291	温度分布 ·························· 174
ウレタン ·························· 120	

え

エアベント ························· 52	カーボンニュートラル ······· 68, 83, 214, 330
液晶性 ··························· 254	外観不良 ····················· 103, 187
液状発泡成形 ······················ 130	開環メタセシス重合 ················· 288
液晶ポリマー（Liquid Crystal Polymer：LCP）254	回帰型ニューラルネットワーク（RNN,LSTM）··· 600
液体供給装置 ······················ 132	解析画像 ·························· 149
液滴 ························· 550, 551	開繊 ······························ 217
エコデザイン思考 ··················· 317	界面重合法 ························ 305
エステル交換法 ···················· 305	海洋生分解性プラスチック ············ 349
エッジコンピュータ ················· 599	化学クラック ······················ 507
エッジデバイス ···················· 605	化学銅 ··························· 533
エッチング ························ 528	化学ニッケルめっき ················· 531
エンジニアリングプラスチック ······· 231, 526	化学発泡成形 ················ 131, 353
延性材料 ·························· 464	架橋型 ··························· 262
遠赤外線アニール装置 ················ 512	可視化加熱シリンダ ··················· 36
エンターテインメント ················ 545	荷重たわみ温度 ···················· 100
エンプラ ·························· 541	加飾 ······················· 162, 176
エンブレム ························ 167	加飾フィルム ······················ 318
	加飾フィルムインサート成形(法) ········· 12, 18

お

オーバーフロー ···················· 106	ガスアシスト成形 ··········· 11, 97, 100
オーバーホール ····················· 60	ガス圧 ····························· 52
	加水分解 ·························· 322
	ガスが抜けやすい領域 ················· 61
	ガス供給口 ························ 354
	ガス対策 ··················· 31, 32, 57

ガス対策技術	8	金型開発段階	454
ガス抜き条件	54	金型作製	308
ガス抜き成形	63	金型成形	240
ガス抜き成形プログラム	53	金型設計	396
ガス抜き前進	53	金型に貼りつくような現象	267
ガス抜き装置	424	金型表面温度制御	77
ガス抜きピン	52	金型表面性状	418
ガス抜きピンの強度	61	金型表面転写	73
ガス抜きピンの挿入位置	57	金型開き量	355
ガス抜きピンのメンテナンス	61	金型メンテナンス	429
ガス抜き溝	54	加熱	77, 165
ガス排気装置	422	加熱収縮	513
ガス排出	53	過熱蒸気	178
ガスバリア性	245, 254	加熱速度	86
カスプ	416	加熱冷却時間	85
ガスプレス成形	11	カプセル化	207
ガスベント	8, 57, 265, 422, 447	過マンガン酸エッチング	537
ガス焼け	54, 63, 264, 578	ガラス	172
ガス抑制	35	ガラス繊維	81, 88
ガス汚れ	61	ガラス繊維強化プラスチック	197
カソードアーク式	432	ガラス転移温度	86, 288, 502
仮想センサー	599	ガラス転移点	247
可塑化装置	354	環境規制	536
可塑化トルク	387	環境製品対応成形加工技術	315
可塑化能力	33, 35	還元	531
型締圧縮	362	嵌合不具合	530
型締装置	355	乾式法	531
型締力	273	環状オレフィン	287
型締力0kN成形	26	含浸	236
型締力多段制御	23	含水率	332
型締力低減	66	乾燥	332
型内圧	59	乾燥温度	3
型内接着・接合成形システム	14	乾燥時間	3
型内塗装成形法	13	乾燥条件	274
型表面温度	93	乾燥レス成形	386
片面加熱	170	勘所	591
型枠	162	緩和時間	500
カトマンアニーリング装置	512		
金型	594		
金型圧縮	361		

き

金型温調技術	83	機械加工	506
金型温度	7, 275, 478	機械的強度	330
金型温度解析	453	機械的挙動	457
金型温度調節機	450	飢餓供給状態	382

飢餓状態 …… 43	結晶性 …… 519
生地バリ …… 530	ケミカルクラック …… 507
気密性 …… 192, 199	ケミカルリサイクル …… 313
キャタリスト …… 526	煙が出るガス抜き成形 …… 52
吸収係数 …… 480	限界吸水率 …… 3
強化繊維 …… 238	
鏡像異性体 …… 324	
強度要件 …… 103	

こ

鏡面 …… 87	コアバック機構 …… 98
鏡面性 …… 402	コアバック遅延時間 …… 359
均一溶融 …… 33	コアバック法 …… 355
金属成形 …… 93	高圧ガス保安法 …… 354
金属接合 …… 82	高圧水素タンク …… 249
金属溶着 …… 245	降温 …… 77
金めっき …… 535	高外観 …… 234
	光学 …… 87
	光学グレード …… 297

く

空気転写 …… 177	光学材料 …… 298
屈折率 …… 493	光学レンズ …… 287
クリアランス …… 355	高機能 …… 214
繰り返し安定性 …… 357	抗菌性 …… 418
クリロフ部分空間法 …… 600	航空宇宙 …… 544
クレージング …… 580	口腔内スキャナ …… 563
クローズドループ …… 313	高屈折性 …… 306
クローズドループリサイクル …… 334	工具ホーン …… 517
クロス WLF 式 …… 444	高周波交流電流 …… 84
クロスアレニウス式 …… 444	高周波領域における誘電特性 …… 254
クロムモリブデン鋼 …… 404	高精度コアバック制御 …… 355
	高精度・高応答型締圧縮仕様 …… 364
	高速射出仕様 …… 364

け

ゲージ径 …… 485	高速引張試験 …… 465
ゲート …… 397, 447	光沢 …… 88
ゲート開閉制御のタイミング …… 410	高転写 …… 87
ゲートカット …… 523	高電流部 …… 529
ゲートシール …… 104, 503	高発泡のカップ …… 118
ゲート手前 …… 54	高沸点 …… 21
ゲートバランス …… 102	高沸点ガス …… 31〜33, 35, 39
軽量 …… 527	高分散高混練スクリュ …… 217
軽量化 …… 172, 215	高分子配向 …… 476
計量樹脂圧力 …… 135	広葉樹 …… 337
結晶化 …… 87, 323, 335	合流ノズル …… 183
結晶化開始温度 …… 503	小型カメラレンズ …… 307
	枯渇性 …… 180
	黒色3価クロム …… 535

コストダウン	182
固体時の粘弾性	492
骨切ガイド	563
コネクタ	255
固有複屈折	290
コロイド	532
コンディショナー	534
コンフォーマル冷却回路	496
コンプレッサ	354
混練	329
混錬性	35

さ

サーキュラーエコノミー	218, 311
サーキュラーマテリアルプラットフォーム	312
サイクル時間短縮	66
サイクルタイム	85
最終充填部	54
最適化	493, 496
サイドシル	252
細胞気泡層	338
材料コスト低減	218
材料の長寿命化	312
材料ロス	411
酢酸セルロース	349
サポート材	561
サンドイッチ成形	182
サンドイッチ成形法	18
サンドブラスト	248
酸変性樹脂	338
残留応力	475, 484, 499, 508
残留応力緩和	64
残留応力測定	484
残留応力低減時間	510
残留ひずみ	11, 499, 505

し

シート温度	164
シェアジョイント	519
ジェッティング	494, 577, 578
歯科	545
磁界	84

紫外線(UV)改質処理	537
自家蛍光	295
治具	177
シクロオレフィンポリマー	287
資源循環	311
試験片	553
自己洗浄性	418
システム同定	603
漆器	345
実験計画法	493
湿式粉砕	338
湿式法	531
自動車	544
自動車部品	525
自動テープ積層	251
シボ	89
シボ加工性	403
シミュレーション	56, 491
車載ディスプレイ	171
射出圧縮	300
射出圧縮成形	11, 361
射出圧力	276
射出金型設計	149
射出成形	146, 231, 308, 330, 331, 334, 475, 548, 554, 557, 558
射出成形 AI	607
射出成形技術	298
射出成形の打ちっぱなし	415
射出速度	276, 478
射出プレス成形加工技術	315
シャルピー試験	465
ジャロイド構造	568
ジュール熱	84
住設部品	525
充填	148
摺動部	364
周波数＝振動回数	517
周辺装置	597
ジュエリー	542
樹脂温度	274
樹脂の流動抵抗	427
樹脂流動解析	491, 497
樹脂流動成形解析	491
出力容量	453

ショートショット	104, 577, 578	スクリーン印刷	170
ショートショット法	101, 355	スクリュ	40
省エネ	68	スクリュー回転数	277
昇温	77	スクリュ形状	33, 36
昇温カーブ	174	スクリューデザイン	273
昇温時間	510	錫	532
衝撃強度	294	スタック金型	150
省スペースでのゲートの開閉機構	412	スタンパー	301
状態監視	590	スタンピング成形法	16
消費電力	167, 386, 596	ステレオコンプレックス PLA	327
消費電力低減	214	ストレスクラック	508
消費電力割合	388	スパイラルフロー	331
植物由来	180, 321	スプルーエンド	60
触感	420	スプルー直下	60
シランカップリング剤	212	スポット溶着	523
シリンジ	287	スマート工場	593
シリンダ	40, 550	スマートファクトリー	585
シリンダ温度	272, 478	スライシング	543
シルバー	49, 187	スライス	550
シルバーストリーク	74, 530, 580	スライスデータ	543
シルバーレス成形	37	スワールマーク	81, 187
真空(圧空)成形	162	寸法安定性	254
真空可塑化装置	21	寸法の安定化	509
真空脱気装置	388		
真空引き	9		
真空ボイド	282		
真空ホッパ	37	**せ**	
靭性	401		
診断チップ	295	制御システム	605
振動減衰性	254	制御不感帯	355
振動センサ	573	成形	239, 527
振動部	517	成形安定性	35, 135
振幅	518	成形加工	272
針葉樹	337	成形機	272
		成形機による金型の仕様	397
		成形サイクルタイムの短縮	411
す		成形サイクルの短縮	254
		成形収縮	332
スーパーエンジニアリングプラスチック	231	成形条件管理	586
スーパーエンプラ	541	成形条件情報	586
水素化	288	成形条件表	593
数値流体力学	600	成形ソリューション	220
すき間金型	27, 28, 30	成形品に加飾層を付与	414
スキン層	87, 255	成形品容積	504
スクラップ	150	成形不良	422
		成形プロセス	100

生産性改善	65
生成 AI	581
生体模倣システム	295
静的圧縮試験	465
静的引張試験	465
性能曲線	452
製品設計	394
生分解性	321
生分解性樹脂	335
生分解プラスチック	180
静摩擦係数	470
赤外線	163
赤外線ヒーター	239
析出	529
析出硬化系ステンレス鋼	404
積層	551
絶縁樹脂	536
絶縁抵抗	85
絶縁破壊強さ	254
設計	308
接合	81
接合技術	189
接着	201
セットアップスクラップ	147
説明できる AI	580
セラミックスコーティング	431
セルロース繊維	329〜334
セルロース繊維強化樹脂	329〜334
繊維	81
繊維強化複合材料	461
繊維強化プラスチック	214
繊維長分布	460
繊維直接混練	219
繊維直接投入射出成形	50
繊維配向分布	459
繊維目付	245
穿孔穴径	485
先行クランプ	173
穿孔法	484
穿孔法の検証試験	488
穿孔法の残留応力測定原理	486
せん断試験	192
せん断速度	4, 274, 460
せん断熱	149

せん断発熱	4, 374
全電動射出成形機	363
全方位加熱	178

そ

相関係数	481
相当塑性ひずみ	463
測定深さ	486
素形材加工	570
疎水化	345
塑性変形	480
そり	11, 65, 80, 508
そり制御	80
ソリッドベッド	3
そり変形	492
ソルベントクラック	507
損傷度	464

た

耐塩害性	535
対角テンソル	459
大気 UV 照射	538
大気圧プラズマ	205
大気圧プラズマ CVD	204
大気圧プラズマ CVD（Chemical Vaper Deposition）処理	15
耐候性	254, 302
耐候性接着・接合	204
耐食性	401
耐熱性 PLA	324
大排気断面積	429
耐摩耗性	400
耐薬品性	293
ダイヤフラム成形	239
ダイレクトジョイント	519
ダイレクト水平リサイクル	367
ダイレクトプレーティング	535
多層射出成形	494
脱気技術	31
脱気メカニズム	39
ダブルベルトプレス	236
単軸引張状態	467

弾性ひずみ	499
弾性変形	480
段積機	365
短繊維強化タイプ	15
炭素鋼	404
炭素繊維系複合材料	244
断熱金型成形法	10
断熱層	301
短絡保護機能	85

ち

地球環境保護	252
窒素置換	9
チャンバー	550
中空率	102
超薄型 IML PET 容器	151
超音波	517
超音波かしめ（リベッティング）	522
超音波カッター	517
超音波金属インサート	522
超音波溶着	517
長繊維強化タイプ	15
超臨界	114
調和電磁界解析	602
直鎖型	262
直接溶着	522
直交固有関数展開（POD）	600

つ

通常ピン	59
突出し機構	398

て

データの利活用	596
データフォーマット	585
テーパー角	267
テープワインディング	251
ディープラーニング	570
低圧	133
低圧成形	429
低圧微細発泡	50

低圧物理発泡成形	353
低圧物理発泡法	50
低吸湿	289
低吸着性	293
低型締力成形	24
停止要因	595
低透湿性	293
低複屈折	289
低複屈折性	306
低不純物	293
低沸点	21
低沸点ガス	31, 35～37, 39
低融点 LCP	261
定量供給装置	43
出口流量	453
デジタル化	585, 593
デジタルツイン	599
デジタルトランスフォーメーション	590
デジタルファブリケーション	582
テラヘルツ	475
電気めっき	529
転写	267
転写加飾成形法	12
転写性	295
転写不良	63
電磁誘導	84
テンソル関数	458
伝達溶着	522
電力測定	597

と

投影面積	397
凍結ひずみ	309
導光体	297
同時トリム	166
導体皮膜	533
動的モード分解（DMD）	600
導電性	531
等二軸引張試験	467
等方性回転拡散	457
動摩擦係数	470
透明性	302
特殊 PC	304

特殊成形方法	218
特殊なラベル	148
吐出	550, 551
塗装	79, 165, 217
トラブルシューティング	265
トレーサビリティ	586
ドローダウン	170
ドロップレット	550

な

内圧センサ	573
内層充填率	185
ナビエ・ストークス方程式	443
難接着素材	204

に

肉厚	395
肉厚バランス	164
二酸化炭素排出量	597
虹エフェクト	87
二軸押出機	329
二軸押出プリプラ	220
二軸混錬押出機	338
二次元コード	596
二重成形	197
二色成形	97
ニューラルネットワーク	579
乳酸	321

ぬ

抜き勾配	394

ね

熱可塑	548
熱可塑性エラストマ	120, 198
熱可塑性樹脂	244, 443, 541
熱起因残留応力	492
熱硬化性エラストマ	198
熱硬化性樹脂成形	90
熱交換器	450

熱成形	162
熱線遮蔽グレード	314
熱伝導率	85, 401
熱板接触加熱式	162
熱ひずみ	506
熱プレス	250, 252
熱分解温度	344
熱暴走	243
粘性ひずみ	499
粘弾性特性	492

の

ノズル	548, 550
ノズル口径	273
ノズル部からのガス抜き装置	9

は

パージ	280
パーツキャリア	551
パーティングライン	445
ハードコート	173
バーフロー	127
背圧	277
バイアル	287
バイオ医薬品	294
バイオプリンティング	547
バイオマス	330
バイオマス材料	313
バイオマス樹脂	179
バイオマスプラスチック	48, 386
バイオミメティクス	415
廃棄物処理	321
配向遅延主速度	458
配向ひずみ	309
配向複屈折	289
排出面積	61
排水処理	536
ハイテン材	248, 249
ハイブリッド射出成形法	15
ハイブリッド成形	229, 242, 250
パイプ流量理論	452
破壊判定基準	463

－索-10－

破断変位	466
バックライト	167
発酵	321
発振器	517
撥水機能	418
撥水性	89
発生ガス	264
発泡核剤	133
発泡樹脂	445
発泡性	131
発泡成形	81, 353
発泡セル	355
発泡倍率	353
発泡ブロー成形品	121
嵌め合い	177
パラメーター	549, 550
バリ	266, 577, 578
バリ測定金型	26
バルブゲート	149
バルブ付きホットランナノズル開閉成形法	11
バルブピンでゲートシール	409
ハングリー成形法	43
反射防止	420
半導体容器	287
バンパービーム	252
汎用樹脂	231, 341
汎用プラスチック	527

微細孔	532
微細電気電子部品	255
微細転写	300
微細突起	418
膝ガード	563
被削性	402
非晶性	519
非侵襲な残留応力評価技術	476
ひずみ	302
ひずみ応答予測値	461
ひずみ速度	463
ビッグデータ	585
引張試験解析モデル	466
引張試験装置	479
被覆成形機	165
ヒューマン・イン・ザ・ループ	583
比容積	501
費用対効果の面	456
表面板	162
表面改質	537
表面欠陥	495
表面処理技術	204
ピラー	252
ヒンジ破壊	471

ひ

ピアノブラック	79
ヒータ	76
ヒータコントローラ	77
ヒート＆クール	84
ヒート＆クール成形	76
ヒートアンドクール成形	397
ヒートアンドクール成形法	10
比荷重	249
非加熱面	170
光硬化性樹脂	542
光弾性係数	290
非球面レンズ	307
ひけ	494, 577
比剛性	249

ふ

ファウンテンフロー	5
ファッション	546
不安定流動	5
フィジカルリサイクル	313
フォトミキサ	477
深絞り	164
不活性ガス	123
複屈折	492
輻射	162
輻射加熱式	162
膨れ	528
賦形	233
賦形転写	298
布施真空	177
ブタジエンゴム	526
物理発泡	114
物理発泡成形	131, 353

歩留まり改善	68
プラグ	164
プラスチックへのめっき	525
プラズマCVD	432
プラズマナノコーティング	208
ブラックボックス	581
ブラックボックス最適化	609
フラッシュ	148
フラットラベル	147
プラテン	150
プリカーサー	208
ブリスタ	257
プリハードン	403
プリプレグシート	230
フリンジパタン	495
フルプロセス解析	492
ブレークアップ	3, 36
プレフォーム	167
ブロー成形	89, 229
フローフロント	52, 103, 478
フローマーク	495, 580
プロトタイピング	542
フロントグリル	167
分解残渣	131
分散	329
分子鎖	21
分子配向	5
分析	595
分布帰還型レーザ	477
分別再利用	180
粉末床溶融	542

へ

ヘアライン	415
平行部がない試験片	466
ヘキサ柄	415
壁面抵抗	61
ヘジテーション	103
ペレット	548
ペレット詰まり	389
変位センサ	573
変形	63
変形率	458

偏光	475
偏光係数	481
ベント	40
ベント式射出成形機	9
ベント式成形	40

ほ

保圧	7, 478, 578
保圧時間	503
保圧時間の短縮	68
ボイド	63, 494, 580
防汚性	418
防湿・防錆コーティング	206
防曇性	418
防氷性	418
保温制御	174
ポストコンシューマリサイクル	312
ポストプロセシング	543
保全	594
ホットランナー	397
ホットランナーシステム	150
ポリアミド	231, 542, 576
= PA	
ポリアミド11	562
ポリアミド12	562
ポリアリールエーテルケトン	278
ポリエーテルエーテルケトン	231
ポリカーボネート	541
ポリカーボネート樹脂	304, 312
ポリテトラフルオロエチレン（PTFE）	479
ポリ乳酸	321, 335, 389, 561
= PLA	
ポリフェニレンサルファイド	262
ポリブチレンテレフタラート	478
ポリプロピレン	231, 542, 576
= PP	
ポリメタクリル酸メチル	297
ホローカソード式	432
ホログラム	89
ボロノイ構造	568

ま

マイクロプレート	287
マイクロ流路デバイス	287
巻き込み	165
マスバランス方式	313
マッチドメタル	240
マテリアルリサイクル	16, 312, 333
マトリックス	239
マニホールドブロックとゲートノズルの2つの構造部品	409
マルエージング鋼	404
マルチコンポーネント成形	494
マルチサイドラベル	147
マルチマテリアル	81, 189
マルチマテリアル化	14, 245
マルテンサイト系ステンレス鋼	404

み

密着不良	528

む

無電解めっき	525
無塗装	79
無塗装化	69

め

めっき未着	528
目詰まり防止	54
メルトプール	3
メルトフィルム	3
メルトフローレート	331
メルトフロント	445
メルト分配システム	150
メンテナンスサイクル	422

も

モード縮退法	600
モールドデポジット	24, 35, 37, 47, 52, 264
モータインシュレータ	255
モデル低次元化	599
モノマテリアルな加飾技術	414
モバイル端末	597

や

ヤング率	481

ゆ

油圧式射出成形機	363
油圧シリンダ	357
遊技機器部品	525
有機資源	180
有限要素法	463, 600
誘導加熱	602
誘導加熱金型	86
誘導コイル	84
誘導出力装置	85
誘導電流	84
誘導熱解析	85
誘導率	85

よ

容積圧縮性	502
溶接性	403
要素寸法	464
溶着	201
溶着加工	507
溶着強度	519
溶着適合表	519
溶着難易度	521
溶着リブ	519
溶融樹脂温度	359
溶融張力	163
溶融粘度	45
溶融粘度のせん断速度依存性	266
容量制御	133
予測精度向上	462
予知保全	588
予備加熱	174, 239
予備乾燥	3, 322

ら

ラクチド	322
ラップアラウンドラベル	147
ラップバット	523
ラティス構造	568
ラベルオプション	151
ラベルデザイン	147
ランジュバン型振動子	518
ランダムコイル	5
ランナー	397, 447
ランナーエンド	57

り

リグラインド	256
リグラインド再生	283
離型可能温度	8
離型不良	266
リサイクル材	182
リサイクル材料	312, 422
リニアスケール	357
リブ形状	521
リフロー	257
リモートアクセス	594
リモート監視システム	592
硫酸銅めっき	533
流速センサ	573
流体解析	56
流体力学モデル	458
粒断機	372
流動起因残留応力	492
流動挙動の可視化	424
流動垂直方向	459
流動性	87, 272, 331, 334
流動性評価	491
流動長延長	135
流動抵抗	456
流動粘弾性	492, 493

流動末端部	424
流量計	453
流路	451
リンク機構	355

る

累積損傷	463

れ

レーザー処理	15
冷間ダイス鋼	404
冷却回路	267
冷却管	85
冷却管解析機能	452
冷却管境界条件	453
冷却管構成	454
冷却管内	450
冷却効率	164
冷却時間	7, 503
冷却時間の短縮	65
冷却媒体	450
連結アームにバルブピンを取り付ける	412
レンズアレイ	493
連続繊維強化熱可塑性樹脂素材	16
連続繊維熱可塑性複合材料	235, 237, 238, 243
連続波差周波光源	477

ろ

ロービング	220
ロゼットひずみゲージ	485

わ

ワイヤボンディング	208
割れの進展	471

プラスチック射出成形技術大系

発行日	2025 年 1 月 26 日　初版第 1 刷発行
監修者	本間　精一
発行者	吉田　隆
発行所	株式会社エヌ・ティー・エス
	東京都千代田区北の丸公園 2-1　科学技術館 2 階
	TEL　03 (5224) 5430　http://www.nts-book.co.jp/
印刷・製本	日本ハイコム株式会社

Ⓒ 2025　本間精一，他　　　　　　　　　　　　ISBN 978-4-86043-934-7

乱丁・落丁はお取り替えいたします。無断複写・転載を禁じます。
定価はケースに表示してあります。
本書の内容に関し追加・訂正情報が生じた場合は、当社ホームページにて掲載いたします。
※ホームページを閲覧する環境のない方は当社営業部（03-5224-5430）へお問い合わせ下さい。

関連図書 NTSの本

	書籍名	発刊年	体裁		本体価格
1	マテリアルズインテグレーションによる 構造材料設計ハンドブック	2024 年	B5	360 頁	54,000 円
2	接着工学　第 2 版 ～接着剤の基礎、機械的特性・応用～	2024 年	B5	736 頁	54,000 円
3	濡れ性 ～基礎・評価・制御・応用～	2024 年	B5	384 頁	63,000 円
4	デジタルツイン活用事例集 ～製品・都市開発からサービスまで～	2024 年	B5	284 頁	45,000 円
5	傾斜機能材料ハンドブック	2024 年	B5	460 頁	56,000 円
6	新訂三版　ラジカル重合ハンドブック	2023 年	B5	1024 頁	69,000 円
7	CFRP リサイクル・再利用の最新動向	2023 年	B5	296 頁	50,000 円
8	多孔質体ハンドブック ～性質・評価・応用～	2023 年	B5	912 頁	68,000 円
9	海洋汚染問題を解決する生分解性プラスチック開発 ～分解性評価から新素材まで～	2023 年	B5	406 頁	50,000 円
10	味以外のおいしさの科学 ～見た目・色・温度・重さ・イメージ、容器・パッケージ、食器、調理器具による感覚変化～	2022 年	B5	496 頁	42,000 円
11	接着界面解析と次世代接着接合技術	2022 年	B5	448 頁	54,000 円
12	破壊の力学 Q&A 大系 ～壊れない製品設計のための実践マニュアル～	2022 年	B5	576 頁	54,000 円
13	やわらかものづくりハンドブック ～先端ソフトマターのプロセスイノベーションとその実践～	2022 年	B5	600 頁	45,000 円
14	データ駆動型材料開発 ～オントロジーとマイニング、計測と実験装置の自動制御～	2021 年	B5	290 頁	52,000 円
15	セルロースナノファイバー 研究と実用化の最前線	2021 年	B5	896 頁	63,000 円
16	分散系のレオロジー ～基礎・評価・制御、応用～	2021 年	B5	436 頁	54,000 円
17	3D プリンタ用新規材料開発	2021 年	B5	380 頁	45,000 円
18	ポリマーの強靭化技術最前線 ～破壊機構、分子結合制御、しなやかタフポリマーの開発～	2020 年	B5	318 頁	45,000 円
19	三訂　高分子化学入門 ～高分子の面白さはどこからくるか～	2018 年	B5	368 頁	3,800 円
20	改訂増補版 プラスチック製品の強度設計とトラブル対策	2018 年	B5	328 頁	39,000 円
21	繊維のスマート化技術大系 ～生活・産業・社会のイノベーションへ向けて～	2017 年	B5	562 頁	56,000 円
22	新世代　木材・木質材料と木造建築技術	2017 年	B5	484 頁	43,000 円